Vivian Pein

Social Media Manager

Das Handbuch für Ausbildung und Beruf

Liebe Leserin, lieber Leser,

Social Media ist inzwischen in vielen Unternehmen fester Bestandteil, und das neue Berufsbild des Social Media Managers hat sich etabliert. Da das Interesse an diesem Beruf weiterhin groß ist, freue ich mich, dass Vivian Pein Ihr Buch auch für die vierte Auflage überarbeitet und inhaltlich erweitert hat. Sie richtet sich mit diesem Standardwerk an alle, die gerne als Social Media Manager arbeiten oder diesen Beruf im Unternehmen implementieren möchten.

So erfahren Sie detailliert, was ein Social Media Manager eigentlich ist, welche Aufgaben er im Unternehmen wahrnimmt und wie Social Media erfolgreich in ein Unternehmen integriert wird. Wichtige Hinweise, verständliche Erklärungen und viele Praxisbeispiele erwarten Sie in diesem Buch. Denn Vivian Pein gibt Ihnen einen umfassenden Einblick in das Berufsbild und zeigt Ihnen, wie Sie sich optimal auf die vielfältigen Anforderungen einstellen. Mit viel Erfahrung und Sorgfalt hat sie einen Ausbildungs- und Berufsbegleiter verfasst, der keine Fragen offen lässt und sich bestens für (angehende) Social Media Manager eignet. Als zusätzlichen Bonus können Sie auf der Website zum Buch (*www.rheinwerk-verlag.de/5024*) unter der Rubrik »Materialien zum Buch« ein weiteres Kapitel zu Blogger Relations herunterladen.

Dieses Buch wurde mit großer Sorgfalt lektoriert und produziert. Sollten Sie dennoch Fehler finden oder inhaltliche Anregungen haben, scheuen Sie sich nicht, mit mir Kontakt aufzunehmen. Ihre Fragen und Änderungswünsche sind jederzeit willkommen.

Ich wünsche Ihnen bei der Lektüre und Ihrem Berufseinstieg viel Spaß und Erfolg!

Ihr Erik Lipperts
Lektorat Rheinwerk Computing

erik.lipperts@rheinwerk-verlag.de
www.rheinwerk-verlag.de
Rheinwerk Verlag · Rheinwerkallee 4 · 53227 Bonn

Auf einen Blick

Wir hoffen, dass Sie Freude an diesem Buch haben und sich Ihre Erwartungen erfüllen. Ihre Anregungen und Kommentare sind uns jederzeit willkommen. Bitte bewerten Sie doch das Buch auf unserer Website unter **www.rheinwerk-verlag.de/feedback**.

An diesem Buch haben viele mitgewirkt, insbesondere:

Lektorat Erik Lipperts
Korrektorat Annette Lennartz, Bonn
Herstellung Maxi Beithe
Typografie und Layout Vera Brauner, Maxi Beithe
Einbandgestaltung Eva Schmücker
Titelbild Shutterstock: 95538487 © Antonov Roman; iStock: 466821084 © baona
Satz III-Satz, Husby
Druck mediaprint solutions, Paderborn

Dieses Buch wurde gesetzt aus der Linotype Syntax (9,25/13,25 pt) in FrameMaker.
Gedruckt wurde es auf chlorfrei gebleichtem Offsetpapier (90 g/m²).
Hergestellt in Deutschland.

Bibliografische Information der Deutschen Nationalbibliothek:
Die Deutsche Nationalbibliothek verzeichnet diese Publikation in der Deutschen Nationalbibliografie; detaillierte bibliografische Daten sind im Internet über *http://dnb.dnb.de* abrufbar.

ISBN 978-3-8362-7384-8

4., aktualisierte Auflage 2020, 3., korrigierter Nachdruck 2022
© Rheinwerk Verlag, Bonn 2020

Informationen zu unserem Verlag und Kontaktmöglichkeiten finden Sie auf unserer Verlagswebsite **www.rheinwerk-verlag.de**. Dort können Sie sich auch umfassend über unser aktuelles Programm informieren und unsere Bücher und E-Books bestellen.

Inhalt

Über dieses Buch

»Als Social Media Manager surft man den ganzen Tag auf Facebook.«

In dem Moment, als ein Bewerber mir genau das völlig ernst auf die Frage antwortete, wie er sich den Alltag als Social Media Manager vorstelle, blieb mir vor Schreck fast die Kinnlade offen stehen. Ähnlich geht es mir bei der Lektüre von Stellenanzeigen für Social Media Manager oder des Programms zum nächsten Social-Media-Crashkurs, der verspricht, jedermann in nur zwei Wochen zum Social-Media-Experten zu machen.

Social Media sind mittlerweile fester Bestandteil in der Kommunikation zwischen Organisationen und ihren Anspruchsgruppen. Dennoch ist das zentrale Berufsbild in diesem Konstrukt, der Social Media Manager, noch mit vielen Vorurteilen und Missverständnissen behaftet. Das stellt sowohl Unternehmen als auch Interessenten und Praktiker vor große Herausforderungen. Aus diesem Grund werde ich Ihnen mit diesem Buch einen tiefen, authentischen und ungeschönten Einblick in das Berufsbild und den realen Berufsalltag des Social Media Managers geben. Dieser soll Interessenten dabei helfen, zu entscheiden, ob der Beruf wirklich etwas für sie ist, und Unternehmen dabei unterstützen, zu evaluieren, welche Facette des Social Media Managers im Unternehmen gebraucht wird.

Dabei ist das Buch »Social Media Manager« ein umfassendes Ausbildungs- und Praxisbuch, das themenfremde Leser an die Materie heranführt und dem erfahrenen Social Media Manager dabei hilft, sein Grundwissen zu erweitern. Darüber hinaus zeigt das Buch zahlreiche erprobte Methoden und veranschaulicht diese durch praktische Anwendungsbeispiele, Best Practices, Interviews und konkrete Tipps für den Arbeitsalltag. »Social Media Manager« ist ein Buch von einem Social Media Manager für Social Media Manager. Es basiert auf jahrelanger hautnaher Erfahrung mit dem Social Web und den Hürden innerhalb von Unternehmen. Schon die erste Auflage schaffte es mit durchweg positiven Rezensionen zum Standardwerk der Branche. Außerdem wird es durch den Bundesverband Community Management, digitale Kommunikation und Social Media (BVCM e.V.) als Ausbildungsbegleiter empfohlen, in vielen Studien- und Lehrgängen als Grundlage genutzt und gilt als Standardwerk für die Aus- und Weiterbildung. Ein schöneres Lob kann ich mir gar nicht vorstellen.

Dieses Buch macht Sie nicht zum Social Media Manager, aber es gibt Ihnen solide Grundlagen und vor allem ein umfassendes Verständnis für Social Media an die

Hand, auf denen Sie Ihre Erfahrung aufbauen können. Denn Erfahrung und Leidenschaft für Ihren Beruf in Kombination mit eben diesem Wissen ist das, was Sie zu einem echten Social Media Manager macht.

Aufbau des Buches

Kapitel 1, »Social Media – Chancen und Herausforderungen für Unternehmen«, zeigt Ihnen auf, wie Social Media die Kommunikation zwischen Organisationen und ihren Anspruchsgruppen verändern und welche Chancen und Herausforderungen daraus entstehen.

Kapitel 2, »Der Social Media Manager – Berufsbild, Anforderungen und Aufgabengebiete«, liefert Ihnen eine praktisch gestützte Definition des Berufsbildes inklusive der Abgrenzung zu verwandten Berufsbildern wie dem Community Manager. Darüber hinaus erfahren Sie, welche Fähigkeiten und Kenntnisse ein Social Media Manager benötigt, und können testen, ob der Beruf etwas für Sie ist.

Kapitel 3, »Weiterbildung und Karriere«, ist ein Wegweiser durch den Dschungel der Aus- und Weiterbildungsangebote und hilft Ihnen dabei, sich für Ihren persönlichen Karrierepfad zu entscheiden.

Kapitel 4, »Persönliches Online-Reputationsmanagement«, hilft Ihnen dabei, eine gute Online-Reputation aufzubauen und zu pflegen.

Kapitel 5, »Bewerbung als Social Media Manager«, gibt Ihnen Tipps zur erfolgreichen Bewerbung und unterstützt Unternehmen bei der Suche nach einem Social Media Manager.

Kapitel 6, »Die Social-Media-Strategie«, stellt Ihnen ausführlich die Bestandteile einer Social-Media-Strategie vor und gibt Ihnen Methoden an die Hand, diese für ein erfolgreiches Engagement zusammenzuführen.

Kapitel 7, »Corporate Content – die richtigen Inhalte«, gibt Ihnen das Werkzeug an die Hand, um eine gelungene Content-Strategie zu entwickeln und umzusetzen.

Kapitel 8, »Community Management – der direkte Dialog«, vermittelt Ihnen die Grundlagen für den Dialog mit Ihrer Zielgruppe.

Kapitel 9, »Social Media Monitoring und Measurement«, zeigt Ihnen, wie Sie Ihre Social-Media-Strategie auf Basis der richtigen Kennzahlen und Auswertung Ihres Engagements weiterentwickeln können.

In Kapitel 10, »Change Management (interne »Überzeugungsarbeit«)«, lernen Sie, welche Herausforderungen durch die einhergehenden Veränderungen eines Social-Media-Engagements entstehen und wie Sie diese bestmöglich bewältigen.

Kapitel 11, »Anwendungsfelder des Social Media Managements«, gibt Ihnen einen Einblick in die Möglichkeiten, die Social Media für die unterschiedlichen Unternehmensbereiche bieten. Neben den konkreten Anwendungsszenarien für Social Media lernen Sie außerdem die notwendigen Grundlagen für Marketing, Public Relations, Kundenservice, Personal und Marktforschung.

Kapitel 12, »Rechtliche Grundlagen«, zeigt Ihnen die rechtlichen Grundlagen für Social Media Manager auf.

Kapitel 13, »Strategische Bedeutung und Möglichkeiten der sozialen Netzwerke«, stellt Ihnen die wichtigsten Social-Media-Plattformen vor. Dabei liegt der Fokus auf einer strategischen Einordnung sowie Einsatzbeispielen und Best Practices.

Kapitel 14, »Corporate Social Media«, hilft Ihnen als Social Media Manager bei der Standortbestimmung, wo Ihr Unternehmen aktuell steht und welche Strategie sich für das Unternehmen eignet. Darüber hinaus stelle ich Ihnen mögliche Modelle zur Integration von Social Media vor und zeige Ihnen, wie Sie Social Media im Unternehmen umsetzen und etablieren.

Kapitel 15, »Praktisches Social Media Management«, bietet Ihnen die geballte Ladung an Tipps, Tools und Erfahrungswerten für den Arbeitsalltag, die auf meiner langjährigen Arbeitserfahrung in diesem Bereich sowie dem stetigen Austausch mit anderen Profis basiert. Ob Aufgaben- und Zeitmanagement, Teamarbeit, Präsentationsgrundlagen, die Auswahl des richtigen Dienstleisters oder viele weitere Themen – hier finden Sie so ziemlich alles, was Sie brauchen.

Kapitel 16, »Ausblick«, gibt Ihnen eine Idee davon, welche Trends und Strömungen Sie als Social Media Manager im Auge behalten sollten.

Weitere Hinweise

Social Media sind ein unglaublich dynamisches Feld, als Social Media Manager lernt man niemals aus, und wenn ich wollte, hätte ich gleich mehrere Bücher mit dem füllen können, was ich Ihnen gerne mit auf den Weg gegeben hätte. Deshalb habe ich das gesamte Buch mit Links und Hinweisen zu Quellen gespickt, in denen Sie jeweils aktuelle Informationen über die Netzwerke und ihre Funktionen finden. Darüber hinaus halte ich Sie unregelmäßig im Blog unter *www.der-socialmediamanager.de* sowie auf der zugehörigen Facebook-Seite *www.facebook.com/dsomema* mit Informationen rund um das Berufsbild und das Social Web auf dem Laufenden. Dort freue ich mich natürlich auch sehr über Anregungen und Feedback zum Buch!

Danksagung

Zuallererst möchte ich meiner Familie und meinen Freunden danken, die mich im letzten Jahr oftmals entbehren mussten und massiv durch Zeit, Geduld und stundenlange Fachgespräche motiviert und unterstützt haben. Gleiches gilt natürlich auch für die Fachkollegen, Gastautoren, Interviewpartner, Fachgutachter, Testleser und diejenigen, die mir stets mit Rat und Tat zur Seite standen – ohne euch wäre dieses Buch nicht zu dem geworden, was es ist. Besonderer Dank gilt an dieser Stelle: Zara, Miko und ihren Großeltern, Oliver Ueberholz, Anne Grabs, Klaus Eck, Jochen Mai, Thomas Schwenke, Robert Basic, Mirko Lange, Jan Firsching, Andreas Bersch, Rouven Kasten, Samuel Kirchhof, Ben Ellermann, Stefan Evertz, Wolfgang Lünenbürger-Reidenbach, Paul Baumann, Svea Raßmus, Lutz Staake, Manuela Braun, Marco Jahn, Kristine Honig und meinem großartigen (virtuellen) Netzwerk.

Ein besonders großes Dankeschön geht außerdem an Erik Lipperts und das Team vom Rheinwerk Verlag, die ihr Vertrauen in meine Person gesetzt und mich auf meinem Weg tatkräftig unterstützt und geleitet haben.

1 Social Media – Chancen und Herausforderungen für Unternehmen

»Tippen Sie ›Social Media‹ in die Google-Suche ein und Sie werden in etwa 4,7 Millionen Ergebnisse in 30 Sekunden finden.«
Brian Solis, Principal, Altimeter Group

Wir müssen auf Facebook! Mit diesem Gedanken startet noch immer eine Reihe von Social-Media-Engagements in Deutschland. Darüber, welche Ziele damit erreicht werden sollen, machen sich laut einer Studie von PwC nur 40% der Organisationen Gedanken.[1] Was aber tun, um Social Media nachhaltig in das Geschäftsmodell zu überführen und ins Unternehmen zu integrieren, anstatt sie als neumodische Spielerei zu nutzen? Um diese Frage zu beantworten, werde ich zunächst aufzeigen, was Social Media wirklich bedeutet, welche Implikationen dies für Unternehmen mit sich bringt und welche Rolle der Social Media Manager in diesem Konstrukt einnimmt.

1.1 Social Media als fester Bestandteil der Kommunikation

Die schlechte Nachricht für die Social-Skeptiker zuerst: Social Media gehen nicht wieder weg! Für das Warum gibt es eine ganz einfache Erklärung: Social Media sind im Kern nichts Neues, sondern etwas, das schon seit jeher den Kern zwischenmenschlicher Interaktion ausmacht – Kommunikation. Der Unterschied sind die Dimensionen, in denen Gespräche heute stattfinden, und die Veränderungen in der Art und Weise, wie Menschen untereinander und mit Unternehmen kommunizieren. Das, was früher unter vier Augen besprochen wurde, ist, wenn der Absender es möchte, potenziell für Tausende Personen sichtbar. Die Reichweite des Einzelnen im Netz übersteigt teilweise sogar die Reichweite klassischer Medien. Auf der anderen Seite haben Unternehmen heutzutage ganz neue Möglichkeiten, von ihren Kunden zu lernen, direkt auf deren Bedürfnisse einzugehen und mit diesen in einen echten Dialog zu treten – das alles auch noch in Echtzeit. Auf diese veränderten Verhältnisse müssen sich Unternehmen einstellen, und Sie als Social Media Manager helfen ihnen dabei.

---

[1] Mehr zur Studie unter: *www.presseportal.de/pm/8664/2800270*

1.1.1 Was sind Social Media überhaupt?

Social Media (soziale Medien) sind ein Phänomen, dessen Definition nicht so trivial ist, wie es zunächst erscheinen mag. Definitionen wie »Oberbegriff für Werbung in sozialen Netzwerken« oder »digitale Medien und Technologien, die es den Nutzern ermöglichen, sich untereinander auszutauschen und mediale Inhalte einzeln oder in Gemeinschaft zu gestalten«[2] gehen an der Kernkomponente der Social Media vorbei und machen deutlich, dass der Begriff im allgemeinen Verständnis mit einigen Missverständnissen behaftet ist. Das Herz von Social Media ist nicht die Technologie in Form von sozialen Netzwerken, Blogs oder Multimediaplattformen. Die Quintessenz von Social Media ist das, was die Menschen im Netz mit diesen Plattformen und Kanälen machen.

Für einen Social Media Manager ist es elementar wichtig, ein tiefes und allumfassendes Verständnis für Social Media zu haben. Aus diesem Grund werde ich mit Ihnen eine Definition Schritt für Schritt erarbeiten.

Vor Social Media war das Web 2.0

Wie gesagt, genau genommen sind Social Media nichts Neues. Die Grundprinzipien dahinter wurden bereits vor einem Jahrzehnt durch den Begriff *Web 2.0* beschrieben. Das Web 2.0 steht dabei nicht nur für eine neue Technologie, sondern umschreibt eine fundamentale Änderung in der Art und Weise, wie Menschen das Internet nutzen. Wurde es zunächst eher als eine Art Werkzeug benutzt, führte das Aufkommen von Foren, Newsrooms und sozialen Netzwerken immer mehr dazu, dass der Mensch selbst ein Teil des Netzes wurde. Es waren nicht mehr länger nur Medienunternehmen, die Inhalte veröffentlichten, und Nutzer, die Inhalte konsumierten. Das Web 2.0 befähigte die Nutzer, selbst Inhalte zu erstellen und zu veröffentlichen, aus Konsumenten wurden *Prosumenten*.

> **Marketing-Basic: Was ist ein Prosument?**
>
> Als Prosument wird ein Konsument, also Kunde oder Verbraucher, bezeichnet, der gleichzeitig auch Produzent ist. Der Begriff wird in Verbindung mit nutzergenerierten Inhalten (*User-generated Content*) verwendet. Beispiel wäre hier ein Blogger, der sowohl Artikel liest als auch selbst welche schreibt (produziert).

Doch nicht nur die Absender von Inhalten veränderten sich, es war auch die Art, wie mit den Veröffentlichungen umgegangen wurde. Während klassische Medien wie TV und Zeitungen nur die Kommunikation in eine Richtung ermöglichen (*One-to-many-Kommunikation*), waren jetzt Dialoge möglich. Internetnutzer können untereinander, mit und über andere kommunizieren und ihre Meinungen und Gedan-

---

2 *http://de.wikipedia.org/wiki/Social_Media*

ken offen, öffentlich und unabhängig von Zeit und Raum äußern (*Many-to-many-Kommunikation*). Das natürlich nicht nur über die Inhalte, die andere Nutzer produziert haben, sondern auch über die Inhalte, die Medien und Unternehmen veröffentlicht haben. Nicht Tools und Software, die Nutzer zu diesem Schritt befähigen, sind das Web 2.0, sondern die Kombination aus Mensch und Technologie.

Web 2.0 = Mensch + Technologie

Die Einstiegsbarriere für das Web 2.0 ist niedrig, jede Person mit einem Internetanschluss kann theoretisch mit in die Konversation einsteigen.

Social Media = Mensch + Technologie + Beziehung

Social Media erweitern die Gleichung des Webs 2.0 um eine soziale Komponente und fügen Mensch und Technologie noch den Aspekt der Beziehung hinzu. Tools wie soziale Netzwerke bilden reale Beziehungen wie Freund-, Bekannt- und Verwandtschaften virtuell ab und schaffen zusätzliche digitale Beziehungsformen, wie zum Beispiel den *Follower* oder *Fan*. Darüber hinaus entstehen Beziehungen durch den Austausch über die einzeln oder gemeinschaftlich erstellten Inhalte. Menschen können nicht mehr länger nur mit anderen Menschen eine Beziehung eingehen, sondern auch mit Unternehmen, Medien, Behörden oder Marken. Die Möglichkeiten, die dieser digitale Dialog mit sich bringt, verändern nicht nur das Verhalten von Kunden, sondern auch die Erwartungen, die diese an ein Unternehmen stellen. Dieser Umstand bringt eine Reihe von Herausforderungen für Unternehmen und deren Kommunikation mit sich, auf die ich im folgenden Abschnitt 1.2 und Abschnitt 1.3 noch ausführlich eingehen werde. Zusammenfassend definiere ich Social Media an dieser Stelle wie folgt:

> »Der Begriff Social Media beschreibt das interaktive virtuelle Abbild von Beziehungen und der damit einhergehenden digitalen Kommunikation, die auf Basis von Web 2.0-Technologien wie sozialen Netzwerken, Blogs, Foren und Multimediaplattformen stattfindet.«

1.1.2   Social Media Management – eine Definition

Social Media Management umschreibt die Tätigkeit, die Unternehmen dabei hilft, in die digitale Kommunikation mit ihren Interessengruppen einzusteigen und diese erfolgreich zu managen. Dabei werden sämtliche Aspekte der digitalen Kommunikation, sowohl nach außen wie nach innen und in Richtung sämtlicher Anspruchsgruppen (Stakeholder) des Unternehmens, eingeschlossen. Die Aufgabenschwerpunkte lassen sich dabei grob in fünf Bereiche einteilen:

- ▶ Strategie
- ▶ Content Management
- ▶ Community Management
- ▶ Social Media Monitoring
- ▶ Change Management

Im Verlauf des Buches werde ich auf jeden dieser Bereiche ausführlich eingehen und Ihnen dabei helfen, diese Aufgaben erfolgreich innerhalb eines Unternehmens auszufüllen.

1.1.3 Zahlen und Fakten zu Social Media

Abschließend werde ich Ihnen noch ein paar Zahlen mit auf den Weg geben, die die Bedeutung des Themas Social Media unterstreichen. Social Media sind kein Hype, sondern ein Phänomen, das unsere Gesellschaft schon jetzt nachhaltig verändert hat und noch weiter verändern wird.

▶ Nirgendwo verbringen Internetnutzer so viel Zeit wie in den sozialen Medien. Die »State of Digital in 2019«-Studie von Hootsuite ergab, dass Internetnutzer im Schnitt 2,16 Stunden pro Tag in sozialen Netzwerken verbringen. In Deutschland sind es 1,04 Stunden und auf den Philippinen sogar 4,12 Stunden (siehe *https://hootsuite.com/pages/digital-in-2019*).

▶ Über 2 Mrd. Nutzer sind auf Facebook unterwegs. Wäre Facebook ein Land, wäre es damit vor China und Indien das größte Land der Erde.

▶ YouTube hat mehr als 1 Mrd. Nutzer, darüber hinaus werden jede Minute 300 Stunden an Videos hochgeladen und täglich 1 Mrd. Stunden an Videos wiedergegeben (*http://bit.ly/dsomemaYT15*).

▶ Wikipedia hätte in Form eines gedruckten Buches mehr als 2,25 Mio. Seiten.

▶ 53 % der Nutzer auf Twitter empfehlen Produkte an andere Nutzer weiter.

▶ 63 % der Kunden erwarten, dass Unternehmen Kundenservice auf den Social-Media-Kanälen anbieten. 90 % der Social-Media-Nutzer haben Social Media bereits als Kommunikationskanal mit Marken oder Unternehmen genutzt.[3]

Diese Liste ließe sich noch beliebig ausweiten, aber ich denke, der Punkt ist an dieser Stelle gemacht. Ich habe absichtlich Quellen ausgewählt, die stetig neue Statistiken herausbringen, darüber hinaus werde ich Sie mit Updates auf Facebook *www.facebook.com/dsomema* und unter *www.der-socialmediamanager.de* auf dem Laufenden halten.

1.2 Herausforderungen für Unternehmen

Menschen sind »Social«, in Deutschland haben 87 % der Internetnutzer ein Profil in mindestens einem sozialen Netzwerk, in der Gruppe der 14- bis 29-Jährigen sind

---

3 Smart Insights, *www.smartinsights.com/customer-relationship-management/customer-service-and-support/rise-social-media-customer-care/*

es sogar 98 %.[4] Doch was bedeuten diese Zahlen eigentlich für Unternehmen, und welche Konsequenzen ergeben sich aus den damit einhergehenden Anforderungen der Nutzer? Grundsätzlich ergeben sich hier vier Bereiche, die eine besondere Bedeutung haben:

▶ Schnelligkeit

▶ Transparenz

▶ Authentizität

▶ Dialogbereitschaft

Eine zusätzliche Herausforderung in jedem dieser Bereiche ist, dass alles, was im Social Web passiert, in der Öffentlichkeit stattfindet. Im Verlauf des Buches werden Sie lernen, wie Sie diesen Herausforderungen begegnen können.

1.2.1 Social Media = Informationen »auf Speed«

Die Art und Weise, wie sich Informationen verteilen, beschleunigt sich rapide, was dazu führt, dass das, was am Morgen in der Zeitung steht, für gut vernetzte Menschen »alt« ist. Eine besonders bemerkenswerte Veränderung ist in diesem Zusammenhang, dass Menschen nicht mehr zuerst aus dem Radio oder der Zeitung von Ereignissen wie einem Attentat oder dem Tod von Prominenten erfahren, sondern über Word-of-Mouth-Kommunikation in den sozialen Medien. Das kann im Fall einer herannahenden Katastrophe große Vorteile, aber auch massive Nachteile haben. Besonders eindrucksvoll sind hier die rapiden Reaktionen der Börsen weltweit auf die Tweets von Donald Trump. Wann immer der sogenannte »Twitter-Präsident« beispielsweise Strafzölle ankündigt (siehe Abbildung 1.1), begeben sich kurze Zeit später Börsenwerte weltweit in einen Sinkflug. Deswegen wurde Trump von der US-Bank JPMorgan der »Volfefe-Index« gewidmet, der steigt, wenn der US-Präsident börsenrelevante Tweets veröffentlicht.[5]

Abbildung 1.1 Wenn Trump Strafzölle androht, reagieren Börsen sofort.

---

4 *https://de.statista.com/statistik/daten/studie/153567/umfrage/nutzer-von-social-networks-und-communities-nach-alter/*

5 *https://boerse.ard.de/aktien/trump-tweets-bekommen-eigenen-index100.html*

Entsprechend wichtig sind die Themen Monitoring und Echtzeitkommunikation, die einiges an Herausforderungen an Unternehmen stellen. Auf diesen Themen-komplex werde ich noch ausführlich in Kapitel 9, »Social Media Monitoring und Measurement«, eingehen.

1.2.2 Social Media – alles ist erleuchtet

Falsche Versprechungen, Schönreden oder Ignorieren von Missständen oder Lei-chen im Keller? Das sind Dinge, die Unternehmen heutzutage lieber lassen sollten. Social Media stellen große Anforderungen an den Bereich Transparenz. Unterneh-men, die diesen nicht gerecht werden können oder wollen, kommen hier mitunter ganz schön in die Bredouille. Eine Offensive in Transparenz und Offenheit ist das beste Fundament für eine vertrauensvolle Beziehung. Unternehmen, die bereit sind, Fehler einzugestehen und sich dafür zu entschuldigen, gewinnen an Glaub-würdigkeit und Vertrauen.

Dies erlebte beispielsweise der Autobauer Daimler, der auf Twitter eine Anzeige für einen SUV mit dem Text »If this summer wasn't warm enough already, the Merce-des-AMG GLA 45 4MATIC will heat things up even more with this red-hot finish.« veröffentlichte (siehe Abbildung 1.2).

Abbildung 1.2 Unglücklicher Tweet, persönliche und transparente Reaktion

Dieser witzig gemeinte Tweet war im Kontext globaler Erwärmung unpassend und führte zu großer Kritik. Sascha Pallenberg, Head of Digital Transformation bei dem Autohersteller, erkannte den Fehler direkt und schaltete sich persönlich in die Kommunikation ein. Wie er selbst in einem Interview berichtete, war ihm an dieser

Stelle direkt klar, dass hier ein Mensch mit Gesicht und kein anonymes Firmen-konto gefragt war. Neben einer Entschuldigung erläuterte Pallenberg das Ziel der CO_2-neutralen Mobilität des Autobauers und bot sowohl auf der IAA als auch im LiveChat den persönlichen Austausch an. Auch auf dem Daimler-Account gab der Konzern den Fehler offen zu und entschuldigte sich ausdrücklich.

Darüber hinaus bietet der Automobilhersteller auf seinen Social-Media-Präsenzen weiterhin das Gespräch zu dem Thema an und beantwortet jegliche Fragen in dem Kontext. Genau diese Offenheit und Gesprächsbereitschaft wird heutzutage von Unternehmen gefordert, stellt aber vielerorts noch eine enorme Herausforderung dar.

1.2.3   Persönlichkeit statt Blackbox

Dialog findet zwischen Menschen statt, und in Social Media wird auch genau dies gefordert. Unternehmen sind nicht weiter eine Blackbox hinter einem Logo, son-dern gewinnen durch ihre Community und ihre Social Media Manager ein Gesicht. Diese persönlich und mit Foto vorzustellen gehört heutzutage zum guten Ton. Ein schönes Beispiel ist hier die interaktive Teamvorstellung von Rossmann auf Face-book (siehe Abbildung 1.3).

Abbildung 1.3 Das Rossmann-Team auf Facebook

Im Comic-Stil wird hier eine typische Bürosituation nachgestellt, per Mausklick sehen Sie zu jedem Mitarbeiter ein Foto, Namen, Position, Profile in den sozialen Netzwerken und das jeweilige Lieblingsprodukt aus dem Hause Rossmann.

Ebenso üblich ist es mittlerweile, dass Beiträge in den sozialen Netzwerken mit dem Namen oder Kürzel des jeweiligen Mitarbeiters gekennzeichnet werden. Die Mitarbeiter genießen großzügige Freiheiten in der Kommunikation mit den Nutzern, und die Tonalität der Kommunikation ist an die Umgebung angepasst. Auch dies stellt eine gewisse Herausforderung für klassische Unternehmensstrukturen dar. Unternehmen müssen großes Vertrauen in ihre Mitarbeiter haben und ihnen ausreichend Spielraum lassen, damit diese authentisch kommunizieren können. Authentizität ist hier der Schlüssel, denn unehrliche, verstellte Persönlichkeiten fliegen irgendwann auf und haben dann jegliches Vertrauen der Community verspielt. Ehrliche, sympathische Charaktere dagegen können aus Kunden echte Fans machen.

1.2.4 Echter Dialog statt PR-Floskeln

Social Media bedeuten Dialog, und damit meine ich nicht das Vorhandensein von Profilen in sozialen Netzwerken. Viel zu viele Unternehmen verkennen noch die Chancen, die in einem Gespräch auf Augenhöhe zwischen Unternehmen und Kunden liegen. So fand *facelift* in einer Kundenservice-Studie[6] heraus, dass noch immer 54,6 % aller Anfragen auf Facebook-Seiten durch die Unternehmen komplett ignoriert wurden. Das heißt zwar auch, dass die anderen 45,4 % mittlerweile verstanden haben, dass es wichtig ist, Nutzern zuzuhören und Antworten zu geben, doch oftmals endet der Prozess noch an dieser Stelle. Dabei bedeutet Dialogbereitschaft mehr als nur die Kenntnisnahme von dem, was der andere sagt, sondern erfordert den Willen dazu, Anregungen, Kritik und Lob aufzunehmen, damit zu arbeiten und dies auch nach außen zu kommunizieren. Konkret bedeutet das auch, dass Fachfragen intern geklärt und dort, wo sie gestellt wurden, beantwortet werden. Einer der häufigsten Fauxpas in diesem Kontext ist, dass das Social-Media-Team keinerlei Anbindung an die jeweiligen Fachabteilungen hat und die Kunden an ein Kontaktformular oder eine E-Mail-Adresse verweist (siehe Abbildung 1.4).

Dieses Vorgehen hat nichts mit Dialog zu tun und führt in den meisten Fällen nur dazu, dass der Kunde noch verärgerter ist als vorher. Gleiches gilt für Textbausteine und PR-Floskeln, die dem Nutzer nur eines zeigen, dass er nicht für voll genommen wird. Dabei ist es gar nicht so schwer, den Kunden zu zeigen, dass sie ernst genommen werden.

Häufig gestellte Fragen liefern in diesem Kontext die ideale Vorlage für Inhalte, die nutzergerecht aufgearbeitet auf den Redaktionsplan gehören. Konstruktive Verbesserungsvorschläge gehören an die entsprechende Fachabteilung weitergeleitet, ernsthaft geprüft und das Ergebnis als Rückmeldung kommuniziert. Diese einfachen Verhaltensweisen drücken echte Wertschätzung für die Anliegen und Ideen Ihrer Nutzer aus.

---

6 *http://bit.ly/dsomemaFL*

Abbildung 1.4 Fehlende Integration verärgert den Kunden.

Echte Dialogbereitschaft erfordert mehr als nur eine Front in den sozialen Medien, es müssen die entsprechenden Schnittstellen, Prozesse und Verknüpfungen hinter den Kulissen geschaffen werden. Dies ist eine große Herausforderung für Unternehmen, die sich aber mehrfach auszahlt, warum, werden Sie spätestens am Ende des Buches selbst beantworten können.

1.2.5 Neue Rollen im Unternehmen

Noch viel zu oft sieht die Realität in Deutschland so aus, dass die Verantwortung für das Social-Media-Engagement eines Unternehmens entweder zusätzlich von einem webaffinen Mitarbeiter aus dem Bereich Marketing oder PR übernommen oder direkt einem Praktikanten übertragen wird. Die Reichweite einer solchen Entscheidung ist den Verantwortlichen dabei oft nicht klar. Die Person, die ein Unternehmen im Bereich Social Media vertritt, hat bei bestimmten Zielgruppen eine höhere Reichweite als bisweilen der Pressesprecher. Im Ernstfall landet ein Fehler hier sogar in den klassischen Medien. Halbherzig oder unprofessionell betreute Auftritte können für das Unternehmensimage entsprechend verheerende Konsequenzen haben.

Noch immer hat nur rund die Hälfte der Unternehmen in Deutschland mindestens eine Position für das Engagement in den sozialen Medien geschaffen.[7] Dazu kommt, dass das, was die Unternehmen hier unter dem Berufsbild Social Media

---

7 www.bvcm.org/bvcm-studie-2018/

Manager zusammenfassen, eher der kompletten Bandbreite der neuen Rollen entspricht. Das Problem ist hier, dass jedes Unternehmen einen »anderen« Social Media Manager braucht. Was der Positionsinhaber können muss und was seine Aufgaben sind, hängt von dem jeweiligen Unternehmen ab. Die Herausforderung ist an dieser Stelle, genau zu evaluieren, was die konkreten Anforderungen sind, und dann die passende Besetzung zu finden. Abschnitt 5.2, »Hinweise für Arbeitgeber«, sowie Kapitel 2, »Der Social Media Manager – Berufsbild, Anforderungen und Aufgabengebiete«, werden Ihnen helfen, diese Aufgabe zu lösen.

1.3 Wie Social Media die Kommunikation zwischen Unternehmen und Menschen verändern

Sie wissen jetzt, was Social Media ausmacht und vor welche Herausforderungen dies Unternehmen stellt. Im nächsten Schritt reiße ich die fünf markantesten Auswirkungen für Marketing und Unternehmenskommunikation an, ausführlich werde ich auf diese Punkte noch in Kapitel 11, »Anwendungsfelder des Social Media Managements«, eingehen.

1.3.1 Der Kunde im Mittelpunkt

Ein Faktor wird augenblicklich klar: Die klassische Push-Methode, das heißt Werbung, die den Kunden kommentarlos vor die Nase gehalten wird und keinerlei Möglichkeit zu Dialog oder Diskussion bietet, funktioniert in den sozialen Medien nicht. Gleiches gilt für platte Verkaufsstrategien oder Ansätze, die völlig an den Wünschen der Kunden vorbeigehen. Darüber hinaus buhlen mittlerweile so viele Unternehmen um die Gunst und Aufmerksamkeit der Nutzer, dass es immer schwieriger wird, mit »normalen« Inhalten überhaupt wahrgenommen zu werden. Aus diesem Grund müssen Unternehmen umdenken und die Bedürfnisse und Anforderungen der Kunden in den Mittelpunkt stellen. Das Zauberwort heißt hier Mehrwert, denn einen solchen muss die Präsenz in den sozialen Medien für die Nutzer bringen, damit sie nachhaltig erfolgreich ist. Von diesem Ziel sind Unternehmen in Deutschland noch weit entfernt, wie das Marketing Center Münster in Kooperation mit Roland Berger herausfand. Satte 60% der Nutzer sagen, dass sie keinerlei Wert in den Nachrichten sehen, die sie in sozialen Netzwerken von Unternehmen bekommen.[8] Eine Studie von der Markenberatung *Prophet* präzisiert die Kritik noch, denn 90% der befragten Facebook-Nutzer beschwerten sich darüber, dass Unternehmen zu viel Werbung in dem Netzwerk posten.[9] Social Media geben

---

8 *http://bit.ly/dsomemaDTL*

9 *www.absatzwirtschaft.de/social-media-unternehmen-platzieren-fast-nur-werbebotschaften-63591/*

Ihnen die ideale Möglichkeit, Ihre Kunden in den Mittelpunkt zu stellen, denn Sie brauchen ihnen nur zuzuhören, um ihre Bedürfnisse, Wünsche und Kritikpunkte herauszufinden und gezielt darauf einzugehen. Unternehmen, die diese Chance nutzen, verschaffen sich einen echten Wettbewerbsvorteil.

1.3.2 Die neue Macht der Kunden

Word of Mouth oder Mundpropaganda spielte schon immer eine wichtige Rolle für Unternehmen, sowohl im positiven als auch im negativen Sinne. Früher war der Austausch über Produkte oder Dienstleistungen limitiert, im Schnitt erreichte Lob oder Kritik gerade einmal fünf weitere Personen. Heute kann ein Kunde seine Meinung theoretisch der ganzen Welt mitteilen. Allein der durchschnittliche Facebook-Benutzer erreicht mit einer Statusmeldung direkt 229 Personen. Personen, die größere öffentliche Aufmerksamkeit genießen, wie zum Beispiel Tiemo Wölken (siehe Abbildung 1.5), seines Zeichens Mitglied im Europaparlament, erreichen schnell über Zehn-, oder gar Hunderttausende Follower. Stars kommen problemlos in noch höhere Dimensionen, jeder einzelne Retweet erweitert diesen Einflusskreis zusätzlich.

Abbildung 1.5 Tiemo Wölken berichtet amüsant von seiner Bahn-Odyssee.

Das »Problem« für Unternehmen ist an dieser Stelle, dass ein gut vernetztes Individuum durchaus in der Lage ist, einen Imageschaden anzurichten.

Ein Blogpost, der durch gut gewählte Schlagworte ganz vorne bei einer Suche zu dem Unternehmen sichtbar ist, hinterlässt bei potenziellen Kunden einen negativen Beigeschmack. Es ist fast so, als ob der Kunde großflächig mit roter Farbe eine Warnung auf die Ladenfassade schreibt, was sogar dazu führen kann, dass ein Kauf nicht stattfindet.

Videotipp: Peter Kruse – revolutionäre Netze

Ein Video lege ich Ihnen in diesem Zusammenhang dringend ans Herz: die legendäre Rede von Peter Kruse, der die Machtverschiebung vom Anbieter zum Nachfrager in der Gesellschaft in unter 4 Minuten auf den Punkt bringt. Sie finden das Video unter *http://bit.ly/1dZDsIm*.

Doch in diesem Risiko liegt auch gleichzeitig eine große Chance für Unternehmen, denn der beste Fürsprecher ist ein Kritiker, dem nachhaltig geholfen wurde. Und nicht nur das – nirgendwo sonst sind Menschen so ehrlich und direkt mit ihrer Kritik wie im Internet. Hört ein Unternehmen hier genau zu, erhält es wertvolle Informationen darüber, wie es Produkte und Dienstleistungen besser machen kann. Darüber hinaus sind positive Bewertungen auf Portalen wie Yelp oder Amazon bares Geld wert. So zeigte eine Studie in den USA, dass ein Stern mehr in der Bewertung einem Restaurant im Schnitt 9% mehr Umsatz einbrachte.

1.3.3 Der hyperinformierte Konsument

Bewertungen sind auch das Stichwort für den nächsten wichtigen Aspekt, denn Social Media verändern die Art, in der Menschen Kaufentscheidungen treffen. Kunden können heute auf Erfahrungsberichte, Tests und Meinungen der ganzen Welt zugreifen. Und genau das tun sie auch. Informationen aus Social Media sind inzwischen genauso wichtig für eine Kaufentscheidung wie jene aus dem Fernsehen und bereits wichtiger als die aus dem Radio.[10]

Besonders deutlich wird dies an einem Beispiel. Angenommen, Sie möchten eine Kaffeekapsel-Maschine erwerben und geben die Produktnamen zweier bekannter Vertreter in Google ein. Das Ergebnis sind Seiten voller Erfahrungsberichte und Vergleiche zu den unterschiedlichen Maschinen (siehe Abbildung 1.6) – ausreichend Lektüre, um eine Kaufentscheidung zu fällen.

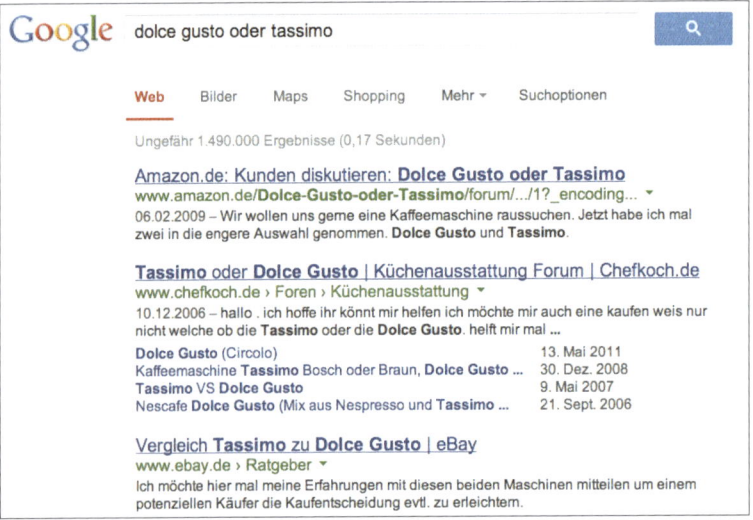

Abbildung 1.6 Erfahrungsberichte zu Kaffeekapsel-Maschinen

---

10 www.marketing-boerse.de/news/details/1819-social-media-so-erfolgreich-wie-tv-und-radio-werbung/145611

Die Studie »Trends im E-Commerce« der BITKOM unterlegt dies mit Zahlen:[11] 35 % der Käufer informieren sich vor dem Kauf im Geschäft in Blogs und Foren über das anvisierte Produkt, 73 % lesen sich die Bewertungen durch, bevor sie online eine Bestellung abschicken. Die Informationen auf der Herstellerseite studieren dagegen nur 51 %. Eine zusätzliche Herausforderung ist an dieser Stelle, dass zufriedene Kunden deutlich weniger Bewertungen schreiben als unzufriedene. Diesen Umstand unterstreicht eine interessante Zahl zu den Amazon-Bewertungen: 80 % der Rezensenten vergeben hier die schlechteste Bewertung von einem Stern.

1.3.4   Fokus auf Beziehungen

Unternehmen, die mit dem direkten Ziel, den Umsatz zu erhöhen, in das Social Web einsteigen, werden enttäuscht sein. Mehrere Studien beweisen, dass Ansätze wie F-Commerce & Co. nicht die Erwartungen erfüllen, die Unternehmen haben. Strategien mit dem Fokus Customer Relationships, also Aufbau und Erhalt einer langfristigen Beziehung zu den Kunden, sind nachweislich erfolgreicher und können als Nebeneffekt sogar noch Mehrverkäufe verzeichnen. Das Warum ist hier ganz einfach – Menschen kaufen von Menschen und Marken, die sie kennen, mögen und denen sie vertrauen. Nutzer möchten verstanden, ernst genommen, gehört, unterhalten und nach ihrer Meinung gefragt werden, eben ganz genauso wie in einer echten Beziehung.

Investiert ein Unternehmen in diese Faktoren, ist die Wahrscheinlichkeit höher, dass die Kaufentscheidung auf das eigene Produkt oder die Dienstleistung fällt. Entsprechend sollten Sie sich platte Werbung und Verkaufsversuche sparen und lieber auf Inhalte setzen, die Ihre Zielgruppen zu Interaktion und Dialogen anregen. Seien Sie interessant, humorvoll und hilfreich, lassen Sie Ihre Kunden bei Produktinnovationen mithelfen, oder bieten Sie ihnen einen Mehrwert dafür, dass sie sich offen zu Ihnen bekennen. Im Endeffekt geht es auch nur nebensächlich um Reichweite. Hohe Fan- oder Follower-Zahlen sind zwar ganz nett, aber der Aspekt, von dem Unternehmen wirklich profitieren, ist die Interaktion. Kaum ein anderes Medium hilft Unternehmen so sehr dabei, ihre Zielgruppe zu verstehen und ihre Produkte und Kampagnen entsprechend so zu gestalten, dass diese bestmöglich angesprochen wird. Nutzen Sie diese Chance, um die Beziehungen lebendig zu halten.

1.3.5   Kundenservice auf einem neuen Level

Vor ein paar Jahren noch unvorstellbar, heute Best Practice – ein Kunde beschwert sich im Social Web, und das beklagte Unternehmen bietet in unter 5 Minuten seine Hilfe an, ohne dass der Kunde dieses direkt angesprochen hat.

---

11 *www.bitkom.org/files/documents/BITKOM_E-Commerce_Studienbericht.pdf*

Mit der Sichtbarkeit der Meinungen über Produkte und Dienstleistungen steigt die Bedeutung der Kundenzufriedenheit für die Unternehmen. Guter Kundenservice generell steigt in der Bedeutung, und insbesondere der öffentlich sichtbare im Social Web ist maßgeblich für das Image eines Unternehmens mitverantwortlich. Immer mehr Unternehmen verstehen diesen Aspekt und wagen sich an diesen »Kundenservice 2.0« sowie an die damit verbundenen Herausforderungen heran. Kunden im Netz erwarten deutlich schnellere Reaktionszeiten, lassen sich nicht mit Ausreden hinhalten und erwarten eine persönliche Kommunikation auf Augenhöhe. Darüber hinaus ist die Interaktion zwischen Servicemitarbeiter und Kunden bis zu einem bestimmten Punkt öffentlich sichtbar. Doch genau hier liegt die Chance, denn die Servicequalität beeinflusst die Kaufentscheidung. Guter Service macht entsprechend nicht nur den bestehenden Kunden zufrieden, sondern zieht potenziell auch neue Kunden an. Dass es sich lohnt, in diesen Sektor zu investieren, zeigt das Engagement der Telekom mit dem Telekom_hilft-Team. Die Telekom konnte in einer Studie in Zusammenarbeit mit der Universität St. Gallen deutliche positive Effekte auf Kundenzufriedenheit, -bindung und Servicequalität nachweisen. Dabei werden die Servicechancen allein im Faktor Kundenbindung durch eine Reduzierung der Churn Rate (Kündigungsrate) auf mehrere 100 Mio. € beziffert.[12]

Ein weiterer Aspekt des Kundenservice 2.0 ist das Phänomen »Kunden helfen Kunden«. Sprich, die eigenen Mitarbeiter werden durch aktive Mitglieder der Community entlastet, die anderen Mitgliedern helfen. Für eine solche Dynamik sind jedoch sehr aktive und zufriedene Kunden notwendig, nicht jedes Unternehmen ist in der Lage, die kritische Masse zu erreichen. Wenn es gelingt, entsteht hier weiteres Potenzial für Einsparungen im Bereich Kundenservice.

Wie Sie sehen, bringt das Thema Social Media eine Reihe Chancen, aber auch Anforderungen und Herausforderungen mit sich. In diesem Buch lernen Sie das notwendige Handwerkszeug dafür, Ihr Unternehmen oder Ihre Organisation grundlegend auf das Social Web vorzubereiten und Social Media erfolgreich zu nutzen. Bevor ich jedoch auf diesen aktiven Teil des Social Media Managements eingehe, stelle ich Ihnen das facettenreiche Berufsbild des Social Media Managers vor.

---

12 *http://bit.ly/dsomemaCCSME*

TEIL I
Berufsbild Social Media Manager

2 Der Social Media Manager – Berufsbild, Anforderungen und Aufgabengebiete

> *»Die eierlegende Wollmilchsau ist eine humoristisch-karikaturistische Verbindung aus Huhn, Schaf, Kuh und Schwein. Sie umfasst damit alles Positive ohne Nachteile, sie umfasst das Unumfassbare. Wenn also jemand oder etwas wie eine eierlegende Wollmilchsau ist, dann ist das ein paradoxer Alleskönner, der alle noch so schwierigen oder widersprüchlichen Anforderungen erfüllt.«*
> *Gesellschaft für deutsche Sprache*

Studiert man die Stellenanzeigen für Social Media Manager, bekommt man bisweilen das Gefühl, dieser sei ein Fabelwesen, die berühmt-berüchtigte eierlegende Wollmilchsau. Neben der Koordinierung der Social-Media-Aktivitäten soll er oder sie das Suchmaschinenmarketing übernehmen und sehr gute Kenntnisse in HTML und Flash mitbringen. Mein erster guter Rat an dieser Stelle: Nehmen Sie solche Stellenanzeigen nicht allzu ernst. Viele Unternehmen wissen nicht, was sie suchen, denn das Berufsbild ist für viele Personalabteilungen noch immer diffus. Oftmals wird an dieser Stelle versucht, einfach mehrere Fliegen mit einer Klappe zu schlagen und alle Themen, die mit dem Internet zu tun haben, in einer Stellenanzeige unterzubringen. Als was sich das Berufsbild dann in der Realität entpuppt, ist ein ganz anderes Thema.

Ich zeige Ihnen im Verlauf dieses Kapitels, wie der Beruf wirklich aussieht, welche Aufgaben auf Sie zukommen werden und welche Anforderungen Sie idealerweise erfüllen sollten, um diese bestmöglich bewältigen zu können. Zum Ausklang habe ich für Sie sechs Social Media Manager mit ganz unterschiedlichen Schwerpunkten zu ihrem Arbeitsalltag interviewt. Den Abschluss des Kapitels bildet eine Checkliste, anhand der Sie testen können, ob der Beruf etwas für Sie ist.

2.1 Das Berufsbild Social Media Manager

Das Wichtigste vorweg, es gibt kein einheitlich definiertes Berufsbild des Social Media Managers. Das hat primär drei Gründe:

1. **Die Entwicklung des Berufsbildes**
   Die Bezeichnung *Social Media Manager* ist noch relativ jung und im Endeffekt aus einer Diversifizierung des *Community Managers* entstanden. Auf diesen Zu-

sammenhang gehe ich noch genauer in Abschnitt 2.1.1, »Geschichte des Berufsbildes«, ein.

2. **Der Kontext, in dem der Social Media Manager angestellt ist**
   Das erste große Unterscheidungskriterium ist die Anstellung in einem Unternehmen oder in einer Agentur. Der externe Social Media Manager (Agentur) hat
   in der Regel einen stärkeren Fokus auf dem beratenden und exekutiven Teil der
   Arbeit, während bei einem internen Social Media Manager der Schwerpunkt
   mehr auf der Koordination im Unternehmen selbst liegt. Ein weiteres Kriterium
   ist die Größe des Unternehmens. Während große Unternehmen eher in der Lage
   sind, ganze Teams für das Thema Social Media zu engagieren, ist der Verantwor-
   tungs- und Aufgabenbereich in kleinen und mittelständischen Unternehmen für
   den Einzelnen oft größer. Eine grobe Vorstellung vermittelt Ihnen hier die Studie
   »Social Media und Community Management in 2018« des Berufsverbandes
   BVCM e.V.[1] Demnach sind Teams mit ein bis zwei Festangestellten zu 67 % in
   kleinen und mittelständischen Unternehmen (KMU) und zu 33 % in Großunternehmen mit mehr als 500 Mitarbeitern zu finden. Teams mit mehr als acht Mitarbeitern sind mit 76 % überwiegend in Großunternehmen vertreten.

3. **Der Reifegrad des Social-Media-Engagements des Unternehmens**
   Steht ein Unternehmen noch ganz am Anfang des Engagements in den sozialen
   Medien, ist das Aufgabenprofil ein ganz anderes als bei einem Unternehmen,
   das bereits seit Jahren aktiv ist.

Das Berufsbild in diesem Buch basiert ausschließlich auf den Erfahrungen und der
Evaluation von Praktikern. Dabei stütze ich mich einerseits auf die Studienergebnisse des Bundesverbandes Community Management e.V. für digitale Kommunikation und Social Media (BVCM) und andererseits auf persönliche Erfahrungen und
Gespräche mit diesen und weiteren Experten der Branche.

Was ist der BVCM?

Der Bundesverband Community Management e.V. für digitale Kommunikation und Social Media ist der Berufsverband für Social Media und Community Manager in Deutschland. Der BVCM wurde im Jahr 2008 gegründet und hat rund 350 Mitglieder, die in
diesen Berufen arbeiten. Auf Basis dieses immensen Erfahrungsschatzes tauschen sich
die Mitglieder regelmäßig zum Themenkomplex Community und Social Media Management aus. In diesem Rahmen werden wissenschaftliche Studien durchgeführt und
Handlungsempfehlungen für die Wirtschaft veröffentlicht.

Erklärtes Ziel des BVCM ist es, das Berufsbild Community bzw. Social Media Manager
weiter zu professionalisieren und eine entsprechende Wahrnehmung für den Berufs-
zweig in der Wirtschaft zu schaffen. Weitere Informationen über den BVCM finden Sie
unter *http://bvcm.org*.

---

1   *www.bvcm.org/bvcm/ausschuesse/forschung/bvcm-studie-2016/*

2.1.1   Geschichte des Berufsbildes

Wie bereits in der Einführung erwähnt, ist das Berufsbild des Social Media Managers ein relativ neues Phänomen, das erst mit der Verbreitung des Begriffs *Social Media* in den Fokus rückte. Alles andere als neu dagegen ist das Berufsbild des Community Managers, der gleichzeitig die Vorstufe wie auch eine Variante des Social Media Managers ist.

In den 1990er Jahren, als sich Foren und Newsboards verbreiteten, entstand eine Position, die sich um die Weiterentwicklung und Ordnung in diesen Communitys kümmerte. Damals wurde der Begriff *Community Manager* zwar noch nicht benutzt, aber die Grundlage für das Berufsbild war gelegt. Im Jahr 2000 veröffentlichte Amy Jo Kim mit »Community Building on the Web« eines der Standardwerke für Community Manager, und mit der ersten offiziellen Betitelung *Web 2.0* durch Tim O'Reiley 2005 wurde eine stärkere Wahrnehmung für diese Profession geschaffen. Jeremy Owyang wertete 2007 Stellenbeschreibungen für Community Manager aus und stellte auf dieser Basis die vier Grundsätze des Community Managers auf.[2]

Erst Mitte 2008 begann der Begriff *Social Media Manager* langsam an Bedeutung zu gewinnen. Den Verlauf dieser Entwicklung habe ich mit Google Trends (*www.google.com/trends*) für Sie visualisiert.

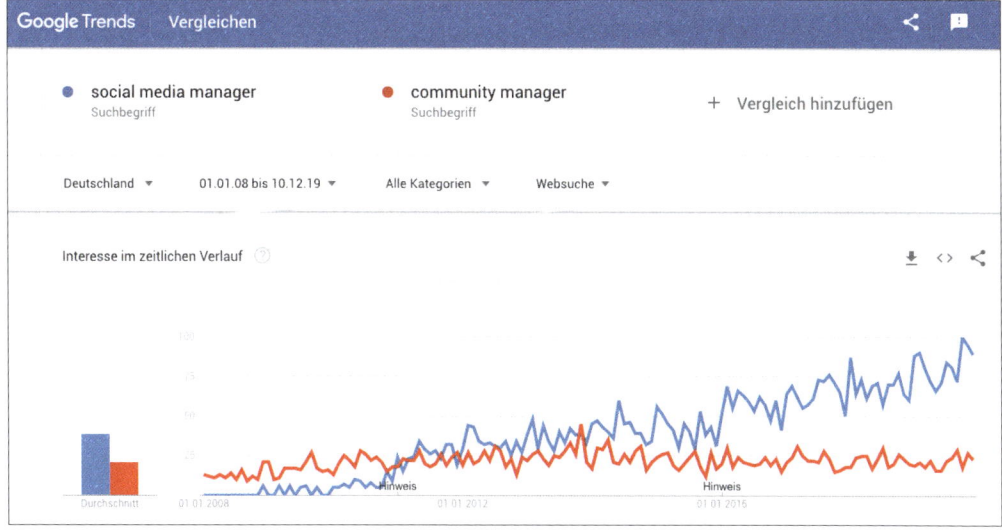

Abbildung 2.1 Die Begriffe »Social Media Manager« und »Community Manager« in Google Trends

---

2   *http://bit.ly/16KkmR0*

Sie sehen in Abbildung 2.1 den Vergleich der Suchanfragen weltweit zu den Begriffen »Community Manager« (rote Linie) und »Social Media Manager« (blaue Linie) im Zeitraum von Januar 2009 bis November 2019. Bis 2009 lagen die Anfragen zum Social Media Manager auf der Nulllinie, das heißt, es gab keine oder so wenige Anfragen, dass diese nicht dargestellt werden können. Nach diesem Zeitpunkt steigt das Volumen der Anfragen langsam an, und erst ab Mitte 2010 ist ein deutliches Wachstum sichtbar. Kurz vor diesem Zeitpunkt wurden Social Media zum absoluten Trend in Deutschland, und immer mehr Unternehmen begriffen, dass ein Engagement mehr bedeutet, als eine Facebook-Seite zu haben.

Der BVCM veröffentlichte kurz vor diesem Hype im Mai 2010 eine erste offizielle Definition für Community Management:

> *»Community Management ist die Bezeichnung für alle Methoden und Tätigkeiten rund um Konzeption, Aufbau, Leitung, Betrieb, Betreuung und Optimierung von virtuellen Gemeinschaften sowie deren Entsprechung außerhalb des virtuellen Raumes. Unterschieden wird dabei zwischen operativen, den direkten Kontakt mit den Mitgliedern betreffenden, und strategischen, den übergeordneten Rahmen betreffenden, Aufgaben und Fragestellungen.«*

Das Berufsbild des Community Managers hat sich im Zuge der Professionalisierung von Social Media im Unternehmen ausdifferenziert. Das, was in der obigen Definition unter Community Management zusammengefasst war, lässt sich heute in Community Management und Teilaspekte des Social Media Managements unterscheiden. Dabei wird der übergeordnete strategische Rahmen des Social-Media-Engagements dem Social Media Manager zugeordnet.

Dieser kurze Ausflug in die Geschichte des Berufsbildes erklärt Ihnen, warum die Begriffe Social Media und Community Manager so eng verbunden sind und teilweise noch synonym verwendet werden. Die Abgrenzung der Berufsbilder folgt im nächsten Abschnitt.

2.1.2   Abgrenzung: Social Media und Community Manager

Die Abgrenzung zwischen den Berufsbildern des Social Media und des Community Managers ist nicht ganz trivial, da die Grenzen fließend sind. Trotzdem werde ich Ihnen eine grobe Vorstellung davon mitgeben, wo die jeweiligen Schwerpunkte liegen.

Social Media Manager

Der Fokus des Social Media Managers liegt darauf, einen übergeordneten strategischen Rahmen für das Social-Media-Engagement seines Unternehmens zu schaffen und diesen kontinuierlich weiterzuentwickeln. Dies gilt sowohl für den internen Rahmen, wie zum Beispiel die Prozesse im Unternehmen, als auch für den externen

Rahmen, wie beispielsweise die Auswahl der Plattformen. Der Social Media Manager ist Dreh- und Angelpunkt des Social-Media-Engagements. Er bildet die Schnittstelle in allen beteiligten Abteilungen, plant, koordiniert, begleitet und überprüft unternehmensweit sämtliche Maßnahmen, die im Rahmen der Social-Media-Strategie notwendig sind. Zu der konkreten Ausgestaltung dieser Aufgaben komme ich gleich in Abschnitt 2.2, »Aufgaben des Social Media Managers«.

Community Manager

Die Kernaufgabe des Community Managers ist der direkte Dialog mit den Stakeholdern des Unternehmens online. Der Community Manager ist Gesicht und Markenbotschafter des Unternehmens und gleichzeitig das Sprachrohr der Kunden. Er ist verantwortlich für die Moderation der Unternehmensplattform(en) und steht in Zeiten der Krisenkommunikation an vorderster Front. Zur Aktivierung der Community gehört die Produktion von Inhalten genauso zu seinem Aufgabengebiet wie teilweise die Organisation und Durchführung von Events on- und offline. Auf strategischer Ebene hat er die Weiterentwicklung und Aktivierung der Community fest im Blick und weiß jederzeit, wie gerade die Stimmung ist. Perspektivisch ist die Leitung eines Teams möglich.[3]

Nun kennen Sie die Theorie, in der Realität werden Sie immer wieder Social Media Manager finden, die zusätzlich den Dialog mit ihren Fans führen, und Community Manager, die für die gesamte Social-Media-Strategie verantwortlich sind.

2.2   Aufgaben des Social Media Managers

Es gibt sieben große Aufgabenbereiche, die Sie als Social Media Manager erwarten:

1. Strategie
2. Change Management/Überzeugungsarbeit
3. Monitoring/Reporting
4. Schnittstellenfunktion
5. Koordination sämtlicher Social-Media-Aktivitäten des Unternehmens
6. Qualitätssicherung von Inhalten
7. Führung der Junior Social Media Manager und des Community-Teams

Die Gewichtung der Bereiche ist je nach Reifegrad des Social-Media-Engagements Ihres Unternehmens komplett unterschiedlich. So spielt am Anfang eines Engage-

---

3   Ich habe für den BVCM ein ausführliches Stellenprofil eines Community Managers erstellt, das unter *www.bvcm.org/2016/03/community-manager-stellenprofil-fuer-arbeitnehmer-und-arbeitgeber/* abrufbar ist.

ments das Thema »Koordination der Social-Media-Aktivitäten« so gut wie keine Rolle, während es später in den Mittelpunkt der Tätigkeit rückt.

Strategie

Die Ausarbeitung und kontinuierliche Weiterentwicklung der Strategie ist einer der Dreh- und Angelpunkte Ihrer Tätigkeit als Social Media Manager. Die Strategie und an welcher Stelle Sie und Ihr Unternehmen sich gerade befinden, hat einen großen Einfluss auf Ihre Tagesgestaltung. Ist noch keine Strategie vorhanden, gilt es zunächst, sämtliche Informationen zu sammeln, damit eine Ausarbeitung dieser überhaupt möglich ist. Dieses Thema reicht vom internen Audit über die Analyse des Social Webs bis hin zur Evaluation der Ressourcen. In einem nächsten Schritt gilt es, Ziele und die passenden Kennzahlen zu definieren und entsprechende Maßnahmen zu formulieren. Dies wird einen guten Teil Ihrer Zeit beanspruchen, unabhängig davon, ob Sie mit einer Agentur zusammenarbeiten oder nicht. Das Arbeitspensum geht mit dem Start der Umsetzung in andere Bereiche über, die Überprüfung und Anpassung der Strategie wird sich jedoch als beständiger Posten in Ihren Aufgaben halten. Dieses Thema wird ausführlich in Kapitel 6, »Die Social-Media-Strategie«, behandelt.

Change Management/Überzeugungsarbeit

Insbesondere in der Einführungsphase der Strategie werden Sie einen Großteil Ihrer Zeit damit verbringen, das Unternehmen in allen Belangen auf Social Media vorzubereiten. Sie helfen sämtlichen Abteilungen, sich auf die Anforderungen des Social Webs einzustellen und entsprechende Prozesse aufzusetzen oder dahingehend zu optimieren. Darüber hinaus müssen Sie Mitarbeiter in Ihrem Unternehmen davon überzeugen, dass Social Media eine gute Idee sind, etwa indem Sie Schulungen anbieten und in jeder Abteilung präsentieren, was Sie vorhaben und warum dies sinnvoll für das Unternehmen ist. Sie nehmen Mitarbeitern die Angst vor Shitstorms, durchbrechen langsam, aber sicher starre Hierarchien und sorgen dafür, dass Ihr Unternehmen nach innen wie außen so transparent wie nötig wird. Die Herausforderungen des Change Managements und wie Sie damit umgehen, stelle ich Ihnen in Kapitel 10, »Change Management (interne »Überzeugungsarbeit«)«, vor.

Monitoring/Reporting

Die Themen *Monitoring* und *Reporting* können mitunter langwierig sein. Zunächst einmal gilt es, Konzepte für das Monitoring zu erstellen und entsprechend den richtigen Anbieter für die eigenen Bedürfnisse zu finden (dazu ausführlich in Kapitel 9, »Social Media Monitoring und Measurement«). Der Umfang Ihres Monitorings bestimmt dabei die Reportingstruktur. Das bedeutet, je mehr Sie messen können, desto genauer werden auch die Zahlen, die Sie der Geschäftsleitung bieten können.

Erfahrungsgemäß starten viele Unternehmen mit freien Tools und einer händischen Auswertung der Ergebnisse. Befinden Sie sich noch in diesem Stadium und haben niemanden, der Sie dabei unterstützt, wird diese Tätigkeit einen guten Teil Ihrer Zeit beanspruchen. Werden Sie später von einer Agentur oder einem Mitarbeiter darin unterstützt, geht es in erster Linie darum, die geeigneten Strukturen für das Reporting an die unterschiedlichen Interessengruppen auszuarbeiten. Nicht zu vergessen ist hier natürlich auch die Analyse der Ergebnisse sowie die Ableitung strategischer Maßnahmen aus diesen.

Schnittstellenfunktion

Als Social Media Manager nehmen Sie eine Schnittstellenfunktion zwischen den unterschiedlichen Abteilungen Ihres Unternehmens ein. Sie sind der Wissensträger, beantworten Fragen rund um Social Media und vermitteln zwischen den Interessen der Abteilungen. Sie helfen dabei, wenn die Personalabteilung ein Azubi-Blog ins Leben rufen möchte, und erklären der Marketingabteilung, warum es nicht die beste Idee ist, ständig Gewinnspiele auf Facebook zu machen (warum, lesen Sie in Abschnitt 8.4.2, »Die wichtigsten Grundregeln für Interaktion in Online-Communitys«, und Abschnitt 13.2.18, »Gewinnspiele und Promotions«). Dieser Teil Ihrer Tätigkeit wird durchgehend eine Rolle in Ihrem Alltag spielen, sich aber mit der Zeit verändern. Steht Ihr Unternehmen noch ganz am Anfang eines Engagements, geht es zunächst darum, pro Abteilung einen oder besser noch zwei Ansprechpartner zu finden, die ihrerseits die Schnittstellenfunktion zu Ihnen übernehmen. Mit diesen gilt es dann zu klären, wo gemeinsame Ansatzpunkte gesehen werden und welche Informationen beide Seiten regelmäßig benötigen. Bei ausgeprägter Zusammenarbeit ist es sinnvoll, einen monatlichen Jour fixe einzuplanen, an dem wechselseitige Themen besprochen werden können. Darüber hinaus sollte es ein Meeting im Monat geben, in dem alle Social-Media-Ansprechpartner zusammenkommen, um die Planung zu klären.

Koordination sämtlicher Social-Media-Aktivitäten

Eng mit der Schnittstellenfunktion hängt die Koordination sämtlicher Social-Media-Aktivitäten im Unternehmen zusammen. Sie sind dafür verantwortlich, dass jeder im Unternehmen weiß, was seine Aufgabe ist, um dem Social-Media-Engagement zum Erfolg zu verhelfen. Sie erarbeiten den Redaktionsplan für das Unternehmensblog, verteilen Artikel auf Personen und sorgen dafür, dass diese rechtzeitig vorliegen. Sie stimmen mit der Grafik das neue Headerbild für Facebook und YouTube ab und liefern dem Marketing die URLs für den neuen Twitter-Support-Kanal, damit dieser in den nächsten Newsletter eingebaut werden kann. Besonders zu Beginn eines Engagements oder in kleinen und mittelständischen Unternehmen kann es gut sein, dass Sie als Social Media Manager eine Reihe von Aufgaben, wie zum Beispiel das Erstellen von Inhalten, selbst übernehmen müssen.

Qualitätssicherung von Inhalten

Bevor ein Blogbeitrag online geht oder ein Bild an wichtiger Stelle getauscht wird, gehen diese Inhalte über Ihren Tisch. Sie sind dafür verantwortlich, dass Texte, Bilder und Videos, die im Namen Ihres Unternehmens im Social Web veröffentlicht werden, einem gewissen Qualitätsstandard entsprechen. Diese Aufgabe kann unterschiedlich viel Zeit in Anspruch nehmen. Mal sind mehrere Abstimmungszyklen mit der Agentur nötig, dafür passt der Blogartikel im ersten Anlauf und umgekehrt.

Führung der Junior Social Media Manager und des Community-Teams

Eine Aufgabe, die in einem späteren Stadium des Engagements auf Sie zukommt, ist die Führung der Junior Social Media Manager und gegebenenfalls des Community-Teams.

2.3   Kompetenzmodell und Anforderungsprofil

Wir nähern uns den konkreten Anforderungen des Berufsbildes eines Social Media Managers mithilfe eines sogenannten *Kompetenzmodells*. Ein Kompetenzmodell fasst die Fähigkeiten, Fertigkeiten und Eigenschaften sowie das Wissen zusammen, das eine Person benötigt, um in einer bestimmten Position richtig gute Leistungen zu erbringen. Typischerweise sind Kompetenzmodelle in fünf Bereiche unterteilt (siehe Abbildung 2.2):

▶ fachliche Kompetenzen

▶ Methodenkompetenz

▶ persönliche Kompetenzen

▶ soziale Kompetenzen

▶ Führungskompetenzen

Im Folgenden werde ich Ihnen die fünf Kompetenzbereiche ausführlich vorstellen und abschließend in einem Anforderungsprofil übersichtlich zusammenfassen.

Entwicklung des Kompetenzmodells seit der ersten Auflage

Die Arbeitsgruppe Berufsbild im BVCM e.V. hat unter meiner Leitung das Kompetenzmodell aus der Erstauflage als Grundlage für eine fundierte Weiterentwicklung herangezogen. So wurde das ursprüngliche Kompetenzmodell validiert und gemeinsam mit hauptamtlichen Social Media und Community Managern sowie HR-Experten in eine Form gebracht, die sowohl Arbeitgebern als auch Arbeitnehmern Orientierung gibt. Das zugehörige Whitepaper finden Sie unter *http://bit.ly/dsomemastpro*. An dieser Stelle konzentriere ich mich auf die Darstellung für Arbeitnehmer.

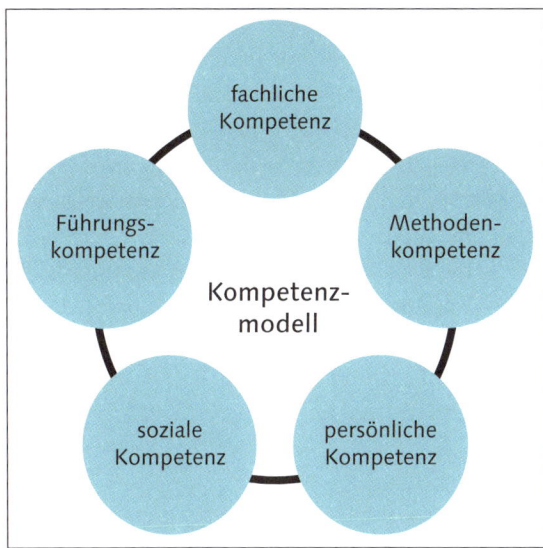

Abbildung 2.2 Bereiche des Kompetenzmodells

2.3.1   Fachliche Kompetenzen

»Unter Fachkompetenz, Sachkompetenz, Fachkenntnis, Fachkunde, Sachkunde, Fachwissen, Hardskills versteht man die Fähigkeit, berufstypische Aufgaben und Sachverhalte den theoretischen Anforderungen gemäß selbstständig und eigenverantwortlich zu bewältigen. Die hierzu erforderlichen Fertigkeiten und Kenntnisse bestehen hauptsächlich aus Erfahrung, Verständnis fachspezifischer Fragestellungen und Zusammenhängen sowie der Fähigkeit, diese Probleme technisch einwandfrei und zielgerecht zu lösen.« (Wikipedia)

Lassen Sie sich von der langen Liste fachlicher Anforderungen nicht verunsichern. Betrachten Sie diese Vielzahl von Kompetenzen als Werkzeugkasten, aus dem Sie, je nach konkreter Stelle, mal mehr und mal weniger Werkzeug benötigen.

Branchenkenntnisse

Als Social Media Manager müssen Sie sich in der Branche Ihres Unternehmens auskennen oder zumindest gewillt sein, eine Menge darüber zu lernen. Jede Branche hat ihre Eigenarten, aus denen Chancen, aber auch Risiken entstehen. Sind Sie branchenfremd, müssen Sie genau diese Besonderheiten aufspüren und in der Social-Media-Strategie berücksichtigen. Das bedeutet, Sie müssen sich auf die Branche einlassen, sich für die Themen begeistern können. Suchen Sie sich ein Unternehmen, das zu diesen Anforderungen passt, tauschen Sie sich mit Experten aus, und werden Sie selbst zu einem.

Soziale Netzwerke

Sie melden sich sofort in jedem neuen sozialen Netzwerk an, um es zu testen, und können gar nicht mehr zählen, wie viele Accounts Sie mittlerweile haben? So ausgeprägt muss Ihr Wissensdurst im Bereich soziale Netzwerke noch nicht einmal sein, verkehrt ist es jedoch nicht. Sie sollten die größten deutschen Netzwerke kennen und in diesen einen Account besitzen, den Sie aktiv nutzen. Idealerweise testen Sie dort, wo es möglich ist, auch die Funktionen, die für ein Unternehmen interessant sind. Zum Beispiel führen Sie die Facebook-Seite für Ihren Kung-Fu-Klub, schreiben Ihr Blog oder laden Ihre Urlaubsvideos geschützt auf YouTube hoch, um hier die Funktionen kennenzulernen. Sie müssen stets auf dem neuesten Stand sein, welche Trends und Informationen in diesem Bereich aktuell sind. Darüber hinaus tauschen Sie sich gerne mit anderen Experten über diese Entwicklungen aus.

Marketing

Ein solides Grundwissen zum Thema Marketing ist für einen Social Media Manager unerlässlich. Sie verstehen Marketing im Sinne des beziehungstheoretischen Ansatzes als ganzheitliches Konzept mit der Zielsetzung, Kundenbeziehungen aufzubauen, zu stärken und zu erhalten. Sie müssen wissen, was eine Zielgruppe ist und wie man diese für eine Kampagne definiert. Ausdrücke wie ROI (Return on Investment) und KPI (Key Performance Indicator) müssen Ihnen ebenso ein Begriff sein wie B2B (Business-to-Business) und B2C (Business-to-Customer).

Onlinemarketing

Ein weiterer Schwerpunkt in Ihrem Wissensschatz sind Teilgebiete des Onlinemarketings. Die Grundprinzipien des viralen Marketings sind Ihnen genauso bekannt wie die Begriffe *Suchmaschinenoptimierung* (kurz SEO für engl. *Search Engine Optimization*) und *Suchmaschinenmarketing* (kurz SEM für engl. *Search Engine Marketing*).

Sie wissen, dass gute Videos online wirken, und wissen, wie Sie mit Bildern visuelle Highlights setzen.

Public Relations

Eine weitere Disziplin, in der ein Social Media Manager die Grundlagen kennen muss, ist das weite Feld der *Public Relations* (PR).

> *»Das Hauptziel der externen Public Relations ist der strategische Aufbau einer Beziehung zwischen Organisationen (z. B. Unternehmen, gemeinnützigen Institutionen, Parteien) einerseits und externen Stakeholdern (z. B. Kunden, Lieferanten, Aktionären, Arbeitnehmern, Spendern, Wählern) andererseits, um Sympathie und Verständnis dieser Gruppen gegenüber der Organisation zu erzeugen.«* (Wikipedia)

In diesen Bereich fällt Wissen zu den Themen *Reputationsmanagement* und *Influencer Relations* genauso wie *Agendasetting* und *interne Kommunikation*. Gute Inhalte zu erstellen und aufzuspüren wird ebenso den Tugenden eines guten PRlers zugerechnet wie die Fähigkeit, in Krisenzeiten souverän zu kommunizieren.

Entsprechend ist ein enorm wichtiger Aspekt der PR die *Krisenkommunikation*, die Ihnen in Zeiten von Unruhen im Netz eine Grundlage für Ihre Social-Media-Aktivitäten bietet. Eine enge Zusammenarbeit mit der Unternehmenskommunikation ist unerlässlich. Auch hier gilt deshalb: Je genauer Sie sich auf diesem Gebiet auskennen, desto besser funktioniert ein Austausch auf Augenhöhe.

Unternehmensstruktur und -strategie

Wissen darüber, wie Unternehmen funktionieren und welche Managementmethoden wann ihren Einsatz finden, fällt ebenfalls in den Bereich der Must-haves. Am wichtigsten sind hier vier Bereiche:

▸ **Strategie**: Sie müssen wissen, was eine Strategie ist und welche Schritte notwendig sind, um eine zu erstellen.

▸ **Change Management**: Wandel in Unternehmen ist nie einfach, aber notwendig, wenn Sie Social Media in einem Unternehmen einführen. Sie müssen eine Vorstellung davon haben, wie Sie Ihr Unternehmen am besten auf die anstehenden Veränderungen vorbereiten.

▸ **Prozessmanagement**: Ein Unternehmen ist für Sie keine Blackbox, sondern Sie durchschauen die Prozesse, die ablaufen. Sie erkennen, an welchen Stellen Social Media einen Mehrwert bringen können bzw. wo Geschäftsprozesse angepasst werden müssen, um den Anforderungen der sozialen Medien standzuhalten.

▸ **Wissensmanagement**: Sie können Wissen bei sich und anderen systematisch aufbauen und schnell abrufbar ablegen. Sie helfen Ihrem Unternehmen, das geballte Wissen der Mitarbeiter sichtbar zu machen.

Allgemeinwissen

Sie verfügen über ein gutes Allgemeinwissen und sind interessiert daran, dieses ständig zu erweitern. Es macht Ihnen Spaß zu lernen, und Sie lesen regelmäßig Nachrichten und interessante Artikel und Bücher, um auf dem Laufenden zu bleiben, was in der Welt passiert. Trifft diese Beschreibung auf Sie zu? Sehr gut, denn ein breites Allgemeinwissen ist wichtig. In den Bereich des Allgemeinwissens fallen auch Rechtschreibsicherheit und eine gute Ausdrucksweise. Wenn Sie für ein Unternehmen nach außen sichtbar kommunizieren, müssen Sie in diesen Bereichen fit sein.

Digitales Recht

Jurist müssen Sie nicht sein, aber Kenntnisse über Recht im Internet sind absolut unerlässlich. Nur so können Sie sich und Ihr Unternehmen rechtssicher in den sozialen Medien bewegen. Zum Glück gibt es in diesem Bereich eine Reihe von Experten, die Juristensprache allgemeinverständlich runterbrechen und es Ihnen damit einfach machen, die Grundlagen zu verinnerlichen.

IT-Kenntnisse

Als Social Media Manager verbringen Sie den Großteil des Tages vor Ihrem Mac oder PC, entsprechend sollten Sie versiert in der Anwendung Ihres Geräts sein. Sie wissen, wie Sie eine ansprechende Präsentation in PowerPoint bauen, und können Auswertungen in Excel erstellen. Sie finden sich in Content-Management-Systemen (CMS) zurecht und wissen auch, dass CRM für eine Anwendung des *Customer Relationship Managements* steht. In kleinen und mittelständischen Unternehmen sind darüber hinaus Kenntnisse und Fertigkeiten in den Bereichen Fotografie, Videobearbeitung und Textredaktion sehr hilfreich.

Webtechnologien

HTML, CSS, XML und API sind für Sie keine kryptischen Akronyme, sondern Sie wissen, dass sich hinter diesen Abkürzungen Webtechnologien verstecken, mit denen man Anwendungen im Netz programmiert. Weitere Webtechnologien sind zum Beispiel Flash, Java und die Skriptsprachen Ruby, PHP sowie Python.

Keine Sorge – Sie müssen nicht selbst Webseiten oder Facebook-Applikationen programmieren können, schaden täte es aber nicht. Was Sie sich aneignen sollten, sind Grundlagen in HTML. Diese Kenntnis hilft Ihnen enorm, wenn Sie einmal etwas online stellen möchten und keinen WYSIWYG-Editor zur Hand haben oder dieser unzureichende Ergebnisse liefert.

Was ist WYSIWYG?

Das Akronym WYSIWYG steht für »What you see is what you get« (Was du siehst, ist, was du bekommst) und bezeichnet eine Eingabeoberfläche, in der Sie das Dokument genau so sehen, wie es später ausgegeben wird. Einen solchen Editor gibt es beispielsweise in dem Blogsystem WordPress. Sie geben Ihren Text in eine Word-ähnliche Oberfläche ein, während dieser im Hintergrund vom System in HTML übersetzt wird.

Webanalyse (Reporting, Monitoring)

Um beurteilen zu können, ob ein Social-Media-Engagement erfolgreich ist oder nicht, brauchen Sie Zahlen und müssen diese interpretieren können. Das bedeutet, Sie sind in der Lage, auf Basis der Unternehmensziele die passenden KPIs sowie die zugehörigen Kennzahlen zu definieren und mithilfe von Monitoring-Tools zu verfolgen. Darüber hinaus sind Sie fähig, die geeigneten Tools für Ihr Unternehmen zu vergleichen und auszuwählen.

Web-Engineering

Grundkenntnisse zum Thema Web-Engineering (Produktentwicklung und -konzeption) helfen Ihnen insbesondere in der Zusammenarbeit mit Agenturen und Entwicklern. Sie sollten in der Lage sein, Ihre Vorstellungen klar zu vermitteln und mithilfe eines Wireframes zu visualisieren. Darüber hinaus sollten Sie die Begriffe *Usability* und *User Experience* kennen und verstehen, was damit gemeint ist.

2.3.2 Methodenkompetenz

Methodenkompetenz bedeutet, dass Sie bestimmte Methoden beherrschen und fähig sind, diese unter wechselnden Bedingungen zur erfolgreichen Bewältigung einer Aufgabe einzusetzen. Entsprechend werden dem Bereich Methodenkompetenz jene Fähigkeiten zugeordnet, die es ermöglichen, Aufgaben und Probleme zu bewältigen, indem sie die Auswahl, Planung und Umsetzung einer Lösungsstrategie möglich machen. Als Social Media Manager müssen Sie die folgenden Methodenkompetenzen aufweisen.

Organisationskompetenz

Organisationskompetenz oder die Kunst, stets den Überblick zu behalten, ist eine essenzielle Fähigkeit für einen Social Media Manager. Sie müssen in der Lage sein, sich selbst zu organisieren, Ihre Aufgaben und Termine sorgfältig zu planen und Ihre Zeit entsprechend der Prioritäten aufzuteilen. Darüber hinaus müssen Sie stets in der Lage sein, wichtige Informationen auf Anhieb zu finden, das heißt, Sie müssen eine ordentliche Struktur für die Ablage von Wissen und Unterlagen haben.

Präsentationsvermögen

Ohne die Fähigkeit, komplexe Sachverhalte zielgruppengerecht aufzuarbeiten, zu visualisieren und vor einem Publikum zu präsentieren, werden Sie als Social Media Manager nicht weit kommen. Dabei geht es nicht nur darum, sich im Thema sehr gut auszukennen. Der Gesamteindruck einer Präsentation wird zu über 90 % von Körpersprache sowie Ausdrucks- und Stimmvermögen des Vortragenden bestimmt. Bedeutet, Sie dürfen keine Angst haben, vor einem Publikum zu präsentieren, idealerweise tun Sie dies souverän und eloquent. Darüber hinaus müssen Sie sich mit gängiger Präsentationstechnik auskennen und in der Lage sein, die Inhalte auf Ihre Zuhörer abzustimmen.

Moderationskompetenz

Ob in einem Meeting oder in einer Diskussion online, die Fähigkeit, ein Gespräch mit einer oder mehreren Personen so zu lenken, dass es zu einem bestmöglichen Ergebnis kommt, sollte zu Ihrem Repertoire gehören. Dazu gehört beispielsweise auch die Fähigkeit, angespannte Situationen zu deeskalieren und zerstrittene Parteien wieder zueinanderzuführen.

Konzeptionelle Fähigkeiten

Als Social Media Manager gehen Sie oft neue Wege, für die es noch keine bestimmte Vorgehensweise gibt. Aus diesem Grund müssen Sie in der Lage sein, ein Konzept zu entwickeln, das Sie ans Ziel führt. Konzept bedeutet in diesem Zusammenhang, dass Sie einen Plan ausarbeiten, anhand dessen ein Projekt in einem bestimmten Zeitraum zum erfolgreichen Abschluss geführt wird. Diese Fähigkeiten benötigen Sie nicht nur im Projektmanagement selbst, schon die Vorbereitung einer Präsentation erfordert konzeptionelle Fähigkeiten von Ihnen. In beiden Fällen benötigen Sie eine Strategie, wie Sie bestmöglich ans Ziel gelangen.

2.3.3 Persönliche Kompetenzen

Social Media Management ist mehr als ein Job, es ist eine Lebenseinstellung. Haben Sie Spaß an Abwechslung und veränderlichen Herausforderungen, sind Sie webaffin, kreativ und neugierig? Dann wird Ihnen die Arbeit als Social Media Manager Spaß bringen. Wenn Sie wirklich viel Spaß an der Arbeit haben, können Sie als Social Media Manager viel erreichen. Das bedeutet, Sie müssen ein paar persönliche Voraussetzungen mitbringen, um sich so tief wie nötig auf Ihre Arbeit als Social Media Manager einlassen zu können.

Webaffinität

Ohne Netz geht es nicht. Wer nach dem Arbeitstag im Büro den Rechner nicht mehr anfassen möchte und sein Smartphone nur besitzt, um damit Musik zu hören, ist als Social Media Manager definitiv fehl am Platz. Eine große Affinität zum Netz und dessen Möglichkeiten muss sein, Sie müssen Spaß daran haben, die Chancen zu nutzen, mit diesen zu spielen und auch in Ihrer Freizeit damit zu »arbeiten«. Sie werden nicht die Gelegenheit haben, während Ihrer Arbeitszeit jedes soziale Netzwerk zu testen, und Sie werden auch öfter abendliche Branchentreffen in Ihrer Freizeit absolvieren müssen, das bringt auf die Dauer nur Spaß, wenn Sie das Thema wirklich verinnerlichen.

Offenheit und Spaß am Netzwerken

Um es knallhart zu sagen, als kontaktscheuer Eigenbrötler sollten Sie sich lieber einen anderen Beruf aussuchen. Eines der wichtigsten Assets eines Social Media Managers ist sein Netzwerk, und ein solches können Sie nur aufbauen, wenn Sie

Spaß am Netzwerken haben und offen auf fremde Menschen zugehen können. Wenn Sie ein wenig schüchtern sind, ist dies aber kein Hindernis. Meine jahrelange Erfahrung ist, die Menschen in der Social-Media-Branche manchen es einem wirklich einfach, ins Gespräch zu kommen.

Beherrschung der Netiquette (online wie offline)

Gute Manieren und Umgangsformen sollten selbstverständlich sein, sind aber scheinbar nicht mehr so in Mode wie früher. Online wie offline sind sie für einen Social Media Manager Pflicht. Sie sprechen und agieren für Ihr Unternehmen, selbst in Momenten, die Sie persönlich als privat wahrnehmen. Verhalten Sie sich deshalb stets höflich, respektvoll und freundlich. Sagen Sie Danke, wenn Ihnen jemand hilft, und Bitte, wenn Sie etwas haben möchten. Lassen Sie sich nicht öffentlich zum Fluchen oder zu doppeldeutigem Sarkasmus hinreißen, behalten Sie stets im Hinterkopf, wie Ihr Verhalten auf andere wirkt und auf Ihr Unternehmen zurückfällt.

Neugier und Lernbereitschaft

Kaum ein Bereich hat sich in den letzten Jahren so schnell weiterentwickelt wie Internettechnologien und die damit verbundenen Möglichkeiten. Mit dieser Entwicklung müssen Sie stets Schritt halten, das bedeutet, jeden Tag lernen, neugierig sein auf das, was da kommt, und Spaß daran haben, neue Dinge auszuprobieren. Darüber hinaus müssen Sie in der Lage sein, Neuigkeiten im Gesamtkontext zu sehen, damit Sie erkennen, was sinnvoll für Ihr Unternehmen ist und welchen Trend Sie auslassen können.

Kreativität und Innovationsfähigkeit

Social Media Manager müssen immer wieder improvisieren und dort kreative Lösungen finden, wo bisher das Ende des Horizonts war. Um die Ecke zu denken und unkonventionelle Ideen gehören zu Ihren Leidenschaften? Wenn Sie zusätzlich noch in der Lage sind, diese dann systematisch so aufzuarbeiten, dass sie unter Berücksichtigung von Zeit und Ressourcen umsetzbar sind, haben Sie die perfekte Voraussetzung, um aus kreativen Ideen Innovationen entstehen zu lassen.

Herzblut/Leidenschaft

Für mich eine der wichtigsten Eigenschaften eines Social Media Managers, er muss seinen Job mit Herzblut und Leidenschaft machen, in seiner Rolle aufgehen, komplett hinter seiner Aufgabe und seinem Arbeitgeber stehen. Das ist nicht immer einfach, und genau das ist der Punkt. Brennt jemand für seine Aufgabe, dann ist er mit 200 % dabei und viel eher bereit, auch einmal Rückschläge in Kauf zu nehmen. Darüber hinaus ist es viel einfacher, Menschen von etwas zu begeistern, wenn Sie selbst davon überzeugt sind.

Belastbarkeit, Frustrationstoleranz

Der Arbeitsalltag als Social Media Manager kann mitunter sehr stressig werden. Mehrere Abteilungen möchten gleichzeitig etwas von Ihnen, der Präsentationstermin für die Geschäftsführung wird zwei Tage vorverlegt, und zur Krönung rollt gerade ein Shitstorm auf Ihr Unternehmen zu. Selbst unter solchen Umständen müssen Sie Ruhe bewahren können und gute Arbeit leisten. Auf der anderen Seite brauchen Sie viel Geduld, nicht jedes Social-Media-Engagement ist von Beginn an von Erfolg gekrönt. Gerade wenn die anfängliche Euphorie verflogen ist, sollten Sie sich von Rückschlägen nicht runterziehen lassen und sich Niederlagen nicht zu Herzen nehmen. Im Gegenteil, ein Misserfolg lässt Sie analysieren, was schiefgelaufen ist und wie Sie es im nächsten Anlauf besser machen können. Generell müssen Sie in der Lage sein, Ihre Ziele, selbst gegen die größten Widerstände, fest im Auge zu behalten und diese konsequent zu verfolgen.

Flexibilität

Wenn Sie sich einen Beruf wünschen, der fest planbar ist und stets geregelte Arbeitszeiten bietet, dann werden Sie in dieser Position nicht glücklich. Die sozialen Medien interessieren sich nicht für Arbeitszeiten, und wenn es brennt, müssen Sie zur Stelle sein. Das kann bedeuten, dass Sie, wie ich einmal, um vier Uhr morgens Ortszeit in Ihrem Hotelzimmer am anderen Ende der Welt sitzen und mit Ihrem Community-Team durch eine Krise navigieren. Es geht dabei aber nicht nur um zeitliche Flexibilität. Improvisation wird immer wieder auf der Tagesordnung stehen, und Sie dürfen sich nicht zu fein sein, dort mit anzupacken, wo es gerade nötig ist.

2.3.4 Soziale Kompetenzen

Sozialkompetenz bezeichnet die Kenntnisse und Fähigkeiten, die eine Person benötigt, um erfolgreich eine Beziehung zu anderen Menschen aufzubauen und zu erhalten. Sie steht für ein gutes Miteinander am Arbeitsplatz und für erfolgreiche Team- und Gruppenarbeit.

Teamfähigkeit

Ob in der Zusammenarbeit mit einem direkten oder einem abteilungsübergreifenden, interdisziplinären Team, Social Media Manager müssen teamfähig sein. Lösungen, die im Konsens innerhalb einer Gruppe erarbeitet werden, werden deutlich besser angenommen als solche, die von außen kommen. Schon aus diesem Grund ist ein Einzelgänger, der Probleme damit hat, mit anderen zusammenzuarbeiten, in dieser Position fehl am Platz. Sie müssen Spaß daran haben, mit anderen gemeinsam an einem Strang zu ziehen.

Kommunikative Kompetenz

Ohne Kommunikation geht es nicht, denn sie ist die Basis für sämtliche Interaktionen, und als Social Media Manager besteht Ihr Tag überwiegend aus diesen. Kommunikative Kompetenz bedeutet, dass Sie effektiv, verständlich und bewusst kommunizieren können, Ihrem Gegenüber aufmerksam zuhören, verstehen, was dieses von Ihnen möchte, und darauf angemessen reagieren können. Damit ist nicht nur das gesprochene Wort gemeint, sondern insbesondere auch die Dinge, die zwischen den Zeilen stehen. Körperhaltung, Gestik und Mimik sagen oftmals mehr als tausend Worte.

Empathie

Empathie oder auch Einfühlungsvermögen ist die Fähigkeit, sich in eine andere Person hineinzuversetzen und die Welt aus deren Sichtweise und Perspektive zu sehen, kurzum, diese wirklich zu verstehen. Empathie ist die wichtigste Voraussetzung für den Beziehungsaufbau. Diese Eigenschaft ist für einen Social Media Manager elementar, denn Sie müssen in der Lage sein, die Bedürfnisse der unterschiedlichsten Menschen zu erkennen und nonverbale Botschaften zu verstehen. Empathie versetzt Sie in die Lage, Ihr Gegenüber mit den Argumenten zu überzeugen, die für dieses wirklich relevant sind, und Konflikten vorzubeugen. Darüber hinaus werden empathische Menschen oftmals als besonders sympathisch wahrgenommen, weil sie in der Sprache ihres Gegenübers sprechen können.

Diplomatische Fähigkeiten

Mein Lieblingsbeispiel für die Notwendigkeit von diplomatischen Fähigkeiten sind Verhandlungen mit der IT. Ohne die Hilfe dieser Abteilung geht es nicht, aber sie legt einem oft Steine in den Weg. Schon hier gilt es, zu verstehen, dass dies nicht aus Boshaftigkeit passiert und Sie keinen Gegner vor sich haben. Sie müssen in der Lage sein, die Beweggründe Ihres Gegenübers zu verstehen. In dem Beispiel der IT-Abteilung sind oftmals Sicherheitsbedenken der Grund für ein Veto. Entsprechend gilt es dann, gemeinsam eine Lösung zu finden, die für beide Seiten zufriedenstellend ist. Dabei verlieren Sie Ihr Ziel nie aus den Augen, aber sind bereit, neue Wege zu gehen.

2.3.5 Führungskompetenzen

Die nachfolgend aufgeführten drei Führungskompetenzen sind im Alltag eines Social Media Managers von großer Wichtigkeit.

Durchsetzungsvermögen

Durchsetzungsvermögen bezeichnet die Fähigkeit einer Person, gesetzte Ziele auch gegen den Widerstand von anderen Personen weiterzuverfolgen und zu erreichen.

Auftretende Konflikte werden dabei offen und fair gelöst. Social Media Manager müssen oft gegen Widerstände arbeiten. In solchen Situationen müssen Sie in der Lage sein, Ihre Position entschieden zu vertreten und durchzusetzen. Sie dürfen keine Angst vor Obrigkeiten haben, sondern müssen sich trauen, einem Vorstandsvorsitzenden zu sagen, dass sein Auftrag so nicht ausgeführt werden kann.

Entscheidungskompetenz

Als Social Media Manager müssen Sie in der Lage sein, in schwierigen Situationen klare Entscheidungen zu treffen und diese vor anderen zu vertreten. Das bedeutet, Sie behalten auch in Stresssituationen einen klaren Kopf und können auf Basis der Faktenlage Entscheidungen fällen, die Sie im Anschluss auch schlüssig gegenüber Außenstehenden begründen können.

Projektmanagement

In der Zusammenarbeit mit interdisziplinären Teams gilt es oft, unterschiedlichste Charaktere, sowohl in fachlicher als auch persönlicher Hinsicht, zu einem guten Ergebnis zu führen. Diese Rolle müssen Sie ausfüllen, schon bei der Planung die unterschiedlichen Fähigkeiten Ihrer Teammitglieder berücksichtigen und die Aufgaben optimal verteilen. Darüber hinaus sind Sie dafür verantwortlich, dass das Projekt termingerecht läuft.

2.3.6 Das Anforderungsprofil in der Übersicht

Sie kennen jetzt die grundsätzlichen Anforderungen an einen Social Media Manager und bekommen hoffentlich langsam ein Gefühl dafür, ob dieser Beruf zu Ihnen passt. Um Ihnen diesen Prozess weiter zu erleichtern, habe ich Ihnen in Tabelle 2.1 noch einmal sämtliche Kenntnisse und Fähigkeiten aufgelistet. Wie im bisherigen Kapitel ist die Tabelle in die Bereiche fachliche, methodische, persönliche, soziale und Führungskompetenzen unterteilt. In Zusammenarbeit mit dem BVCM e.V. wurde das Anforderungsprofil im Jahr 2014 auf das »Stufenmodell der Kompetenzentwicklung nach Stuart Dreyfus« erweitert. Dieses Modell ordnet die Kompetenzen einer Person in fünf Stufen vom Anfänger (1) bis zum Experten (5) ein. Damit entspricht das Profil jetzt einem Personalabteilungsstandard.

Dabei stehen die Stufen für:

1. Anfänger
2. fortgeschritten
3. kompetent
4. erfahren
5. Experte

Eine ausführliche Beschreibung der Stufen finden Sie in dem Whitepaper »Social Media Manager – Stellenprofil für Arbeitnehmer und Arbeitgeber« auf der Webseite des BVCM unter *http://bit.ly/dsomemastpro* oder eine allgemeine Erklärung unter *http://bit.ly/1C1kzm1*.

	1	2	3	4	5
Fachliche Kompetenzen					
Branchenwissen			✓		
soziale Netzwerke					✓
Public Relations				✓	
Marketing			✓		
Onlinemarketing/SEO			✓		
Unternehmensstruktur und -strategie				✓	
Allgemeinwissen			✓		
digitales Recht			✓		
IT-Kenntnisse			✓		
Webtechnologien	✓				
Webanalyse (Monitoring/Reporting)			✓		
Web-Engineering	✓				
Methodenkompetenz					
konzeptionelle Fähigkeiten				✓	
Organisationskompetenz					✓
Präsentationsvermögen		✓		✓	
Wissensmanagement		✓			
Moderation			✓		
Persönliche Kompetenzen					
Webaffinität					✓
Offenheit und Spaß am Netzwerken					✓
Beherrschung der Netiquette					✓
Neugier und Lernbereitschaft					✓
Kreativität und Innovationsfähigkeit			✓		

Tabelle 2.1 Anforderungsprofil des Social Media Managers

	1	2	3	4	5
Herzblut/Leidenschaft					✓
diplomatisches Talent		✓			
Belastbarkeit, Frustrationstoleranz					✓
Flexibilität				✓	
Soziale Kompetenzen					
Teamfähigkeit					✓
kommunikative Kompetenz					✓
Empathie					✓
diplomatische Fähigkeiten				✓	
Führungskompetenzen					
Durchsetzungsvermögen					✓
Entscheidungskompetenz					✓
Projektmanagement					✓

Tabelle 2.1 Anforderungsprofil des Social Media Managers (Forts.)

Vergleichen Sie Ihren aktuellen Wissensstand und Ihre Fähigkeiten mit den Anforderungen der Tabelle 2.1. Sollte Ihr aktuelles Profil an einer oder mehreren Stellen den Anforderungen (noch) nicht entsprechen, hilft Ihnen dieses Buch insbesondere in den Bereichen der fachlichen sowie der Methodenkompetenzen, was wiederum einen Ausstrahlungseffekt auf die übrigen Kompetenzbereiche hat. Darüber hinaus sollten Sie immer im Hinterkopf behalten, dass die Anforderungstabelle einen Baukasten mit Fähigkeiten repräsentiert, aus dem Sie in Ihrer konkreten Position gegebenenfalls nicht alle Werkzeuge benötigen. Wie dieses Bild in die Realität überführt aussieht, zeige ich Ihnen im folgenden Abschnitt.

2.4   Social Media Manager im Profil

Nirgends kann ich Ihnen das Berufsbild des Social Media Managers so authentisch vorstellen wie am lebenden Objekt. Aus diesem Grund habe ich für Sie mit sechs Social Media Managern aus den unterschiedlichsten Bereichen und auf verschiedenen Stufen ihrer Karriere Interviews geführt. Diese Interviews geben Ihnen einen Einblick, wie das Berufsbild im Alltag aussehen kann. Darüber hinaus hat jeder einzelne Gesprächspartner wertvolle Tipps für Neueinsteiger in diesem Bereich parat.

2.4.1 Social Media Manager für einen Verlag

Lutz Staacke übernahm Ende 2015 die neu geschaffene Stelle »Head of Social Media« beim Deutschen Landwirtschaftsverlag und trägt damit die Verantwortung für das Social-Media-Engagement eines der Top-10-Fachverlage in Deutschland.

Bitte stelle dich einmal vor

Mein Name ist Lutz Staacke, und ich bin als Head of Social Media beim Deutschen Landwirtschaftsverlag (kurz dlv) tätig. Der dlv gehört mit seinen 400 Mitarbeitern, 1,5 Mio. Lesern und 100 »Social-Media-Touchpoints« (Fanpages, Facebook-Gruppen, Instagram, YouTube, Twitter, Pinterest) zu den Top-10-Fachverlagen in Deutschland. Um dem Thema Social Media noch weiter Gewicht zu verleihen und Redakteure auf den gleichen Stand in Bezug auf Facebook, Instagram & Co. zu bringen, wurde meine Stelle Ende 2015 neu geschaffen, und seitdem bin ich im Team unserer internen Serviceabteilung. Das Team »Online Services« steht unseren Redaktionen bei allen digitalen Aufgaben zur Seite, so auch beim Thema Community Management und Social Media.

Privat findet man mich überall unter meinem Klarnamen im Netz, ob auf Instagram, Twitter oder Snapchat. Neben alldem habe ich 2015 die Aktion #1000malwillkommen ins Leben gerufen, um der Willkommenskultur im Netz viele Gesichter zu geben und um positiv über das Thema Migration und Flüchtlinge aufzuklären, und bin als Strick-Blogger unter Maleknitting bekannt.

Abbildung 2.3 Lutz Staacke

Was sind deine Hauptaufgaben?

Umschreiben könnte man meinen Alltag als internen Social-Media-Berater. Sprich lernen, zuhören, kommunizieren und helfen. Das sind die wichtigsten Stärken, die ich hier jeden Tag einbringe. Mein großer Vorteil ist, dass ich mit vielen Redaktionen im engen Austausch bin und die Erfahrungen einer Fanpage mit anderen Kollegen teilen kann.

Postings erstelle ich eher selten. Ab und zu, wenn ich auch mal wieder etwas testen möchte oder wenn ich Redaktionen auf Messen oder Events begleite. Die Kollegen fordern dann meine Unterstützung an. Denn normalerweise analysiere ich die Postings der einzelnen Fanpages nur. Diese bewerte ich anhand unserer KPI und spreche mit den Chefredakteuren und Social-Media-Verantwortlichen die weitere Strategie ab.

Neue Social-Media-Kanäle wie TikTok zu testen und zu bewerten, ob sich diese mit unserem Verlag vereinbaren lassen, finde ich sehr spannend. Oft scheint auf den ersten Blick ein Kanal nicht zu einem 200 Jahre alten Fachverlag zu passen, doch wir sind hier sehr agil, und ich versuche, den Redakteuren meine neuen Lieblinge ans Herz zu legen. Außerdem prüfe ich die neuen Funktionen bei den Kanälen, die wir bereits im Einsatz haben, und informiere dann unsere Redakteure, wie diese sinnvoll eingesetzt werden können. So können sie sich voll auf ihre Arbeit, das Geschichtenerzählen, konzentrieren.

Im Jahr 2019 haben wir die »dlv Social Media Days« eingeführt. Hierzu treffen sich die Social-Media-Redakteure einmal im Monat und tauschen sich eng aus, bearbeiten verschiedene Themenfelder, überlegen sich neue Ideen für ihre Kanäle. Dazu lade ich auch immer Referent*innen ein, die den Tag eine Stunde lang mit einem Vortrag einläuten. So waren beispielsweise die faz, Tchibo, Dr. Thomas Schwenke, die BUNTE oder die Polizei München bei uns und haben berichtet, wie sie Social Media angehen.

In so einem traditionsreichen Verlag wie dem unseren ist es nicht immer einfach, alle Kollegen von Social Media zu überzeugen. Einige haben eben noch ihre Bedenken, was beispielsweise mit ihren Daten passiert. Daher habe ich eine monatliche Social-Media-Sprechstunde eingeführt, in der jeder willkommen ist, ob er nun berufliche oder private Fragen stellen möchte. Dies wird bisher gut angenommen. Ziel ist es dabei, dass ich somit ein wenig meine Beratungsleitung verteilen kann. Sprich: Einige Redakteure haben gegebenenfalls gleiche Fragen, die ich dann beantworten kann. Aber der noch wichtigere Grund: Ich möchte Social-Media-Für- und -Mitsprecher gewinnen. Wenn der Buchhalter oder die Sales Managerin unterwegs twittert oder Bilder für eine unserer Fanpages macht, dann ist dabei schon viel gewonnen.

Wie hast du dich für deine Position qualifiziert? Welche Ausbildung hast du?

Ich habe das erste Staatsexamen im Bereich Lehramt Sonderpädagogik absolviert sowie währenddessen als Erweiterung noch Medienpädagogik studiert. Diese Erweiterung brachte mir dann auch meinen ersten Studentenjob bei einem E-Commerce-Start-up ein. Hier habe ich als Community Manager erste Schritte unternommen und die Community auf Facebook und Twitter aufgebaut. Nach dem Studium war ich dann ein Jahr lang in einem Unternehmen für Social Media und Onlinekonferenzen als Projektmanager tätig.

Zu der Zeit war es ein gefühltes Muss, dass ein Social Media Manager auch SEO und SEA gut beherrscht. Daher habe ich zwei Jahre lang bei einem Immobilienunternehmen als Onlinemarketingmanager gearbeitet. Die letzte Station vor meiner jetzigen Tätigkeit brachte mich zu Deutschlands größter Q&A-Plattform, bei der ich als Teamlead Community Management vor allem B2B-Kunden mit der Plattform vertraut gemacht habe.

Was ist die wichtigste Fähigkeit, die ein Social Media Manager mitbringen muss?

Ein Social Media Manager sollte neugierig auf Neues sein. Man muss nicht jeden Kanal sofort toll finden und ihn auch später nutzen – allerdings will ich von Social Media Managern nie hören: »Ich verstehe die Funktionen von Kanal X nicht und will das auch nicht lernen.« Sei es Snapchat, Instagram Stories oder TikTok, diese Tools und Kanäle gehören eben zu unserem Beruf dazu wie das Schleifen und Leimen beim Schreiner.

Diplomatische Fähigkeiten können übrigens auch nicht schaden. Als Social Media Manager sitzt man oft zwischen vielen Stühlen: User – Unternehmen – Sales – Marketing – Vertrieb – Redaktion. Jeder möchte irgendwie auf Facebook agieren, und manchmal braucht es die Fähigkeit eines guten Jongleurs.

Welchen Tipp würdest du einem Neueinsteiger geben?

Hab überall mindestens einen Kanal und mindestens einen davon öffentlich. Wenn du wirklich an einem Job als Social Media Manager interessiert bist, hilft es nicht, wenn du einmal vor dem Bewerbungsgespräch geguckt hast, welche Kanäle dein Arbeitgeber nutzt. Du musst diese kennenlernen, fühlen und verstehen. Es hilft, ein Nischenblog zu starten. Schreibe über ein Thema, das dich interessiert. Schau, ob du dieses mit Twitter, Facebook oder Instagram erweitern kannst und welche Art Content wo am besten passt. Wenn sich jemand bei mir bewirbt, ist es mir wichtig, dass man sie oder ihn im Netz findet.

2.4.2   Social Media und Content Manager im B2B

Manuela Braun arbeitet in einem zweiköpfigen Social-Media-Team bei MyHammer in Berlin und hat ein breites Aufgabenfeld.

Bitte stelle dich einmal vor

Mein Name ist Manuela Braun, beruflich bin ich seit über 15 Jahren im Internet unterwegs, davon fast zehn Jahre mit der Spezialisierung auf Social Media und Community Management. Aktuell wirke ich bei der MyHammer AG in Berlin als Social Media und Content Manager.

Abbildung 2.4 Manuela Braun; Foto von Studio Klamm, Berlin

Was sind deine Hauptaufgaben, und wie sieht ein typischer Tag aus?

Bei MyHammer trage ich in erster Linie die strategische und konzeptionelle Verantwortung für alle Social-Media-Aktivitäten. So habe ich zum Beispiel die Maßnahmen definiert, die uns beim Erreichen unserer Ziele helfen sollen. Das hat unter anderem dazu geführt, dass wir innerhalb weniger Monate einen erfolgreichen Instagram-Kanal aus dem Nichts aufbauen konnten, der es uns ermöglicht, in engem Kontakt mit für unsere Branche wichtigen Influencern zu stehen.

Da meine Position im Kommunikationsteam verankert ist, werde ich glücklicherweise nicht an Umsatzzahlen gemessen. Vielmehr fokussieren wir uns auf Reichweite und Markenwahrnehmung. Das ermöglicht es uns, mehr Zeit in die Kommunikation mit Kunden, Interessierten und Influencern zu investieren, aber auch sich stärker auf neue Projekte oder Kampagnen zu konzentrieren.

Zum Planen und Erstellen einer Strategie oder eines Konzepts ist es unverzichtbar, den aktuellen Status quo zu kennen. Das heißt, es müssen Zahlen gezogen, gesichtet und bewertet werden. Zahlenaffinität ist für den Beruf des Social Media Managers also durchaus hilfreich, denn wer weiß, ob und wie eine Maßnahme performt hat, kann sein weiteres Handeln diesbezüglich anpassen oder auf künftige Projekte übertragen.

Zwischen der konzeptionellen Planung und Auswertung ist es allerdings auch wichtig, weiterhin die sozialen Kanäle im Blick zu haben. Nicht nur, um zu sehen, was Kunden, Follower oder Abonnenten beschäftigt, sondern auch, und das ist kein zu unterschätzender Punkt, immer auf dem aktuellsten Stand zu sein.

Und damit sind wir bei einem anderen zentralen Punkt der Arbeit des SMM: Austausch und Information. Gerade im Internet, und speziell in Social Media, schreiten die Entwicklungen mit einem rasenden Tempo voran. Beinahe täglich gibt es ein neues Tool, eine neue Community oder ein simples Update bei einem der Social-Media-Kanäle. Wer hier nicht wirklich aufmerksam ist, verpasst eventuell, dass in bestimmten Zielgruppen Facebook nun komplett out ist, Google+ nie wirklich cool war und TikTok der neue heiße Stuff ist. Doch ist hier Vorsicht geboten. Denn nur weil ein Kanal, eine Maßnahme oder ein Ziel in der Meinung des digitalen Mainstreams nicht mehr oder plötzlich sehr relevant ist, heißt das nicht, dass das für jeden gilt. Wichtig ist, immer die unternehmensinternen Ziele und Zielgruppen im Blick zu halten und abzuwägen, inwieweit diese von den Veränderungen betroffen sind und gegebenenfalls davon profitieren können.

Damit man von diesen Neuerungen nicht überrascht wird und darauf auch reagieren kann, ist es wichtig, sich regelmäßig zu informieren. Bei mir persönlich funktioniert das unter anderem am besten über Facebook, wo ich Mitglied in einschlägigen Gruppen bin und vielen Akteuren der Netzgemeinde folge, die wiederum zeitnah neueste Neuigkeiten aus der Welt des Internets mit ihren Posts in meinen Kopf spülen.

Wie hast du dich für deine Position qualifiziert? Welche Ausbildung hast du?

Ich hoffe doch sehr in erster Linie durch meine Expertise. ;)

Mein Bildungsweg beginnt eigentlich eher klassisch. Nach meinem abgeschlossenen Studium der Diplom-Sozialwissenschaften landete ich in einem Unternehmen, das gerade eine Umfrageseite für alle gelauncht hatte. Hier war ich verantwortlich, Themen zu recherchieren, welche die Masse interessiert, und daraus Umfragen zu basteln und zu bewerben. Da das alles online geschah, bewegte ich mich dementsprechend auch all die Jahre zu fast 100% im Web. Die Nutzung war zu diesem

Zeitpunkt wenig Social. Als später die Themen Facebook und Twitter immer größer wurden, erkannte ich das Potenzial und begann, mich in das Thema einzuarbeiten. Dazu las ich viel auf einschlägigen Webseiten und Büchern, beobachtete genau, wie sich die Menschen in den sozialen Kanälen verhielten, was sie bewegte, interessierte und welche Erwartungen sie hatten. So entwickelte ich mehr und mehr ein gutes Gefühl für diesen Bereich.

Anfang 2011 bekam ich die Chance, mich ganz auf das Thema Social Media einzulassen. Mit meiner Anstellung als Social Media Specialist beim Telekommunikationsanbieter simyo war es mir möglich, das bisher Gelernte zu vertiefen und praktisch umzusetzen. Zusätzlich konnte ich neue Kompetenzen aufbauen und erweitern. Dabei lernte ich neben unverzichtbaren Fertigkeiten wie dem Erstellen einer nachhaltigen Social-Media-Strategie und dem Festlegen der damit einhergehenden KPI auch, meine Ziele unternehmensintern durchzusetzen.

Was ist die wichtigste Fähigkeit, die ein Social Media Manager mitbringen muss?

Die für mich wichtigste Eigenschaft ist nicht nur, das Digitale zu verstehen, sondern auch das Digitale zu leben. Nur wer alle digitalen Bereiche, deren Verhalten und deren Sprache kennt, wird sein Unternehmen langfristig zum Erfolg führen können.

Eine weitere wichtige Fähigkeit ist nach wie vor, durchsetzungsfähig zu sein. Zwar haben viele Unternehmen inzwischen erkannt, dass Social Media wichtig sind, aber leider noch nicht ganz verstanden, wie man sie richtig einsetzt bzw. welches die Ziele sind, die man mit Social Media erreichen kann. Viele SMM verbringen daher einen Großteil ihrer Zeit damit, ihre Maßnahmen und Ziele durchzusetzen und zu erklären. Ansonsten sind Eigenschaften wie Empathie, Kommunikationsfreudigkeit, Kreativität und zumindest eine kleine Zahlenaffinität unverzichtbar.

Jeder, der sich auf diesen Bereich einlassen möchte, muss verstehen, dass man das Verstehen der digitalen Welt nicht einfach lernen kann. Wissen und Verstehen können nur entstehen, wenn man sich intensiv mit dem Thema und den Akteuren auseinandersetzt. Wer Social Media Manager*in werden will, sollte also die Komfortzone verlassen und in die digitalen Untiefen eintauchen!

Welchen Tipp würdest du einem Neueinsteiger geben?

Arbeite dich nicht nur in das Thema ein, sondern lebe es. Fange an, dich auch außerhalb deiner Arbeitszeit mit digitalen Themen zu beschäftigen. Vernetze dich mit anderen digitalen Menschen, und tausche dich mit ihnen aus. Geh auf Barcamps (zum Beispiel Communitycamp) und andere wertige Onlineevents (re:publica, Social Media Week etc.), um dich zu informieren und dein bisher Gelerntes an andere weiterzugeben. Leg dir ein dickes Fell zu, und kämpfe stets für deine Überzeugungen.

Tl;dr: Nimm das Internet, verleibe es dir ein und mache es zu einem Teil von dir!

Vernetze dich, nutze Weiterbildungsmöglichkeiten, und suche den Austausch mit anderen Menschen aus der Branche, hier kann man sich Ideen holen und erfahren, was bei anderen Unternehmen funktioniert.

2.4.3   Der Senior Social Media Manager

Lena Rogl ist Head of Digital Channels bei Microsoft Deutschland und kann auf langjährige Erfahrungen in dem Bereich Social Media zurückblicken. Neben ihrer Rolle als Markenbotschafterin für Microsoft verantwortet sie unter anderem als Chef vom Dienst die Content-Planung und setzt mit ihrem Team das Influencer Management um.

Bitte stelle dich einmal vor

Mein Name ist Magdalena Rogl, und ich bin seit Anfang 2016 Head of Digital Channels bei Microsoft Deutschland. Die Onlinewelt ist seit über zehn Jahren mein berufliches Zuhause. Bevor ich zu Microsoft kam, verantwortete ich als Manager Social Media & Online Communications der TOMORROW FOCUS AG die Social-Media-Auftritte des Konzerns und koordinierte die interne und externe Online-kommunikation.

Abbildung 2.5 Magdalena Rogl

67

Vor Social-Media-Zeiten leitete ich das Community Management bei FOCUS Online. Nebenbei berate ich ehrenamtlich Start-ups und NGOs und bin Dozentin und Speakerin für Social-Media-Themen.

Social Media sind mittlerweile aber viel mehr als »nur« mein Job: Die richtigen Menschen (oder neudeutsch Influencer) miteinander zu verbinden und neue Kontakte zu knüpfen ist auch privat meine Leidenschaft. Auf Twitter kann man mich unter @*lenarogl* finden – da gibt es aber nicht nur fachliche Tweets. ;)

Was sind deine Hauptaufgaben, und wie sieht ein typischer Tag aus?

Gemeinsam mit meinen Kolleg*innen verantworte ich die verschiedenen Kanäle der Kommunikationsabteilung. Das sind neben den Social-Kanälen wie Twitter und Facebook vor allem der Newsroom, das Blog und auch der Bereich Influencer Relations. Wir entwickeln Strategien für die jeweiligen Plattformen und sind neben der klassischen Bespielung auch für das Monitoring und Reporting zuständig.

Außerdem entwickeln wir neue Formate und unterstützen das Team dabei, bestehenden Content für die jeweiligen Kanäle aufzubereiten. Diese Plattformen dienen auch für Gespräche mit Influencern/Journalisten und als wichtige Rückkanäle für die Themenfindung.

Als CvD verantworte ich außerdem die Content-Planung und bin dafür im regelmäßigen Austausch mit anderen Abteilungen, wie zum Beispiel Marketing.

Auch das Thema Influencer Relations hat bei uns einen wichtigen Stellenwert. Kommunikation funktioniert auf persönlicher Ebene am besten, und Unternehmen müssen ihren Themen ein Gesicht geben. Hier setzen wir auf sogenannte Markenbotschafter*innen, das heißt, wir unterstützen unsere Mitarbeiter*innen dabei, zu ihren Themen zu kommunizieren – denn wer könnte das besser als die Expert*innen selbst?

Wie hast du dich für deine Position qualifiziert? Welche Ausbildung hast du?

Mein Berufsweg ist sehr ungewöhnlich: Ich bin eigentlich gelernte Kinderpflegerin. Nach einigen Jahren in diesem Beruf habe ich aber festgestellt, dass ich noch mehr lernen will. Damals waren Social Media ein ganz neuer Bereich, und ich war neugierig. So kam eins zum anderen, und plötzlich war ich Quereinsteigerin in einem komplett neuen Berufsfeld. Als Community Managerin bei FOCUS Online habe ich dann nebenberuflich Social Media & Community Management an der deutschen Presseakademie studiert. Das meiste war aber Learning by Doing. Nach einigen Jahren bei FOCUS Online bekam ich die Chance, in die Unternehmenskommunikation von TOMORROW FOCUS zu wechseln, und somit auch die Verantwortung für interne Kommunikation und Website. Während des Jobs habe ich immer wieder

kleinere Weiterbildungen gemacht und vor allem von Kolleg*innen oder aus eigenen Fehlern gelernt. ;)

Was ist die wichtigste Fähigkeit, die ein Social Media Manager mitbringen muss? Worauf achtest du, wenn du einen Social Media Manager einstellst?

Ich denke, man muss ein Gefühl für die Plattformen entwickeln und die Bereitschaft mitbringen, sich ständig weiterzubilden – denn fast täglich kommen neue Funktionen dazu. Aus meiner Sicht ist das Wichtigste: offen sein, immer weiterlernen und Spaß an der Kommunikation haben. Dazu gehört auch ein eigenes Gesicht, denn gerade Social-Media-Kommunikation findet oft stark auf persönlicher Ebene statt.

Welchen Tipp würdest du einem Neueinsteiger geben?

Networking!

Fast alles, was man in diesem Job können muss, kann man sich selbst beibringen oder in Workshops lernen. Viel wichtiger ist aber der direkte Austausch auf Augenhöhe – nicht nur zum Voneinanderlernen, sondern auch für potenzielle Jobs. Zum Netzwerken eignen sich Barcamps, Konferenzen, aber natürlich auch die Social-Media-Plattformen selbst. Und sowohl online als auch offline gilt die wichtigste Grundregel: Sei du selbst und authentisch.

2.4.4   Social Media Community Manager in der Agentur

Marco Jahn arbeitet als Social Media Manager bei der Berliner Agentur ZEPTER&
KRONE und gibt uns einen Einblick in seinen Arbeitsalltag.

Bitte stelle dich einmal vor

Moin! Das bedeutet übrigens nur »Guten« und nicht »Morgen«. Warum das wichtig ist, erfahrt ihr aber später. Ich bin Marco Jahn, Kaffeeliebhaber, Wahlberliner und Social Media Manager bei ZEPTER&KRONE in Berlin. ZEPTER&KRONE ist eine Full-Service-Agentur mit den Schwerpunkten Beratung, Strategie, Kreatives und Digitales. Unsere Kunden sind so vielfältig wie unser Team. Neben Immobilienfonds, Shoppingcentern, Mittelständlern und Behörden betreuen wir unter anderem auch Berlins berühmteste Currywurstbude Curry 36. Ursprünglich aus dem Bereich Events und Aktivierung stammend, sehen wir uns heute als Full-Service-Partner für strategisches Marketing. Selbstverständlich bin ich außerhalb des Büros nicht offline. Unter anderem findet man mich auf Twitter (das mit dem @, dem # und den begrenzten Zeichen) unter *@marco_jahn*, und auch auf allen anderen Kanälen freue ich mich über eine Vernetzung.

Abbildung 2.6 Marco Jahn

Was sind deine Hauptaufgaben, und wie sieht ein typischer Tag aus?

Alle meine Aufgaben im Detail zu erklären würde wohl den Rahmen dieses Interviews sprengen. In enger Zusammenarbeit mit den Kollegen in unserem Content-Team, der Kreation und dem Projektmanagement berate ich Kunden in allen Belangen des Social Media Marketings. Die Bandbreite reicht dabei von der Redaktionsplanung über die Mediaplanung für Werbeanzeigen, die Planung von allein stehenden Social-Media-Kampagnen bis hin zur Unterstützung bei der Planung von medienübergreifenden Kampagnen. So vielfältig wie unsere Kunden sind auch meine Aufgaben. Die tägliche Beobachtung des Monitorings gehört ebenso dazu wie die Überwachung von KPIs. Gerade diese Bandbreite der Aufgaben macht es aber auch so spannend. Social Media Management findet nach meinem Verständnis auch nicht nur am Rechner statt. Während der re:puplica 2017 haben wir über 60 Influencer zum Currywurst-Essen bei unserem Kunden Curry 36 eingeladen und damit knapp 1 Mio. Impressionen bei Twitter generiert. Auch diese Art von Offline Community Management gehört zu meinen Aufgaben.

Wie hast du dich für deine Position qualifiziert? Welche Ausbildung hast du?

Mein Werdegang ist im Marketing und der PR wohl eher ungewöhnlich. Nach einer Ausbildung zum Elektroinstallateur arbeitete ich als Luftfahrzeugavioniker und Zeitsoldat bei der Bundeswehr. Schon zu dieser Zeit, das ist jetzt bereits elf Jahre her, entdeckte ich mein Interesse für die Kommunikation der Menschen in sozialen

Netzwerken. Der zündende Moment kam aber wohl, als ich über den Kontakt mit einer bekannten Social Media Managerin realisierte, dass in diesem Bereich ein für mich spannendes Berufsbild existiert. Anfangs bildete ich mich autodidaktisch weiter, bis ich diverse Weiterbildungen an der Social Media Akademie Mannheim und der Deutschen Presseakademie absolvierte. Zeitgleich entwickelte sich auch in der Bundeswehr ein Verständnis für den Stellenwert von Social Media in der öffentlichen Kommunikation, und so wechselte ich in die Redaktion der Bundeswehr nach Berlin. Dort war ich sowohl im operativen Community Management als auch in der strategischen Weiterentwicklung tätig. Ich wirkte maßgeblich am Aufbau und der Organisation eines professionalisierten Community Managements mit und war verantwortlich für die Reorganisation des YouTube-Kanals, welcher heute zu den größten Unternehmenskanälen in Deutschland zählt. Als »Embedded Journalist« berichtete ich aus dem Ausland über Aktivitäten der Bundeswehr, was zu den außergewöhnlichsten Erfahrungen meines Lebens gehört. Nach Ablauf meiner achtjährigen Verpflichtungszeit war ich noch einige Zeit als freier Berater für die Bundeswehr tätig. In dieser Zeit konzeptionierte ich die Präsenz der Bundeswehr auf Instagram und zeichnete mich verantwortlich für das »Zukunftskonzept – Personal Social Media Team der Bundeswehr«. Des Weiteren beriet und unterstützte ich im darauffolgenden Jahr auf selbstständiger Basis diverse Organisationen und Verbände in den Bereichen soziale Medien und digitales Reputationsmanagement. Anfang 2016 wechselte ich zu ZEPTER&KRONE, wo ich aktuell als Social Media Manager tätig bin.

Was ist die wichtigste Fähigkeit, die ein Social Media Manager mitbringen muss?

Die Frage ist einfach, denn ich beantworte sie seit Jahren immer gleich. Die wichtigste Eigenschaft eines Social Media Managers ist »digitale Empathie«. Digitale Empathie beschreibt für mich die Fähigkeit, zu verstehen, wie Menschen im Netz handeln, wie man Menschen emotional anspricht, weshalb Menschen bestimmte Verhaltensmuster im Netz an den Tag legen. Versuche nicht, einfach den nächsten viralen Hit zu landen, sondern versuche zu verstehen, was der Antrieb hinter Likes, Shares und Kommentaren ist. Entwickle ein Verständnis für die Sprache des Internets. Wenn man Teenager verstehen will, dann sollte man nicht das Lexikon der Jugendsprache lesen, sondern ihnen auf Instagram und TikTok folgen. Wer wissen will, wie Norddeutsche sprechen (ich erwähnte eingangs das Moin), der muss sich in das entsprechende Milieu begeben. In Berlin spricht man anders als in Wilhelmshaven, und eine Currywurst verkauft man mit einer anderen Tonalität und Strategie als ein Einfamilienhaus. Es mag abgedroschen klingen, doch ich glaube, dass man diesen Beruf nur WIRKLICH gut machen kann, wenn man Social Media auch lebt. Bewerber für unser Team, die im Netz nicht auffindbar sind, werden bei uns nicht einmal zum Bewerbungsgespräch eingeladen.

Welchen Tipp würdest du einem Neueinsteiger geben?

Lest, vernetzt euch und spielt! Der große Vorteil unserer Branche ist, dass viele Experten bereitwillig ihr Wissen teilen. Verschlingt die Fachblogs, bringt euch in Diskussionen in Foren und themenspezifischen Facebook-Gruppen ein, besucht Barcamps, auf denen ein sehr offener Austausch unter Branchenexperten herrscht. Probiert neue Funktionen der sozialen Netzwerke einfach aus, und versucht, euch zu erschließen, was ihre Vor- und Nachteile sind. Guckt über den Tellerrand, und lernt aus anderen Bereichen der Kommunikation. Was funktioniert dort und was nicht. Lasst euch von guten Leuten inspirieren, statt neidisch auf Kreationen von anderen zu blicken. Begeistert euch und lebt, was ihr tut. Seid euch bewusst, dass sich moderne Kommunikation ständig in einem wahnsinnigen Tempo verändert, und haltet damit Schritt.

2.4.5   Social Media Manager als Beraterin

Dass es als Social Media Manager nicht immer die Festanstellung sein muss, zeigen zahlreiche Beispiele im Markt. Die Schwerpunkte sind dabei vielfältig von Strategie bis Ausführung und oft auch branchenspezifisch. An dieser Stelle lernen Sie Kristine Honig kennen. Sie ist Netzwerkpartnerin bei Tourismuszukunft und arbeitet als Beraterin.

Abbildung 2.7 Kristine Honig (© Greg Snell)

Bitte stelle dich einmal vor

Ich bin Kristine Honig und als Beraterin bei Tourismuszukunft tätig. Tourismuszukunft ist ein Netzwerkunternehmen aus aktuell 13 Netzwerkpartnern, die im gesamten deutschsprachigen Raum vertreten sind. Unser Hauptaugenmerk liegt auf der Digitalisierung des Tourismus. Jeder im Team ist selbstständig tätig, hat seine eigenen Schwerpunktthemen und Kompetenzen. Ich selbst bin seit Mai 2014 bei Tourismuszukunft. Meine Themen sind hier Zielgruppenprozesse, Storytelling/Bloggen sowie die Organisation von und Unterstützung bei Barcamps.

Darüber hinaus blogge ich auf *www.kristinehonig.de* über den Einsatz von Social Media im Tourismus, über das Bloggen selbst und den strategischen Überbau. Man trifft mich oft auf Barcamps, da ich ein absoluter Fan von diesem Format bin – sowohl im beruflichen Kontext als auch privat.

Was sind deine Hauptaufgaben?

Mein Schwerpunkt liegt in der Beratung touristischer Unternehmen, wobei meine Kunden vor allem touristische Organisationen sind, wie beispielsweise die TourismusMarketing Niedersachsen GmbH, die Thüringer Tourismus GmbH oder der Tourismusverband Südharz Kyffhäuser e.V. Die Digitalisierung der Unternehmen sowie der Einsatz von Onlinemedien sind dabei zentrale Themen. Allerdings geht es bei mir weniger um die operative Umsetzung, stattdessen verfolge ich in erster Linie einen strategischen Ansatz. Die erste Frage kann deshalb nicht sein: »Sollen wir den Social-Media-Kanal XY für uns nutzen?« Stattdessen müssen vorher die Grundlagen für die Unternehmenskommunikation gelegt werden. Dazu zählt, den Markenkern des Unternehmens mit den Werten, der Vision und der Leitgeschichte zu definieren. Die Zielgruppen und Themen müssen klar gezogen werden. Erst danach kann entschieden werden, welcher Kanal der richtige ist und wie auf diesem kommuniziert werden soll. Wichtige Fragen zu jeder Kommunikation sind dabei:

▶ *Was?* – die Geschichte

▶ *Warum?* – die Funktion

▶ *Wer?* – der Urheber

▶ *Wie?* – das Format

▶ *Wo?* – der Touchpoint

Natürlich bediene ich auch – je nach Lust und Zeit mal mehr oder weniger – meine eigenen Social-Media-Kanäle, bin sozusagen mein eigener Social Media Manager. Dabei habe ich sowohl privat ausgerichtete Accounts (beispielsweise mein Facebook-Profil oder meinen persönlichen Instagram-Account) als auch beruflich ausgerichtete Accounts (beispielsweise meine Facebook-Seite, meinen Twitter-Account, einen Instagram-Business-Account).

Wie hast du dich für deine Position qualifiziert? Welche Ausbildung hast du?

Ich habe Tourismuswirtschaft studiert und mehr als 13 Jahre im Tourismusmarketing gearbeitet, unter anderem zehn Jahre lang beim Niederländischen Büro für Tourismus & Convention. In dieser Zeit habe ich mir sehr viel Know-how über die Arbeit in touristischen Organisationen angeeignet und kenne die Herausforderungen dort. Mit Social Media bin ich selbst erst relativ spät gestartet. Die Plattform Pinterest hat mich damals begeistert und in die Onlinewelt hineingezogen.

Aus Interesse am Thema habe ich später ein einjähriges Fernstudium bei ILS zum Social Media Manager absolviert. Das war sicherlich für einige Grundlagen sehr gut, das meiste habe ich aber tatsächlich aufgrund meiner eigenen Aktivitäten im Rahmen meines Blogs gelernt.

Was ist die wichtigste Fähigkeit, die ein Social Media Manager mitbringen muss?

Aus meiner Sicht ganz klar: Offenheit. Im Rahmen meines Fernstudiums zum Social Media Manager habe ich einige Leute kennengelernt, welche ebenso dieses Studium absolvierten und sich vehement dagegen sträubten, einen persönlichen Account bei Facebook zu haben. Ich glaube, dass Social Media nur mit Offenheit funktionieren: Offenheit gegenüber diesen – mittlerweile ja nicht mehr ganz so neuen – Tools und Kanälen, aber auch Offenheit von eigener Seite aus. Wenn du persönlich in keinem einzigen Netzwerk aktiv bist, fehlt dir das Verständnis, wie Social Media tatsächlich funktionieren. Und nein, das heißt nicht, dass du überall aktiv sein musst. Aber du solltest dir alles zumindest einmal anschauen.

Im Tourismussektor sind sehr oft diejenigen erfolgreich, bei denen der Social Media Manager sowohl die Unternehmens-Accounts betreut als auch selbst persönlich aktiv im Netz ist. Diese Personen werden als eigenständige Persönlichkeiten wahrgenommen, darüber hinaus jedoch auch als Botschafter ihres Unternehmens. Gerade im Kontakt mit Multiplikatoren wie Bloggern erleichtert dies die Kommunikation, aber auch die positive Wahrnehmung der Unternehmen enorm.

Welchen Tipp würdest du einem Neueinsteiger geben?

Schau dich um! Schau dir an, was andere im Social Web tun. Und zwar nicht nur die ganz großen Firmen, auch die kleineren. Schau, was andere Branchen im Social Web veranstalten. Den Touristikern empfehle ich beispielsweise gerne einen Blick in den Kultursektor. Kultur ist einerseits ein Unterteil von Tourismus, funktioniert aber noch einmal nach ganz anderen Eigenheiten. Kulturinstitutionen sind in vielen Bereichen kreativer als touristische Organisationen unterwegs. Da kann man sich gut von inspirieren lassen.

2.5 Checkliste – ist der Job was für mich?

Nach dieser langen Liste an Anforderungen und dem Einblick in das Arbeitsleben hauptberuflicher Social Media Manager gilt es nun, ehrlich gegenüber sich selbst zu sein. Beantworten Sie sich selbst, wie sehr Sie den folgenden Aussagen zustimmen. Dabei geben Sie sich

▶ null Punkte, wenn Sie einer Aussage gar nicht zustimmen,

▶ einen Punkt, wenn Sie unentschieden sind,

▶ zwei Punkte, wenn Sie generell zustimmen,

▶ drei Punkte, wenn Sie voll und ganz zustimmen.

Addieren Sie Ihre gesammelten Punkte, am Ende des Fragebogens finden Sie dann die Auswertung.

Frage		Punkte
1.	Ich habe großes Interesse an Social Media und den Auswirkungen, die diese auf Unternehmen und die Gesellschaft haben.	
2.	Wenn ich auf ein Ziel hinarbeite, gebe ich nicht so schnell auf.	
3.	Ich arbeite gerne am Mac oder PC.	
4.	Ich interessiere mich für die sozialen Medien und halte mich gerne in diesen auf.	
5.	Ich gehe bewusst mit meinen Daten im Internet um.	
6.	Ich probiere gerne neue Netzwerke und deren Möglichkeiten aus.	
7.	Herausforderungen machen mir Spaß.	
8.	Prozesse und Abläufe in Unternehmen interessieren mich.	
9.	Ich kann gut selbstständig arbeiten.	
10.	Ich behalte gut den Überblick.	
11.	Ich bin flexibel.	
12.	Ich mag Veränderungen.	
13.	Ich kann die Konsequenzen von Veränderungen abschätzen.	
14.	Ich habe Spaß daran, mit den unterschiedlichsten Personen zu kommunizieren.	
15.	Ich arbeite gerne mit Menschen zusammen.	

Frage		Punkte
16.	Ich weiß, wie ich mir einen guten Ausgleich für den Beruf schaffen kann.	
17.	Ich habe Spaß an Technik und Technologie.	
18.	Ich vertrete meine Meinung, bin aber auch offen für Argumente.	
19.	Ich kann gut auf andere Menschen eingehen.	
20.	Ich kann meine Ideen gut visualisieren und beschreiben.	
21.	Ich kann Fachwissen verständlich vermitteln.	
22.	Rückschläge sind für mich kein Grund, aufzugeben, sondern Ansporn, es noch mehr zu versuchen.	
23.	Ich traue mir zu, eine Strategie zu entwickeln und daran gemessen zu werden.	
24.	Social Media sind mehr als Facebook.	
25.	Ich traue mir zu, Präsentationen zu halten.	
26.	Ich lerne gerne Neues dazu.	
27.	Ich bin bereit dazu, mich in meiner Freizeit weiterzubilden und Branchenveranstaltungen zu besuchen.	
28.	Ich kann mich gut selbst organisieren.	
29.	Ich bin bereit dazu, Überstunden zu machen und zu außergewöhnlichen Zeiten zu arbeiten, wenn der Beruf es erfordert.	
30.	Auch in Stresssituationen kann ich gut überlegte Entscheidungen treffen.	
31.	Kritik sehe ich nicht negativ, sondern als Anstoß.	
32.	Ich kann mich von Beleidigungen emotional distanzieren.	
33.	Ich interessiere mich für Marketing und Kommunikation.	
34.	Ich finde es spannend, wie Social Media Abläufe in Unternehmen unterstützen können.	
35.	Wissensmanagement ist für mich kein Fremdwort.	
36.	Eine gute Rechtschreibung und Ausdrucksweise gehören zu meinen Fähigkeiten.	
37.	Ich löse gerne Probleme.	

Frage		Punkte
38.	Ich kann um die Ecke denken.	
39.	Ich bin gerne kreativ.	
40.	Ich brauche keine engen Handlungsvorgaben, um gute Ergebnisse zu erzielen.	
41.	Ich bin in der Lage, Ziele auf Messwerte herunterzubrechen.	
42.	Ich bin gegenüber meinem Arbeitgeber loyal.	
43.	Ich kann Prioritäten setzen und mich an diese halten.	
44.	Ich kann Gespräche moderieren.	
45.	Ich kann große Aufgaben in kleinere Teile aufbrechen und nach Plan abarbeiten.	
46.	Ich habe Spaß am Netzwerken.	
47.	Ich bin ein offener Mensch.	
48.	Gute Manieren sind für mich selbstverständlich.	
49.	Wenn ich mich auf ein Projekt einlasse, bin ich mit Herzblut dabei.	
50.	Ich kann gut in Teams arbeiten.	
51.	Ich habe meine Emotionen unter Kontrolle.	
52.	Ich habe keine Angst davor, meine Meinung vor dem Vorstand zu verteidigen.	
53.	Ich kann mich in die Bedürfnisse anderer Personen hineinversetzen.	

Auswertung

0 bis 30 Punkte: So wie es aussieht, passt der Beruf des Social Media Managers nicht zu Ihnen, oder es wird zumindest sehr anstrengend für Sie werden, wenn Sie diese Position anstreben.

30 bis 100 Punkte: Können Sie sich vorstellen, dass Sie Fragen, die Sie mit null oder einem Punkt beantwortet haben, in Zukunft höher bewerten? Dann könnte es sich durchaus für Sie lohnen, sich intensiver mit dem Berufsbild auseinanderzusetzen.

Mehr als 100 Punkte: Sie bringen offensichtlich gute Voraussetzungen für die Position des Social Media Managers mit.

3   Weiterbildung und Karriere

»Es gibt zwei Möglichkeiten, Karriere zu machen: Entweder leistet man wirklich etwas, oder man behauptet, etwas zu leisten. Ich rate zur ersten Methode, denn hier ist die Konkurrenz bei Weitem nicht so groß.«
Danny Kaye, Schauspieler, Komiker und Sänger

Das Berufsbild des Social Media Managers erfreut sich bleibender Beliebtheit und wird in den kommenden Jahren noch an Bedeutung gewinnen. 60 % der Unternehmen in Deutschland beschäftigen laut der Studie »Social Media und Community Management in 2018« des BVCM[1] höchstens einen oder zwei Mitarbeiter speziell für das Thema Social Media. Noch weniger haben bereits ganze Abteilungen für das Thema geschaffen. Hinzu kommt, dass immer mehr Unternehmen erkennen, dass die Unterstützung durch eine Agentur zwar ein Anfang ist, ein ganzheitliches Engagement in Social Media jedoch nur mit Profis im eigenen Hause machbar ist.

Schaffen Sie heute den professionellen Einstieg, bedeutet dies für Sie entsprechend gute Aufstiegs- und Erfolgsaussichten für die Zukunft. Dabei haben Sie die Möglichkeit, sich ganz nach Ihren Vorlieben und Fähigkeiten weiterzuentwickeln. Neben der geraden Laufbahn vom Junior zum Senior Social Media Manager bietet sich eine Spezialisierung in die Rolle des Community Managers oder des Beraters an.

Abbildung 3.1 zeigt anschaulich, wo die Schwerpunkte in den jeweiligen Ausprägungen des Berufsbildes liegen. Der BVCM hat diese Aufstellung auf Basis der Erfahrung von knapp 300 Social Media und Community Managern sowie der Auswertung von zahlreichen Unternehmensstrukturen erstellt.

Erfahrungsgemäß verschmelzen in kleineren Unternehmen zum Start eines Social-Media-Engagements die Aufgabengebiete von Social Media Manager und Community Manager. Erst bei der Einstellung weiterer Mitarbeiter findet dann eine weitere Spezialisierung statt.

Tipp: Welche Spezialisierung passt zu mir?

Die Rolle des Community Managers ist für Sie geeignet, wenn Sie gerne stark operativ arbeiten und direkt mit dem Kunden sprechen möchten. Als Community Manager sind Sie das Gesicht des Unternehmens und gleichzeitig das Sprachrohr der Community ins Unternehmen hinein. Sie brauchen viel Einfühlungsvermögen und müssen voll und ganz

---

1   *www.bvcm.org/bvcm-studie-2018/*

zu und hinter Ihrem Unternehmen stehen, um dieses authentisch und charmant repräsentieren zu können. Im Gegensatz dazu nehmen Sie als Social-Media-Berater die Vogelperspektive auf das Unternehmen ein, das Sie beauftragt hat. Sie stehen diesem bei der Entwicklung der Strategie und den folgenden Maßnahmen zur Seite und beraten es bei der Umsetzung.

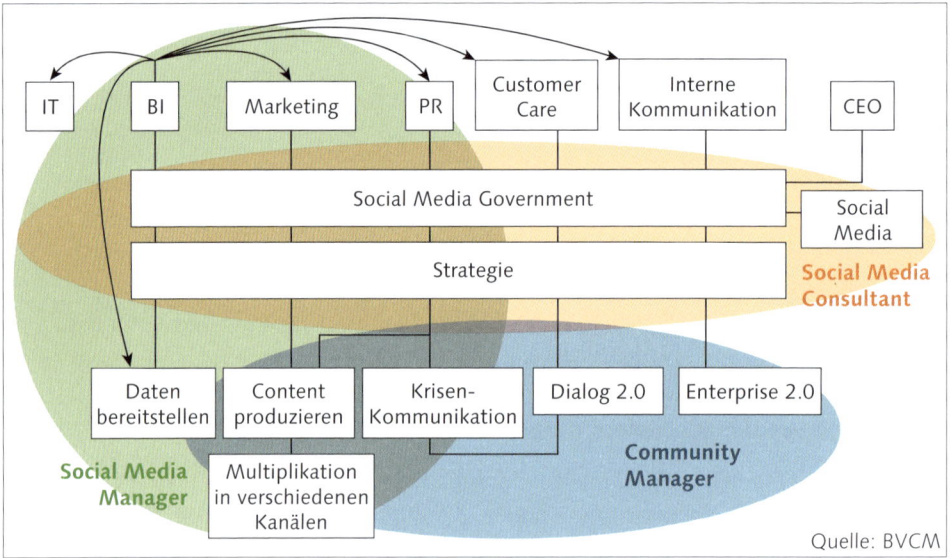

Abbildung 3.1 Überblick über die Schwerpunkte des Berufsbildes Social Media Manager

Neben diesen beiden Ausprägungen des Social Media Managers gibt es eine Reihe von weiteren Berufsbezeichnungen, die Teilaspekte des Social Media Managements in Worte fassen oder nur eine Abwandlung der oben genannten Berufsbezeichnungen darstellen. Der BVCM hat dazu eine Umfrage gestartet, die das folgende Bild (siehe Abbildung 3.2) für den deutschen Markt ergab.

Abbildung 3.2 Tagcloud der Berufsbezeichnungen in Deutschland

In der Tagcloud werden die Berufsbezeichnungen in Relation zu ihrer Nennungs-häufigkeit angezeigt. Das bedeutet, je größer ein Begriff dargestellt wird, desto häufiger wurde dieser als Bestandteil der Berufsbezeichnung genannt. Hier wird deutlich, dass der Schwerpunkt heute auf »Social«, »Media«, »Community« und »Manager« liegt. Direkt dahinter kommen Begriffe wie »Digital«, »Marketing«, »PR«, »Berater« und »Coordinator«.

Wie Sie sehen, stehen Ihnen als Social Media Manager viele Wege und Tore offen, Sie müssen nur einen soliden Einstieg schaffen. Die persönlichen Voraussetzungen und Eigenschaften haben Sie bereits in Kapitel 2, »Der Social Media Manager – Berufsbild, Anforderungen und Aufgabengebiete«, kennengelernt, im Folgenden lege ich den Fokus auf die Aus- und Weiterbildung.

3.1 Überblick der Aus- und Weiterbildung

Aktuell gibt es in Deutschland (immer noch) keinen genormten Ausbildungsweg für den Social Media Manager. Entsprechend sind die meisten Positionsinhaber Quer-einsteiger, die sich durch jahrelange Erfahrung und/oder gegebenenfalls eine der am Markt angebotenen Aus- und Weiterbildungsmöglichkeiten für diese Position qualifiziert haben.

Studiengänge oder Berufserfahrung in Kommunikationswissenschaften, Unterneh-menskommunikation, Medienmanagement, Marketing und Betriebswirtschaft schaf-fen gute Grundlagen für den Einstieg in eine geführte Junior-Position. Von hier aus kann man sich durch gesammelte Erfahrung und Spezialisierung in eine selbststän-dige Position weiterentwickeln.

3.1.1 Wegweiser durch den Angebotsdschungel

Da für viele Personalabteilungen die Position des Social Media Managers genauso neu ist wie das Berufsbild, wird im Bewerbungsverfahren eine zertifizierte Weiter-bildung in dem Bereich Social Media Management positiv bewertet. Aufgrund der Verdienstmöglichkeiten mit Social-Media-Schulungen sind die Qualitätsunter-schiede der Weiterbildungsangebote leider gravierend. Verspricht Ihnen ein Anbie-ter, in nur wenigen Tagen zum Social-Media-Experten zu werden, kann man nur davon abraten.

Seriöse Angebote erkennen Sie an namhaften Referenten aus der Praxis und einem ganzheitlichen Ansatz. Wenn Sie sich nicht sicher sind, nutzen Sie die Möglichkeiten des Social Webs, und recherchieren Sie online, was andere Teilnehmer über den Kurs sagen. Die Checkliste in Tabelle 3.1 hilft Ihnen, den richtigen Kurs zu finden.

Zielgruppe	An wen richtet sich der Kurs (Führungskräfte, PR-Profis, Marketingmitarbeiter)? Welche Vorkenntnisse werden erwartet? Gibt es eventuell sogar Checklisten, mit denen die Teilnehmer ihre Vorkenntnisse abgleichen können? Gibt es Hinweise auf bestimmte Erfahrungen oder Benutzerkonten in sozialen Netzwerken, die für die Teilnahme an dem Kurs vorausgesetzt werden?
Inhalte	Welche Inhalte werden vermittelt? Werden primär die Funktionsweisen der Netzwerke erklärt, oder gibt der Kurs einen umfassenden Einstieg in das Thema Social Media Management im Unternehmen und deckt auch elementare Gebiete, wie zum Beispiel die Strategie und Erfolgsmessung, mit ab? Haben Sie eventuell sogar noch die Möglichkeit, Ihre Wünsche und Interessen anzugeben?
Referenten	Beschäftigen sich die Referenten auch in der Praxis mit ihrem Fachthema? Dabei sind weder die Häufigkeit der Äußerungen noch die Menge der Follower auf Twitter oder die Zahl der Fans auf Facebook eine aussagekräftige Größe. Achten Sie darauf, wie der Referent mit anderen interagiert, wie oft seine Aussagen geteilt werden und wie er sich anderen gegenüber verhält.
Gruppengröße	Setzt der Kurs auf Massenbetrieb, oder lässt die Teilnehmerzahl Fragen und Diskussionen zu?
Praxisbezug	Hat der Kurs einen guten Praxisbezug, und bindet er praktische Übungen mit ein?
Kursunterlagen	Sind die Kursunterlagen ausreichend, um das gelernte Wissen nacharbeiten zu können?
Preis	Stimmt das Preis-Leistungs-Verhältnis? Wenn Sie einen Kurs sehen, der in zwei Tagen so viel kostet wie andere in sechs Monaten, sollten Sie sehr genau hinterfragen, ob sich das lohnt. Ist der Kurs förderungsfähig? Bund und Länder fördern bestimmte Weiterbildungen durch einen Kostenzuschuss. Der Anbieter kann Ihnen Auskunft darüber geben, ob sein Kurs für eine Förderung infrage kommt. Gibt es besondere Angebote für Studierende?

Tabelle 3.1 Checkliste Social-Media-Schulungen

Was Sie immer im Hinterkopf behalten sollten: Sämtliche Kurse können nur die Grundlagen im Social Media Management vermitteln. Die praktische Erfahrung müssen Sie selbst sammeln, an Praxisbeispielen mitverfolgen und im Ideenaustausch mit anderen Social Media Managern vertiefen und ausbauen.

3.2   Zertifizierte Weiterbildungen

Insbesondere in Deutschland wird bei der Personalauswahl auf zertifizierte Abschlüsse geachtet. Wenn Sie keine konkrete Berufserfahrung im Bereich Social Media vorzu-weisen haben, kann ein Zertifikat den Unterschied machen. Es gibt kaum eine Mög-lichkeit, objektiv die Unterschiede zwischen den unterschiedlichen Zertifikaten zu beurteilen. Aus diesem Grund werde ich hier eine Auswahl an Weiterbildungen vorstellen, die mir von Praktikern und Entscheidern empfohlen wurden.

3.2.1   Hochschulen

Wie bereits eingangs erwähnt, gibt es noch keinen genormten Studiengang für Social Media Management. Einige Universitäten und Fachhochschulen haben jedoch berufsbegleitende Studiengänge oder Schwerpunkte zum Thema Social Media Management ausgearbeitet.

Fachhochschule Köln

Die Fachhochschule Köln ist die erste Universität in Deutschland, die einen Zertifi-katslehrgang zum Social Media Manager anbietet (*www.th-koeln.de/weiterbildung/ social-media-managerin_2282.php*). Seit 2011 wird die Weiterbildung regelmäßig durchgeführt. Der Lehrgang wird von einem Hochschullehrer begleitet und von aus-gewählten Praktikern durchgeführt, die aus ihrem jeweiligen Fachgebiet referieren.

In drei Präsenzphasen werden hier in 65 Unterrichtsstunden über einen Zeitraum von drei Monaten hinweg umfassende Einblicke in die neuen Medien vermittelt. Am Ende des Kurses stehen eine mündliche sowie eine schriftliche Prüfung. Die Kosten belaufen sich auf 1.490 € (Stand November 2019).

Technische Hochschule Mittelhessen (THM)

Die Technische Hochschule Mittelhessen bietet den Bachelorstudiengang »Social Media Systems« an, der Social Media aus den unterschiedlichsten Blickwinkeln be-trachtet und in den Mittelpunkt stellt. Der interdisziplinäre, sechssemestrige Vollzeit-studiengang verbindet die drei Bereiche Medien, Management und Informatik. Er schließt mit dem Titel Bachelor of Science (B. Sc.). Nach einer übergreifenden Ori-entierungsphase wählen die Studierenden ihren Schwerpunkt aus den Bereichen Management, Medienwissenschaften und Informatik (siehe Abbildung 3.3).

Das Studium an der THM kostet den regulären Semesterbeitrag von 275,96 € und ist zugelassen für BAföG und Bildungskredite, dazu besteht die Möglichkeit eines Stipendiums (Stand November 2019). Weitere Informationen finden Sie unter *www.thm.de/site/studium/unsere-studienangebote/social-media-systems-bachelor-bsc-mni-giessen.html*.

Abbildung 3.3 Übersicht des Studienprogramms an der THM

Hochschule Anhalt

Von der Bild-Zeitung als erste Facebook-Uni tituliert,[2] bietet die Hochschule Anhalt seit dem Sommersemester 2013 den »Masterstudiengang Online Kommunikation« an. Die Studierenden lernen Theorie und Praxis zu Onlinekommunikation, Marketing und Management. Die Gesamtdauer des Studienganges beläuft sich auf vier Semester, wobei das dritte Semester Platz für ein Praktikum oder ein Auslandssemester bietet und das vierte für Masterarbeit und Kolloquium reserviert ist. Die ersten beiden Semester teilen sich jeweils auf Pflicht- und Wahlmodule auf. Die Pflichtmodule befassen sich konkret mit dem Thema Onlinekommunikation, während die Wahlpflichtmodule aus den Bereichen VWL, BWL, Soft Skills/Fremdsprachen sowie Wirtschaftsrecht zu wählen sind.

Voraussetzung für das Studium ist ein abgeschlossenes Bachelor-Studium, vorzugsweise in Wirtschaftswissenschaften. Alle Informationen zum Studiengang sowie die Bewerbungsunterlagen finden Sie unter *http://mok.wi.hs-anhalt.de*.

3.2.2 Akademien und Institute

Neben staatlichen und privaten Hochschulen bietet auch eine Reihe von Akademien und Instituten zertifizierte Lehrgänge zum Social Media Manager an. Auch hier werde ich nur eine kleine Auswahl der vielfältigen Angebote vorstellen.

---

2 *www.bild.de/regional/leipzig/studium/deutschlands-erste-facebook-uni-29741556.bild.html*

Social Media Akademie

Eine Alternative zu dem Präsenzunterricht bietet die Social Media Akademie (SMA, *www.socialmediaakademie.de*). Der Lehrgang »Social Media Manager« umfasst 23 praxisorientierte Onlinevorlesungen, die durch Experten-Chats und einen persönlichen Tutor begleitet werden. Dazu hat man die Möglichkeit, sich in der SMA-Facebook-Lerngruppe mit anderen Teilnehmern und Absolventen auszutauschen.

Die Abschlussarbeit zur Erlangung des Zertifikats »Social Media Manager (SMA)« ist die Erstellung einer Social-Media-Strategie. Die Lehrgangsgebühr beträgt 3.390 € (Stand November 2019). Die SMA ist durch die staatliche Zentralstelle für Fernunterricht (ZFU) und die Akkreditierungs- und Zulassungsverordnung Arbeitsförderung (AZAV) zertifiziert und damit für Bildungsgutscheine qualifiziert.

Social Media Manager (ILS)

Die ILS bieten den zertifizierten Fernlehrgang zum Social Media Manager über einen Zeitraum von zwölf Monaten an. Der Kurs basiert auf 13 Studienheften und einem dreitägigen Blockseminar, das sowohl on- wie offline absolviert werden kann. Der Fernlehrgang ist nach AZAV zertifiziert und durch die Arbeitsagentur förderungsfähig. Der Kurs richtet sich an Interessenten mit Fachhochschulreife, einer abgeschlossenen Berufsausbildung oder zweijähriger Berufserfahrung und wurde mit Praktikern aus der Social-Media-Kommunikation entwickelt, die gleichzeitig als Fernlehrer agieren.

Social Media Manager (IHK)

Die Industrie- und Handelskammern (IHK) haben ebenfalls einen zertifizierten Abschluss im Bereich Social Media Management ausgearbeitet, den »Social Media Manager (IHK)«. Der Kurs wird von mehreren Handelskammern bundesweit angeboten und unterscheidet sich in erster Linie durch die jeweiligen Referenten und eine Variation des Stundenumfangs zwischen 40 und 100 Stunden. Grundsätzlich sind alle Lehrgänge auf eine berufsbegleitende Weiterbildung in Form von Präsenzunterricht ausgelegt.

Die Kosten bewegen sich, abhängig von Standort und Umfang der Stunden, im Bereich zwischen 900 und 1.400 €. Zur Wahl eines geeigneten IHK-Zertifikatskurses rate ich Ihnen, sich einen der Kurse auszusuchen, die über mehrere Wochen oder Monate gehen und einen starken Praxisbezug haben. Das Erlangen eines Zertifikats nach nur fünf Tagen Unterricht scheint hier vielleicht verlockend, aber der Lerneffekt ist wesentlich größer, wenn Sie sich über längere Zeit intensiv mit den Themen beschäftigen. Darüber hinaus sollten Sie auch hier recherchieren, welche Referenten den Kurs ausrichten und was Stimmen im Netz über den Kurs berichten.

3.2.3 Zertifizierung durch den BVCM

Der Bundesverband Community Management, digitale Kommunikation und Social Media (BVCM e.V., *www.bvcm.org*) bietet eine kursunabhängige Zertifizierung für den »Social Media Manager BVCM« an. Die Zertifizierung wurde 2016 durch den BVCM von der Prüfungs- und Zertifizierungsorganisation der deutschen Kommunikationswirtschaft (PZOK) übernommen. Um für die Prüfung zugelassen zu werden, müssen Sie eines der folgenden Kriterien erfüllen:

1. eine qualifizierte Fortbildung im Bereich Social-Media-/digitale Kommunikation mit einem Umfang von mindestens 30 Stunden und einen Hochschulabschluss einer beliebigen Fachrichtung

2. einen Hochschulabschluss im Bereich Social-Media-/digitale Kommunikation und mindestens ein Jahr Berufserfahrung im Bereich Social-Media-/digitale Kommunikation

3. vier Jahre Berufserfahrung im Bereich Social-Media-/digitale Kommunikation

Die Prüfung besteht aus einem Multiple-Choice-Test, einer mündlichen Prüfung, in der Sie der Prüfungskommission eine anhand eines Fallbeispiels erstellte Social-Media-Strategie vorstellen, sowie einem Fachgespräch. Die Kosten für die Prüfung belaufen sich auf 499 € (Stand November 2019), ausführliche Informationen können Sie hier abrufen: *www.bvcm.org/social-media-manager-zertifizierung*.

Abbildung 3.4 Die Prüfungskommission des BVCM vor der Zertifikatsprüfung

3.2.4 Der Blick über den Tellerrand

Als Social Media Manager sollten Sie viel Spaß daran haben, Neues zu lernen und sich weiterzuentwickeln. Wagen Sie den Blick über den Tellerrand für eine immer neue Inspiration im Tagesgeschäft und die persönliche Weiterentwicklung. Ob neue Tools oder die Vertiefung des Wissens in einem Teilgebiet des Social Media Managements, der Ausflug in angrenzende Gebiete wie Gamification oder einfach die Grundlagen der Psychologie, nutzen Sie die vielfältigen Möglichkeiten des Internets, um jeden Tag ein Stück dazuzulernen.

E-Learning-Plattformen

Wäre es nicht toll, wenn Sie Universitätskurse aus der ganzen Welt ganz einfach per Mausklick besuchen könnten? Dies ist möglich. E-Learning-Plattformen wie *Coursera.org* oder *https://iversity.org* bieten das ideale Angebot, um Einblicke in angrenzende Gebiete des Social Media Managements zu erlangen.

Ob »Gamification« an der University of Pennsylvania, »Social Network Analysis« an der University of Michigan oder »E-learning and Digital Cultures« an der University of Edinburgh, viele Kurse sind kostenfrei und werden von renommierten Dozenten gehalten. Auch über das Thema Internet hinaus werden hier zahlreiche Kurse angeboten. Sie können zum Beispiel Ihr Wissen in Mikroökonomie oder Soziologie auf- und ausbauen und sich in den Facebook-Gruppen zu den Kursen mit Studierenden aus der ganzen Welt austauschen.

Ein ähnliches Angebot finden Sie auf der EdX-Plattform *www.edx.org/courses*, die von der Harvard University und dem Massachusetts Institute of Technology (MIT) gegründet wurde, sowie bei Udacity unter *www.udacity.com*.

Neben den Universitätskurs-Plattformen gibt es freie Lernplattformen mit überwiegend kostenpflichtigen Kursen. Aber auch hier lohnt sich ein Blick, da eine Reihe von Experten hier ihr Wissen in Kursform anbieten. Zu empfehlen ist beispielsweise Udemy (*www.udemy.com*). Wichtig ist, die Rezensionen genau zu lesen, bevor Sie einen Kurs auswählen, da hier jeder einen mehr oder minder fertigen Kurs einstellen kann.

MOOCs für Social Media Manager

Unter *http://goo.gl/FYJH7o* finden Sie eine Liste mit interessanten Onlinekursen für Social Media Manager, die über alle Themen und Plattformen hinweggeht.

Fachblogs

Um stetig auf dem Laufenden zu bleiben, empfiehlt es sich, eine Reihe von einschlägigen Fachblogs im Abonnement zu haben. So werden Sie automatisch darüber informiert, was im Netz passiert. Dies bringt folgende Vorteile mit sich:

▶ Sie werden darüber informiert, wenn Änderungen eintreten, auf die zeitnah reagiert werden muss. Beispiele sind hier rechtliche bzw. datenschutzrelevante Bestimmungen, Abmahnungen sowie die konstanten Änderungen von Funktionen auf Facebook.

▶ Welche Themen bewegen derzeit die Nutzer, und welche Plattformen und Dienste sind aus welchen Gründen besonders beliebt oder verlieren an Bedeutung?

Welche neuen Erkenntnisse gibt es über Ihre Zielgruppe? Ob Trend oder Hype, Sie wissen Bescheid und lernen kontinuierlich weiter.

▶ Besonders gute und schlechte Beispiele von Unternehmen im Social Web finden sich schnell in Fachblogs. Nutzen Sie dies zu Ihrem Vorteil. Best Practices dienen als Inspiration für das, was Sie selbst für Ihr Unternehmen tun könnten, und aus schlechten Beispielen können Sie lernen, wie man es nicht machen sollte und was zu tun ist, wenn es doch passiert.

Eine gute Auswahl an Fachblogs umfasst eine Mischung aus allgemeineren und speziellen Blogs sowie auch News-Aggregatoren, die aktuelle Themen, Trends und Diskussionen übersichtlich und brandaktuell zusammenfassen.

Themenblogs

Zwei der größten deutschen Fachblogs über Facebook sind *allfacebook.de* und das Blog von Thomas Hutter (*http://thomashutter.com*).

Auf das Thema Social Media und Recht haben sich zum Beispiel *kriegs-recht.de* von Henning Krieg, *rechtzweinull.de* von Carsten Ulbricht und das »I law it«-Blog von Thomas Schwenke (*http://rechtsanwalt-schwenke.de/blog*) spezialisiert. In allen drei Blogs finden Sie aktuelle Informationen zur Rechtslage im Social Web, Datenschutz und Einschätzungen zu aktuellen Themen. Die Autoren dieser Blogs touren übrigens oft auf Barcamps und halten dort großartige Sessions, die informativ und aktuell sind und noch dazu Spaß machen.

Allgemeine Blogs

Generell zum Thema Social Media schreiben zum Beispiel *netzwertig.de*, *pr-blogger.de*, *futurebiz.de* (siehe Abbildung 3.5), *meedia.de* und *basic-thinking.com*.

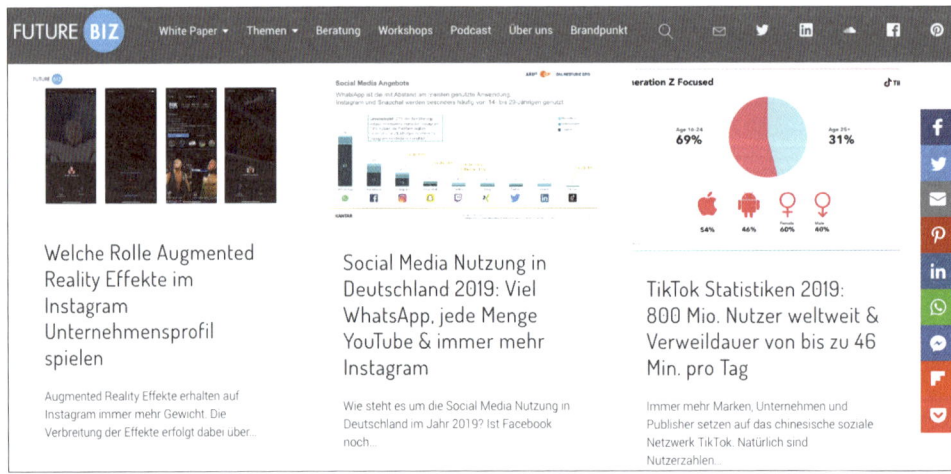

Abbildung 3.5 Die Startseite von futurebiz.de

Sie sollten sich zudem nicht scheuen, einen Blick über den großen Teich zu werfen, da viele Trends aus den USA erst später hier in Deutschland ankommen. Die großen Blogs zu Social Media sind *mashable.com*, *thenextweb.com* und *techcrunch.com*, der bekannteste News-Aggregator ist unter *techmeme.com* zu finden.

News-Aggregatoren

News-Aggregatoren helfen Ihnen dabei, einen Überblick zu bekommen, welche Themen im Netz gerade diskutiert werden. Sie sammeln, sortieren und fassen Themen und die zugehörigen Reaktionen zusammen. Dies kann automatisch oder durch die Community stattfinden. Der bekannteste News-Aggregator in Deutschland ist Rivva (Abbildung 3.6, *http://rivva.de*). Auf Basis von Links aus Blogs und Twitter wird hier eine Übersicht über die meistdiskutierten Themen zusammengestellt. Praktisch ist die Möglichkeit, Neuigkeiten per RSS zu abonnieren.

Ähnlich funktioniert buzzrank (*http://curator.buzzrank.de*), und auch Google News (*http://news.google.de*) zählt zu den Aggregatoren. Dieser Dienst wertet mehr als 700 deutschsprachige Nachrichtenquellen aus. So haben Sie auch stets im Blick, welche Themen außerhalb des Netzes wichtig sind.

Eine großartige Übersicht über mehr als 15 Aggregatoren finden Sie bei der t3n unter *http://bit.ly/1c8Vkgu*. Für mich persönlich funktioniert Twitter als eine Art News-Aggregator im erweiterten Sinne. Dadurch, dass ich einer Reihe von Personen folge, die sich mit ähnlichen Themen beschäftigen, finde ich hier stets aktuelle Links, die mich interessieren, und bekomme mit, wenn ein Thema »hochkocht«.

Kein News-Aggregator im eigentlichen Sinne, aktuell aber einer meiner liebsten Services ist der #trending-Newsletter von Meedia (*https://meedia.de/newsletter-anmeldung*). Mit diesem bekommen Sie jeden Morgen eine E-Mail, in der die meistdiskutierten Themen in Social Media unterhaltsam aufgeführt, kommentiert und eingeordnet werden.

Abbildung 3.6 Rivva, der News-Aggregator für Deutschland

Seien Sie darüber informiert, was Ihre Zielgruppe gerade bewegt

Als Social Media Manager müssen Sie wissen, was die Menschen gerade bewegt, sonst tut sich hier so mancher Fettnapf auf. Das hat beispielsweise der Waffenhersteller Heckler & Koch erlebt. Zum Valentinstag veröffentlichte dieser ein Foto, auf dem eine Waffe inmitten eines Herzens aus Patronen zu sehen war (siehe Abbildung 3.7), mit dem Text »From HK with love« (Liebesgrüße von HK). Abgesehen davon, dass Waffen generell ein kontroverses Thema sind, wurde der Beitrag parallel zu einem Schulmassaker in Florida veröffentlicht. Die Reaktion fiel entsprechend heftig aus. Heckler und Koch entschuldigte sich daraufhin ausdrücklich für den Fehler und entfernte die Beiträge von Twitter, Facebook und Instagram.

Dieser Fauxpas hätte vermieden werden können, wenn man dem aktuellen Mediengeschehen und den damit verbundenen Emotionen mehr Beachtung geschenkt hätte.

Abbildung 3.7 Unpassende Valentinsgrüße von Heckler und Koch

3.3 Konferenzen

Konferenzen bieten Ihnen die Möglichkeit, sich über einen oder mehrere Tage hinweg intensiv mit Trends und Möglichkeiten im Social Media Management zu beschäftigen, sich von Best Practices inspirieren zu lassen und ausgiebig mit anderen Social Media Managern zu netzwerken. Dabei gibt es zwei Arten von Konferenzen:

▸ die Fachkonferenz, bei der primär in klassischer Manier auf der Bühne Vorträge und Diskussionsrunden stattfinden, während Sie sich als Zuschauer in erster Linie mit Fragen beteiligen können

▶ das Barcamp, eine partizipative Konferenz, bei der jeder Teilnehmer zur aktiven Teilnahme aufgerufen ist

Diese beiden Konferenzformate inklusive einiger Empfehlungen werde ich Ihnen hier vorstellen.

3.3.1   Fachkonferenzen

Es gibt eine unüberschaubare Menge an Fachkonferenzen zum Thema Social Media. Spätestens wenn Sie den Titel Social Media Manager tragen, können Sie sich sicher sein, dass Sie mindestens einmal im Monat eine Einladung zu einer Konferenz auf dem Tisch liegen haben. Die Preise liegen dabei oft im drei- bis vierstelligen Bereich. Prüfen Sie auch hier gründlich, bevor Sie eine Konferenz buchen:

▶ Eine Konferenz ist immer nur so gut wie ihre Referenten. Wenn Sie ein Thema interessiert, recherchieren Sie, wer dort auf der Bühne steht.

▶ Oft gibt es auch Sprecher, die auf vielen Konferenzen den gleichen Vortrag halten. Suchen Sie sich die Konferenz heraus, die Sie am meisten interessiert. Mit etwas Glück finden Sie dabei den gewünschten Vortrag auch schon im Netz, um sich vorab einen Eindruck verschaffen zu können. Slideshare (*http://slideshare.com*) und Scribd (*http://scribd.com*) sind Orte, an denen viele Referenten ihre Materialien zur Verfügung stellen.

▶ Lesen Sie nicht nur die Testimonials auf der Konferenz-Website, sondern googeln Sie nach Meinungen/Feedback im Netz.

▶ Nicht immer gilt: teuer = gut!

▶ Achten Sie auch immer auf das Rahmenprogramm. Gibt es Pausen und/oder eine Abendveranstaltung, um zu netzwerken?

Ein guter Indikator ist das eigene Bauchgefühl. Sie sind der Meinung, dass der Preis völlig überzogen für die angebotene Leistung ist oder die Konferenz nach einer PR-Veranstaltung klingt? Dann lassen Sie es lieber sein. Exemplarisch stelle ich ein paar Konferenzen vor, mit denen ich gute Erfahrungen gemacht habe.

re:publica

Unter den alten Hasen auch liebevoll »das Klassentreffen« genannt, hat sich die re:publica von einer kleinen Nischenkonferenz zu einem jährlichen Großevent entwickelt. Das erklärte Ziel der re:publica ist es seit jeher, eine Brücke zwischen On- und Offline zu schlagen und, wie es so treffend auf der Website zur Konferenz steht:

> *»Die stetig wachsende Besucherzahl und die bunte Mixtur der re:publica-Gäste gehen Hand in Hand mit der Integration sozialer Medien in der Gesellschaft und ihrer steigenden Bedeutung.«*

Auf mehreren Bühnen präsentieren hier sowohl nationale als auch internationale Sprecher und Sprecherinnen über drei Tage hinweg ein breites Themenspektrum. Ebenso bunt gemischt sind die Teilnehmer, die Atmosphäre ist inspirierend und entspannt, sodass sich in den Pausen und am Abend ausreichend Gelegenheiten zum Networking ergeben. Alle Informationen zu diesem Digitalfestival finden Sie unter *https://re-publica.com/de* (siehe Abbildung 3.8).

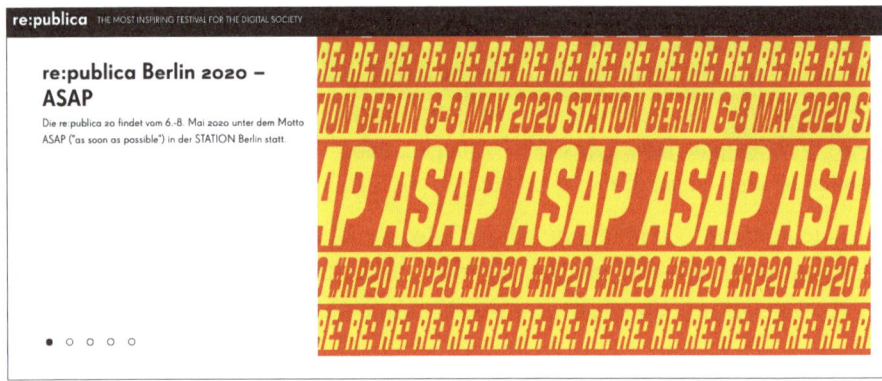

Abbildung 3.8 Die Startseite der re:publica 2020

Kongress-Media-Events

Das Bemerkenswerte an den Kongress-Media-Konferenzen sind die hohe Dichte an Referenten aus der Praxis und die kontinuierliche Weiterentwicklung der Formate.

Ob »Digital Marketing & Media Summit« (*www.d2m-summit.de*), eine Konferenz mit Schwerpunkt auf Social Media Marketing, oder das »Monitoring Summit«, welches den Schwerpunkt auf Social Media Monitoring legt, in der Regel mischen sich hier Keynote-Vorträge mit Workshops und Seminaren sowie ehrliche Best-Practice-Beispiele mit innovativen Querdenkern. Dazu kommt eine angenehme Atmosphäre, in der man sich sowohl im Anzug als auch in Jeans und Sneakern wohlfühlt.

Social Media Week

Die »Social Media Week« ist ein internationales Konferenzformat, das 2009 zum ersten Mal in Deutschland stattfand. In einer Woche des Jahres finden in Großstädten wie Hamburg, Berlin und München täglich Vorträge, Workshops und abendliche Events zum Thema Social Media statt. Das Beispiel der Hamburger Version (*https://smwhamburg.com*) sehen Sie in Abbildung 3.9.

Die Bandbreite an Themen und Sprechern ist groß, die Atmosphäre sehr entspannt und die Teilnahme im Regelfall gratis. Eine Übersicht über die Städte und nächsten Termine ist unter *http://socialmediaweek.org* zu finden.

Abbildung 3.9 Startseite »Social Media Week Hamburg«

Dmexco

Die Dmexco (*http://dmexco.de*) ist eine Messe für digitales Marketing und findet einmal im Jahr in Köln statt. Neben dem klassischen Messeangebot gibt es einen immer umfangreicheren Konferenzteil, der auch Themen aus dem Bereich Social Media behandelt. Der Eintritt für Fachbesucher beginnt bei 99 € an (Stand November 2019). Am Abend des ersten Messetages findet eine Reihe von Partys statt, die sich großer Beliebtheit erfreuen. Generell ist die Dmexco auch ein kleines Klassentreffen der Social-Media-Branche geworden und ein sehr guter Ort zum Netzwerken.

3.3.2 Barcamps

Das Barcamp ist eine andere Art der Konferenz, eine sogenannte Un- oder Mitmachkonferenz. Das meist ehrenamtliche Team organisiert nur den Veranstaltungsort und die Ausstattung, das Programm wird von den Teilnehmern selbst gestaltet und entsteht erst am Morgen des Konferenztages im Rahmen der »Sessionplanung«. Jeder Teilnehmer ist aufgerufen, sich aktiv einzubringen, sei es durch das Anbieten einer Session, durch Einbringen seines Wissens in einer Diskussion oder durch die Berichterstattung auf Twitter oder in Blogs. Auf diesem Wege entsteht eine ganz besonders dynamische Atmosphäre, die gerne mit Social Media verglichen wird. Auf Barcamps finden sich viele der Referenten, für die man sonst auf traditionellen Konferenzen viel Geld zahlt. Barcamps ermöglichen einen intensiven Wissensaustausch und sind gleichzeitig ideal für das Networking ganz ohne Schlips und Kragen. Städte-Barcamps, wie zum Beispiel das in Hamburg, München oder das Barcamp Ruhr in Essen, haben keine festen Themen, dennoch liegt der Schwerpunkt meistens auf Social Media, Technologie und dem Freiberufler-Dasein. Eine Übersicht über die Barcamps finden Sie unter *http://barcamp.org* oder *http://barcamp-liste.de*.

Themencamps

Die Tradition der Themencamps begann in Deutschland Anfang 2008 mit dem Wordcamp, welches das Blogsystem WordPress als Themenfokus hatte. Im gleichen Jahr startete das CommunityCamp (*http://communitycamp.berlin*), welches sich über die Jahre hinweg zu dem größten Treffen von Community und Social Media Managern in Deutschland entwickelt hat und bei dem ich selbst im Organisationsteam bin. Traditionell treffen hier am letzten Wochenende im Oktober Fachleute aus ganz Deutschland in Berlin zusammen, um sich an einem Wochenende intensiv über alle Themen rund um Social Media und Community Management auszutauschen.

Auf dem zweiten CommunityCamp wurde der Bundesverband Community Management e.V. für digitale Kommunikation und Social Media (BVCM) gegründet.

3.4   Networking

Persönlich empfinde ich das Networking mit anderen Social Media und Community Managern als eine der wertvollsten Möglichkeiten des Wissensaustausches. Gespräche über den Alltag, die Herausforderungen und die Erfolge verhelfen immer wieder zu neuen Ideen und Lösungsansätzen. So ganz nebenbei baut man sich ein Netzwerk von Experten auf, das im Krisenfall unbezahlbar ist. Dabei gilt: Seien Sie authentisch und aufgeschlossen, und trauen Sie sich, auf andere zuzugehen, Fragen zu stellen und von Ihren Erlebnissen zu berichten. Erfahrungsgemäß kommt man auf den vorgestellten Networking-Events ganz unkompliziert ins Gespräch.

Community & Social Media Manager Stammtisch

Der »Community & Social Media Manager Stammtisch« findet im Schnitt einmal pro Monat in vielen deutschen Großstädten statt. Man trifft hier auf Community und Social Media Manager aller Branchen, vom Einsteiger bis zum Profi, und verlebt einen Abend in gemütlicher Runde. Im Vordergrund steht hier der persönliche Austausch von Erfahrungen, hin und wieder werden auch Kurzvorträge gehalten.

Die aktuellen Termine finden Sie im Kalender des BVCM, *www.bvcm.org/events*, auf dessen Facebook-Seite *www.facebook.com/bvcm.ev* oder direkt auf den Fanseiten der lokalen Stammtische.

Twittwoch/Webmontag

Auf Twittwochen bzw. Webmontagen, die, wie der Name schon vermuten lässt, immer mittwochs bzw. montags stattfinden, stehen vor dem Netzwerken mehrere Kurzvorträge auf dem Programm. Die Themen sind bunt gemischt, haben aber immer das (Social) Web als gemeinsamen Nenner. Eine Übersicht über die anstehenden

Webmontage finden Sie unter *http://webmontag.de*, über Twittwoche bleiben Sie am besten über *www.twittwoch.de* informiert.

Berufsverbände und -gruppen

Neben den abendlichen Netzwerkveranstaltungen ist die Mitgliedschaft in einschlägigen Berufsverbänden und -gruppen vorteilhaft. Im Bereich Social Media Management wäre hier zunächst der Bundesverband Community Management e.V. für digitale Kommunikation und Social Media (BVCM, siehe Abbildung 3.10) zu nennen. Der BVCM ist der dezidierte Berufsverband für Social Media und Community Manager und bietet neben der Möglichkeit zu einem stetigen virtuellen Austausch auch ein- bis zweimal im Jahr Workshops an, auf denen in Gruppenarbeit aktuelle Themen aus dem Bereich Social Media bearbeitet werden.

Abbildung 3.10 Der aktuelle Vorstand des BVCM, dem auch ich angehöre

Daneben hat eine Reihe von Verbänden spezielle Fachgruppen und Arbeitskreise zum Thema Social Media. Die Teilnahme ist hier in der Regel mit einer Unternehmensmitgliedschaft verbunden. Beispiele sind hier die Fachgruppe Social Media im Bundesverband Digitale Wirtschaft BVDW (*www.bvdw.org/fachgruppen/social-media.html*) oder die Arbeitsgruppe Social Media des wvib (*www.wvib.de/erfahrungsaustausch/fach-erfa/social-media*).

4 Persönliches Online-Reputationsmanagement

»Wer Selbstdarstellung betreibt, sollte darauf achten, dass genug Selbst zum Darstellen vorhanden ist.«
Vivian Fersch, deutsche Lyrikerin

In kaum einer Position ist die persönliche Online-Reputation von Beginn an so relevant wie in der eines Social Media Managers. Was verrät das Internet über Sie? Wann haben Sie das letzte Mal nach Ihrem Namen gegoogelt?

Was ist Online-Reputation?

Reputation ist mehr als ein Image, sie umfasst den Ruf eines Menschen. Die Online-Reputation entspricht also der Gesamtwahrnehmung einer Person oder eines Unternehmens auf Basis der Informationen, die online verfügbar sind.

Spätestens wenn Sie planen, in dem Bereich Social Media zu arbeiten, sollten Sie dieses regelmäßig tun. Warum? In Umfragen bestätigt sich immer wieder, dass potenzielle Arbeitgeber und Personalberater auf Google Informationen über Bewerber und potenzielle Kandidaten suchen.[1] Setzen Sie Ihren Namen in Anführungszeichen, und schauen Sie nach, was man in Google, Yahoo, Bing & Co. über Sie findet (siehe Abbildung 4.1). Im Idealfall sieht der potenzielle Arbeitgeber auf der ersten Seite ausgewählte Profile und – wenn vorhanden – Ihre eigene Homepage. Nicht so gut ist, wenn dort Ihre Jugendsünden aus alten Zeiten oder einfach gar nichts über Ihre Person auftaucht. Doch auch in diesem Fall gilt erst einmal: Keine Panik! Mit ein wenig Arbeit lässt sich das persönliche Profil arbeitgeberfreundlich einrichten.

Expertentipp: Alerts als Reputationsradar

Richten Sie gleich einen Google Alert auf Ihren Namen ein, um automatisch über neue Einträge informiert zu werden. Dafür gehen Sie auf die Startseite der Google Alerts unter *www.google.de/alerts* und geben dort Ihren Namen in Anführungszeichen ein (»Max Mustermann«). Im Anschluss können Sie auswählen, wie oft Sie über Neuigkeiten informiert werden möchten und wie genau die Ergebnisse sein sollen. Den gleichen Service in Grün bietet Ihnen Talkwalker unter *www.talkwalker.com/de/alerts* an.

---

[1] Dazu passt dieses Aufklärungsvideo: *https://goo.gl/2saf7w*

Alternativ bieten Personensuchmaschinen wie Yasni (*http://yasni.de*) einen E-Mail-Service für die Überwachung des eigenen Namens an.

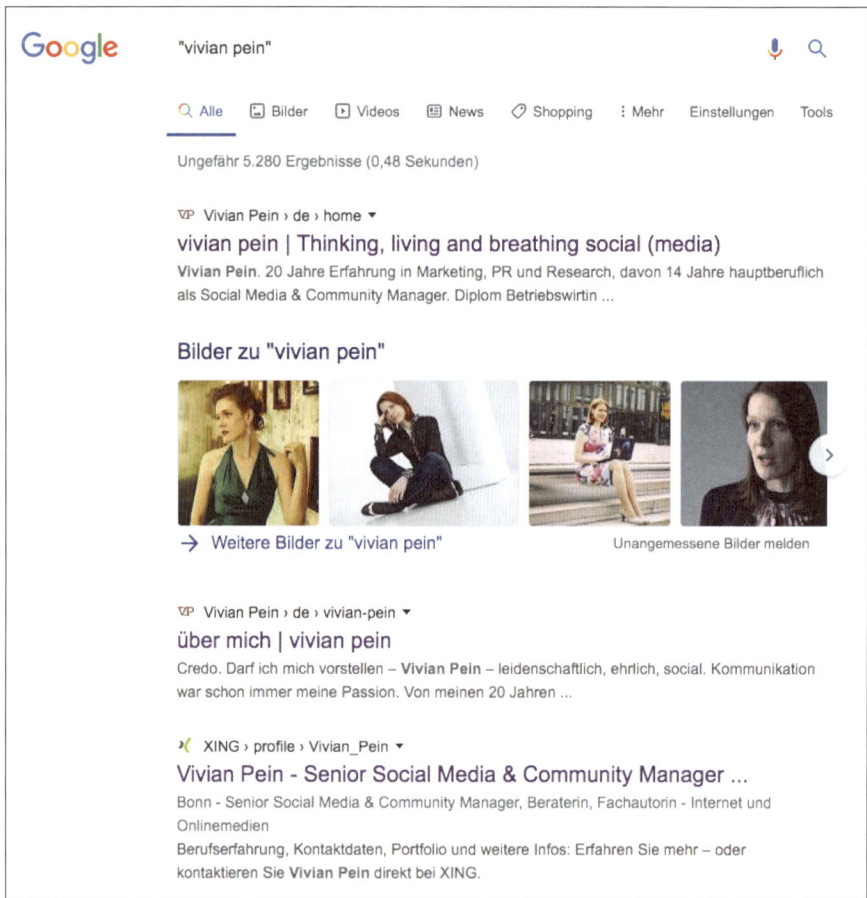

Abbildung 4.1 »Ego-Googeln« – die Suche nach dem eigenen Namen

4.1   Gefunden werden

Sorgen Sie dafür, dass man Sie im Internet findet. Haben Sie keine Angst davor, selbstbewusst Ihr Können zu präsentieren, und bestimmen Sie selbst, was man über Sie erfährt. Diese Tipps und Tricks helfen Ihnen dabei.

4.1.1   Business-Netzwerke nutzen

Für Ihre Online-Reputation sind, zumindest im deutschsprachigen Raum, die Business-Netzwerke XING und LinkedIn wichtig. Falls noch nicht geschehen, melden

Sie sich auf den beiden großen Business-Netzwerken an. Hinterlegen Sie Ihren Lebenslauf, nutzen Sie ein professionelles Foto, und fügen Sie Kontakte hinzu, die Sie kennen.

XING und LinkedIn erfreuen sich bei Personalern großer Beliebtheit, und darüber hinaus wird Ihr Profil sehr gut in Google positioniert, wenn Sie Ihre Privatsphäre-Einstellungen auf »öffentlich sichtbar« stellen, was Sie auch unbedingt tun sollten! Ihre Business-Profile werden mit dieser kleinen Einstellung automatisch zu Ihrem Onlinelebenslauf, denn sie erscheinen in den Suchergebnissen oft ganz vorne. Ein Beispiel für ein XING-Profil sehen Sie in Abbildung 4.2.

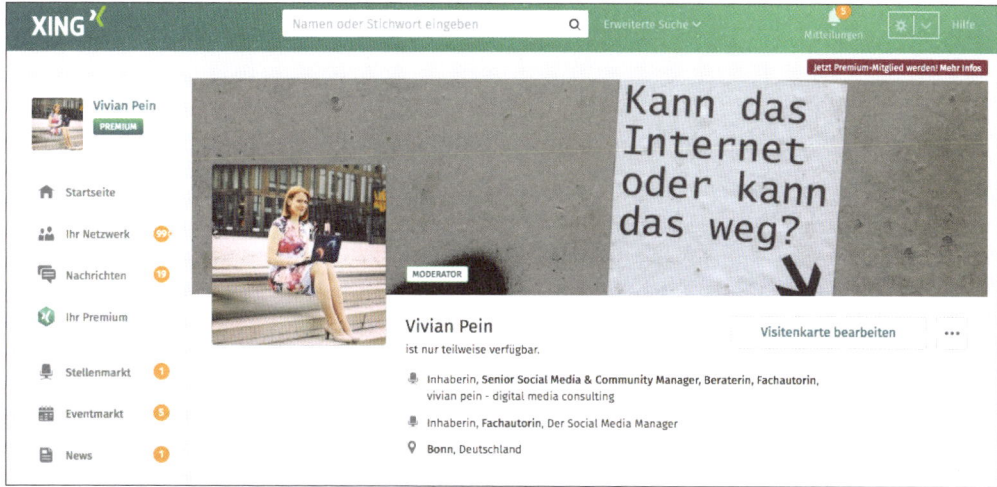

Abbildung 4.2 Das XING-Profil als Onlinelebenslauf

Nutzen Sie diesen Vorteil, vervollständigen Sie Ihren Werdegang und Ihre Ausbildung, und laden Sie ein sympathisches Profilbild hoch. Je ausführlicher Sie Ihr Profil ausfüllen, desto relevanter wird es für Google und auch in der Suche auf den Plattformen selbst.

4.1.2   Profile in sozialen Netzwerken optimieren

Schauen Sie sich Ihre Profile in den unterschiedlichen sozialen Netzwerken genau an. Prüfen Sie, ob öffentlich sichtbare Informationen dem entsprechen, was ein potenzieller Arbeitgeber auch sehen soll. Wenn nicht, löschen Sie die Einträge, oder stellen Sie die Sichtbarkeit auf »privat«. Da für Sie als angehender Social Media Manager auch Facebook, Instagram & Co. als professionelle Materie gelten, sollten Sie hier besonders gründlich prüfen. Gestalten Sie Ihre Profile professionell mit den zur Verfügung stehenden Möglichkeiten. Nutzen Sie ein sympathisches Foto, und beschreiben Sie sich kurz und prägnant. Suchen Sie sich die Netzwerke aus, die zu Ihnen passen. Liegt Ihr Schwerpunkt auf Bildern und Fotos, sollten Sie Dienste wie

Instagram mit in die Wahl ziehen, bei dem Schwerpunkt Video liegen YouTube und Vimeo nahe, und wenn Sie viele Präsentationen halten, sollte Slideshare nicht fehlen. In wie vielen Netzwerken Sie ein Profil haben, bleibt Ihnen überlassen. Solange Ihre Profile gepflegt und ordentlich sind und Sie auf Anfragen reagieren, gibt es kein Zuviel.

4.2   Das Onlineprofil aufräumen

Um unliebsame Einträge zu entfernen, sind mindestens zwei Schritte notwendig. Dies liegt daran, dass die Inhalte einmal auf der Website liegen, auf der sie veröffentlicht wurden, und zusätzlich in dem Cache der Suchmaschinen gespeichert sind. Der Eintrag verschwindet nur dann aus Google, Bing & Co., wenn der eigentliche Inhalt nicht mehr vorhanden ist. Der erste Schritt ist folglich, den Ursprungsbeitrag zu entfernen. Wenn Sie die Inhalte selbst veröffentlicht oder Zugriff auf die Seite haben, stehen die Chancen gut, dass Sie diese eigenständig wieder entfernen können. Erfahrungsgemäß entstehen viele Einträge durch falsche Privatsphäre-Einstellungen. Entsprechend sollten Sie diese zuerst überprüfen. Stellen Sie in sozialen Netzwerken die Privatsphäre-Einstellung so ein, dass nur Freunde die Inhalte sehen können. Ändern Sie bei unliebsamen Bildern die Sichtbarkeitseinstellungen auf »privat«, oder löschen Sie diese vollständig.

Schwieriger gestaltet sich das Entfernen von Inhalten, auf die Sie keinen Zugriff haben. Hier müssen Sie sich an den Betreiber der Seite wenden, die notwendigen Kontaktinformationen dafür finden Sie meist im Impressum. Schreiben Sie dem Betreiber eine E-Mail, in der Sie um Entfernung der Inhalte bitten. Beschreiben Sie dabei genau, um welche Teile es sich handelt, und senden Sie ihm die zugehörige Internetadresse (URL), um es möglichst einfach zu machen. Sollten Sie keine Möglichkeit haben, den Inhaber der Seite zu kontaktieren, oder reagiert dieser nicht auf Ihre Bitte, gibt es zwei Möglichkeiten: Entweder Sie leiten rechtliche Schritte ein, oder Sie sorgen dafür, dass die betreffenden Inhalte in den Suchergebnissen so weit nach hinten rutschen, dass diese unbeachtet bleiben. Wie Letzteres funktioniert, lernen Sie in Abschnitt 4.1, »Gefunden werden«. Ist der Quellbeitrag beseitigt, kommt der zweite Schritt, das Entfernen des Beitrags aus dem Index und dem Zwischenspeicher (Cache) der Suchmaschinen. Der Beitrag ist noch so lange in der Suche auffindbar, bis die jeweilige Suchmaschine die Aktualisierung registriert. Dies kann zwischen wenigen Tagen und mehreren Monaten dauern, und Seitenbetreiber haben in der Regel keinen Einfluss auf diese Aktualisierung.

Tipp: Aktualisierung von Inhalten in den Google-Suchergebnissen

Sie persönlich haben die Möglichkeit, bei Google die Löschung einer im Cache gespeicherten Version einer Seite oder die Entfernung eines Bildes zu beantragen. Mit dieser

Methode beschleunigen Sie die Aktualisierung des Suchmaschinen-Caches. In der Goo-gle-Hilfe finden Sie unter *http://goo.gl/LxLi3T* eine Schritt-für-Schritt-Anleitung. Bitte bedenken Sie, dass die ursprünglichen Inhalte im Voraus entfernt werden müssen, Goo-gle hat keinen Einfluss auf die Webseiten von anderen Personen.

4.3   Eine gute Online-Reputation aufbauen

Eine gute Online-Reputation entsteht nicht von heute auf morgen, sondern benö-tigt eine sorgfältige Planung und dauerhaftes Engagement, online wie offline. Im Vorfeld müssen Sie sich genau überlegen, wie Ihre Eigenmarke aussehen soll. Eine makellose digitale Fassade, die Ihnen im realen Leben nicht entspricht, ist nicht nur unglaubwürdig, sondern wird sich auf Dauer negativ auswirken. Zeigen Sie sich von Ihrer besten Seite, aber seien Sie dabei authentisch und menschlich!

Was repräsentieren Sie?

Was macht Sie als Person besonders, wo liegen Ihre Fähigkeiten, und für welche Themen möchten Sie stehen? Stellen Sie sich vor, Sie müssten sich, wie auf Bar-camps üblich, mit Schlagworten vorstellen (siehe Abbildung 4.3). Welche wären das? Je genauer Sie wissen, worauf Sie sich fokussieren möchten, desto besser, denn diese Themen bilden die Basis für Ihre persönliche Marke.

Abbildung 4.3   Oliver Ueberholz stellt seine Tags auf einem Barcamp vor.

Leidenschaft für das, was Sie tun

Wichtig bei der Auswahl des Fokus ist, sich genau zu überlegen, wo die persönli-chen Interessen und Leidenschaften liegen, denn wer für ein Thema brennt, kann auch andere begeistern. Dies muss nicht unbedingt ein Social-Media-Thema sein, aber eine gewisse Schnittmenge zu dem Thema hilft Ihnen, Expertise aufzubauen.

Stehen Sie für dieses Thema ein, sprechen Sie mit anderen Menschen, und bloggen und twittern Sie darüber (siehe Abbildung 4.4).

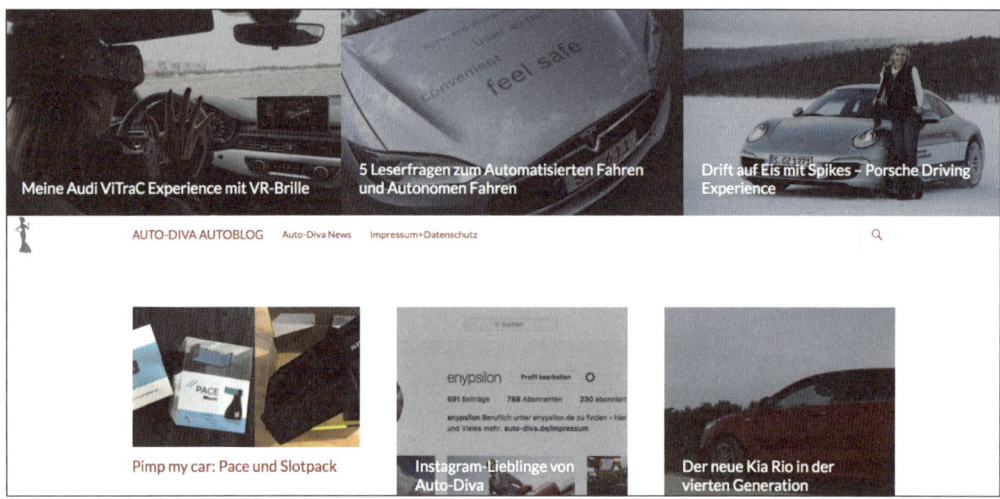

Abbildung 4.4 Nicole Jodeleit lebt ihre Leidenschaft für Autos.

Zeigen Sie, wer Sie sind

Wissen Sie, was Ihr Alleinstellungsmerkmal ist? Ihre Persönlichkeit macht Sie einzigartig, deswegen sollten Sie sich nicht scheuen, auch einmal etwas Persönliches zu schreiben. Das kann ein Facebook-Beitrag sein, in dem Sie Ihr Hobby visualisieren (siehe Abbildung 4.5), oder ein Blogbeitrag über Ihre Reise in die USA.

Abbildung 4.5 Kerstin Hoffmann professionell-persönlich auf Facebook

Zeigen Sie sich menschlich, aber bleiben Sie dabei professionell, überlegen Sie sich, was Sie auf der Bühne sagen würden und was nicht.

Seien Sie individuell

»Man kann niemanden überholen, wenn man in dessen Fußstapfen tritt.« Dieses weise Zitat sollten Sie im Hinterkopf behalten, wenn sich bei Ihnen der Gedanke einschleicht, anderen nachzueifern. Konzentrieren Sie sich lieber auf Ihren USP (Unique Selling Point), und machen Sie Ihr Ding.

Bleiben Sie konsequent

Spezialisieren Sie sich auf das, was Sie wirklich können, und bleiben Sie dabei. Das Social Web bietet Ihnen so viele Möglichkeiten, ein Thema aus den unterschiedlichsten Blickwinkeln zu beleuchten, dass Sie es gar nicht nötig haben, jedem neuen Trend hinterherzulaufen.

Gute Manieren on- und offline

Was selbstverständlich sein sollte, ist für eine gute Online-Reputation unabdingbar – gute Manieren on- und offline. Bedanken Sie sich, wenn Ihnen jemand hilft, und bieten Sie Ihre Hilfe an, wenn Sie helfen können. Fragen Sie höflich, wenn Sie etwas haben möchten, achten Sie darauf, ob Ihr Gegenüber mit »du« oder »Sie« angesprochen werden möchte. Mischen Sie sich nicht in fremde Angelegenheiten ein, und lassen Sie sich nicht zu Lästereien hinreißen. Ebenso sollten Sie davor zurückschrecken, andere Personen öffentlich zu verunglimpfen oder übermäßig hart zu kritisieren.

Seien Sie sichtbar

Eine gut durchdachte Eigenmarke nützt nicht viel, wenn man diese nicht sehen kann. Kommunizieren Sie über Twitter, schreiben Sie ein Blog, kommentieren und diskutieren Sie in Blogs und Foren, oder halten Sie Ihre Erinnerungen auf Instagram fest. Gehen Sie auf Netzwerktreffen und Konferenzen, und sprechen Sie dort mit Menschen. Wenn es zu Ihnen passt, können Sie auch ein bestimmtes Markenzeichen an sich tragen, wie zum Beispiel Sascha Lobo seinen roten Irokesen. Sie bestimmen selbst, was und wie viel Sie von sich zeigen, aber sorgen Sie dafür, dass man Sie sieht und wiedererkennt.

Werden Sie Experte

Machen Sie sich die Mühe, und gehen Sie über das Weiterverteilen von Informationen rund um Ihr Thema hinaus. Erstellen Sie selbst eigene Analysen, recherchieren Sie gründlich, und stellen Sie Thesen zur Diskussion. Helfen Sie anderen, wenn diese Fragen zu Ihrem Thema haben, bieten Sie Sessions und Vorträge auf Barcamps und Konferenzen an, und tauschen Sie sich mit anderen Experten auf Ihrem Gebiet regelmäßig aus.

Bauen Sie sich Ihr Netzwerk auf

Auch im Zusammenhang mit der eigenen Online-Reputation ist ein Netzwerk Gold wert. Suchen Sie sich andere Experten zu Ihrem Lieblingsthema, und diskutieren Sie mit diesen. Bauen Sie sich Ihre Kontakte auf, und gehen Sie pfleglich mit ihnen um. Übertreiben Sie es aber nicht, nicht jeder muss Sie mögen, und zu viel Enthusiasmus kann schnell in Aufdringlichkeit umschlagen.

> **Tipp: Gleichgesinnte finden**
>
> Wenn Sie auf der Suche nach gleichgesinnten Experten sind, können Ihnen die folgenden Tipps helfen.
>
> Suchen Sie auf Twitter nach Ihren Schlagworten (Hashtags) mit und ohne eine vorangehende Raute (#). In der erweiterten Suche können Sie die Ergebnisse auf Sprachen eingrenzen und so zumindest schon einmal einen Überblick bekommen, wer sich noch mit Ihren Themen beschäftigt. Schauen Sie sich die Profile genauer an, und folgen Sie denen, die Ihnen interessant vorkommen. Wenn Sie wissen möchten, wer Einfluss in einem bestimmten Themengebiet hat, helfen Ihnen Tools, die Ihnen einflussreiche Nutzer zu bestimmten Themen herausfiltern. Zu nennen sind an dieser Stelle Dienste wie Heepsy (*www.heepsy.com*), Kred (*https://home.kred*) oder Mention (*https://mention.com*).

Nehmen Sie sich Zeit

Für eine gute, nachhaltige Online-Reputation werden Sie in etwa ein Jahr brauchen – nur wenige schaffen dies schneller. Diese Zeit sollten Sie sich nehmen, denn Schnellschüsse und übereifriges Handeln führen oft zu Fehlern. Positive Veränderungen in dem, was man über Sie findet, sind schneller zu erreichen, nehmen Sie sich dazu die Tipps aus Abschnitt 4.1, »Gefunden werden«, zu Herzen.

5   Bewerbung als Social Media Manager

»Nur wer sein Ziel kennt, findet den Weg.«
Laotse

Wenn Sie den Entschluss gefasst haben, Social Media Manager zu werden, ist der nächste Schritt, eine Stelle zu finden, die zu Ihnen und Ihren aktuellen Erfahrungswerten passt. Die Angebote am Markt sind vielfältig und unübersichtlich, deswegen gilt: Seien Sie sich im Klaren darüber, was Sie können und was Sie möchten. In diesem Kapitel lernen Sie, wie Sie eine passende Stelle finden können, worauf es bei einer Bewerbung ankommt und was bei einer Initiativbewerbung zu beachten ist. Darüber hinaus finden Sie in einem letzten Abschnitt Hinweise darauf, was Sie später bei der Suche nach Verstärkung beachten müssen.

5.1   Hinweise für Bewerber

75 % der Unternehmen, die Social Media gezielt nutzen, beschäftigen laut einer aktuellen Studie des BVDW bereits einen oder mehrere Mitarbeiter im Bereich Social Media – Tendenz steigend.[1] Entsprechend stößt man auf Hunderte Stellenanzeigen, wenn man auf Jobportalen nach den Stichwörtern »Social Media« sucht. Nicht immer stecken hinter dem gesuchten Social Media Manager auch die Aufgaben, die damit verbunden werden sollten. Da für Personalabteilungen das Berufsbild noch sehr neu ist, werden in Stellenanzeigen gerne sämtliche Bereiche vereint, die »irgendwas mit Internet« zu tun haben. Anforderungen wie Suchmaschinenoptimierung, Design oder fundierte Programmierkenntnisse sind dabei keine Seltenheit. Lassen Sie sich von solchen Anzeigen nicht verunsichern. Unternehmen, die ernsthaft ein Engagement in den sozialen Medien planen, sollten sich bewusst darüber sein, dass dieses mindestens einer Vollzeitstelle bedarf, da die Aufgabe mehr als das Befüllen eines Kanals umfasst. Wenn dem nicht so ist, ist es vielleicht einfach das falsche Unternehmen für Sie.

5.1.1   Stellenausschreibungen finden

Onlinestellenbörsen gibt es reichlich. Tabelle 5.1 führt einen Ausschnitt des Angebots im deutschsprachigen Raum auf.

---

1   BVDW-Studie »Social Media in deutschen Unternehmen«: *http://bit.ly/dsomemaBVDW*

Stellenbörse	URL
Arbeitsagentur	www.jobboerse.arbeitsagentur.de
Experteer	www.experteer.de
FAZ Online	www.faz.de
Gigajob	www.gigajob.de
Indeed	www.indeed.de
Jobpilot	www.jobpilot.de
Jobrobot	www.jobrobot.de
Jobscanner	www.jobscanner.de
Jobscout24	www.jobscout24.de
Jobware	www.jobware.de
Jobworld	www.jobworld.de
Monster.de	www.monster.de
Stepstone	www.stepstone.de
XING	www.xing.com/jobs
T3n Jobbörse	https://t3n.de/jobs
WuV Jobbörse	https://stellenmarkt.wuv.de

Tabelle 5.1 Übersicht über deutschsprachige Stellenbörsen

Auf vielen Portalen lassen sich Suchagenten anlegen, die Sie bei einer neuen Stellenanzeige automatisch benachrichtigen. Darüber hinaus können Sie Ihren Lebenslauf hinterlegen, damit die Chancen steigen, von einem Personaler gefunden zu werden.

Achten Sie bei den Stellenanzeigen auf die Anforderungen und die Aufgaben. Passt die Stelle zu Ihnen, und vor allem können Sie sich mit dem Unternehmen identifizieren? Nichts ist schlimmer als an vorderster Front für ein Unternehmen zu stehen, das Sie nicht »mögen«. Da Authentizität eine der grundlegenden Anforderungen an einen Social Media Manager ist, kann diese Konstellation nicht funktionieren.

In den USA ist es bereits Usus, und auch in Deutschland suchen immer mehr Unternehmen nur noch auf Twitter, Facebook, XING & Co. nach Spezialisten für Social Media (siehe Abbildung 5.1). Aus diesem Grund lohnt es sich, hier nach den relevanten Stichwörtern zu suchen und Fachgruppen beizutreten.

Abbildung 5.1 Eck Consulting sucht via Twitter nach Verstärkung.

5.1.2   Das eigene Netzwerk nutzen

Das eigene Kontaktnetzwerk ist ebenfalls eine gute Quelle für potenzielle Bewerbungschancen. Sagen Sie Ihrem Umfeld, dass Sie auf der Suche nach einer beruflichen Herausforderung sind. Wenn Sie ganz mutig sind, schreiben Sie einen Beitrag in Ihrem Blog, der einer Onlinebewerbung gleichkommt. Beschreiben Sie genau, was Sie suchen und warum Sie für eine entsprechende Stelle geeignet sind. Lassen Sie diesen Beitrag anschließend über Ihr Netzwerk verbreiten – mit ein wenig Glück erreicht Ihr Gesuch so genau die richtigen Personen.

Darüber hinaus ist es auch hier sinnvoll, Ihr Kontaktnetzwerk gezielt auszubauen, denn viele Stellen werden über direkte Empfehlungen vergeben. Besuchen Sie Branchenevents und Messen, um gezielt interessante Kontakte zu knüpfen, und beobachten Sie gut, ob in Ihrem Umfeld durch berufliche Veränderungen vielleicht gerade Ihre Traumstelle frei wird.

5.1.3   Initiativbewerbung

Sie finden keine Stelle, die zu Ihnen passt, sind sich aber ziemlich sicher, dass Sie ein Unternehmen kennen, das nur noch nicht weiß, dass es genau Sie braucht? Wie in jedem anderen Bereich verlangt auch eine Initiativbewerbung als Social Media Manager genaue Vorbereitung und ein sensibles Vorgehen.

Die ersten Schritte zur Initiativbewerbung

Zunächst einmal müssen Sie sich wieder genau überlegen, was Sie können und was Sie möchten. Suchen Sie sich ein Unternehmen aus, das wirklich zu Ihnen passt und bei dem Sie klar sehen, dass Sie helfen können.

Ihre zukünftige Mitarbeit muss für den anvisierten Arbeitgeber einen klaren Mehrwert mit sich bringen. Je genauer Sie diesen Nutzen in einer Initiativbewerbung formulieren und festhalten können, desto besser sind Ihre Chancen.

Den richtigen Ansprechpartner finden

Sie haben das Unternehmen gefunden, bei dem Sie arbeiten möchten? Nun geht es darum, den richtigen Ansprechpartner zu finden, denn eine Bewerbung, die einfach an die »Personalabteilung« adressiert ist, landet gerne mal direkt im Papierkorb. Um einen Ansprechpartner zu finden, gibt es mehrere Wege. Die klassische Variante ist, direkt in dem Unternehmen anzurufen und freundlich den Ansprechpartner zu erfragen. Vorteil dieser Methode ist, dass Sie mit ein wenig Glück gleich ein paar Worte mit der- oder demjenigen sprechen können. Alternativ haben Sie die Möglichkeit, in Stellenangeboten nachzusehen, ob dort eine Kontaktperson angegeben ist, oder auf XING nach dieser zu suchen.

Selbstbewusst Ihr Angebot präsentieren

Sie haben festgestellt, dass über das Unternehmen sehr stark im Social Web gesprochen wird, aber dieses keine eigenen Präsenzen pflegt? Sie sind sich absolut sicher, dass Sie dem Unternehmen helfen können, und wissen genau, wie? Sehr gut! Denn genau dies müssen Sie selbstbewusst in Ihrer Initiativbewerbung präsentieren.

Beschreiben Sie anschaulich Beispiele, warum es sinnvoll ist, sich an den Gesprächen zu beteiligen. Skizzieren Sie dem Unternehmen Ihren Lösungsweg, und betonen Sie den so zu erreichenden Mehrwert. Kommunizieren Sie klar, wo Ihre Talente und besonderen Fähigkeiten liegen und wie das Unternehmen von diesen profitieren kann. Seien Sie dabei aber höchst sensibel, niemand hört gerne, dass Defizite vorhanden sind. Stellen Sie diese nicht als Makel, sondern als Chance dar.

In manchen Fällen funktioniert es sogar, wenn Fans einer Marke oder eines Unternehmens selbst die Initiative in die Hand nehmen. Die Geschichte der (ehemaligen) ZDF-Twitterer Michael Umlandt (*http://twitter.com/@michaelumlandt*) und Marco Bereth (*http://twitter.com/@mahrko*) ist ein legendäres Beispiel dafür, dass Spaß, Leidenschaft und der Mut zum Risiko zu einem neuen Job verhelfen können. Noch bevor das ZDF selbst twitterte, sicherten sich die beiden den Twitter-Benutzerzugang (Account) *@ZDFonline*. Sie traten mit dem ZDF-Publikum in einen echten Dialog, beantworteten Fragen, bedankten sich für Lob und reagierten auf Kritik. Mit ihrer sympathischen Art verhalfen sie *@ZDFonline* zu einem echten Erfolg (siehe Abbildung 5.2).

Ihr Werk machten die beiden so professionell, dass niemand im Mainzer Sendehaus Verdacht schöpfte, dass es sich hierbei um keinen offiziellen Kanal des Senders handelte. Selbst eine Anfrage des echten Accounts *@ZDFsport* beantworteten die beiden souverän und schafften es sogar, die Kontrolle über den Account *@ZDFneo* von einem weiteren ZDF-Fan zu bekommen.[2] Irgendwann wurde den beiden doch ein wenig mulmig zumute, und sie schrieben dem ZDF eine E-Mail, die der Sender ein paar Wochen später mit einer Einladung in die Sendezentrale beantwortete. Dort wurde den beiden ein Arbeitsvertrag angeboten.

Abbildung 5.2 Bericht im gutjahrs blog über den Erfolg von @ZDFonline

Geplant war diese Initiativbewerbung laut Michael Umlandt nicht, selbst bei der Einladung in den Sender haben die beiden nicht mit einem Jobangebot gerechnet. Auch hätte die Reaktion des Mainzer Fernsehsenders ganz anders aussehen können. Noch immer reagieren viele Unternehmen in so einer Situation nicht souverän. Anstatt das Gespräch mit den Account-Inhabern zu suchen, wird der Account geschlossen, im ungünstigsten Fall mithilfe eines Anwalts. Falls Sie also vorhaben, Ihre Initiativwerbung mit einem aktiven Beispiel Ihres Könnens zu hinterlegen, behalten Sie im Hinterkopf, dass dieser Plan nicht zwingend funktionieren wird.

5.1.4 Der Lebenslauf

Ihr Lebenslauf ist Ihre Visitenkarte und in der Regel das Erste, was Ihr potenzieller neuer Arbeitgeber zu Gesicht bekommt. Nutzen Sie Ihre Chance für einen ersten guten Eindruck. Sowohl Inhalt als auch Form sollten ansprechend und harmonisch gestaltet sein. In einen Lebenslauf gehören diese typischen Blöcke.

Ihre persönlichen Daten

Zu diesen Basisdaten gehören Name, Anschrift, Geburtsdatum und -ort, Familienstand und Kinder sowie Ihre Staatsangehörigkeit.

---

2 Die komplette Geschichte können Sie unter *http://gutjahr.biz/2011/04/zdf-twitter* nachlesen.

Berufserfahrung und Werdegang

Führen Sie für jede Station den monatsgenauen Zeitraum (beispielsweise 02.2016–01.2020), den Namen und den Ort des Unternehmens auf. Schreiben Sie zu jeder Ihrer Positionen eine kleine Zusammenfassung über Ihre Aufgaben und Leistungen. Ein kurzer Text verrät mehr als der Jobtitel allein.

Rücken Sie die Tätigkeiten in den Vordergrund, die für eine Position als Social Media Manager vorteilhaft sind. Solche Aspekte sind beispielsweise Projektmanagement, die Koordination von Agenturen oder das Coaching von anderen Mitarbeitern. Als Absolvent sollten Sie Ihre Ausbildungs- bzw. Studienschwerpunkte herausstellen.

Besondere Qualifikationen

Zu den besonderen Qualifikationen gehören Weiterbildungen, spezielle Kenntnisse im Bereich Internet, PR oder Marketing, Fähigkeiten und Sprachen.

Ausbildung

Neben fachlicher und universitärer Ausbildung gehört in diesen Block gegebenenfalls auch der Wehr- oder Ersatzdienst.

Projekte

Sie haben nebenberuflich bereits Projekte in Social Media betreut, organisieren Veranstaltungen, sind seit langer Zeit Forenmoderator oder führen ein aktives Blog? Nehmen Sie die Projekte, die eine Relevanz für die ausgeschriebene Position haben, ruhig als zusätzlichen Punkt mit auf.

Interessen

Führen Sie hier Ihre Interessen auf, die für die angestrebte Position förderlich sind. Ebenso ist hier der Platz für gemeinnützige Engagements.

Aufbau

Ein tabellarischer Lebenslauf ist heute Standard. Der Aufbau nach amerikanischer Tradition, also mit der letzten Station des Werdeganges beginnend, ermöglicht aus meiner Sicht einen schnelleren Überblick. Er betont zudem die relevantesten (neueren) Stationen und fängt nicht in der grauen Vorzeit an. Alternativ bietet sich ein chronologischer Aufbau an. Wichtig ist, dass Sie es dem Personaler einfach machen, schnell zu erfassen, wie Ihre Qualifikation aussieht.

Umfang

Der Umfang sollte eine bis höchstens zwei Seiten betragen. Wenn Sie zwei Seiten benötigen, empfiehlt es sich, die wichtigsten Punkte auf der ersten Seite darzustellen. In manchen Fällen lässt sich der Umfang mithilfe eines Deckblattes, das Ihr Foto sowie Namen, Anschrift, Kontaktdaten und wahlweise eine Kurzbeschreibung Ihrer selbst enthält, auf eine Seite Lebenslauf reduzieren.

Lücken im Lebenslauf, Jobhopping – was nun?

Versuchen Sie bitte auf keinen Fall, etwas zu verbergen. Wenn Sie sich aus einer arbeitssuchenden Situation heraus bewerben, bietet sich die Möglichkeit an, den Lebenslauf chronologisch aufzubauen. So sieht der potenzielle Arbeitgeber zuerst Ihre vergangene Leistung, bis er den aktuellen Status entdeckt. Häufige Jobwechsel sind insbesondere im Bereich Social Media nicht unbedingt selten. Bei traditionellen Arbeitgebern führen diese trotzdem oft zu Skepsis. Stellen Sie in so einem Fall schlüssig dar, warum der Wechsel nötig war, und nehmen Sie dem Arbeitgeber die Bedenken, dass Sie hier ebenso nach kurzer Zeit weiterziehen möchten.

Expertentipp von Jochen Mai: Das Personal Design

So, wie ein Unternehmen sein Corporate Design entwickelt, sollten auch Sie ein ganz individuelles Design für die Bewerbung und den Lebenslauf finden. Das heißt nicht, dass Sie das Rad neu erfinden müssen, aber es sollte zu Ihnen passen und so weit aus der Masse herausstechen, dass es genug Aufmerksamkeit weckt. Das kann auch bedeuten, auf jeglichen Firlefanz zu verzichten und ganz schlicht zu werden: eine Schriftart, eine Schriftgröße, eine zweispaltige Tabelle und dezente Fettungen. Wichtig ist, dass sich sämtliche Designelemente in allen Bestandteilen der Bewerbung – also im Anschreiben wie im Lebenslauf – widerspiegeln. Dem Betrachter muss sofort klar sein, dass diese Dokumente aus einem Guss sind.

Was an dieser Stelle vor allem hilft: grafische Elemente. Das können Linien sein, aber auch Balken- oder Tortendiagramme, die etwa die Schwerpunkte Ihrer Kompetenzen illustrieren. Wählen Sie solche Grafikobjekte aber unbedingt sorgfältig aus, und setzen Sie diese bitte nur sparsam ein. Sie sind die Würze in der Bewerbung, Eyecatcher, die sicher zuerst betrachtet werden. Übertreiben Sie es damit, stiften Sie nur Verwirrung.

Dasselbe gilt für Farben. Um einzelne Bereiche der Bewerbung hervorzuheben – etwa die Kopfzeile mit Namen und Kontaktdaten –, eignen sie sich hervorragend. Die Farben sollten den Leser aber nicht anschreien. Arbeiten Sie lieber mit Nuancen von Grau oder Blau, insbesondere in konservativen Branchen. Dort ist zum Beispiel auch farbiges Papier absolut tabu.

Dafür können Sie bei Start-ups und Medienunternehmen in der Regel etwas lauter werden: Lebensläufe, die aussehen wie eine Facebook-Seite, Anschreiben, die auf einen Schokoriegel gedruckt werden, sowie komplette Bewerbungen im Pinterest-Stil oder als vollständige Infografik hat es dort alle schon gegeben – und die Bewerber waren damit am Ende immer erfolgreich.

5.1.5 Das Bewerbungsschreiben

Eine der größten Herausforderungen bei einer Bewerbung ist das Bewerbungsschreiben. Jochen Mai, Autor der Karrierebibel (*http://karrierebibel.de*) und Experte in Sachen Bewerbung, hat für Sie zusammengefasst, was Sie dabei beachten müssen. Diese Tipps werden es Ihnen erleichtern, in Worte zu fassen, warum Sie genau die richtige Person für die ausgeschriebene Stelle sind.

Expertentipp von Jochen Mai: Das Bewerbungsschreiben

Man kann es gar nicht oft genug betonen: Eine Bewerbung, insbesondere das Anschreiben, sollte stets individuell verfasst werden. Egal, wie gut Ihnen die Formulierungen in Ratgeberbüchern, Foren oder Blogs gefallen – schreiben Sie nie ab! Diese Quellen lesen schließlich auch Personaler und erkennen sie entsprechend wieder. Im schlimmsten Fall hat sie der Kandidat im Stapel vor Ihnen bereits verwendet. Und schon sind beide als Plagiatoren aufgeflogen. Viel wichtiger: Kommen Sie sofort auf den Punkt, und überraschen Sie mit einem ungewöhnlichen ersten Satz, der (positive) Emotionen und Aufmerksamkeit weckt.

Apropos formulieren: Eine Grundregel, die jeder Journalist lernt, die aber auch für jede Bewerbung gilt, lautet: Schreibe aktive Sätze! Nichts schläfert mehr ein als passiver Nominalstil: Die Langeweile, die endlose Substantivketten in Bewerbungsschreiben auslösen, ist so offensichtlich wie in diesem Satz ... Formulieren Sie lieber aktiv, kleiden Sie Ihre Motivation in starke Verben, kreieren Sie etwas Kurzprosa; schreiben Sie, wie Sie begeistert mit jemandem reden würden (nur die Kraftausdrücke lassen Sie bitte weg!). Im Anschreiben geht es letztlich um ein flammendes Plädoyer für Sie und Ihre Motivation, nackte Fakten finden sich noch genug im Lebenslauf.

Formulieren Sie also ohne viel Umschweife, was Sie in diesem Job bewirken wollen, was Sie daran fasziniert. Vor allem aber: Warum sind Sie der Beste, den das Unternehmen dafür bekommen kann? Am besten lesen Sie das Ergebnis hinterher ein paar Freunden vor. Diese sollten danach so überzeugt von Ihren Kompetenzen sein, dass sie neugierig auf ein persönliches Kennenlernen sind.

Natürlich gibt es auch ein paar Formalien, die jedes Bewerbungsschreiben erfüllen muss, also Informationen, die schlicht unerlässlich sind. Diese finden Sie in der folgenden Checkliste – orientiert an einem typischen Schreiben von oben nach unten:

▶ Absender (Name, Adresse, Telefonnummer, auch mobil, E-Mail-Adresse)

▶ Datum (rechts)

▶ Empfänger (Firma, Vor- und Zuname des Adressaten, Adresse)

▶ Kein Bewerbungsfoto!

▶ Betreff (bei Blindbewerbungen reicht »Bewerbung«, ansonsten bitte der konkrete Bezug auf die Stellenanzeige: »Bewerbung als ..., Ihre Stellenanzeige vom 24. Juli 2007 in der Lokalzeitung«)

▶ Anrede (immer persönlich, nie: »Sehr geehrte Damen und Herren«, unbedingt Ansprechpartner recherchieren!)

▶ Einstiegssatz

▶ Bezug zum Unternehmen

- Kurzdarstellung des eigenen Profils, der Stärken und Soft Skills (mit Beispielen!)
- Hinweis auf sonstige Kenntnisse (zum Beispiel Sprachen)
- Hinweis auf Referenzen (Ansprechpartner aus früheren Jobs, die sich positiv für Sie verbürgen)
- Hinweis auf Kündigungsfristen und möglichen Eintrittstermin
- falls verlangt, Gehaltsvorstellungen (Spanne ist besser als exakter Betrag)
- Abschlussformulierung
- Unterschrift
- Anlagen (Lebenslauf, Zeugnisse)

5.1.6   Vorbereitung auf das Vorstellungsgespräch

Der größte Fehler, den ich in Vorstellungsgesprächen immer wieder gesehen habe, war eine unzureichende Vorbereitung der Kandidaten. Sorgen Sie dafür, dass Sie diesen Fehler nicht machen, und bereiten Sie sich gründlich auf das Vorstellungsgespräch vor.

Informationen über das Unternehmen sammeln

Nehmen Sie sich die Zeit, sich die Geschichte des Unternehmens durchzulesen, informieren Sie sich über die Unternehmenswerte, die Kultur und eventuelle soziale Engagements. Lesen Sie sich Pressemitteilungen durch, und recherchieren Sie nach Werbekampagnen und Marketingaktionen, um einen Eindruck zu bekommen, wie das Unternehmen im Allgemeinen kommuniziert. Wenn vorhanden, schauen Sie sich natürlich ganz genau die Aktivität im Social Web an. Auf welchen Plattformen ist das Unternehmen wie vertreten, gibt es ein Blog, was finden Sie gut und was könnte man aus Ihrer Sicht noch anders machen? Beschäftigen Sie sich intensiv mit dem Unternehmen! Wenn Sie die Chance dazu haben, reden Sie mit einem der Mitarbeiter, um herauszufinden, wie Umgangsformen und Kultur in dem Unternehmen sind.

Tipp: In den Kontakten meiner Kontakte nach Mitarbeitern suchen

Auf XING haben Sie die Möglichkeit, gezielt in den Kontakten Ihrer Kontakte nach Mitarbeitern in einem bestimmten Unternehmen zu suchen.

Geben Sie dafür in der XING-Suche den Namen des Unternehmens in dem Feld AKTUELLES UNTERNEHMEN ein, und setzen Sie einen Haken bei KONTAKTE UND KONTAKTE ZWEITEN GRADES.

Im Ergebnis werden Ihnen jetzt nur Personen angezeigt, mit denen Sie direkt oder über eine Person verbunden sind. Lassen Sie sich doch einfach von Ihrem Kontakt vorstellen, um ein kleines informatives Telefonat zu führen. Ich habe damit gute Erfahrungen gemacht.

> **Power-Tipp**: Wenn sich für das Zielunternehmen verschiedene Schreibweisen in den Profilen breitgemacht haben, können Sie auch mit einem Sternchen als Joker oder allgemeinem Platzhalter arbeiten, zum Beispiel findet eine Suche nach »Luft*« alle Unternehmen, deren Firmierung mit den vier Buchstaben »Luft« beginnt.

Zum Abschluss noch ein Hinweis auf ein Video, das auf humoristische Weise zeigt, was Sie tun müssen, um den Job nicht zu bekommen: *www.youtube.com/watch?v= YAbpmkqn6JE*.

5.2   Hinweise für Arbeitgeber

Auf Unternehmensseite ist wichtig, dass Klarheit über die Anforderungen an einen Kandidaten besteht. Hüten Sie sich davor, alles, was grob mit dem Internet zu tun hat, dem Social Media Manager zuzuordnen. Dies wirkt abschreckend auf potenzielle Kandidaten und sorgt mit ein wenig Pech dafür, dass sich Ihr idealer Kandidat gar nicht erst bewirbt.

5.2.1   Wen suchen Sie überhaupt?

Der erste Kontakt mit dem Bewerber ist die Stellenausschreibung. Je genauer Sie hier beschreiben können, welche Aufgaben der Kandidat in Ihrer Organisation übernehmen soll, desto besser. Aus diesem Grund müssen Sie sich erst einmal darüber im Klaren sein, was genau der Kandidat überhaupt tun soll bzw. wen Sie überhaupt suchen.

Die eierlegende Wollmilchsau

Sie möchten jemanden, der Ihnen die Social-Media-Strategie erstellt, Ihre Kanäle betreut, jeden Tag einen Blogbeitrag veröffentlicht und nebenbei noch Suchmaschinenoptimierung macht? Diese Person gibt es nicht, schon gar nicht, wenn dazu noch fünf Jahre Berufserfahrung zu einem Gehalt von 28.000 € gesucht werden. Dieses scheinbar abstrakte Beispiel ist leider nicht ausgedacht, sondern immer wieder in freier Wildbahn anzutreffen. Es schadet nicht, hohe Ansprüche zu haben, aber realistisch sollten diese schon sein. Orientieren Sie sich lieber an den folgenden typischen Rollen.

Der Grundsteinleger

Sie suchen jemanden, der für Sie bei null beginnt und Ihnen auf dem Weg in das Social Web hilft? Setzen Sie den Fokus auf Analyse, Strategie und interne Prozesse, denn das wird zunächst die Hauptaufgabe sein. Auch ist es hier wichtig, dass Sie einen Kandidaten finden, der mindestens fünf Jahre Berufserfahrung hat, der versteht, wie ein Unternehmen tickt, und sich mit seinem Fachwissen im Unternehmen Respekt verschaffen kann. Ein Berufseinsteiger ist hier schlichtweg fehl am Platz. Auch Führungsqualitäten sind wichtig. Der Senior Social Media Manager muss in der Lage sein, ein (interdisziplinäres) Team aufzubauen und zu führen. Schauen Sie sich hier auch gerne einmal in den eigenen Reihen um, vielleicht verfügt einer Ihrer Mitarbeiter bereits über die richtigen Fähigkeiten bzw. über eine spezielle Weiterbildung?

Der Redakteur

Sie suchen primär jemanden, der Ihnen gute Inhalte für Ihre Social-Media-Präsenzen produziert und andere im Unternehmen dazu bringt, dies ebenfalls zu tun? Dann brauchen Sie jemanden, der seinen Schwerpunkt in dem Thema Social-Media-Redaktion und Content-Erstellung hat. Hier ist ein Hintergrund in Journalismus oder PR vorteilhaft, aber auch ein sehr gut geschriebenes Blog stellt einen Pluspunkt dar.

Der Kommunikator

Die Strategie steht, Ihr Social-Media-Programm ist in vollem Gange, und Sie suchen jemanden, der Ihre Kanäle professionell betreut? Dann sind Sie auf der Suche nach einem (Social Media) Community Manager. Im Mittelpunkt dieser Aufgabe steht die Kommunikation mit Ihren Kunden, der Kandidat muss also Erfahrung auf diesem Feld haben. Wenn Sie den ersten Community Manager suchen, ist es durchaus wünschenswert, dass dieser offen und geeignet für eine Führungsposition ist. Allein schon aufgrund der Tatsache, dass einer allein nicht an 365 Tagen im Jahr für Ihre Community da sein kann, ist perspektivisch mindestens eine weitere Junior-Position in diesem Bereich anzustreben.

Der Kundenservice-Profi

Sie haben den Kundenservice als zentrales Element in Ihrer Social-Media-Strategie aufgenommen und suchen jetzt nach geeigneten Kandidaten für die Ausführung? Hier empfiehlt es sich dringend, einen Blick in die Organisation zu werfen. Es ist einfacher, einen Profi aus dem Kundenservice, der sich seit Jahren professionell um das Wohl der Kunden sorgt und Ihre Systeme aus dem Effeff beherrscht, in Social-Media-Kommunikation zu schulen als umgekehrt. Langjährige Mitarbeiter des Kundenservice haben oft eine ganz spezielle Art zu denken. Sie haben Spaß daran, Kunden zu helfen, auch wenn sie dafür meistens viel zu wenig Wertschätzung erhalten. Finden Sie unter diesen Profis onlineaffine Kandidaten, sollten Sie diese Chance nutzen.

Da Kundenservice im Web neben der gewohnten Kritik auch Lob und Dank für gelöste Probleme mit sich bringt, wachsen viele Community-Supporter schnell regelrecht über sich hinaus.

5.2.2   Die perfekte Stellenausschreibung

Für die perfekte Stellenausschreibung gibt es keine Vorlage. Der Bundesverband für Community Management hat jedoch eine schlüssige Musterausschreibung veröffentlicht, die Sie Ihren Bedürfnissen anpassen können. Sie finden das Muster unter *http://bit.ly/dsomemaProfil*.

5.2.3   Bewerber bewerten

Ist die Stellenausschreibung geschaltet und gehen die ersten Lebensläufe ein, stellt sich die Frage nach der Bewertung der Kandidaten. Neben rein formalen Kriterien, wie zum Beispiel der Menge an Berufserfahrung, sollten Sie bei einem angehenden Social Media Manager auch auf dessen fachliche Eignung und sein Verhalten im Social Web schauen.

Formale Kriterien

Meine persönliche Erfahrung ist, dass höchstens zwei von zehn Bewerbungen den formalen Anforderungen einer Stellenausschreibung entsprechen.

Berufserfahrung: Hat der Kandidat mindestens die gewünschte Berufserfahrung? Oft lässt sich bereits eine Reihe der Bewerbungen anhand fehlender Berufserfahrung aussortieren.

Studium: Über dieses Kriterium lässt sich streiten. Manche Unternehmen bestehen auf einem Studium, andere geben Kandidaten, die sonst einen sehr guten Eindruck machen, eine Chance. Ich habe mit dem zweiten Ansatz gute Erfahrungen gemacht.

Sprachkenntnisse: Die Firmensprache ist Englisch, oder der Kandidat muss sich mit internationalen Kollegen austauschen? Fehlende Sprachkenntnisse sind hier ein absolutes K.-o.-Kriterium.

Führungserfahrung: Wer ein Team führen soll, braucht Führungserfahrung oder zumindest eine persönliche Eignung dafür.

Gehaltsvorstellung: Liegt ein einzelner Kandidat mehr als 40 % über dem anvisierten Gehalt, ist die Wahrscheinlichkeit groß, dass Sie nicht zusammenkommen. Liegen alle geeigneten Kandidaten weit über Ihren Vorstellungen, müssen Sie sich noch einmal Gedanken darüber machen, ob eine Anpassung an den Arbeitsmarkt möglich ist.

Fachliche Kriterien

Erfahrung in Social Media: Welche konkreten Berufserfahrungen hat der Kandidat bisher im Bereich Social Media gesammelt? Welche Erfolge gibt es hier vorzuweisen?

Erfahrung in Community Management: Ein Hintergrund im Community Management ist immer vorteilhaft. Wer selbst einmal an der Front stand, wenn die Unternehmenskommunikation unglücklich war, achtet besonders darauf, dass so etwas nicht passiert. Außerdem können Sie hier in der Regel auf kommunikative Fähigkeiten schließen.

Erfahrung mit Strategie und Konzeption: Insbesondere, wenn Sie einen Social Media Manager vom Typ »Grundsteinleger« (siehe oben) suchen, ist Erfahrung in Strategie und Konzeption wichtig. Aber auch in späteren Stadien des Engagements ist strategisches Denken und Handeln ein großer Pluspunkt.

Projekterfahrung: Hat der Kandidat Erfahrung mit Projektmanagement gemacht und/oder eigenständig Projekte geleitet? Social Media Manager müssen in der Lage sein, Projekte eigenständig zu planen und zu leiten. Erfahrungen in diesem Bereich sind daher ein großer Pluspunkt.

Zusammenarbeit mit Agenturen: Welche Erfahrung hat der Kandidat in der Führung oder Betreuung von Agenturen? Erfahrungen in der Zusammenarbeit mit Agenturen sind hilfreich, aber nicht essenziell.

Verständnis von Unternehmensabläufen: Hat der Kandidat bereits in Unternehmen gearbeitet oder diese beraten, und versteht er Unternehmensabläufe und -prozesse? Das Verständnis von Unternehmensabläufen im Allgemeinen ist sehr wichtig, insbesondere dann, wenn Sie Social Media in Ihrem Unternehmen einführen möchten. Der Kandidat muss dazu in der Lage sein, unternehmenspolitische und hierarchische Abläufe und Prinzipien schnell einzuschätzen.

Technisches Verständnis: Dies ist durchaus ein umstrittenes Kriterium, ich persönlich finde es wichtig, dass ein Social Media Manager über ein technisches Verständnis verfügt. Dieses Wissen ist in der Kommunikation mit Agenturen, Entwicklern und der internen IT teilweise essenziell wichtig. Es ermöglicht eine Unterhaltung auf Augenhöhe.

Persönliche Kriterien

Aktivitäten im Social Web: Nur wer selbst aktiv im Social Web ist, versteht die Dynamiken bis in die letzte Instanz und bleibt stets am Puls der Zeit. Dabei geht es nicht darum, den Kandidaten bis in den letzten Winkel zu durchsuchen, sondern darum, sich einen Eindruck von seiner Professionalität zu machen.

Rechtliche Aspekte der Onlinerecherche über Bewerber

Fast die Hälfte der Personaler tut es, aber ist das Googeln von Kandidaten rechtlich erlaubt? Die Zulässigkeit der Recherchen zur Datenerhebung über Bewerberinnen und Bewerber richtet sich nach §32 des Bundesdatenschutzgesetzes. Demnach dürfen personenbezogene Daten eines Beschäftigten für Zwecke des Beschäftigungsverhältnisses erhoben werden, wenn dies für die Entscheidung über die Begründung eines Beschäftigungsverhältnisses erforderlich ist. Dies gilt für frei zugängliche Daten im beruflichen Kontext. Das bedeutet: Eine Google-Suche und ein Umschauen in den Ergebnissen sind erlaubt, die gezielte Suche in privaten Social Networks wie Facebook dagegen nicht.

5.2.4   Das persönliche Gespräch

Die letzte bzw. die letzten beiden Instanzen im Bewerbungsprozess sind die Bewerbungsgespräche. Hier haben Sie die Chance, sich einen persönlichen Eindruck von Ihrem Kandidaten zu machen.

Existiert bereits ein Social-Media-Team, lassen Sie unbedingt mindestens eine Person an dem Gespräch teilnehmen. Einerseits, weil Sympathie im Social-Media-Team ein essenziell wichtiges Thema ist. Dissonanzen scheinen im schlechtesten Fall nach außen durch. Andererseits ist es auch wichtig, eine Person dabeizuhaben, die die fachlichen Aussagen des Kandidaten versteht und einschätzen kann.

TEIL II
Grundlagen Social Media Management

6 Die Social-Media-Strategie

Social Media sind mehr als nur ein Kanal, sie sind eine Unternehmens-philosophie, die sich in der Art der Kommunikation mit Kunden, Mitarbeitern und weiteren Stakeholdern äußert.

Entsprechend sind Social Media ein ganzheitlicher Ansatz, der sämtliche Bereiche des Unternehmens mit einbezieht. Ihre Aufgabe als Social Media Manager ist es, das Unternehmen auf seinem Weg in den digitalen Wandel zu führen und sicher durch das Social Web zu navigieren.

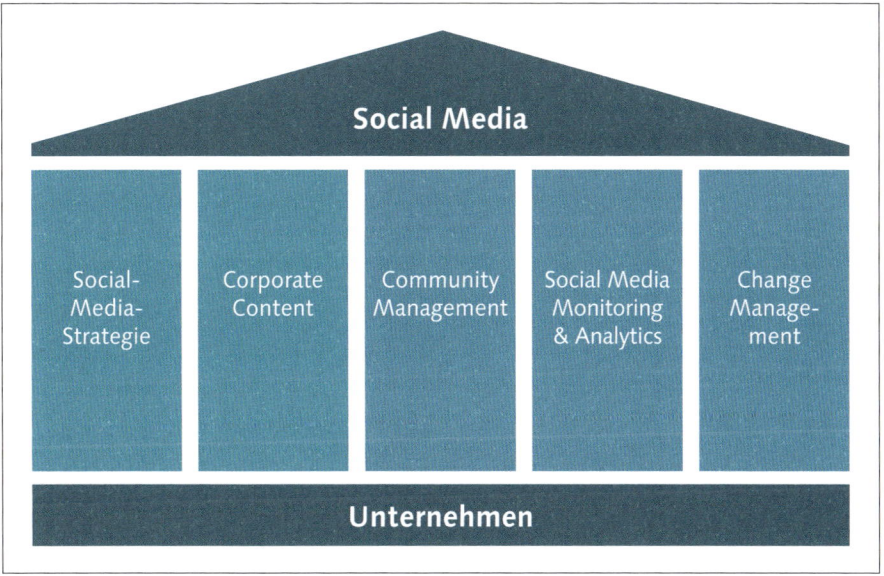

Abbildung 6.1 Die Eckpfeiler des Social Media Managements

Abbildung 6.1 veranschaulicht die fünf Grundpfeiler des Social Media Manage-ments, auf denen ein erfolgreiches Engagement in Social Media basiert. Mit einer zugeschnittenen Social-Media-Strategie, den richtigen Inhalten (Content), einem engagierten Community Management, Social Media Monitoring sowie einem funk-tionierenden Change Management innerhalb des Unternehmens führen Sie ein Engagement zum Erfolg. In den nächsten Kapiteln erläutere ich Ihnen diese wich-tigen Grundprinzipien und zeige Ihnen, worauf es ankommt. Als Erstes stelle ich Ihnen den Weg zur richtigen Social-Media-Strategie vor:

Warum wollen Sie auf Facebook aktiv werden? Wenn Sie diese Frage stellen, werden Sie noch immer viel zu häufig diese Antwort hören: »Weil alle dort sind.« Nach wie vor stürzen sich viele Unternehmen in das Social Web, ohne vorher nachzudenken, was sie erreichen möchten und ob diese Plattformen überhaupt die richtigen für sie sind. Überhaupt, die Auswahl der Plattform ist erst der letzte Schritt in Ihrer Strategie. Vorher kommt die Bestimmung der Ziele, der Zielgruppe und der passenden Inhalte.

6.1   Was ist eine Strategie?

Strategie – ein großes Wort, das aber gar nicht so kompliziert ist, wie es scheint. Im Endeffekt beschreibt eine Strategie »nur« den Weg zum Ziel oder, um die Definition der Wikipedia zu zitieren:

> *»Strategie (von altgriechisch strategós ›Feldherr, Kommandant‹) ist ein längerfristig ausgerichtetes Anstreben eines Ziels unter Berücksichtigung der verfügbaren Mittel und Ressourcen.«* (Wikipedia)

Aus dieser Definition ergeben sich die ersten wichtigen Eckpunkte einer Strategie: Ziele, Ressourcen und Mittel. Eine weitere Variable bringt der wichtigste Faktor im Social Web ein: Die Bedürfnisse Ihrer Zielgruppe sind der Dreh- und Angelpunkt Ihrer Strategie.

6.2   Zielgruppen

Bevor Sie sich Gedanken über die Ziele Ihres Social-Media-Engagements machen, müssen Sie zunächst einmal herausfinden, ob und wo Ihre Zielgruppe im Social Web aktiv ist und was diese von Ihnen erwartet. Bevor Sie diesen Schritt gehen können, müssen Sie wissen, »wer« Ihre Zielgruppe ist.

> *»Unter einer Zielgruppe (engl. target audience) versteht man im Marketing eine bestimmte Menge von Marktteilnehmern, die auf kommunikationspolitische Maßnahmen homogener reagieren als der Gesamtmarkt.«*[1]

Zielgruppen lassen sich nach geografischen, demografischen, psychografischen und verhaltensbezogenen Kriterien abgrenzen. Tabelle 6.1 gibt Ihnen einen Überblick, was sich hinter diesen Kategorien verbirgt. In der Regel können Sie Informationen über die Zielgruppen Ihres Unternehmens in der Marketingabteilung abfragen.

---

1   Rainer Olbrich: »Marketing. Eine Einführung in die marktorientierte Unternehmensführung«, 2. überarb. u. erw. Aufl., Berlin u.a. 2006, S. 165 ff.

Kategorie	Kriterium
geografisch	Region, Ortsgröße, Bevölkerungsdichte
demografisch	Alter, Geschlecht, Familienstand, Einkommen, Berufsgruppen, Ausbildung, Konfession, Herkunft
psychografisch	Lebensstil, Persönlichkeit, Vorlieben, Motivation
verhaltensbezogen	Anlass, Nutzennachfrage, Kundenstatus, Verwendungsrate, Markentreue, Einstellung gegenüber der Marke

Tabelle 6.1 Segmentierungskriterien von Zielgruppen (in Anlehnung an Olbrich 2006)

6.2.1 Zielgruppen nach Sinus-Milieu

Ist dieses nicht möglich, bietet Ihnen der Ansatz der *Sinus-Milieus*, der Zielgruppen auf Grundlage ihrer Lebensauffassungen und Lebensweisen in Milieus (Lebenswelten) segmentiert, eine erste Orientierung.

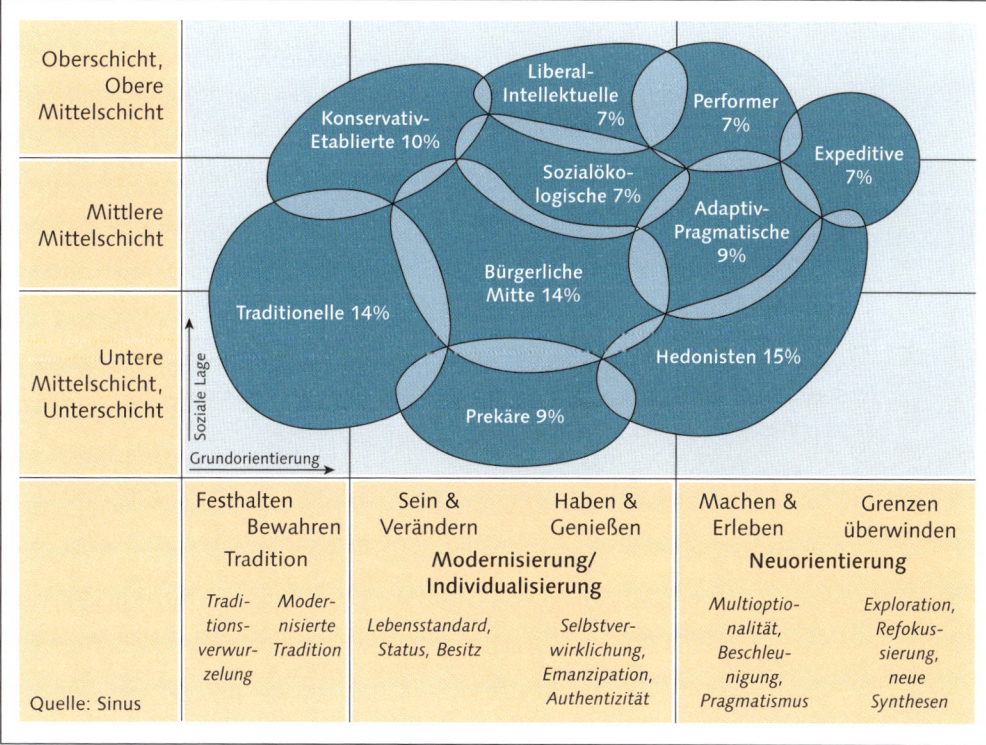

Abbildung 6.2 Die Sinus-Milieus in Deutschland (Quelle: Sinus)

In Abbildung 6.2 sehen Sie die zehn Lebenswelten in dem Kontext aus sozialer Lage (Unterschicht bis Oberklasse) und der Grundorientierung (Tradition bis Neuorientierung). Unterschiedliche Aspekte sowie eine Charakterisierung der einzelnen Milieus finden Sie unter *http://bit.ly/dsomemasin*. Auf Basis der Werte, die Ihr Produkt oder Ihr Unternehmen repräsentiert, können Sie Ihre Zielgruppe den Sinus-Milieus zuordnen. Dabei sind die Übergänge fließend, und ein Unternehmen kann durchaus mehrere dieser Sinus-Milieus ansprechen.

Facebook-Targeting nach Sinus-Milieus

Auf Facebook können Sie gezielt Werbung an Zielgruppen auf Basis der Sinus-Milieus ausspielen. Dafür ist eine kostenfreie Anmeldung bei der Agentur microm notwendig. Wie das genau funktioniert, können Sie direkt beim Sinus-Institut nachlesen: *https://goo.gl/WDhbWf*.

6.2.2 Digitale Zielgruppen

Einen anderen Blickwinkel auf die Zielgruppen bieten die digitalen Sinus-Milieus, die das Sinus-Institut in Kooperation mit dessen Partner microm entwickelt hat. Diese Klassifizierung zeigt die verschiedenen Verhaltensmuster und Internetpräferenzen der Milieus auf und unterscheidet sechs Gruppen: vorsichtig, bemüht, souverän, spaßorientiert, effizient und selektiv. Dieser Zusammenhang ist für die Bestimmung der Onlineaffinität Ihrer Zielgruppe wichtig und hilft Ihnen auch bei der Argumentation, warum eine bestimmte Teilzielgruppe nicht oder eben besonders gut über die sozialen Medien zu erreichen ist. Die Zuordnung dieser drei Gruppen zu den Milieus ist in Abbildung 6.3 zu sehen, eine ausführlichere Erläuterung finden Sie beim Sinus-Institut unter *www.sinus-institut.de/sinus-loesungen/digitale-sinus-milieus/*.

Interessant ist in diesem Kontext auch die Vorgängerversion des DIVSI, die Sie auf dessen Website[2] einsehen können.

Zielgruppen nach Social-Media-Nutzertypen

Ein weiterer Ansatz, die eigene Zielgruppe besser zu bestimmen, basiert auf einer Forrester-Studie aus dem Jahr 2006. Diese untersuchte, wie sich erwachsene Amerikaner im Internet verhielten. Heraus kam eine Leiter mit sechs Stufen der Partizipation. Dieser Ansatz ist ein wenig in die Jahre gekommen, aber trotzdem interessant, um das Internetverhalten der eigenen Zielgruppe einzuschätzen. Mehr zu diesem Ansatz finden Sie auf dem Social-Media-Manager-Blog unter *http://der-socialmediamanager.de/zielgruppen-nach-social-media-nutzertypen/*.

---

2 *www.divsi.de/presse/pressemitteilungen/904/*

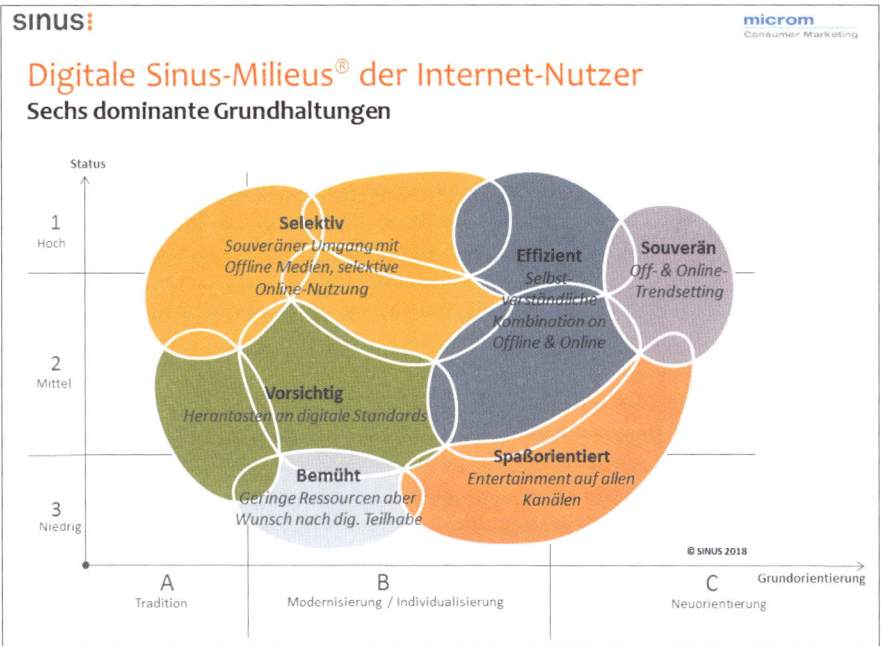

Abbildung 6.3 Sinus-Milieus im Kontext der Internetnutzung (Quelle: Sinus/microm)

Zielgruppen sind noch immer eine relativ heterogene Masse, die für Ihre Social-Media-Strategie und insbesondere für die Content-Strategie noch stärker charakterisiert werden sollte. Das Mittel der Wahl sind hier Personas, deren Erstellung und Nutzung ich Ihnen im nächsten Schritt erläutere.

6.3   Personas

Personas geben Ihrer Zielgruppe ein Gesicht. Sie machen es Ihnen damit leichter, die Welt durch deren Augen zu sehen. Zurück geht das Persona-Konzept auf den Softwareentwickler Alan Cooper, der sich zum Ziel gesetzt hatte, eine Software zu entwickeln, die von jedermann bedient werden kann. Um dieses Ziel zu erreichen, entwarf er für jede seiner Nutzergruppen einen repräsentativen fiktiven Charakter. So hatte er bei der Programmierung stets die Bedürfnisse seiner Zielgruppe im Blick, was sich auch im Erfolg seiner Programme widerspiegelte. Alan Cooper veröffentlichte die Methode 1998 in seinem Buch »The Inmates are running the Asylum«. Seitdem werden Personas unter anderem auch in Marketing und Sales eingesetzt.

Marketing-Basic: Was ist eine Persona?

Personas sind untersuchungsbasierte archetypische Repräsentanten der eigenen Zielgruppe. Eine Persona wird charakterisiert durch soziodemografische Daten, angereichert durch psychografische Merkmale und eine Betrachtung des Kaufverhaltens.

6.3.1 Warum Personas?

Personas sind repräsentative und möglichst realitätsnähe Prototypen Ihrer Zielgruppen, die Ihnen dabei helfen, eine bessere (Content-)Strategie zu erarbeiten. Im Vergleich zur Bestimmung von Zielgruppen ist das Ausarbeiten von Personas deutlich aufwendiger. Es gibt jedoch gute Gründe dafür, in die Erstellung von Personas Zeit und Mühe zu investieren:

▶ **Zielgruppen sind zu heterogen**

Ein plakatives Beispiel sind hier immer wieder Ozzy Osbourne und Prinz Charles. Auf beide treffen die Attribute »Männer über 65 mit hohem Vermögen und Familie« zu, damit können sie derselben Zielgruppe zugeordnet werden. Ich denke, es ist offensichtlich, dass diese beiden Herren in unterschiedlichen Welten leben und sich eher nicht mit der gleichen Content-Strategie erreichen ließen. Personas helfen hier, den Rockstar von dem Prinzen abzugrenzen.[3]

▶ **Personas helfen, die Zielgruppe richtig zu verstehen**

Bei der Erstellung von Personas setzen Sie sich intensiv damit auseinander, wie die Welt Ihrer Anspruchsgruppe aussieht, welche Bedürfnisse und Schmerzpunkte Ihre Zielpersonas haben und wie Sie auf dieser Basis eine thematische Brücke zu Ihrem Angebot schlagen und relevante Inhalte erstellen können. Dabei entwickeln Sie ein tiefes Verständnis für Ihr Gegenüber. Aus einer anonymen Zielgruppe wird eine greifbare Person. Darüber hinaus fällt es Ihnen leichter, auf Basis der Customer Journey relevante Inhalte für jede Phase der Kaufentscheidung zu erstellen.

Marketing-Basic: Customer Journey

Eine Customer Journey beschreibt ein prototypisches Modell für die »Reise«, die ein potenzieller Kunde im Rahmen der Kaufentscheidung durchläuft (siehe Abbildung 6.4). Dem Marketing kommt dabei die Aufgabe zu, diese Reise strategisch durch die Einrichtung und Steuerung unterschiedlicher Kontaktpunkte (Customer Touchpoints) zu begleiten. Ein solcher Kontaktpunkt kann eine Werbeform, eine Information, eine Meinung oder eine Erfahrung sein.

---

3 Ein interessanter Artikel dazu ist zum Beispiel hier zu finden: *www.zukunftsinstitut.de/artikel/lebensstile/zielgruppe-vs-lebensstil*

Entsprechend vielfältig und komplex sind die Meinungsbildungs- und Kaufentschei-
dungsprozesse der heutigen Konsumenten. Hier hilft ein prototypisches Modell dabei,
den Kunden im eigenen Sinne bei seiner Reise zu unterstützen. Die Customer Journey
kann analog zu der AIDA-Formel in vier Phasen aufgeteilt werden:

1. **A**ttention: Ziel dieser Phase ist, ein grundlegendes Bewusstsein für das eigene Angebot zu schaffen.

2. **I**nterest: In dieser Phase soll der potenzielle Kunde dazu gebracht werden, sich eingehender mit dem eigenen Angebot zu beschäftigen.

3. **D**esire: In der vorletzten Phase geht es darum, beim Kunden ein konkretes Bedürfnis
   oder eine konkrete Kaufabsicht zu erreichen.

4. **A**ction: Den Abschluss der Reise bildet die gewünschte Aktion, wie zum Beispiel der
   Kauf des Produkts oder der Dienstleistung.

Entsprechend unterstützt Sie die Definition der Customer Journey Ihrer potenziellen
Kunden dabei, diese strategisch durch alle Phasen zu bewegen.

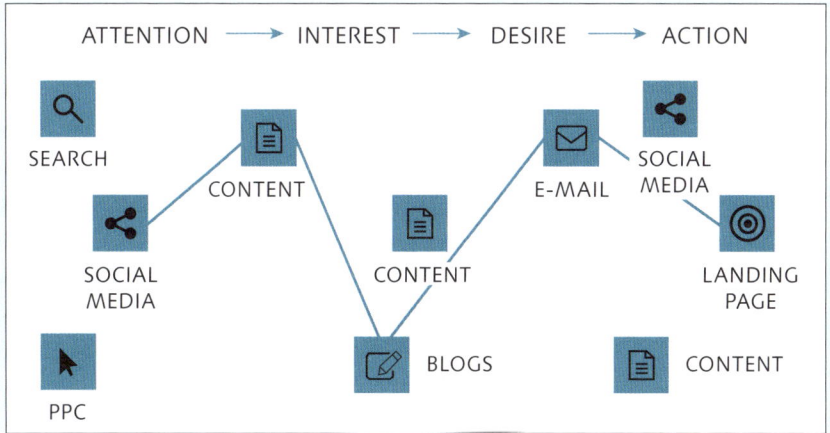

Abbildung 6.4 Eine exemplarische Customer Journey mit unterschiedlichen Touchpoints

▶ **Die Zielgruppe rückt in den Mittelpunkt**

Der Prozess der Persona-Erstellung hilft Unternehmen dabei, den Kunden wirklich in den Mittelpunkt der Strategie zu stellen. Wenn die Personas konsequent
als Grundlage jeder Kommunikationsmaßnahme genommen werden, stellen Sie
sicher, dass das Erfüllen der Bedürfnisse eben dieser Persona im Zentrum der
Kampagne steht.

▶ **Sie wissen, wen Sie nicht ansprechen wollen oder können**

In manchen Fällen wird während der Charakterisierung der eigenen Personas
sehr deutlich, dass sich eine oder mehrere dieser Archetypen nicht über die sozialen Medien erreichen lassen bzw. thematisch so aus der Rolle fallen, dass sie
sich nicht sinnvoll mit den anderen Personas verbinden lassen. An dieser Stelle
hilft Ihnen die deutliche Charakterisierung dabei, gegenüber Dritten zu argu-

mentieren, warum Sie diese Teilzielgruppe nicht in der Strategie berücksichtigen können oder wollen.

▶ **Abteilungsübergreifendes Verständnis der Zielpersonen**

Nicht selten variieren die Vorstelllungen der Zielpersonen zwischen den Abteilungen. Personas helfen hier, ein gemeinsames Verständnis und damit auch eine gemeinsame Sprache in Bezug auf den Kunden zu entwickeln.

6.3.2 Die fünf Schritte zu Ihren Personas

Liegen im Marketing noch keine Personas vor, können Sie sich Ihre Personas über ein paar Schritte selbst erstellen. Erfahrungsgemäß sind je nach Größe und Diversität der Zielgruppe zwei bis fünf unterschiedliche Personas ideal.

1. **Setzen Sie einen Fokus für Ihre Personas**

   In der Regel bieten Zielgruppen viele Ansatzpunkte, um Personas abzuleiten. Wählen Sie hier einen Fokus analog zu Ihrer Zielsetzung der Erstellung von Personas für die Social-Media- und Content-Strategie. Damit steht beispielsweise fest, dass Ihre Personas aus dem Teil der Zielgruppe kommen, die zu sozialen Medien mindestens eine grundlegende Affinität hat. Darüber hinaus macht es Sinn, dass die Bedürfnisse Ihrer angestrebten Personas nicht komplett aneinander vorbeigehen, da es sonst insbesondere im Rahmen der Content-Strategie schwer wird, diese strategisch sinnvoll zusammenzubringen.

2. **Sammeln Sie Daten**

   Im zweiten Schritt geht es darum, möglichst viele Informationen über Ihre Zielgruppen zusammenzutragen. Dafür können Sie interne wie externe Daten nutzen. In Tabelle 6.2 sehen Sie eine beispielhafte Übersicht möglicher Datenquellen.

   Grundsätzlich gilt, je mehr Informationen Sie über Ihre Zielgruppe zusammentragen können, desto besser. Denn Daten helfen Ihnen dabei, Gesetzmäßigkeiten zu erkennen und Thesen über Ihre Zielgruppen zu validieren. Darüber hinaus sollten Sie darauf achten, ausreichend qualitative Informationen zu bekommen. Das bedeutet, holen Sie Mitarbeiter aus Abteilungen mit Kundenkontakt an einen Tisch, und sprechen Sie mit ihnen über typische Kundenprofile. Führen Sie, falls möglich, Interviews oder Umfragen mit Ihren Kunden durch.

Social-Media-Daten für die Anreicherung Ihrer Personas

Hootsuite hat unter *https://blog.hootsuite.com/how-to-create-buyer-personas-with-social-media-data/* eine ausführliche Handreichung veröffentlicht, wie Sie Ihre Personas mit Daten aus den sozialen Netzwerken validieren und/oder anreichern können.

Datenquelle	Beispiele
intern	▶ Unternehmensstrategie (Zielgruppendefinition) ▶ CRM-Daten ▶ Kundenfeedback ▶ Befragung von Mitarbeitern, die Kundenkontakt haben (Kundenservice, Vertrieb, Marketing, Servicekräfte etc.) ▶ Kundenumfragen und -interviews
extern	▶ Daten des statistischen Bundesamtes ▶ Zielgruppenanalysen ▶ Marktanalysen ▶ Statistiken, zum Beispiel über Website, soziale Netzwerke ▶ Interviews ▶ Suchanfragen, die auf Ihre Website führen ▶ Rezensionen

Tabelle 6.2 Beispiele für unterschiedliche Datenquellen

3. **Analyse und Auswertung der Datensammlung**

Zunächst einmal müssen Sie die quantitativen Daten und demografischen Merkmale auf Gemeinsamkeiten hin auswerten, in Kategorien ordnen und diesen Gruppen dann die entsprechenden Merkmale zuordnen. Beispiele für demografische Merkmale sind Alter, Geschlecht, Bildung, Einkommen etc. In einem zweiten Schritt werten Sie die qualitativen Daten aus, um Ihre Personas mit Emotionen und Werten anzureichern. Gehen Sie dafür die Kundeninterviews sowie die Ergebnisse aus den Gesprächen mit Ihren Kollegen systematisch durch. Schreiben Sie in Form von Statements heraus, was Ihren Kunden besonders wichtig ist und welche Werte, Ängste, Motivationen, Bedürfnisse und Probleme ableitbar sind. Abschließend werden diese emotionalen Merkmale ebenfalls nach Gemeinsamkeiten und Mustern sortiert und den entsprechenden Gruppen zugeordnet.

4. **Erstellen Sie Ihre Personas**

In der Regel zeichnen sich schon während der Datenanalyse bestimmte Personas deutlich ab. Im nächsten Schritt gilt es, für die einzelnen Prototypen eine Kurzbiografie und ein Profil zu erstellen, die Persona möglichst prägnant zu benennen und ihr mithilfe eines Fotos ein Gesicht zu geben. Dabei hilft Ihnen der nächste Abschnitt.

5. **Leben Sie die Personas**

Die beste Persona hilft nichts, wenn sie nicht im Unternehmen etabliert ist. Zeigen Sie Ihre Personas allen Mitarbeitern, die in Kundenkontakt stehen. Hängen Sie sich kurze Steckbriefe Ihrer Personas neben den Bildschirm, und sprechen

Sie in Meetings namentlich von den Personas anstatt von Zielgruppen. Ideal ist, wenn die Persona auch über die Social-Media-Abteilung hinaus in der Gesamtkommunikation berücksichtigt wird. Das macht nicht nur die Konzeption von crossmedialen Kampagnen für alle Beteiligten einfacher, sondern hilft auch, den Kunden insgesamt in den Mittelpunkt der Kommunikation zu stellen.

6.3.3   Das Persona-Template

Es gibt eine Reihe von Meinungen und Beispielen, wie eine Persona konkret aussehen sollte. Ich arbeite seit Jahren bei meinen Kunden mit dem folgenden Aufbau, der sich immer wieder bewährt hat. In Abbildung 6.5 sehen Sie einen Teil einer Beispiel-Persona für mein Buch, die einzelnen Bereiche des Templates werde ich Ihnen im weiteren Verlauf dieses Abschnitts erläutern. Auf meinem Blog unter *http:// bit.ly/dsomemaPersona* finden Sie das Template zum Download.

Persona	Anna Zielstrebig	
Alter:	27	
Wohnort:	Hamburg	
Familienstand:	in Partnerschaft	
Bildungsstand:	Hochschulabschluss	
Beruf:	Marketing Managerin	
Einkommen:	36.000 € p.a.	
Sinus-Milieu:	Digital Souverän*	
VIVSI-Milieu:	Postmodernes Milieu**	
Lebenseinstellung:	Man lernt niemals aus	
	Ich gestalte mein Leben nach meinen Regeln	
Motivation:	▸ sucht eine strukturierte Einführung an das Thema Social Media	
Welche Probleme/ Schmerzpunkte hat die Persona?	▸ hat einen stetigen Verbesserungsdrang und möchte sich weiterentwickeln	
	▸ arbeitet höchst motiviert, bekommt aber nur wenig Wertschätzung	
	▸ findet klassische Arbeitsmodelle und Anwesenheitspflicht überholt	

Abbildung 6.5 Anna Zielstrebig im Profil (Foto: Ryan McGuire)

Name und Foto

Es hilft ungemein, einer Persona einen Namen und ein Gesicht zuzuordnen, damit Sie sich diese besser vorstellen können. Oftmals bekommen Personas Namen in Anlehnung an ihre prägnanteste Eigenschaft oder die ihr zugrunde liegende Zielgruppe, wie zum Beispiel Oliver Online, Ludwig Loha oder Farina Fernweh. Ein passendes Foto findet sich auf Bilderplattformen bei der Eingabe von besonderen Merkmalen in Kombination mit den Begriffen »Mann«, »Frau« oder »Person«, je nachdem, welches Geschlecht die Persona haben soll.

Soziodemografische Merkmale

Der Hintergrund einer Persona wird auf Basis von soziodemografischen Daten definiert. Im Einzelnen empfehle ich, die folgenden Punkte zu definieren:

▶ Alter

▶ Wohnort

▶ Geschlecht

▶ Familienstand

▶ Bildungsstand

▶ Beruf

▶ Einkommen

Sinus-Milieu

Die Zuordnung zu einem Sinus-Milieu ist an dieser Stelle optional, hilft aber meiner Meinung nach sehr dabei, sich ein umfassendes Bild von der Lebenssituation und dem Internetverhalten der Persona zu machen.

Lebenseinstellung/»Zitat«

Welches Zitat gibt die Lebenseinstellung Ihrer Persona am besten wieder? Bei der Definition des Zitats helfen oft ein Blick in die Sinus-Milieus, Gespräche mit Personen aus der Zielgruppe sowie Daten aus der Marktforschung online wie offline.

Kaufverhalten

Bei der Betrachtung des Käuferverhaltens müssen Sie den Fokus klar auf Ihr Produkt oder Ihre Dienstleistung richten. Ein bewährtes Konzept liefern hier die »5 Rings of Buying Insight™« (fünf Ringe der Käufereinsichten) von Adele Revella und dem Buyer Persona Institute. Dieses Modell geleitet Sie mit strategischen Fragen den Kaufentscheidungsprozess entlang. Sie müssen sich Gedanken darüber machen, warum Ihre Persona überhaupt Interesse an Ihren Angeboten hat, wie diese im Vergleich zum Wettbewerb stehen und wie ein typischer Kaufzyklus aussehen würde. Dabei stellen sich dem Buyer Persona Institut gemäß fünf Fragen:

1. **Das Warum/Motivation (Priority Initiatives)**

   Warum möchte Ihre Persona überhaupt eine Lösung wie die Ihre haben? Begehen Sie hier nicht den Fehler, Schmerzpunkte von Ihren Lösungen abzuleiten, sondern gehen Sie wirklich vom Kunden aus. Was ist seine Motivation?

2. **Die Erfolgsfaktoren/Lösungen (Success Factors)**

   Welche Vorteile für sich persönlich oder für ihre Organisation möchte die Persona mit dem Kauf Ihrer Lösung erreichen? Wie sind dabei die Prioritäten der Vorteile gewichtet?

131

3. **Die Einwände/Bedenken (Perceived Barriers)**

Was hält die Persona davon ab, bei Ihnen zu investieren? Welche Bedenken und Einwände hat die Persona, Ihre Lösung zu kaufen? Gibt es Vorteile, die der Wettbewerb bietet?

4. **Der Entscheidungs- und Kaufzyklus (Buyers Journey/Customer Journey)**

Wie sieht die Reise Ihrer Persona bis zum Kauf aus? Wann trifft Ihre Persona die Kaufentscheidung? Wie vergleicht sie Optionen? Welche Personen haben Einfluss auf die Kaufentscheidung?

5. **Die entscheidenden Eigenschaften (Decision Criteria)**

Welche Eigenschaften hat der Wettbewerb im Vergleich? Welche speziellen Eigenschaften der Lösung sind der Persona wichtig?

Wenn Sie diese Fragen beantwortet haben, können Sie einen ersten Prototyp Ihrer Persona schaffen. Die Betonung liegt hier auf Prototyp, denn im Folgenden müssen Sie die Persona im laufenden Engagement mit der Realität abgleichen und gegebenenfalls noch anpassen.

Beispiele und Buchtipps zu Personas

Je besser die Persona, desto effektiver ist die Kampagne. Wenn Sie sich mehr mit diesem Thema beschäftigen möchten, kann ich Ihnen die folgenden Links und Bücher sehr ans Herz legen:

▶ Hubspot hat unter *https://academy.hubspot.com/examples?Tag=Buyer+Persona* mehrere Best-Practice-Beispiele für Personas gesammelt. Generell ist Hubspot eine sehr gute Quelle zum Thema Content Marketing, auf dem Blog finden Sie zahlreiche spannende Artikel rund um dieses Thema.

▶ »Buyer Personas: How to Gain Insight into your Customer's Expectations, Align your Marketing Strategies, and Win More Business« von Adele Revella, *http://amzn.to/2vFz3GL*

▶ »Guide to Buyer Persona Development« von Tony Zambito, *http://tonyzambito.com/resources/master-buyer-personas/*

Jetzt, wo Sie wissen, wer Ihre Personas sind und was sie bewegt, geht es weiter zum nächsten Schritt: der Definition der Ziele.

6.4 Ziele

Die Bestimmung der Ziele der Social-Media-Strategie ist ein elementar wichtiger Prozess. Mit den falschen Zielen erreicht man nur eines: viel verschwendete Arbeit, Zeit und Geld. Investieren Sie lieber im Vorfeld in die gründliche Recherche, um die richtigen Ziele für Ihr Unternehmen zu finden.

6.4.1   Unternehmensziele und Bedürfnisse der Kunden als Grundlage

Ziele im Bereich Social Media sind so individuell wie die Situation des betrachteten Unternehmens. Aus diesem Grund gibt es hier keine allgemeingültigen Empfehlungen, mit welchem Ziel ein Unternehmen starten sollte. Grundsätzlich gilt: Ziele im Bereich Social Media müssen auf die Unternehmensziele und die davon abgeleiteten Kommunikationsziele einzahlen. Darüber hinaus müssen die Ziele den Bedürfnissen der Kunden zuträglich und mit den vorhandenen Ressourcen umsetzbar sein. Zunächst gilt es, qualitative Ziele zu definieren.

Marketing-Basic: Was ist ein qualitatives Ziel?

Qualitative Ziele lassen sich nicht unmittelbar in einer zählbaren Einheit messen. Aus diesem Grund müssen sie durch Ersatzmaßstäbe messbar gemacht (quantifiziert) werden. Beispiele für qualitative Ziele sind, Sympathieführerschaft, Image und Kundenzufriedenheit zu steigern.

Grob lassen sich die qualitativen Ziele in folgende Kategorien in Tabelle 6.3 einteilen.

Kategorie	Ziel
Kommunikation	▶ Social Media Relations ▶ Online-Reputationsmanagement ▶ Community Engagement (in einen Dialog treten)
Marketing und Vertrieb	▶ Brand Awareness (Markenbekanntheit) ▶ Reach (Reichweite, neue Zielgruppen erschließen) ▶ Brand Advocacy (Empfehlungsmarketing) ▶ E-Commerce (Produkte im Social Web verkaufen) ▶ Verbesserung der Suchmaschinenoptimierung
Marktforschung und Innovation	▶ Informationen über Kunden und den Wettbewerb gewinnen ▶ Produktideen mit Ihren Kunden entwickeln ▶ Trends erkennen
Kundenbindung	▶ Kundenservice verbessern ▶ Kundenzufriedenheit erhöhen ▶ Brand Loyalty (Loyalität zur Marke) erhöhen
Organisation	▶ Recruiting ▶ Employer Branding ▶ Wissenstransfer ▶ Verbesserung von Prozessen

Tabelle 6.3 Übersicht über geläufige qualitative Ziele nach Kategorie

Diese Ziele bilden einen guten Orientierungspunkt für die potenziellen Möglichkeiten, die sich einem Unternehmen bieten. Wie Sie sehen, sind Social Media nicht das Thema eines einzelnen Unternehmensbereichs, sondern für fast alle Bereiche relevant. Deshalb sollten Sie bei der Entwicklung einer Social-Media-Strategie möglichst alle betroffenen Bereiche mit einbinden. Veranstalten Sie gemeinsame Brainstormings und Workshops, um die Abteilungen abzuholen und in die Entwicklung der Ziele mit einzubinden. Das hat den schönen Nebeneffekt, dass Sie so gleichzeitig die Basis für eine breitere Akzeptanz der Strategie legen. Um sicherzustellen, dass alle bei diesen Meetings auf einem Wissensstand sind, ist es sinnvoll, hier im Vorfeld eine gewisse Grundimpfung zum Thema zu verabreichen, mehr dazu lernen Sie in Abschnitt 14.7, »Social Media im Unternehmen etablieren«. Idealerweise ergibt sich am Ende des Zielfindungsprozesses eine gute Mischung aus externen und internen Zielen. Dabei sind interne Ziele solche, die dem Unternehmen helfen, sich auf die Herausforderungen durch das Social Web vorzubereiten.

6.4.2 Ziele deutscher Unternehmen

In der aktuellsten Version der Studie »Social Media in deutschen Unternehmen«[4] nannten die teilnehmenden Unternehmen der BITKOM die folgenden Ziele im Bereich Social Media:

▶ Steigerung der Bekanntheit der Marke/des Unternehmens

▶ Akquise neuer Kunden

▶ Aufbau von Beziehungen zu Kunden

▶ Verbesserung der Suchmaschinenplatzierung des Unternehmens

▶ Steuerung des Marken-/Unternehmensimages

▶ Aufbau von Beziehungen zu Multiplikatoren (zum Beispiel Journalisten, Bloggern)

▶ Marktforschung und Marktbeobachtung

▶ Gewinnung neuer Mitarbeiter

▶ Zusammenarbeit mit Kunden zur Erweiterung des Produkt-/Dienstleistungsportfolios (Crowdsourcing)

Abbildung 6.6 zeigt Ihnen die Verteilung der Zielsetzung nach Unternehmensgröße, die eine Befragung von 332 Unternehmen im Rahmen der BITKOM-Studie zum Einsatz und den Zielen in sozialen Medien ergab. Das Ziel »Steigerung der Bekanntheit der Marke/des Unternehmens« steht hier an der Spitze.

---

4 *www.bitkom.org/files/documents/Social_Media_in_deutschen_Unternehmen.pdf*

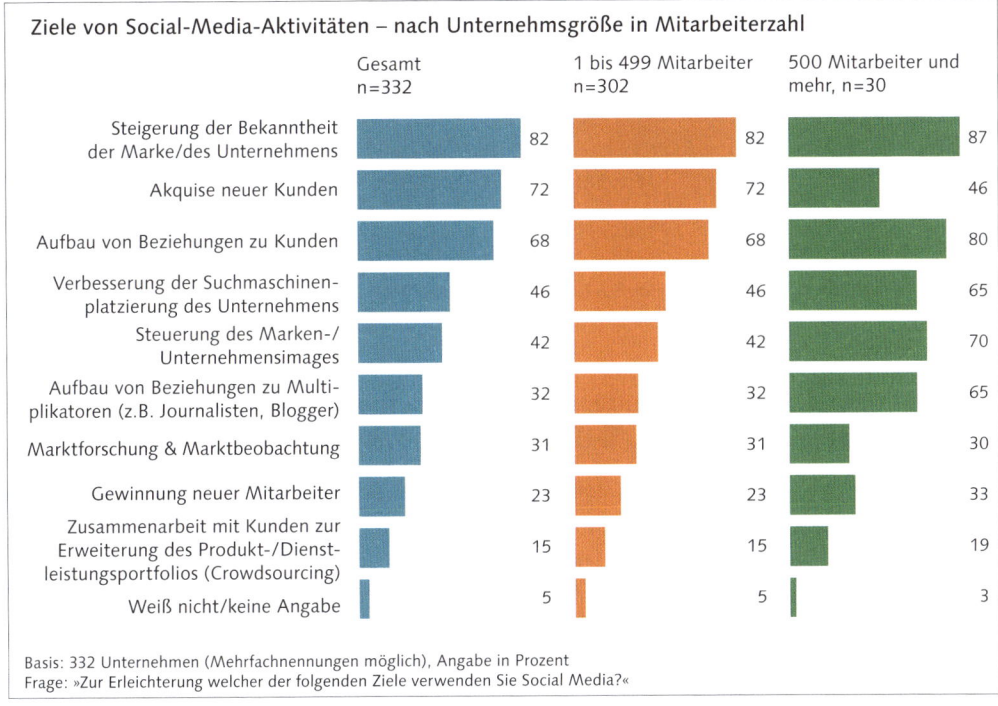

Abbildung 6.6 Social-Media-Ziele nach Unternehmensgröße (Quelle: BITKOM)

Direkt dahinter folgt für Unternehmen mit weniger als 500 Mitarbeitern die Akquise neuer Kunden und danach der Aufbau von Beziehungen zu Kunden. Größere Unternehmen dagegen legen den Fokus zunächst auf den Aufbau von Beziehungen zu Kunden und die Steigerung des Marken- bzw. Unternehmensimages.

6.4.3 SMARTe Ziele setzen

Hat man das qualitative Ziel der Strategie bestimmt, gilt es im nächsten Schritt, dieses auf ein umsetzbares und messbares quantitatives Ziel herunterzubrechen.

Marketing-Basic: Was ist ein quantitatives Ziel?

Von quantitativen Zielen ist die Rede, wenn sich die angestrebte Veränderung eindeutig in Zahlen ausdrücken lässt. Quantitative Ziele sind direkt durch Kennzahlen und Werte messbar, Beispiel: eine Steigerung der Anzahl der im Web gelösten Kundenservice-Anfragen um 5 %.

Dazu eignet sich die SMART-Formel, die Grundvoraussetzungen für ein effektives Ziel beinhaltet. Das Akronym SMART beschreibt die folgenden Attribute (siehe Tabelle 6.4).

135

S	specific	spezifisch
M	measureable	messbar
A	achievable	erreichbar
R	relevant	relevant
T	timely	terminierbar

Tabelle 6.4 Bedeutung der Buchstaben auf Englisch und Deutsch

Specific (spezifisch)

Das Ziel muss unmissverständlich klar definiert sein. Dies bedeutet, dass bei allen Beteiligten Klarheit darüber herrschen muss, was genau erreicht werden soll.

Beispiel: Statt des vagen Ziels »Das Image des Unternehmens soll besser werden« soll es konkret die Faktoren benennen, die durch Aktivitäten in Social Media verbessert werden können: »Die negativen Nennungen auf Twitter sollen um 10 % gesenkt werden.«

Measureable (messbar)

Die Ziele müssen in Parametern definiert werden, die messbar sind. Dies erfordert eine Angabe als Zahlenwert.

Beispiel: Senkung um 5 %, Steigerung um 5.000 Fans, vier Bewerber

Achievable (erreichbar)

Ein Ziel ist erreichbar, wenn die dafür benötigten Mittel und Ressourcen (Zeit, Personal, Budget, Technik) vorhanden sind. Hier wirkt es durchaus motivierend, Ziele zu setzen, die eine Herausforderung darstellen. Zu hohe Ziele wirken wiederum demotivierend.

Beispiel: Wenn eine Steigerung der positiven Nennungen um 5 % für ein Unternehmen erreichbar ist, ist eine Steigerung um 50 % unter gleichen Rahmenbedingungen nicht erreichbar.

Relevant (relevant)

Die Ziele müssen für die gewählte Strategie bedeutsam und zielführend sein.

Beispiel: Ist das Ziel der Strategie eine Steigerung der Bekanntheit von Produkt A um 10 %, ist die Eröffnung einer Facebook-Seite für das Produkt B nicht relevant.

Timely (terminiert)

Ein Ziel wird durch ein konkretes Datum terminiert. Statt eines Zeitpunktes wird hier festgelegt, wann genau der Zielzustand erreicht werden soll.

Beispiel: Statt des Zeitpunktes »im ersten Halbjahr« wird das Datum bis zum 30.6.2016 gesetzt.

Mithilfe dieses Rahmenprogramms sind Sie in der Lage, sich konkrete Ziele zu setzen und darauf basierend die passenden Maßnahmen zu entwickeln. In Tabelle 6.5 sehen Sie Beispiele, wie SMART-Ziele und die zugehörigen Messwerte für einige der oben genannten qualitativen Ziele aussehen könnten.

Metaziel	SMART-Ziele	Messwert
Steigerung des Unternehmensimages	Senkung der negativen Nennungen auf Twitter um 10% bis zum 30.6. Steigerung der positiven Nennungen auf Twitter um 5% bis zum 30.6.	Vergleich von positiven und negativen Nennungen
Gewinnung neuer Mitarbeiter	Durch den Start einer Recruiting-Seite auf Facebook möchten wir bis zum 30.4. 5% neue Bewerber erreichen.	Anzahl der Bewerber, die über soziale Medien auf das Unternehmen aufmerksam wurden
Steigerung der Bekanntheit der Marke	Steigerung der Reichweite auf Plattform X um Y% bis zum 30.6.	Steigerung der Anzahl der Fans/Follower/ Abonnenten

Tabelle 6.5 Beispielhafte Übersicht über Metaziele und zugehörige SMART-Ziele sowie Messwerte

6.5   Vom Messwert (Metrics) über die Kennzahl zum Key Performance Indicator (KPI)

So wichtig wie die Ziele sind die passenden Messwerte und die zugehörigen *Key Performance Indicators (KPIs)*. Ohne Kennzahlen ist es schwer möglich, über Erfolg oder Misserfolg eines Engagements zu entscheiden. Natürlich gibt es auch im Bereich Social Media das »Bauchgefühl«, im Unternehmenskontext werden Sie damit aber nicht weit kommen.

Marketing-Basic: Was ist ein Key Performance Indicator (KPI)?

Als Key Performance Indicator (KPI), zu Deutsch *Leistungsindikator*, gelten betriebswirtschaftliche Kennzahlen, anhand derer der Fortschritt oder der Erfüllungsgrad einer Zielvorgabe gemessen werden kann. Dabei ist eine Kennzahl eine Verhältniszahl, die zwei Messwerte miteinander in Beziehung setzt. Über KPIs können Prozesse im Unternehmen kontrolliert und bewertet werden, um diese gegebenenfalls anzupassen oder zu optimieren. Ein Messwert ist dabei ein Wert, der gezählt werden kann.

Beispiel: Die Messwerte Anzahl der positiven Stimmen und Anzahl der negativen Stimmen in Beziehung zueinander geben Rückschluss auf die Stimmung in Bezug auf eine Kampagne.

Aus diesem Grund ist ein wichtiger Punkt der Social-Media-Strategie, aus den Zielen die passenden Messwerte, Kennzahlen und KPIs abzuleiten. Zunächst einmal erläutere ich Ihnen kurz, wie diese Begriffe zusammenhängen. In Abbildung 6.7 habe ich Ihnen dafür den Prozess vom Messwert über die Kennzahl bis zum KPI visualisiert und werde Ihnen die drei Schritte jeweils kurz erläutern.

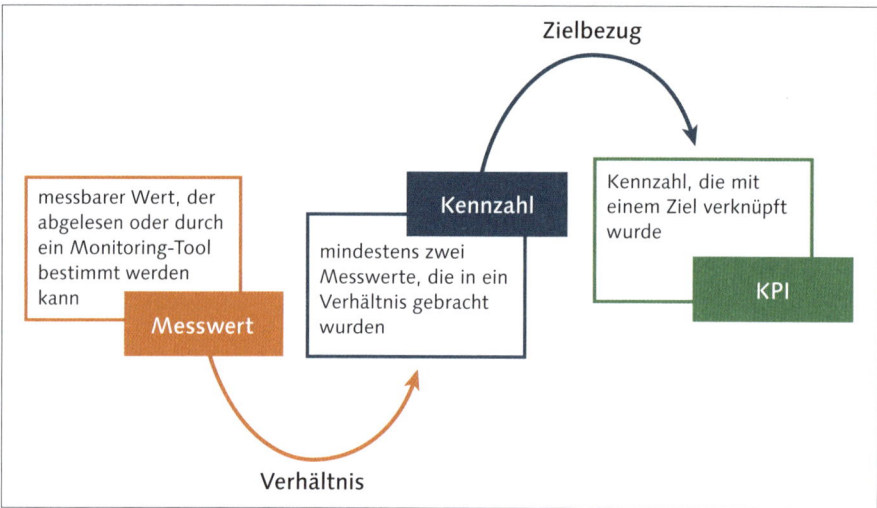

Abbildung 6.7 Vom Messwert zum KPI in drei Schritten

6.5.1   Messwerte für Social Media

Messwerte für Social Media sind die am einfachsten zu bestimmenden Werte, denn sie können einfach abgezählt oder gelesen werden. Dieser Umstand führt noch immer dazu, dass diese Werte als langfristiges Hauptmaß für Erfolg oder Misserfolg in den sozialen Medien herangezogen werden. Machen Sie diesen Fehler nicht! Messwerte sind wichtig und bilden die Grundlage für die Bestimmung von KPIs.

Ob ein Engagement erfolgreich ist oder nicht, ergibt sich jedoch erst, wenn Sie diese Werte in Beziehung zu etwas setzen.

In Tabelle 6.6 zähle ich Ihnen eine Reihe möglicher Messwerte auf, um Ihnen einen kleinen Eindruck von den Möglichkeiten zu vermitteln. Diese Übersicht ist unter keinen Umständen vollständig, allein schon deswegen, weil mit neuen Funktionen oder sogar Plattformen stetig neue Messwerte dazukommen.

Soziale Netzwerke	Microblogs	Blogs	Multimediale Plattformen
Fans/Kreise	Follower	Posts	Besuche (Visits)
neue Fans/Kreise	neue Follower	Kommentare	Views (abgerufen)
Seitenaufrufe	Updates	Views	Abonnenten
Installation einer App	Erwähnungen (Mentions)	Visits (Besuche)	Downloads
Updates	Retweets	Seiten pro Besuch	Likes
Likes	Reichweite	Verweildauer (Time spent)	Dislikes
Check-ins	Favoriten	Absprungrate (Bounce Rate)	Kommentare
Interaktionen	Direktnachrichten	Likes	Favoriten
Kommentare	Listen	Shares	Trackbacks
Diskussionen	positive/negative/ neutrale Beiträge	Bookmarks	Embeds (extern eingebunden)
Bewertungen	Tweet-Frequenz	Trackbacks	Shares
Posts	–	Abonnenten (Sub-scriber)	positive/negative/ neutrale Kommen-tare
Referrals	–	positive/negative/ neutrale Kommen-tare	–
Feedback	Feedback	Feedback	Feedback
Impressions	–	Impressions	Impressions
Reichweite	Reichweite	Reichweite	Reichweite
positive/negative/ neutrale Beiträge	positive/negative/ neutrale Beiträge	positive/negative/ neutrale Kommen-tare	positive/negative/ neutrale Beiträge
Fotomarkierungen	–	–	–
Erwähnungen	Erwähnungen	–	–
Videoaufrufe	Videoaufrufe	Videoaufrufe	Videoaufrufe

Tabelle 6.6 Mögliche Messwerte für soziale Medien

Soziale Netzwerke	Microblogs	Blogs	Multimediale Plattformen
Audioaufrufe	Audioaufrufe	Audioaufrufe	Audioaufrufe
Fotoansichten	Fotoansichten	Fotoansichten	Fotoansichten
hochgeladene Dateien (Audio/Foto/Video)	–	–	hochgeladene Dateien (Audio/Foto/Video)

Tabelle 6.6 Mögliche Messwerte für soziale Medien (Forts.)

6.5.2   Kennzahlen – Messwerte in Beziehung setzen

Wie gesagt, Messwerte allein sagen nicht viel aus, sie bilden aber die Grundlage dafür, aussagekräftige Kennzahlen zu definieren. Wenn Sie Messwerte in ein Verhältnis oder eine Relation zu mindestens einem anderen Messwert setzen, entsteht eine Kennzahl. Dabei kann der zweite Messwert sowohl eine weitere Zahl über Ihr Unternehmen als auch die eines oder mehrerer Wettbewerber sein. Die Leitfrage an dieser Stelle ist:

Wie ist Messwert 1 im Vergleich zu Messwert 2?

Die unangenehme Wahrheit an dieser Stelle ist, es gibt kein allgemeingültiges Set an Kennzahlen und KPIs, das für jedes Unternehmen funktioniert. Welches am besten zu Ihnen passt, müssen Sie selbst aus Ihren Zielen und den verfügbaren Messwerten ableiten.

6.5.3   KPIs – Kennzahlen mit Zielen verknüpfen

Es gibt noch einen kleinen, feinen Unterschied zwischen Kennzahl und KPI. Ein KPI ist eine Leistungskennzahl und muss aus diesem Grund immer in Bezug zu einem Ziel stehen. Nur so kann umfassend beurteilt werden, ob Sie sich auf dem richtigen Weg befinden. Die passenden KPIs für Ihr Unternehmen hängen entsprechend von Ihren Social-Media-Zielen ab.

6.5.4   KPIs und Unternehmensziele

Das Management wird langfristig wenig Interesse daran haben, wie viele Likes Sie auf Facebook dazugewonnen oder wie viele Retweets Sie gesammelt haben. Hier interessiert vielmehr der Beitrag von Social Media an den Unternehmenszielen. Um diesen Zusammenhang sichtbar zu machen, ist es sinnvoll, das Pferd von hinten aufzuzäumen und aus den Unternehmenszielen die passenden KPIs abzuleiten. Besinnen Sie sich an dieser Stelle noch einmal auf die Basis der Social-Media-Ziele. Diese wurden aus den Unternehmenszielen abgeleitet. Ebenso kann Ihnen die

Kennzahl, mit der das Unternehmensziel gemessen wird, den Indikator für den passenden KPI für Ihr Social-Media-Ziel liefern.

In Abbildung 6.8 sehen Sie ein Beispiel für diese Methode. Das Unternehmensziel »Kosteneinsparung« wird hier auf einen KPI für Social Media heruntergebrochen. In dem Beispiel wird der Beitrag des Kundenservice betrachtet. Da weniger Vorgänge im Callcenter mit weniger Kosten einhergehen, wird als Unternehmensmetrik »Senkung der Vorgänge im Callcenter« abgeleitet.

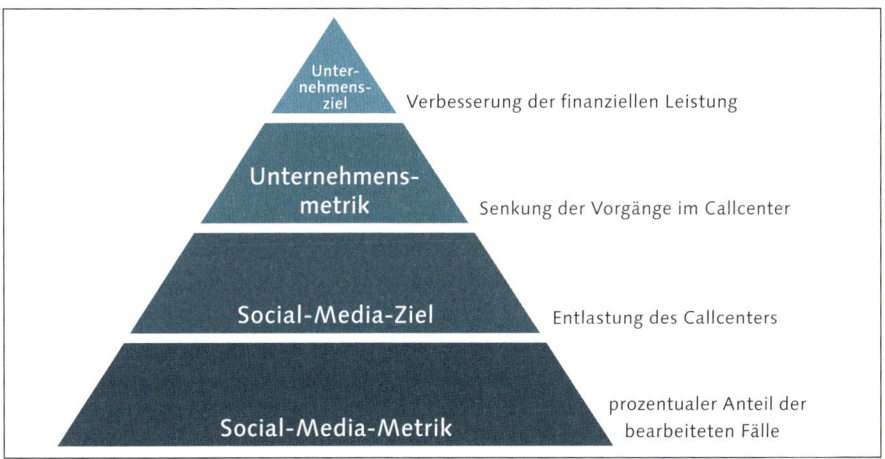

Abbildung 6.8 Vom Unternehmensziel zum Messwert in Social Media

Auf dieser Basis wird im Bereich Social Media das Ziel »Entlastung des Kundenservice durch Social Media« abgeleitet. Dieses kann mit der Metrik »Prozent der Anfragen, die außerhalb des Callcenters gelöst wurden« gemessen werden. Natürlich ist dieses Beispiel sehr vereinfacht, und die Kosten, die durch die Einrichtung des Social-Media-Teams anfallen, werden nicht mit einberechnet. Das Prinzip sollte jedoch klar sein. Da die Themen Kennzahlen und KPIs sehr eng mit dem Themengebiet des Social Media Measurements verknüpft sind, werde ich dieses Thema in Abschnitt 9.8, »Social Media Measurement – Kennzahlen erfolgreich bestimmen«, erneut aufgreifen und dort ausführlich erläutern.

Tipp: Gratisbuch zum Thema KPIs und Web Analytics

Unter *https://goo.gl/XBvAyM* können Sie sich das Buch »Web Analytics Demystified« und unter *https://goo.gl/g941fm* »The Big Book of Key Performance Indicators« von Eric T. Peterson sowie unter *https://goo.gl/ZYoXgb* eine Leseprobe von John Lovetts Buch »Social Media Metrics Secrets« im PDF-Format herunterladen bzw. ansehen. Die ersten beiden Bücher vermitteln Ihnen ein solides Fachwissen über das Thema Web Analytics allgemein, und bereits die Leseprobe aus »Social Media Metrics Secrets« hilft Ihnen, dieses Wissen dann auf Social Media im Speziellen zu übersetzen.

6.6   Ressourcen

Die verfügbaren Ressourcen in einem Unternehmen sind ein kritischer Faktor im Hinblick auf die Auswahl der passenden Ziele.

Fehlende Ressourcen werden laut der Studie »Einsatz und Nutzung von Social Media in Unternehmen« des BVDW als größtes Hindernis für die Social-Media-Aktivitäten im Unternehmen angesehen (siehe Abbildung 6.9).

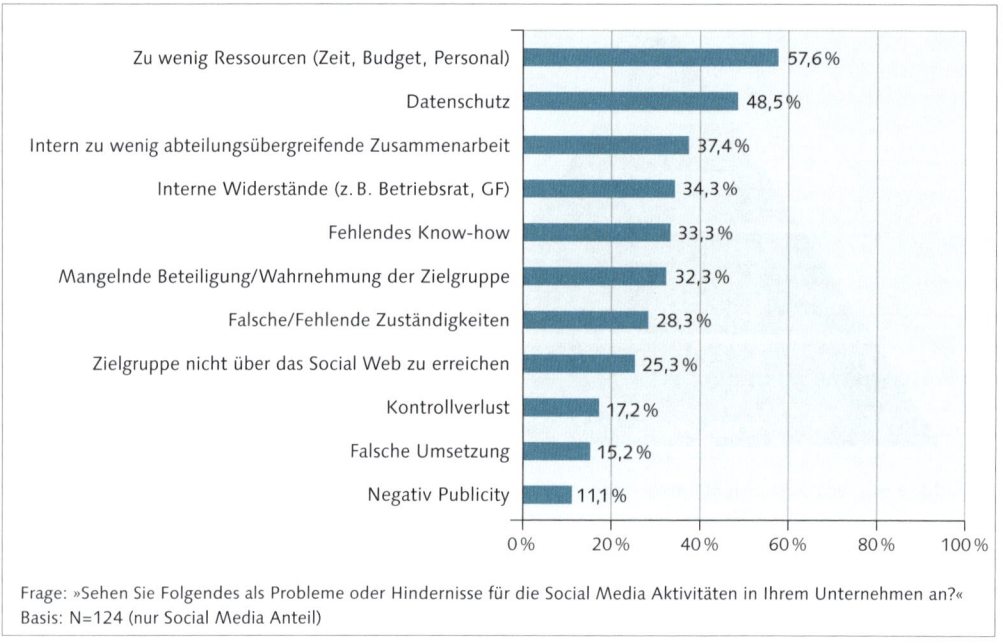

Frage: »Sehen Sie Folgendes als Probleme oder Hindernisse für die Social Media Aktivitäten in Ihrem Unternehmen an?«
Basis: N=124 (nur Social Media Anteil)

Abbildung 6.9 Hindernisse für Social-Media-Aktivitäten im Unternehmen (Quelle: BVDW)

Sind keine ausreichenden Ressourcen vorhanden, kann ein Ziel nicht umgesetzt werden. In einem solchen Fall haben Sie nur zwei Möglichkeiten. Entweder Sie verwerfen das Ziel für den Augenblick oder setzen sich als Zwischenziel die »Beschaffung der benötigten Ressourcen«. Nicht zu empfehlen ist hier die Variante »Wir versuchen es trotzdem mal«, dies führt in der Regel zu keinem positiven Ergebnis. Im Endeffekt entscheidet das Budget darüber, welche Ressourcen Sie zur Verfügung haben.

6.6.1   Budget

Entgegen dem weitläufigen Irrglauben, Social Media seien gratis, benötigen Sie ein bestimmtes Budget für die Inangriffnahme Ihrer Social-Media-Strategie. Die Höhe des Budgets entscheidet über die möglichen Ausmaße des Engagements, denn es stellt die Basis für die Ressourcen. In Anlehnung an die Budget-Studie der Altimeter Group können die Kostenfaktoren in vier Bereiche aufgeteilt werden:

Interne Kosten:

▶ Gehälter der Mitarbeiter

▶ Fort- und Weiterbildungskosten sowie Trainings

▶ Forschung und Entwicklung

▶ technologische Investitionen

▶ Monitoring

▶ Geräte (beispielsweise Smartphones)

▶ Lizenz- und Softwarekosten

▶ Hostingkosten

Social-Media-Dienstleistungen:

▶ Kosten für Agenturen, die »Social Media« umsetzen

▶ Kosten für Beratung

▶ Kosten für die Entwicklung

Social-Media-Initiativen:

▶ Kampagnen

▶ Ausgaben für Werbung/Marketing auf Social Networks

▶ Preise für Gewinnspiele und Aktionen

▶ Programme für Meinungsführer und Blogger

▶ Sponsoring

Die einzelnen Positionen dieser Aufteilung werden in den Erläuterungen zu den weiteren Ressourcen ausführlich erklärt. Das Budget wird üblicherweise am Ende eines Geschäftsjahres für das Folgejahr bestimmt. In jedem Unternehmen gibt es begrenzte finanzielle Ressourcen, um die Sie mit den anderen Abteilungen und Teams in einem Wettbewerb stehen. Entsprechend müssen Sie für Ihr gewünschtes Budget gut argumentieren. Planen Sie lieber ein wenig zu großzügig, die Erfahrung zeigt, dass Budgets oft gekürzt werden.

6.6.2 Personelle Ressourcen

Zunächst einmal müssen Sie hier prüfen, welche Ziele mit der aktuellen Besetzung überhaupt realistisch sind. Kalkulieren Sie hier vorsichtig und lieber ein wenig zu großzügig. Die Betreuung eines Auftritts im Social Web durch eine Person ist möglich, aber absolut nicht zu empfehlen. Warum? Die Erwartungshaltung der Kunden an ein Unternehmen, das im Social Web aktiv ist, ist Kommunikation in Echtzeit. Wenn Sie erst zwei Tage später antworten, können Sie es auch lassen. Ein Mitarbeiter kann nicht an 365 Tagen im Jahr arbeiten, er fällt wegen Krankheit aus, hat Urlaub oder besucht eine Fortbildung. Wenn genau in diesen Momenten eine Reaktion notwendig wird, wird es schnell kritisch.

Dies bedeutet: Sobald Sie mit Ihrem Unternehmen nach außen sichtbar werden, sollten Sie mindestens zwei, besser sogar drei Mitarbeiter haben, die sich um Ihre Kunden kümmern können. Dabei können ruhig Mitarbeiter aus Fachabteilungen geschult und miteinbezogen werden, beispielsweise der Kundenservice für Kundenanfragen oder Spezialisten für branchenspezifische Fachfragen. Betrachten Sie auch hier die personellen Ressourcen über das dezidierte Social-Media-Team hinaus. Wie viele Personen(stunden) im Unternehmen stehen beispielsweise für das Verfassen von Blogbeiträgen bereit?

6.6.3   Weiterbildung und Training

In den Bereich der personellen Ressourcen fallen ebenfalls die Ressourcen für Weiterbildung und Training. Diese werden beispielsweise benötigt, um Mitarbeiter aus dem Kundendienst in der Kommunikation in Social Media auszubilden oder um ihnen den Besuch von Fachkonferenzen zu ermöglichen.

6.6.4   Technik

Die Ressource Technik ist deutlich umfassender, als das Wort zunächst vermuten lässt. Hier geht es nicht nur um die Ausstattung Ihres Arbeitsplatzes, sondern um die gesamte IT-Infrastruktur des Unternehmens, um spezifische Anwendungen für die Kommunikation mit Ihren Kunden und um das Monitoring.

6.6.5   Dienstleistungen

Ob das Design für das Corporate Blog, eine App für die Facebook-Fanpage oder das Social Media Monitoring, jemand muss es machen. Ihre Aufgabe ist hier, herauszufinden, welche Dienstleistungen Sie brauchen und ob diese intern ausgeführt werden können. Ist dies nicht der Fall, müssen Sie eine geeignete Agentur finden, die diese Aufgabe übernehmen kann. Da die Bestandsagentur Ihres Unternehmens nicht zwingend Social-Media-Dienstleistungen im Repertoire hat, kann dieser Prozess erheblich mehr Zeit in Anspruch nehmen, als Sie zunächst denken. Insbesondere in großen Unternehmen gibt es feste Prozesse für das Beauftragen einer Agentur, die oft langwierig sind. Ebenso benötigt die Abstimmung über ein Design gerne mal mehrere Korrekturschleifen. Planen Sie dementsprechend ausreichend Zeit ein, damit Sie Ihre Ziele erreichen.

6.6.6 Social-Media-Initiativen – Gewinnspielpreise, Ads und Sponsoring

Eine beliebte Methode, um in sozialen Netzwerken auf sich aufmerksam zu machen, ist das Veranstalten von Gewinnspielen. Wenn Sie derartige Aktionen planen, benötigen Sie attraktive Preise und Zeit, um sich eingehend mit den Gewinnspiel-Regelungen der jeweiligen Plattform vertraut zu machen.

Das Schalten von Bannerwerbung (Ads) in sozialen Netzwerken fällt zwar streng genommen in den Bereich des Social Media Marketings, wird aber in vielen Unternehmen dem Budget des Social Media Managements angerechnet. Hier müssen neben den Kosten für die Schaltung der Anzeige selbst auch die für die Erstellung der Anzeige berücksichtigt werden.

Die Höhe des Budgets entscheidet damit maßgeblich darüber, in welchem Umfang Sie eine Social-Media-Strategie überhaupt planen können. Entsprechend müssen Sie ein Verständnis dafür schaffen, dass mit einem kleinen Budget kein Social-Media-Engagement auf dem Niveau von Coca-Cola oder Unilever möglich ist.

6.7 · Das POST-Modell

Nachdem Sie jetzt die einzelnen Bestandteile einer Strategie kennen, gilt es, diese zu Ihrer Strategie zusammenzubringen. Bei diesem Schritt hilft Ihnen zum Beispiel das POST-Modell von Josh Bernoff und Charlene Li. Das POST-Modell ist das Herzstück des Buches »Groundswell« und ein weitläufig erprobtes und bewährtes Rahmenkonzept für die Entwicklung von Social-Media-Strategien.

Leseempfehlung: »Groundswell«

»Groundswell« von Charlene Li und Josh Bernoff gehört zu den Klassikern zum Einstieg in das Wissensgebiet Social Media. Die beiden Autoren führen gezielt in das Phänomen Social Media ein und erklären, wie Unternehmen die Chancen nutzen können, die dieses Feld bietet. Die Erstausgabe erschien bereits 2008, ich empfehle Ihnen die überarbeitete und erweiterte Version von 2011: *http://amzn.to/13R5fVQ*.

Das Akronym POST steht dabei für:

▶ People (Zielgruppe)

▶ Objectives (Ziele)

▶ Strategy (Strategie)

▶ Technology (Technologie)

6.7.1 People

Der erste Schritt einer erfolgreichen Social-Media-Strategie ist immer die Analyse der Zielgruppe. Wo befinden sich die Personen, die Sie erreichen möchten? Welche Themen besprechen diese im Zusammenhang mit Ihrem Unternehmen? Wie ist Ihre Zielgruppe im Social Web aktiv? Wirklich fundiert können Sie diese Frage mit einem ausführlichen Social-Media-Audit beantworten, das ich Ihnen in Abschnitt 14.1.2, »Externes Social-Media-Audit«, noch ausführlich vorstellen werde. Die Nutzerprofile Ihrer Zielgruppe können Sie daraufhin mit der in Abschnitt 6.3, »Personas«, vorgestellten Methode erstellen.

6.7.2 Objectives

Wenn Sie eine genaue Vorstellung davon haben, wie die Aktivitäten Ihrer Zielgruppe in den sozialen Medien aussehen, gilt es nun, zu bestimmen, wie Sie mit dieser interagieren möchten. Li und Bernoff benennen an dieser Stelle fünf verschiedene Ziele (Objectives):

1. **Zuhören**

   Wer nicht zuhört, kann nicht in einen Dialog treten. Zuhören ist entsprechend eines der grundsätzlichen Ziele einer Social-Media-Strategie und gleichzeitig das mit der niedrigsten Einstiegshürde. Die sozialen Medien bieten Ihnen hervorragende Möglichkeiten, Einblick in die Köpfe Ihrer Zielgruppe zu bekommen, ohne dass Sie selbst schon aktiv in den Dialog einsteigen müssen. Nirgendwo anders bekommen Sie die Meinungen Ihrer Kunden so authentisch und ungefiltert präsentiert wie im Social Web. Allein durch aktives Zuhören gewinnen Sie wichtige Informationen über die Wünsche, Bedürfnisse und Kritikpunkte Ihrer Kunden und können daraus oft schon gezielte Maßnahmen zur Verbesserung ableiten. Das Zuhören wird in der Regel über ein Social Media Monitoring (siehe Kapitel 9, »Social Media Monitoring und Measurement«) abgebildet. Ein Ziel, das aus meiner Sicht jedes Unternehmen verfolgen sollte.

2. **Kommunizieren**

   Wenn Sie Ihren Kunden aktiv zuhören, werden Sie schnell Ansatzpunkte erkennen, an denen Sie in die Konversation einsteigen könnten. Die zweite Variante ist demnach der aktive Dialog mit der Zielgruppe.

3. **Energetisieren**

   Das Ziel ist, aus Kunden Markenbotschafter zu machen und damit virale Effekte anzustoßen. Diese Art der Mund-zu-Mund-Propaganda hat gegenüber klassischer Werbung den Vorteil, dass Empfehlungen von Kunden wesentlich glaubwürdiger sind. An dieser Stelle sollten Sie sich selbstkritisch fragen, ob Ihr Unternehmen für dieses Ziel überhaupt die richtigen Voraussetzungen mitbringt. Für eine Marke wie Apple, die äußerst enthusiastische Fans hat, ist dieses Ziel ein Leichtes. Für ein Unternehmen, das überwiegend Kritiker hat, ist dieses Ziel nur sehr schwer umzusetzen.

4. **Unterstützen**

   Gegenseitige Unterstützung der Kunden untereinander in Servicefragen und Problemen rund um Produkte und Dienstleistungen Ihres Unternehmens sind ein weiteres mögliches Ziel. Voraussetzung dafür ist, dass sich in Ihrer Zielgruppe ausreichend Kunden finden, die diesen Service freiwillig anbieten, und Sie sicherstellen können, dass diese vernünftig betreut werden.

5. **Integrieren**

   Die höchste Zielstufe stellt für Li und Bernoff die Integration der Kunden in Innovationsprozesse dar. Die Kunden werden damit ein wichtiger Bestandteil des Unternehmens. In diesem Bereich sind beispielsweise Crowdsourcing-Projekte angesiedelt, bei denen Kunden konkret nach Ideen für neue Produkte oder Verbesserungsmöglichkeiten gefragt werden.

6.7.3   Strategy

Der Punkt Strategie beschreibt den Weg von dem »Ist-Zustand« der Kunden zu dem gewünschten Zustand auf Basis der ausgewählten Objectives. Es gilt hier also, darüber nachzudenken, wo Sie mit Ihrer Zielgruppe langfristig hingehen wollen. Bestimmen Sie Ihre Ziele, und überlegen Sie, welche Maßnahmen dafür notwendig sind, diese zu erreichen. Dies gilt sowohl für die externen Maßnahmen, wie zum Beispiel Ihre Content-Strategie (ausführlich in Kapitel 2, »Der Social Media Manager – Berufsbild, Anforderungen und Aufgabengebiete«), die Auswahl der Plattform als auch für die interne Bestandsaufnahme und die Entwicklung von passenden Stellen und Prozessen. Diesen Themenkomplex stelle ich Ihnen ausführlich in Kapitel 14, »Corporate Social Media«, vor.

6.7.4   Technology

An letzter Stelle im Strategieprozess folgt die Technologie, die auf Basis der Ziele und der Strategie ausgewählt wird. Da sich die Technologien ständig weiterentwickeln, betonen Li und Bernoff, wie wichtig es ist, dass Unternehmen ein Verständnis für Nutzer und Technologien entwickeln.

In Tabelle 6.7 sehen Sie eine exemplarische Übersicht über Funktionen sowie Beispiele, auf welchen Plattformen Unternehmen diese finden können.

Eine ausführliche Vorstellung der einzelnen Plattformen im Social Web sowie deren Möglichkeiten finden Sie in Kapitel 13, »Strategische Bedeutung und Möglichkeiten der sozialen Netzwerke«.

Funktion	Beispiel
Teilhabe ermöglichen	Technologien, die auf Inhalten basieren, die die Nutzer selbst produziert haben, Beispiele: Blogs, YouTube
Netzwerke aufbauen	Technologien, die den Nutzern ermöglichen, Netzwerke aufzubauen, sprich soziale Netzwerke, Beispiele: Facebook, XING
Kollaboration organisieren	Technologien, die kollaboratives Arbeiten unterstützen, Beispiele: Crowdsourcing-Plattformen, Wikis
Diskussionen anregen	Technologien, die durch Kommentare und Bewertungen Diskussionen ermöglichen, Beispiele: Foren, Bewertungsportale
Inhalte verbreiten	Technologien, die dabei helfen, Informationen zu sortieren und zu verbreiten, Beispiel: Social-Bookmarking-Dienste

Tabelle 6.7 Übersicht über die Technologien in Anlehnung an Li und Bernoff

6.7.5   Fazit

Das POST-Modell von Li und Bernoff bietet Ihnen ein gut umsetzbares Rahmenkonzept für Ihre grundlegende Social-Media-Strategie. Damit haben Sie eine gute Grundlage für Ihr Social-Media-Engagement. Diese Grundlage müssen Sie mit Leben füllen, das bedeutet in Social Media mit Inhalten und Dialogen. Genau darum geht es in Kapitel 7, »Corporate Content – die richtigen Inhalte«, und in Kapitel 8, »Community Management – der direkte Dialog«.

Weitere Strategiemodelle

Das POST-Modell gibt eine solide Orientierung, wie ein Strategieprozess aussehen sollte. Darüber hinaus gibt es aber eine Reihe von komplexeren Strategiemodellen, die für Sie eine Alternative sein können. Eine Sammlung empfehlenswerter Modelle habe Ich Ihnen unter *https://der-socialmediamanager.de/social-media-strategie-modelle/* zusammengestellt.

7 Corporate Content – die richtigen Inhalte

»Traditionelles Marketing redet zu den Menschen, Content Marketing spricht mit Ihnen.«
Doug Kessler, Creative Director, Velocity Partners

Der Begriff *Content* ist eines der Schlagworte der letzten Jahre. »Content is King« ist dabei nur eine der Phrasen, die Sie an jeder Ecke hören. Aber was ist Content und was die damit einhergehende Content-Strategie überhaupt? Ein Hype, der morgen wieder verschwindet, oder »alter Wein in neuen Schläuchen«, wie es sowohl manche PR- als auch Marketingprofis abfällig beurteilten? Fest steht, die Inhalte, die Sie auf Ihren Präsenzen im Social Web veröffentlichen, entscheiden darüber, ob Ihre Anhänger sich mit Ihrem Unternehmen beschäftigen oder nicht. Aus diesem Grund ist das Thema für Sie als Social Media Manager höchst relevant. Doch welche Inhalte aus Ihrem Unternehmen sind interessant, und wie finden Sie diese? Warum braucht es eine Content-Strategie, und wie setzen Sie diese im Unternehmen um? Auf diese Fragen gehe ich in diesem Kapitel ein. Den Fokus lege ich dabei auf die theoretischen Grundlagen, die Sie für eine erfolgreiche Arbeit im Social Web benötigen. Die Praxis folgt dann im weiteren Verlauf des Buches, so lernen Sie in Kapitel 13, »Strategische Bedeutung und Möglichkeiten der sozialen Netzwerke«, welche Inhalte in den jeweiligen Netzwerken funktionieren, und in Abschnitt 15.3, »Effektives Social Media Management«, wie der praktische Prozess von der Identifikation bis zur Veröffentlichung von Inhalten funktioniert.

Weiterführende Literatur

Die Reichweite des Themas Content ist so enorm, dass ich Ihnen hier nur die absoluten Grundlagen vermitteln kann. Wenn Sie weitergehendes Interesse an dem Thema habe, empfehle ich Ihnen zunächst einmal die äußerst umfangreiche Liste von Content-Strategie-Ressourcen, die Jonathon Colman in seinem Blog zusammengetragen hat: *http://bit.ly/dsomemacont*.

Des Weiteren kann ich Ihnen »Content Strategy for the Web« von Kristina Halvorson, *http://amzn.to/1dbFVS1*, sehr empfehlen. Das Buch ist zwar nicht speziell auf den Anwendungszweck Social Media fokussiert, aber eines der Standardwerke zum Thema.

»Die Content-Revolution« von Klaus Eck, *http://amzn.to/1dIJHmE*, sowie »Think Content«, *www.rheinwerk-verlag.de/4127/*, von Miriam Löffler und Irene Michl sind ebenfalls empfehlenswert.

7.1   Was ist Content überhaupt, und welche Arten gibt es?

Bevor ich auf die Content-Strategie komme, werde ich noch einen Schritt zurückgehen und Ihnen die Frage beantworten: Was ist Content überhaupt, und welche Arten gibt es? Denn nur wenn Sie die Optionen kennen, bekommen Sie überhaupt erst eine Ahnung davon, welche breiten Möglichkeiten Sie haben.

7.1.1   Was ist Content?

Der Duden definiert Content als »qualifizierten Inhalt« bzw. »Informationsgehalt besonders von Websites«. Der Begriff umfasst also mehr als die schlichte deutsche Übersetzung »Inhalt« und stellt mit den Attributen »qualifiziert« und »Informationsgehalt« einen Anspruch an die Qualität der Inhalte. Behalten Sie diesen Anspruch gut im Hinterkopf, denn nicht nur hier im Buch werden die Begriffe Inhalt und Content synonym verwendet.

7.1.2   Welche Arten von Content gibt es?

Die grundsätzlichen Arten von Content umfassen redaktionelle Inhalte und audiovisuelle Medien. In Tabelle 7.1 sehen Sie eine Übersicht unterschiedlicher Content-Arten sowie einige zugehörige Beispiele.

Content-Art	Beispiel
Text	▶ Artikel, Beiträge, Nachrichten ▶ Blogeinträge ▶ Pressemitteilungen ▶ Foren- und Diskussionsbeiträge
Download	▶ White Paper ▶ Ratgeber, Broschüren, Flyer ▶ Präsentationen ▶ Video- und Audiodateien ▶ Software, Apps
Bild	▶ Fotos ▶ Infografiken
Bewegtbild	▶ Videos ▶ GIFs ▶ Animationen

Tabelle 7.1 Beispielhafte Übersicht von Content-Arten

Content-Art	Beispiel
	▶ Slideshows
	▶ Webinar
	▶ Livestream/Livecast
Audio	▶ Podcasts
	▶ Musik

Tabelle 7.1 Beispielhafte Übersicht von Content-Arten (Forts.)

Diese Übersicht kann Ihnen nur eine Momentaufnahme der Möglichkeiten von Inhalten geben. Durch die stetige Weiterentwicklung des Social Webs kommen hier ständig neue Formate hinzu. Stellen Sie entsprechend sicher, dass Sie im Themenkomplex Social Media auf dem Laufenden bleiben.

7.2 Content-Strategie – die Grundlage von Corporate Content

Der Begriff *Content-Strategie* umschreibt die strategische Planung, Produktion, Verbreitung und Steuerung aller Inhalte im Unternehmen. Dabei müssen diese Inhalte für Bezugsgruppen und Zielgruppen relevant, nützlich und einfach zugänglich sein sowie fortlaufend spezifisch aufbereitet, aktualisiert und verbreitet werden. Eine Content-Strategie definiert entsprechend, wie Sie nützliche und verwertbare Inhalte erstellen, an Ihre Zielgruppe ausliefern und steuern. Eine Content-Strategie ergänzt damit die klassischen sieben W einer Pressemitteilung durch fünf weitere Fragestellungen:

1. Wie oft publiziere ich?
2. Wie wird der Content erstellt, gemanagt und veröffentlicht?
3. Was folgt auf die Veröffentlichung?
4. Warum genau diese Inhalte (Frage nach der Sinnhaftigkeit und dem Mehrwert)?
5. Woher kommt der Content?

Basic-PR: Die sieben W einer Pressemitteilung

Jede Pressemitteilung folgt den stilistischen Regeln des Journalismus, und der gibt sieben W-Fragen vor, die in jedem Pressetext beantwortet werden müssen:

▶ Wer (wer oder was ist die Quelle der Information)?
▶ Was (Ereignis oder Anlass)?
▶ Wann (zeitlicher Bezug, wann ist etwas passiert)?

- ▶ Wo (räumlicher Bezug, wo ist etwas passiert)?
- ▶ Wie (wie ist es passiert, in dieser Frage geht es um Umstände und Details)?
- ▶ Warum (warum ist es so, hier spielen Beweggründe, Ziele, Motive und Absichten eine Rolle)?
- ▶ Woher (die Frage nach Zusammenhängen, Vorgeschichte, Hintergrund)?

Die Reihenfolge der Fragen gibt gleichzeitig eine Struktur vor, die zunächst die wesentlichen Fakten in den Vordergrund stellt.

Kristina Halvorson, Autorin des Standardwerkes »Content Strategy for the Web« und eine der ersten Content-Strategen überhaupt, hat ein populäres Rahmenkonzept für die Erstellung einer Content-Strategie entwickelt. Dieses sogenannte *Content-Strategy-Quad* fokussiert nicht nur auf die eigentlichen Inhalte, sondern eben auch auf die Personen, die diese erstellen. Damit werden genau die fünf zusätzlichen Fragen beantwortet, die ich Ihnen gerade aufgezählt habe (siehe Abbildung 7.1).

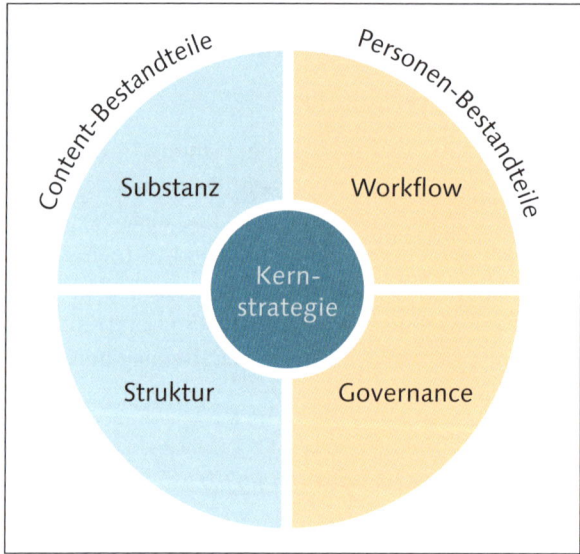

Abbildung 7.1 Content-Strategy-Quad nach Kristina Halvorson

Der Gedanke hinter dem Content-Strategy-Quad ist, dass die Berücksichtigung von Workflow und Governance im Prozess der Content-Strategie zu besseren, nützlicheren und besser verwertbaren Inhalten für die Zielgruppe führt. Aus diesem Grund teilt Halvorson die Strategie in Content-Bestandteile (Content-Components) und Personen-Bestandteile (People-Components) auf. Im Zentrum dieser beiden Komponenten sitzt die Kernstrategie.

7.2.1   Kernstrategie

Die Kernstrategie legt Inhalte und die Struktur des Contents fest und bestimmt die Rollen und Prozesse, die den Content-Life-Cycle steuern.

7.2.2   Content-Bestandteil der Strategie

Der Content-Bestandteil besteht aus den Elementen Substanz und Struktur. Die Substanz bestimmt die richtigen Inhalte im Sinne von Themen, Typen, Quellen usw. und fragt nach den Botschaften, die vermittelt werden sollen. Die Struktur dagegen manifestiert, wie die Inhalte strukturiert, priorisiert und dargestellt werden sollen. Einen systematischen Ansatz für die Aufarbeitung der Kernstrategie und den Schwerpunkt des Content-Bestandteils stelle ich Ihnen im folgenden Abschnitt 7.3, »Systematische Aufarbeitung der Inhalte und Themen mit dem Story Circle«, vor.

7.2.3   Personen-Bestandteil der Strategie

Der Personen-Bestandteil einer Strategie beschäftigt sich mit Workflow und Governance (Steuerung). Im Bereich Workflow werden Prozesse und Ressourcen bestimmt, um Content zu erstellen, zu veröffentlichen und langfristig dessen Qualität zu sichern. Der Themenbereich Governance behandelt die Entscheidungsfindung in Content-Fragen sowie in dem Initiieren und Kommunizieren von Change-Prozessen. Das Content-Strategy-Quad führt Sie entsprechend zu einer ganzheitlichen Strategie, die sämtliche relevanten Aspekte berücksichtigt.

7.3   Systematische Aufarbeitung der Inhalte und Themen mit dem Story Circle

Um den Content-Bestandteil der Content-Strategie auszufüllen, hat sich in den letzten Jahren der sogenannte Story Circle etabliert. Dieser systematische Ansatz ermöglicht, ausgehend von der Leitidee, einen strategischen Ansatz, der die Social-Media-Kommunikation in den Kontext der Gesamtkommunikation setzt. Umgekehrt eignet sich dieser Ansatz genauso, um die Gesamtkommunikationsstrategie zu entwickeln. Ich freue mich sehr, an dieser Stelle Mirko Lange als Gastautor gewonnen zu haben, der das Konzept des Story Circles entwickelt hat. Abschnitt 7.3.1 bis Abschnitt 7.3.5 stammen aus seiner Feder, danach übernehme ich wieder das Wort.

7.3.1   Der Story Circle 2.0

Ich werde oft von Studenten, Journalisten, anderen Bloggern, Unternehmen und Zuhörern auf Vorträgen gefragt, was meiner Ansicht nach der größte Fehler sei, den

Unternehmen mit Social Media machen. Und ich habe da meistens nur eine einzige Antwort: Dass die Unternehmen vom Kanal her denken. Dabei hat sich dieses Denken seit Jahren eingeschleift: Die erste Frage, die sich alle stellen, ist: Wie erreiche ich meine Zielgruppe? Und da denken sie sofort an Kanäle. Aber das ist ein Denkfehler! Und zwar ein folgenreicher, denn er schafft viele Probleme.

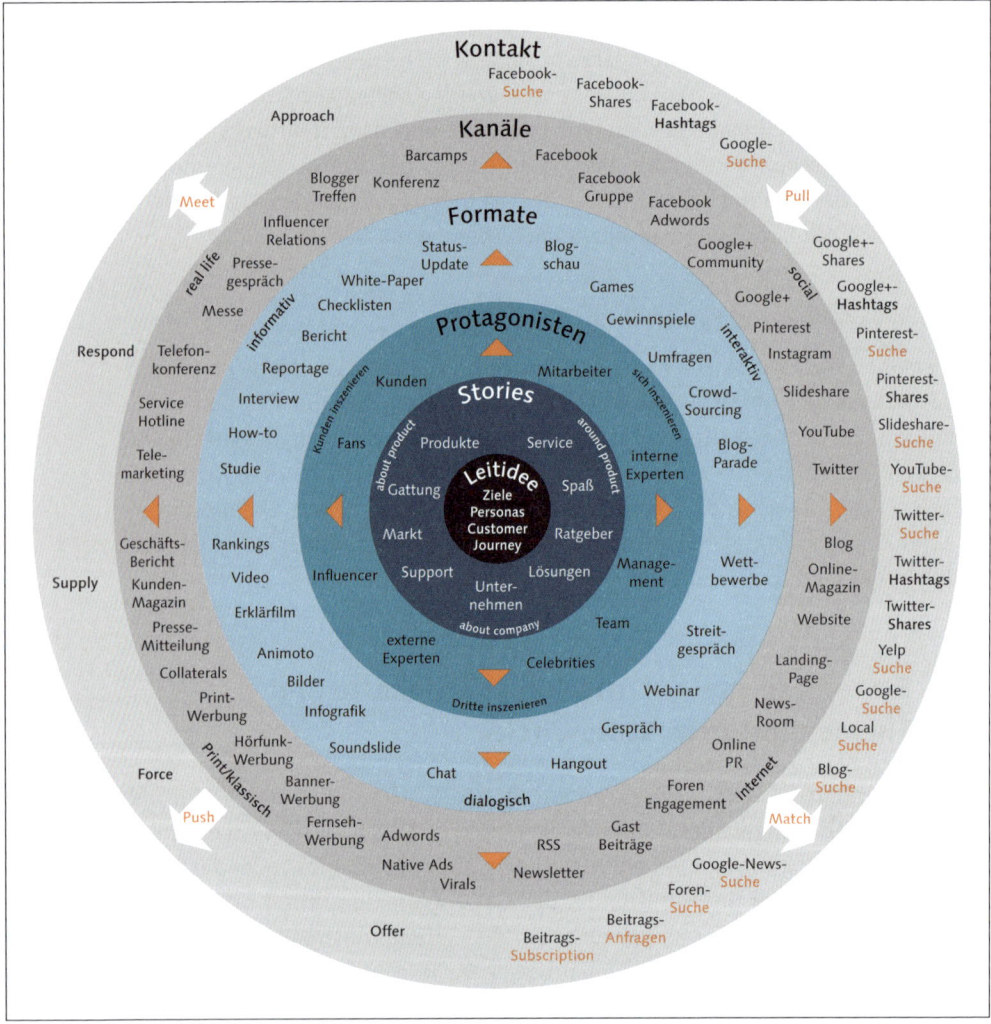

Abbildung 7.2 Der »Talkabout« Story Circle 2.0

Um zu verstehen, was ich meine, hilft Abbildung 7.2. Dort ist der Kanal ganz bewusst die Peripherie und nicht das Zentrum. Die Kanäle sind ja die Medien, also die Überträger der Contents, und deswegen auch außen. Im Zentrum liegt allerdings die *Story*, welche die Relevanz für die Bezugsgruppen definiert – aber auch den Nutzen für das eigene Unternehmen. Die Story ist das Herz und der Kopf aller Aktivitäten – und ich meine jetzt nicht nur die Story im Sinne von Storytelling, sondern auch und vor allem die Story im journalistischen Sinn. Meine Empfehlung ist: Denken Sie vom Zentrum nach außen – und nicht von außen zum Zentrum. Und warum das ganz viele strategische, konzeptionelle und auch ganz praktische Vorteile hat, will ich hier erläutern.

7.3.2   Von Social Media zu Content Marketing

Wir schlagen unseren Kunden Folgendes vor und setzen auch alle unsere Projekte dementsprechend um.

Die Story

Zuerst definieren wir die Story, das ist die Leitidee. So wie »Happiness« bei Coca-Cola oder »Freude am Fahren bei BMW« oder »Vorsprung durch Technik« bei Audi. Das kann aber auch »Wir helfen, wo wir können« sein wie bei Telekom-hilft oder dem Social-Media-Team der Bahn. Diese Leitidee kann mit der Marke übereinstimmen (sollte sie im Idealfall auch), muss sie aber nicht. Denn wir entwickeln sie aus der Perspektive unserer Bezugsgruppen heraus – nach den Personas und der Customer Journey.

Aber gleichzeitig definieren wir hier unsere Botschaften, »die Moral von der G'schicht« sozusagen. Die Kunst ist, in der Story die Interessen der Bezugsgruppen und die unseres Unternehmens zu vereinen. Aber gehen Sie nie weiter, ohne dass Sie eine gute Story haben. Denn sie ist Ihr Leitstern – und ohne Leitstern werden Sie sich verlaufen, todsicher. (Pst: Die Story ist übrigens in den wenigsten Fällen: »Mein Haus! Meine Yacht! Mein Auto! 10 Gründe, warum ich so toll bin!«)

Die Themen

Aus dieser Leitidee entwickeln wir Themen. Und da ist »Leit«-Idee wörtlich gemeint. Wir lassen uns von der Idee, von der Story leiten. Wir wollen die »Geschichte« erzählen. Was könnten die einzelnen Kapitel sein? Worüber können und müssen wir sprechen, um der Idee Leben einzuhauchen? Was brauchen wir nicht, was würde die Geschichte vielleicht sogar stören? Reden wir über uns selbst? Über den Markt? Bieten wir Unterhaltung? Oder doch Service? Und wie kombinieren wir alles gut zusammen? Hier zeigt sich, wie wichtig die Story ist. Denn abstrakt lassen sich diese Fragen nicht beantworten. Die einzige Frage, die zählt, ist: Dient das Thema unserer Story?

Die Protagonisten

Protagonisten sind das, was einer Geschichte das Leben verleiht. Dazu muss man gar nicht das Modewort *Storytelling* bemühen. Wir müssen wissen, über wen oder was wir sprechen. In einer Liebesgeschichte braucht es (mindestens) zwei Liebende. Aber braucht es da auch einen Vertriebsmenschen? Jemanden, der dem liebenden Paar immer nur etwas verkaufen will? Eher nein. Aber vielleicht ist der Vertriebsmensch ja ein guter Freund der Familie und bringt die Liebenden zusammen? Dann macht es wieder Sinn. Dann stiftet er Nutzen und wird auch sympathisch sein. Es kommt nur darauf an, dass Sie die Rollen richtig verteilen!

Die Formate

Mit den Formaten wird es konkret, denn hier beginnt die eigentliche Inszenierung, denn Sie können die Themen und Protagonisten immer wieder neu in Szene setzen. Die Story bleibt die gleiche. Auch die Botschaften verändern sich nicht. Aber Sie variieren, *wie* Sie es sagen. Mal singen Sie es, mal spielen Sie es, mal sprechen Sie kurz, mal lang, mal beschwingt und mal getragen. Das Schöne ist: Durch Social Media gibt es so viele neue Formate. Spielen Sie mit ihnen.

Die Kanäle

Und ganz am Schluss kommen die Kanäle. Ganz – am – Schluss. Sie spielen eben keine zentrale Rolle, sie sind nur der Distributionsweg. Und das Schöne ist: Es kostet Sie nicht mehr, wenn Sie einen guten Content über 20 Kanäle streuen, als wenn Sie es nur über einen tun. Damit müssen Sie auch nicht mehr groß überlegen, über welchen Kanal Sie denn am besten Ihre Zielgruppen erreichen. Denn die Antwort ist: Über viel mehr, als Sie denken! Und vielleicht sind 70% Ihrer Zielgruppe auf Facebook und nur 10% auf Instagram – aber es kann Ihnen doch egal sein, über welchen Kanal der Auftrag kommt, oder?

Der Kontakt

Es gibt vier verschiedene Typen von Kontakt: *Pull*, *Match*, *Push* und *Meet*. Bei Pull wird deutlich, wie viele Suchmaschinen es gibt, nicht nur Google. Die Menschen suchen wie blöde! Und deswegen macht es auch Sinn, den Content in möglichst vielen Formaten (kanalgerecht) aufzuarbeiten und in die verschiedenen Dienste einzustellen. Match bedeutet, genau die Interessen eines Multiplikators zu treffen, Push wie gehabt vor allem das Thema Paid Media (aber auch Mailings) und last, but not least das Thema Meet. Das darf man nicht unterschätzen. Ein Treffen »in real life«, sei es auf einer Messe oder einer Konferenz, ist immer noch der beste Platz, um Content an den Mann oder die Frau zu bringen.

7.3.3 Das Problem von »kanalzentrisch«

Wenn eine Content-Strategie vom Kanal aus entwickelt wird, bringt das klare Nachteile mit sich. Ich will Ihnen nur die vier wichtigsten nennen:

▶ **Die Facebook-Falle**

Wer zuerst an einen Kanal denkt, denkt zuerst an Facebook. Klar, das ist das Netzwerk mit der größten Reichweite, zumindest in B2C. Aber Content nur für Facebook zu entwickeln ist dumm, nicht klug. Das schränkt Sie ein. Sie können auf Facebook keine komplexeren Dinge behandeln. Sie können Texte nicht gliedern oder gut lesbar machen. Die Lebensdauer eines Facebook-Posts ist kurz: Ist er einmal aus den Timelines raus, ist er weg, für immer. Man findet ihn nicht mehr. Und in Google taucht er auch nicht auf. Oder Sie denken an XING, wenn Sie mehr im Bereich B2B unterwegs sind. Hier gilt das gerade Gesagte analog. Wenn ich Koch bin, dann will ich meinen Gästen das kochen, was ihnen schmeckt, und nicht das, was der Raum zulässt, in dem ich meine Gäste bewirte: Soll ich meinen Gästen wirklich nur Suppe anbieten, nur weil Facebook aus sicherheitstechnischen Gründen ausschließlich Löffel, aber keine Messer hat?

▶ **Die Content-Falle**

Wenn Sie in Facebook denken, dann fragen Sie sich natürlich: Was kann ich auf Facebook posten? Und dann entwickeln Sie Content für Facebook. Da gibt es auch genug Regeln, genug Tipps, was funktioniert und was nicht. Und wenn Sie dann noch ein zweites Netzwerk bedienen, dann gibt es dort wieder andere Regeln. Also erstellen Sie dann extra Content für das andere Netzwerk. Und dann noch anderen Content für wieder einen anderen Kanal. Und Ihre Kollegen machen das auch. Die PR erstellt dann noch Content für die Pressemitteilung, ist ja auch ein eigener Kanal, und das Marketing für die Werbung usw. Und jeder erstellt den Content immer wieder neu. Viel effizienter ist es doch, den Content einmal zu erstellen und ihn dann nur noch für die Kanäle zu adaptieren!

▶ **Die Limitierungsfalle**

Wenn Sie so vorgehen, wie oben beschrieben, werden Sie unweigerlich die Kanäle reduzieren, denn jeder zusätzliche Kanal kostet Sie Zeit und macht Ihnen Mühe. Ich erlebe ständig, dass Kunden mir das berichten. Aber das ist ja gegen Ihr Interesse! Denn mehr Kanäle bedeuten nicht nur mehr Reichweite, sondern auch größere Vielfalt. Vor allem ist es in vielen Fällen sinnvoll, ganz bestimmte Kanäle auszuwählen, weil sie in bestimmten Fällen eben doch sehr affin für einzelne Zielgruppen sind.

7.3.4 Der Nutzen von »content-zentrisch«

Wenn Sie vom Content und von der Story her denken, haben Sie einen ganz klaren Nutzen. Ich will Ihnen nur die vier wichtigsten nennen:

▶ **Strategie**

Zunächst haben Sie eine Strategie. Sie haben vom ersten Schritt an eine Idee, ein Ziel, etwas, das Ihnen hilft, das Wichtige vom Unwichtigen zu unterscheiden. Sie wählen zum Beispiel Ihre Themen nicht danach aus, wer gerade am lautesten schreit oder was Ihnen gerade gefällt oder was Sie meinen, was Ihrem Chef gefällt, sondern danach, was Sie auf dem Weg zu Ihrem Ziel voranbringt. Und was nicht passt – lassen Sie weg!

▶ **Reichtum**

Ein weiterer Vorteil ist, dass Sie nie sagen werden: Ich weiß nicht, was ich schreiben soll. Die immer neue Kombination von Themen, Protagonisten, Formaten und Kanälen geben Ihnen ein unerschöpfliches Potenzial an »Content«. Haben Sie keine Angst, dass das langweilig wird. Die Geschichte vom armen Mädchen, das sich in einen Prinzen verliebt, ist auch schon 1 Million Mal erzählt worden. Und die Menschen werden nicht müde, sie zu hören!

▶ **Viele Kanäle**

Mit diesem Vorgehen können Sie auch die schöne (aber völlig widersinnige) Idee von der »Reduktion der Kanäle« auf den Müll schmeißen. Das höre ich immer wieder. Das ist falsch. Das Gegenteil ist der Fall! Sie müssen nicht über weniger, Sie müssen über mehr Kanäle kommunizieren, zumindest dann, wenn es die Formate hergeben. Das Problem an der Kanaldenke ist, dass man für jeden einzelnen Kanal eigenen Content entwickeln will und muss – natürlich, wenn man vom Kanal her denkt. Wenn Sie aber vom Content her denken, dann entwickeln Sie zuerst den Content – und wenn Sie ihn schon mal haben, was spricht denn dagegen, wenn Sie ihn über jeden möglichen Kanal verteilen? Ihnen muss doch geradezu daran gelegen sein.

▶ **Effizienz**

Wenn Sie den Content richtig konzipiert haben, dann werden Sie auch merken, dass er nicht nur für Facebook gut ist. Wie sollte es auch anders sein! Wenn Sie relevante Themen für Ihre Bezugsgruppen entwickelt haben, wäre es doch geradezu widersinnig, ja regelrecht Verschwendung, sie nur auf Facebook anzubieten. Dort hat der Content eine Lebensdauer von einigen Tagen, manchmal gar nur Stunden, und ihn sehen oft nur ein kleiner Prozentsatz Ihrer Fans. Nein! Nehmen Sie den Content, und streuen Sie ihn über jeden anderen Kanal, der möglich ist. Da ist es auch egal, ob das offline ist!

Warum sollten Sie denn einen guten Blogartikel nicht auch für ein Kundenmagazin verarbeiten? Oder als Fachartikel für die Presse aufbereiten? Oder als Case für einen Vortrag auf einer Konferenz? Und dann lohnt sich auf einmal der Aufwand für die Content-Produktion!

7.3.5   Fazit

Also, lassen Sie sich darauf ein. Vergessen Sie mal die Kanäle, und denken Sie an die Geschichte! Und, ach ja, das ist übrigens keine Frage von B2B oder B2C. Im Gegenteil: In Ihrem B2B-Bereich gibt es 100 Mal mehr zu erzählen als im B2C-Bereich

– und hier können Sie sich mit gutem Content noch viel besser in Ihrem Bereich als Kompetenzführer positionieren, als es ein Konsumgüterhersteller könnte.

7.4 Abschließende Beurteilung der Content-Strategie

Wie Sie sehen, unterscheidet sich die Methodik der Entwicklung der Content-Strategie nur wenig von der generellen Social-Media-Strategie. Der größte Unterschied ist hier der Fokus. Abschließend gebe ich Ihnen noch die sechs wichtigsten Fragen mit auf den Weg, die Sie sich im Rahmen einer Content-Strategie stellen müssen:

▶ Wer ist die Zielgruppe, und was wollen diese Nutzer? Die Bedürfnisse der Nutzer stehen im Zentrum einer guten Content-Strategie. Finden Sie heraus, welche Zielgruppe Sie ansprechen möchten, wo sie sich im Social Web aufhält und welche Themen und Inhalte sie interessiert und sie erwartet.

▶ Wie ist der Content-Status-quo? Verschaffen Sie sich einen Überblick darüber, welche Inhalte das Unternehmen heute bereits anbietet. Sind die Inhalte aktuell, relevant und interessant für die anvisierte Zielgruppe? Auf diesem Weg finden Sie mitunter Themen und Inhalte, an die Sie anknüpfen können.

▶ Was sind Ihre Ziele und Botschaften? Welche Ziele möchten Sie mit der Content-Strategie erreichen? In der Regel ist die Antwort an dieser Stelle ein Ziel oder Teilziel Ihrer Social-Media-Strategie. Darüber hinaus müssen Sie sich darüber Gedanken machen, was Ihr Unternehmen der Zielgruppe im Web konkret sagen möchte. Formulieren Sie sowohl Ihre Ziele als auch die anvisierten Botschaften konkret aus.

▶ Wie ist der Workflow organisiert? Bestimmen Sie für den Prozess des Content-Life-Cycles klare Verantwortlichkeiten und Arbeitsabläufe. Planen Sie regelmäßige Redaktionssitzungen, und nutzen Sie einen Redaktionsplan (dazu mehr in Abschnitt 7.8, »Geben Sie Ihrem Content ein Gerüst – der Redaktionsplan«).

▶ Wo soll der Content veröffentlicht werden? Bestimmen Sie die Plattformen, die Sie am besten dabei unterstützen, die gesetzten Ziele zu erreichen.

▶ Wie oft wollen Sie Inhalte veröffentlichen? Die grundlegende Antwort auf diese Frage lautet: regelmäßig. Sorgen Sie dafür, dass Sie in Ihren Updates eine Regelmäßigkeit hinbekommen.

Vergessen Sie bei der Entwicklung Ihrer Content-Strategie außerdem nicht, sowohl das Marketing als auch die PR-Abteilung mit an den Tisch zu holen. Es ist wichtig, dass ein Unternehmen nach außen hin eine Sprache spricht und ein konsistentes Bild abgibt. Dies können Sie nur sicherstellen, wenn Ihre Content-Strategie eine nahtlose Ergänzung der bestehenden Kommunikation darstellt.

Checkliste für Beiträge

Wenn Sie Ihre Content-Strategie erstellt haben, ist es wichtig, dass Sie diese auch konsequent in die sozialen Netzwerke übersetzen. In der Praxis hat sich dazu die Checkliste für Beiträge aus Tabelle 7.2 bewährt, die ich im Verlauf eines Kundenprojekts entwickelt habe.

Tonalität	Schafft der Inhalt den Bogen zwischen der Tonalität des Unternehmens und einem der Zielgruppe entsprechenden Ton?
Treu den Leitlinien	Zahlt der Inhalt auf eines der definierten Themenfelder ein?
Treu der Gesamt-kommunikation	Liegt der Inhalt auf der Ebene der Gesamtkommunikation des Unternehmens?
Mehrwert	Bietet der Inhalt dem Nutzer einen Mehrwert? (Mehr-werte können zum Beispiel sein: Exklusivität, Erkenntnis-gewinn, Emotionen, Identifikation etc.)
Interaktionspotenzial	Bietet der Inhalt – abgesehen vom technischen Aspekt – dem Nutzer die Option, auf den Inhalt durch einen Kommentar, einen Like etc. einzugehen bzw. darauf Feedback zu geben? Ist also beispielsweise ein CTA (*Call-to-Action*) enthalten?
Wahrnehmungs-förderung	Weckt die Überschrift, der Anfang des Textes und/oder das Vorschaubild die Aufmerksamkeit des Nutzers? Wird der Inhalt durch unterschiedliche Elemente (beispiels-weise Bild/Text, Infografik/Text, Link/Bild etc.) angerei-chert, um den Nutzer auf unterschiedliche Arten anzu-sprechen? Ist der Inhalt so aufgebaut, dass der Nutzer auch »am Ball bleibt«?
Alleinstellungs-merkmal	Hebt der Inhalt sich in mindestens einem Faktor (Thema, Aufbau, Zeit etc.) positiv von Inhalten der Wettbewerber bzw. Seiten, die ähnliche Inhalte produzieren, ab?
Integration	Ist es notwendig oder sinnvoll, auf andere Kanäle des Unternehmens hinzuweisen und/oder dahin zu verlinken? Wenn ja, wurde dies getan?

Tabelle 7.2 Checkliste für Beiträge

Gehen Sie die Checkliste Abschnitt für Abschnitt durch, und optimieren Sie Ihren Beitrag. Nach einer Weile wird Ihnen die Checkliste ins Blut übergehen. Widerspricht der Beitrag einem Großteil der Punkte, ist es fraglich, ob Sie diesen veröffentlichen sollten. Die Checkliste ist auch eine gute Möglichkeit, um zuarbeitenden Abteilungen eine Richtlinie an die Hand zu geben, wie passende Inhalte für die sozialen Medien aussehen müssen.

7.5 Storytelling

Als *Storytelling* wird die Methode bezeichnet, bei der Informationen in Form einer Geschichte oder Metapher vermittelt werden. Diese Methode erfreut sich im Marketing und insbesondere im Social Web großer Beliebtheit. Geschichten haben uns schon in der Kindheit in den Bann gezogen. Diese Form der Erzählung aktiviert mehrere Areale im Gehirn, löst Emotionen aus, bildet Identifikationspotenzial und bleibt länger im Gedächtnis. Wie Storytelling funktioniert, erklärt Ihnen jetzt Anne Grabs mit einem Gastbeitrag aus ihrem Buch »Follow me«.

Abbildung 7.3 Anne Grabs mit dem Buch »Follow me« (Foto: Laura Tran)

Gil Zamora ist Phantombildzeichner und arbeitet für das FBI. Er ist Profi darin, Menschen nach den mündlichen Beschreibungen anderer zu zeichnen. Für die »Dove Real Beauty Sketches« (siehe Abbildung 7.4) zeichnete er 20 Frauen, die hinter einem Vorhang saßen. Doch er zeichnete sie zweimal. Das erste Mal musste sich die Frau selbst beschreiben, beim zweiten Mal wurde sie von einem der Teilnehmer beschrieben, der sie kurz vorher gesehen hatte. Beide Bilder, die unterschiedlicher nicht hätten sein können, wurden am Ende in einer Galerie ausgestellt und machten die Teilnehmerinnen sprachlos. Denn alle Frauen hatten sich selbst nicht so schön, mitunter sogar hässlicher beschrieben, als sie von den anderen Teilnehmern, Männern und Frauen, wahrgenommen wurden. Den Dargestellten fiel es wie Schuppen von den Augen, wie sehr es ihnen an Selbstbewusstsein mangelte. Denn wo andere ihre Schönheit sahen, erkannten sie nur Fehler. Mit den »Real Beauty Sketches« macht Dove sichtbar, dass jede Frau viel schöner ist, als sie denkt. Und durch die Blume gesagt: »Sei nicht so streng zu dir und sei einfach so schön, wie du bist!« Diese versteckte Botschaft entspricht genau dem Markenkern von Dove und ist seit Jahren das Erfolgsrezept für deren Produktvermarktung.

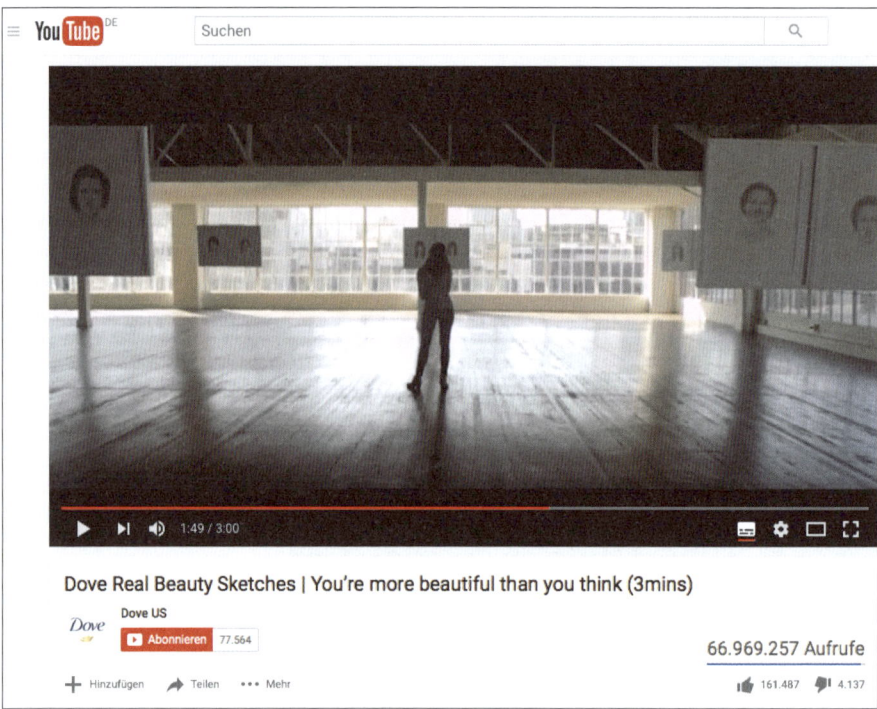

Abbildung 7.4 Mit den Skizzen über die wahre Schönheit einer Frau überrascht Dove seine Zielgruppe auf YouTube (*www.youtube.com/watch?v=XpaOjMXyJGk*).

7.5.1 Die Vorteile des Storytellings

Bevor es Bücher gab, waren Geschichten ein probates Mittel, um Wissen weiterzugeben (»Wenn du jemandem etwas erklären willst, dann erzähle ihm eine Geschichte«). Geschichten ermöglichen einen leichten Einstieg, selbst in komplexe Themen, da sie immer nach dem gleichen Muster (Held, Konflikt, Auflösung) erzählt werden. Diese Erzählstruktur lernen Menschen bereits im Kindesalter, wenn sie die Märchen der Gebrüder Grimm erzählt bekommen. Und an diese Erzählstruktur kann das Gehirn leichter anknüpfen. Übrigens: Die viralste Geschichte, die wir alle kennen, ist wahrscheinlich die von Hänsel und Gretel. Geschichten zu erzählen und zu verstehen, macht uns zu Menschen. Wenn jemand eine Geschichte erzählt bekommt, durchlebt er die Reise des Protagonisten selbst, und das führt zu Hormonausschüttungen.

Geschichten reduzieren Komplexität. Informationen über Produkte und Dienstleistungen können so wesentlich leichter an den Kunden herangetragen werden. Ein erklärungsbedürftiges Produkt, eine komplexe Dienstleistung mit hohem Kaufrisiko kann somit vereinfacht dargestellt und für den potenziellen Kunden verständlich aufbereitet werden. Geschichten tragen aber nicht nur positiv zum Produktverständnis, sondern auch zur Erinnerung bei. Wenn einmal eine Dienstleistung oder ein Produktkauf mit einer Geschichte verknüpft wurde, wird das nicht so schnell wieder vergessen. Geschichten sind aber auch deshalb wichtig, da die Konsumenten Produkte mit einer einzigartigen Philosophie und einem guten Lebensgefühl kaufen möchten und Storytelling eine geeignete Methode ist, um über Produkte eine wahre Geschichte zu erzählen.

▶ Die Erzählstruktur von Geschichten wird schon in der frühen Kindheit erlernt und gespeichert.

▶ Geschichten werden immer nach dem gleichen Muster erzählt und sind emotional aufgeladen.

▶ Geschichten reduzieren Komplexität und erleichtern den Einstieg in ein Thema.

▶ Geschichten erleichtern die Entscheidungsfindung beim Konsumenten.

▶ Geschichten merkt man sich, sie erhöhen die Markenerinnerung.

▶ Geschichten haben virales Potenzial.

▶ Geschichten kann man sich 22-mal besser merken als reine Fakten.

7.5.2 Der Aufbau einer Geschichte

Eine Geschichte besteht immer aus einer Botschaft, einem Konflikt, Charakteren und der Handlung (siehe Abbildung 7.5). In der Einleitung der Geschichte werden die Charaktere vorgestellt und die Handlung (Ort, Zeit) genannt. Der Konflikt bildet den Auslöser für den Mittelteil der Geschichte. Es können mehrere Ereignisse auftreten, die immer wieder zu Komplikationen bei der Lösung des Konflikts führen. Man nennt sie *kognitive Schleifen* – kleine Geschichten in den Geschichten. Denken Sie an den Film »Inception« oder Netflix-Serien wie »House of Cards«, wo mit immer wieder neuen Konflikten und Geschichten gearbeitet wird. Dies steigert sich dann bis zur Klimax, dem Höhepunkt der Geschichte. An dieser Stelle ist die Spannung am größten. Der Leser möchte wissen, wie die Geschichte ausgeht und wie der Konflikt aufgelöst wird. Denn mit dem schrittweisen Aufbau der Handlung überlegt sich der Betrachter bereits Lösungen für den Ausgang des Konflikts. Er versetzt sich in die Lage der Hauptfigur (Protagonist), und da er unbedingt wissen möchte, ob seine Lösung oder seine Erwartungen an den Ausgang des Konflikts stimmen, fesselt ihn die Geschichte. Der Leser klickt nicht und der Zuschauer zappt nicht weg. Der Erfolg von Netflix-Serien geht übrigens auf Storytelling zurück. Die Amerikaner wissen einfach, wie man Geschichten erzählt. Zusätzlich können noch Konflikte zwischen Protagonisten und Antagonisten, wie bei der klassischen Erzählung, eingesetzt werden, um noch mehr Spannung aufzubauen und Konflikte herzustellen. Die Hauptfigur und der Konflikt sind das Wichtigste beim Storytelling. Sie gilt es, sorgfältig auszuwählen. Bei dem Stratosphärensprung von Felix Baumgartner lag der Konflikt darin, wie er trotz des hohen Risikos einen solchen Sprung wagen kann. Der Zuschauer fragt sich automatisch: »Was würde ich in seiner Situation tun? Könnte ich das durchhalten?« Das Besondere an Konflikten in Geschichten ist, dass sie eine »innere« Beteiligung auslösen.

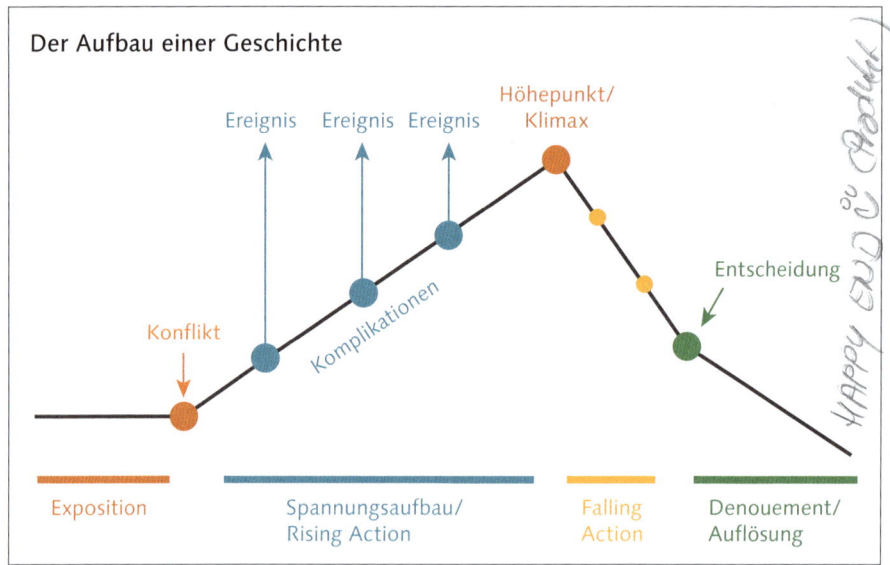

Abbildung 7.5 Der Aufbau einer Geschichte in Anlehnung an Gustav Freytag (Quelle: eigene Darstellung)

Erzählstruktur von YouTube-Videos

Mit dem traditionellen Aufbau von Geschichten werden Sie den Ansprüchen des Publikums in Social Media nicht gerecht. Die klassische Erzählstruktur arbeitet auf einen Höhepunkt und ein überraschendes Ende hin. Die Onliner wollen aber schon in den ersten Sekunden des Videos in eine Geschichte hineingezogen werden. YouTube-Nutzer entscheiden sich in den ersten 3 Sekunden, ob sie das Video weiter ansehen oder wegklicken. Erfolgreiche YouTuber arbeiten deshalb mit einem »Kick-Start«, einem emotionalen Höhepunkt, direkt zu Beginn des Videos und zeigen, worum es in dem Video geht, zum Beispiel durch lustige Outtakes vom Dreh oder die witzigste Szene aus dem Video. Danach folgt keine schrittweise Handlung, sondern es reihen sich weitere emotionale Highlights aneinander.

7.5.3 Die Heldenreise

Eigentlich hat jeder Mensch das Gefühl, sich zeit seines Lebens auf einer Reise und auf der Suche nach Erkenntnis, Vollkommenheit und Glück zu befinden. Storytelling setzt da an und zeigt einen möglichen positiven Ausgang dieser Suche und präsentiert das beste Auto (Freiheit) oder den tollsten Schokoriegel (Glück). Die Heldenreise beschreibt die Suche nach Erkenntnis, die jeder Mensch im Leben zu bewältigen hat und die sich aus dem Spannungsfeld »Individuum vs. Gesellschaft« ergibt. Was also bei einer Heldenreise passiert, ist, dass der Held sein Ego opfert, um die Bedürfnisse der Gesellschaft aufzuzeigen und zu organisieren. Dabei verlässt der Held seine gewohnte Welt, freiwillig oder unfreiwillig, bewusst oder unbewusst, physisch oder nur mental, und geht in eine neue unbekannte Welt, wo er Abenteuer besteht und Erfahrungen sammelt, die ihn und die Welt, wie er sie bisher kannte, verändern. Zuletzt kehrt er zurück in seine Heimat, um von seiner neuen Erkenntnis zu erzählen. Der Held ist der Archetyp, der die gewohnte Welt hinter sich lässt, was keiner gerne macht. Er tritt aus dem alten Trott heraus, weil er einen Mangel verspürt, und opfert in einem dramatischen Konflikt sein Ego, wodurch er eine höhere Erkenntnis erlangt und in die alte Welt zurückkehrt, um seine Erfahrung mit der Gemeinschaft zu teilen. Er meistert also stellvertretend für alle anderen wichtige Herausforderungen.

Deshalb war der Stratosphärensprung von Red Bull so extrem erfolgreich: Der Held siegt über die Naturgesetze und überwindet den Tod. Grandioses Storytelling! Braucht jetzt jeder einen zweiten Felix Baumgartner? Die Antwort ist nein. Je nachdem, was Sie erzählen wollen, können Sie mit fiktionalen Hauptfiguren und Stereotypen arbeiten, also Personen, die Ihren Kunden am ehesten ähneln. Wichtig ist, dass Sie die Figur auch wirklich zum Helden machen. Der Held muss einen unerfüllten Wunsch haben oder nach einer Lösung für ein Problem suchen. Es handelt sich um eine interessante Persönlichkeit mit einer klaren Haltung und Einstellung. Der Held muss sich während der Geschichte verändern bzw. eine Transformation durchleben.

7.5.4 Geschichten brauchen Konflikte

Nach Jonathan Gottschall lassen sich gute Geschichten auf folgende Formel bringen: Story = *Hauptfigur + Dilemma + Befreiungsversuch*. Es muss aber nicht immer ein Stratosphärensprung wie bei Red Bull sein. Sie müssen auch nicht den Extremsport zu Ihrer Marketingdisziplin erheben und dafür Millionen von Euro ausgeben, um Storytelling zu betreiben. Unser Alltag ist voll von Konflikten und spannenden Geschichten. Denn die Menschheit sehnt sich nach einer höheren Erkenntnis. Und echte, tiefe Erkenntnis entsteht nur in Konfrontation mit Konflikten. Das wiederum lehren uns Dramaturgie, Mythologie und Psychologie. Oder wie es Dramaturg Robert McKee sagen würde: »*A story expresses how and why life changes.*« Eine gute Geschichte schreibt doch das Leben selbst. Das meiste Konfliktpotenzial birgt das Streben nach etwas, nach Sicherheit und Stabilität, nach Gemeinschaft und Liebe, nach Freiheit und Unabhängigkeit, nach Selbstverwirklichung und Entfaltung. Schreiben Sie über eines dieser vier Grundbedürfnisse. Sie eignen sich hervorragend als Leitmotiv für eine gute Geschichte. Fokussieren Sie auf ein Motiv. Schaffen Sie einen Helden, der nach Freiheit strebt, aber für diese

Freiheit Opfer bringen muss und durch Ihre Hilfe zu einer neuen Erkenntnis erlangt. Positionieren Sie dabei Ihre Marke in Ihrer Geschichte als Wegbereiter und Lösungsanbieter – nicht als Helden der Story.

7.5.5 Entwickeln Sie eine spannende Geschichte

Als Ausgangsbasis für Geschichten eignen sich die »6 Buttons of Buzz«, die Mark Hughes in seinem Buch »Buzzmarketing: Get people to talk about your stuff« beschreibt: Tabus und Lügen, Überraschendes, Abscheuliches, Humorvolles und Komisches, Außergewöhnliches, Geheimnisse. Wenn Sie sich dennoch schwertun, einen Aufhänger für Ihre Geschichten zu finden, fangen Sie an, Fragen zu stellen. Das klingt so banal, aber viele Unternehmerinnen und Unternehmer wie auch Marketingabteilungen haben kaum noch Zeit für neugieriges und interessiertes Fragen. Aber ich versichere Ihnen, indem Sie fragen, gelangen Sie auch zu Ideen für Ihre Geschichten. Fragen Sie sich zum Beispiel:

▶ Gibt es Kunden, die mit unseren Produkten und Dienstleistungen Außergewöhnliches erlebt haben?

▶ Gibt es herausragende Kunden-Cases, die sich seit Jahren Kollegen erzählen und aus denen man eine Geschichte machen kann?

▶ Haben wir bei uns Mitarbeiter, die beruflich oder privat Besonderes geleistet haben?

▶ Welche positive Geschichte wird unter den Mitarbeitern immer und immer wieder erzählt?

▶ Gibt es Liebesgeschichten zwischen Mitarbeitern oder zwischen Mitarbeitern und Kunden, die so einmalig sind, dass sie erzählt werden sollten?

▶ Welche Topmanager in unserem Unternehmen sind durch ein bemerkenswertes Zitat im Unternehmen bekannt und welche Geschichte verbirgt sich hinter dem Zitat?

▶ Welche Geschichte können wir über die Entstehung der Firma erzählen? Welche Persönlichkeiten stecken dahinter? Was haben diese Persönlichkeiten aufgegeben, um die Firma zu gründen? Was war der Antrieb, und was war der Auslöser?

▶ Was ist die größte Leistung, die wir seit der Gründung erreicht haben? Was bewegte die Gründer damals, was bewegt sie heute?

▶ Wie produzieren wir unsere Produkte im Detail? Gibt es Geschichten, die wir über Zulieferer aus anderen Ländern erzählen können? Wie regeln wir die reibungslose Zusammenarbeit?

▶ Welche kuriosen Beiträge oder Suchbegriffe findet man im Social Web über uns? Welche Geschichte könnte man darüber schreiben?

Fragen Sie nicht nur sich selbst, fragen Sie auch die Mitarbeiter: die oben und die unten, die langjährigen, die loyalen, die kritischen, die unbequemen, die neuen und die potenziellen. Fragen Sie auch die Kunden und im Umfeld: alte und treue Kunden, Freunde, Stakeholder, Zulieferer, den Postboten, die Putzfrau, den Bürgermeister usw.

Nachdem Sie jetzt alles über den Aufbau einer Geschichte erfahren und Ideen erhalten haben, welchen Aufhänger Ihre Geschichte haben kann, müssen Sie selbst loslegen und eine Geschichte schreiben. Leichter gesagt als getan, nicht wahr? Im Grunde genommen ist es aber ganz einfach. Nehmen Sie ein Blatt Papier, einen Stift, und fangen Sie damit an:

1. *Es war einmal …*: Beschreiben Sie zu Beginn den Helden Ihrer Geschichte, wo und wann er lebt.

2. *Jeden Tag …*: Beschreiben Sie die Szenerie und den Alltag des Helden.

3. *Aber, eines Tages …*: Ab jetzt verändert sich die bisherige Welt des Helden. Durch ein besonderes Ereignis, einen auslösenden Vorfall wird die Routine durchbrochen. Der Held gerät in einen Konflikt, den Sie für das Publikum ausführlich beschreiben müssen.

4. *Daraufhin …*: Der Held setzt sich allmählich mit seinem Dilemma auseinander, geht erste Lösungsversuche an.

5. *Und dann …*: Der Held verändert sich während seiner Lösungsversuche, auch das Scheitern kennzeichnet ihn. In ihm findet eine fundamentale Veränderung statt. Beschreiben Sie diese ausführlich.

6. *Bis schlussendlich …*: Der Held kann das Problem lösen oder findet mit Ihrer Hilfe zu einer Lösung und wird erlöst.

7.5.6 Storytelling mit interaktiven Videos

Der Vorteil von Webvideos gegenüber klassischen TV-Spots ist die Interaktivität, die dieses Medium bietet. Webvideos werden nicht nur in einem interaktiven Kontext – dem sozialen Netzwerk von YouTube & Co. – geschaut, sondern können auch selbst interaktiv sein. Eine YouTube-Kampagne von Junkers machte das vor. Auf der Kampagnenseite in YouTube, *www.youtube.com/merryjunkers*, sah der User ein Video im gewohnten YouTube-Look-and-feel (siehe Abbildung 7.6).

Doch er kann das Video nur stoppen, indem er an dem integrierten Wärmeregler dreht. Dann erscheint ein neues Video, das zur Temperatur passt: Bei 30° tanzt der Protagonist mit einer Samba-Tänzerin, bei 60° findet er sich in einer finnischen Sauna wieder, und bei 99° macht er sich ein BBQ am Wegesrand. Der Zuschauer wird dadurch zum aktiven Gestalter der Kampagne. In der Regel verweilt er auch länger auf der Seite und setzt sich auf diese Weile spielerisch und humorvoll mit der Marke Junkers auseinander.

Abbildung 7.6 Junkers ließ die User am Wärmeregler drehen und dadurch die Geschichte neu erzählen (*www.youtube.com/merryjunkers*).

7.6   Wie Sie an gute Inhalte kommen

Wenn es darum geht, gute Inhalte für Ihre Unternehmenspräsenzen zu finden, macht es wenig Sinn, sich in Ihr stilles Kämmerlein zu setzen und darüber nachzudenken, was eventuell passen könnte. Corporate Content ist ein Thema, das erst durch die Geschichten aus Ihrem Unternehmen, das Storytelling, so richtig lebendig wird. Diese Geschichten finden Sie dort, wo sie passieren, in den jeweiligen Abteilungen.

Suchen Sie sich engagierte Personen aus den unterschiedlichen Abteilungen in Ihrem Unternehmen, und setzen Sie sich gemeinsam an einen Tisch. Sprechen Sie über den Alltag, überlegen Sie, welche Geschichten für Ihre Kunden interessant sein könnten und wie Sie diese in Inhalte übersetzen. In Tabelle 7.3 sehen Sie eine kleine Übersicht, an welchem Punkt Sie in der jeweiligen Abteilung ansetzen könnten und welche Content-Ideen daraus resultieren.

Abteilung	Ansatzpunkte	Ideen
Forschung und Produktentwicklung	▸ neue Produkte ▸ Studien ▸ Marktforschungsergebnisse	▸ Unboxing Video ▸ exklusive Vorschau auf neue Produkte ▸ Infografiken
Kundenservice	▸ häufige Fragen und Probleme ▸ kuriose Fälle	▸ How-to-Videos ▸ Blogbeiträge zu häufigen Fragen ▸ Blogbeiträge zu kuriosen Fällen
Marketing	▸ neue Kampagnen ▸ Produkteinführungen ▸ Events ▸ Sponsoring	▸ Einblicke hinter die Kulissen zum neuen Werbespot ▸ Videos, Fotos und Texte zu den Events ▸ Videos, Fotos und Texte über den Empfänger des Sponsorings
Personalabteilung	▸ offene Stellen ▸ Berufe im Unternehmen	▸ Porträts einzelner Mitarbeiter ▸ Praktikanten-»Tagebuch« ▸ Einblicke in den Berufsalltag
Einkauf	▸ Produzenten und Erzeuger	▸ Porträt der Produzenten und Erzeuger ▸ Porträt des Landes, aus dem die Produkte kommen
Sales	▸ Experten aus den Unternehmen des Kunden	▸ Gastbeiträge zu Fachthemen ▸ gemeinsame Projekte

Tabelle 7.3 Abteilungen, Ansatzpunkte und Ideen für Content

Diese Liste lässt sich beliebig weiterführen, allein schon deswegen, weil jedes Unternehmen andere Abteilungen und Schwerpunkte hat. Wenn Sie die Chance haben, in jede Abteilung einmal reinzuschnuppern, nutzen Sie diese. Schon dabei kommen Ihnen vielleicht Ideen für Inhalte, und vielleicht finden Sie direkt einen leidenschaftlichen Mitarbeiter, der perfekt in Ihr interdisziplinäres Content-Team passt. Über die Inhalte aus dem eigenen Unternehmen hinaus macht es oft Sinn, passende Neuigkeiten und Trends rund um die eigenen Kernthemen im Blick zu haben. Dabei helfen Ihnen einschlägige Blogs, Nachrichtenseiten und Suchmaschinen. Wie Sie diesen Teil der Content-Beschaffung effektiv umsetzen, zeige ich Ihnen ausführlich in Abschnitt 15.3, »Effektives Social Media Management«.

7.7   Welche Inhalte funktionieren

Mal ganz abgesehen davon, ob das Thema Ihrer Inhalte eine Person anspricht oder nicht, zeigen Studien immer wieder, dass Fotos und Videos mehr Reaktionen bringen als reiner Text. Die Agenturen Simply Measured und M Booth haben unterschiedliche Studien in einer Infografik zusammengefasst (zu sehen unter *http://bit.ly/13uiCrl*) und heben darin Folgendes hervor:

▶ Auf Facebook werden Videos zwölfmal so oft geteilt wie Links und Text-Postings zusammen.

▶ Fotos auf Facebook werden immerhin noch zweimal so häufig geteilt wie Text.

▶ Auf Tumblr sind 42 % aller Posts Fotos.

▶ Auf YouTube führen 100 Mio. Nutzer jede Woche eine soziale Aktion wie Kommentieren, Liken, Bewerten oder Teilen aus.

▶ Fotos und Videoposts bringen auf Pinterest mehr Traffic (Besucher) auf Webseiten als Twitter und LinkedIn.

Achten Sie deshalb darauf, dass Ihre Inhalte visuell sind. Illustrieren Sie Ihre Botschaften mit den passenden Bildern, oder erstellen Sie gleich eine Infografik. Ein kleines Beispiel dafür, wie einfach das sein kann, sehen Sie in Abbildung 7.7.

Abbildung 7.7 Ben & Jerry's Eis visualisiert Botschaften mit passenden Bildern.

Sorgen Sie darüber hinaus für Abwechslung, und variieren Sie zwischen den einzelnen Formaten. Besonders wichtig ist: Interagieren Sie mit Ihren Nutzern. Lediglich

Inhalte einzustellen und die Nutzer dann damit alleinzulassen, funktioniert auf Dauer nicht. Welche Inhalte in den jeweiligen Netzwerken besonders gut funktionieren, werde ich noch in Kapitel 13, »Strategische Bedeutung und Möglichkeiten der sozialen Netzwerke«, erläutern.

Interview: Content-Strategie und Content Management bei der GLS Bank

Banken sind nicht unbedingt die Institutionen, die man gemeinhin mit nachhaltigen und unterhaltsamen Themen assoziiert. Die GLS Bank ist hier eine Ausnahme und zeigt unter ihrem Claim »Das macht Sinn«, dass Banken ganz anders sein können. Mit Haltung, Meinung und Transparenz auf allen Kanälen schafft es die GLS Bank, ihre Kunden und Interessenten zu binden. Anfang des Jahres gewann das GLS Blog (*https:// blog.gls.de*) sogar den »Goldenen Blogger«[1] in der Kategorie »Corporate Blog«. Ich freue mich sehr, dass sich Rouven Kasten, der die digitale Kommunikation bei der GLS Bank leitet, zu einem Interview rund um das Thema Content-Strategie und Content Management bereit erklärt hat.

Lieber Rouven, stelle dich doch bitte einmal kurz vor.

Wer bin ich? Ich bin Rouven Kasten, Jahrgang '74 und mit Raider, Pink Floyd und Atari aufgewachsen. Gefühlt seit 1995 keinen Tag mehr offline gewesen. Seit über 20 Jahren arbeite und lebe ich nun mit und im Internet. Die Möglichkeit zur grenzenlosen Interaktion mit der ganzen Welt ist meine Leidenschaft. Nach einigen Agenturstationen und einer intensiven Zeit der Selbstständigkeit beriet ich unter anderem den WDR, ERGO, einige Museen und die Gothaer. Im Jahr 2015 wechselte ich dann auf die Kundenseite und bin seitdem bei der öko-sozialen GLS Bank in Bochum für den Bereich Digitale Kommunikation zuständig. Darüber hinaus bin ich Dozent und Speaker für Social-Media-Themen und organisiere unter anderem Barcamps für den Kultursektor. Mein damaliges Unternehmen hatte den Namen Gestalterhuette, welchen ich für meine Social-Media-Kanäle bis heute beibehalten habe.

Abbildung 7.8 Rouven Kasten in seinem Element (Foto: Tilmann Schenk)

---

1 *http://die-goldenen-blogger.de*

Wie füllt Ihr als Bank das Thema Content Marketing aus?

Unsere wichtigsten Themen kommen direkt aus dem Umfeld bzw. von den Kunden der Bank selbst. Das Geschäftsfeld sozialökologische Bank ist vielen Menschen, obwohl es uns schon seit über 40 Jahren gibt, noch immer nicht präsent. Das ist auch mit unsere Hauptaufgabe, die wir gerade verstärkt auf den digitalen Kanälen aufbrechen wollen. Unsere Bank geht ordentlich mit Geld um, investiert nicht in Atomstrom oder Waffen, sondern nur in nachhaltige Investitionen oder Projekte. Dazu kommt, dass wir sechs Kernbranchen haben: Ernährung, Bildung, Wohnen, Energie, Soziales und nachhaltige Wirtschaft, und genau hier kommen unsere Geschichten her. Wir berichten über die Bank, unsere Projekte, Projekte von Kunden und über alle Themen, die damit verbunden sind, um die Welt ein klein wenig besser zu machen und wir berechnen in Zukunft, ob unser Wirken 1,5 Grad kompatibel ist, um den Planeten nicht zu überhitzen. Das Ganze natürlich am liebsten über Kundenprojekte, wenn jemand auf einem Biohof eine neue Scheune baut oder einen Trecker kauft. Aber auch eine crowdfinanzierte App, um sehbehinderten Menschen zu helfen oder eine neue Mehrgenerationen-Wohngruppe in Berlin Kreuzberg. Die Themen sind sehr vielfältig, und viele bringen die Bank zunächst gar nicht damit in Verbindung. Aber die Bank steht immer als Vermittler im Mittelpunkt. Über klassische Produkte berichten wir hingegen noch wenig, die haben wir natürlich als Universalbank. Unser Anliegen ist es aber, darüber zu berichten, was wir als GLS Bank anders machen als konventionelle Banken und warum wir dies tun und mit welchen Menschen. Und unser Angebot, über Geschäftskunden zu berichten, wird von jedem gern angenommen. Die GLS-Bank-Kunden sind eine sehr loyale Community.

Nach welchen Kriterien messt ihr den Erfolg eurer Strategie?

Die digitalen Kanäle ermöglichen uns durch Tools, ziemlich genau zu erfahren, welche Themen von den Lesern angenommen werden. Bisher setzen wir ausschließlich auf organisches Wachstum und schalten kaum Anzeigen bei Facebook oder Twitter. Die Kunden erwarten von uns einen ordentlichen Umgang mit Geld, so auch mit Werbebudgets. Darüber hinaus führen wir auch gerade eine Wertediskussion über Moral und Ethik bei Facebook und ob dies in Zukunft noch der richtige Partner für uns ist. Mangels Alternative sieht es aber noch nicht nach einem Exit aus, dennoch bleiben wir kritisch. Ansonsten nutzen wir die typischen Messinstrumente plus dem Quäntchen Bauchgefühl, das man als Social Media Manager entwickeln muss, um ableiten zu können, was ankommt und was nicht.

Wie ist euer Content Marketing aufgebaut?

Aktuell nutzen wir unsere Webseite, das Blog und die Social-Media-Kanäle: Facebook, Twitter, Instagram, seit einem Jahr Mastodon sowie XING und LinkedIn. Das hört sich natürlich nach viel Arbeit an, aber dafür gibt es ja auch Tools. Angefangen haben wir auch mit Hootsuite, aber das sperrige Spaltenlayout ist eher was für Nerds. Vor zwei Jahren sind wir dann umgestiegen, zunächst zu Social Bench, später dann auf Facelift. Facelift erleichtert unsere Arbeit sehr stark, weil man viele Kanäle gleichzeitig bespielen kann. Unser Team kann sehr einfach vorplanen, und mehrere Mitarbeiter können schon mal Content-Ideen einpflegen. Am Blog arbeiten auch mehrere Personen, dazu haben wir noch Kooperationen mit Bloggern, die wir seit vielen Jahren pflegen.

Wie viele Mitarbeiter sind bei euch im Bereich Social Media tätig?

Seit 2018 besteht unser Digital Team aus vier Personen. Meine Kollegin Bettina Schmoll kümmert sich um die Webseite und schreibt Blogartikel, Patrick Held ist Projektleiter unserer Community Futopolis. Mein Kollege Johannes von Streit und ich sind für Social Media zuständig und wechseln uns im Community Management ab. Wir haben aber auch Kollegen aus dem Telefon-Support geschult, damit diese übernehmen können, wenn wir an unsere Kapazitätsgrenzen kommen. Das Ganze geht mit Facelift auch sehr einfach, da man mehrere Kollegen als Mitbenutzer anlegen kann. Johannes bringt seit dem Sommer 2019 mit einem eigenen YouTube-Kanal, der »Wahn & Sinn« heißt, jungen Menschen Wirtschaftsthemen nahe. Außerdem betreibe ich seit 18 Monaten einen Corporate-Podcast.

Wie arbeitet ihr mit den anderen Abteilungen bzw. Filialen zusammen?

Wir haben das große Glück, dass wir bei den meisten Themen freie Hand haben, es gibt aber auch für uns ganz klare Regeln und für alle Mitarbeiter einen Social-Media-Leitfaden. Solange wir uns also thematisch und datenschutzkonform (was bei einer Bank sehr wichtig ist) verhalten, haben wir freie Hand und volle Rückendeckung der Geschäftsleitung. Letzteres ist natürlich sehr wichtig, gerade wenn es darum geht, tagesaktuelle Themen aufzugreifen. Unser Kunde Netzpolitik war ja im Jahr 2015 mal als Landesverräter dargestellt, und sie riefen zu Spenden auf. Nur kurze Zeit später war die IBAN der Kontoverbindung der Top-Hashtag auf Twitter. Wir mussten das Thema also nur aufgreifen und den Ball vom Elfmeterpunkt ins leere Tor schießen, was ohne die eben genannten Freiheiten kaum möglich wäre. In vielen anderen Unternehmen sind hier die Abstimmungswege noch viel zu umständlich, das raubt einem leider dann oft die vielzitierte Authentizität. Die Abteilungen helfen aber auch mit, und sobald ein relevantes Thema aus dem Themenspektrum der Bank akut wird, erhalten wir Hilfe, Anregungen oder Tipps von Kollegen.

Was sind aus deiner Sicht die wichtigsten Erfolgsfaktoren für eine gute Content-Strategie?

Langweiliger Content ist langweilig, daher versuchen wir auch, die Bankthemen, die manchmal sehr trocken sind, so aufzupeppen, dass die Leser etwas daraus lernen oder mitnehmen können, den vielzitierten Mehrwert. Selbst ein schnöder Projektbericht bringt vielleicht auch nur eine Handvoll Menschen zum Umdenken oder regt an, Tipps und Ideen anderer für sein Leben oder seine Lebensweise aufzunehmen. Wenn wir das erreichen, können wir viel verändern. Die GLS Bank stammt aus einer wilden Zeit, in der sich die Grünen gebildet oder das erste Windkraftrad in Deutschland nach Tschernobyl finanziert wurde. Diesen Spirit versuchen wir zu leben, und das wirkt sich auch bis heute auf unseren Content und die Strategie aus. Dies bedeutet aber nicht, dass wir nicht auch mit der Zeit gehen und aktuelle Themen, Mechanismen oder Kanäle wie Snapchat oder TikTok anfassen, aber es soll eben authentisch bleiben. Wir wollen die Welt zu einem besseren Planeten machen und ihn unseren Kindern mit sozialökologischen Investments guten Gewissens hinterlassen. Dafür kämpfen wir, dafür setzen wir uns mit Bankarbeit, aber eben auch mit dem Content Marketing ein. Dafür stehen wir. Eins der größten Komplimente der letzten Zeit war: »Ich kenne die GLS Bank sehr gut, aber über das Blog, nicht über die Webseite.« An der Stelle haben wir viel richtig gemacht und tun dies auch weiter. Mit Herz und Seele persönlich auch vor Ort, zum Beispiel auf Barcamps, und das seit vielen Jahren, sonst wird aus dem Social wieder nur Media.

7.8   Geben Sie Ihrem Content ein Gerüst – der Redaktionsplan

Es mag altmodisch klingen, aber ich rate Ihnen dringend dazu, einen Redaktionsplan zu führen. Halten Sie darin fest, mit welchen Inhalten Sie Ihre Community wann und auf welchen Plattformen unterhalten möchten. In diesem sollten nicht nur die Themen und Verantwortlichkeiten für Blogbeiträge geführt werden, sondern auch Ihre Planung für Ihre Social-Media-Präsenzen und wichtige Termine von dem Messeauftritt bis hin zu Feiertagen. Dies hilft Ihnen und den Personen, die Ihnen Inhalte liefern, den Überblick zu behalten. Und auch sonst hat ein Redaktionsplan eine Reihe von Vorzügen:

▶ Verantwortlichkeiten sind klar geregelt, und Fortschritte werden transparent. Sie haben immer im Blick, welcher Kollege gerade an welchen Inhalten arbeitet und in welchem Status sich die Aufgabe befindet.

▶ Ordnung der Inhalte: Da ein Redaktionsplan nicht nur das Was, sondern auch das Wo definiert, stellen Sie sicher, dass Inhalte nicht doppelt gepostet werden oder auf einem Kanal weder zu viel noch zu wenig veröffentlicht wird.

▶ Bessere Planung der Ressourcen: Wenn Sie genau wissen, wann und wo Inhalte veröffentlicht werden, können Sie den Einsatz Ihrer Community Manager, die mit den Kunden in den inhaltsgetriebenen Dialog treten, gezielt planen. Darüber hinaus können Sie bei potenziellen Krisenthemen die entsprechenden Vorbereitungen treffen und die Kollegen des Krisenteams auf Abruf halten (mehr dazu in Abschnitt 11.4, »Krisenkommunikation im Social Web«).

▶ Plan B für besondere Vorkommnisse: Ob Krankheitsfall oder schlichtweg zu wenig Zeit, es gibt immer wieder Situationen, in denen ein Beitrag nicht rechtzeitig fertig wird. Ein Redaktionsplan zeigt Ihnen auf einen Blick, ob eventuell ein anderer Kollege einspringen oder ein bereits fertiger Artikel vorgezogen werden kann.

▶ Wichtige Termine und Ereignisse im Blick: Durch den Vermerk von wichtigen Ereignissen in dem Redaktionsplan können Sie gezielt die zugehörigen Themen identifizieren und entsprechende Inhalte ableiten. Darüber hinaus stellen Sie so sicher, dass kein wichtiges Thema unter den Tisch fällt.

Sehr ans Herz legen kann ich Ihnen die Redaktionsplan-Vorlage von Rita Löschke (siehe Abbildung 7.9), die Ihnen neben einer Übersicht über die Beiträge auch eine automatische Auswertung Ihrer Inhalte liefert. Sie finden die jeweils aktuelle Vorlage unter *http://bit.ly/dsomemared*.

Wenn Sie sich lieber eine eigene Vorlage für einen Redaktionsplan erstellen, gehören mindestens die folgenden Informationen hinein:

▶ Zuständigkeiten: Wer verfasst den Beitrag? Wer überprüft das Ergebnis? Wer ist für die Veröffentlichung zuständig?

▶ Thema: Welches Thema behandelt der Beitrag?

▶ Plattform: Wo soll der Beitrag veröffentlicht werden?

▶ Abgabedatum: Bis wann muss der Artikel spätestens fertig sein?

▶ Veröffentlichungsdatum: Wann soll der Artikel veröffentlicht werden?

▶ Bearbeitungsstatus: In welchem Status befindet sich der Beitrag?

Monat	Datum	Tag	KW	Feiertag	Aufgabe / Beitrag / Thema	Kampagnen-, bzw. Themenzuordnung	Keywords	Verantwortlichkeiten		zu platzieren in folgendem Medium							Deadline Text	Status
								Autor	Freigabe	Facebook	XING	Blog	Twitter	Google+	Youtube	Sonstige		
					Beschreibung	Beschreibung	Auflistung	Name	Name	Wert	Wert	Wert	Wert	Wert	Wert	Wert	Datum	Auswahl
	10	So																offen
	11	Mo	11		Mitglied der Woche	abcdefg hijklmn opqrstuvw	ipsum	lorem ipsum	lorem ipsum	1		1				1		Warten auf Freigabe
	12	Di			Hintergrundbericht	abcdefg hijklmn opqrstuvw	ipsum	lorem ipsum	lorem ipsum		1		1	1				erledigt
	13	Mi			lorem ipsum	abcdefg hijklmn opqrstuvw	ipsum	lorem ipsum	lorem ipsum			1	1					in Bearbeitung
	14	Do																offen
	15	Fr																offen
Mrz	16	Sa																offen
	17	So																offen
	18	Mo	12															offen
	19	Di																offen
	20	Mi																offen
	21	Do																offen
	22	Fr																offen
	23	Sa																offen
	24	So																offen
	25	Mo	13															offen
	26	Di																offen
	27	Mi																offen
	28	Do																offen
	29	Fr		Karfreitag														offen
	30	Sa																offen
	31	So		Ostersonntag														offen
							Zwischensumme März 2013			1	1	2	1	1	1	1		

Abbildung 7.9 Redaktionsplan-Vorlage von Rita Löschke

Natürlich lässt sich ein Engagement in Social Media nicht bis in die letzte Instanz komplett durchplanen. Im Gegenteil: Sie sollten sogar Platz für spontane Themen und Ideen lassen und diese kurzfristig einarbeiten. Darüber hinaus empfiehlt es sich immer, ein paar Artikel als Backup zu haben, denn es kann immer was dazwischenkommen, und dann eben nichts zu posten, ist nur selten eine gute Option.

7.9   Zusammenfassende Beurteilung

Das Schlusswort dieses Kapitels überlasse ich dem Social-Media-Experten Klaus Eck. Er fasst die Quintessenz der Notwendigkeit von sorgfältig geplantem Corporate Content sehr schön in der Aussage zusammen: »*Niemand wartet auf Ihre Inhalte.*« Wenn Sie diese Gegebenheit verstanden haben, sehen Sie auch, was bei einer guten Content-Strategie im Mittelpunkt steht – die Bedürfnisse Ihrer Kunden und nichts anderes. Die ausführliche Diskussion dieses Gedankens finden Sie auf dem PR-Blogger unter *http://bit.ly/188nW6X*.

Der dritte Eckpfeiler des Social Media Managements, das Community Management, beschäftigt sich unter anderem auch damit, was mit den Inhalten passiert, wenn diese auf Ihren Präsenzen veröffentlicht worden sind. Welche Aufgaben und Herausforderungen noch in diesen Bereich gehören, stelle ich Ihnen im nächsten Kapitel vor.

8 Community Management – der direkte Dialog

»Community Management isn't just about answering questions.
It's about human connection.«
Gary Vaynerchuk

Ohne gutes Community Management funktioniert Social Media nicht! Selbst die besten Inhalte bringen Ihnen nichts, wenn Sie diese unkommentiert ins Social Web entlassen und keinerlei Bereitschaft zum Dialog zeigen. In diesem Abschnitt erläutere ich Ihnen die Grundlagen des Community Managements und des direkten Dialogs mit Ihrer Zielgruppe im Web. Dabei gehe ich sowohl auf wichtige theoretische Grundlagen von Communitys allgemein ein als auch auf ausgewählte Aspekte der öffentlichen Kommunikation.

8.1 Community Management – Definition und Aufgaben

Die offizielle Definition des BVCM für Community Management habe ich Ihnen bereits in Abschnitt 2.1.1, »Geschichte des Berufsbildes«, vorgestellt, die Kernaussage wiederhole ich hier noch einmal:

> *»Community Management ist die Bezeichnung für alle Methoden und Tätigkeiten rund um Konzeption, Aufbau, Leitung, Betrieb, Betreuung und Optimierung von virtuellen Gemeinschaften sowie deren Entsprechung außerhalb des virtuellen Raumes.«*

Mit Community ist dabei entgegen der weitläufigen Meinung nicht zwingend eine durch das Unternehmen initiierte Plattform gemeint. Dies war vielleicht zu den Anfangszeiten des Webs 2.0 noch so, hat sich aber mit der Entwicklung der sozialen Netzwerke grundlegend geändert. Als Online-Community definiere ich eine virtuelle Gruppe von Menschen, die ein gemeinsames Interesse verbindet. Diese Gruppierung ist dabei plattformunabhängig und wird durch den Austausch untereinander geprägt. Ihre Community ist entsprechend eine Gruppe von Menschen, die sich für Ihre Organisation, Ihre Produkte oder Ihre Dienstleistungen interessiert und im virtuellen Raum über Sie diskutiert. Die Stärke des Interesses kann dabei variieren. So gehört eine Person, die sich täglich mit Ihnen beschäftigt, genauso dazu wie jemand, der nur in Erscheinung tritt, wenn er oder sie eine Beschwerde hat.

Das Community Management hat an dieser Stelle die folgenden Aufgaben im Hinblick auf diese Community:

▶   Community Building: Auf- und Ausbau der Community und der Mitgliedszahlen

▶   Community Engagement: Aktivierung der Community

▶   Content Management: Planung und Erstellung von Inhalten (ausführlich dazu in Kapitel 7, »Corporate Content – die richtigen Inhalte«, sowie in Abschnitt 15.3, »Effektives Social Media Management«)

▶   Community Support: Unterstützung der Community in Fragen rund um Produkte und Dienstleistungen sowie Kundenservice. Idealerweise wird ein Teil dieser Aufgabe durch ein darauf spezialisiertes Team aus dem Kundenservice abgebildet. Diesen Aspekt behandle ich ausführlich in Abschnitt 11.6, »Kundenservice 2.0«.

▶   Community Compliance: Ausarbeitung und Durchsetzung von Regeln und Richtlinien innerhalb der Community

▶   Dialogmanagement: direkter Ansprechpartner der Community sowie Moderation zwischen den Community-Mitgliedern, wo es notwendig ist

▶   Monitoring: Überwachung der Stimmung und Themen auf den betreuten Plattformen, ausführlich dazu in Kapitel 9, »Social Media Monitoring und Measurement«

▶   Schnittstellenmanagement zwischen Community und Unternehmen: Weitergabe der Wünsche, Bedürfnisse und Kritik der Mitglieder in das Unternehmen hinein und Vertretung ihrer Interessen

▶   Krisenmanagement: aktive Kommunikation in der Krise, Teil des Krisenteams. Das Thema Krisenmanagement wird ausführlich in Abschnitt 11.4, »Krisenkommunikation im Social Web«, diskutiert.

▶   Vertrauensperson, Vorbild und Rockstar der Community

Wie Sie sehen, gibt es hier einige Überschneidungen mit den Aufgaben des Social Media Managers. Hier gilt es, in der Praxis herauszufinden, welche Aufgaben an welcher Stelle besser aufgehoben sind oder wie Sie Aufgaben gemeinsam erledigen können.

Die Aufgaben, die nicht direkt einen Verweis zu einem gesonderten Teil des Buches haben, werde ich Ihnen im Verlauf dieses Abschnitts eingehender erläutern. Aufgrund der vielen Überschneidungen und der Tatsache, dass der Themenkomplex mehr als ein Buch befüllen kann, konzentriere ich mich dabei auf die Grundlagen des Community Managements, die Sie als Social Media Manager wissen müssen. Ergänzt werden diese um weiterführende Literaturhinweise, Links sowie Verweise innerhalb des Buches.

8.2   Community Building

Community Building, also der Auf- und Ausbau der eigenen Community, ist die Grundlage für erfolgreiches Community Management, denn ohne Mitglieder läuft gar nichts. Doch was motiviert einen Nutzer überhaupt dazu, Mitglied in einer Community zu werden, sich einzubringen oder sogar andere Personen einzuladen? Diese theoretischen Grundlagen werde ich Ihnen kurz und knapp erläutern.

8.2.1   Bezugspunkt – der Kern der Community

Jede Community hat ein Thema oder einen Bezugspunkt, sei es einen Ort, eine Persönlichkeit, einen Lebensabschnitt, ein Produkt, ein Gefühl oder einen anderen Mittelpunkt. Das jeweilige Thema stellt den Kern der Community und gleichzeitig den gemeinsamen Nenner aller Mitglieder dar. In Tabelle 8.1 sehen Sie eine Übersicht über einige mögliche Bezugspunkte, aufgeteilt in verschiedene Kategorien.

Geografisch	Demografisch	Thematisch	Aktivitätsbasiert
Region	Alter	Interessen	Aktivitäten
Land	Geschlecht	Hobby	Shopping
Stadt	Nationalität	Beruf	Musik hören
Ort		Stars	Gaming
		Produkte	Sportarten
		etc.	etc.

Tabelle 8.1 Übersicht über mögliche Bezugspunkte, basierend auf Amy Jo Kim

Bevor Sie eine Community für ein spezielles Produkt oder Ihr Unternehmen ins Leben rufen, sollten Sie entsprechend untersuchen, ob es ausreichend Personen gibt, für die genau dieses Thema einen Bezugspunkt darstellt. Ist dem nicht so, ist es vielleicht sinnvoll, eine Ebene »höher« anzusetzen und zum Beispiel gleich eine Präsenz für alle Fans Ihres Unternehmens zu schaffen statt für jedes einzelne Produkt.

8.2.2   Motivation – warum Nutzer überhaupt Teil einer Community werden

Eine wichtige Grundlage im Zusammenhang mit Community Building ist ein Verständnis dafür, warum Personen überhaupt Teil einer Community werden. Wenn Sie diese grundlegenden Motivationen kennen und herausfinden, welche für Ihre Zielgruppe besonders relevant sind, haben Sie es leichter, neue Mitglieder zu gewinnen und zu halten. Die Motivationsfaktoren lassen sich laut der Community-Expertin Amy Jo Kim in zehn Bereiche aufteilen. Den jeweiligen Faktor mit einer kurzen Erklärung habe ich Ihnen in Tabelle 8.2 zusammengefasst.

Faktor	Erklärung
Selbstdarstellung	Eine weit verbreitete Motivation ist die Selbstdarstellung des Nutzers. Diese kann in Form einer Präsentation der eigenen Fähigkeiten und des Werdeganges (zum Beispiel auf XING) daherkommen, kann über tägliche Einblicke in das eigene Leben (Facebook, Twitter, Instagram) bis hin zu einer »Schau mal, was ich alles habe und kann«-Inszenierung gehen. Oftmals liegt das Bedürfnis nach Aufmerksamkeit hinter diesem Motivationsfaktor.
Kennenlernen	Das Knüpfen von neuen Kontakten auf jeglichen Ebenen ist eine weitere Motivation dafür, einer Online-Community beizutreten. Ob regionale Kontakte (Lokalisten), Gleichgesinnte (*Chefkoch.de*), Geschäftskontakte (XING) oder die große Liebe (Datingportale), dieser Faktor ist ein starker Treiber.
Kommunikation	Gespräche, Diskussionen und der generelle Austausch mit anderen zu bestimmten Themen bewegt viele Menschen dazu, sich in einer Community anzumelden.
Kollaboration	Das gemeinsame Bearbeiten von Themen, Dokumenten und Problemstellungen führt ebenfalls starke Communitys zusammen. Eines der größten Beispiele, das unter anderem dieser Motivation entspringt, ist die Wikipedia, bei der die Mitglieder gemeinsam an der größten Enzyklopädie der Welt arbeiten.
Dokumentation	Etwas online zu verewigen ist ein weiterer Motivationsfaktor. Ob die Dokumentation einer Veranstaltung oder Reise, das Apfelkuchenrezept der Oma oder gleich das ganze Leben, Internet-Communitys kommen dieser Motivation sehr entgegen.
Entertainment	Sich online unterhalten zu lassen ist insbesondere bei der jüngeren Generation ein wichtiger Faktor, warum sie Teil einer Community werden. Ob lustige Fotos, Videos oder Online-Games, man lässt sich »entertainen« und teilt das Erlebnis direkt in den sozialen Netzwerken mit seinen Freunden.
Profit	Ist ein persönlicher Vorteil in Sicht, nimmt eine Reihe von Personen dies als Motivation, einer Community beizutreten. Ob Gewinnspiel, Rabatte oder Schnäppchen, mit Speck fangen Sie hier Mäuse.
Information	Die Erwartung relevanter Informationen und Antworten auf eigene Fragen ist ebenfalls eine Motivation in diesem Bereich.

Tabelle 8.2 Erklärung der Motivationsfaktoren in Online-Communitys

Faktor	Erklärung
Networking	Networking und Kontaktpflege – im beruflichen wie privaten Bereich – spielt als Motivation ebenfalls eine Rolle. Online-Communitys helfen dem Nutzer hier dabei, mit bestehenden Kontakten im Austausch zu bleiben.
Zugehörigkeit	Zu guter Letzt ist der Ausdruck der Zugehörigkeit zu einer Gruppe ein Motivationsfaktor. Beispiele sind hier Alumni- und Fan-Communitys.

Tabelle 8.2 Erklärung der Motivationsfaktoren in Online-Communitys (Forts.)

Ergänzend zu dieser allgemeinen Übersicht zeige ich Ihnen in Abschnitt 13.2.4, »Warum Nutzer Fan einer Facebook-Page werden«, am Beispiel von Facebook noch einmal konkret die Motivationen auf und wie Sie dieses Wissen für das Community Building und Management nutzen können. Finden Sie heraus, welche Motivationen für Ihre Zielgruppe besonders wichtig sind, und richten Sie Ihre Aktionen und Kampagnen genau darauf aus.

Im Folgenden werde ich Ihnen den User-Life-Cycle vorstellen, der im Schnittpunkt zwischen Community Building und Community Engagement liegt.

8.3 User-Life-Cycle-Management – vom Besucher zum aktiven Mitglied

Mitglieder in Online-Communitys haben einen Lebenszyklus, der idealtypisch in sechs Phasen verläuft. Ein Verständnis für die Phasen und die damit einhergehenden Maßnahmen im Community Management hilft Ihnen dabei, Besucher zu aktiven Mitgliedern zu machen und diesen Status zu halten. Die Phasen sind in Abbildung 8.1 visualisiert und lauten wie folgt.

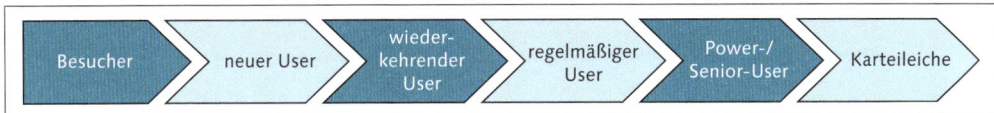

Abbildung 8.1 Lebenszyklus eines Nutzers einer Online-Community

Den Begriff *User* nutze ich hier stellvertretend für die Reihe möglicher Bezeichnungen wie Mitglied, Fan, Follower, Abonnent und weiterer. Ziel im Rahmen des Community Buildings ist es, einen Besucher zu einem neuen User zu machen, das Community Engagement (mehr dazu gleich in Abschnitt 8.4, »Community Engagement – Ihre Community aktivieren«) zielt darauf ab, einen neuen User mindestens zu einem regelmäßigen User, im Idealfall zu einem Power-User zu konvertieren.

8.3.1   Vom Besucher zum neuen User

Besucher, die Ihre Seite gezielt aufsuchen und sowieso planen, zu Usern zu werden, lasse ich an dieser Stelle einmal außen vor. Hier geht es um diejenigen, die über Ihre Präsenz »stolpern«. Es gibt viele Wege, wie ein Besucher zufällig auf Ihre Präsenz aufmerksam wird, ein paar Beispiele sind folgende:

▸ Suchergebnis in einer Suchmaschine

▸ Klick auf eine Werbeanzeige oder eine Verlinkung in einem Blog

▸ Aktivität eines bestehenden Nutzers

Sie haben jetzt die Chance, diesen Besucher auf Ihrer Seite zu einem neuen User zu machen. Voraussetzung dafür ist, dass dieser einen Anreiz dafür findet. Klassiker sind in diesem Moment neben einem überzeugenden Mission Statement Gewinnspiele, Gutscheine oder exklusive Inhalte, die für Ihre Zielgruppe so interessant sind, dass diese sich dafür »anmeldet« (auf das Thema Gewinnspiele auf Facebook gehe ich in Abschnitt 13.2.18, »Gewinnspiele und Promotions«, noch genauer ein).

In Abbildung 8.2 sehen Sie ein Beispiel der Modezeitschrift Elle auf Twitter (*https://twitter.com/elle_de*). Die Themen, um die es auf diesem Twitter-Account geht, werden kurz und knapp benannt.

Abbildung 8.2 Eine Information über den Mehrwert führt zu neuen Usern.

Haben Sie auf diese Weise einen neuen Nutzer generiert, gilt es jetzt, diesen durch geeignete Maßnahmen zum erneuten Besuch Ihrer Präsenz zu bewegen und langfristig zu binden.

Viralität einer Community fördern

Einige wenige Communitys verfügen über eine so starke Viralität, dass dieses auf Word of Mouth basierte Wachstum der Haupttreiber werden kann. Doch selbst Communitys, die nur eine schwache Viralität haben, können von dieser profitieren. Eine Weiterempfehlung eines Freundes/Kollegen/Familienmitglieds/Bekannten mit ähnlichen Interessen wird von Usern als sehr wertvoll eingeschätzt, und deshalb wird ihr oft nachgegangen. Unterstützen Sie die natürliche Viralität Ihrer Community. User müssen mit Leichtigkeit neue Mitglieder einladen können und auch wissen, wie dies geht. Darüber hinaus gilt, je zufriedener Ihre User mit Ihnen sind, desto größer ist die Wahrscheinlichkeit einer Weiterempfehlung. Seien Sie darüber hinaus vorsichtig bei Maßnahmen, die auf die Förderung von Viralität abzielen. Ob Geld- oder Sachpreise, Voting-Wettbewerbe oder besondere Privilegien, werden die Nutzer zu stark extern motiviert, führt dies regelmäßig zu der Registrierung von Fake-Usern. Davon haben weder Sie noch die Community etwas.

8.3.2 Neue Mitglieder zur Wiederkehr bewegen

Zunächst einmal muss ich hier den Begriff *wiederkehrender User* ein wenig weiter definieren. Damit ist nämlich nicht nur der Nutzer gemeint, der zum wiederholten Male Ihre Präsenz besucht, sondern auch der, der wiederholt mit Ihren Inhalten interagiert. Diese Erweiterung ist notwendig, da die wenigsten Communitys heutzutage noch auf einer eigenen Plattform laufen, sondern Bestandteil der großen Social Networks wie Facebook & Co. sind. Damit geht ein großer Nachteil einher: Klassische Reaktivierungsmechanismen wie Begrüßungs-E-Mails, Newsletter oder Benachrichtigungen liegen nicht in Ihrem Einflussbereich. Umso wichtiger ist der erste Eindruck, den der neue User von Ihrer Community erhält. Eine gute Mischung aus interessanten Inhalten und Diskussionen laden den User zum Stöbern ein und machen neugierig auf mehr – die beste Voraussetzung dafür, dass ein Nutzer gerne wiederkommt. Eine weitere Chance haben Sie mit stetig neuen spannenden Inhalten, die dem Nutzer auf der jeweiligen Plattform angezeigt werden. Je besser Sie hier den Geschmack Ihrer Zielgruppe treffen, desto höher ist die Chance, dass Ihnen ein neuer User erhalten bleibt. Der Themenkomplex rund um gute Inhalte wird ausführlich in Kapitel 7, »Corporate Content – die richtigen Inhalte«, behandelt.

8.3.3 Regelmäßige Nutzer gleich Wiederkehrer mit »Wir-Gefühl«

Regelmäßige Nutzer haben für sich realisiert, dass die Community etwas Interessantes bietet und es sich lohnt, regelmäßig »vorbeizuschauen«. Sie sehen sich entweder schon als Bestandteil der Community oder möchten ein Bestandteil werden. Dies zeigen die betreffenden Nutzer meist durch eine erhöhte Aktivität im Netzwerk, erste selbst generierte Inhalte sowie die ersten lockeren Bekanntschaften mit anderen Mitgliedern.

Kleine »Richtungsfragen«, Umfragen und Bitten um Feedback stärken an dieser Stelle das Gefühl, dabei zu sein und auch mitbestimmen zu dürfen. Auch wenn es sich nur um kleine Entscheidungen oder Themen handelt, ein Community Manager, der offene Ohren zeigt und daraufhin entsprechend agiert, gewinnt das Vertrauen der User. Das Mitmachen bekommt so einen neuen Wert. Hier beginnt die persönliche Beziehung zwischen den Nutzern untereinander und im Idealfall auch zu dem Community Management.

8.3.4 Senior-Nutzer und die Chance auf Selbstverwaltung

Senior-Nutzer sind die Altväter der Community, oft und meist lange dabei und unter den anderen Usern gut bekannt sowie oftmals auch hoch angesehen. Sie treiben die Community an, bilden Meinungen und fordern Gehör. Ein freundschaftliches Verhältnis zu diesen Nutzern ist ein unbezahlbarer Vorteil für den Community Manager.

Neben der Meinungsführerschaft bietet sich hier eine weitere große Chance: die offizielle oder inoffizielle Beförderung vom Power-User zum aktiven Unterstützer des Community Managements. Diese Helfer bringen zahlreiche Vorteile mit sich: Sie sind oft zu Zeiten online, wo Mitarbeiter des betreibenden Unternehmens nicht unbedingt online sind. Im Gegensatz zu offiziellen Community Managern sind sie teilweise authentischer, weil sie genau wie die anderen Mitglieder »nur User« sind. Sie können anderen Nutzern Fragen beantworten, effektiv Streite schlichten, ungünstige oder gefährliche Inhalte identifizieren und melden und viele andere Hilfestellungen bieten. Manche Unternehmen machen sich das Prinzip der Power-User sogar komplett zu eigen. Zum Beispiel beantworten in der »Telekom hilft Community« Experten aus der Community die Fragen anderer Kunden (siehe Abbildung 8.3, *https://telekomhilft.telekom.de*).

Senior-User sind oft leidenschaftliche Fans des Unternehmens oder des Themas, aber trotzdem Individuen mit eigenen Interessen. Achten Sie darauf, dass Sie ihnen stets die Wertschätzung zeigen, die sie verdient haben. Manche Nutzer werden Forderungen stellen, manchmal Dinge und Rechte, die weder das Unternehmen noch der Community Manager leisten kann oder will. In einer solchen Situation sind dann viel diplomatisches Geschick, Fingerspitzengefühl und ein guter Kompromiss für beide Seiten gefragt. Bei Unzufriedenheit können die Power-User aufgrund ihres Status und der Vernetzung negative Stimmungen tief in die Community treiben.

Deshalb sollten Sie bei Senior-Nutzern einige Punkte beachten:

▸ Kennen Sie Ihre Senior-Nutzer, die oftmals gleichzeitig auch Meinungsführer sind.

▸ Bleiben Sie mit Ihrer Community-Seniorität stets in Verbindung, und zwar auf einem persönlichen, menschlichen Level.

▸ Hören Sie auf Ihre Senior-Nutzer. Sie müssen nicht alle Wünsche umsetzen, aber zumindest zuhören und kommunizieren, welchen Anklang diese gefunden haben.

▸ Wenn Sie eine eigene Community-Plattform haben, sollten wesentliche Änderungen oder Neuerungen schon in der Planungsphase an die Senior-Nutzer kommuniziert werden.

▸ In diesem Zusammenhang gilt auch, dass Ihre Power-User neue Funktionen oder Designs vorab testen können.

▸ Ermöglichen Sie mindestens Ihren Senior-Nutzern, sich mit Ihnen zu treffen. Wenn die Community eigene Treffs organisiert, sollten Sie zumindest bei einigen Treffen anwesend sein. Sollten Sie als Community Manager auf einer interessanten öffentlichen Veranstaltung sein (Messe, Konferenz, Feste, …), teilen Sie dies Ihren Mitgliedern mit. Livetreffen verbessern die Kommunikation und stärken das Vertrauen. Auf dieses Thema werde ich noch ausführlich in Abschnitt 8.11, »Community Management offline – Events & Co.«, eingehen.

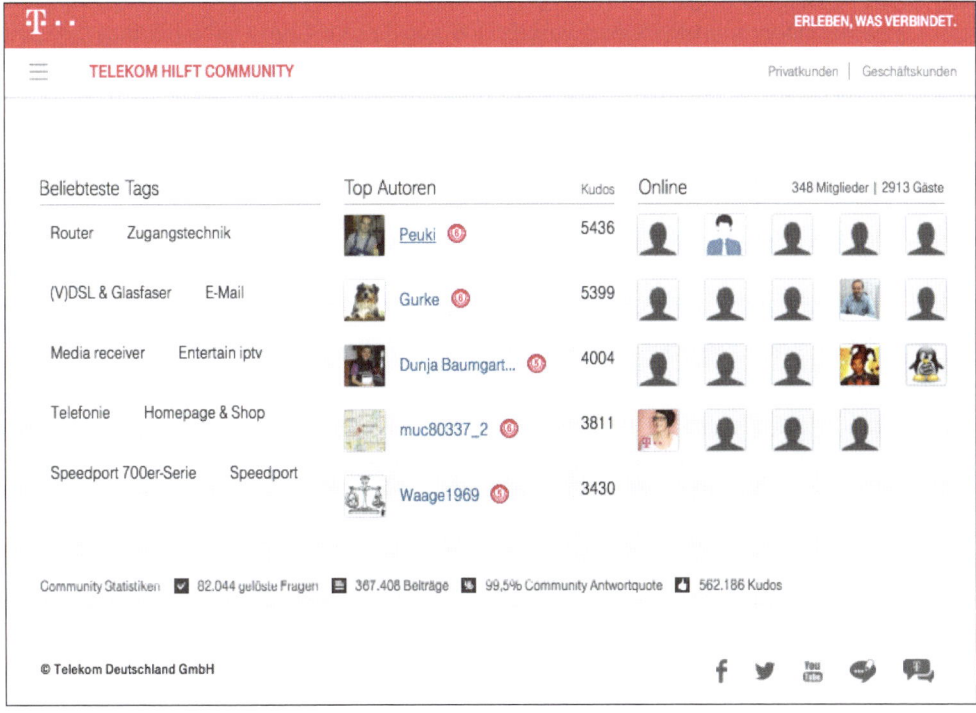

Abbildung 8.3 Die Top-Helferlein in der »Telekom hilft Community«

8.3.5 Warum Karteileichen nicht wertlos sind

Wenn ein User nicht mehr mit Ihrer Präsenz interagiert, ist er dennoch nicht wertlos. Manchmal gibt es Phasen, die mit dem »Winterschlaf« vergleichbar sind. Mitglieder sind im Stress, im Urlaub, umgezogen, haben kurzfristig ihre Leidenschaft für ein anderes Thema gefunden. Manche User lassen sich zu bestimmten Anlässen oder in einer späteren Phase reaktivieren, andere nicht. Dies ist nicht schlimm und manchmal einfach der »Lauf des Lebens«. Selbst Abmeldungen sind keine Katastrophe, solange Ihre User nicht in Scharen abwandern, was ein klares Zeichen dafür ist, dass etwas schiefläuft.

Nun kennen Sie den Lebenszyklus eines Nutzers in einer Community und damit zu Teilen auch schon Bestandteile des Community Engagements, auf das ich im nächsten Abschnitt noch einmal vertiefend eingehe.

8.4   Community Engagement – Ihre Community aktivieren

Community Engagement ist die Kunst, die Mitglieder der Community dazu zu bringen, mit Ihrer Präsenz zu interagieren und sich aktiv einzubringen.

Eine der grundlegenden Bedingungen für Interaktion sind gute Inhalte von Ihrer Seite. Daran führt kein Weg vorbei, und aus diesem Grund habe ich Ihnen diesen Aspekt in Kapitel 7, »Corporate Content – die richtigen Inhalte«, ausführlich vorgestellt. An dieser Stelle halte ich fest: Corporate Content ist ein wichtiger Bestandteil im Community Engagement.

Wer seine Fans und Follower aktivieren möchte, sollte zusätzlich zu dem User-Life-Cycle die Ein-Prozent-Regel, sowie die Grundregeln für Interaktion in Online-Communitys kennen.

8.4.1   Die Ein-Prozent-Regel oder das 90-9-1-Prinzip

Eines der Grundprinzipien der Internetkultur wird in der *Ein-Prozent-Regel* oder auch *90-9-1-Prinzip* zusammengefasst. Dieses Prinzip wurde im Jahr 2006 von Jacob Nielsen aufgestellt und sagt Folgendes aus:

▶ Lediglich 1% der Personen in einer Community produziert Inhalte (Creators).

▶ Weitere 9%, die Contributors, kommentieren, bearbeiten und teilen diese Inhalte.

▶ Die restlichen 90%, die sogenannten »Lurker«, schauen sich die Inhalte nur an.

Die Regel ist zwar über zehn Jahre alt, das Prinzip dahinter hat aber nach wie vor großflächig Bestand. Sie müssen also immer davon ausgehen, dass lediglich ein Bruchteil Ihrer Fans, Follower und Mitglieder überhaupt aktiv auf Ihre Inhalte reagieren wird. Behalten Sie dies bei Ihren Zielen und Erwartungen immer im Hinterkopf. Wenn Sie höhere Interaktionszahlen erreichen, können Sie sich freuen, denn das ist ein Zeichen dafür, dass Sie gut sind.

8.4.2   Die wichtigsten Grundregeln für Interaktion in Online-Communitys

Neben Raum für den Bezugspunkt und die Motivation Ihrer Community müssen Sie eine passende Umgebung für Interaktion schaffen. Im Folgenden gebe ich Ihnen die wichtigsten Grundregeln für ein gesundes Community-Umfeld mit auf den Weg.

Sorgen Sie für positive Rahmenbedingungen

Ein großer Einflussfaktor ist die Atmosphäre in der Community selbst. Herrscht ein freundliches Miteinander, oder werden Neulinge sofort in Grund und Boden gestampft? Gibt es klare Regeln für den Umgang miteinander, oder macht jeder, was er will? Je angenehmer die Stimmung und die Diskussionen sind, desto niedriger ist die Hemmschwelle für neue Nutzer, sich selbst aktiv einzubringen. Sorgen Sie mit klaren Regeln und einer Netiquette für gute Rahmenbedingungen, und setzen Sie diese auch um.

Mehr als Management, übernehmen Sie eine Führungsrolle in der Community, und steigen Sie in die Unterhaltung ein

Ein wirklich guter Community Manager übernimmt die Rolle einer herausragenden Führungskraft in seiner Community. Er oder sie geht mit gutem Beispiel voran, ist Mentor und Lehrer für die Mitglieder, inspiriert, lobt und ermutigt. Auf der anderen Seite jedoch wird inadäquates Verhalten sanktioniert und auf Spur gebracht, wer für Unruhe in der Community sorgt. Herrscht in Ihrer Community eine positive, respektvolle Atmosphäre, dann sinkt die Hemmschwelle für die Mitglieder, sich selbst einzubringen. Aus diesem Grund ist eine starke Führungskraft an dieser Stelle gut für das Engagement.

Mischen Sie sich darüber hinaus nicht nur dann in die Unterhaltung ein, wenn es Probleme oder Fragen gibt. Unterhalten Sie sich mit Ihren Mitgliedern, wann immer es passt, antworten Sie auch mal mit einem Augenzwinkern, und spielen Sie generell eine aktive Rolle in der Community.

Kennen Sie Ihre Zielgruppe

Eine Voraussetzung, die wirklich in jedem Bereich wichtig ist, ist, die eigene Zielgruppe und deren Motivationen und Bedürfnisse zu kennen. Je besser Ihre Inhalte zu Ihren Nutzern passen, desto höher wird die Interaktion ausfallen. Wie individuell dies sein kann, zeigt für mich immer wieder Jessica von der Lidl-Facebook-Seite. Sie passt mit ihrem Stil perfekt zu den Fans der Lidl-Facebook-Seite. Selbst Werbepostings, die von Jessica eingestellt werden, erhalten viele Likes und Kommentare. Ein selbst gemaltes Bild mit der fröhlichen Ankündigung, dass der spendable Chef gerade allen Mitarbeitern Eis geschenkt hat, erreicht fast 4.500 Likes (siehe Abbildung 8.4).

Wenn Sie sich die Timeline von Lidl anschauen, finden Sie hier zwischen Kochrezepten und -videos auffällig viel Werbung und Gewinnspiele, eine Mischung, die nicht für jedes Unternehmen funktioniert. Doch für Lidl funktioniert diese Strategie sehr gut, weil sie offensichtlich zu den Fans passt.

Abbildung 8.4 Egal, was Jessica schreibt, den Lidl-Fans gefällt es.

Das richtige Timing für Ihre Postings

Je mehr Personen Ihre Status-Updates sehen, desto mehr Menschen haben die Chance, mit diesen zu interagieren. Eine Studie der Agentur Socialbakers ergab, dass über die Hälfte der Reichweite eines Postings auf Facebook innerhalb der ersten 30 Minuten erreicht wird.[1] Wie Sie in Abbildung 8.5 sehen können, sinkt die Wahrscheinlichkeit, dass Ihr Update einem Fan überhaupt angezeigt wird, schon nach 10 Minuten rapide.

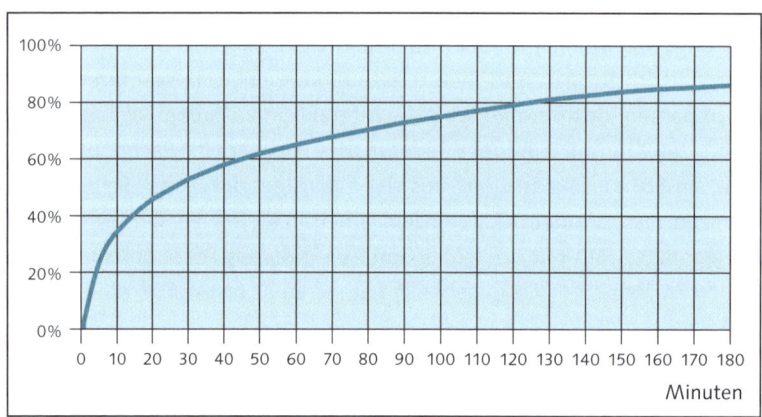

Abbildung 8.5 Relative Reichweite in der Zeit nach einem Posting (Quelle: socialbakers)

---

1 *www.socialbakers.com/blog/1662-facebook-real-time-marketing-50-post-reach-happens-in-30min*

Auch wenn diese Studie spezifisch für Facebook war, ist anzunehmen, dass es in den anderen sozialen Netzwerken nicht wesentlich anders ist. Doch wann ist der richtige Zeitpunkt für Beiträge? Ein grobes Gefühl kann hier eine Studie des URL-Verkürzers Bit.ly vermitteln. Dieser ermittelte die besten Zeiten für hohe Klickraten auf Facebook, Twitter und Tumblr. Die meisten Klicks auf Facebook gibt es demnach zwischen ein und vier Uhr nachmittags, die Spitzenzeit überhaupt war mittwochnachmittags um drei Uhr. Nach acht Uhr abends und an den Wochenenden dagegen war die Interaktion eher mau. Auf Twitter sah es ähnlich aus, Tumblr-Nutzer dagegen verhalten sich ganz anders. Alles, was hier vor vier Uhr nachmittags gepostet wird, findet kaum Beachtung. Die Spitzenzeiten liegen montags bis donnerstags zwischen sieben und zehn Uhr abends, und selbst der Sonntag liefert noch sehr gute Zahlen. Eine ausführliche Darstellung der Studie inklusive der zugehörigen Grafiken finden Sie unter *https://goo.gl/XwcHVX*.

Was diese Studie zeigt, ist, dass es nicht den einen perfekten Zeitpunkt für Inhalte gibt. Je nach sozialem Netzwerk, Ihrer Zielgruppe und sogar dem Wetter draußen gibt es hier Unterschiede, die sich nicht pauschalisieren lassen. Wann Ihre persönliche Spitzenzeit ist, müssen Sie entsprechend selbst herausfinden. Auf Facebook helfen Ihnen dabei die Statistiken, wann die Fans Ihrer Seite online sind, auf den anderen Netzwerken müssen Sie dies über eine Auswertung Ihrer Posts herausfinden.

Setzen Sie die Einstiegshürde möglichst niedrig an

Eigentlich ist es ganz logisch, je komplizierter die Interaktion mit Ihren Inhalten ist, desto geringer ist die Chance, dass jemand mitmacht. Sorgen Sie deswegen dafür, dass es möglichst einfach für Ihre Mitglieder ist, zu kommentieren, miteinander zu diskutieren und an Aktionen und Wettbewerben teilzunehmen.

Wenn Sie eine eigene Community-Plattform haben oder entwickeln möchten, ziehen Sie jemanden hinzu, der sich mit nutzerfreundlichen Oberflächen (Usability) auskennt. Darüber hinaus können Sie Ihren Nutzern mit einem sogenannten *Social Login* ermöglichen, sich mit einem bestehenden Account in einem der sozialen Netzwerke zu registrieren. Beziehen Sie bei der Planung eines solchen Schrittes immer auch Ihren Datenschutzbeauftragten ein, um eine rechtskonforme Umsetzung zu gewährleisten.

Nutzen Sie Social Logins für die eigene Community

Interessante Zahlen zu den Auswirkungen von Social Logins brachte eine Studie von Gigya hervor. So registrierten sich nicht nur 33 % mehr Mitglieder. Die Nutzer, die sich per Social Login registrierten, verbachten 56 % mehr Zeit auf der Seite, machten 76 % mehr Seitenaufrufe und konvertierten gleich fünfmal häufiger zu Käufern. Die Infografik zur Studie können Sie sich im »Marketing TechBlog« unter *http://bit.ly/19Ve3xx* ausführlich ansehen.

Wettbewerbe und Aktionen

Insbesondere in den Sommermonaten und rund um Feiertage wird es ruhiger in fast jeder Community. Ein idealer Zeitpunkt, um einen Wettbewerb zu starten. Wettbewerbe erhöhen die Aktivität und ziehen bei guter Außenkommunikation neue Mitglieder an, die dann wiederum zu wiederkehrenden Nutzern konvertiert werden können. Außerdem stellen sie indirekt eine Belohnung für die Mitglieder dar, die der Community in den ruhigen Zeiten treu geblieben sind. Wettbewerbe üben generell einen hohen Reiz auf Menschen aus – sie können sich mit anderen messen und eigene Fähigkeiten testen. Achten Sie jedoch darauf, dass Ihre »Engagement-Strategie« nicht nur aus wechselnden Wettbewerben und Rabattaktionen besteht. Oftmals sind die Nutzer, die sich nur deswegen anmelden, genauso schnell wieder weg, wie sie kamen. Auf Facebook schaden diese »Gewinnspielnomaden« sogar nachhaltig der Interaktion und Reichweite. Spannende Zahlen zu diesem Phänomen gibt es von FanpageKarma in dieser Präsentation: *http://bit.ly/dsomemaFPKGewinnspiel.*

Belohnen Sie gute Inhalte

Öffentliches Lob und Aufmerksamkeit sind eine große Motivation für so manch einen Nutzer. Nutzen Sie dieses Wissen, und stellen Sie Ihrer Community besonders gute Inhalte vor. Dies belohnt nicht nur die Urheber des *User-generated Contents* (UGC), sondern spornt auch andere Mitglieder an, mit ebenso guten Inhalten ins Rampenlicht zu kommen. Eurowings kombiniert aktuell diesen Mechanismus mit einem Gewinnspiel. In jeder Ausgabe des hauseigenen Wings-Magazins werden besonders gelungene Fanbilder abgedruckt und wird gleichzeitig dazu aufgerufen, die eigenen Eurowings-Reisemomente zu teilen (siehe Abbildung 8.6).

Abbildung 8.6 Die besten Fanfotos schaffen es in das Wings-Magazin.

Nehmen Sie neue Nutzer an die Hand

Ein Rat, der in Communitys auf fremden Plattformen nur bedingt umsetzbar, dafür in einer eigenen Community umso wichtiger ist: die Begrüßung und Einführung neuer Mitglieder. Sorgen Sie dafür, dass diese bereits in der Begrüßungs-E-Mail darüber informiert werden, was sie auf Ihrer Plattform tun können. Wenn möglich, grüßen Sie die Neulinge persönlich per persönlicher Nachricht oder beispielsweise per Pinnwandeintrag. Richten Sie einen Bereich ein, in dem Neulinge alle Informationen finden, die sie für einen gelungenen Start in Ihrer Community brauchen. Diese Infobereiche sind besonders oft in Foren zu finden, ein Beispiel aus dem Lego-Forum sehen Sie in Abbildung 8.7.

Abbildung 8.7 Hilfe für Einsteiger und Neulinge im Forum

Sowohl die Leiste auf der rechten Seite als auch der erste Punkt auf der linken Seite führen Neulinge und Einsteiger direkt zu Hilfe rund um die Benutzung des Forums.

Kennen und pflegen Sie Ihre Power-User

Ein Aspekt, den ich schon im Rahmen des User-Life-Cycles in Abschnitt 8.3, »User-Life-Cycle-Management – vom Besucher zum aktiven Mitglied«, angesprochen habe, ist der besonders gute Umgang mit Power-Usern und Meinungsführern in Ihrer Community.

Abbildung 8.8 Persönliche Ansprache von Power-Usern

Die Deutsche Bahn hat beispielsweise eine Liste ihrer treuesten Nutzer, damit diese auch persönlich angesprochen werden. Eine kleine Geste, die zu einem ganz anderen Verhältnis zu diesen Meinungsführern führt (siehe Abbildung 8.8).

8.5   Erfolgsfaktoren im direkten Dialog mit der Community

Der direkte Dialog mit der Community ist immer noch die Hauptaufgabe des Community Managements. Unabhängig von Plattform, Demografie, Laune und Ansprache des Gegenübers muss ein Community Manager in der Lage sein, adäquat auf jegliche Fragen, Kommentare und Kritik einzugehen. Dass dies nicht immer einfach ist, können Sie sich vielleicht vorstellen. Einen Masterplan für die Kommunikation gibt es nicht, sehr wohl jedoch Erfolgsfaktoren, die Sie im Dialog beachten müssen.

8.5.1   Empathie

Je mehr Sie auf Ihr Gegenüber im Gespräch eingehen, desto besser verläuft die Kommunikation. Versetzen Sie sich also immer in die Lage der Person, mit der Sie gerade kommunizieren. In welcher Stimmung ist der Verfasser gerade, was erwartet er von Ihnen, welche Reaktion würden Sie sich an seiner Stelle wünschen? Bei der digitalen Kommunikation kommt erschwerend hinzu, dass nonverbale Signale komplett fehlen. Hier hilft in der Regel nur Erfahrung und Menschenkenntnis dabei, das Geschriebene richtig zu interpretieren.

8.5.2   Kommunikation auf Augenhöhe

Sprechen Sie die Sprache der Community. Das beginnt damit, dass Sie sich an die Tonalität und Gepflogenheiten einer Plattform anpassen. Auf XING beispielsweise ist ein professionelles Sie in der Kommunikation Pflicht, während auf Twitter eher lockere Umgangsformen und ein Du an der Tagesordnung sind. Hier gilt es, im Vorfeld genau zu beobachten, wie die Kommunikation auf einer Plattform abläuft. Selbst wenn Sie dann ein Gefühl für die Plattform an sich haben, müssen Sie sich noch immer Ihrem Gegenüber anpassen. Darüber hinaus sollten Sie es vermeiden, dass ein Nutzer das Gefühl bekommt, Sie behandelten ihn »von oben herab« oder nähmen ihn nicht ernst. Gute Umgangsformen, Respekt und sorgfältig gewählte Worte sind hier der Schlüssel zum Erfolg. Warum das so wichtig ist, habe ich in meinem Blogartikel »Lieber Kunde, Du Arschloch – der schmale Grat zwischen Dialog und Diffamierung im Community Management« unter *http://bit.ly/dsomemaLKDA* zusammengefasst.

Im Spagat zwischen Unternehmenssprache und dem Web

Die Frage nach dem Sie oder Du in der Kommunikation in den sozialen Netzwerken ist vielschichtig. Neben den Umgangsformen in den sozialen Netzwerken spielen die Gepflogenheiten im eigenen Unternehmen auch immer eine Rolle. So kann es zu einem gefühlten Bruch in der Außendarstellung kommen, wenn ein traditionelles Unternehmen seine Kunden im Web plötzlich duzt, nur weil das auf der jeweiligen Plattform gerade so Usus ist. Treffen Sie hier eine grundsätzliche Entscheidung. Möchten Sie diesen Bruch bewusst in Kauf nehmen, um beispielsweise eine jüngere Zielgruppe anzusprechen? Wenn nicht, ist es besser, trotz der Umgebung grundsätzlich den Traditionen treu zu bleiben und im Bedarfsfall individuell auf Nutzer einzugehen, die lieber anders angesprochen werden möchten. Dabei hat sich die »gespiegelte Anrede«, bei der Sie dem Nutzer so mit der Anrede antworten, mit der dieser Sie angesprochen hat, bewährt.

Generell sollte die Tonalität Ihrer Kommunikation in den sozialen Medien zu der allgemeinen Kommunikation Ihres Unternehmens passen. Das bedeutet aber nicht, dass ein sehr konservativer Betrieb stocksteif auftreten muss, aber eine gewisse Seriosität sollten Sie sich in jedem Fall erhalten.

8.5.3   Kennen Sie Ihre Pappenheimer

Ein Community Manager muss nicht nur die Meinungsführer und Power-User kennen, sondern auch sonst sämtliche Mitglieder, die irgendwelche Auffälligkeiten zeigen: sei es der Nutzer, der es immer wieder schafft, sich hoffnungslos zu blamieren, der charmante Witzbold oder der Nutzer, auf den alle losgehen, sobald er sich zu Wort meldet. Legen Sie sich am besten eine zentrale Liste an, die alle Community Manager einsehen und ergänzen können. Je besser Sie Ihre Community kennen, desto besser funktioniert die Kommunikation.

8.5.4   Zeigen Sie Persönlichkeit!

Es kann wahre Wunder wirken, zu zeigen, dass kein Roboter, sondern ein echter Mensch auf der anderen Seite des Bildschirms sitzt. Trauen Sie sich, Sie selbst zu sein, zeigen Sie Ihre Persönlichkeit, und geben Sie damit Ihrem Unternehmen ein Gesicht gegenüber der Community. Ein persönlicher, authentischer Dialog ist sowieso nur möglich, wenn Sie sich nicht verstellen.

8.5.5   Seien Sie schnell

Nutzer der sozialen Netzwerke erwarten schnelle Reaktionen. Stellen Sie sicher, dass Sie mit den passenden Tools arbeiten, um zu gewährleisten, dass Sie möglichst immer genau wissen, was in Ihrer Community gerade los ist. Neben den eingebauten Benachrichtigungen in Facebook, Twitter & Co. gibt es hier eine Reihe von Softwareanbietern und Dienstleistern, die Sie dabei unterstützen können (mehr dazu in Abschnitt 15.4.1, »Social-Media-Management-Tools für Teams«).

8.5.6   Seien Sie konsequent

Der Community Manager ist auch immer irgendwie ein Stück weit Kindergärtner. Die Mitglieder der Community werden ihre Grenzen austesten, Sie müssen in einem solchen Moment souverän die Regeln und die Netiquette durchsetzen. Seien Sie dabei konsequent. Wenn Sie ein Mitglied für einen Regelverstoß bestrafen und ein anderes nicht oder wenn Fehlverhalten niemals Konsequenzen hat, wird Ihnen die Community Willkür vorwerfen und auf der Nase herumtanzen. Von diesem Level wieder zu einer vernünftigen Kommunikation zu kommen funktioniert meist nur noch mit externer Hilfe. Wenn Sie diese grundsätzlichen Leitlinien beachten, werden Sie schon bald merken, wie Ihnen die Kommunikation langsam, aber sicher ins Blut übergeht. Das beste Lehrbuch an dieser Stelle ist nämlich die Erfahrung. Mit jedem Posting und jeder Antwort, die Sie schreiben, sowie den damit einhergehenden Reaktionen lernen Sie ein Stück mehr, wie es geht oder eben nicht.

8.5.7   Der schmale Grat zwischen humorvollem Dialog und Diffamierung

Wie bereits erwähnt, ist ein souveräner Umgang mit Störenfrieden, Trollen und anderen unangenehmen Zeitgenossen notwendig und wichtig. Die Betonung liegt dabei auf *souverän*, denn in dieser Disziplin hat sich eine Reihe von Community Managern formiert, deren Fokus eher darauf liegt, Nutzer möglichst lustig bloßzustellen oder zu diffamieren – meiner Meinung nach eine sehr unangenehme Entwicklung. Warum? Was hier bei einem Teil der Zielgruppe gut ankommt, hat für andere einen extrem fahlen Beigeschmack. Dabei ist es gar nicht so schwer, souverän zu kommunizieren, ohne dafür unter die Gürtellinie zu gehen. Warum Diffamierung im Community Management keinen Platz hat und wie Sie Humor richtig einsetzen, habe ich in meinem Blog ausführlich behandelt: *http://bit.ly/dsomemaDCM*.

8.6   Reaktionsschema für das Community-Management-Team

Besonders zu Beginn der Arbeit im Community Management hilft es, eine grobe Orientierung zu haben, wie Sie auf welche Art von Post reagieren müssen. In Abbildung 8.9 sehen Sie ein Reaktionsschema, das sich im täglichen Einsatz bewährt hat.

Wenn ein neuer Beitrag auf einer Ihrer Präsenzen gepostet wird, gilt es zunächst einmal, zu prüfen, ob dieser positiv oder negativ ist. Im Fall einer positiven Nachricht ist das weitere Vorgehen relativ einfach. Ist keine Antwort erwünscht, dann müssen Sie auch keine verfassen. Möchte der Absender eine Reaktion, was er beispielsweise durch eine direkte Ansprache signalisiert, geben Sie ihm entweder eine nette Antwort auf seine Frage oder bedanken sich für den Inhalt der Nachricht. Im Fall eines negativen Beitrags gilt es zunächst einmal, die Intention des Verfassers zu prüfen. Handelt es sich um einen unzufriedenen Kunden, einen Dauernörgler oder gar einen Spaßvogel/Troll? Im ersten Fall muss eine Problemlösung in die Wege geleitet werden, gegebenenfalls unter Korrektur der Fakten. Im zweiten Fall wird ebenfalls überprüft, ob die Fakten stimmen und ob das Problem gelöst wurde. Je nach Ergebnis dieser Prüfungen wird dem Beschwerdeführer erneut erklärt, was unternommen wurde, oder bei Wiederholungstätern der Beitrag lediglich beobachtet. Letzteres ist auch die Strategie im letzten Fall, es sei denn, der Beitrag führt zu Störungen in der Community.

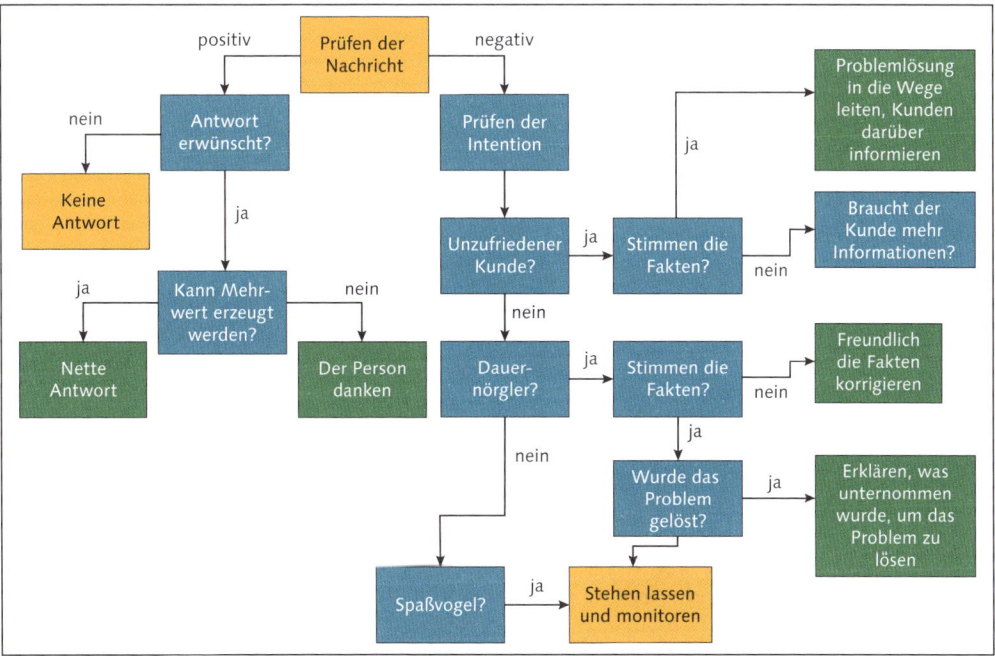

Abbildung 8.9 Reaktionsschema für Beiträge und Nachrichten

Das Reaktionsschema ist an dieser Stelle bewusst oberflächlich gehalten. Jeder Community Manager entwickelt in der Kommunikation seinen eigenen Stil, und das ist auch gut so. Nichts ist schlimmer als Textbausteine und Copy-&-Paste-Antworten in der Social-Media-Kommunikation (oder jede Antwort, die sich danach anhört). Das kommt nämlich nicht nur bei den Kunden so an, als ob sie nicht richtig ernst genommen würden, sondern ist auch eine beliebte Vorlage für Worst-Practice-Beispiele in Präsentationen auf Social-Media-Veranstaltungen. Ein solches sehen Sie in Abbildung 8.10: eine kurze, relativ generische Antwort, die sogar noch den Namen der Person trägt, die diese ebenfalls bekommen hat. Wirklich keine gute Idee, wenn Sie einen genervten Kunden vor sich haben.

Abbildung 8.10 Alles, was sich nach Textbaustein anhört, kommt beim Kunden nicht gut an.

8.7   Fehler und Probleme richtig kommunizieren

Unternehmen bestehen aus Menschen, und Menschen machen Fehler. Das ist per se noch nicht einmal schlimm, solange sie richtig damit umgehen. Richtig bedeutet in diesem Zusammenhang, zu dem Fehler zu stehen und sich öffentlich und aufrichtig dafür zu entschuldigen. Versuchen Sie gar nicht erst, Fehler zu vertuschen oder kleinzureden, damit gießen Sie nur noch mehr Öl ins Feuer. Dieses Prinzip gilt aufgrund des Mehr an Transparenz, das Social Media mit sich bringt, für sämtliche Bereiche des Unternehmens. Egal, wo im Unternehmen etwas schiefläuft, Fehler und Probleme können heutzutage jederzeit für eine breite Öffentlichkeit sichtbar werden.

8.7.1   Beispiel – LEGO und der Held der Steine

Eine Erfahrung dieser Art musste der Spielsteinhersteller LEGO im Rahmen einer Markenrechtsverteidigung machen. An sich ist der Prozess nichts Besonderes, Firmen müssen sogar reagieren, wenn ihre Markenrechte verletzt werden, um diese nicht zu verlieren. In diesem Fall verschickte LEGO jedoch ein Anwaltsschreiben an Thomas Panke, besser bekannt als »Held der Steine«, einen der reichweitenstärksten Baustein-Influencer. Er hat mehr als 260.000 Abonnenten auf seinem You-Tube-Kanal, kann auf Millionen Aufrufe seiner mehr als 300 Videos verweisen und steht ganz oben, wenn ein Nutzer auf YouTube nach LEGO sucht. Dazu ist Herr Panke ein Musterbeispiel eines authentischen Meinungsführers. Er verzichtet bewusst auf gesponsorte Sets für seine Videos und den Status »LEGO Recognized Fan Media«. Dafür analysiert, lobt und kritisiert er die LEGO-Bausteinsets mit Leidenschaft und hat eine treue Community um sich. Vor diesem Hintergrund wird deutlich, dass es mindestens taktisch unklug war, Herrn Panke in einem Standardprozess abzumahnen. So kam es, wie es kommen musste. Nachdem der Held der

Steine die Abmahnung in einem Video[2] »vorgestellt« hatte, brach auf sämtlichen Social-Media-Kanälen ein riesiger Empörungssturm los. Dieser blieb natürlich auch von der Presse nicht unbemerkt, sodass reihenweise Artikel die Aufmerksamkeit noch verstärkten.

LEGO äußerte sich in den sozialen Medien zunächst gar nicht zu dem Vorgang, sondern veröffentlichte weiter reguläre Inhalte. Das wiederum führte dazu, dass sich die entrüsteten Nutzer unter sämtlichen Beiträgen Luft machten. Zwei Tage später wurde dann in den Kommentaren einer der besagten Beiträge ein kurzes, erklärendes Statement veröffentlicht.[3] Doch dies dämmte die Wut der Fans des Helden der Steine nicht wirklich ein (siehe Abbildung 8.11).

Abbildung 8.11 Lego gibt ein erstes Statement ab, die Fans sind nicht zufrieden.

Ganze zehn Tage später, auf der Pressekonferenz vor der Nürnberger Spielwarenmesse, folgte dann eine Entschuldigung. Der Geschäftsführer Deutschland Frédéric Lehmann sagte:[4] »Wir haben in diesem Fall nicht richtig kommuniziert. Wir hätten besser einmal den Telefonhörer in die Hand nehmen sollen, statt sofort Briefe zu schreiben. Mittlerweile ist das passiert.«

---

2 www.youtube.com/watch?v=M_UrLZzwWJ4, aktuell mehr als 1,7 Millionen Abrufe.

3 www.facebook.com/LEGOGermany/photos/a.142456302458478/2041027405934682

4 Einen Videoausschnitt der Pressekonferenz können Sie sich hier ansehen: https://youtu.be/aHSIOVHQ11s

Dazu erklärte er auch noch einmal, dass der Schutz der Markenrechte an sich notwendig sei, aber im Hinblick auf das Wie die eigenen Kommunikationsprozesse auf Fehler und Verbesserungsmöglichkeiten hin überprüft werden. Den Abschluss der Causa »Held der Steine« bildete dann ein persönliches Treffen zwischen dem YouTuber und dem Deutschlandchef auf der Spielwarenmesse.

Spätestens wenn eine Situation so viel Öffentlichkeitswirksamkeit erlangt, ist ein Kommentar von »ganz oben« durchaus sinnvoll. Eine öffentliche Antwort der Führungsebene und das Gewicht, das in dieser mitschwingt, ist nämlich ein deutliches Zeichen. Dies heißt nicht, dass Ihr Geschäftsführer die Antwort selbst schreiben oder verkünden muss. Ich kenne sogar Unternehmen, in denen das Community Management bei Bedarf auf die Fassade der Geschäftsleitung zurückgreifen kann.

8.7.2 Beispiel: Shitstorm auf dem »Rock im Park«

Einen wortwörtlichen Shitstorm erlebten die Veranstalter des Musikfestivals »Rock im Park«. Aufgrund von technischen Störungen an Wassertoiletten und Duschen fehlten reihenweise sanitäre Örtlichkeiten für die rund 70.000 Teilnehmer. Vor den verbleibenden Toiletten und Dixi-Klos bildeten sich endlose Schlangen, weswegen sich mehrere Besucher »einfach so« auf dem Gelände erleichterten.

Abbildung 8.12 Ist das Kind in den Brunnen gefallen, hilft nur Transparenz.

Entsprechend laut wurde die Kritik in den sozialen Netzwerken, es wurde sogar eine Petition für die Rückzahlung des Eintrittspreises gestartet. Das Community

Management reagierte hier mit genau der richtigen Transparenz. Neben einer ausführlichen Schilderung, was schon getan wurde, um die Missstände einzudämmen, wird auch angekündigt, dass 250 weitere Dixi-Klos aus ganz Deutschland herangeschafft werden (siehe Abbildung 8.12).

Dass diese Ansage nicht dafür sorgt, dass sich der Unmut direkt in Luft auflöst, ist verständlich. Aber eine derartige transparente Kommunikation sorgt zumindest dafür, dass die kommunikative Lage nicht eskaliert.

8.8 Die dünne Linie zwischen Zensur und gerechtfertigter Löschung

Es gibt Menschen, die der Meinung sind, dass Löschen generell tabu ist. Ich habe hier ganz andere Erfahrungen gemacht. Schwere Beleidigungen, Drohungen und persönliche Angriffe haben nichts in der Öffentlichkeit zu suchen und können sogar strafrechtlich relevant sein. Derartige Kommentare sollten Sie ausblenden oder löschen, nachdem Sie einen Screenshot zur Dokumentation gemacht haben. Wichtig ist dabei, dass Sie den Verfasser via persönliche Nachricht darüber informieren und ihm die Gründe dafür erklären. Wird in einem solchen Fall »Zensur« geschrien, antworten Sie klar auf den Vorwurf, dass es hier um die Beleidigung und nicht um die sonstigen Inhalte ging. Lassen Sie sich nicht mit der Zensurkeule trollen!

Sachlich vorgebrachte Kritik dagegen erfordert eine ebenso sachliche Antwort. Begehen Sie nicht den Fehler, Kommentare zu löschen, die Ihnen nicht gefallen oder die schlechte Erfahrungen eines Kunden widerspiegeln. Sehen Sie diese Kommentare als Chance, zu retten, was zu retten ist. Einen Leitfaden für den Umgang mit kritischen Stimmen im Netz finden Sie unter: *http://bit.ly/17XT8a5*

8.9 Don't feed the Trolls – der Umgang mit Störenfrieden

In jeder Community gibt es Störenfriede. Das sind die frustrierten Nutzer, die aus Unmut permanent provozieren, Personen, die bestimmte andere Nutzer nicht ausstehen können, oder jene, die gezielt mit dem Zweck, Unruhe zu stiften, bei Ihnen vorbeischauen. Ein klassischer Störenfried ist hierbei der sogenannte *Troll*. Er ist an seinen kurzen, unsinnigen und vor allem provokanten Aussagen erkennbar. Diese Nutzer suchen nach Aufmerksamkeit und haben keinerlei Interesse an einem Diskurs. Im Gegenteil, sie verdrehen und ignorieren jede noch so sinnige, faktisch korrekte und schlichtende Antwort. Deshalb hat sich zur Abwehr eine Kommunikationsweise bewährt, die man auch als »Aushungern« bezeichnen könnte. Hierbei werden die trollenden Nutzer schlichtweg ignoriert oder erhalten maximal einen

Antwortsatz, der sie freundlich von der Diskussion ausschließt. Hierfür dienen Sätze wie zum Beispiel: »Auf diese Art und Weise diskutieren wir hier nicht.« Bei der Umgangsweise mit Trollen gehen die Meinungen der erfahrenen Community Manager auseinander. Die eine Meinung besteht auf knappen Antworten, die eher vorherrschende Meinung bevorzugt das vollkommene Ignorieren dieser Nutzer.

Probleme entstehen in der Regel dann, wenn andere Nutzer der Community, die vielleicht weniger Erfahrung in dem Umgang mit Trollen haben, darauf reagieren, sich angegriffen fühlen oder allgemein lange Antworten schreiben. Dies füttert die Trolle nur an und stärkt sie. An dieser Stelle gehen einige Community Manager privat auf die betroffenen Nutzer zu und weisen diese dezent auf den Troll hin. Dies muss natürlich mit Feingefühl formuliert werden, da die angesprochenen Nutzer vielleicht mit dem Troll bekannt sind. Schwer wird es auch, wenn der Betroffene bereits zu sehr von dem Troll gereizt wurde und einen Rückzug als Zeichen der Niederlage empfindet. Erhalten Trolle nicht genügend Aufmerksamkeit, werden sie meistens weiterziehen und nur noch vereinzelt oder gar nicht zurückkehren. Trolle zu löschen oder zu blockieren ist übrigens keine gute Idee, da sie dies meistens nur wütend macht und zu weiterer Störkommunikation ermutigt. Sie glauben gar nicht, wie viele neue Accounts ein motivierter Troll innerhalb von wenigen Stunden anlegen kann.

Umgang mit Trollen

Eine gute Anleitung zur Identifizierung von und dem Umgang mit Trollen finden Sie auf dem Blog von Hootsuite: *http://bit.ly/2JBNC5B*

8.10 Warum eine enge Zusammenarbeit zwischen Community und Social Media Management wichtig ist

Ich kann es gar nicht oft genug sagen, zwischen Social Media und Community Management muss eine sehr enge Zusammenarbeit gewährleistet sein. Jede Entscheidung, die im Social Media Management getroffen wird, hat direkte Konsequenzen für die Community Manager. Oftmals kann das Community Management viel besser beurteilen, wie die Community auf eine Kampagne oder ein Thema reagiert. Ich kann Ihnen deswegen nur dringend empfehlen, das Community-Team für jegliche Planungen im Bereich Social Media mit an den Tisch zu holen. Wenn Sie nicht selbst jeden Tag direkt mit Ihren Nutzern kommunizieren, werden Sie nie das gleiche Gefühl für diese entwickeln wie jemand, der genau dies tut. Hören Sie deswegen auf Bedenken der Community Manager, akzeptieren Sie klare Vetos, und tragen Sie diese auch in andere Abteilungen weiter.

8.11   Community Management offline – Events & Co.

Das Offline Community Management ist eine häufig unterschätzte Option im Community Management. Sei es durch den Auftritt auf einem Event oder die Organisation einer eigenen Veranstaltung, mit der Community so richtig in Kontakt zu treten verändert langfristig die Kommunikation mit den Personen, die vor Ort waren.

8.11.1   Besuchen Sie Konferenzen und Events Ihrer Community

Jede Branche hat Konferenzen und Events, auf denen sich die jeweiligen Vertreter und damit auch die Mitglieder Ihrer Community treffen. Finden Sie heraus, wann und wo diese Veranstaltungen sind, verschaffen Sie sich einen Überblick, welche besonders interessant für Sie sein könnten, und planen Sie möglichst früh, welche Sie letztendlich besuchen möchten. Lassen Sie dabei die Kosten nicht außer Acht. Oft ist es sinnvoller, drei Events zu besuchen, die mit geringen Eintrittskosten verbunden sind, als eine Konferenz mitzunehmen, die vierstellige Eintrittsgelder aufruft. Denken Sie immer daran, es geht primär darum, dass Sie für Ihre Community offline präsent sind. Die Kriterien bei der Auswahl der Veranstaltungen sollten entsprechend sein, wie viele Personen Sie treffen können, welche Meinungsführer vor Ort sind, was Sie Ihrer Community vor Ort bieten und welche weiteren Aufgaben Sie erledigen können. Gibt es beispielsweise Messen, auf denen Ihr Unternehmen sowieso vertreten ist? Sehr gut, damit haben Sie an Ihrem Messestand bereits einen guten Treffpunkt und können gleichzeitig Inhalte in Form von Fotos, Interviews und Videos für Ihre Unternehmenspräsenzen produzieren.

Verkünden Sie frühzeitig, auf welchen Veranstaltungen Sie angetroffen werden können, und bieten Sie persönliche Termine an. Ich war immer wieder überrascht, wie viele Mitglieder der Community gerne einmal unter vier Augen mit mir sprechen wollten. Und es lohnt sich, jeder persönliche Kontakt, der positiv verläuft, steht Ihnen online ein Stückchen mehr zur Seite, wenn es brenzlig wird.

8.11.2   Party all Night – Community Manager Style

Das Ende einer Veranstaltung heißt oftmals nicht Feierabend, zumindest dann nicht, wenn noch eine Party auf dem Programm steht. In lockerer Atmosphäre gibt es hier oftmals die besten Gespräche. Achten Sie jedoch immer darauf, dass Sie in Gegenwart von Kunden & Co. stets Ihr Unternehmen repräsentieren. Inadäquates Verhalten wie Besäufnisse oder Unhöflichkeiten sind selbst nach Mitternacht absolut tabu.

8.11.3   Auf einen Kaffee in der Stadt

Eine Möglichkeit, die ich auch immer mal wieder gerne genutzt habe, ist, Wartezeiten durch kleine spontane Meetings zu überbrücken. Wenn ich in einer fremden

Stadt war, habe ich einfach öffentlich gefragt, ob jemand Lust hat, mit mir einen Kaffee zu trinken. Hat fast immer funktioniert und ergab eine Reihe von interessanten Gesprächen.

8.11.4   Die gute alte Postkarte

Gerade in Zeiten der digitalen Kommunikation hat eine gute alte Postkarte eine besondere Wirkung. Schreiben Sie besonderen Mitgliedern Ihrer Community eine Postkarte zu Weihnachten oder zum Geburtstag. Eine kleine Geste, die meistens sehr gut ankommt.

8.11.5   Best Practices – Ideen für das Offline Community Management

Auf der re:publica gibt es neben einer Reihe von guten Vorträgen auch jedes Jahr Best-Practice-Ideen für das Offline Community Management zu sehen. Zwei davon werde ich Ihnen vorstellen.

Zum Auftakt der re:publica veranstalteten die Urlaubspiraten ein Offline Community Event: das Big Blogger BBQ unter dem Hashtag *#prebbq*. Es diente dem Netzwerken, um die Reichweite der Community zu steigern und um die Brand Awareness zu erhöhen. Zur Ankündigung der Veranstaltung wurde ein Facebook Event[5] angelegt und, um Synergieeffekte auszunutzen, erfolgten die offiziellen Anmeldungen via Twitter (siehe Abbildung 8.13).

Hier wird sichtbar, was mit Offline Community Management als wichtigem Bestandteil von Social Media erzielbar ist. Durch den Buzz von *#prebbq* wurde nicht nur eine neue Zielgruppe erreicht, sondern die bereits bestehende Community auch offline vertieft. Teilnehmende Gäste wie Blogger, Journalisten und andere Influencer verbreiteten die Veranstaltung durch regelmäßiges Posten viral. Folglich tauchten im Netz annähernd 100 % positive Erwähnungen auf Twitter, Instagram, Facebook & Co. auf. Mit einer potenziellen Reichweite von 220.000 Erwähnungen im Internet, darunter 350 Tweets rund um das Event, 22 Instagram Posts und Nennungen bei *Haufe.de*, war die Veranstaltung ein voller Erfolg in puncto Reichweite und Awareness.

Mein zweites Best-Practice-Beispiel appelliert an Spaß und Spieltrieb der Menschen und ist mittlerweile Standard auf vielen Events: ein simpler digitaler Fotoautomat inklusive lustiger Accessoires. Jeder, der möchte, kann sich hier ablichten lassen. Dieses Angebot nimmt immer eine Reihe von Personen an. Die entstandenen Bilder werden anschließend auf Facebook hochgeladen und die abgebildeten Personen darauf fleißig markiert. So kommt zu der guten Stimmung offline noch Sicht-

---

5   *www.facebook.com/events/1435852553377560/*

barkeit online dazu. Denken Sie hier aber daran, die Personen auf die Veröffentlichung im Netz aufmerksam zu machen, und nehmen Sie Bilder offline, wenn jemand dies wünscht.

Abbildung 8.13   Reges Twittern zur #prebbq-Anmeldung

Wie Sie an diesen Beispielen sehen, ist es gar nicht so schwer, Ihre Community mit guten Ideen auf Events zu begeistern. Überlegen Sie einfach ganz genau: Was könnte Ihrer Zielgruppe Spaß machen, was könnte ein Besucher auf dem betreffenden Event gebrauchen, was würden Sie gerne vor Ort bekommen oder machen? Wenn Ihnen gar keine Ideen kommen, können Sie Ihre Community auch direkt fragen oder sich mit den Kollegen aus dem Marketing für ein Brainstorming zusammensetzen. Stellen Sie sicher, dass Sie für Ihre Community einen echten Mehrwert herstellen, dann ist Ihnen der Erfolg so gut wie sicher.

Wie Sie sehen, ist Community Management ein sehr weites Feld mit vielen Möglichkeiten. Unterschätzen Sie die Bedeutung dieser Aufgabe nicht, und installieren Sie möglichst früh einen Community Manager, der Ihr Unternehmen nach außen hin repräsentiert. Eine Reihe von Social Media Managern übernimmt diese Aufgabe kurz- oder mittelfristig, langfristig sollten Sie sich jedoch entscheiden, ob Sie lieber im direkten Dialog mit den Kunden oder doch im strategischen Hintergrund arbeiten möchten. Trotzdem, es schadet nie, mal »an der Front« gearbeitet zu haben. Wenn Sie selbst gespürt haben, welchen Stress und welche Beschimpfungen unglückliche Entscheidungen für das Community Management mit sich bringen, entwickeln Sie ein ganz anderes Gefühl für die potenziellen Konsequenzen – ein

Faktor, der für die gute Zusammenarbeit zwischen Social-Media- und Community-Team enorm wichtig ist.

Buchempfehlungen: Weiterführende Links zu Community Management

Die Reichweite des Themas Community Management lässt sich nicht auf wenigen Seiten abhaken. Aus diesem Grund empfehle ich Ihnen ein paar Bücher, Blogs und Ressourcen, mit deren Hilfe Sie Ihr Wissen in diesem Bereich ausbauen können:

▶ »The indispensable Community« – Fever Bee: *https://amzn.to/2M91vLt*

▶ Community Roundtable: *www.communityroundtable.com/blog*

▶ Blog Bundesverband für Community Management, digitale Kommunikation und Social Media: *www.bvcm.org*

▶ Mein Blog: Auf meinem Blog finden Sie einige Artikel zum Thema Community Management: *https://der-socialmediamanager.de*

---

9 Social Media Monitoring und Measurement

»Was man nicht messen kann, kann man nicht lenken«, sagte schon der Ökonom Peter F. Drucker – ein Credo, das Sie sich im Rahmen Ihres Social-Media-Engagements zu Herzen nehmen sollten.

Wenn Sie nicht wissen, was über Ihr Unternehmen gesprochen wird und wie Ihr Agieren in den sozialen Medien ankommt, dann ist kein vernünftiges Social-Media-Engagement möglich. Umso interessanter finde ich, dass in jedem Austausch unter Social Media Managern der Kampf um das Budget für ein professionelles Social-Media-Monitoring-Tool thematisiert wird. Worum sich das Thema Social Media Monitoring überhaupt dreht, wann ein professionelles Tool sinnvoll ist und wie Sie den Erfolg Ihres Engagements messen, lernen Sie in diesem Kapitel.

9.1 Was ist Social Media Monitoring?

Social Media Monitoring ermöglicht es Ihnen, Ihren Kunden dort zuzuhören, wo sie ungefiltert über Ihr Unternehmen reden. Daraus können Sie Erkenntnisse ziehen sowie Ihre eigenen Maßnahmen überprüfen. An dieser Stelle lege ich Ihnen die Definition von Stefan Evertz[1] ans Herz, der auch dafür gesorgt hat, dass dieser Abschnitt auf dem neuesten Stand ist:

> *»Social Media Monitoring beschreibt zunächst einmal die Beobachtung und Analyse von nutzergenerierten Inhalten zu bestimmten Themen und Begriffen in sozialen und Online-Medien. [...] Die Quellen können die populären Netzwerke wie Facebook, Twitter, Instagram und YouTube sein ebenso wie Blogs, LinkedIn, vk (Russland) oder Weibo (China). Auch News-Seiten, Bewertungsplattformen und Diskussionsforen können relevante Inhalte bereithalten.«*

Vor dem Beginn des eigentlichen Monitorings ist ein Screening in Form einer Untersuchung des gesamten Internets sinnvoll. So werden relevante Quellen und sinnvolle Suchbegriffe identifiziert.

Im Social-Media-Alltag ist aber oft auch das Arbeitsfeld *Social Media Analytics* wichtig, das – anders als die offene Suche im Social Web per Monitoring – gerade

---

1 Stefan Evertz: »Analysiere das Web!«, Freiburg 2017, S. 24

für Measurement, Benchmarking und Erfolgsmessung eine große Rolle spielt:[2] Die Definition lautet hier:

> »Der Bereich Social Media Analytics beschäftigt sich mit der Vermessung und Erhebung strukturierter Daten von Social-Media-Kanälen. Dies können sowohl eigene Profile als auch die Auftritte von Dritten sein.«

9.2   Wie funktioniert Social Media Monitoring?

Der Prozess des Social Media Monitorings kann in drei Schritte aufgeteilt werden, die ich Ihnen im Folgenden erläutere.

9.2.1   Schritt 1: Datenerhebung, -bereinigung und -aufbereitung

Im Rahmen des ersten Schrittes werden die im Screening definierten Quellen nach ausgewählten Stichwörtern (Keywords) oder Kombinationen aus diesen durchsucht. Die Stichwörter können dabei

- ▶ das eigene Unternehmen betreffen (beispielsweise Name des Unternehmens, der Produkte, Marken oder Dienstleistungen),
- ▶ auf eine Beobachtung des Wettbewerbs abzielen,
- ▶ wichtige Branchenbegriffe sein (wie zum Beispiel »Versand« für Logistikunternehmen oder »Geschmack« für Lebensmittelhersteller),
- ▶ strategisch bedeutsame Begriffe darstellen (beispielsweise Preis-Leistungs-Verhältnis, Nutzungsdauer, Innovation, Nachhaltigkeit),
- ▶ potenzielle Krisenthemen definieren (Beispiele: Mindestlohn, Umweltverschmutzung, Tierquälerei) oder
- ▶ speziell auf ein Ereignis, Event oder eine Aktion bezogen sein.

Mögliche Quellen sind dabei sämtliche öffentlich verfügbaren Daten im Internet mit Fokus auf:

- ▶ sozialen Netzwerken wie Facebook, XING oder LinkedIn
- ▶ Foren, Blogs und Microblogs
- ▶ multimedialen Plattformen wie Flickr, Pinterest und YouTube
- ▶ Bewertungs- und Frage-Communitys
- ▶ Wikis, News-Seiten und Verzeichnissen

---

2 Stefan Evertz: »Analysiere das Web!«, Freiburg 2017, S. 21

Das Ergebnis ist hier zunächst eine große Menge an Daten, die in der Regel kaum ohne Weiteres zu verwenden ist. Die Suchergebnisse müssen entsprechend in einem zweiten Schritt von Spam und irrelevanten Beiträgen bereinigt werden. Dieser Teil des Prozederes ist sehr aufwendig, da im Endeffekt alle Beiträge mindestens einmal manuell durchgesehen und durch den Ausschluss von Quellen und Stichwörtern aufgeräumt werden müssen.

Beispiel: Taschen, Versand, Versicherungen, Fleisch und mehr

Ein gutes Beispiel für die Herausforderung der Datenbereinigung durfte ich persönlich mit dem Stichwort »Hermes« erleben.

Neben dem bekannten Logistiker trägt eine bekannte Luxusmarke den Namen Hermès, und darüber hinaus gibt es eine Musikgruppe mit dem Namen »Hermes Houseband«, Euler Hermes, Hermes Fleischwaren und natürlich den gleichnamigen Götterboten. Wie wenig hilfreich das Ergebnis eines ersten Screenings aussehen könnte, sehen Sie in Abbildung 9.1.[3]

Abbildung 9.1 Der Suchbegriff »Hermes« bringt unerwartete Ergebnisse.

Die Herausforderung war hier, die Suchwörter so geschickt zu wählen, dass das Ergebnis möglichst »sortenrein« wurde. Zunächst galt es also, Stichwörter zu definieren, die mit dem Unternehmen in Verbindung stehen (beispielsweise Versand, Paket, Paketshop, Fahrer), und solche auszuschließen, die mit den Namensvettern assoziiert sind (Beispiele: Bags, Scarf, Euler, Fleischwaren, Houseband). Sämtliche Spamblogs, die Hermès-Produkte bewarben, wurden herausgefiltert und Foren geblockt, in denen über Versicherungen gesprochen wurde. Darüber hinaus wurde der Fokus auf deutschspra-

---

3 Vielen Dank an dieser Stelle an Susanne Ulrich von Brandwatch (*http://brandwatch.de*) für die Bereitstellung der Screenshots.

chige Beiträge gelegt. Das Ergebnis wird an dieser Stelle so lange verfeinert, bis ein zufriedenstellendes Resultat herauskommt. Wie das in diesem Beispiel hätte aussehen können, sehen Sie in Abbildung 9.2 – ein großer Unterschied zum Ausgangsbild in Abbildung 9.1.

Da das Thema der richtigen Keywords elementar wichtig für den Monitoring-Prozess ist, komme ich, gemeinsam mit dem Monitoring-Experten Stefan Evertz, in Abschnitt 9.4, »Die richtigen Keywords finden«, ausführlich darauf zurück.

Sind die Daten bereinigt, geht es an die Aufbereitung, damit die Daten im nächsten Schritt analysiert werden können. Dies kann im Rahmen eines manuellen Monitorings in einer einfachen Excel-Tabelle stattfinden, die meisten Monitoring-Anbieter bieten Ihnen hier eine visuelle Aufbereitung an (siehe Abbildung 9.2).

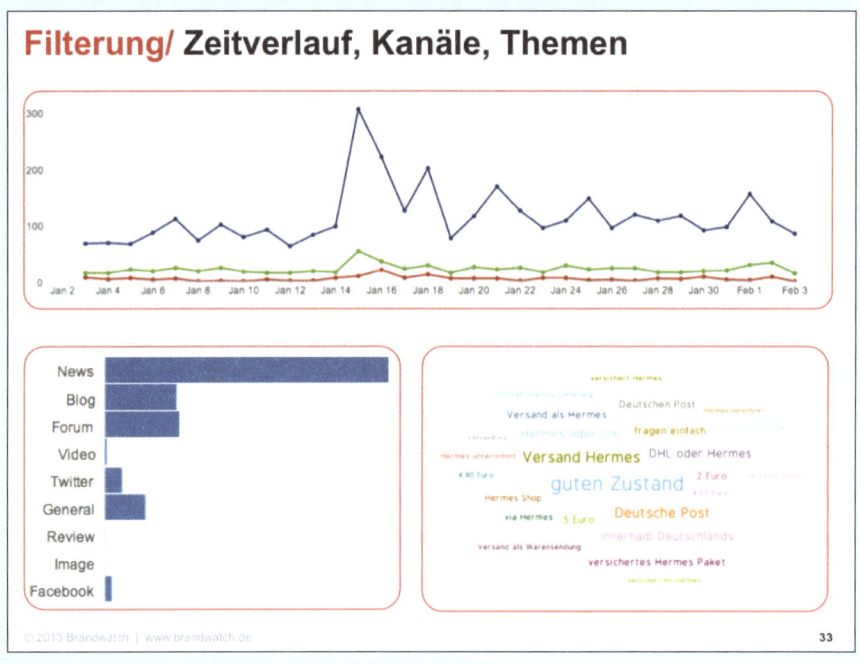

Abbildung 9.2 Ergebnis nach der Datenbereinigung

9.2.2   Schritt 2: Analyse der Daten

Mit der aufwendigste Teil des Monitorings ist die Analyse der bereinigten Ergebnisse. An dieser Stelle wird zwischen zwei Ansätzen unterschieden:

▶ Quantitative Analyse, bei der, vereinfacht gesagt, all das betrachtet wird, was zählbar ist. Beispiele sind hier die Anzahl der Beiträge/Tweets/Kommentare oder beteiligten Personen und dies unter anderem auch im Vergleich zum Wettbewerb.

▶ Qualitative Analyse, die die für das Unternehmen nutzbaren Informationen herauszieht, die zwischen den zählbaren Daten stehen. Analysiert werden hier beispielsweise die Stimmung der Beiträge, die Meinungsführer, Trends und Themen sowie potenzielle Ansätze für die Entwicklungsabteilung.

Bei der qualitativen Analyse wird jeder Beitrag auf seinen Inhalt hin überprüft. Im Bereich der Themen und Trends ist dies sowohl manuell als auch automatisch möglich, bei der Einschätzung der Tonalität (Sentiment) und der Identifizierung von Meinungsführern und Influencern können Tools bis dato nicht so genau sein wie ein Mensch. Das hat einen ganz einfachen Grund: Maschinen sind nur bis zu einem gewissen Grad in der Lage, Gefühlsäußerungen zu erkennen, Ironie und Sarkasmus entgehen ihnen in der Regel komplett.

Abbildung 9.3 In der Überschrift ein dicker Hinweis auf den Versender

Dass eine Person zu einem bestimmten Thema viele Beiträge produziert, muss ebenfalls nicht zwingend heißen, dass er oder sie Meinungsführer auf diesem Gebiet ist. Ein gutes Beispiel sind hier Elternforen, in denen die Nutzer reihenweise Artikel verkaufen und in dem Zusammenhang die unterschiedlichen Versandmöglichkeiten nennen (siehe Abbildung 9.3). Wenn eine Mutter hier 100 verschiedene Angebote einstellt, macht sie das noch nicht zu einem Meinungsführer zum Thema Versandunternehmen.

Die Bereinigung und Analyse der Daten kann entweder bei Ihnen im Team oder durch einen Dienstleister durchgeführt werden. Letzteres ist mit nicht unerheblichen Kosten verbunden, kann sich aber durchaus lohnen.

9.2.3   Schritt 3: Interpretation der Ergebnisse

Der letzte Schritt des Monitorings ist die Interpretation und Präsentation der Ergebnisse. Dabei sollte der Fokus auf der Ableitung von konkreten Handlungsempfehlungen für das Unternehmen liegen. Die Fragen, die Sie sich in diesem Kontext stellen sollten, sind:

▶ Auf welchen Plattformen ist Ihre Zielgruppe aktiv?

▶ Welche Themen werden im Zusammenhang mit Ihrem Unternehmen besprochen?

▶ Wie ist die Stimmung in Bezug auf Ihr Unternehmen, Ihre Marke oder Ihre Produkte?

▶ Welches Image hat Ihr Unternehmen?

▶ Gibt es Probleme, die immer wieder besprochen werden?

▶ Welche Stärken und Schwächen werden Ihrem Unternehmen zugesprochen?

▶ Haben Ihre Kunden Ideen im Hinblick auf Verbesserung oder Innovation Ihrer Produkte und Dienstleistungen?

▶ Wie schneiden Ihre Wettbewerber im Hinblick auf die vorherigen Fragen ab?

Je nach Unternehmen gibt es hier noch weitere wichtige Fragestellungen, beispielsweise generelle Branchenthemen oder Unternehmenswerte. Im Rahmen einer ausführlichen Interpretation der Daten werden diese Themen oftmals sichtbar. Besonders wichtig ist, dass Sie die so gewonnenen Erkenntnisse an die zuständigen Abteilungen weiterleiten und damit arbeiten. Tun Sie dies nicht, lassen Sie eines der größten Potenziale des Social Media Monitorings, die Chance zur Verbesserung, ungenutzt.

9.3 Für welche Zwecke ist Social Media Monitoring einsetzbar?

Die kurze Antwort auf die Frage, für welche Einsatzzwecke Social Media Monitoring infrage kommt, ist: Für alle Zwecke, die bedingen, dass Sie einen Einblick in die Meinungen und Themen zu Ihrem Unternehmen bekommen. Im Folgenden werde ich Ihnen die einzelnen Anwendungszwecke noch ein wenig genauer erläutern.

9.3.1 Grundlage für die Strategie (Nullmessung)

Den ersten Anwendungsfall habe ich bereits kurz erwähnt, die *Nullmessung*. Im Rahmen eines externen Audits (dazu noch ausführlich in Abschnitt 14.1.2, »Externes Social-Media-Audit«) wird mit einer Bestandsaufnahme der Diskussionen, Meinungen und Schauplätze im Web eine Wissensgrundlage geschaffen, auf der die Strategieentwicklung aufbaut.

9.3.2   Social-Media-Kundenservice

Bei Fragen und Problemen rund um Produkte, Dienstleistungen und Services wenden sich Kunden immer öfter an das Social Web, dies ist für Ihr Unternehmen eine große Chance. Um Ihren Kunden zu helfen, müssen Sie deren Fragen und Probleme zunächst einmal finden, dabei hilft Ihnen das Social Media Monitoring.

Es ermöglicht Ihnen nicht nur, auf Ihren eigenen Plattformen oder auf Anfrage Service zu leisten, sondern auch darüber hinaus. Diese Art von Service überrascht Ihre Kunden in der Regel sehr positiv und stimmt sie noch ein Stück positiver. Wenn Sie zusätzlich noch bestimmte Themen im Fokus haben, können Sie auch dort weiterhelfen, wo Ihr Unternehmen nicht genannt wird, um sich als Experte zu positionieren. Die Interhyp hilft beispielsweise auf Gutefrage.net zu allen Themen rund um Baufinanzierung weiter (siehe Abbildung 9.4).

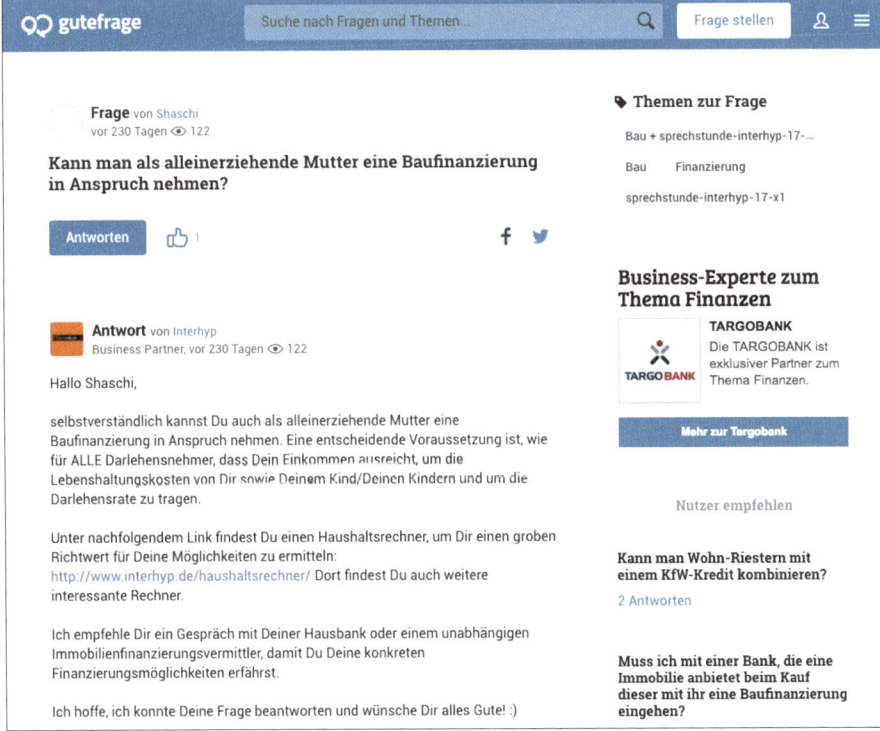

Abbildung 9.4 Die Interhyp hilft auf Gutefrage.net.

9.3.3   Frühwarnsystem

Wenn sich negative Stimmen häufen, ist dies eine Entwicklung, die Sie erkennen müssen, um eine handfeste Krise noch zu verhindern. Social Media Monitoring gibt

Ihnen dafür das Rüstzeug an die Hand und lässt Sie potenzielle Krisenherde und -themen frühzeitig erkennen.

In Abbildung 9.5 sehen Sie einen hypothetischen Ablauf einer solchen Krise. Die blaue Linie repräsentiert neutrale, die rote negative und die grüne positive Äußerungen über ein Unternehmen. Im Bereich des Kreises können Sie bereits drei Tage vor dem Höhepunkt der negativen Äußerungen sehen, wie die Stimmung umschlägt. Hier ist schnelles Handeln gefragt. Die Anzeichen frühzeitig zu erkennen ist kein Garant dafür, dass Sie eine Krise definitiv noch verhindern können, aber selbst wenn das nicht funktioniert, haben Sie so die Möglichkeit, sich rechtzeitig darauf vorzubereiten, und das Geschehen besser im Blick. Auf das Thema gehe ich in Abschnitt 11.4, »Krisenkommunikation im Social Web«, noch ausführlich ein.

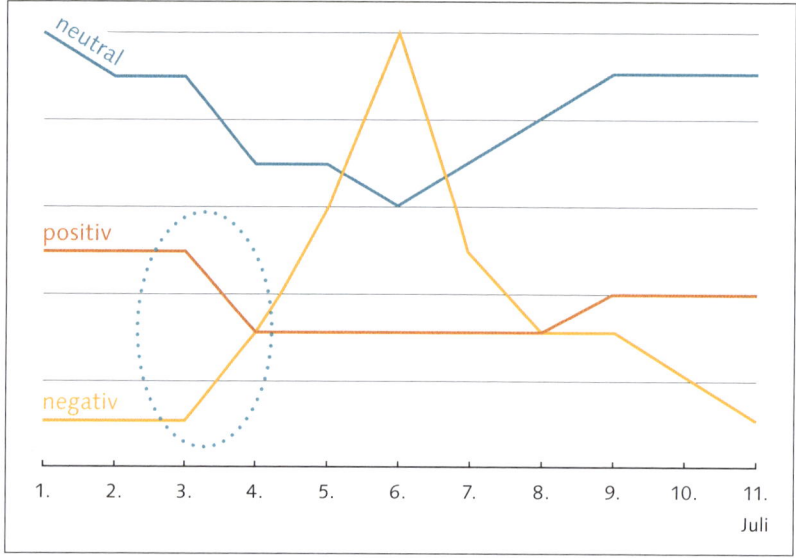

Abbildung 9.5 Rechtzeitig merken, wenn die Stimmung umschlägt

9.3.4   Themen, Trends und Ideen

Social Media Monitoring macht transparent, was Ihren Kunden an Ihren Produkten und Dienstleistungen nicht gefällt. Diese formulieren häufig Lösungsansätze oder Produktideen, die Sie in die Entwicklung einfließen lassen können. Darüber hinaus werden Themen und Trends aufgedeckt, mit denen sich Ihre Zielgruppe im Zusammenhang mit Ihrem Unternehmen beschäftigt. Dieses Wissen ist auch eine gute Grundlage für die Entwicklung Ihres Redaktionsplans, denn wenn Sie beispielsweise merken, dass immer wieder Fragen zu der Benutzung eines Ihrer Produkte auftauchen, ist dies ein guter Anlass dafür, Artikel und Videos zu dem Thema zu produzieren.

9.3.5   Identifizierung von Meinungsführern, Fürsprechern und Gegnern

Social Media Monitoring unterstützt Sie darin, herauszufinden, wer Ihre Meinungsführer, Fürsprecher und Gegner sind. Ein erster Indikator dafür ist die Menge an Beiträgen und Reaktionen, die eine Person zu Ihrem Unternehmen oder über Ihre Branche produziert. Darüber hinaus können Sie so einflussreiche Blogs und Fachforen identifizieren. Damit liefert Ihnen das Social Media Monitoring eine gute Grundlage für Influencer oder Blogger Relations, ein Themenkomplex, auf den ich in Abschnitt 11.3, »Influencer Marketing und Influencer Relations«, noch näher eingehen werde. Wie bereits im Zusammenhang mit der zweiten Analyse der Daten erwähnt, sollten Sie die Ergebnisse noch manuell prüfen, denn es wirft kein gutes Licht auf Ihr Unternehmen, wenn Sie die falschen Personen ansprechen. Ich persönlich bekomme noch regelmäßig E-Mails für ein Blog, das seit fast vier Jahren stillgelegt ist – für mich ein Zeichen von Schlampigkeit und mangelnder Recherche.

9.3.6   Controlling der eigenen Maßnahmen

Nur wenn Sie Kennzahlen haben, können Sie überprüfen, wie Ihr Engagement oder eine einzelne Kampagne bei Ihrer Zielgruppe ankommt. Social Media Monitoring unterstützt Sie dabei. Sie können gezielt den Erfolg und die Reaktionen auf eine einzelne Kampagne messen oder insgesamt Ihr laufendes Engagement beurteilen. Wichtig ist an dieser Stelle, dass Sie die jeweiligen Kennzahlen im Vorfeld bestimmen und Ihre Erwartungen definieren. Welche Möglichkeiten Sie hier haben, erläutere ich Ihnen im Rahmen von Abschnitt 6.5, »Vom Messwert (Metrics) über die Kennzahl zum Key Performance Indicator (KPI)«, sowie Abschnitt 9.8, »Social Media Measurement – Kennzahlen erfolgreich bestimmen«.

9.3.7   Wettbewerbsbeobachtung

Ein wichtiger Aspekt des Social Media Monitorings ist die Möglichkeit, den Wettbewerb zu beobachten. Mit der gleichen Systematik, wie Sie Erkenntnisse über Ihr Unternehmen gewinnen, können Sie überprüfen, wie sich der Wettbewerb im Social Web verhält. Auf Basis dieser Informationen ist darüber hinaus ein Benchmark, also der Vergleich mit dem eigenen Unternehmen, möglich. So können Sie besser den Erfolg Ihrer eigenen Maßnahmen einschätzen und eventuelle Schwachpunkte offenlegen. Beispielsweise können Sie mit dem Tool Twitonomy (*www.twitonomy.com*) zentrale Daten zu Ihrem Twitter-Account sammeln und dann mit denen eines Wettbewerbers vergleichen.

Wie Sie sehen, hat Social Media Monitoring eine Reihe von sinn- und wertvollen Einsatzzwecken für Ihr Unternehmen. Je besser Sie dabei Ihre Tools auf Ihre Bedürfnisse und insbesondere Ihre Suchbegriffe einstellen, desto lohnender werden die Ergebnisse sein.

9.4   Die richtigen Keywords finden

Die richtigen Stichwörter zu bestimmen ist keinesfalls so trivial, wie manch einer meint. Aus diesem Grund habe ich hier wieder einen Experten für Sie zurate gezogen. Stefan Evertz ist Berater für digitale Kommunikation und betreut Unternehmen und Organisationen insbesondere im Bereich Social Media Monitoring. Die folgenden Zeilen stammen von Stefan Evertz, danach übernehme wieder ich für den weiteren Verlauf des Kapitels.

9.4.1   Wie findet man die richtigen Keywords?

Von zentraler Bedeutung für die Erhebung hochwertiger Daten ist die konkrete Suchabfrage, mit der das Social Web nach relevanten Treffern durchsucht wird. Dabei spielt die richtige Kombination von Keywords und Operatoren eine besondere Rolle. Denn anders als bei einer Google-Suche geht es ja nicht darum, nur die beliebtesten Keywords oder den besten Treffer zu finden. Viel wichtiger ist es, zunächst alle aktuellen relevanten Erwähnungen zu finden, um dann später genauer filtern zu können.

Natürlich hängt es vom konkreten Einsatzzweck ab, ob alle der folgenden neun Tipps greifen. Und es verfügt auch nicht jedes (im Zweifelsfall generell gute) Tool im Markt über die beschriebenen Einstellungsmöglichkeiten[4]. Aber in der Summe sollten sich so die meisten Suchabfragen spürbar verbessern lassen.

1. Recherchieren nicht vergessen

Je nach Fragestellung ist es sinnvoll, frühzeitig begleitende Infos und Hintergründe zu recherchieren, um zum Beispiel zum Kontext passende Begriffe zu identifizieren – manchmal reicht da schon ein Blick in die entsprechenden Wikipedia-Einträge (zum Haupt-Keyword oder zur Marke). Bei der Suche zu einem Unternehmen kann es auch sinnvoll sein, nach besonders populären Marken zu suchen, denn oft wird eher der Produktname (»Billy«) und nicht der Markenname (IKEA) erwähnt. Bei der Wettbewerbsbeobachtung können Marktübersichten und Umsatzzahlen als Basis für die Markenauswahl dienen. Speziell im Themenumfeld kann es auch ein vielversprechender Ansatz sein, populäre Hashtags (und »benachbarte« Hashtags) zu ermitteln. Und auch die Suche nach den Namen relevanter bzw. »bekannter« Personen (Vorstandsmitglieder, Pressesprecher etc.) kann weitere wichtige Treffer ergeben. Ergänzend lohnt oft auch ein Blick in Google Trends (*https://trends.google.com/trends*). Dort zeigt Google, nach welchen Begriffen die Benutzer gesucht haben, und kann so weitere Hinweise auf relevante Keywords liefern.

---

4   Eine Übersicht zu zahlreichen Suchoperatoren einiger in Deutschland verfügbarer Tools gibt es im MonitoringMatcher (*https://mnmt.de/wmor*).

2. Erst suchen, später ausschließen

Benutzernamen (zum Beispiel bei Foren oder Twitter) können oft Markennamen bzw. Suchbegriffe enthalten, die zu falschen Treffern führen (im Sinne von Unternehmenserwähnungen). Hier sollten Sie später unpassende Websites ausschließen, wenn offensichtlich ist, dass das Thema der jeweiligen Website in keinem Zusammenhang zur eigentlichen Suche steht.

3. Testen, testen, testen

Insgesamt sollten Sie die Ergebnisse der Suchabfrage immer wieder prüfen und dann die Suche optimieren, anfangs durchaus auch wöchentlich oder sogar täglich. Der Einstieg über die eigentliche Marke ist in aller Regel eine gute Idee (sofern die Verwechslungsgefahr mit anderen Wortmarken nicht zu groß ist und daher nicht allzu viele ungeeignete Treffer erzielt werden), sollte aber nach und nach durch Ergänzungen und Ausschlüsse verfeinert werden. Oft findet man auch erst im zweiten oder dritten Durchlauf weitere relevante Keywords.

4. Wortkombinationen richtig nutzen

Immer mehr Tools können über sogenannte *Näherungsoperatoren* besonders effektiv nach Wortkombinationen suchen. Hierbei werden Begriffe gefunden, die in einem bestimmten Maximalabstand zueinander stehen. Während die Suche nach »Universität St. Gallen« nur Treffer hervorbringt, die genau diese Formulierung enthalten, würde eine Suche per Näherungsoperator zusätzlich auch Treffer enthalten, in denen zum Beispiel von der »Universität in St. Gallen« die Rede ist (Beispiel: »Universität NEAR St. Gallen«). Die Zahl relevanter Treffer kann so in aller Regel spürbar verbessert werden.

5. Gerne auch mit Kontext

Gerade bei mehrdeutigen Keywords kann es sinnvoll sein, nur die Erwähnung im Kontext bestimmter thematisch passender Begriffe zu suchen, also zum Beispiel alle Treffer, bei denen »Ergo« in der Nähe des Begriffs »Versicherung« steht (Beispiel: »ERGO NEAR Versicherung*«). Hier sollten aber möglichst viele ähnliche Begriffe identifiziert werden, um nicht zu viele Ergebnisse zu verlieren.

6. Kleiner, aber zäher Feind – die Rechtschreibung

Gerade bei bekannteren und viel erwähnten Marken wächst die Gefahr von Rechtschreibfehlern. Da ist dann auch schon mal von Rianair oder von Merzedes die Rede. Und wer weiß schon, ohne nachzusehen, ob »Philipps« oder »MacDonald's« richtig ist oder nicht? In jedem Fall ist es wichtig, auch diese »Ausreißer« abzufangen bzw. zu berücksichtigen und zu finden, denn die Kundenmeinung bleibt wichtig, auch wenn besagter Kunde den Firmennamen falsch geschrieben hat.

7. Nicht vergessen: alternative Schreibweisen

Seien es »Playmo« für Playmobil oder »Mäckes« für »McDonald's« – gerne werden Markennamen auch mal etwas abgewandelt benutzt. Und natürlich sollten Sie auch an Sonderfälle wie den Apostroph im Namen oder gerne benutzte Abkürzungen denken.

8. Und dann wäre da noch die Grammatik

Eine Suche sucht immer genau das, was angegeben wurde. Eine Suche nach »Deutsche Bank« wird zum Beispiel keine Erwähnung der »Deutschen Bank« zutage fördern, es sei denn, man erweitert die Suche zum Beispiel um sogenannte Wildcards (Platzhalter, die für ein oder mehrere beliebige Zeichen stehen können).

9. Abkürzungen sind heikel

Es ist immer wieder erstaunlich, wie oft gerade kurze Abkürzungen (zwei bis vier Zeichen) für Firmen- oder Produktnamen »mehrfach« zum Einsatz kommen. »DB« zum Beispiel kann da ebenso für die Deutsche Bank wie die Deutsche Bahn stehen, und die zahlreichen Aktienkürzel machen es auch nicht besser. Hier sollten Sie also sehr genau die Ergebnisse prüfen, um »falsche« Erwähnungen auszusieben – eventuell sollten Sie sogar auf die Suche nach solchen Abkürzungen verzichten.

9.5   Kostenlose Dienste

Kostenlose Tools sind für die tägliche Arbeit und das Realtime-Monitoring eine gute Unterstützung. Beispielsweise kann das Community Management mit der Twitter-Suche *http://search.twitter.com* Fälle auf Twitter ausfindig machen und bearbeiten. Darüber hinaus liefern Dienste wie Google Alerts (*www.google.de/alerts*), Talkwalker Alerts (*www.talkwalker.com/de/alerts*) und Socialmention (*socialmention.com*) einen groben Überblick über das aktuelle Webgeschehen. Ein ausführlicher Artikel mit weiteren kostenlosen Alternativen findet sich im MonitoringMatcher unter *http://mnmt.de/alerts*.

Der große Nachteil ist, mit freien Tools können nur jene Plattformen einigermaßen umfassend gemonitort werden, auf denen Ihr Unternehmen schwerpunktmäßig aktiv ist. Ein übergreifendes Monitoring und ein damit zusammenhängendes Reaktionsmanagement sind mit freien Tools nur sehr eingeschränkt bis gar nicht möglich. Ein weiteres Problem ist, dass die Beiträge nicht vernünftig gefiltert werden können und, insbesondere wenn der Unternehmensname nicht eindeutig ist, eine hohe Fehlerquote haben. Entsprechend muss dauerhaft jeder einzelne Beitrag im Hinblick darauf gesichtet werden, ob dieser mit Ihrer Marke in Zusammenhang steht oder Ihr Markenname in anderem Zusammenhang benutzt wird.

Gleiches gilt für die Sammlung und Speicherung der Ergebnisse, denn jeder Beitrag muss manuell in ein Ablagesystem (wie zum Beispiel Excel oder Access) übertragen und dort archiviert werden. Dies kostet eine Menge Zeit und ist, wenn überhaupt, nur bei kleinen Unternehmen mit wenig Beitragsvolumen sinnvoll.

Beispiel: Was kostet der Einsatz von kostenlosen Tools?

Bei einem durchschnittlichen Artikelaufkommen von 4.500 Beiträgen pro Monat muss mit etwa 20 Werktagen für die reine Bearbeitung gerechnet werden, dazu kommen noch einmal etwa zehn Tage für die Weitergabe von Informationen an die jeweiligen Fachabteilungen und drei bis vier Tage für die Erstellung des Reportings inklusive der taktischen und strategischen Ableitungen.

Das bedeutet, mit dieser Aufgabe ist schnell eine Vollzeitstelle ausgelastet. Selbst wenn Sie hier relativ niedrige Personalkosten von 2.500 € ansetzen, muss bedacht werden, dass ein Mitarbeiter Urlaubszeiten hat oder mal krank ist und auch die Bereitstellung des Arbeitsplatzes Geld kostet. Rechnet man diese Faktoren mit ein, erscheint ein professionelles Monitoring im Vergleich nicht mehr ganz so teuer.

Dennoch, wenn Sie absolut kein Budget für ein professionelles Monitoring-Tool zur Verfügung haben oder sich wirklich nur einen ersten Überblick verschaffen möchten, ist der Rückgriff auf die manuelle Methode besser als gar nichts. In Tabelle 9.1 finden Sie eine Auflistung freier Social-Media-Tools, die Ihnen in dieser Situation helfen. Die Tools sind nach Anwendungsgebiet unterteilt.

Einige der Tools bieten neben einer kostenfreien Basisversion noch einen kostenpflichtigen Premium-Account.

Name	Anwendungsfeld	URL
Google Alerts	gesamtes Internet	www.google.de/alerts
How Sociable	Social Web	www.howsociable.com
Mentionmapp	Twitter	www.mentionmapp.com
Rivva	Themen	www.rivva.de
Social Searcher	Facebook, Twitter, Instagram	www.social-searcher.com/social-buzz
Socialmention	Social Web	www.socialmention.com
Talkwalker Alerts	Internet	www.talkwalker.com/de/alerts
Talkwalker Free Social Search	Internet	www.talkwalker.com/de/social-media-search

Tabelle 9.1 Freie Tools für das Social Media Monitoring

Name	Anwendungsfeld	URL
Union Metrics	Twitter	*https://unionmetrics.com/free-tools/ twitter-snapshot-report/*

Tabelle 9.1 Freie Tools für das Social Media Monitoring (Forts.)

9.6   Kostenpflichtige Dienste

Auch wenn in den letzten Jahren eine Konsolidierung auf dem Social-Media-Monitoring-Markt begonnen hat, gibt es immer noch eine große Anzahl unterschiedliche Anbieter auf dem deutschen Markt. Eine regelmäßig gepflegte Liste von Monitoring-Anbietern findet sich ebenfalls im MonitoringMatcher (*http://mnmt.de/monitoring*).

Die bekanntesten Anbieter in Deutschland sind in Tabelle 9.2 aufgelistet.

Tool	Webseite
bc.lab	*https://bclab.de*
Brandwatch	*www.brandwatch.com*
Policylead	*www.policylead.eu*
Radarly	*www.linkfluence.com/de*
Sentione	*https://sentione.com/de*
Synthesio	*www.synthesio.com*
Talkwalker	*www.talkwalker.de*
VICO Research	*www.vico-research.com*
Webbosaurus	*www.webbosaurus.de*

Tabelle 9.2 Social-Media-Monitoring-Tools für Deutschland

9.7   Wie Sie den richtigen Anbieter für Ihr Unternehmen finden

Wenn Sie sich einen kostenpflichtigen Dienstleister suchen, lohnt es sich, im Vorfeld unterschiedliche Optionen zu testen, um herauszufinden, welcher Anbieter am besten zu Ihnen passt. Doch bevor Sie überhaupt in den Testlauf gehen können, müssen Sie zunächst einmal genau wissen, was Sie überhaupt von dem Tool wollen, und dabei spielen sowohl die Ziele Ihres Social-Media-Engagements als auch vorhandene Ressourcen eine große Rolle. Generell empfiehlt es sich hier, vorab genaue Anforderungen und Wünsche für das neue Tool bzw. den neuen Anbieter zu definieren – und diese dann auch klar zu priorisieren. Stefan Evertz spricht hier vom »gewichteten Anforderungsprofil[5]«, mit dem man dann die Anbieter- und Toolauswahl angehen kann. Denn erfahrungsgemäß bietet kein Tool alle gewünschten Features, sodass es unerlässlich ist, vorab festzulegen, wie wichtig die einzelnen gesuchten Funktionen sind.

9.7.1   Ziele des Monitorings

Das Ziel, das Sie mit dem Social Media Monitoring verfolgen, hat einen großen Einfluss auf die Anforderungen an ein Tool. Die möglichen Anwendungszwecke, die ich Ihnen gerade in Abschnitt 9.3, »Für welche Zwecke ist Social Media Monitoring einsetzbar?«, vorgestellt habe, dienen Ihnen hier zur Orientierung. Beispielsweise sollten Sie bei einem Tool, das primär dafür gedacht ist,

- den Wettbewerb zu beobachten und als Benchmark zu setzen, darauf achten, dass Vergleiche möglich und schlüssig sind;
- Trends und Stimmungen zu identifizieren, darauf achten, dass die Möglichkeiten zur Filterung und Kategorisierung gut ausgeprägt sind;
- den Kundenservice im Social Web zu unterstützen, darauf achten, dass Anfragen möglichst direkt im Tool beantwortet werden können, Servicevorgänge für alle Teammitglieder nachvollziehbar sind und es Anfragen in Echtzeit abbildet.

Ausgehend von Ihrem verfolgten Ziel, haben Sie damit einen Schwerpunkt, den das Tool abbilden muss. Daneben stelle ich Ihnen jetzt eine Reihe von grundsätzlichen Kriterien vor, die Sie bei jedem Anbieter von Monitoring abfragen können.

9.7.2   Quellenabdeckung

Eines der wichtigsten Kriterien überhaupt ist, ob das betrachtete Monitoring-Tool die Quellen abdeckt, die für Ihr Unternehmen relevant sind. Auf diesen Punkt sollten Sie den Anbieter konkret ansprechen und auch fragen, ob es gegebenenfalls möglich ist, weitere Quellen hinzuzufügen.

In Abbildung 9.6 sehen Sie ein Beispiel für eine Aufteilung der Suchergebnisse auf unterschiedliche Quellen.

---

5 Stefan Evertz: »Analysiere das Web!«, Freiburg 2017, S. 206

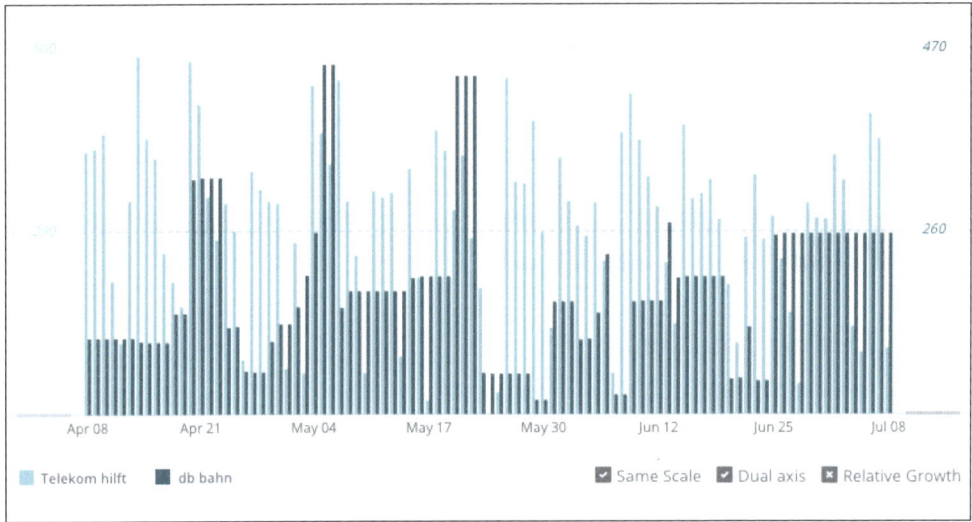

Abbildung 9.6 Suchergebnisse nach Quellen

9.7.3   Analysefunktionen

Die Möglichkeiten der Analyse spielen ebenfalls eine entscheidende Rolle, denn die Erkenntnisse, die Sie durch die Beobachtung der Gespräche online gewinnen, bringen für Ihr Unternehmen einen wichtigen Mehrwert.

Prüfen Sie das Tool im Hinblick auf folgende Möglichkeiten:

▶ Trends und Themen zu erkennen

▶ die Stimmung Ihrer Kunden zu beurteilen (Sentiment)

▶ Meinungsführer und Multiplikatoren zu identifizieren

▶ potenzielle Servicefälle zu identifizieren und zu verfolgen

▶ potenzielle Krisen frühzeitig sichtbar zu machen

Je mehr dieser Funktionen das Tool bereits von sich aus kann oder in der Lage ist zu »lernen«, desto weniger manuelle Arbeit und damit Kosten entstehen langfristig. Ist das betrachtete Tool nicht in der Lage, eine der gewünschten Funktionen von sich aus abzubilden, fragen Sie nach den Möglichkeiten und Kosten, dies über eine Dienstleistung des Anbieters auszugleichen. Neben den Analysemöglichkeiten sollten Sie auch auf eine übersichtliche Darstellung der Ergebnisse achten. Gute visuelle Ansätze sind hier Diagramme und Tagclouds (siehe Abbildung 9.6 und Abbildung 9.7).

Abbildung 9.7 Übersichtliche Tagcloud aus Talkwalker

9.7.4 Datenmanagement

Eine enge Verbindung zur Analyse hat das Datenmanagement. Unter diesem Begriff fasse ich sämtliche Aspekte zusammen, die Erfassung, Filterung, Weiterverarbeitung und Historisierung von Daten betreffen. Die Geschwindigkeit, mit denen Daten für Sie verfügbar sind, hängt dabei oft davon ab, wie viel manuelle Arbeit im Hintergrund noch notwendig ist. Dies kann entscheidend sein, insbesondere wenn Sie ein bestimmtes Servicelevel gegenüber Ihren Kunden erfüllen möchten. Ein Tool, das Daten nur alle 30 Minuten aktualisiert, hilft Ihnen hier nicht weiter, wenn Sie auf alle Anfragen innerhalb von 10 Minuten reagieren möchten.

Die Filterung der Daten spielt bereits bei der Einrichtung des Tools eine entscheidende Rolle. Prüfen Sie hier, ob das Tool in der Lage ist, durch die Kombination von Suchbegriffen, die Definition bestimmter Kriterien (zum Beispiel Sprache) und den Ausschluss von Quellen ein möglichst »sauberes« Suchergebnis zu erreichen. Im Rahmen der Analyse ist es wichtig, dass Sie die Möglichkeit haben, durch Filter tiefer in die Ergebnisse einzutauchen. Beispielsweise können Sie in der Tagcloud von Talkwalker (siehe Abbildung 9.7) jeden Begriff anklicken und sich so näher ansehen, was genau dahintersteckt. Ebenso sollten mindestens Zeit- und Sprachräume sowie einzelne Quellen filterbar sein.

Achten Sie darauf, dass Sie die Möglichkeit haben, Daten für die Weiterverarbeitung in unterschiedlichen Formaten wie Tabellenverarbeitung (*.xls*, *.csv*) oder grafisch (*.pdf* oder *.tif*) zu exportieren. So können Sie diese anderen Abteilungen zur Verfügung stellen oder individuelle Reportings erstellen. Wichtig ist auch der Zugriff auf historische Daten, damit Sie die Entwicklung Ihres Engagements über einen längeren Zeitraum beobachten und mit dem Wettbewerb vergleichen können. Darüber hinaus ist eine langfristige Analyse zu Themen, Produkten und Dienstleistungen oftmals eine sehr aufschlussreiche Maßnahme.

9.7.5 Benutzeroberfläche

Die tollsten Funktionen und Möglichkeiten eines Tools bringen Ihnen nicht viel, wenn die Benutzeroberfläche unübersichtlich, wenig intuitiv und schrecklich kompliziert ist. Wenn jeder Mitarbeiter, der das Tool anwenden soll, zunächst eine mehrtägige Schulung beim Anbieter benötigt, um überhaupt dazu in der Lage zu sein, verursacht dies zusätzliche Kosten. Eine Oberfläche, in die Sie sich schnell einarbeiten und bei Bedarf auch Kollegen persönlich einarbeiten können, ist aus diesem Grund wichtig. Schließlich soll es keine Strafe sein, mit dem Monitoring-Tool der Wahl zu arbeiten.

9.7.6 Engagement-Funktionen

Wenn für Sie eine schnelle und lückenlose Bearbeitung von Fällen wichtig ist (zum Beispiel im Kundenservice), ist es von großem Vorteil, wenn Ihre Monitoring-Lösung dafür eine Möglichkeit bietet. Ist dem nicht so, sollten Sie darauf achten, dass übergreifendes Arbeiten gut möglich ist. Von großem Vorteil ist hier, wenn das Tool die entsprechenden Schnittstellen bietet.

9.7.7 Beratung und Support

Ein Social-Media-Monitoring-Tool perfekt einzurichten braucht eine Menge Übung und Erfahrung, ebenso ist es oft hilfreich, sich in die Anwendung professionell einweisen zu lassen und bei Problemen einen kompetenten Ansprechpartner zu haben. Dies sind definitiv Punkte, in die Sie investieren sollten. Achten Sie darauf, ob derartige Serviceleistungen bereits mit den Kosten für das Tool abgedeckt oder extra berechnet werden.

9.7.8 Kosten

Die Gesamtkosten für ein Tool sind ein weiterer wichtiger Aspekt. Die Höhe Ihres Budgets entscheidet im Endeffekt darüber, was Sie sich leisten können, an welcher Stelle Sie für eine Erhöhung verhandeln müssen und was schlichtweg zu teuer ist. Die erste Entscheidung, die Sie hier treffen müssen, ist, welche Leistungen Sie von dem Anbieter buchen und welche Sie selbst leisten möchten. Es gibt hier drei Kategorien:

- ▶ Technologieanbieter, die Ihnen die Software zur Verfügung stellen, bei denen Sie aber alles Weitere selbst erledigen müssen (Self-Service)
- ▶ Hybride, die für Sie das Monitoring und die Analyse der Treffer übernehmen
- ▶ Full-Service-Anbieter, die über das Monitoring und die Analyse hinaus Handlungsempfehlungen und Strategien ableiten und das Unternehmen generell zu Themen rund um das Social Web beraten

Mit der Menge an Aufgaben, die der Anbieter für Sie übernimmt, steigt hier natürlich auch der Preis. Ein weiterer zentraler Faktor für die Preisgestaltung ist oft die Zahl der monatlich verfügbaren Treffer. Viele Anbieter starten hier bei 5.000 bis 10.000 Treffern im Monat, was für die allermeisten Anwendungsszenarien problemlos ausreicht.

In Abbildung 9.8 sehen Sie eine Übersicht über die Kostenspektren der jeweiligen Kategorien. Die Zahlen basieren dabei auf Selbstangaben der Anbieter und zeigen auch heute noch die Größenordnung der zu erwartenden Kosten für die jeweiligen Toolbereiche.

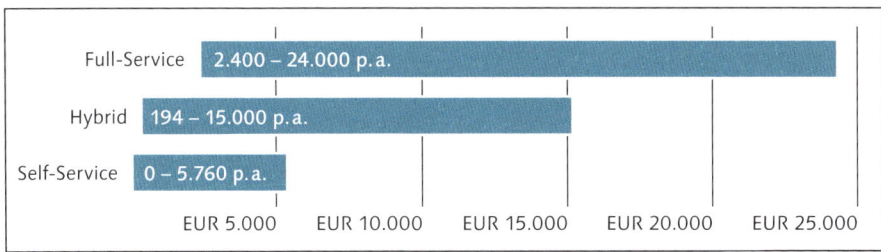

Abbildung 9.8 Kostenspektrum der Anbieter (*www.somemo.at*)

Kostenlose Tools ausgenommen, müssen Sie entsprechend mit mindestens 300 bis 400 € pro Monat rechnen, wenn Sie lediglich ein professionelles Monitoring-Tool in Anspruch nehmen. Die Basiskosten können aber durchaus auch bei 2.000 € und mehr im Monat liegen, wenn Sie sich für eine Full-Service-Lösung entscheiden. Schauen Sie sich die Angebote der Anbieter genau an. Ein Angebot, das mit niedrigen monatlichen Kosten auftrumpft, schlägt gerne einmal bei der Einrichtung des Tools und Beratungsdienstleistungen auf das Budget. Überlegen Sie sich genau, was Sie von dem Anbieter haben möchten, und fragen Sie gezielt nach dem Preis für Ihr gewünschtes Gesamtpaket. Persönlich habe ich hier die Erfahrung gemacht, dass ein Angebot, das zunächst aufgrund der monatlichen Kosten sehr teuer erschien, im Endeffekt die günstigere Alternative war.

9.7.9   Datenschutz

Ein wichtiger Aspekt in Deutschland ist immer der Datenschutz. Fragen Sie Ihren Anbieter gezielt danach, ob er mit den deutschen Bestimmungen konform arbeitet. Sofern es in Ihrem Unternehmen einen Datenschutzbeauftragten gibt, sollten Sie diesen frühzeitig in die Planung und Einführung eines Social Media Monitorings einbeziehen, um spätere Probleme zu vermeiden.

9.7.10 Profil des Anbieters

Natürlich sollten Sie auch überprüfen, mit wem Sie es zu tun haben. Holen Sie Informationen darüber ein, wie lange der Anbieter bereits am Markt ist und welche Referenzen er vorweisen kann. Fragen Sie in Ihrem Netzwerk nach Erfahrungen, und bemühen Sie Suchmaschinen nach Meinungen über Ihren potenziellen Kandidaten.

9.7.11 Drum prüfe, wer sich ewig bindet …

Dieser alte Spruch trifft beim Thema Social Media Monitoring direkt ins Schwarze. Testen Sie die Tools, die bei Ihnen ganz oben in der Liste sind, bevor Sie einen langfristigen Vertrag unterschreiben. Wie gut ein Tool oder ein Dienstleister wirklich ist, zeigt sich nämlich oft erst im laufenden Betrieb. Eine Testphase von mindestens zwei Wochen hilft Ihnen hier bei der Entscheidung. Gehen Sie mit einem Kriterienkatalog an die Testphase heran, um die von Ihnen betrachteten Tools vergleichbar zu machen.

9.8 Social Media Measurement – Kennzahlen erfolgreich bestimmen

Den Erfolg Ihres Social-Media-Engagements zu messen und für andere transparent zu machen ist eine wichtige Aufgabe, die im eingangs erwähnten Arbeitsfeld Social Media Analytics verortet wird. Nur so können Sie prüfen, ob Sie Ihre Ziele erreichen, und gegebenenfalls nachsteuern. Darüber hinaus helfen Ihnen die richtigen KPIs dabei, Ihr Tun vor skeptischen Abteilungen zu legitimieren, die Social Media noch als Spielerei abtun. In Abschnitt 6.5, »Vom Messwert (Metrics) über die Kennzahl zum Key Performance Indicator (KPI)«, habe ich Ihnen bereits die Grundlagen zu Messwerten und KPIs erläutert, hier werde ich Ihnen nun konkret zeigen, wie Sie die Kennzahlen ableiten, die für die Messung Ihres Erfolgs relevant sind. Zunächst jedoch noch ein paar grundlegende Anmerkungen zum Thema.

9.8.1 Wichtige Fragen vor der Ableitung von Kennzahlen

Die KPIs Ihres Unternehmens sind so individuell wie Ihre Ziele. Aus diesem Grund müssen Sie zunächst Folgendes klären:

▸ Was bedeutet im Hinblick auf Ihre Ziele »Erfolg«, und was wollen Sie entsprechend messen?

▸ Welche Messwerte stehen Ihnen überhaupt zur Verfügung, um daraus Kennzahlen abzuleiten (den Prozess vom Messwert zum KPI können Sie sich noch einmal in Abschnitt 6.5 durchlesen)?

▶ Auf welchen Plattformen möchten Sie messen, und welche unterschiedlichen Messwerte müssen Sie beachten?

▶ Welche Gewichtung möchten Sie interaktiven Elementen und den jeweiligen Plattformen zuordnen? Ist ein Share mehr wert als ein Kommentar? Ist ein Kommentar im Blog mehr wert als einer auf Facebook?

Wenn Sie diese Punkte geklärt haben, können Sie damit anfangen, Ihre KPIs abzuleiten. Für diesen Prozess stelle ich Ihnen im Folgenden fünf unterschiedliche Ansätze kurz vor:

▶ Messebenen und Messpunkte der AG Social Media

▶ KPI-Pyramide des *Social-Media-Excellence-Kreises*

▶ *Social Media 4×4 Scorecard* von Mike Schwede und Patrick Moeschler

▶ *Social-Marketing-Analysis-Modell* von der Altimeter Group

▶ *Erfolgsmessungsmatrix* des BVDW

Die Ansätze betrachten das Thema jeweils aus einer anderen Perspektive und ergänzen sich sehr gut. Entsprechend kann ich Ihnen damit ein möglichst breites Spektrum an Vorgehensweisen, Kennzahlen und KPIs vermitteln.[6] Da sich einige Kennzahlen überschneiden, werde ich Ihnen erst abschließend in Abschnitt 9.10, »Formeln für die wichtigsten KPIs«, die wichtigsten Formeln erläutern. Wenn Sie sich damit sicherer fühlen, können Sie natürlich auch gerne zuerst Abschnitt 9.10 durchlesen. Wichtig ist, dass Sie ein Gefühl dafür entwickeln, welche die passenden Kennzahlen für Ihr Unternehmen sind.

Marketing-Basic: Klassische Kennzahlen und Begriffe aus dem Marketing

Im Rahmen des Social Media Measurements werden Sie immer wieder klassischen Marketingkennzahlen oder Abwandlungen von diesen begegnen. Aus diesem Grund stelle ich Ihnen hier die wichtigsten Kennzahlen und Begriffe kurz vor:

▶ **Affinität**
Affinität bezeichnet den prozentualen Anteil einer Zielgruppe an den gesamten Nutzern eines Angebots.

Reichweite des Angebots in der Zielgruppe ÷ Reichweite des Angebots in der Gesamtbevölkerung × 100 = Affinität in Prozent

▶ **Backlink**
Ein Backlink ist eine Verlinkung von einer externen Seite auf die eigene Webpräsenz. Viele Backlinks auf eine Seite sind ein Indikator für Ihre gute Vernetzung.

▶ **Benchmark**
Benchmark bezeichnet den fortlaufenden Vergleich der eigenen Kennzahlen mit

---

6   Da eine umfassende Diskussion jedes einzelnen Modells den hiesigen Rahmen sprengen würde, habe ich Ihnen jeweils die ausführliche Quelle zur vertiefenden Lektüre verlinkt.

denen des Wettbewerbs, um eine Vergleichbarkeit herzustellen und eventuelle Optimierungspotenziale aufzudecken.

▸ **Conversion Rate (Umwandlungsrate, Konversionsrate)**
Die Conversion Rate bezeichnet die Rate, mit der der Status von Zielpersonen in einen neuen Status umgewandelt wird. Der häufigste Kontext ist hier der Wandel vom Besucher eines Onlineshops zu einem Käufer. Die Berechnung der Konversionsrate lautet dann entsprechend:

Konversionsrate = Käufer ÷ Besucher

▸ **Impact**
Wortwörtlich mit *Auswirkung* übersetzt, beschreibt der Impact die Wirkung, die eine Kommunikationsmaßnahme bei den Personen oder in der Zielgruppe hat, die erreicht wurden oder werden sollten.

▸ **Involviertheit/Involvement**
Das Involvement ist ein Begriff aus der Marktforschung, der widerspiegelt, wie relevant oder interessant ein Produkt oder Angebot für eine Person ist. Je interessierter eine Person an einem Angebot ist, desto aufgeschlossener ist sie für Informationen darüber.

▸ **Net Promoter Score (NPS)**
Der Net Promoter Score gibt einen Hinweis darauf, wie wahrscheinlich es ist, dass ein Unternehmen/eine Marke weiterempfohlen wird. Zur Ermittlung dieser Kennzahl wird einer repräsentativen Zahl von Kunden die Frage gestellt: »Wie wahrscheinlich ist es, dass Sie Unternehmen/Marke X einem Freund oder Kollegen weiterempfehlen werden?« Die Antwort kann auf einer Skala von 0 (gar nicht) bis 10 (sehr wahrscheinlich) eingestuft werden. Kunden, die mit dem Wert

– von 10 oder 9 antworten, gelten als Promotoren,

– von 8 oder 7 antworten, gelten als Indifferente,

– von 0 bis 6 antworten, gelten als Detraktoren (Kritiker).

Der Net Promoter Score berechnet sich wie folgt:

NPS = Promotoren (%) – Kritiker (%)

Der NPS kann einen Wert zwischen +100 % und –100 % erreichen.

▸ **Nettoreichweite (Reichweite)**
Bezeichnet die Anzahl der Personen, die mit einer Anzeige/Maßnahme mindestens einmal erreicht werden.

▸ **PageRank**
Der PageRank ist ein von den Google-Entwicklern Larry Page und Sergei Brin entwickelter Algorithmus, der einer Seite auf Basis der Backlinks einen Wert zwischen 0 und 10 zuweist. Je mehr Links eine Seite hat, desto höher dieser Wert. Darüber hinaus wird ein Link von einer Seite mit hohem PageRank stärker gewichtet als der Link einer Seite mit niedrigem PageRank.

▸ **Return on Investment (ROI)**
Der ROI ist eine betriebswirtschaftliche Kennzahl, die per klassische Definition angibt, welche Rendite ein Unternehmen mit dem eingesetzten Kapital erwirtschaftet.

ROI = Gewinn ÷ Gesamtkapital

Oftmals wird der ROI jedoch synonym mit dem *Short Term Return on Investment* (STROI) verwendet. Der STROI gibt an, welchen zusätzlichen Umsatz eine Maßnahme pro aufgewendeten Euro einbringt.

> *STROI = zusätzlicher Umsatz ÷ Kosten der Maßnahme*

▶ **Seitenabrufe (Page Impression – PI)**
Mit dieser Kennzahl wird gezählt, wie oft eine Seite abgerufen wurde oder wie viele Seiten ein Besucher während seines Besuchs aufgerufen hat.

▶ **Stickiness (Klebrigkeit)**
Der Begriff Stickiness ist abgeleitet von dem englischen Verb *to stick*, was *kleben/kleben bleiben* bedeutet. Die Stickiness umschreibt, wie häufig ein Nutzer auf eine Internetpräsenz zurückkehrt (Wiederkehrhäufigkeit) und wie lange er dort verbringt. Je höher diese beiden Werte sind, desto höher ist die Stickiness der Seite.

▶ **Verweildauer (Time Spent)**
Die Verweildauer gibt an, wie lange ein Besucher im Durchschnitt auf einer Seite bleibt.

▶ **Visitor (Unique Visitor/Unique Visit)**
Beschreibt die Anzahl unterschiedlicher Besucher im betrachteten Zeitraum. Dazu ist wichtig zu wissen, dass die Erfassung eines Besuchers in der Regel auf Basis der IP-Adresse geschieht. Da eine IP-Adresse nicht eindeutig ist, können so sowohl Personen doppelt als auch unterschiedliche Besucher als ein Visitor gezählt werden.

Weitere klassische Kennzahlen, die jedoch mehr im Hinblick auf Onlinewerbung eine Rolle spielen, finden Sie im Kasten »Marketing-Basic: Impression, Click, CTR, CPC, CPM und CPL« in Abschnitt 13.2.17, »Facebook-Werbeanzeigen«.

9.8.2 Messpunkte und Messebenen für Social Media

Die AG Social Media (*http://ag-sm.de*) entwickelte ein Kennzahlenmodell auf Basis von Messpunkten und Messebenen. Dabei wird die Kommunikation auf drei Ebenen betrachtet:

▶ Kontext/Netzwerk

▶ Nutzer

▶ Inhalt

Ausgehend von der betrachteten Ebene, werden die zugehörigen Kennzahlen abgeleitet. Eine Übersicht über diese Kennzahlen sehen Sie in Abbildung 9.9.

Auf der Kontext-/Netzwerkebene spielen die Kennzahlen eine Rolle, die eine Aussage über die Sichtbarkeit einer Präsenz in einem sozialen Netzwerk oder der eigenen Website zulassen. Die zentrale Frage lautet: Wo steht mein Angebot im Vergleich zu anderen Angeboten? Neben der Reichweite spielen hier die Vernetzung einer Präsenz sowie der Vergleich mit dem Wettbewerb eine Rolle. Typische Kennzahlen in diesem Kontext sind die Reichweite, die Anzahl der Verlinkungen, der

PageRank und die Platzierung in Rankings. Ein nützliches Tool, um einen Teil dieser Werte für Ihre Website oder Ihr Blog zu ermitteln, ist Seitwert (*http://seitwert.de*). Im Rahmen einer kostenlosen Analyse bekommen Sie unter anderem einen Überblick über PageRank, Verlinkungen und Positionierung sowie die Sichtbarkeit Ihrer Seite in sozialen Netzwerken.

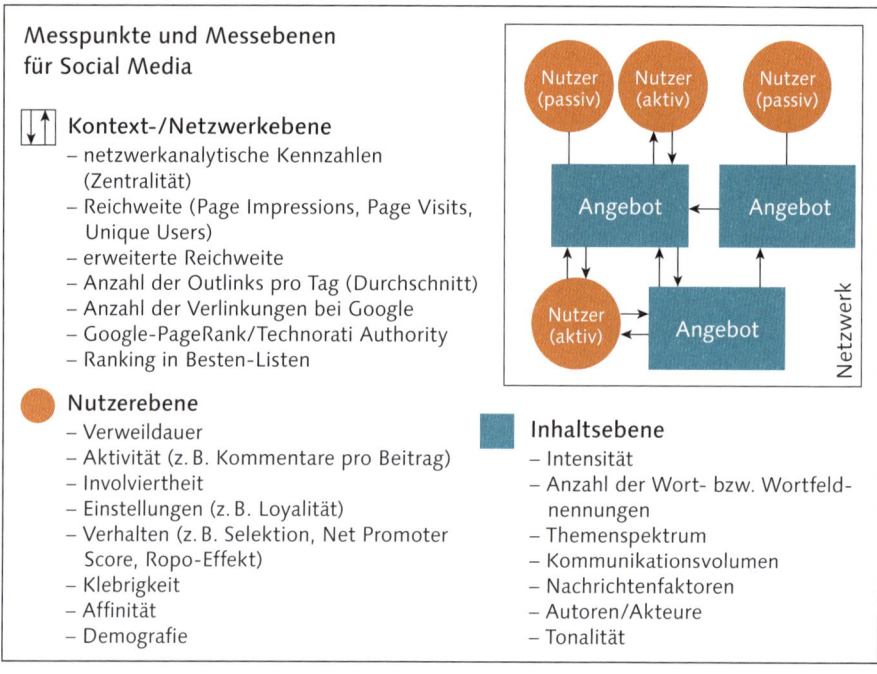

Abbildung 9.9 Messpunkte und Messebenen für Social Media (Quelle: Maren Heltsche/AG Social Media)

Die Nutzerebene gibt Aufschluss darüber, wie sich die Besucher auf Ihrer Präsenz verhalten und mit welchen Profilen Sie es zu tun haben. Die Fragestellung an dieser Stelle lautet: Wer besucht wie und warum mein Angebot? Entsprechend beziehen sich die Kennzahlen hier einerseits auf Merkmale der Nutzer wie Demografie und Einstellungen sowie Affinität und Involviertheit. Andererseits wird das Verhalten in Bezug auf das Angebot betrachtet, die Kennzahlen lauten hier Verweildauer, Aktivität und wiederkehrende Besucher (Klebrigkeit/Stickiness).

Die dritte Ebene stellt die Inhalte der Gespräche in den Mittelpunkt der Betrachtung. Die entsprechende Frage lautet: Welche Themen werden von wem in welcher Tonalität und wie oft besprochen? Durch eine Analyse der Inhalte werden Qualität und Quantität der Beiträge ermittelt. Die Kennzahlen beleuchten die Menge der Beiträge insgesamt oder zu speziellen Themen (Buzz-Volumen) und setzen diese Werte in ein Verhältnis zum Wettbewerb (Share of Voice/Share of Buzz).

Darüber hinaus werden die Inhalte auf Tonalität (Sentiment), Autoren und Themen hin analysiert. Das Verfahren habe ich Ihnen bereits in Abschnitt 9.2, »Wie funktioniert Social Media Monitoring?«, im Rahmen der zweiten Analyse der Daten erläutert.

Das Drei-Ebenen-Modell der AG Social Media zielt auf eine Einheitlichkeit der Messwerte und KPIs für Social Media ab. Aus meiner Sicht eignet es sich besonders gut, um ein Verständnis der möglichen Messwerte zu schaffen. Das zweite Modell, das ich Ihnen vorstellen werde, setzt ebenfalls auf drei Ebenen, allerdings in einem völlig anderen Kontext.

9.8.3 KPI-Pyramide

Andreas Köster hat mit seinem damaligen Arbeitgeber, der Business Intelligence Group GmbH (BIG, *www.big-social-media.de*), innerhalb des Social-Media-Excellence-Kreises eine KPI-Pyramide entwickelt. Diese in Abbildung 9.10 gezeigte Pyramide ordnet die KPIs auf Basis des Reifegrades des dahinterliegenden Social-Media-Engagements in drei unterschiedliche Ebenen ein (das Reifegradmodell stelle ich Ihnen in Abschnitt 14.8, »Social-Media-Reifegradmodelle«, ausführlich vor). Die Komplexität und Aussagekraft der Werte nehmen dabei von oben nach unten zu. Die Kennzahlen der zweiten und dritten Ebene beinhalten Werte der vorherigen Ebenen.

Auf der ersten Ebene sehen Sie hier Messwerte, die sich durch einfaches Ablesen auf den jeweiligen Plattformen oder durch den Einsatz kostenloser Monitoring-Tools erfassen lassen (siehe Abschnitt 9.5, »Kostenlose Dienste«). So sind bereits kleine Unternehmen oder jene, die sich noch am Start eines Engagements befinden, in der Lage, erste Messwerte zu erfassen. Die Aussagekraft dieser Werte ist jedoch gering.

Die zweite Ebene besteht aus kombinierten Messwerten, die sich bereits an konkreten Zielen einzelner Unternehmensbereiche orientieren. Der Erhebungsaufwand ist deutlich höher und muss über ein professionelles Social Media Monitoring abgebildet werden. In der Regel reicht jedoch eine automatisierte Auswertung. Auf der zweiten Ebene werden Werte wie der *Share of Buzz*, der *Sentiment Index* und der *Interaction Score* betrachtet. Diese Kennzahlen lassen Rückschlüsse auf die Positionierung des Unternehmens im Vergleich zum Wettbewerb, die Stimmung der Nutzer sowie den Impact des Social-Media-Engagements zu. Alle in Abbildung 9.10 verzeichneten Werte stelle ich Ihnen in Abschnitt 9.10, »Formeln für die wichtigsten KPIs«, noch ausführlich vor.

Die dritte Ebene verknüpft dann die Kennzahlen der ersten beiden Ebenen mit klassischen Methoden und Messgrößen aus Marktforschung und Business Intelligence. So ist es möglich, den Beitrag von Social Media zu der Erreichung von über-geordneten Unternehmenszielen sichtbar zu machen.

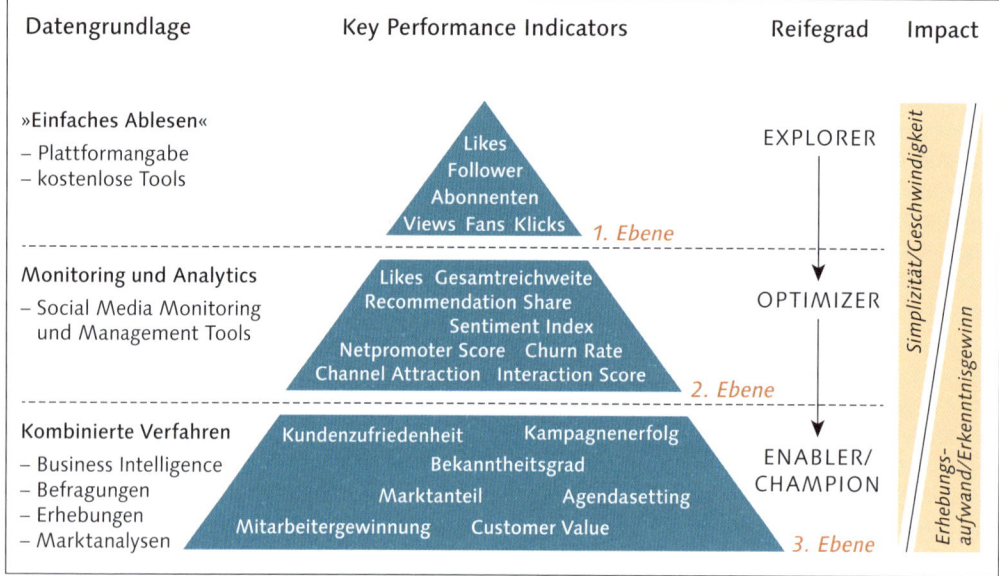

Abbildung 9.10 KPI-Pyramide (Quelle: B.I.G. Social Media GmbH)

Die KPI-Pyramide schafft eine klare Verbindung zwischen dem Reifegrad des Unternehmens und den einhergehenden Kennzahlen. Dies ist ein wichtiger Aspekt, den Sie im Hinterkopf behalten sollten.

9.8.4 Social Media 4×4 Scorecard

Die Social Media Scorecard, die von Mike Schwede, Patrick Moeschler und Sandra Stirnemann ausgearbeitet wurde, soll eine Antwort auf die Frage liefern, welche Kennzahlen branchenübergreifend für eine ganzheitliche Betrachtung von Social Media sinnvoll sind (siehe Abbildung 9.11). Die Autoren schaffen eine klare Ver-bindung zwischen wichtigen KPIs und den wesentlichen Unternehmensbereichen:

▶ Kommunikation und Branding

▶ Innovation und Service

▶ Vertrieb

▶ Organisation

Es wurden bewusst Kennzahlen gewählt, die eine gewisse universelle Relevanz besitzen. Wenn Sie sich die empfohlenen Messwerte anschauen, werden Sie fest-stellen, dass sich die meisten Werte in den anderen Modellen wiederfinden. Ein weiterer positiver Aspekt an dem Modell ist, dass die Autoren die Namen der

Kennzahlen so geschickt gewählt haben, dass die Zuordnung der KPIs zu Unternehmenszielen sehr einfach ist.

Abbildung 9.11 Social Media 4×4 Scorecard von Mike Schwede und Patrick Moeschler, CC 3.0 BY SA Lizenz (*http://bit.ly/2JzXM6I*)

Eine Besonderheit im Vergleich zu den bisher vorgestellten Modellen ist die Betrachtung von Social Media aus Organisationssicht. Dieser Bereich bietet Ihnen Kennzahlen, die helfen, zu überprüfen, ob und wie Social Media im Unternehmen adaptiert werden. Neben interner wie externer Aktivität der Mitarbeiter in Social Media wird betrachtet, wie viele Mitarbeiter in dem Themenkomplex geschult und wie viele neue Mitarbeiter über diese Kanäle rekrutiert wurden – ein wichtiger Aspekt, dessen Beachtung ich nur empfehlen kann. Generell bietet die Scorecard 4×4 eine gute Orientierungsgrundlage für mögliche Kennzahlen auf Basis des Unternehmensbereichs.

9.8.5   Social-Marketing-Analysis-Modell

Eine vierte und letzte Perspektive liefert an dieser Stelle das Paper »Social Marketing Analytics«, das in einer Kooperation zwischen der Altimeter Group und Web Analytics Demystified entstand. Nachdem ich Ihnen Kennzahlen auf Basis von Messebene, Reifegrad und Unternehmensbereich vorgestellt habe, folgt jetzt die

Betrachtung ausgehend vom Ziel des Social-Media-Engagements. Das Social-Marketing-Analysis-Modell teilt die Kennzahlen dabei in die vier Zielbereiche auf:

▶ Förderung von Dialog (Foster Dialog)

▶ Fürsprecherschaft fördern (Promote Advocacy)

▶ Kundenservice unterstützen (Facilitate Support)

▶ Innovation ankurbeln (Spur Innovation)

Ausgehend davon, werden dann Kennzahlen abgeleitet, die es ermöglichen, den Beitrag von Social Media zu dem jeweiligen Ziel zu erfassen.

Eine Übersicht über die zugehörigen Kennzahlen sehen Sie in Abbildung 9.12, die wichtigsten werde ich ebenfalls in Abschnitt 9.10, »Formeln für die wichtigsten KPIs«, erläutern.

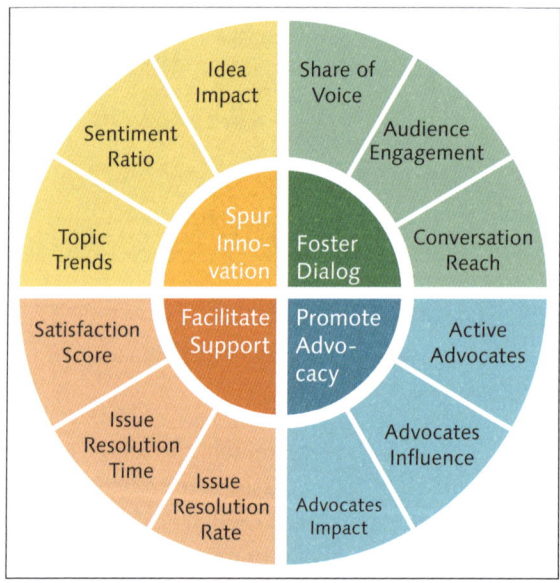

Abbildung 9.12 Kennzahlenkreis der Altimeter Group (Quelle: eigene Darstellung)

Da eine umfassende Erläuterung des Modells hier den Rahmen sprengen würde, empfehle ich Ihnen für eine Vertiefung des Themas das zugehörige Paper unter *http://bit.ly/dsomemaSMAM*.

9.8.6 Die Erfolgsmessungsmatrix des BVDW

Die Fachgruppe Social Media des Bundesverbandes Digitale Wirtschaft (BVDW) e.V. hat nach langjähriger Entwicklungsarbeit in dem Leitfaden zur Erfolgsmessung in Social Media eine sehr umfassende Aufstellung von KPIs zusammengetragen.

Mithilfe der Matrix können Sie ausgehend von den drei größten Zielbereichen von Organisationen (Kostensenkung, Umsatzsteigerung, Handlungsautonomie) Ziele für Ihr Social-Media-Engagement ableiten (siehe Abbildung 9.13).

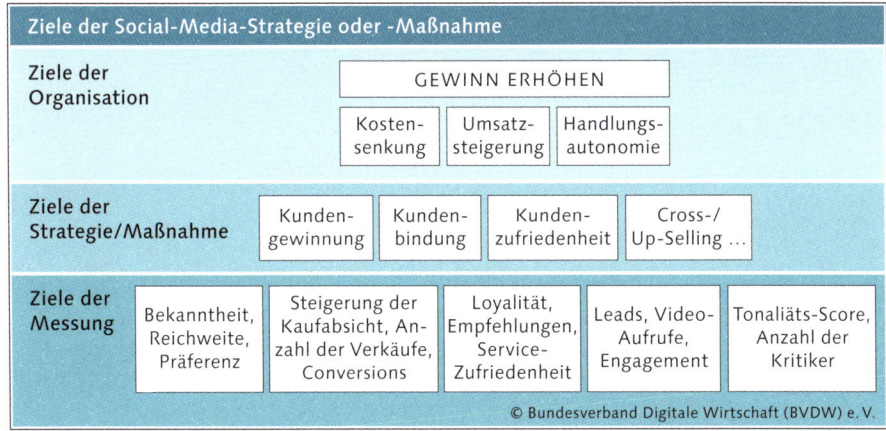

Abbildung 9.13 Social-Media-Ziele ausgehend von Unternehmenszielen (Quelle: BVDW)

Im Anschluss werden diese Ziele konsequent weiter bis hin zur einzelnen Metrik durchdekliniert und so 67 verschiedene KPIs identifiziert. Eine Übersicht über alle KPIs ist als A1-Plakat und in einer ausführlichen Übersicht ebenfalls als PDF verfügbar (*www.bvdw.org/medien/bvdw-vereinheitlicht-social-media-erfolgsmessung?media= 7744*). Ich kann die Lektüre dieses Leitfadens ausdrücklich empfehlen, da hier für viele Anwendungsszenarien geeignete KPIs eingeordnet und nachvollziehbar erläutert werden.

Fazit

Sie kennen jetzt eine Reihe von Möglichkeiten und Ansatzpunkten, um Kennzahlen für Ihr Unternehmen zu entwickeln. Welchen Weg Sie wählen, bleibt Ihnen überlassen. Bedenken Sie dabei jedoch, dass eine Konsistenz der Kennzahlen ermöglicht, die Entwicklung Ihres Social-Media-Engagements zu betrachten und zu beurteilen. Je gründlicher Sie Ihre Kennzahlen zu Beginn auswählen, desto besser ist die Basis für die zukünftige Weiterentwicklung. Das Ziel ist, Kennzahlen zu finden, die nach dem Prinzip der KPI-Pyramide aufeinander aufbauen und mit der Professionalisierung Ihres Engagements immer aussagekräftiger werden.

9.9   Social-Media-Analytics-Tools

Viele Daten rund um die eigenen Social-Media-Aktivitäten lassen sich zwar auch manuell erfassen und analysieren, aber gerade bei mehreren Kanälen und auch bei komplexeren Auswertungen empfiehlt sich der Einsatz von separaten kommerziellen Tools. Eine regelmäßig aktualisierte Liste von Tools gibt es im Monitoring-Matcher (*https://mnmt.de/analytics*). In Deutschland finden sich vor allem die in Tabelle 9.3 gelisteten Anbieter.

Tool	Website
10000 Flies	*www.10000flies.de/pro*
Facelift	*www.facelift-bbt.com/de*
Fanpage Karma	*www.fanpagekarma.com*
quintly	*www.quintly.com/de*
Socialbakers	*www.socialbakers.com*
Storyclash	*www.storyclash.com*

Tabelle 9.3 Social-Media-Analytics-Tools für Deutschland

9.10   Formeln für die wichtigsten KPIs

Nach der Reihe von theoretischen Modellen werde ich Ihnen nun die wichtigsten KPIs vorstellen. Alle haben sich im Einsatz bewährt und decken sämtliche Perspektiven ab. Zu jeder Kennzahl finden Sie im Folgenden eine kurze Beschreibung sowie ein Beispiel.

Buzz-Volumen

Das Buzz-Volumen beschreibt die Menge der Nennungen Ihres Unternehmens im betrachteten Zeitraum. Wenn Ihr Unternehmen (Produkt/Marke/Dienstleistung) im Januar 1.000-mal genannt wurde und im Februar 1.100-mal, entspricht das einer Steigerung des Buzz-Volumens um 10%.

Reach/Reichweite

Die Reichweite oder im Englischen *Reach* ist eine klassische Marketingkennzahl und bezeichnet die Anzahl der Personen, denen Ihr Beitrag/Ihre Anzeige oder Ihre Seite im betrachteten Zeitraum angezeigt wurde. Auf Facebook können Sie diesen Wert in den Facebook Insights ablesen (siehe Abbildung 9.14), auf Twitter entspricht er Ihren Followern, auf YouTube den Abrufen eines Videos und auf Ihrem Blog den Besuchern.

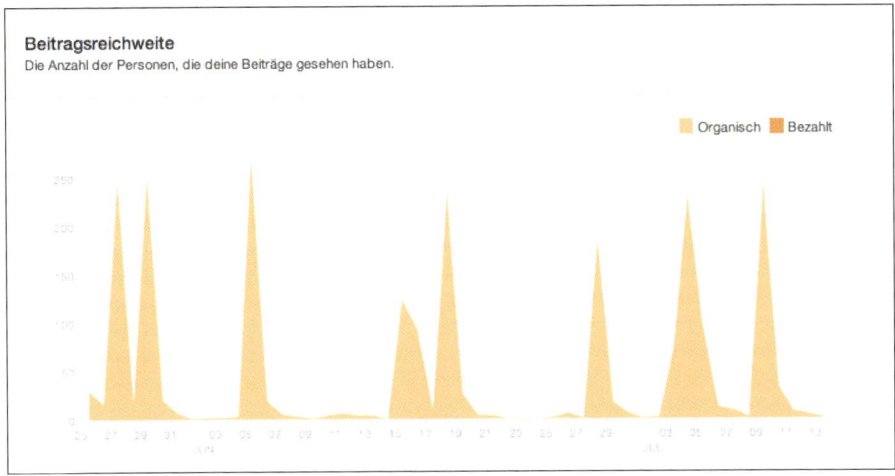

Abbildung 9.14 Die Reichweite eines Beitrags in den Facebook Insights

Engagement/Audience Engagement

Diese Kennzahl beschreibt das Verhältnis zwischen den Reaktionen (Likes, Kommentaren, Retweets, +1 etc.) zu der Reichweite. Angenommen, Sie haben eine Reichweite von 1.000 Personen bei einem Beitrag, der zehn Likes und fünf Kommentare bekommt. Dies ergibt 15 ÷ 1.000 = 0,015, also eine Engagement-Rate von 1,5 %.

Share of Voice

Der Share of Voice bezeichnet den pozentualen Anteil der Gespräche über Ihr Unternehmen in Relation zu allen Gesprächen im Gesamtmarkt. Die Anzahl der Nennungen Ihrer Marke beträgt 1.000, die Nennungen aller Wettbewerber im Markt betragen insgesamt 9.000. Damit haben Sie ein Share of Voice von gerundet 1.000 ÷ 9.000 = 0,111 = 11 %.

Share of Buzz (Position)

Der Share of Buzz bezeichnet den Anteil der Nennungen zu einem bestimmten Thema (Positionierungsthema) am Gesamtvolumen der Nennungen des Wettbewerbs bzw. der Top-Four-Mitbewerber.

Active Advocates

Die Kennzahl Active Advocates berechnet sich aus dem Quotienten Active Advocates in den letzten 30 Tagen ÷ Gesamtzahl Advocates. Advocate beschreibt eine Person, die für das Unternehmen agiert (Fürsprecher). Haben sich von diesen Personen in den letzten 30 Tagen fünf zu Wort gemeldet, wenn insgesamt 15 bekannt sind, ergibt das 5 ÷ 15 = 0,333 = 33 %.

Issue Resolution Rate

Die Issue Resolution Rate benennt den Anteil der Fälle, die gelöst wurden, im Verhältnis zu allen Fällen, die an das Social-Media-Team herangetragen wurden.

Anzahl der gelösten Fälle ÷ Anzahl aller Fälle

Im betrachteten Zeitraum wurden 100 Fälle im Social Web aufgenommen, davon wurden 78 gelöst, dies entspricht 78 ÷ 100 = 0,78 = 78 %.

Satisfaction Score (Zufriedenheitsrate)

Der Satisfaction Score ist eine Kennzahl, die sich aus dem Verhältnis zufriedener Kunden zu der Gesamtzahl der Kunden berechnet, dem das Social-Support-Team geholfen hat.

Satisfaction Score = zufriedene Kunden ÷ Gesamtzahl der Kunden

Topic Trends

Die Topic Trends stellen die Bedeutung eines Themas im Vergleich zu allen Themen dar.

Anzahl der Nennungen Thema X ÷ Gesamtzahl aller Nennungen

Das Thema Geschmack wurde im betrachteten Zeitraum 150-mal genannt, das Gesamtvolumen aller Themen beträgt 2.500. Daraus ergibt sich 150 ÷ 2.500 = 0,06 = 6 %.

Sentiment (Sentiment Ratio, Tonalität)

Das Sentiment bezeichnet die relative Stimmung im Hinblick auf Ihr Unternehmen.

Anzahl [positiver | negativer | neutraler] Kommentare ÷ Gesamtzahl aller Kommentare

In Abbildung 9.15 sehen Sie die relative Stimmung im Mai und im Juni, die prozentualen Anteile an positiven, negativen und neutralen Beiträgen repräsentieren dabei das Sentiment.

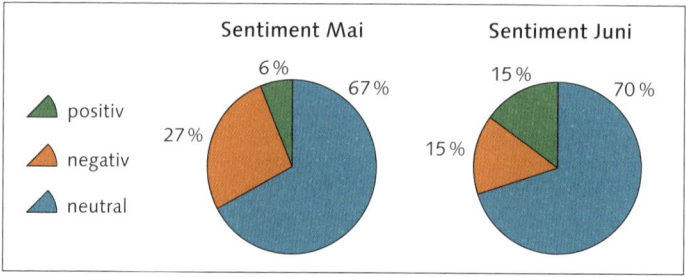

Abbildung 9.15 Vergleich des Sentiments aus Mai und Juni

Ich könnte die Liste an dieser Stelle noch beliebig fortführen, denn es werden stetig neue Kennzahlen vorgeschlagen und diskutiert. Diese Liste von Kennzahlen gibt Ihnen jedoch einen ausreichenden Einblick darin, welche Werte Sie im Rahmen des Social Media Monitorings messen könnten.

9.11   Und was ist jetzt der ROI von Social Media?

Was ist der ROI deiner Mutter? So lautete einst die Antwort von Gary Vaynerchuck auf die Frage, was denn nun der ROI von Social Media sei.[7] Was er mit diesem Sinnbild ausdrücken wollte, war, dass der ROI nicht en détail und kausal in Daten sichtbar gemacht werden kann, sondern das große Ganze ist, das im Rahmen eines Social-Media-Engagements entsteht.

Doch warum wird die Frage nach dem ROI überhaupt so viel diskutiert? Einer der Gründe ist ganz offensichtlich – wenn ein Unternehmen in Social Media investiert, möchte es wissen, was dafür an Geld wieder reinkommt. Das Problem an dieser Stelle ist, der Return of Investment ist ein betriebswirtschaftliches Maß, das zählbare Einheiten in ein Verhältnis setzt. Die Kosten für Social Media lassen sich an dieser Stelle gut beziffern – ob Personal, Ressourcen oder Dienstleistungen, alles hat seinen Preis. Wie viel jedoch ist eine Weiterempfehlung auf Twitter oder ein Facebook-Fan wert? Das, was in den sozialen Medien passiert, lässt sich nur selten direkt in Geld umrechnen. An diesen Stellen ist ein Zwischenschritt notwendig, um den Beitrag von Social Media sichtbar zu machen.

> **Leseempfehlung: Der Wert eines Facebook-Fans**
>
> Mathias Roskos hat auf seinem Blog »SocialNetworkStrategien« (*http://socialnetwork-strategien.de*) für die Facebook-Seite der Stadt Garmisch-Partenkirchen exemplarisch durchgerechnet, was der Wert eines Facebook-Fans ist. Den zugehörigen Artikel finden Sie unter *http://bit.ly/15kc3wZ*.
>
> Weitere Artikel zum Thema »Wert eines Facebook-Fans« finden Sie auf FutureBiz unter *http://bit.ly/15kaEGP*, die zugehörige Studie von Syncapse können Sie sich unter *http://bit.ly/15kbLpZ* herunterladen.

Diese Problemstellung ist übrigens nicht neu. Für klassische Medien wie Zeitungen oder Fernsehen kann ebenfalls kein allgemeiner ROI angesetzt werden. Auch hier ist es nur möglich, einzelne Maßnahmen oder Kampagnen im Hinblick auf die Erreichung der Ziele zu beurteilen.

Die Frage, die Sie sich eigentlich stellen müssen, lautet entsprechend: Wie hat sich die Kampagne X auf unser Ziel Y ausgewirkt, und welche Effekte hatte dies auf

---

7   *www.youtube.com/watch?v=xZY5b85KoOU*

unseren Absatz/welche Kosten konnten dadurch im betrachteten Zeitraum einge-
spart werden?

9.11.1 ROI = Return on Influence

Eine rein wirtschaftliche Betrachtung von Social Media greift viel zu kurz. Der
eigentliche Wert liegt in den Gesprächen, die um Ihr Unternehmen entstehen, und
den damit einhergehenden positiven Effekten auf die Markenwahrnehmung, dem
sogenannten *Return on Influence* oder *Return on Engagement*. Diesen können Sie mit
Kennzahlen wie dem *Share of Voice* messen. Dies ergibt dann keine harte Summe in
Euro, dafür aber zumindest einen Wert, den die Geschäftsleitung versteht.

9.11.2 ROI = Reduce of Investment

Social Media bergen eine Reihe von Einsparungspotenzialen (*Reduce of Investment*)
in anderen Unternehmensbereichen. Mögliche Ansatzpunkte sind hier:

▶ der Kundenservice, bei dem Kosten durch den Social-Media-Support sowie durch
  Kunden, die anderen Kunden helfen, langfristig gesenkt werden können (ausführlich dazu noch in Abschnitt 11.6, »Kundenservice 2.0«)

▶ die Produktentwicklung, bei der Einsparungen durch die Zusammenarbeit mit
  Kunden im Social Web möglich sind

▶ die Marktforschung, wo durch Erkenntnisse aus dem Social Media Monitoring
  Einsparungen gemacht werden können (zu diesen beiden Punkten siehe Abschnitt 11.8, »Forschung und Innovation«)

▶ das klassische Marketing, bei dem weniger Budget eingesetzt wird, wenn eine
  direktere und kostengünstigere Ansprache der Zielgruppe über die sozialen Medien möglich ist (siehe Abschnitt 11.5, »Social Media Marketing«)

Ziehen Sie an dieser Stelle die Kosten, die durch Social Media an anderer Stelle
gespart wurden, von den Kosten, die durch das Engagement entstehen, ab, haben
Sie einen monetären Wert für den ROI.

9.11.3 ROI = Risk of Ignoring

Ein nicht unwesentlicher Aspekt von Social Media ist *Risk of Ignoring*, die Gefahr,
die damit einhergeht, wenn Ihr Unternehmen versucht, die sozialen Medien zu
ignorieren. Dieses Verhalten kann mit einem nicht unwesentlichen Imageschaden
einhergehen. Dafür muss es noch nicht einmal zu einem Shitstorm kommen.
Bewertungen und Stimmen im Social Web haben einen maßgeblichen Einfluss auf
die Kaufentscheidung. Finden potenzielle Kunden nur negative Einträge über Ihr
Unternehmen, werden diese wahrscheinlich nicht bei Ihnen kaufen.

9.11.4   Tell me where the money is

Der ROI von Social Media ist also nicht der ROI im klassischen Sinne, dennoch werden Sie langfristig Zahlen vorweisen müssen. Der Weg ist hier, die Verknüpfung zwischen den Unternehmenszielen und Social Media zu finden und Ihren Beitrag so gut wie möglich nachzuweisen. Ansätze dafür habe ich Ihnen bereits mit der KPI-Pyramide, der Social Media Scorecard 4×4, dem Social-Media-Analytics-Modell und der BVDW-Erfolgsmatrix in Abschnitt 9.8, »Social Media Measurement – Kennzahlen erfolgreich bestimmen«, vorgestellt.

Ist es nicht möglich, einen direkten finanziellen Wert auszuweisen, müssen Sie den Beitrag transparent machen, den Sie für das Unternehmen leisten. Eine Verbesserung der Stimmung gegenüber dem Unternehmen um 30 % lässt sich vielleicht nicht in Euro beziffern, ist aber trotzdem ein Wert, den die Führungsetage versteht und zu schätzen weiß.

Der letzte Grundpfeiler des Social Media Managements stellt nun das Unternehmen selbst in den Mittelpunkt.

10 Change Management (interne »Überzeugungsarbeit«)

»The only human being that likes change is a baby with a wet diaper.«
Hans Crijns, Professor of Management Practice, Vlerick

Social Media ist kein Name für eine Abteilung, sondern ein Ansatz. Diesen Grundgedanken in ein Unternehmen zu bringen und Social Media als Thema in sämtliche Prozesse und Bereiche zu integrieren ist eine wichtige Aufgabe als Social Media Manager. Gleichzeitig ist es eine der größten Herausforderungen. Interne Überzeugungs- und Aufklärungsarbeit wird gerade zu Beginn eines Engagements den Großteil Ihrer Zeit in Anspruch nehmen. Die mit der Einführung von Social Media einhergehenden Anforderungen an Unternehmen erfordern tief greifende Umwälzungen in sämtlichen Aspekten der Unternehmenskommunikation, -kultur und -organisation. Entsprechend aufwendig und streckenweise unglaublich frustrierend kann diese Aufgabe für Sie sein. Lassen Sie sich von Rückschlägen nicht entmutigen! Die Erfahrung zeigt, dass die meisten Social Media Manager in diesem Bereich auf Widerstände und Probleme stoßen, langfristig aber Lösungen finden. In diesem Abschnitt werde ich Ihnen zunächst einen generellen Einblick in die Herausforderungen des Change Managements geben und dann die drei großen Themenbereiche – Kultur, Technik und Informationsfluss – genauer darlegen. Dabei konzentriere ich mich auf die theoretischen Grundlagen, um Ihnen ein tieferes Verständnis der Thematik zu vermitteln. Aufgrund der hohen Bedeutung einer möglichst reibungslosen Integration von Social Media habe ich Kapitel 14, »Corporate Social Media«, komplett dem praktischen Aspekt des Themas gewidmet. Dort stelle ich Ihnen konkret vor, wie Sie Social Media Schritt für Schritt in Ihrem Unternehmen einführen.

10.1 Theoretische Grundlagen des Change Managements

Change Management oder zu Deutsch Veränderungsmanagement umfasst alle Maßnahmen, Aufgaben und Tätigkeiten, die notwendig sind, um eine grundlegende Veränderung in einer Organisation zu bewirken.

10.1.1 Das lewinsche Drei-Phasen-Modell

Den idealtypischen Change-Management-Prozess stelle ich Ihnen auf Basis des Drei-Phasen-Modells von Kurt Lewin vor. Lewin untersuchte Anfang der 1940er

Jahre soziokulturelle Veränderungsprozesse. Er kam zu der Erkenntnis, dass Menschen manchmal dazu gezwungen werden müssen, die Vorteile in angestrebten Veränderungen zu erkennen. Auf Basis der Annahme, dass es unlogisch ist, dass sich eine Person selbst ändert, teilte er den Prozess auf in die drei Phasen:

- Unfreezing (auftauen)
- Moving/Changing (bewegen/verändern)
- Refreezing (wieder einfrieren)

In Abbildung 10.1 sehen Sie eine schematische Darstellung dieses Prozesses.

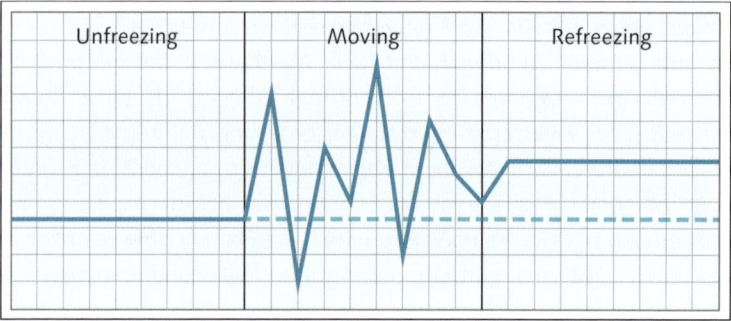

Abbildung 10.1 Die drei Phasen nach Lewin

In der ersten Phase, dem Auftauen, wird die Veränderung vorbereitet und Veränderungsbereitschaft unter den Organisationsmitgliedern geschaffen. Die geplanten Änderungen werden angekündigt und die betroffenen Mitarbeiter in Gesprächen, Diskussionen, Workshops und Befragungen an dem Prozess beteiligt. Darüber hinaus werden bestehende Strukturen und Prozesse analysiert und beurteilt.

In der Veränderungsphase werden dann auf Grundlage der zuvor erlangten Erkenntnisse und Informationen neue Verhaltensmuster und Prozesse entwickelt und ausprobiert. Da es oftmals schwierig ist, alte Verhaltensmuster abzulegen, wird dieser Teil des Prozesses durch Trainings, Schulungen und Rollenmodelle unterstützt.

Die letzte Phase dient dazu, die vollzogenen Veränderungen langfristig zu stabilisieren. Dafür ist es wichtig, dass die Organisationsmitglieder die vollzogenen Veränderungen als erfolgreich wahrnehmen. Wie in der Veränderungsphase wird auch hier weiterhin evaluiert, ob die neuen Prozesse gut funktionieren, und gegebenenfalls angepasst. Der neue Status quo ist damit keine starre Struktur, sondern als Ausgangspunkt für weitere Entwicklungen zu verstehen. In der Theorie klingt dieser Prozess noch relativ einfach, oder? In der Praxis sieht dies meistens anders aus, die Gründe dafür erläutere ich Ihnen jetzt.

10.2   Warum »Change« so schwierig ist

»Change« war das Schlagwort des Wahlkampfes des Präsidentschaftskandidaten Barack Obama im Jahr 2008. Es vermittelte Hoffnung, Aufbruchsstimmung und den Blick in eine bessere Zukunft. In der Unternehmensrealität sieht dies oftmals anders aus.

Veränderungen führen zu etwas Neuem und erfordern damit in der Regel einen Bruch mit Gewohnheiten und Altbewährtem. Mit dieser Tatsache sind Ängste und Unsicherheiten verbunden, die in einem ersten Moment dazu führen, dass der Change nicht als Chance, sondern als Bedrohung wahrgenommen wird. Die Ängste der Mitarbeiter sind hier sehr individuell und von einer Reihe von Faktoren abhängig. Eine Rolle spielt hier beispielsweise die Hierarchieebene, wie direkt die Person von dem Wandel betroffen ist und welche Kenntnisse diese von Social Media hat. Die Spanne reicht hier entsprechend von Komfort- und Machtängsten (Angst davor, Gewohnheiten, Privilegien oder Status zu verlieren) bis hin zu echten Existenzängsten (Angst, dass die eigene Stelle überflüssig wird).

Ein weiterer Punkt sind Zweifel an der Sinnhaftigkeit der Veränderung. Solange nicht absolut klar ist, dass das Unternehmen allgemein und der einzelne Mitarbeiter im Speziellen von den veränderten Rahmenbedingungen profitiert, ist die Haltung erst mal ablehnend. Als »Verursacher« der Unannehmlichkeiten müssen Sie darüber hinaus mit einer gewissen Feindseligkeit rechnen. Das teilweise aus einem sehr nachvollziehbaren Grund, denn Veränderung bedeutet oft Einschnitte in Ressourcen, die für das neue Projekt geschaffen werden müssen. Ein Aspekt, der alle vorher genannten Unwägbarkeiten noch verstärken kann, ist fehlendes Vertrauen in Ihre Person. Oftmals wird ein Social Media Manager extern rekrutiert oder war bis dato in einer wenig sichtbaren Position tätig. In dieser Situation müssen Sie erst einmal beweisen, dass Sie die Kompetenz besitzen, dem Unternehmen eine positive Veränderung zu bringen.

10.3   Was Ihnen hilft, Veränderungen im Unternehmen umzusetzen

Obwohl Wandel niemals einfach ist, ist er notwendig, um voranzukommen. Helfen Sie Ihren Kollegen, die eigene Komfortzone zu verlassen!

10.3.1   Starke Partner und Missionare finden

Change Management ist nichts, was Sie allein machen können. Suchen Sie sich starke Partner und Fürsprecher. Unterstützung durch die Geschäftsführung ist an dieser Stelle nicht nur wichtig, sondern ein essenzieller Punkt. Wenn von »ganz oben« kommt: »Wir als Unternehmen wollen Social Media«, dann hat das eine ganz andere Wirkung, als wenn Sie das sagen. Darüber hinaus sollten Sie versuchen, möglichst viele »Missionare« zu finden. Das sind solche Mitarbeiter, die den Sinn von Social Media verstanden haben und mit Ihnen gemeinsam versuchen, andere Mitarbeiter zu überzeugen.

10.3.2 Positionierung als Experte

Daneben ist es wichtig, dass Sie Vertrauen in Ihre Person aufbauen. Zeigen Sie Ihr Können, profilieren Sie sich als Experte, ohne dabei arrogant und unsympathisch zu sein. Stellen Sie Fragen, seien Sie stets hilfsbereit, und gehen Sie empathisch auf Ihr Gegenüber ein. Ausführlich wird dieser Themenkomplex noch in Abschnitt 14.7, »Social Media im Unternehmen etablieren«, behandelt.

10.3.3 Ängste und Widerstände überwinden

Eine der wichtigsten Aufgaben ist es jedoch, den Ängsten und dem Widerstand gegen die Veränderung entgegenzuwirken. Da diese über den zeitlichen Verlauf hinweg variieren, werde ich Ihnen einmal die Verlaufsphasen einer Veränderung aus der Sicht eines Betroffenen skizzieren.[1] Im Anschluss stelle ich Ihnen dann verhaltensorientierte Maßnahmen vor, die dabei helfen, die jeweiligen Herausforderungen zu meistern.

10.3.4 Wie Sie die Veränderungskurve meistern

In Abbildung 10.2 sehen Sie die Skizze einer idealtypischen Veränderungskurve. Dabei visualisiert die y-Achse die wahrgenommene persönliche Kompetenz einer Person, die x-Achse stellt den Zeitverlauf dar.

Die abgebildete Kurve zeigt folglich die gefühlte Kompetenz über die Zeit. Der Verlauf geht über sieben Phasen:

1. **Schock**: Mit der Verkündung der Veränderung kommt zunächst der Schock, die Mitarbeiter sind verunsichert und haben Angst.

2. **Verneinung**: Die Mitarbeiter wollen den bevorstehenden Wandel nicht, haben Angst und fokussieren sich auf die negativen Aspekte der Veränderung.

3. **Einsicht**: Langsam erkennen die Mitarbeiter, dass eine Veränderung doch sinnvoll ist.

4. **Akzeptanz**: Mitarbeiter beginnen, die Veränderung zu akzeptieren, und lassen alte Gewohnheiten los.

---

1 Vgl. Dietmar Vahs: »Organisation: Einführung in die Organisationstheorie und -praxis«. 3. Aufl. Stuttgart 2001, S. 285 ff.

5. **Ausprobieren**: Erste Projekte mit den neuen Gegebenheiten werden ausprobiert, der Einzelne versucht, sich mit den Veränderungen zu arrangieren.

6. **Erkenntnis**: Die Mitarbeiter erkennen, dass die Veränderung gut ist.

7. **Integration**: Die Veränderung wird von den Mitarbeitern komplett in den Alltag integriert. Alte Verhaltensweisen sind vergessen. Die gefühlte Kompetenz steigt eventuell sogar über das vorherige Niveau hinaus.

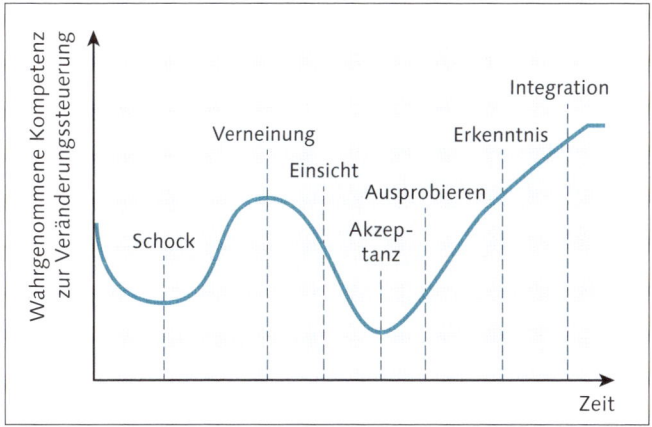

Abbildung 10.2 Veränderungsprozess aus Sicht der Betroffenen

In Anbetracht dieser Phasen im Veränderungsprozess bieten sich folgende Maßnahmen an, um die damit einhergehenden Widerstände zu überwinden.

Vermeidung von Schock und Verneinung

Die ersten beiden Phasen sind durch Unsicherheiten und Ängste geprägt, hier gilt es, zu intervenieren:

▶ Informieren Sie die betroffenen Personen möglichst früh und transparent über die angestrebten Veränderungen. Je besser bekannt ist, was genau passieren soll und welche Auswirkungen das auf den Einzelnen hat, desto weniger Ängste entstehen.

▶ Beziehen Sie die betroffenen Personen mit ein! Dies gilt sowohl für die Entwicklung von neuen Prozessen als auch für die Teilnahme an Entscheidungsprozessen. So vermitteln Sie das Gefühl, dass Sie etwas gemeinsam geschaffen haben, anstatt den Betroffenen etwas aufzuzwingen.

▶ Besonderer Schutz und Begleitung von Personen oder Abteilungen, die negativ von den Veränderungen betroffen sind. Ein gutes Beispiel ist hier das Thema Budget. Oftmals werden keine neuen Gelder für das Thema Social Media aufgetan, sondern bestehendes Budget in diesen Bereich verschoben. Die Abteilungen, die Gelder »verlieren«, sind darüber natürlich nicht sonderlich erfreut.

Hier ist es Ihre Aufgabe, klar und deutlich zu vermitteln, wie Sie diesen Verlust »wiedergutmachen«. In diesem Beispiel wäre es etwa denkbar, herauszustellen, wie Sie dafür in Zukunft Marketingkampagnen durch Social Media unterstützen können.

▶ Vermeiden Sie revolutionäre Ansätze. Alles umzustoßen und neu aufzubauen ist im Rahmen einer Social-Media-Strategie meistens sowieso unnötig.

Unterstützung von Einsicht und Akzeptanz

In diesen beiden Phasen gilt es nun, die positive Einstellung gegenüber der Veränderung zu stützen:

▶ Positionieren Sie sich als vertrauensvoller Ansprechpartner, und geben Sie regelmäßig Rückmeldung über den Stand der Dinge.

▶ Unterstützen Sie die Mitarbeiter durch Schulungen, Coaching und Guidelines (ausführlich dazu in Abschnitt 14.7, »Social Media im Unternehmen etablieren«, und in Abschnitt 14.6, »Social Media Guidelines«).

▶ Nehmen Sie Rücksicht auf langjährige Arbeits- und Sozialbeziehungen. Hier kann es schon zu einer Menge Unmut führen, wenn ein Mitarbeiter das Büro wechseln muss, um Platz zu schaffen.

Förderung des Ausprobierens und der Erkenntnis

Diese beiden Phasen sind geprägt von dem Versuch der Betroffenen, mit der Veränderung zu arbeiten. Dieses Verhalten müssen Sie belohnen, unterstützen und fördern:

▶ Versuchen Sie so früh wie möglich, erste Erfolgserlebnisse zu schaffen. Diese sogenannten *Quick Wins* motivieren unheimlich und führen zu noch mehr Elan.

▶ Machen Sie deutlich, dass Fehler kein Drama sind, sondern dazu da sind, zu lernen und besser zu werden. Ermutigen Sie die Mitarbeiter, Dinge auszuprobieren, ohne dass sie Angst vor negativen Konsequenzen haben müssen. Gehen Sie konstruktiv mit Fehlern um.

▶ Belohnen und loben Sie Treiber und Akteure der Veränderungen sichtbar. Dies kann zum Beispiel in einem Artikel in der Mitarbeiterzeitung sein, im Rahmen einer Präsentation oder im persönlichen Gespräch.

▶ An dieser Stelle kann es durchaus auch sinnvoll sein, kompetente externe Berater dazuzuholen.

Veränderungen nachhaltig Integrieren

In der letzten Phase gilt es nun, die neuen Verhaltensweisen nachhaltig zu integrieren. Dies funktioniert insbesondere über Wiederholungen und eine enge Zusammenarbeit.

Mit diesen Maßnahmen sind Sie jetzt in der Theorie gut gerüstet, den Wandel in Ihrem Unternehmen zu initiieren. Das Wichtigste an dieser Stelle ist jedoch, dass Sie ausreichend Langatmigkeit, Hartnäckigkeit und Leidenschaft für Social Media mitbringen. Ich mache Ihnen nichts vor, es wird nicht immer einfach sein und das umso weniger, je größer das Unternehmen ist, in dem Sie arbeiten. In Kapitel 14, »Corporate Social Media«, werde ich noch konkret auf die praktische Umsetzung eingehen.

Abschließend stelle ich Ihnen noch die Gebiete vor, die sich in Gesprächsrunden unter Social Media Managern immer wieder als die größten Herausforderungen herauskristallisieren – die Unternehmenskultur und die liebe Technik.

10.4   Social Media und die Unternehmenskultur

Schauen wir uns ein klassisches alteingesessenes Unternehmen an. Starre Hierarchien, klar darauf abgestimmte Kommunikations- und Informationswege und Privilegien machen ein effizientes Arbeiten schlichtweg unmöglich. Sind Sie in einem solchen Unternehmen gelandet, gibt es erst einmal eine Menge zu tun. Die Bereiche, in denen hier eine Bereitschaft zur Veränderung notwendig ist, sind:

▶ Hierarchie

▶ totale Kontrolle der Mitarbeiter

▶ Informationssilos und beschränkter Informationsfluss

▶ eine Kultur von Gewohnheit und Perfektion

10.4.1   Von starren Hierarchien zum vernetzten Unternehmen

Starre Hierarchien und Social Media passen einfach nicht zusammen. Zwei kleine Beispiele aus meiner Erfahrung:

Das erste Beispiel passierte zum Glück vor dem öffentlichen Start in ein Engagement. Eine Panne, die den gesamten Betriebsablauf auf einem bestimmten Gebiet lahmlegte, wurde bekannt. Diese Information wurde aus Hierarchiegründen an meinen Vorgesetzten gesandt, der gerade auf Dienstreise war und mir die Information erst mehrere Stunden später weiterleitete. Im laufenden Social-Media-Engagement hätte genau diese verpasste Zeit zu einer Krise führen können.

Ein Beispiel, von dem ich immer wieder höre, ist die Ausgabe von Arbeitsgeräten auf Basis der Hierarchieebene. So bekommt der Social Media Manager ein Firmenhandy, mit dem er lediglich seine Firmen-E-Mails abrufen kann. Der Zugriff auf die Social-Media-Präsenzen des Unternehmens ist nur schwerlich über den integrierten Browser möglich. Hier sind oft wochenlange Diskussionen notwendig, um klarzustellen, dass es bei dem benötigten Smartphone nicht um den Status, sondern darum geht, arbeiten zu können. Hier ist eine grundsätzliche Entscheidung der Geschäftsleitung gefragt. Gegenüber spitzen Kommentaren der Kollegen wie »Ach, Sie haben ein iPhone?« müssen Sie in solchen Momenten immun sein.

Verstehen Sie mich an dieser Stelle nicht falsch, ich fordere Sie nicht dazu auf, sämtliche Hierarchien zu stürzen. Es geht an dieser Stelle darum, die Strukturen so zu lockern, dass Sie vernünftig arbeiten und mit anderen Abteilungen zusammenarbeiten können. Schaffen Sie ein Netzwerk zwischen den Mitarbeitern, die in das Social-Media-Engagement involviert sind. Sorgen Sie dafür, dass wichtige Informationen aus dem Unternehmen direkt im Social-Media-Team landen und nicht in der Ebene darüber. Schaffen Sie Verständnis dafür, dass eine gute technische Ausstattung nicht von der Hierarchie abhängig sein darf, sondern von den Anforderungen der Tätigkeit. Vor allem müssen Sie in diesem Bereich stets darauf achten, dass Sie deutlich machen, warum eine Veränderung notwendig ist. Gerade Statussymbole, spezielle Freiheiten oder Privilegien sind etwas, das nur sehr ungern aufgegeben wird.

10.4.2   Von Kontrolle zu Vertrauen

Nur wenige Führungskräfte geben es offen zu, aber der mit Social Media einhergehende Kontrollverlust macht ihnen Angst. Aussagen wie »Wir können doch nicht jeden Mitarbeiter für das Unternehmen sprechen lassen. Wer weiß, was die sagen?« weisen dann auf die eigentliche Ursache hin – fehlendes Vertrauen. Zunächst einmal müssen Sie an dieser Stelle die Illusion auflösen, dass ein Unternehmen die totale Kontrolle darüber hat, was die Angestellten im Internet sagen. Die Zeiten sind vorbei. Mitarbeiter und solche, die es einmal waren, schreiben im Internet, was und wann sie wollen. Das natürlich besonders gerne, wenn sie unzufrieden sind (siehe Abbildung 10.3).

Abbildung 10.3 Unternehmen haben keinen Einfluss darauf, was ihre (ehemaligen) Mitarbeiter im Netz schreiben.

Unternehmen bleibt jetzt lediglich die Entscheidung, ob sie ihre Mitarbeiter dabei unterstützen, sich kompetent im Netz zu bewegen, oder nicht. Schaffen Sie Verständnis dafür, dass Misstrauen an dieser Stelle deplatziert ist. Wenn das Management den Angestellten nicht zutraut, im Social Web als Mitarbeiter ihres Unternehmens aufzutreten, dann dürften diese überhaupt nie mit Kunden oder Partnern sprechen. Ob am Telefon, an der Ladentheke, auf einer Konferenz oder eben im Internet, es macht heutzutage keinen großen Unterschied, wo diese Gespräche stattfinden. Fehler und unfreundliches Verhalten einem Kunden gegenüber finden genauso ihr Publikum, wenn der Fauxpas offline passiert, denn das ärgerliche Status-Update auf Twitter oder Facebook ist nur einen Klick weit entfernt. Wer seinen Mitarbeitern nicht vertraut, hat die falschen Personen eingestellt.

10.4.3   Von Informationssilos zu geteiltem Wissen

Geteiltes Wissen und transparente Informationsflüsse sind in vielen Unternehmen noch Wunschdenken. Damit meine ich noch nicht einmal den Einsatz von zentralen Wissensmanagementsystemen. Wissen ist Macht und Informationen über die Abteilungsgrenzen hinweg zu teilen schlichtweg ungewohnt. Das sind zwei der Gründe, warum es oftmals schwierig ist, innerhalb eines Unternehmens gut informiert zu sein. Dabei ist es für das Social-Media-Team kritisch, nicht jederzeit zu wissen, was im Unternehmen vorgeht. Nur so ist eine transparente und authentische Kommunikation nach außen möglich. Nichts ist so unangenehm wie ein Kunde, der einen mit Fakten konfrontiert, die intern nur im Management bekannt waren, oder eine Antwort, die auf falschen Informationen basierte. Das Social Web schafft Transparenz an Stellen, wo es den Unternehmen unangenehm ist, und so wird schnell eine Ausrede vermutet, wo vielleicht nur eine Fehlinformation vorlag (siehe Abbildung 10.4).

Abbildung 10.4 Wenn der Kunde mehr weiß als der Kundenservice

Als Social Media Manager müssen Sie mindestens einen zentralen Informations-punkt für das Social-Media-Team schaffen. Hier laufen alle Informationen aus dem Unternehmen zusammen, ob der Kampagnenplan der Marketingabteilung, der Redaktionsplan der PR, die neuesten Umfrageergebnisse aus der Marktforschung, potenzielle oder aktuelle Störungen im Betriebsablauf oder die neue Geschmacks-richtung, die gerade in der Produktentwicklung getestet wird, schlichtweg sämtli-che Informationen, die für einen offenen Dialog mit dem Kunden relevant sein könnten – und das komplett unabhängig von Hierarchie und Abteilung.

Für Sie als Social Media Manager hat es höchste Priorität, genau so einen *Single Point of Information* zu schaffen. Sprechen Sie dafür die betreffenden Abteilungen gezielt an, erläutern Sie nachdrücklich, warum hier das Teilen von Informationen so wichtig ist, und suchen Sie sich einen gezielten Ansprechpartner/Verantwortli-chen pro Abteilung. Ich persönlich habe gute Erfahrungen damit gemacht, diese Schritte im Rahmen der *Roadshow* (siehe Abschnitt 14.7.1, »Die Roadshow«) vor-zunehmen. Besonders hervorzuheben ist hier noch die Bedeutung einer engen Zusammenarbeit mit der Kommunikation. Im Idealfall sind beide Abteilungen stets auf dem gleichen Informationsstand.

Ist das Management darüber hinaus gegenüber einer kollaborativen Lösung für das unternehmensweite Teilen und Zusammentragen von Wissen offen, umso besser. Die Möglichkeiten, die Social Media im internen Unternehmenseinsatz bieten, erläutere ich Ihnen noch ausführlich in Abschnitt 11.9, »Enterprise 2.0«.

10.4.4 Von einer Kultur der Gewohnheit und Perfektion zur Lernkultur

Wie bereits in Abschnitt 10.2, »Warum »Change« so schwierig ist«, ausführlich dis-kutiert, sind alteingesessene Gewohnheiten eine große Hürde für Veränderungen. Sprüche wie »Aber das haben wir schon immer so gemacht« sind hier genauso beliebt wie »Wir brauchen so einen neumodischen Kram nicht«. Führen Sie den Skeptikern den Mehrwert vor Augen, den ein Umdenken und die Integration von Social Media ins Unternehmen mit sich bringt. Machen Sie Erkenntnisse und Feed-back aus den sozialen Medien für das Unternehmen nutzbar. Gute Beispiele sind hier die Ideen, die Kunden für die Produktentwicklung liefern, oder eine Zusam-menfassung häufiger Kritikpunkte als Ansatz für Verbesserungen. Es ist wichtig, dass ein Unternehmen zeigt, dass es seinen Kunden zuhört und dazulernt. Wichtig ist auch, dass für die Mitarbeiter die richtige Umgebung geschaffen wird, um zu ler-nen. Anfängliche Fehler sollten nicht direkt bestraft, sondern gemeinsam bespro-chen werden, um herauszufinden, was besser gemacht werden kann. Eine ausge-reifte Lernkultur, die dem Unternehmen und jedem einzelnen Mitarbeiter die Chance gibt, zu lernen, auch mal Fehler zu machen und daran zu wachsen, ist eine wichtige Grundlage für den langfristigen Erfolg in Social Media.

10.5 Social Media und technische Barrieren

Notwendige Veränderungen im Zusammenhang mit IT und Sicherheit sind in vielen Unternehmen das Erste, was einem Social Media Manager auffällt. Gesperrte Internetseiten, veraltete Software, Notebooks so schwer wie Ziegelsteine, gerade in großen Unternehmen ist alles auf Sicherheit und nicht auf die Arbeit im Social Web optimiert. IT- und Sicherheitsrichtlinien haben schon so manchen Social Media Manager Zeit und Nerven gekostet. Vorweg, es gibt immer eine Lösung! Lassen Sie sich nicht mit dem Totschlagargument »Sicherheit« abwimmeln. Wie es ein befreundeter Berater mal so treffend ausdrückte:

> »Wenn die IT sagt, es ist aus Sicherheitsgründen nicht möglich, sind die nur zu faul, eine Lösung zu finden.«

Machen Sie IT und Sicherheit auf keinen Fall zu Ihrem Feindbild, im Gegenteil. Es muss eine gemeinsame konstruktive Lösung gefunden werden, die beide Seiten zufriedenstellt. Es ist in den meisten Fällen nicht so, dass Ihr Gegenüber nichts verändern will, sondern dass Sie mit Anforderungen aufwarten, die bisher so noch nie da gewesen sind.

Die Knackpunkte sind hier meistens:

▶ technische Grundausstattung

▶ freies Internet

▶ Software

10.5.1 Technische Grundausstattung

Oftmals fängt die Diskussion bei den Arbeitsgeräten an. Sie benötigen einen mobilen Rechner und ein Smartphone. Warum? In Notfällen müssen Sie immer und überall die Möglichkeit haben, nach dem Rechten zu sehen. Theoretisch geht das natürlich auch auf Ihren privaten Geräten, aber praktisch sollten Sie diese Erwartungshaltung gar nicht erst aufkommen lassen, denn dann werden Sie kaum noch die Möglichkeit haben, einfach mal abzuschalten. Wenn die IT die Anweisung hat, Smartphones erst ab Hierarchielevel X auszugeben (siehe Beispiel in Abschnitt 10.4.1, »Von starren Hierarchien zum vernetzten Unternehmen«), müssen Sie die Geschäftsleitung darum bitten, sich einzuschalten. Ein Notebook, das mehr wiegt als Ihre privaten Geräte zusammen, ist nicht ideal dafür, es jeden Tag hin und her zu schleppen. Schildern Sie bei den relevanten Stellen Ihre Situation, erläutern Sie klar und deutlich, was Sie zum Arbeiten brauchen und vor allem warum. Eine logische, sachliche Argumentation führt hier in den meisten Fällen zum Ziel.

10.5.2 Freies Internet

Ein zweiter wichtiger Punkt ist – freies Internet. Sie und Ihr Team müssen die Möglichkeit haben, theoretisch jede Seite im Internet zu besuchen. Einerseits darf der Zugang zu sozialen Netzwerken nicht gesperrt sein, und andererseits haben auch Bad-Word-Filter das Potenzial, zu einem Problem zu werden. Hier ein einfaches Beispiel aus der Praxis: Ein Kunde, der gleichzeitig Meinungsführer ist, fühlt sich schlecht behandelt und schreibt einen wütenden Blogbeitrag mit dem F-Wort in der Überschrift. Dieses Wort steht auf der Bad-Word-Liste und macht es so unmöglich, diese Seite zu besuchen. Durch die so entstehende Zeitverzögerung eskaliert die Situation unnötig. Sammeln Sie hier konkrete Beispiele, und zeigen Sie den Verantwortlichen, warum Sie mit einem gesperrten Internet nicht arbeiten können.

10.5.3 Software

Der dritte Punkt an dieser Stelle ist die benötigte Software. Viele Anwendungen, die Sie als Social Media Manager benötigen, gehören nicht zum Standardrepertoire der IT-Abteilung oder verstoßen sogar gegen die IT-Richtlinien. Auch hier muss ein Weg gefunden werden, Ihnen das Arbeiten zu ermöglichen, ohne die Sicherheit des Unternehmens zu kompromittieren. (In Abschnitt 15.2.1, »Die Grundausstattung«, gehe ich noch einmal ausführlich darauf ein, welche Soft- und Hardware Sie zum Arbeiten brauchen.)

10.5.4 Lösungsansatz für technische Barrieren

Eine praktische Lösung für alle drei oben beschriebenen Problemfelder kann eine Abtrennung der Social-Media-Technik von dem Rest des Unternehmens sein. Das bedeutet, das Social-Media-Team bekommt eine eigene, ungesperrte Internetleitung und Rechner, die nicht mit dem Firmennetzwerk verbunden werden dürfen. Ob Sie mit Ihren Ansprechpartnern diese oder eine andere Lösung finden, wird sich zeigen. Planen Sie an dieser Stelle Zeit und Investitionen für die notwendigen Veränderungen ein, Sie werden sie brauchen. Change ist nichts, was von heute auf morgen passiert. Üben Sie sich in Geduld und Langmut, und bleiben Sie stets optimistisch. Wenn Ihr Unternehmen sich wirklich nachhaltig mit Social Media befassen möchte, ist ein Wandel unumgänglich. Die Zeit ist hier in jedem Fall auf Ihrer Seite.

Nach dieser umfassenden theoretischen Einführung in die Eckpfeiler des Social Media Managements kommt nun der Übergang in die Praxis. In Kapitel 11 geht es mit den Anwendungsszenarien für Social Media und einer Reihe praktischer Beispiele weiter.

11 Anwendungsfelder des Social Media Managements

> »Vor dem Web gab es für Unternehmen nur zwei signifikante Optionen, ihren Bekanntheitsgrad zu steigern: teure Werbung oder journalistische Berichte in den Medien. Doch das Web hat die Regeln geändert. Das Web ist kein Fernsehen. Unternehmen, die die neuen Marketing- und PR-Regeln verstehen, bauen direkte Beziehungen zu ihren Kunden auf, also zu Ihnen und zu mir.«
> David Meerman Scott, »Die neuen Marketing- und PR-Regeln im Social Web«

Social Media verändern die Art und Weise, wie Unternehmen mit ihren Anspruchsgruppen kommunizieren, und erweitern so klassische Anwendungsbereiche der Public Relations, des Marketings, des Kundenservice, der Personalarbeit, der Forschung und Entwicklung – kurzum sämtliche Unternehmensbereiche, die irgendwie mit der Außenwelt in Kontakt treten.

In diesem Kapitel werde ich Ihnen zunächst vorstellen, wie Social Media die Bereiche Marketing und PR verändert haben, und dann auf die jeweiligen Anwendungsszenarien eingehen. Anschließend wende ich mich den weiteren Unternehmensbereichen zu und erläutere Ihnen, welche Anforderungen Social Media stellen und welche Vorteile Ihr Unternehmen hat, wenn es diese erfüllt.

11.1 Abgrenzung zwischen Unternehmenskommunikation, PR und Marketing

Wenn ich in den letzten Jahren eine Erfahrung gemacht habe, dann ist es die Schwierigkeit bei der Abgrenzung von Unternehmenskommunikation, Public Relations und Marketing. Diese ist selbst für Fachleute keineswegs trivial und sorgt immer wieder für öffentliche Grabenkämpfe zwischen PR- und Marketingfachleuten, die jeweils für sich beanspruchen: »Das, was in Social Media gemacht wird, war schon immer unsere Aufgabe.« Aufgrund der komplexen Anforderungen, die Social Media an ein Unternehmen stellen, verschwimmen darüber hinaus die Grenzen zwischen den einzelnen Disziplinen. Ich bin mir bewusst, dass ich mich auf dünnem Eis bewege, wenn ich in diesem Kapitel ein Anwendungsszenario der einen oder der anderen Fachrichtung zuordne. Ich persönlich habe in beiden Disziplinen eine gewisse Grundausbildung genossen und über Jahre mit mehreren Marketing- und PR-Abteilungen (wahlweise auch Corporate Communications oder Unternehmenskommunikation genannt) zusammengearbeitet. Aus dieser praktischen Arbeit in Kombination mit dem theoretischen Wissen habe ich die Erfahrung mitgenommen, zu welcher Abteilung jeweils die stärkere Schnittstelle notwendig war, und die Zuordnung entsprechend vorgenommen. Dennoch werde ich hier einmal kurz vorstellen, was sich hinter den Begriffen versteckt, denn dies ist viel mehr als Pressemitteilungen und Werbung.

11.1.1 Was ist Unternehmenskommunikation?

Unternehmenskommunikation umfasst die Gesamtheit aller Kommunikationsinstrumente und -maßnahmen, die dazu eingesetzt wird, das Unternehmen den relevanten internen und externen Zielgruppen der Kommunikation darzustellen oder mit den Zielgruppen eines Unternehmens in Interaktion zu treten.[1] Wichtige Teilbereiche der Unternehmenskommunikation sind Public Relations und Marketing. Umgangssprachlich wird der Begriff Unternehmenskommunikation oftmals synonym mit der praktischen PR-Arbeit verwandt.

11.1.2 Was sind Public Relations?

Der Begriff Public Relations (PR) wurde bereits im Jahr 1882 an der amerikanischen Yale-Universität verwendet und seitdem auch im deutschen Sprachraum als Fachbegriff verwandt. Synonym ist seit 1917 auch der Begriff Öffentlichkeitsarbeit gebräuchlich. Public Relations dienen einem Unternehmen oder einer Organisation dazu, Beziehungen (Relations) mit der Öffentlichkeit (Public) aufzubauen und zu pflegen.

Die genaue Definition von Public Relations ist jedoch umstritten. Das liegt unter anderem daran, dass die Inhalte der PR mit der Veränderung von Gesellschaft und Medien dynamisch sind. Mithilfe von drei unterschiedlichen Definitionen werde ich Ihnen die Grundgedanken nahebringen.

Carl Hundhausen, einer der ersten deutschen PR-Experten überhaupt, definierte Public Relations im Jahr 1937 wie folgt:

> »Public Relations ist die Kunst, durch das gesprochene oder gedruckte Wort, durch Handlungen oder durch sichtbare Symbole für die eigene Firma, deren Produkt oder Dienstleistung eine günstige öffentliche Meinung zu schaffen.«

Günter Bentele, Professor für Öffentlichkeitsarbeit/Public Relations an der Universität Leipzig, definiert Public Relations wie folgt:

---

1 Manfred Bruhn: »Kommunikationspolitik«, 7., überarbeitete Auflage, München 2013, S. 3 ff.

»Öffentlichkeitsarbeit oder Public Relations sind das Management von Informations- und Kommunikationsprozessen zwischen Organisationen einerseits und ihren internen oder externen Umwelten (Teilöffentlichkeiten) andererseits. Funktionen von Public Relations sind Information, Kommunikation, Persuasion, Imagegestaltung, kontinuierlicher Vertrauenserwerb, Konfliktmanagement und das Herstellen von gesellschaftlichem Konsens.«

Die aktuelle Definition der deutschen Public Relations Gesellschaft (DPRG) lautet:

»Public Relations [sind] das bewusste und legitime Bemühen um Verständnis sowie um Aufbau und Pflege von Vertrauen in der Öffentlichkeit auf der Grundlage systematischer Erforschung.«

Wie gesagt, eine allgemeingültige Definition von PR gibt es nicht, aber zumindest das Credo »Tue Gutes und rede darüber« hat eine gewisse Allgemeingültigkeit in diesem Feld.[2]

Aufgaben und Anspruchsgruppen der PR

Ist die genaue Definition der PR umstritten, so kann ich Ihnen die Frage nach den Aufgaben der Öffentlichkeitsarbeit eindeutiger beantworten. Die Mitarbeiter der PR sind für die Gestaltung der öffentlichen Kommunikation zwischen dem Unternehmen und dessen Anspruchsgruppen zuständig mit dem Zweck, zu informieren, Beziehungen aufzubauen und zu pflegen und insgesamt eine gute Reputation für das Unternehmen aufzubauen und zu erhalten. Anspruchsgruppen sind dabei nach innen die eigenen Mitarbeiter und nach außen sämtliche Gruppen, die ein Interesse an dem Unternehmen haben oder haben könnten, wie zum Beispiel Kunden, potenzielle Kunden, Investoren, Journalisten, die Öffentlichkeit, Lieferanten, Gewerkschaften oder die Politik. Diese Liste lässt sich beliebig fortführen, denn jedes Unternehmen bestimmt für sich die wichtigsten Zielgruppen.

Im Hinblick auf die Zielgruppe ergibt sich eine Reihe von unterschiedlichen Aufgabenfeldern, einige Beispiele stelle ich Ihnen in Tabelle 11.1 vor.

Aufgabengebiet	Zielgruppe	Beispiele
Media Relations	Medienvertreter, Journalisten	Pressemitteilungen, Pressekonferenzen
Produkt-PR	Kunden, Interessenten	Text auf der Website, Newsletter

Tabelle 11.1 Beispiele für Aufgabengebiete der PR

---

2 Bei Interesse finden Sie noch eine Reihe weiterer Definitionen unter:
   https://wirtschaftslexikon.gabler.de/definition/public-relations-pr-44206

Aufgabengebiet	Zielgruppe	Beispiele
Human Relations	Mitarbeiter	Mitarbeiterzeitung, Intranet
Investor Relations	Investoren	Geschäftsbericht
Public Affairs	Politik, Gewerkschaften	persönliche Gespräche

Tabelle 11.1 Beispiele für Aufgabengebiete der PR (Forts.)

Media Relations, Produkt-PR und Human Relations gehören hier zu den Aufgabengebieten, die jedes Unternehmen erfüllen sollte. Neben diesen zielgruppengerichteten Aufgaben kommt die situativ notwendige Krisenkommunikation (dazu ausführlich in Abschnitt 11.4, »Krisenkommunikation im Social Web«).

Ziele der PR

Mögliche Ziele der PR können in Abhängigkeit von den Zielgruppen sein:

▸ Erhöhung der Aufmerksamkeit und der Bekanntheit

▸ Imageaufbau, -verbesserung und -pflege

▸ Stärkung von Vertrauen in das Unternehmen

▸ Erhöhung der Glaubwürdigkeit eines Unternehmens

▸ Motivation und Bindung der Mitarbeiter

▸ Information und Bindung von Kunden

▸ Ansprechen neuer Zielgruppen

▸ Aufbau und Pflege von Beziehungen in der Politik, zu Gewerkschaften, Investoren und Kreditgebern

▸ Prävention und Management von Krisensituationen

Eine Gemeinsamkeit der meisten Ziele spiegelt auch eines der Kernelemente der PR wider. Öffentlichkeitsarbeit zielt auf langfristige Beziehungen ab und bezieht sich dabei vordergründig auf das Unternehmen.

11.1.3   Was ist Marketing?

Allgemein wird Marketing gerne mal mit Werbung gleichgesetzt, dabei umfasst der Begriff wesentlich mehr. Marketing ist nämlich nicht nur die Abteilung im Unternehmen, die sich überwiegend mit der Vermarktung von Produkten und Dienstleistungen beschäftigt, sondern eine ganzheitliche Disziplin von der Planung von Produkten und Dienstleistungen bis hin zum Vertrieb derselben.

Ziele des Marketings

Die Ziele des Marketings lassen sich in quantitative und qualitative Ziele unterscheiden:

▸ Quantitative Ziele sind marktwirtschaftliche Ziele wie Absatz, Umsatz, Gewinn, Rentabilität, Preis(niveau) und Marktanteil.

▸ Qualitative Ziele sind marktpsychologische Ziele wie Bekanntheit, Kundenzufriedenheit, Kundenbindung und Markenimage.

Diese Ziele sind grundsätzlich mittel- bis langfristig angelegt und tragen maßgeblich zum Unternehmenserfolg bei.

Maßnahmenkatalog des Marketings – der Marketingmix

Der Marketingmix verdeutlicht die vielfältigen Aufgaben, die sich hinter diesem Begriff verstecken. Der Marketingmix wird dabei über die vier P des Marketings charakterisiert:

▸ **Product** (Produktpolitik): Welche Eigenschaften muss das Produkt/die Dienstleitung haben? In diesen Bereich kann neben der Marktforschung auch der Kundenservice als Servicemerkmal eingeordnet werden.

▸ **Place** (Distributionspolitik): Wo und wie vertreibe ich das Produkt/die Dienstleistung am besten? Neben einer Wahl der geeigneten Vertriebskanäle spielen hier Logistik und Standorte eine Rolle.

▸ **Promotion** (Kommunikationspolitik): Die Fragestellung der Promotion lautet: Wie verkaufe ich bzw. wie kommuniziere ich über mein Angebot mit meinen Kunden? Zu den Maßnahmen gehören zum Beispiel die klassische Werbung, Messen und die Verkaufsförderung durch Aktionen. In diesen Bereich fällt auch die Produkt-PR und schafft damit eine klare Schnittstelle zwischen Marketing und PR.

▸ **Price** (Preispolitik): Zu welchem Preis verkaufe ich? Von Preisstrategie bis hin zu Finanzierungskonditionen befasst sich das Marketing mit sämtlichen Aspekten rund um den Preis eines Produkts/einer Dienstleistung.

Alle diese Maßnahmen im Marketingmix zahlen darauf ein, dass ein Kunde ein Produkt oder eine Dienstleistung kauft. Darüber hinaus steht das Produkt oder die Dienstleistung im Mittelpunkt.

In den 1980er Jahren wurde das Marketing verstärkt durch eine beziehungsorientierte Sichtweise beeinflusst. Jetzt lag der Fokus nicht mehr zwingend darauf, eine Transaktion durchzuführen, sondern darauf, eine langfristige Beziehung und Vertrauen zwischen Kunden und Unternehmen aufzubauen. An dieser Stelle wird jetzt klar, warum es so schwierig ist, Marketing und PR mit einem breiten Verständnis beider Seiten überhaupt noch voneinander abzugrenzen. Entsprechend werde ich im weiteren Verlauf des Buches auf das allgemeine Verständnis von Marketing zurückgreifen. In diesem liegt, wie eingangs erwähnt, der Schwerpunkt auf den Aspekten der klassischen Werbung und der Verkaufsförderung. Sie wissen jetzt, dass hinter dem Begriff wesentlich mehr steckt.

11.1.4   Was ist denn nun der Unterschied zwischen Marketing und PR?

Wenn ich den Fokus bei Marketing auf eben jenen Aspekt der Promotion und bei der PR auf das »Relations« im Begriff lege, dann kann ich den Unterschied wie folgt definieren: Marketing zielt vorrangig darauf ab, ein Produkt oder eine Dienstleistung sachlich und emotional sowie mit einer breiten Palette an Maßnahmen zu bewerben, während PR vordergründig darauf abzielt, zu informieren, Beziehungen, Vertrauen und eine gute Reputation aufzubauen und zu pflegen.

Mit dieser stark vereinfachten Definition werde ich in diesem Kapitel arbeiten und Ihnen im Folgenden vorstellen, wie Social Media die jeweiligen Bereiche verändert und bereichert haben.

11.2   Social Media in der PR

Social Media in der PR, PR 2.0 oder *Social Media Relations* sind die Weiterentwicklung und Ausweitung der Public Relations auf die Anspruchsgruppen im Social Web. Im Fokus stehen hier entsprechend die Information sowie der Aufbau von Beziehungen, Vertrauen und einer guten Reputation innerhalb der Anspruchsgruppen in den sozialen Medien. Der große Unterschied zu den klassischen PR besteht darin, dass die Kommunikation im Social Web bidirektional ist, während die Möglichkeiten für einen direkten Dialog in den klassischen Medien sehr eingeschränkt waren. Hiermit entstehen neue Anforderungen, aber auch neue Wege, um Beziehungen und Vertrauen zwischen einem Unternehmen und seinen Zielgruppen aufzubauen.

11.2.1   Zielgruppen der Social Media Relations

Die Zielgruppen der Social Media Relations unterscheiden sich nur teilweise von denen der klassischen PR bzw. weisen einen großen Teil an Überschneidungen auf. Exklusiv finden Sie hier die Zielgruppen, die in erster Linie in den sozialen Medien auftreten und kommunizieren, wie zum Beispiel die Gruppe der Blogger, die Twitter-Nutzer oder die sogenannten Influencer, also Personen mit einer sehr großen Reichweite im Netz. Darüber hinaus tummeln sich in den sozialen Medien auch bestehende Zielgruppen, wie zum Beispiel Journalisten oder die eigenen Mitarbeiter.

11.2.2 Herausforderungen von PR 2.0

Social Media verändern die Wege, wie Unternehmen mit ihrer Umwelt kommunizieren. Ein Feld, dessen Hauptaufgabe eben diese Kommunikation ist, trifft eine solche Veränderung natürlich besonders stark. Während es früher in erster Linie die Journalisten waren, die Inhalte in die Medien und darüber an die Öffentlichkeit brachten, läuft es heute schlichtweg anders (siehe Abbildung 11.1).

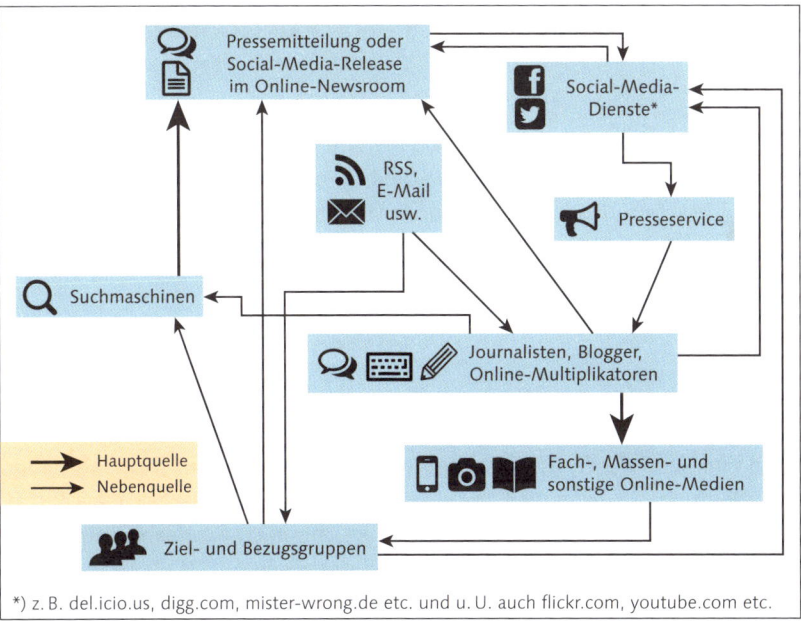

*) z. B. del.icio.us, digg.com, mister-wrong.de etc. und u. U. auch flickr.com, youtube.com etc.

Abbildung 11.1 So erreichen die Inhalte einer Pressemitteilung oder eines Social Media Releases die Ziel- und Bezugsgruppen in der Social-Web-Ära.

Die Inhalte werden nicht nur über Journalisten, Blogger und Multiplikatoren verteilt, sondern auch in Suchmaschinen und auf Social-Media-Diensten gefunden. Unternehmen haben damit einerseits weniger Kontrolle über ihre Inhalte und sogar das eigene Image, andererseits aber auch ganz neue Möglichkeiten, Vertrauen und Beziehungen aufzubauen. Um die Vorteile nutzen zu können, müssen Sie Ihr Unternehmen zunächst jedoch auf die folgenden Herausforderungen vorbereiten.

Jeder kann behaupten, was er will

Mithilfe von Social Media kann jeder einem Unternehmen einen nicht unerheblichen Imageschaden verpassen. Dies muss noch nicht einmal mutwillig sein. Ein Kunde, der sich über ein Produkt oder einen misslungenen Service auf einem Bewertungsportal beschwert, landet schneller auf den ersten Seiten der Suchmaschinen, als Ihrem Unternehmen lieb ist. Hier gilt es, die eigene Online-Reputation gut im Auge zu behalten (Stichwort Monitoring, siehe Kapitel 9, »Social Media

Monitoring und Measurement«) und proaktiv dafür zu sorgen, dass die »richtigen Inhalte« ganz vorne stehen (mehr dazu gleich in Abschnitt 11.2.4, »Online-Reputationsmanagement«).

Dialogbereitschaft

Kennzeichnend für sämtliche Bezugsgruppen im Social Web ist der Anspruch auf einen Dialog. Beziehungen in Social Media lassen sich nicht über das Einstellen einer Pressemitteilung ohne die Möglichkeit eines Diskurses aufbauen.

Schnelligkeit

Die Geschwindigkeit, mit der sich Informationen im Internet verbreiten, stellt ganz neue Anforderungen an die Zeit, die Ihnen bleibt, um Informationen zu beschaffen oder zu veröffentlichen. Dies ist nicht nur im Rahmen der Krisenkommunikation (siehe Abschnitt 11.4, »Krisenkommunikation im Social Web«) kritisch, sondern auch in der alltäglichen Kommunikation mit Ihren Zielgruppen.

Authentizität

Menschen im Netz wollen mit Menschen sprechen, nicht mit der Blackbox Unternehmen. Persönlichkeit und eine offene, aufrichtige Art und Weise der Kommunikation bilden im Web die Basis für Vertrauen. Hier gilt es, die richtigen Personen für diesen öffentlichen Dialog zu finden. Fühlen Sie sich in den sozialen Medien wohl? Haben Sie Angst davor, mit Ihrem Gesicht öffentlich für das Unternehmen einzustehen? Nur wer die erste Frage mit Ja und die zweite mit Nein beantwortet, ist ein geeigneter Kandidat.

Die richtige Ansprache

Sind die Mitarbeiter in PR-Agenturen und Unternehmen in der Ansprache von Journalisten und anderen klassischen Zielgruppen geübt, so heißt das noch lange nicht, dass diese gut in der Ansprache von Bloggern und Influencern sind. Ich muss an dieser Stelle gerade ein wenig schmunzeln, da ich regelmäßig E-Mails von Agenturen und Unternehmen bekomme, und die Bandbreite an unterschiedlichen schlechten Beispielen ist hier groß. Von dem kommentarlosen Zusenden einer Pressemitteilung bis zur übermäßig hippen Ansprache und dem Lob über ein aktives und spannendes Blog, das seit 2009 im Winterschlaf ist, war schon alles dabei. Umso mehr freue ich mich jedes Mal über eine Anfrage, bei der ich merke, dass das Gegenüber sich mit meinem Profil und meiner Seite beschäftigt hat.

Die Herausforderung in Social Media ist es, den richtigen Ton gegenüber der jeweiligen Zielgruppe zu treffen. Grundsätzlich ist der Umgang im Web ein wenig informeller, die Tonalität und die Umgangsformen variieren jedoch von Plattform zu Plattform. Ein »One message fits all« gibt es selten, Sie müssen jede Plattform und jede einzelne Person individuell behandeln. Tun Sie das nicht, können Sie mit einer ungeschickten Ansprache genau das Gegenteil erreichen, einen Beitrag, der nicht gut für Ihre Reputation ist. In Kapitel 13, »Strategische Bedeutung und Möglichkeiten der sozialen Netzwerke«, gehe ich auch immer auf die Umgangsformen auf den Plattformen ein. Wie Sie Influencer und Blogger richtig ansprechen, erklärt Ihnen Robert Basic, einer der bekanntesten Blogger in Deutschland, in dem Zusatzkapitel »Blogger Relations«, das Sie sich unter den MATERIALIEN ZUM BUCH auf der Verlags-Website (*www.rheinwerk-verlag.de/5024*) herunterladen können.

Transparenz

Social Media machen es schwer, immer das beste Bild eines Unternehmens zu zeigen. Sachverhalte zu vertuschen oder mit geschickter Wortwahl »schönzureden« funktioniert nicht mehr, da im Zweifel Ihr Wort gegen Hunderte oder Tausende Stimmen, Videos und Fotos steht. Unternehmen müssen sich auf diese Tatsache einlassen und dazu bereit sein, Fehler zuzugeben, sich öffentlich zu entschuldigen und transparent darzustellen, welche Maßnahmen sie ergreifen werden, um sich zu verbessern. Dies ist insbesondere in kritischen Zeiten essenziell (ausführlich dazu noch in Abschnitt 11.4, »Krisenkommunikation im Social Web«).

Konfrontationen lassen sich nicht vermeiden

Unternehmen haben Interessen, und im Internet werden Sie über kurz oder lang Menschen treffen, denen irgendetwas, was Sie tun oder darstellen, nicht passt. Solche Konfrontationen lassen sich nicht vermeiden, dafür ist die Bandbreite an Auffassungen und Meinungen und der damit einhergehenden Fettnäpfchen im Internet einfach zu groß. Der Aufhänger kann etwas ganz Einfaches sein, wie die ING feststellen musste.

Abbildung 11.2 Der Spot des Anstoßes – Nowitzki in der Metzgerei löste einen Shitstorm auf Facebook aus.

Ein Werbespot, bei dem der Basketballspieler Dirk Nowitzki in einer Metzgerei steht und sich eine Scheibe Wurst reichen lässt (siehe *www.youtube.com/watch?v= UUt59ka6MP4*, Abbildung 11.2), führte zu einem Proteststurm von Vegetariern und Veganern, der wiederum von Fleischessern aufgemischt wurde. In den folgenden zwei Wochen kamen mehr als 1.400 Posts und 15.000 Kommentare zu diesem Thema zusammen. Eine schöne Analyse des Verlaufs dieses »Wurstkrieges« lesen Sie hier: *http://bit.ly/dsomemaWurst*

Sie müssen sich mit den neuen Techniken befassen

Wer PR 2.0 machen möchte, muss sich natürlich auch mit den technischen Möglichkeiten und Feinheiten der Social-Media-Tools und Netzwerke auseinandersetzen. Wie bekomme ich ein Video von der Geschäftsführung auf YouTube? Kann ich unsere Pressekonferenz per Livestream übertragen? Wie zum Teufel funktioniert dieses WordPress? Um die richtigen Instrumente für Ihre Social Media Relations zu finden, dürfen Sie keine Angst vor Technik haben.

Das Internet hat keine Grenzen

Wenn Ihr Unternehmen global interagiert, müssen Sie aufpassen, dass die Materialien, die Sie in einem Markt veröffentlichen, nicht die Gefühle oder Ansichten eines anderen Landes verletzen. Darüber hinaus stellt sich die Frage, ob Sie Ihre Inhalte nur in Ihrer Landessprache veröffentlichen oder eventuell in einer weiteren Sprache.

All diese Herausforderungen müssen Sie bei Social Media Relations stets im Hinterkopf haben. Wie immer gehen diese Herausforderungen auch mit einer Reihe an Möglichkeiten einher.

11.2.3 Neue Möglichkeiten der PR 2.0

Eine Reihe der eben aufgezählten Herausforderungen wird Ihr Unternehmen treffen, egal, ob Sie im Social Web aktiv sind oder nicht. Dass es jedoch Sinn macht, sich eben genau auf dieses Engagement einzulassen, wird klar, wenn ich Ihnen die Möglichkeiten aufführe, die dies mit sich bringt.

Dialog ist die Basis von Vertrauen

Vertrauen zu den unterschiedlichen Zielgruppen aufzubauen und zu pflegen ist ein elementarer Bestandteil der PR. Ein offener Dialog, bei dem Sie nicht nur sprechen, sondern auch zuhören und empathisch auf Ihr Gegenüber eingehen, schafft Vertrauen und Verständnis auf beiden Seiten. Social Media geben Ihnen die Möglichkeit, so gut zuzuhören, wie nie zuvor. Sie haben die Möglichkeit, die Bedürfnisse Ihrer Zielgruppen genau zu analysieren und individuell auf diese einzugehen.

Menschlichkeit und Authentizität als Basis einer Beziehung

Eine echte Beziehung ist etwas Zwischenmenschliches und braucht Nähe, Kommunikation auf Augenhöhe und menschliche Sprache. Social Media geben Ihnen die Möglichkeit, genau diese Faktoren in Ihrem Dialog online zu erfüllen, und das sogar in Echtzeit.

Social Media skalieren

In Social Media können Sie mit mehreren tausend Leuten sprechen, zumindest indirekt. Einen öffentlichen Dialog, den Sie mit einer Person führen, kann nicht nur jeder potenziell mitlesen, sondern auch direkt seine Meinung dazu abgeben. Das wird, insbesondere in hitzigen Situationen, mitunter unübersichtlich, aber gibt Ihnen die Gelegenheit, in Echtzeit mit vielen Menschen gleichzeitig zu kommunizieren. Und vergessen Sie nicht, die Personen, die mitdiskutieren, machen lediglich 10 % der Leser aus.

Multimedia schafft Abwechslung

Multimediale Inhalte wie Bilder, Videos oder Audiomitschnitte ergänzen Ihre Kommunikationsmöglichkeiten und sorgen für Abwechslung. Darüber hinaus wird diese Art von Inhalten besonders gern geteilt, und insbesondere Videos profitieren von einer guten Positionierung in Suchmaschinen (einen ausführlichen Überblick über das Thema Inhalte finden Sie in Kapitel 7, »Corporate Content – die richtigen Inhalte«). Darüber hinaus können Sie klassische Formate zum Beispiel durch einen Livestream Ihrer Pressekonferenz direkt ins Internet holen. Mit dem zusätzlichen Angebot eines Livechats und dem Sammeln von Fragen über Ihre Präsenzen in Social Media ergänzen Sie sogar noch die Dialogkomponente. In Abbildung 11.3 sehen Sie den Pressebereich der Berlinale (*www.berlinale.de/de/presse/pressekonferenzen/pressekonferenzen_info/index.html*), auf dem Blogger und Journalisten unter anderem auch Livestreams und Aufzeichnungen von Pressekonferenzen und Events anschauen können.

Neue reichweitenstarke Zielgruppen

Social Media Relations geben Ihnen einen direkten Zugang zu Meinungsführern und Influencern Ihres Unternehmens und der Branche. Die Reichweiten von Fachblogs im Internet stehen denen von klassischen Onlinemedien teilweise in nichts nach. Darüber hinaus genießen die Blogger oft ein hohes Ansehen und Vertrauen innerhalb ihrer Community. Ähnlich wie zu Journalisten können Sie hier vertrauensvolle Beziehungen zu dieser einflussreichen Zielgruppe aufbauen. Wie das im Einzelnen geht, lernen Sie noch in Abschnitt 11.3, »Influencer Marketing und Influencer Relations«.

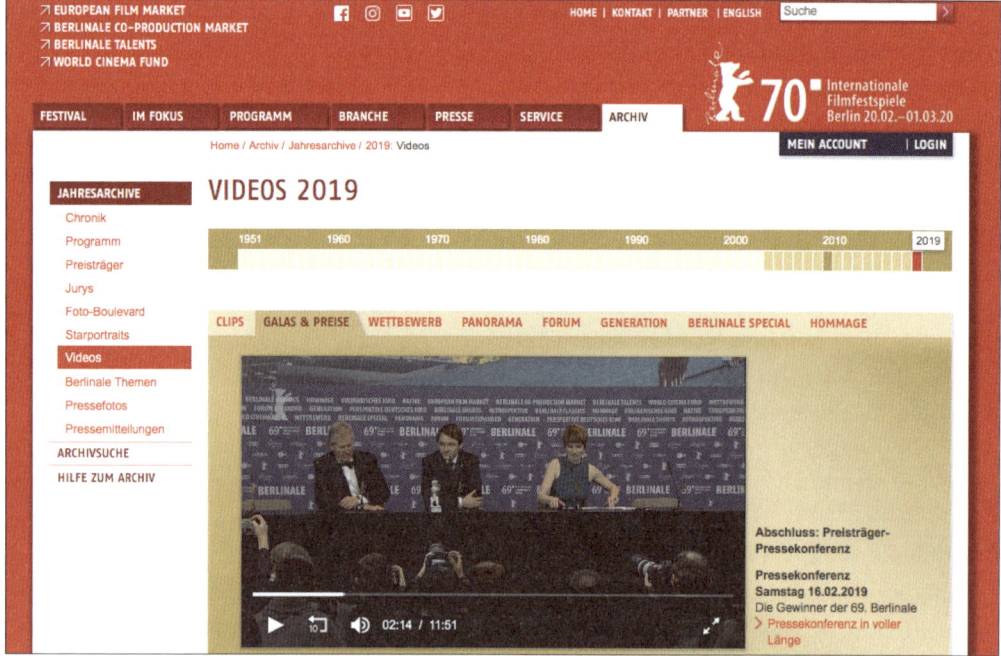

Abbildung 11.3 Multimediale Präsentation der Berlinale

Nach den Herausforderungen und Möglichkeiten der PR 2.0 werde ich nun zu konkreten Maßnahmen und Anwendungsfällen kommen. In diesem Abschnitt folgen die Themen Online-Reputation, Social Media Release und Social Media Newsroom. Den Themen Influencer Relations sowie Krisenkommunikation und Shitstorms habe ich aufgrund des Umfangs der Themen jeweils einen eigenen Abschnitt zugewiesen.

11.2.4 Online-Reputationsmanagement

Eine wichtige Aufgabe der PR war schon immer, für eine gute Reputation des Unternehmens in der Öffentlichkeit zu sorgen. Social Media bringen hier, wie in Abschnitt 11.2.2, »Herausforderungen von PR 2.0«, beschrieben, ganz neue Herausforderungen mit sich.

Die öffentliche Sichtbarkeit aller Meinungen über Ihr Unternehmen wird dann zum Problem, wenn die negativen Stimmen überwiegen. Hier gilt es dann, durch den proaktiven Aufbau eigener Präsenzen im Social Web, durch aktiven Kundenservice (siehe Abschnitt 11.6, »Kundenservice 2.0«) sowie gezielte Inhalte zu kritischen Themen zumindest den ersten Blick zu verbessern. Genauso wie die klassische PR ist Social Media PR jedoch kein Allheilmittel. Eine gute Reputation kann nur dann langfristig und nachhaltig aufgebaut werden, wenn auch im Unternehmen »alles rundläuft«. Ist dem nicht so, helfen Social Media eher noch dabei, dass Ihre Makel an die Öffentlichkeit kommen und zu einer Krise führen. Was dann zu tun ist, beschreibe ich Ihnen ausführlich in Abschnitt 11.4, »Krisenkommunikation im Social Web«.

Social Media helfen Ihnen jedoch auch durch ein gutes Social Media Monitoring (siehe Kapitel 9, »Social Media Monitoring und Measurement«), Probleme mit negativen Auswirkungen auf Ihr Image zu identifizieren und deren Bewältigung anzustoßen – eine Aufgabe, die Sie unbedingt übernehmen und ernst nehmen sollten. Für die Übergangszeit können Sie auf die Maßnahmen, die ich Ihnen bereits in Kapitel 4, »Persönliches Online-Reputationsmanagement«, beschrieben habe, zurückgreifen, um Ihr Unternehmen online möglichst positiv darzustellen und als Experte zu Ihren Kernthemen zu positionieren. Im Social Web funktioniert Reputation für Personen und Unternehmen vom Prinzip her nämlich genau gleich.

11.2.5 Social Media Release

Social Media Release, auch gerne einmal Pressemitteilung 2.0 oder kurz SMR genannt, ist eine moderne Art, Informationen für Journalisten, aber auch Blogger, Multiplikatoren und Ihre weiteren Zielgruppen im Netz aufzubereiten. Dabei enthält das Social Media Release mehr als nur die bloße Nachricht, die gerade aktuell ist. Das SMR enthält alle relevanten Informationen, die dabei helfen, die Nachricht, den Hintergrund und das Unternehmen zu verstehen und daraus einen möglichst interessanten Beitrag zu machen. Darüber hinaus enthält es Elemente, die einfach zu teilen und damit in den sozialen Netzwerken zu streuen sind.

Todd Defren (*http://shiftcomm.com*) erarbeitete bereits im Jahr 2006 ein Template für diese Art von Social Media Releases, eine Weiterentwicklung davon hat die Agentur Shift Communications unter *http://bit.ly/dsomemasmpr* online gestellt.

Aufbau und Inhalte des Social Media Releases

Die sieben W einer Pressemitteilung (siehe Abschnitt 7.2, »Content-Strategie – die Grundlage von Corporate Content«) müssen auch in der Pressemitteilung 2.0 enthalten sein, denn Journalisten sind ein fester Bestandteil Ihrer Onlinezielgruppe. Und nicht nur deswegen, es ist schlichtweg ein Konzept, das über Jahrzehnte erprobt und wirksam ist. Der offensichtlichste Unterschied zu einer klassischen Pressemitteilung ist der modulare Aufbau. Ein Social Media Release ist eine Art Informationsbaukasten, neben dem eigentlichen Text liefert es separat die Kernaussagen und Zitate sowie multimediale Inhalte und Verlinkungen zu weiterführenden Informationen. Im Groben enthält es die folgenden Elemente:

▶ **Überschrift**: Eine kurze und prägnante Überschrift, die für Ihr Unternehmen relevante Schlagwörter (Keywords) enthält, leitet das SMR ein. Idealerweise bleiben Sie mit der Überschrift unter 55 Zeichen, denn das ist die perfekte Länge, um Inhalte in Twitter zu teilen.

▸ **Untertitel**: Wenn Ihnen die Überschrift nicht ausreicht, um eine besonders wichtige Information unterzubringen, können Sie einen Untertitel hinzufügen. Dieser Teil ist optional.

▸ **Kernfakten**: Eine kurze Zusammenfassung der wichtigsten Fakten, Erkenntnisse und Statistiken, oftmals in Form einer Aufzählung, bietet einen schnellen Überblick.

▸ **Zusammenfassung**: Die Executive Summary oder tl;dr-Version (*too long; didn't read*) Ihrer Pressemitteilung kann eine Alternative oder eine Ergänzung zu den Kernfakten sein. Fassen Sie hier möglichst knapp zusammen, worum es geht. Nutzen Sie Schlagwörter, und machen Sie es spannend. Oftmals entscheidet sich schon an dieser Stelle, ob jemand den Rest der Mitteilung liest oder nicht.

▸ **Der eigentliche Inhalt**: An dieser Stelle kann nun eine sprachlich auf das Netz zugeschnittene Version der Pressemitteilung stehen. Die klassische Pressemitteilung können Sie natürlich zusätzlich verlinken.

▸ **Zitate**: Wichtige Zitate in der Pressemitteilung sollten zusätzlich als einzelne Elemente dargestellt werden.

▸ **Tags/Schlagwörter/Keywords**: Versehen Sie Ihr SMR mit den passenden Schlagwörtern.

▸ **Relevante Links**: Verlinken Sie zusätzliche Informationen zum Thema. Dies können zum Beispiel Studien, Hintergründe, Produkttests oder gleich thematisch geordnete Linksammlungen sein.

▸ **Multimedia**: Ob Fotos, Infografiken, Videos oder Audiomitschnitte, machen Sie Ihr SMR lebendig, und liefern Sie damit gleichzeitig Material, mit dem ein Blogger oder ein Journalist seine Artikel anreichern kann.

▸ **Unternehmensprofil**: Auch die klassische Kurzbeschreibung des Unternehmens, die in jeder Pressemitteilung zu finden ist, hat ihren Platz in dem Social Media Release. Neben den Standardinformationen darf der Link zur Website sowie zu den Präsenzen im Social Web nicht fehlen.

▸ **Social Sharing**: Machen Sie es Ihren Lesern besonders einfach, einzelne Elemente oder die gesamte Meldung in Ihren Netzwerken zu verteilen. Social-Sharing-Buttons sowie Inhalte von Plattformen, die eben diese Funktionen anbieten (YouTube, Flickr etc.), helfen Ihnen dabei. Sprechen Sie hier mit den Entwicklern der Seite sowie dem Datenschutz über die jeweiligen Möglichkeiten.

▸ **Kontaktmöglichkeiten**: Ein Element, das gerne einmal vergessen wird, ist die Information darüber, wie ein Interessent mit dem Verfasser der E-Mail in Kontakt treten kann. Neben der E-Mail-Adresse gehören hier auch die Telefonnummer und das Profil in mindestens einem sozialen Netzwerk dazu.

Wenn Sie all diese Elemente berücksichtigen, haben Ihre Interessenten es wesentlich einfacher, Ihre Inhalte zu teilen und weiterzuverarbeiten. Vergessen Sie nicht, zusätzlich noch irgendwo einen Kanal zur Diskussion zu öffnen. Dies kann über eine Kommentarfunktion sein oder etwa über den Verweis auf einen Ort, an dem Sie die Diskussion führen. Selbst das beste Social Media Release führt zu keinem Dialog, wenn Sie diesem keinen Raum geben.

Tipp: E-Book zum Thema Social Media Release

Timo Lommatzsch hat ein sehr ausführliches E-Book zum Thema Social Media Release erstellt, das neben praktischen Hinweisen zur Erstellung eine Reihe von Hintergrundinformationen enthält. Sie können sich das E-Book unter *http://der-socialmediamanger.de/ leitfaden-fuer-social-media-release/* herunterladen.

Ein Social Media Release wird die klassische Pressemitteilung niemals ablösen, ist aber eine gute Möglichkeit, diese zu ergänzen und Ihren Zielgruppen einen Rundumblick auf ein bestimmtes Thema zu verschaffen.

11.2.6   Social Media Newsroom

Der Social Media Newsroom ist die Social-Media-Version der klassischen Presseseite. Dynamische multimediale Inhalte, ergänzt durch die Aktivitäten des Unternehmens in den sozialen Netzwerken sowie eine Einladung zum Dialog lösen die statischen, wenig serviceorientierten Pressebereiche ab.

Ein gut gemachter Social Media Newsroom erfüllt die folgenden Kriterien:

▶ Er ist übersichtlich gestaltet und ermöglicht einen schnellen Zugriff auf Informationen und Inhalte zu dem Unternehmen.

▶ Er bietet aktuelle und vielfältige Inhalte, die im Idealfall täglich erneuert werden.

▶ Er bietet dem Besucher ein Abonnement der unterschiedlichen Inhalte per RSS an.

▶ Er spricht Journalisten, Blogger, Kunden und andere Onlinezielgruppen gleichermaßen an.

▶ Er ermöglicht einen Dialog auf der Seite selbst und auf den sozialen Präsenzen des Unternehmens.

▶ Er bindet aktuelle Inhalte von den Präsenzen des Unternehmens ein (Twitter-Feed, Facebook-Posts, Blogeinträge).

▶ Er bietet dem Besucher lizenzfreies Bild-, Video- und Audiomaterial an, gerne auch eingebunden auf externen Plattformen, damit die Inhalte ebenso einfach weiterverwendet werden können.

▶ Er verweist auf interessantes Material, das nicht von dem Unternehmen selbst stammt, aber thematisch passt.

▶ Er bietet Informationen zu Ansprechpartnern im Unternehmen und führt diese mit Kontaktdaten und Profilen in den sozialen Netzwerken auf.

▶ Er macht die wichtigen Elemente teilbar und speicherbar.

Am Beispiel der R+V Versicherungen sehen Sie in Abbildung 11.4, wie ein Social Media Newsroom aussieht, der all diese Faktoren berücksichtigt.

Es gibt viele Varianten des Social Media Newsrooms. Welche für Ihr Unternehmen die beste ist, müssen Sie gemeinsam mit der PR-Abteilung evaluieren. Zur Inspiration biete ich Ihnen in Tabelle 11.2 noch eine Übersicht mit unterschiedlichen Beispielen aus Deutschland und der Welt.

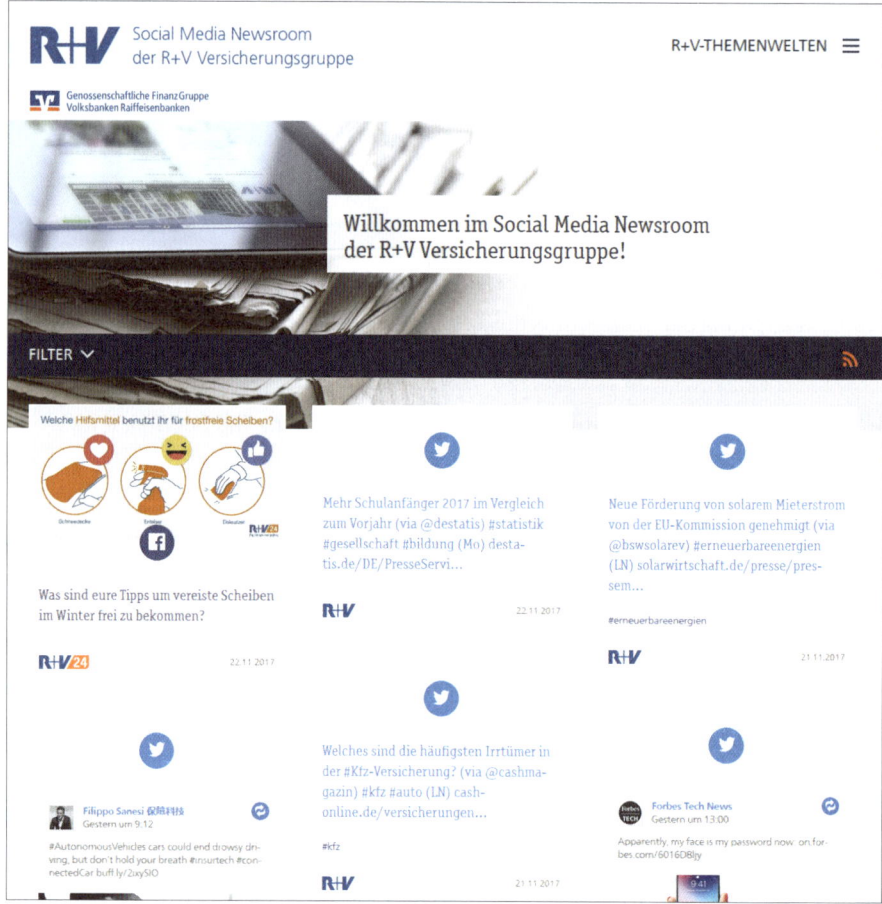

Abbildung 11.4 Der Social Media Newsroom der R+V Versicherungsgruppe

Unternehmen	URL des Newsrooms
Audi	*www.audi-mediacenter.com/de*
Bechtle	*www.bechtle.com/news*
Coca-Cola	*www.coca-cola-deutschland.de/media-newsroom*
Helmholtz Gesellschaft	*http://social.helmholtz.de*
Hubert Burda Media	*www.burda-news.de*
Lufthansa	*https://newsroom.lufthansagroup.com*
R+V Versicherungen	*www.ruv-newsroom.de*
Sage	*www.sage.de/com/presse/newsroom.asp*
Stadt Frankfurt a. M.	*www.smnr-frankfurt.de*
Westaflex	*www.westaflex.com/unternehmen/presse*

Tabelle 11.2 Beispiele für Social Media Newsrooms

Einen Schritt weiter geht an dieser Stelle übrigens die Social-Publish-Seite der Daimler AG (siehe *http://socialpublish.mercedes-benz.com* und Abbildung 11.5).

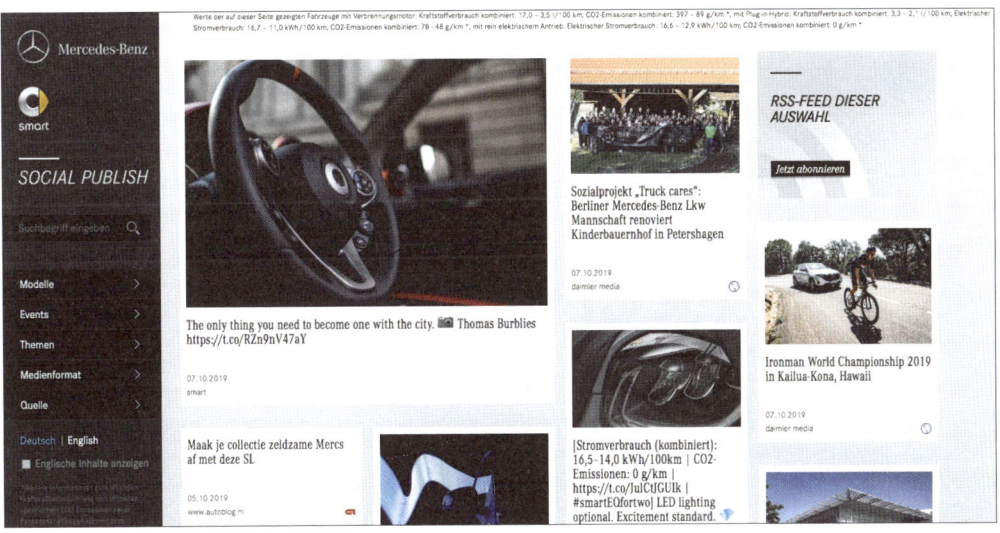

Abbildung 11.5 Die Social-Publish-Seite von Mercedes-Benz und Smart

Auf dieser Seite werden neben Artikeln und Materialien der Daimler Media auch Inhalte von Bloggern gezeigt und verlinkt (siehe Abbildung 11.5). Der Zweck der Seite wird so beschrieben:

»*Mercedes-Benz Social Publish ist ein Angebot für Blogger und Online-Journalisten, die abseits von klassischen Media-Seiten nach Inspiration rund um das Automobil, dessen Design und Technologie suchen.*«

Ein gutes Beispiel dafür, wie Sie Ihren Multiplikatoren echte Wertschätzung zeigen können. Das Thema Influencer wird übrigens auch die Hauptrolle in dem nächsten Abschnitt spielen.

11.3 Influencer Marketing und Influencer Relations

Influencer Relations, also der Aufbau und die Pflege von Vertrauen und Beziehungen zu sogenannten Influencern oder Meinungsführern im Netz, ist eine Disziplin, die gerade in den letzten beiden Jahren einen regelrechten Boom erlebt hat. Das ist angesichts der Tatsache, dass immer mehr Unternehmen um die Aufmerksamkeit der Konsumenten buhlen, nicht verwunderlich. Die Fans schenken ihren Influencern freiwillig ihre Aufmerksamkeit, lassen sich von diesen in ihrer Meinungsbildung beeinflussen und sind darüber oft sehr loyal. Diese Kombination aus Aufmerksamkeit, Einfluss und positiver Assoziation nutzen Unternehmen strategisch für ihre Marketingaktivitäten aus. Im Grunde nichts Neues, denn diesen Grundmechanismus gibt es in Form von Testimonials, Kooperationen und Product-Placements schon lange. Ein markantes Beispiel wäre hier der Einsatz von George Clooney für Nespresso oder ein Manuel Neuer, der für Coca-Cola wirbt.

Die folgende umfassende Einführung in den Themenkomplex Influencer Marketing und Influencer Relations stammt aus der Feder von Jan Firsching, Blogger bei Futurebiz (*http://futurebiz.de*), und Andreas Bersch, Geschäftsführer der Digitalagentur BRANDPUNKT. Von meiner Seite stammen die Beispiele, die ergänzenden Informationen in den Kästen sowie die Aktualisierung für die 4. Auflage.

Onlinekapitel: Blogger Relations, ein Leitfaden

Da das Thema Influencer Relations in den letzten Jahren eine wesentlich größere Tiefe angenommen hat, haben wir in der 3. Auflage den Leitfaden für Blogger Relations gegen eine strategische Betrachtung des Gesamtthemas ausgetauscht. Nichtsdestotrotz möchten wir Ihnen den Leitfaden, der von dem hochgeschätzten Robert Basic verfasst wurde, nicht vorenthalten. Sie finden den Leitfaden in den MATERIALIEN ZUM BUCH unter *www.rheinwerk-verlag.de/5024*.

11.3.1 Einführung Influencer Marketing

Influencer-Kommunikation ist weder eine neue Disziplin noch ein Buzzword. Und dennoch stimmt beides. Denn viele Unternehmen planen erstmals konkrete Budgets für Influencer-Kommunikation ein. Kaum ein Thema hat in den letzten Monaten in der Werbewirtschaft so viel Aufmerksamkeit erzeugt wie die Influencer. Warum?

Aus einer technischen Perspektive betrachtet, verändern vor allem die Adblocker derzeit den digitalen Werbemarkt. Die bei Nutzern beliebten und von den Medien gehassten Programme unterdrücken vor allem auf Desktop-Computer Display- und Video Ads. So nutzen in Deutschland 29 % der Internetnutzer einen Adblocker (*http://bit.ly/dsomemaADBlock*).

Neues Unheil droht von mehreren Seiten, denn sowohl die Hardwarehersteller (Smartphones, Router) als auch die Browseranbieter arbeiten an eigenen Lösungen, um Anzeigen auszublenden. Wenn sich Adblocker wie erwartet bald auch auf den mobilen Endgeräten durchsetzen, wird Display-Werbung weiter an Relevanz verlieren.

Nicht weniger relevant für das Wachstum von Influencer Marketing ist zugleich der Wandel in der Mediennutzung: Zum einen sind es die auf Facebook folgenden neueren Plattformen wie Instagram und Snapchat. Vor allem die jüngeren Nutzer haben Facebook auf breiter Ebene den Rücken gekehrt und veröffentlichen eigene Inhalte lieber auf Instagram oder Snapchat.

Parallel hat zum anderen die Abneigung gegen »herkömmliche Unterbrecherwerbung« auf digitalen Kanälen weiter zugenommen. Zu den technischen Adblockern treten also die »mentalen Adblocker«. Marken suchen dem mit Content zu begegnen und schichten Budgets zum Content Marketing um. Auch in diesem Zusammenhang hat Influencer Marketing eine neue Aufmerksamkeit in der Marketingindustrie erhalten.

Was ist ein Influencer?

Es gibt viele Ausprägungen von Influencer Marketing, und jeder Marktteilnehmer verwendet die ihm passende Definition. Gleiches gilt für die Influencer. Wir fassen uns daher kurz und beginnen mit der Frage: »Was ist ein Influencer?«

Der Begriff Influencer steht für Personen, die über Inhalte, ihre Kommunikation, ihr Wissen und ihre Reichweite als Experten und Meinungsbildner angesehen werden können. Influencer stehen für kein bestimmtes Content-Format und für kein spezielles Medium. Es gibt Influencer auf YouTube, Instagram, Twitter, Snapchat und auf Facebook. Ferner zählen natürlich auch Blogger zu den Influencern. Alle Influencer haben gemeinsam, dass sie über eine hohe digitale Kompetenz und Aktivität in den sozialen Medien verfügen. Aus diesem Grund ist eine Trennung und Definition nach Kanal auch nicht sinnvoll. Blogger nutzen soziale Netzwerke, um eigene Inhalte zu verbreiten. YouTuber und Instagramer nutzen Facebook, Instagram und Twitter, um auf neue Inhalte aufmerksam zu machen. Es geht aber schon lange nicht mehr nur um die Verbreitung eigener Inhalte, sondern um die Erstellung von

Inhalten für jedes einzelne Netzwerk. Erfolgreiche YouTuber verfügen in der Regel auch über eine hohe Reichweite in anderen sozialen Netzwerken. Gleiches gilt für Blogger. Instagram bildet hier noch teilweise eine Ausnahme. Nicht nur wurden Hashtags durch Instagram zum Mainstream, sondern auch der Begriff und die Motivation, Influencer zu werden, wurden durch Instagram nochmals deutlich verstärkt.

In jedem Fall sind Influencer die neuen Social-Media-Stars. Scheinbar mit Leichtigkeit haben Instagramer Accounts mit zum Teil über 3 Mio. Followern aufgebaut und sind in der Wahrnehmung schon manchmal an den etablierten YouTube-Stars vorbeigezogen. Die auf Instagram und Tik Tok erfolgreichen Zwillinge Lisa und Lena kommen sogar auf fast 15,2 Mio. Follower auf Instagram (siehe Abbildung 11.6).

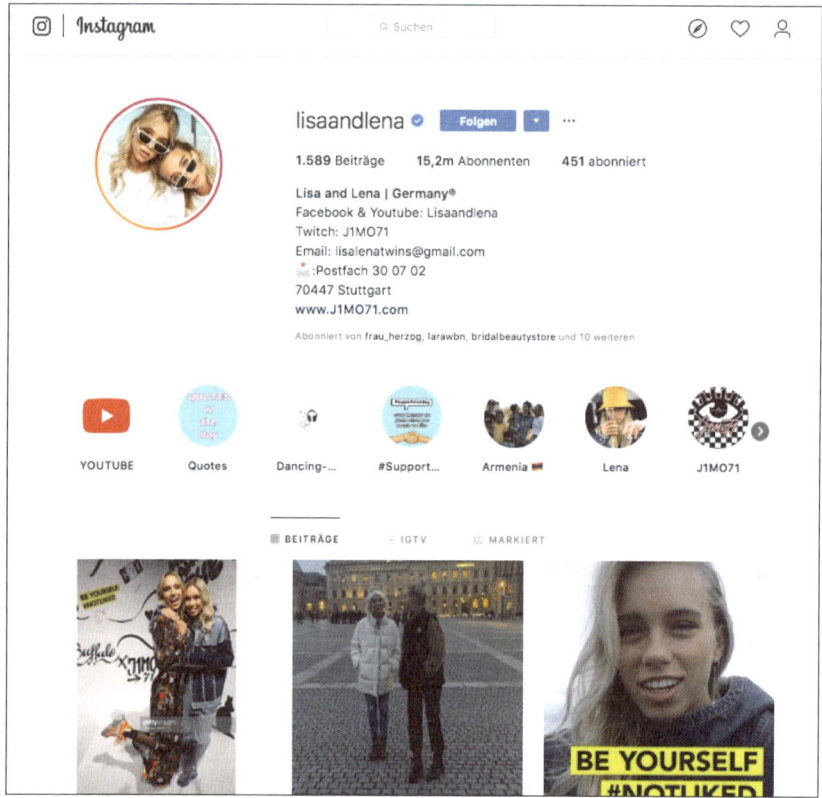

Abbildung 11.6 Die Zwillinge Lisa und Lena haben Millionen Fans.

Vor allem die Blogger leiden unter der hohen Sichtbarkeit der Instagram- und You-Tube-Stars und fühlen sich benachteiligt. Teilweise zu Unrecht, da Blogger-Kommunikation auf ganz andere Ziele einzahlt.

Von Bedeutung für die Werbewirtschaft ist zuletzt noch eine Abgrenzung zu Stars und Testimonial-Werbung. Herkömmliche Stars, die ihre Bekanntheit etwa über

Musik, TV, Film oder Sport aufgebaut haben, haben in Folge ihrer Bekanntheit oft auch hohe Social-Media-Reichweiten. Aber nur wenige verstehen es, diese Reichweiten in den sozialen Medien auch zu nutzen, gute Inhalte zu erstellen und so für Influencer Marketing relevante Partner zu sein. Reichweite allein ist nicht ausreichend.

Was ist Influencer Marketing?

Wenn ein Instagramer ein Produkt in die Kamera hält, eine Kampagne begleitet, Inhalte für eine Marke oder ein Unternehmen produziert, ein YouTuber von einer Reise oder ein Blogger über eine Testfahrt berichtet und hierfür ein Unternehmen Sach- oder Geldleistungen bereitstellt, sprechen wir von Influencer Marketing. Vordergründig geht es also um Geld (bzw. Sachleistung) gegen Content, welcher an die Erfüllung von Marketingzielen gekoppelt ist.

Der entscheidende Unterschied zu anderen Marketingformen sind dabei die Absender; denn diese sind beim Influencer Marketing nicht die Marke bzw. das Unternehmen selbst. Absender sind Influencer, welche dies aus der Perspektive der Community als Privatpersonen machen. Es entsteht Authentizität und eine besondere Glaubwürdigkeit. In Verbindung mit Reichweite und dem Content entsteht eine neue Werbeform.

Genau betrachtet haben wir es also mit drei Elementen oder Wirkungsfaktoren zu tun:

▶ Content

▶ Reichweite

▶ Wirkung in der Community

Aus Sicht der Marke bzw. des Unternehmens tritt ein entscheidendes Wesenselement hinzu: Kontrollverlust.

Denn Kern des Influencer Marketings ist es ja, dass die Inhalte von Influencern selbst aufbereitet und verbreitet werden. Insofern ist dies immer auch mit einem partiellen Kontrollverlust für die Marke verbunden.

Für Unternehmen ist das oft ein schwieriger Schritt, da die eingeübten Pfade des Marketings verlassen werden: Produktion, Werbemittel plus Schaltung. Diese Prozesse sind im Marketing geübt und müssen nun überwunden werden. Schon bei der Konzeption muss umgedacht werden, denn es gibt ja im engeren Sinn keine Werbemittel mehr. Die Influencer-Botschaft ist zwar von der Funktion das Werbemittel, wird aber von diesen selbst entwickelt und verbreitet. Wer hier als Unternehmen Kontrolle will oder gar mit vorgefertigtem Material an Influencer herantritt, wird keinen Erfolg haben.

11.3.2 Einsatzfelder von Influencer Marketing

Folgende Beispiele zeigen, wie Influencer Marketing eingesetzt werden kann und bereits am häufigsten eingesetzt wird.

Influencer Marketing für die Produkteinführung

Soziale Medien sind für ihre Geschwindigkeit und Aktualität bekannt. Influencer verbringen einen Großteil ihrer Onlinezeit auf YouTube, Instagram & Co. Sie befinden sich in ihrem jeweiligen Themengebiet am Puls der Zeit. Blogger sind immer auf der Suche nach Trends und wollen so früh wie möglich über neue Produkte und Entwicklungen berichten. Gleiches gilt für YouTube, Snapchat und Instagram, welche von ihrer Aktualität leben.

Soll durch Influencer Marketing eine Produkteinführung kommuniziert werden, gilt es, die richtigen Influencer und Blogger zu identifizieren und sie mit den relevanten Informationen zu versorgen. Das heißt nicht, die Pressemitteilung auch an Influencer zu schicken, sondern je nach Themenschwerpunkt der Influencer Informationen, Material und das Produkt an sich bereitzustellen. Wann ist das Produkt verfügbar? Was ist der Preis? Wann darf das Produkt kommuniziert werden?

Abbildung 11.7 Ergebnisse im Rahmen der Kooperation zwischen Panasonic und Influencern zur Einführung der Lumix G80. Mehr Informationen zu der Kampagne finden Sie unter *http://bit.ly/dsomemaSB*.

Wenn wir von Influencer Marketing und einer der Stärken von Influencern sprechen, dann fällt das Wort Authentizität. Während Instagramer überwiegend positiv sind, kann es bei einer Zusammenarbeit mit Bloggern passieren, dass ein Produkt nicht in den höchsten Tönen gelobt wird, wenn es nicht auch wirklich überzeugt. Ein weiterer Punkt, der viele Unternehmen verunsichert: Warum soll ich mit Influencern zusammenarbeiten, wenn sie eventuell negativ über mein Produkt berichten könnten? An dieser Stelle können wir Unternehmen beruhigen. Einerseits passiert dies seltener, als man vielleicht denkt (wie viele Shitstorms hat Ihr Unternehmen schon erlebt?), und zweitens haben die persönliche Ansprache und ein regelmäßiger Kontakt positiven Einfluss. Das heißt jetzt nicht, dass Blogger sich um den Finger wickeln lassen, aber dass die Art und Weise der Kommunikation ein entscheidender Faktor ist.

Genau das wollen Unternehmen von einer Zusammenarbeit mit Influencern. Sie sollen authentisch und in der Sprache ihrer Zielgruppe kommunizieren. Nur ehrliche und echte Empfehlungen führen zu einem langfristigen Erfolg.

Sobald die Kooperation läuft, gilt es, die Reaktionen der Leser, Follower und Abonnenten zu beobachten. Wie sehen die Reaktionen aus? Welche Effekte entstehen, und wie verbreiten sich die Produkte über die ausgewählten Influencer hinaus? Wer berichtet aufgrund der Zusammenarbeit ebenfalls über das Produkt? Wie werden produktbezogene Hashtags verwendet?

Influencer-Kampagnen für Markenbekanntheit und Image

Die Steigerung von Markenbekanntheit zählt zu den wichtigsten Zielen im Influencer Marketing.

Influencer haben als Meinungsführer einen besonderen Einfluss auf ihre Follower. Sie haben eine hohe Reputation und Glaubwürdigkeit und von daher einen besonderen Einfluss – auch auf Kaufentscheidungen.

Wenn ein Influencer etwa bestimmte Schuhe trägt, eine Urlaubsdestination besucht oder eine Automobilmarke fährt, ist dies immer mit einer Aussage verbunden: Das gefällt mir.

Für die Follower wird durch diese Aussage nicht nur die jeweilige Marke sichtbar (Markenwahrnehmung), sondern auch eine potenzielle Kaufentscheidung gestärkt. »Wenn dies Influencer XY gefällt, dann liege ich mit meinem Interesse richtig.« Dieser Verstärker geht weit über die Steigerung der Markenbekanntheit hinaus und ist durch werbliche Kommunikation nicht zu erreichen. Sie ist gegenüber Testimonial-Werbung aber auch deutlich glaubwürdiger, da sie authentischer und deutlich näher an der Zielgruppe ist. Wenn ein Sportler ein Getränk oder eine Wurst einer bestimmten Marke sichtbar konsumiert, wird zwar über seine Bekanntheit Aufmerksamkeit erzeugt. Die Entfernung zum Sportler ist für den Einzelnen aber zu groß.

Abbildung 11.8 Bad Kitty setzte stets auf Kampagnen mit bekannten Pole-Sportlerinnen, die als »Ambassadore« für die Marke agieren und so ein positives Image übertragen.

Beim Influencer Marketing ist dagegen eine größere Nähe gegeben. Die Follower sind vom Influencer nur einen Klick entfernt und fühlen sich als dessen Freunde. Sie reagieren auf die Inhalte, stellen Fragen und treten in die direkte Interaktion.

Hierbei stellt Influencer Marketing natürlich eine Gratwanderung dar: Je werblicher die Botschaft, desto »unechter« wird sie ausfallen. Unternehmen sollten an dieser Stelle nicht nur dem Influencer Freiraum geben. Sie müssen es ihm vielmehr überlassen, die Botschaft so zu formulieren, wie er auch sonst kommunizieren würde, wenn ihm etwas gefällt.

Auch von der Frequenz her bedeutet Influencer Marketing eine Gratwanderung: Mehrere Inhalte oder Erwähnungen haben eine deutliche höhere Wirkung. Umgekehrt kann eine zu hohe Frequenz wiederum auch die Glaubwürdigkeit und Authentizität schwächen. Beim Thema Reisen ist dies einfacher, wenn etwa Influencer eine ganze Bildstrecke von einer Location über einen Zeitraum der Reise und danach veröffentlichen. Das komplette Urlaubserlebnis kann einschließlich Reisevorbereitung und spätere Erinnerungen ohne Probleme dargestellt werden.

Diesen Anspruch sollten andere Marken auch verfolgen und über einfache Product-Placements und Give-aways hinausdenken.

Das Werkzeug dazu ist eine inhaltlich getriebene Kommunikation: Storytelling. Mit Influencern ist eine Geschichte zu entwickeln, die beide Ziele erreicht: spannende

Inhalte für die Community der Influencer zu schaffen und gleichzeitig die Marke glaubwürdig zu inszenieren. Das ist die Kunst des Influencer Marketings.

Influencer Marketing für Produkttests und Produktbewertungen

Nicht jedes Einsatzfeld ist für jeden Kanal geeignet. Bei Produkttests und Produktbewertungen spielt Instagram eine untergeordnete Rolle bzw. wird Instagram nur zur Verlängerung eingesetzt. Ein Produkttest ist nur dann sinnvoll, wenn er potenziellen Lesern und Zuschauern einen Mehrwert bietet. Mit einem Foto ist das nur bedingt möglich. Videos und Artikel sind die geeigneten Formate und haben eine längere Halbwertszeit.

Bei Produkttests ist die Auswahl der richtigen Influencer essenziell. Wer kennt sich mit meinen Produkten aus? Wer kann mein Produkt realistisch beurteilen? Produkttests müssen klar von Product-Placements abgegrenzt werden. Je mehr Einfluss Influencer haben, desto mehr Aussagekraft und Gewicht werden die Bewertungen bei Lesern und Abonnenten haben.

Neben der Generierung einer verstärkten kurzfristigen Sichtbarkeit steht bei Produktbewertungen eine langfristige Optimierung der Auffindbarkeit im Vordergrund. Das gilt für die Google-Suche (Blogs) und für YouTube. Wie bei einer Produkteinführung ist das Briefing der Influencer entscheidend. Sie sollen frei und authentisch über das Produkt berichten. Doch je besser das Material ist, desto besser wird in der Regel auch der Produkttest ausfallen. Des Weiteren empfiehlt es sich, den Influencern Features nahezulegen, welche in dem Test hervorgehoben werden sollen.

Product-Placement-Influencer-Kampagnen

Ein Product-Placement unterscheidet sich in der inhaltlichen Verankerung von einem Produkttest. Während der Produkttest tiefer und ausführlicher auf ein Produkt eingeht, liegt die Stärke eines Product-Placements in der richtigen Inszenierung eines Produkts zum richtigen Zeitpunkt und im richtigen Umfeld. So sollten beispielsweise Produkte auf YouTube relativ früh im Video platziert werden. Zusätzlich ist entscheidend, welche Influencer ausgewählt werden und wie stimmig das Placement innerhalb des erstellten Contents erfolgt.

Bei einem Influencer-Product-Placement geht es darum, Abonnenten und Follower auf ein Produkt aufmerksam zu machen und ein Interesse zu schaffen. Direkter Abverkauf kann auch das Ziel sein. Es empfiehlt sich, die Influencer-Kampagne mit eigenen Inhalten und einer eigenen Landingpage zu stärken. Die URL der Landingpage sollte ebenfalls durch die Influencer kommuniziert werden. So wird nicht nur ein erstes Interesse generiert, sondern es wird zusätzlich Traffic auf die eigenen Kanäle und die Landingpage geführt.

Abbildung 11.9 Ritter Sport lässt seine Schokowürfel zu Muttertag in Szene setzen.

Beispiele für gute Influencer-Marketingkampagnen

Auf meinem Blog finden Sie unter *http://der-socialmediamanager.de/beispiele-fuer-gute-influencer-marketing-kampagnen* eine Zusammenstellung guter Beispiele für Influencer-Marketingkampagnen und Influencer Relations.

11.3.3   Wirkungsfaktoren und Bewertung von Reichweite

Reichweite ist nur die halbe Miete. Wer die Wirkung von Influencer Marketing auf die erzielbare Reichweite reduziert, lässt die wichtigsten Potenziale links liegen. Warum?

Natürlich lassen sich die Wirkungsfaktoren von Influencer Marketing nicht übergreifend definieren, da Influencer Marketing je nach Ausgestaltung auf sehr unterschiedliche Ziele einzahlen kann: Branding, Produkteinführung/Markenaufbau, Leads, Sales oder Reputation, um nur einige Beispiele zu nennen.

Bei der Bewertung von Influencern ist entscheidend, nicht nur auf die Reichweite zu achten, genauso wenig wie der Erfolg einer Facebook-Seite über die Fanzahl gemessen werden darf. Es geht um den Einfluss und die Bindung zu Followern, Fans und Lesern in einem Themengebiet. Breite Themen wie Fashion und Food verfügen über eine höhere Reichweite als Nischenthemen. So gibt es Influencer mit mehreren hunderttausend Followern und Influencer mit beispielsweise 500 Followern.

Wenn wir über Influencer sprechen, dann müssen wir immer die Branche und die Zielgruppe als Maßstab heranziehen. Nur dann schaffen wir uns ein klares Bild darüber, wer als Influencer für ein Unternehmen relevant ist. Influencer erreichen bestimmte Zielgruppen. Das führt dazu, dass jede Zielgruppe über eigene Influencer verfügt und dass diese sehr unterschiedlich aufgestellt sind.

In jedem Fall ist die Reichweite qualifiziert zu betrachten: Der Influencer ist für seine Community (das heißt die Follower) mehr als nur eine Medienmarke. Je nach Typ sind sie Idol, Vorbild oder Meinungsführer und oft alles in allem. Und sie sind anders als Stars nicht unnahbar, sondern ganz im Gegenteil nahbar; denn die Community interagiert mit den Influencern durch Kommentare oder Likes. Im Videobereich erzielen Influencer über die direkte Ansprache zudem eine Situation der besonderen Nähe.

Als Autorität, Vorbild oder Sympathieträger haben die Äußerungen der Influencer deutlich mehr Wirkung als das herkömmliche Empfehlungsmarketing. Auch wenn Empfehlungen von Freunden bereits einen hohen Wirkungsgrad haben; Influencer haben infolge ihres Status noch mehr Wirkungskraft als die Empfehlung unter Freunden.

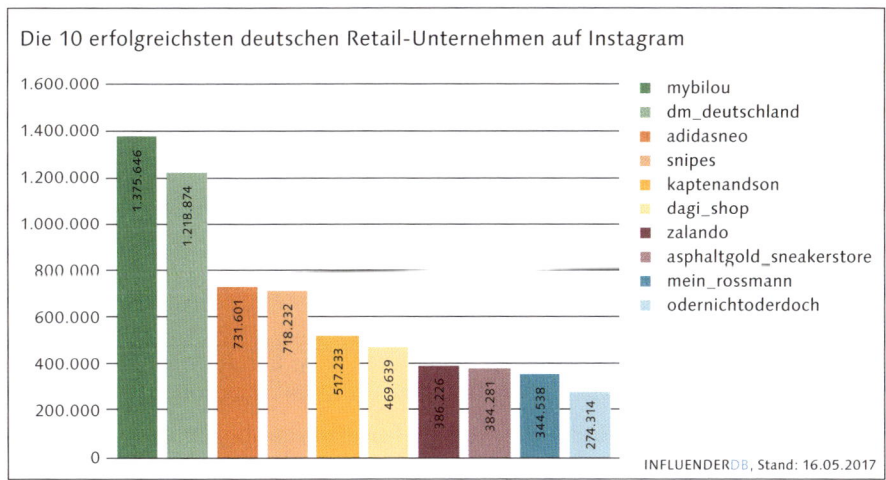

Abbildung 11.10 Die Kooperation mit YouTube-Star Bibi brachte die Marke Bilou auf Platz 1.[3]

Gekoppelt an die oft sehr große Reichweite ergibt sich eine enorme Wirkungskraft. Anders als im herkömmlichen Empfehlungsmarketing (hier werden nur sehr wenige Freunde erreicht) können Influencer auch ein Massenmedium sein. Influencer-Empfehlungsmarketing kann ein Millionenpublikum erreichen. Die Wirkungskraft wird deutlich am Beispiel von Bilou, der Marke von YouTube-Star Bibi, die gemein-

---

3   Quelle der Grafik: *www.futurebiz.de/artikel/10-erfolgreichsten-retail-unternehmen-instagram*

sam mit dem dm-Drogeriemarkt in kurzer Zeit auch im Verkauf erfolgreich war (siehe Abbildung 11.10).

Wie lässt sich nun aber die Wirkungskraft messen? Es wird schnell klar, dass die Reichweite allein als Parameter nicht ausreichend ist; 1.000 Views mit einer Empfehlung auf YouTube oder Instagram können nicht mit 1.000 Pre-Roll Views oder Ad Impressions verglichen werden. Die quantitative Reichweite ist also nur die Basis und durch einen qualitativen Faktor zu vergrößern: Nennen wir es einfach R × E (Reichweite × Empfehlung) oder R × G (Reichweite × Glaubwürdigkeit).

In einer internen Bewertung sind E bzw. G dann durch eine Zahl zu ersetzen, nehmen wir als Beispiel (!) den Faktor 3,5. 1.000 Views wären dann in einer internen Mediaplanung mit 3.500 Impressions zu vergleichen.

Wichtig ist dabei, dass dieser Faktor immer ein individueller ist, also in Bezug auf die konkreten Influencer festzulegen ist. Für alle beteiligten Influencer sollte daher auch ein individueller Steigerungsfaktor festgelegt werden. Ein Bestimmungsfaktor für die Bemessung der Steigerung kann dabei die sogenannte Sponsoring-Quote sein, also der Anteil von Placements oder werblichen Inhalten am Content des Influencers. Influencer mit sehr vielen Placements erhalten dabei einen niedrigeren Faktor als Influencer, die nur sehr selten Produkte empfehlen. Qualitativ ist also etwa eine Pamela Reif (Sponsoring-Quote bei über 80 %) deutlich geringer zu scoren als ein Influencer mit einer Sponsoring-Quote von nur 20 %.[4]

Auch aus den Medien bzw. Typologien von Influencern lassen sich die Faktoren bestimmen. Ein Blogger kann nicht mit einem YouTuber verglichen werden, und auch Instagramer und YouTuber sollten differenziert betrachtet werden. Je nach Ziel kann ein Blogpost wertvoller sein als ein Placement in einem Video. Da sich die mediale Reichweite eines Blogposts nicht mit einem Instagram-Post vergleichen lässt, wäre die Reichweite dann zu gewichten.

Aber auch die Reichweite selbst kann Gegenstand einer Betrachtung sein. Influencer mit einer hohen Interaktionsrate haben im Regelfall einen höheren Wert. Die Interaktionsrate und die absoluten Interaktionen sind im Übrigen auch ein probates Mittel, um Manipulationen zu erkennen: Hohe Follower-Zahlen mit weit unterdurchschnittlichen Interaktionsraten indizieren eventuell eine Manipulation. Es geht um die sogenannten Fake Follower und Fake Likes. Hier werden durch Bots Follower und Likes gekauft und Reichweiten und Interaktionen künstlich nach oben getrieben. Im Normalfall ist dies ein Ausschlusskriterium – nur in Grenzfällen mag eine Zusammenarbeit trotz erkennbarer Manipulationen sinnvoll sein.[5]

---

4   *http://bit.ly/2AyOypk*

5   *www.futurebiz.de/artikel/warum-gekaufte-follower-influencer-marketing-kampagne-ruinieren*

Die Bedeutung des Wegfalls der Likes für das Influencer Marketing

Mit den Likes fällt zwar eine objektive Bewertungsmöglichkeit weg, aber es ist ein Messwert, der keinerlei qualitative Aussage zulässt und leicht zu manipulieren ist. Entsprechend sollten Sie auf andere Kriterien setzen. In weiteren Verlauf dieses Abschnitts gebe ich Ihnen hierzu einen Vorschlag. Weitere Ideen hierzu finden Sie in einem Artikel des Horizont-Magazins: *http://bit.ly/dsomemaHorizont*.

Weitere Bewertungsfaktoren sind die Qualität des Contents oder das Image der Influencer. Hier wird schon erkennbar, dass diese weichen Faktoren immer nur eine subjektive Bewertung zulassen. Dennoch ermöglicht dies ein Scoring und damit eine Bewertung der Reichweite. Auf Basis dieses Scorings kann dann sowohl die Auswahl von Influencern erfolgen wie auch die Auswertung von Kampagnen. Tabelle 11.3 zeigt das Beispiel einer möglichen Bewertung.

	Influencer 1	Influencer 2	Influencer 3	Influencer 4	Influencer 5
Kanal	Instagram	Instagram	YouTube	YouTube	Blog
Mediale Reichweite (MR)	20.000	180.000	40.000	150.000	2.500
Content-Qualität (CQ)	6	1,5	8	2	5
Sponsoring-Quote (SQ)	7	1	6	2	9
Bewertungsfaktor Reichweite (BR = (CQ + SQ) / 2)	6,5	1,25	7	2	7
Qualifizierte Reichweite (MR * BR)	130.000	225.000	280.000	300.000	17.500
Gewichtung Reichweite	1	1	1	1	10
Score	130.000	225.000	280.000	300.000	175.000

Tabelle 11.3 Beispiel einer Bewertungstabelle für Influencer

11.3.4 Das Content-Modell

Neben der Medienwirkung schafft Influencer Marketing auch Content für Marken und Unternehmen. Content ist dabei weitaus mehr als nur ein Nebenprodukt. Wer Influencer Marketing und die Investition in Influencer Marketing ganzheitlich betrachtet, sollte Content sogar in den Mittelpunkt stellen.

»Marken sind Gespräche« war schon die erste These im immer noch aktuellen »clue train«-Manifest von 1999. Die Umsetzung dieser These durch Content Marketing ist nun wiederum auch nicht neu, denn das Unternehmen John Deere ist schon seit über 100 Jahren mit dem Magazin »The Furrow« Pionier dieser gar nicht neuen Disziplin. Aber die (mentalen) Adblocker haben dem Content Marketing eine Renaissance verschafft, vor allem auf den Kanälen Instagram, YouTube und Snapchat. Was es braucht, ist Content, der auf diesen Kanälen Wirkung zeigt. Für Marken hat dies dann doch eine Content-Revolution ausgelöst, denn weder können hier Stockbilder eingesetzt werden noch kann anderweitig produzierter Content zweitverwertet werden.

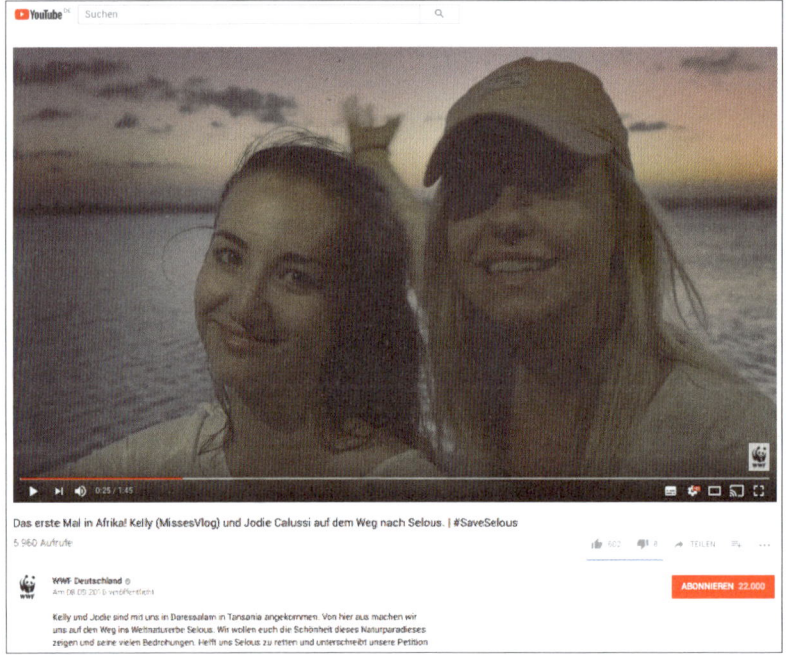

Abbildung 11.11 Der WWF begleitete zwei bekannte YouTuberinnen nach Afrika. Das Ergebnis: eine Petition mit mehr als 250.000 Unterschriften und jede Menge authentischer Content

Für Unternehmen führt dies zu einer doppelten Herausforderung: Zum einen benötigen sie mehr Content in neuen Formaten. Zum anderen können die bisherigen Organisationsformen diesen Content oft nicht schnell genug bereitstellen.

Bei den Formaten geht es vor allem um authentischen und wirksamen Content: Bild und immer öfter auch Bewegtbild. Authentisch bedeutet vor allem plattformspezifisch, aus der richtigen Perspektive, in der passenden Bildsprache. Ob nun inszeniert für Instagram oder improvisiert für Snapchat: Influencer beherrschen die notwendigen Formate. Influencer sind Medienmarken wie Produzenten in einer Person, oft unterstützt von einem Fotografen oder einem ganzen Content-Team und dabei immer fokussiert auf Reichweite und Interaktion. Können das Unternehmen auch? Können sie es schnell genug?

Das hat natürlich auch etwas mit den Organisationsformen für das Sourcing und die Produktion von Content zu tun, mit den jeweiligen Akteuren im Unternehmen und den beteiligten Agenturen außerhalb. Je nach Organisationsform kann es sinnvoll sein, in den Content-Prozess auch Influencer einzubeziehen. Sie können als Content-Produzenten eingesetzt werden, die im Auftrag des Unternehmens oder der eingesetzten Agentur Content produzieren, für die Social-Media-Kanäle des Unternehmens, aber auch für andere Zwecke (Web, Katalog etc.). In dieser Form werden Influencer in einen organisierten Content-Prozess eingebunden. Dies kann auf Dauer angelegt sein oder auch temporär, wie etwa in einem zeitlich begrenzten »Take-over«. Hier übernehmen Influencer für eine kurze Zeit den Kanal einer Marke. Auf der langfristigen Ebene können Influencer durchaus in die Jahresplanung für die Content-Produktion mit einbezogen werden, also etwa für Produkt-Launches oder Kampagnen.

Die möglichen Ausgestaltungsformen des Content-Modells sind vielfältig und hängen immer von den Rahmenbedingungen wie den Anforderungen ab. Es gibt nicht das eine Modell, aber es gibt die Chance, das Thema Content neu zu denken und sich für neue Formen der Content-Produktion zu öffnen.

11.3.5 Prozesse im Influencer Marketing

Wie schon ausgeführt, bedeutet Influencer Marketing, dass die Werbeleistung durch einen Dritten erbracht wird. Für das werbetreibende Unternehmen bedeutet dies im Umkehrschluss einen zumindest partiellen Kontrollverlust. Das ist kein Problem für Unternehmen, sondern eine Chance.

Erfolgreiches Influencer Marketing setzt voraus, im Influencer-Briefing die Rahmenbedingungen zu definieren, ohne gleichzeitig die Kreativität und Individualität der Influencer einzuschränken; denn sonst ginge ein Großteil der Wirkungskraft verloren.

Wer daran Zweifel hat, sollte folgende Fragen beantworten:

▶ Haben wir als Unternehmen ein besseres Verständnis für die Nutzer oder Follower auf den Kanälen (Instagram, YouTube, Snapchat etc.)?

▶ Wissen wir besser als ein Influencer, welche Inhalte oder welche Ansprache zu Reichweite und Interaktion führen werden?

▶ Können wir die Bilder oder Videos produzieren, die authentischer und damit wirkungsvoller sind als von Influencern produzierte Inhalte?

Dieser Kontrollverlust ist wohl auch ein Grund dafür, warum sich viele Unternehmen (leider) noch gegen eine Zusammenarbeit mit Influencern entscheiden oder zögern. Ein Fehler, denn gerade eine andere und frische Ansprache erreicht das, was viele Unternehmensinhalte nicht schaffen: Sie erreichen die richtigen Käufergruppen mit dem richtigen Inhalt, ohne dabei aufdringlich und künstlich zu wirken. Diese Art von Nähe kann keine andere Form der Kommunikation erzeugen und ist etwa bei L'Oréal Paris der Grund, neben dem Einsatz von klassischen Models intensiv in Influencer Marketing zu investieren.

Im Übrigen heißt dies nicht, dass durch Influencer Marketing die Kontrolle über die eigene Kommunikation abgegeben wird. Denn durch das Briefing und die Begleitung der Zusammenarbeit mit den Influencern bleibt die Kontrolle durchaus bestehen – nur in anderer Form, als herkömmliche Kommunikation zwischen Unternehmen und Dienstleistern organisiert ist.

Dies leitet über zu der Frage, wie die Zusammenarbeit mit Influencern gestaltet werden muss.

Zusammenarbeit mit Influencern

Wer als Unternehmen oder Marke auf Influencer setzen möchte, sollte diese in ihrem Handeln verstehen. Nur Anfänger unter den Influencern posten heutzutage noch Bilder, weil sie eine Gratis-Jeans im Briefkasten gefunden haben.

Influencer Marketing beruht auf Kooperation. Nur Unternehmen, die die Motivationslage von Influencern verstehen und in einer Kooperation auch für den Influencer Nutzen schaffen, werden nachhaltig Erfolg im Influencer Marketing haben. Ausgeschlossen von dieser Betrachtungsweise sind Mechaniken des Performance Marketings, wenn also etwa über automatisierte Influencer-Marktplätze Reichweiten eingekauft werden. Nach unserem Verständnis sind diese Werbeformen eher dem Performance Marketing zuzuordnen als dem Influencer Marketing.

Was also wollen Influencer: Geld, Ruhm, Reichweite? Ein wenig von allem. Der Reihe nach.

Professionelle Influencer sind zunächst einmal eigene Marken. Sie haben dann Erfolg, wenn sie die eigene Reichweite vergrößern können. Neben der Reichweite geht es ihnen aber auch um Reputation. Denn nur beides zusammen bietet mittelfristig auch Chancen auf dauerhafte Einnahmen. Der schnelle Rubel liegt nicht in ihrem Interesse. Vor allem dann nicht, wenn sie durch eine (bezahlte) Kooperation in der eigenen Fangemeinde an Glaubwürdigkeit verlieren. Zwar ist die Schmerzgrenze vieler Fans in Hinblick auf (Schleich-)Werbung und Produktpromotion vergleichsweise hoch; dennoch achten Profis zu Recht auf die eigene Glaubwürdigkeit, denn diese ist schließlich ihr wichtigstes Kapital. Als Meinungsführer können sie nur bestehen, solange sie für ihre Follower glaubwürdig bleiben.

Aber auch Nachwuchs-Influencer, die noch am Kanalaufbau arbeiten, sind primär darauf bedacht, die eigene Reichweite zu erhöhen und sich im Wettbewerb mit anderen zu positionieren. Sie sind sicherlich empfänglicher für Einladungen und Geschenke ... aber das bedeutet nicht, dass Unternehmen sich Influencern auf diesem Wege nähern sollten.

In allen Studien zur Motivationslage von Influencern wird immer wieder die folgende Reihenfolge sichtbar:

▶ Interesse am Ausbau der eigenen Reichweite

▶ Interesse an guten Inhalten

▶ eigenes Image schärfen und verbessern

▶ Geschenke

▶ Geld verdienen

Im Einzelfall mag dies natürlich anders sein. Wichtig ist aber zu erkennen, dass Influencer Marketing die Leistungen der Influencer nicht auf eine Werbefläche reduziert. Dies würde das eigentliche Potenzial von Influencer Marketing nicht ausschöpfen.

Influencer auswählen und richtig ansprechen

Die Auswahl relevanter Influencer ist entscheidend für den Erfolg, egal, ob es sich um langfristig angelegte Influencer Relations oder auch nur um eine einmalige Influencer-Marketingkampagne, ein Blogger-Event oder ein Product-Placement handelt. Je nach Einsatzfeld und Ziel variiert der Aufwand bei der Influencer-Recherche. Grundsätzlich gilt bei der Auswahl, nicht vorschnell zu agieren und lieber etwas mehr Zeit zu investieren. Ausgangspunkt der Influencer-Recherche ist immer die eigene Zielgruppe. Welche Menschen wollen wir erreichen und mit welcher Botschaft?

Folgende Kriterien gilt es zu beachten:

▶ Zielgruppen der Influencer

▶ inhaltliche Ausrichtung der Influencer

▶ Bildsprache und Bildqualität der Influencer

▶ Aktivität der Influencer

▶ Reichweite der Influencer in den relevanten Zielgruppen

▶ Interaktionen in den relevanten Zielgruppen

285

Abbildung 11.12 Red Bull kooperiert mit Mark McMorris, um Snowboardfans zu erreichen.

Im Kern geht es bei der Auswahl darum, über die Community des Influencers die eigene Zielgruppe zu erreichen. Dazu muss man sich also die Follower der Influencer genau anschauen: Woher kommen sie, wie aktiv sind sie und wie vielen Accounts folgen sie selbst? Bei jeder Recherche sollte eine Influencer-Zielgruppenanalyse durchgeführt werden. Einerseits, um einfach mehr über die Influencer zu erfahren, andererseits geht es um die Optimierung der Auswahl und die Adaption möglicher Aktionen. Sind die Follower eines bestimmten Influencers passiv und veröffentlichen sie kaum eigene Inhalte, ist eine Hashtag-Kampagne beispielsweise nur bedingt geeignet.

Natürlich gibt es auch Produkte und Unternehmen, die eine sehr breite Zielgruppe ansprechen und weniger an eine inhaltliche Ausrichtung von Accounts und Blogs gebunden sind. In diesem Fall werden die Reichweite und die Bindung zu den Abonnenten mehr Gewicht erhalten als die veröffentlichten Inhalte. Aber auch hier gilt, dass Influencer Marketing nicht als Selbstzweck betrieben wird. Hohe Reichweiten sind nicht gleich hohe Relevanz und Conversions.

Achtung, Fake Follower!

Getrieben durch den Wettbewerb untereinander und um finanziell lukrative Verträge mit Unternehmen abzuschließen, haben viele Influencer an der Reichweitenschraube gedreht. Zu nennen sind gekaufte Follower, der Einsatz von Bots und auch Like-Gruppen. Reichweite allein ist also als Bewertungsmaßstab ungenügend und die Follower-Zahl in keinem Fall geeignet, die Bedeutung eines Influencers richtig einordnen zu können.

Manipulationen an der Reichweite oder künstlich in die Höhe getriebene Interaktionen können noch am ehesten am abrupten Follower-Wachstum oder an der Interaktionsrate festgestellt werden. Als Unternehmen gilt es, die Entwicklung und Konstanz der Interaktionen zu beobachten: Steigen die Interaktionen im Zeitverlauf, oder sind sie zumindest konstant? Gibt es außergewöhnliche Ausreißer nach oben sowohl bei den Interaktionen als auch bei den Followern/Abonnenten?

Übrigens: Auf Instagram ist es nicht ungewöhnlich, dass Inhalte mit wenigen Interaktionen gelöscht werden. Das betrifft primär ältere Fotos, die nicht auf dem gleichen Interaktionslevel liegen wie aktuelle Inhalte. Das ist kein Problem, sorgt aber manchmal für Verwunderung. Wie kann man mit seinem ersten Instagram-Foto bereits 2.000 Likes generieren? Wenn man versteht, wie Influencer denken und wie Profile gepflegt werden, lösen sich diese Fragezeichen leicht auf.

Automatisierung von Influencer Marketing

Wer nicht den Weg der manuellen Recherche und Auswahl von Influencern gehen möchte, kann etwa bei Kampagnen auch auf Automatisierung setzen. Um Influencer Marketing zu einem skalierbaren Geschäftsmodell zu entwickeln, wurde eine Vielzahl von Vermittlungsplattformen gegründet, die das Buchen von Influencern technisch unterstützen.

Diese Plattformen (wie zum Beispiel Brandnew.io, Buzzbird, Reachhero und andere) versuchen, auf einer technologischen Plattform eine möglichst große Zahl von Influencern an Agenturen oder Unternehmen zu vermitteln. Die Recherche, Auswahl und Buchung der Influencer wird dann in unterschiedlicher Tiefe technologisch unterstützt. Dabei werden entweder von Anbietern Kampagnen eingebucht, auf die sich dann Influencer bewerben können, oder Anbieter können in der Datenbank nach Influencern suchen und diese dann über die Plattform buchen. Auch im Longtail-Bereich der Mikro-Influencer gibt es entsprechende Angebote, wie etwa LinkiLike, die eher den Ansatz der Content-Promotion verfolgen.

Der Vorteil dieser Plattformen liegt in der Vereinfachung der Recherche. Gleichzeitig verengt die Buchung über eine Plattform aber auch das Spektrum der verfügbaren Influencer, da sich stets nur ein Teil der relevanten Influencer finden bzw. buchen lässt. Bei einer sehr passgenauen Suche (zum Beispiel lokal aktive Influencer, Branchenfit) führt daher an der manuellen Suche kein Weg vorbei. Zur Unterstützung können Bewertungsplattformen, wie etwa InfluencerDB, herangezogen werden.

11.3.6   Erfolgsmessung von Influencer Marketing

Die Erfolgsmessung von Influencer Marketing unterscheidet sich im Grundsatz nicht von der Erfolgsmessung anderer Marketingmaßnahmen. Aber Achtung: Wenn wir die Wirkungskraft von Influencer Marketing differenziert (das heißt qualitativ) betrachten, dann sind Reichweitenparameter niemals die alleinigen KPIs.

Anstatt also nur Follower, Views und verwendete Hashtags als Ziel einer Influencer-Kampagne zu definieren, sollten echte Marketingziele definiert werden. Relevante Social-Media-Kennzahlen müssen analysiert werden, sie sind aber nur die Basis für die Erfüllung der übergeordneten Influencer-Marketingziele.

So hat die Anzahl von verwendeten Hashtags und Shares Einfluss auf die Reichweite der Kampagne bzw. die Steigerung der Markenbekanntheit in den relevanten Zielgruppen. Aufrufe von YouTube-Videos steigern die Sichtbarkeit von Unternehmen und Produkten. Im zweiten Schritt führen sie zu mehr Traffic und so zu beispielsweise Abverkäufen und Newsletter-Abonnenten.

Bei Instagram ist derzeit allerdings das Messen von Reichweiten nur über Unternehmensprofile möglich. Sämtliche Reichweiten und Impressions – die nicht offiziell von Instagram ermittelt werden – sind nur Schätzwerte bei jedem Tool und bei jeder Kampagne. Influencer-Marketingagenturen und Toolanbieter haben die Pflicht, Kunden darauf hinzuweisen, was leider oft ausbleibt. Während wir Reichweiten auf Facebook und Twitter sowie Videoaufrufe auf YouTube und Facebook eindeutig messen können, handelt es sich auf Instagram also nur um potenzielle Reichweiten.

Abbildung 11.13 Louisa Dellert, Botschafterin für Body Positivity, hat viele treue, aktive Fans, nimmt nur Kooperationen an, die zu ihr passen, und legt diese konsequent offen.

Die potenzielle Reichweite auf Instagram setzt sich aus der Reichweite der veröffentlichten Inhalte (durch Influencer) und der potenziellen Reichweite verwendeter

Hashtags zusammen. Gleiches gilt für potenzielle Impressions. Hier werden zusätzlich zu den Hashtags noch die Anzahl der Follower mit ausgewertet.

Immer mehr Instagram-Influencer stellen ihr Profil auf ein Unternehmensprofil um. So können sie auf der einen Seite die eigene Performance besser analysieren, und zweitens entsteht eine größere Transparenz bei der Zusammenarbeit mit Unternehmen. Follower haben nichts mit Reichweite gemeinsam.

Des Weiteren haben wir die Interaktionsraten auf Instagram, die Unternehmen Einblick darin verschaffen, wie gut die Auswahl der Influencer wirklich war und wie groß der Zuspruch der Zielgruppe für den veröffentlichten Inhalt ist. Die Interaktionsrate ist nicht das Ziel einer Influencer-Kampagne, sie ist aber Voraussetzung für die Erfüllung übergeordneter Ziele. Und: Instagram-Interaktionsraten stehen immer im Verhältnis zur Follower-Anzahl.

Genauso wie Fake Follower gekauft werden, werden auch Likes und Views auf Instagram über Bots erworben. Unternehmen und Agenturen sollten sich je nach Influencer also nicht nur die Zusammensetzung der Follower ansehen, sondern auch die Interaktionen. Werden Likes regelmäßig erworben, helfen auch keine Tools bei der Identifikation von Blendern. Hier müssen sich Unternehmen die Accounts im Detail ansehen und Posts individuell bewerten. Eine ärgerliche Entwicklung, dennoch müssen sich Unternehmen dieser Kontrolle unbedingt annehmen.

Fehlende Standards

Eines der Hauptprobleme in Bezug auf die Erfolgsmessung von Influencer Marketing liegt zweifelsohne in den fehlenden Standards; da die digitale Kernwährung Reichweite, wie oben beschrieben, die Wirkung von Influencer Marketing nur lückenhaft messen kann, fehlt es vor allem an der Vergleichbarkeit zu anderen digitalen Werbeformen. Und das schafft große Probleme aufseiten der Auftraggeber wie der beteiligten Dienstleister.

Zum einen behindern die fehlenden Standards die Freigabe von Budgets in der Industrie, da die eingeführten Metriken nicht bedient werden können. Dies gilt auch für die durch Social Media bereits modifizierten Reichweitenmetriken wie Brand Buzz oder Social Media Reach, welche gängige Metriken wie Views oder Referral Traffic ergänzt haben.

Wer sich davon nicht beirren lässt und dennoch in Influencer Marketing investiert, der muss ein eigenes Kennzahlensystem entwickeln, um den Erfolg unterschiedlicher Aktionen untereinander zu bewerten und (!) diese Ergebnisse mit anderen Aktionen (Social Media, SEA/SEO, Display) vergleichen zu können.

Operative Kennzahlen

Vergleichsweise einfach kann es sein, in der Bewertung auf operative Kennzahlen zu setzen. Die können sein:

▶ **Coupon Codes**

Viele Unternehmen verpflichten Influencer dazu, in jedes Posting einen individuellen Coupon Code einzusetzen; das funktioniert technisch sogar auf Snapchat! Vor allem bei Impulskäufen und im Consumer-Bereich.

▶ **Links und Tracking-Pixel**

Influencer können und sollten gebeten werden, Links in die Beschreibung einzusetzen. Bei Bloggern kann auch ein Tracking-Pixel eingesetzt werden, über das der Traffic genau nachverfolgt werden kann.

An den genannten Beispielen wird zum anderen auch schnell sichtbar, dass operative Kennzahlen die Möglichkeiten der Bewertung sehr einschränken und so nicht die ganze Wirkungskraft von Influencer Marketing gemessen werden kann.

Eigenes Kennzahlensystem

Im Unternehmen führt daher kein Weg an der Etablierung eines eigenen Kennzahlensystems vorbei. Parallel zu den oben genannten Wirkungsfaktoren können die folgenden Parameter berücksichtigt werden:

▶ **Qualitativ bewertete Reichweite**

Je Influencer ist ein Wert zu definieren, um den die rein quantitativ messbare Reichweite gesteigert wird. Der Wert kann aus der Sponsoring-Quote, dem Zielgruppenfit, der Interaktionsrate oder der Content-Qualität berechnet werden. Im Idealfall sind mehrere Werte zu kumulieren!

▶ **Brand Engagement**

Die Interaktion mit den Inhalten kann vergleichsweise einfach gemessen werden.

▶ **Content Sourcing**

Ebenfalls vergleichsweise einfach kann der Wert des produzierten Contents ermittelt und gemessen werden, indem Standardwerte für Content definiert werden.

▶ **Feedback**

User-Feedback kann zusätzlichen Ertrag liefern oder ausnahmsweise auch im Mittelpunkt der Bewertung stehen, wenn durch Influencer-Kommunikation das Meinungsbild der Zielgruppe eingeholt werden soll.

Im dann eigenen Kennzahlensystem sind schließlich noch Vergleichsmodelle zu herkömmlichen (Social-Media-)Marketingausgaben zu definieren.

Auch wenn so kein objektiv richtiger Vergleich möglich sein wird – derzeit sind mangels Standards keine anderen Methoden überlegen.

11.3.7   Preisstrategien

Viele Unternehmen beginnen Influencer Marketing im hochpreisigen Bereich; die obersten 5 bis 10% der im deutschen Markt aktiven Influencer (YouTube, Instagram, Blog) haben eine weit überdurchschnittliche Bekanntheit und Sichtbarkeit. Nahezu jeder Marketingverantwortliche hat schon einmal in einer Fachzeitschrift über Bibi, Pamela Reiff oder das Blog »Ohh Couture« gelesen. Die Top-Influencer bzw. deren Künstleragenturen können sich dementsprechend die Angebote aussuchen und somit auch den Preis. Man muss kein Mathematiker sein, um den Effizienzfaktor zu berechnen.

Im Top-Segment stehen die Chancen äußerst schlecht, die Effizienz von Long- oder Midtail-Influencern zu schlagen. Zusätzliche Kosten entstehen durch die zwischengeschalteten Vermittler. Da die Top-Influencer nur über eine Vermittlungsagentur zu buchen sind, kommen deren Kosten noch einmal hinzu – neben den Kosten für die Influencer oder Digitalagentur, die für die Recherche und das Contracting zu vergüten ist. Es wird also teuer, jetzt noch einen Instagram- oder YouTube-Star zu buchen.

Nur wer aus Imagegründen die Verbindung zu einer bestimmten Person sucht, ist hier richtig aufgehoben. Denn Reichweite kann kumuliert auch über Long- oder Midtail-Influencer erzielt werden – zu deutlich günstigeren Konditionen.

Deutlich vorteilhafter ist es, als Unternehmen selbst eine Preisstrategie zu entwickeln und diese aktiv zu verfolgen. Auch im Influencer Marketing gilt im Grundsatz, dass Angebot und Nachfrage den Preis bestimmen. Selbst wenn nicht alle Top-Influencer »overpriced« und alle Influencer im Long- oder Midtail-Segment »underpriced« sind, so kann dies doch als Basis einer eigenen Preisstrategie genommen werden.

Dies hat im Wesentlichen etwas mit der Balance zwischen Marke und Influencer zu tun, da wir Influencer als Kooperationsmodell verstehen. Die Marke ist gegenüber dem Long- und Midtail-Influencer in einer ganz anderen Position: nicht als Einkäufer von Reichweite, sondern als Partner in einem Kooperationsmarketing.

Und in diese Kooperation kann die Marke einiges einbringen: Image, eigene Reichweite und vor allem Zugang zu exklusiven Inhalten. Wenn die Marke etwa dem Influencer ermöglicht, besondere Inhalte zu produzieren, dann steht für ihn eine Vergütung eventuell nicht mehr im Vordergrund.

Wie auch im Kooperationsmarketing sollten Marken und Unternehmen also kreativ werden, was sie den Influencern in der Zusammenarbeit anbieten können. Etwa eine attraktive Plattform für die Positionierung, wie im Fall von Mercedes-Benz. Hier erhalten Influencer die Möglichkeit, von der riesigen Reichweite von Mercedes-Benz auf Instagram zu profitieren und selbst bekannter zu werden, oder auch

Zugang zu für den Influencer attraktiven Inhalten, Gesprächspartnern oder Netzwerken (siehe Abbildung 11.14). Vieles ist denkbar und oft für die Influencer deutlich attraktiver als nur ein Scheck.

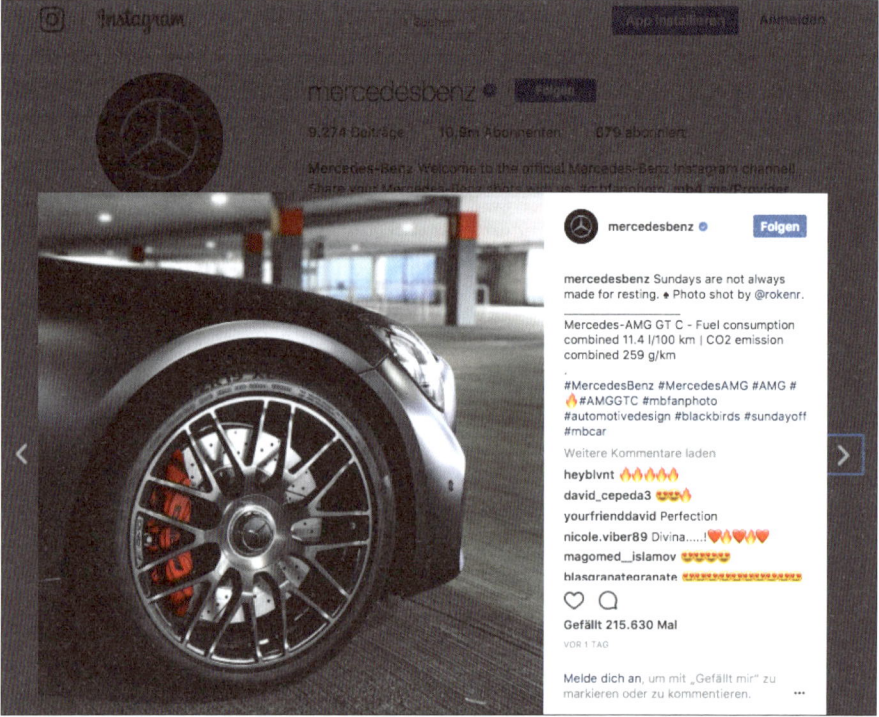

Abbildung 11.14 Mercedes bietet seinen Influencern Zugang zu fast 12 Mio. Followern.

Wenn aber für eine Marke eine große Sichtbarkeit aus Imagegründen wichtig ist, dann ist eine gemischte Preisstrategie der richtige Weg. Durch wenige Top-Influencer wird eine hohe Sichtbarkeit erzeugt, die aber durch ein breites Portfolio von Long- und Midtail-Influencern verbreitert wird. Diese Verbreiterung kann wiederum aus dem Gedanken des Content-Modells von Vorteil sein, da durch die Long- und Midtail-Influencer mehr Content produziert werden kann. Auch stellt sich bei Top-Influencern eher das Problem, dass der Content nur durch hohe Zusatzzahlungen mehrfach verwendet werden kann.

11.3.8   Kennzeichnungspflichten

Schleichwerbung oder auch die nicht gekennzeichnete Produktplatzierung ist weder Kavaliersdelikt noch Privatangelegenheit der Influencer, denn die beteiligten Unternehmen wie Agenturen haften ebenfalls. Dennoch werden die Kennzeichnungspflichten aufseiten der Influencer großflächig ignoriert und in einigen Fällen sogar belächelt. Damit dürfte bald Schluss sein, da nun durch den Medienrat der Medienanstalt Hamburg erstmals ein Bußgeld verhängt wurde.

Reaktion auf das Urteil zu Schleichwerbung

Getroffen hat das Schleichwerbe-Urteil die Drogeriekette Rossmann, die direkt mit deutlich verschärften Kennzeichnungsregeln für die Zusammenarbeit reagiert hat. Dieser Fall zeigt aber auch, dass selbst auf Kennzeichnungsempfehlungen von offizieller Stelle nicht immer Verlass ist. Rossmann hatte sich in der vorherigen Zusammenarbeit an die Richtlinie der Landesmedienanstalten gehalten, die bis dato empfahlen: »Wir meinen, dass Du zum Beispiel mit folgenden Kennzeichnungen auf der sicheren Seite bist: WERBUNG, ANZEIGE, aber auch #*ad*, sponsored by, powered by.« Der Beitrag, der im betreffenden Präzedenzfall abgemahnt wurde, hatte #*ad* zur Kennzeichnung genutzt.

In der Folge haben auch die Landesmedienanstalten ihre Empfehlungen angepasst, diese lauten nun: »Du kannst auf verschiedene Arten kennzeichnen. Mit den Kennzeichnungen WERBUNG oder ANZEIGE bist Du auf der sicheren Seite – so viel ist sicher. Verstecken solltest Du Deine Hinweise aber nicht. Also: #*werbung* oder #*anzeige* gehören vorne in Deinen Post, nicht irgendwo nach hinten und schon gar nicht versteckt in einen anderen Link. Kennzeichnungen wie #*ad*, #*sponsored* by, #*powered* by können wir euch derzeit nicht empfehlen.«

Den aktuellen Leitfaden zu Werbefragen in sozialen Medien können Sie hier herunterladen: *http://bit.ly/2ALdtW4*.

Fazit: Wenn Sie eine Kampagne mit Influencern planen, sollten Sie sich immer über die aktuelle Rechtslage informieren und diese auch während der Kampagne stets im Blick haben.

Inhaltlich geht es um die gebotene Trennung von werblichen zu inhaltlichen Beiträgen. Die Grenzen sind für die Mehrzahl der Influencer schwer verständlich, weshalb die Landesmedienanstalten einen Leitfaden »Antworten auf Werbefragen in sozialen Medien« (*http://bit.ly/2ALdtW4*) entwickelt haben.

In der Praxis geht es neben der Frage, »ob« gekennzeichnet werden muss, auch um das »Wie«. Reicht es etwa aus, in einem bezahlten Instagram-Post den Hashtag #*ad* oder #*werbung* zu setzen? Und wie muss die Kennzeichnung in einem längeren YouTube- oder Snapchat-Video platziert werden?

Rechtliche Aspekte des Influencer Marketings

Eine ausführliche Auseinandersetzung mit der rechtlichen Seite des Influencer Marketings finden Sie in dem Whitepaper »Risiken der Schleichwerbung – Rechtliche Grenzen bei Facebook und Instagram« von Dr. Thomas Schwenke (*http://bit.ly/dsomemaSchleich*).

Auch Instagram selbst nimmt sich der Thematik an und hat wie auf Facebook ein Branded-Content-Tool eingeführt. Damit wird eine Kooperation auf Instagram im Feed eindeutig hervorgehoben. Das Tool zeigt aber natürlich nur dann seine Wirkung, wenn es von den Influencern und Unternehmen auch eingesetzt wird. Influencer, die Inhalte nicht kennzeichnen, haben mit Instagram jetzt aber eine weitere Kontrollinstanz im Nacken sitzen. Je nachdem, wie strikt Instagram durchgreift, kann dies zur Löschung von Inhalten bis hin zur Sperrung des Accounts führen.

Die Kennzeichnungspflichten sind im Übrigen nicht nur rechtlich zu betrachten, sondern auch aus Marketingsicht. Denn es stellt sich die Frage, ob eine Kennzeichnung überhaupt einen negativen Effekt auf die Wirksamkeit von Influencer-Kommunikation hat. Auch wenn dies oft aus Kreisen der beteiligten Agenturen oder Unternehmen zu hören ist, ist dies meistens nicht zutreffend.

Denn die Fans in der Community der Influencer wissen, dass die Influencer sich zunehmend aus ihrer Tätigkeit finanzieren. Bei den allermeisten Influencern kommt daher auch keine Negativstimmung oder Neiddebatte auf; auch dann nicht, wenn sich die Influencer in der Sonne der Karibik räkeln, während sich die Follower durch den regnerischen November im kalten Deutschland quälen. Die gefühlte Nähe und die Begeisterung für die Influencer ist zu groß; und es ist eine selbst gewählte Nähe, die der Follower jederzeit beenden kann. Aber sie folgen aus Begeisterung und empfinden daher die Inhalte auch nicht als störende Werbung. Ganz anders kann es sein, wenn Influencer verschleiern, dass eine Empfehlung bezahlt ist. Das kann die Glaubwürdigkeit untergraben und das Image des Influencers nachhaltig beschädigen.

Aus Marketingsicht besteht daher kein Grund, Influencer-Kommunikation nicht klar zu kennzeichnen.

11.3.9   Influencer Relations

Je nach Einsatzfeld, aber auch nach Reifegrad im Unternehmen wird Influencer-Kommunikation unterschiedlich gehandhabt. Dabei mag es Konstellationen geben, in denen Influencer Marketing auch in Form von einmaligen Kampagnen Berechtigung hat und die Marketingziele erreicht.

In der Regel aber spricht vieles dafür, Influencer-Kommunikation langfristig zu betreiben und dies als Influencer Relations fest im Unternehmen zu verankern.

Nähe zu Content Creators

Ganz zu Beginn der Überlegungen sollte die Frage stehen, ob das Unternehmen den Kontakt zu Influencern aus der Hand geben will. Wenn Unternehmen sich dafür entscheiden, hat dies im Wesentlichen organisatorische, nicht aber inhaltliche Gründe; denn die Nähe zu den Influencern oder Creators hat viele Vorteile. Influencer sind anders als Medien »kreative Produzenten«. Da sie im Umfeld der Marke agieren, können Marken weit über die Reichweite hinaus von dem kreativen Input profitieren. Bei L'Oréal Paris etwa wurde ein Editorial-Team mit Influencern aufgebaut; Influencer steuern also zu Teilen die Influencer-Kommunikation. Durch ihre Nähe zu Markt wie Konsumenten haben Influencer einen anderen Blick als die Unternehmen selbst. Diese Nähe sollten Unternehmen nutzen, um selbst die Bedürfnisse der Kunden besser zu verstehen, Bedürfnisse in Bezug auf die Produkte, aber auch in Bezug auf die Kommunikation. Gerade bei den Kanälen wie Instagram, YouTube oder Snapchat haben Influencer einen tiefen Einblick in Funktionsweisen und Anforderungen an die Content-Produktion.

Nachhaltigkeit

Da die Wirkungskraft über die Reichweite hinausgeht, ist die ganze Wirkungskraft oft auch nicht durch einmalige Aktionen zu entfesseln. Gerade im Branding kann erst der wiederholte Kontakt zur Community die gewünschten Ergebnisse herbeiführen.

Und die Nachhaltigkeit zahlt auch auf die Qualität und Glaubwürdigkeit von Influencer-Kommunikation ein; Influencer, die heute für Uhrenmarke A und morgen für B werben, sind in ihrer eigenen Community weniger glaubwürdig. Marken sollten unbedingt eine langfristige Wirkung anstreben, um über wiederholte Kontakte eine möglichst hohe Wirkung zu erzeugen.

Content-Planung

Influencer sollten auch in die Content-Produktion einbezogen werden; bei der Planung von Content-Produktion auf Jahres- oder Monatsebene können Influencer fest in die Produktionsplanung eingebunden werden. Vor allem sollten alle über das Jahr hinaus relevanten Marketingereignisse (Produkt-Launches, Messen, Events, Kampagnen etc.) auch langfristig mit den geplanten Influencer-Aktionen abgestimmt werden.

Für das Unternehmen lassen sich so in Ergänzung zu den gängigen Content-Formaten weitere Inhalte erstellen, die nicht nur für die Social-Media-Kanäle genutzt werden können. Einige Unternehmen lassen die Grenzen verschwimmen und setzen Influencer auf Events ein oder überlassen in einem Take-over auch mal den eigenen Kanal für längere Zeit einem Influencer.

Wirtschaftlichkeit

Je mehr Dienstleister zwischen Marke und Influencer stehen, desto teurer wird es. Oft wird der Influencer durch eine Künstleragentur vertreten, und die Marke hat eine Influencer-Marketingagentur eingeschaltet. Beide Dienstleister steigern die Kosten.

Unternehmen sollten daher eine Organisation anstreben, in der Influencer Relations im Unternehmen angesiedelt werden. Das ist oft nicht einfach, da Influencer

Relations im Unternehmen keine Anlaufstelle finden; das Marketing ist auf schnelle und messbare Erfolge fokussiert, die PR-Abteilung auf den Kontakt zu Journalisten. Blogger und Influencer Relations passen da nicht rein. Manchmal sind es daher die Social-Media-Stellen, die sich des Themas annehmen.

Influencer-Strategie

Schließlich vermag es eine eigene Unit auch am ehesten, auf Basis einer Influencer-Strategie zu agieren und diese nachhaltig zu verfolgen.

Auch wenn Influencer-Kommunikation in vielen Unternehmen immer noch im Versuchsstadium steckt: Es sollte von Beginn an strategisch vorgegangen werden. Anderenfalls lässt sich weder das Potenzial von Influencer-Kommunikation in der Tiefe nutzen, noch wird Influencer-Kommunikation auch wirtschaftlich. Denn eines muss klar sein: Reichweite allein kann durch Performance Marketing preiswerter erzeugt werden. Die Entwicklung der Influencer-Strategie umfasst mindestens folgende Komponenten:

- ▶ Definition der Ziele und Zielgruppen
- ▶ Erarbeitung von geeigneten Themenfeldern für die Influencer-Kommunikation
- ▶ Entwicklung eines Kanalbildes für Influencer-Kommunikation
- ▶ Schaffung einer zumindest temporären Organisationsform (intern/extern)
- ▶ Aufbau von Score Cards für die Bewertung von Influencern
- ▶ Recherche und Ansprache relevanter Influencer
- ▶ Aufbau eines eigenen KPI-Systems in Abgleich mit anderen Marketing-KPIs
- ▶ Bewertung und Optimierung aller Aktionen

11.3.10   Fazit – von Influencer Marketing zu einer Professionalisierung von Influencer Relations

Die Zusammenarbeit mit Influencern bietet Unternehmen und Marken vielfältige Möglichkeiten. Sie bedarf aber auch eines strategischen Ansatzes, der oft über eine reine Abwicklung von Kampagnen hinausgeht. Influencer Relations sind das Ziel sämtlicher Influencer-Marketingaktivitäten, egal, ob Unternehmen mit etablierten Social-Media-Stars oder Micro-Influencern zusammenarbeiten. Es geht um persönliche Beziehungen, um eine Identifikation der richtigen Influencer und um eine zielgerichtete Vorgehensweise.

Influencer Relations rücken dabei aus den oben genannten Gründen immer stärker in den Vordergrund. Gleiches gilt für eine erfolgsorientierte Messung der Ergebnisse. Beim Influencer Marketing geht es nicht um Reichweiten und Likes. Es geht um die Erfüllung von Marketingzielen und einen differenzierten Kommunikationsansatz. Nur wenn die Influencer-Kommunikation Marketingziele positiv beeinflusst, verfolgen Unternehmen den richtigen Ansatz und die richtige Strategie.

Aus Sicht der Influencer wird ebenfalls eine Professionalisierung stattfinden. Wichtig ist dabei aber, dass Influencer nicht den Spaß verlieren und sich darauf besinnen, warum sie mit ihren Inhalten so erfolgreich sind. Der Wettbewerb wird sich weiter intensivieren. Instagram lässt Follower- und Like-Bots abschalten, führt ein Branded-Content-Tool ein, und erste Bußgelder müssen für eine fehlende Kennzeichnung gezahlt werden. Darum liegt auch so viel Potenzial in Influencer Relations. Enge und langfristige Kooperationen bieten keinen Platz für solche Aktionen und führen zu besseren Ergebnissen auf beiden Seiten.

11.4   Krisenkommunikation im Social Web

Social Media sind nicht direkt ein Anwendungsszenario im eigentlichen Sinne, dennoch sind sie ein wichtiges Instrument in der Krisenkommunikation geworden. Deutlich wird das auch an der inflationären Verwendung des Begriffs *Shitstorm*, der sofort benutzt wird, sobald auf einer Facebook-Seite vermehrt negative Kommentare auftreten.

Was ist ein Shitstorm?

Der Begriff Shitstorm leitet sich von dem Sprichwort »When the shit hits the fan« ab. Das bedeutet: »Wenn die Scheiße den Ventilator trifft«, und Sie können sich vielleicht vorstellen, was dann passiert. Der Duden definiert Shitstorm als »Sturm der Entrüstung in einem Kommunikationsmedium des Internets, der zum Teil mit beleidigenden Äußerungen einhergeht«.

Damit wird eine Situation beschrieben, die durch eine breite öffentliche Entrüstung gekennzeichnet ist, die teilweise in beleidigende, angreifende und bedrohende Kommentare ausartet, die vom eigentlichen Thema abweichen. Einen sehr schönen Vortrag über das Thema »How to Survive a Shitstorm« hat Sascha Lobo auf der re:publica V gehalten, der die Grundlagen und Prinzipien der Thematik unterhaltsam erklärt, zu sehen unter *http://bit.ly/17PnCbv*.

Mittlerweile lehnen zumindest viele deutschsprachige Social-Media-Experten den Begriff ab, weil er die negativen Kommentare, die durchaus ihre Berechtigung haben können, diskreditiert. Man sollte besser von einer Empörungswelle, Beschwerdewelle oder einem Wut- bzw. Proteststurm sprechen.

Um es einmal ganz deutlich zu sagen, nicht jede Empörungswelle ist gleich eine Unternehmenskrise, hat aber durchaus das Potenzial, zu einer zu werden, wenn Sie falsch reagieren. In der Kommunikation mit Ihrer Community gelten hier die gleichen Spielregeln wie in der Krisenkommunikation, die um die Anforderungen von Social Media angepasst wurden.

11.4.1   Was ist eigentlich Krisenkommunikation?

Bevor ich mich den Auswirkungen von Social Media auf die Krisenkommunikation widme, werde ich Ihnen einige Grundlagen der klassischen Krisenkommunikationen nahebringen. Krisen sind schon immer ein Risikofaktor der unternehmerischen Tätigkeit gewesen und mussten kommunikativ bewältigt werden. Die Aufgaben und Methoden der Public Relations unterscheiden sich dabei nicht großartig von denen des Social Media Managements. Im Gegenteil, es gibt zahlreiche Überschneidungen und dringend notwendige Schnittstellen. Eine enge Zusammenarbeit mit der Kommunikationsabteilung ist entsprechend unerlässlich. Nutzen Sie die Erkenntnisse, die hier in vielen Jahren der Erfahrung gewonnen wurden.

Was ist überhaupt eine Krise?

Unternehmenskrisen sind ungeplante, intern oder extern ausgelöste Prozesse, die in der Lage sind, einem Unternehmen nachhaltig zu schaden, und einen ambivalenten Ausgang haben. Mit ambivalent meine ich, dass in einer Krise auch immer die Chance liegt, dass sie zu einer positiven Wende und nicht zwingend zum Untergang des Unternehmens führt. Krisen treten in drei unterschiedlichen Erscheinungsformen auf (siehe Abbildung 11.15), dabei ist unerheblich, wie existenziell und heftig sich die Krise auf das Unternehmen auswirkt:

▶ **Die überraschende Krise**: Eine derartige Krise tritt überraschend und ohne Vorwarnung auf. Auslöser sind hier beispielsweise Skandale, Unfälle, Katastrophen und andere Umstände, die ein Unternehmen »kalt« erwischen.

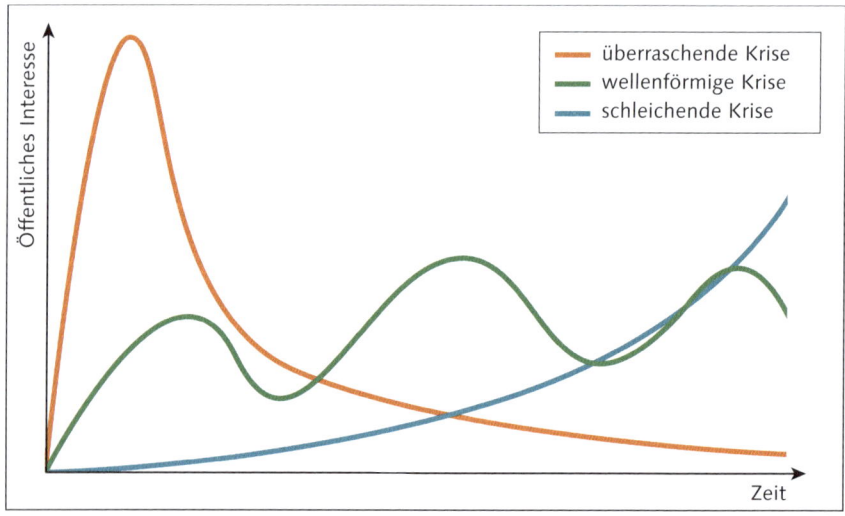

Abbildung 11.15 Erscheinungsformen von Krisen

▶ **Die wellenförmige Krise**: Eine wellenförmige Krise geht auf ein Thema zurück, bei dem das Medieninteresse schwankt und entsprechend mal mehr und mal weniger zu einem Krisenzustand führt. In diese Kategorie fallen beispielsweise Saisonthemen, wie etwa Probleme im Winter bei allem, was mit Transport zu tun hat, oder gesellschaftliche Themen wie Lohn- und Arbeitsbedingungen.

► **Die schleichende Krise**: Die dritte Form der Krise ist schleichend, sie baut sich langsam, aber sicher auf. Hintergrund ist meistens das Verschieben von Konflikten, die sich so immer mehr aufbauschen und dann letztendlich eskalieren. Das Thema ist im Unternehmen entsprechend gut bekannt, der Zeitpunkt der Eskalation kommt dagegen überraschend.

Unabhängig von der Erscheinungsform läuft eine typische Krise in vier Phasen ab (siehe Abbildung 11.16):

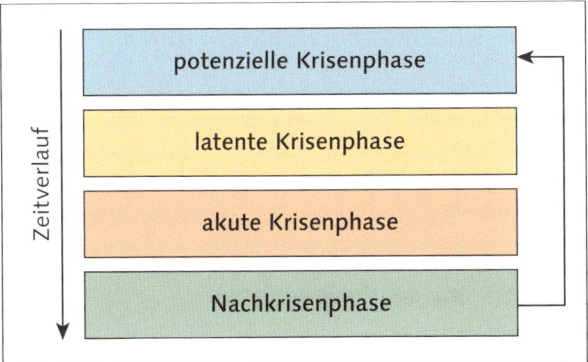

Abbildung 11.16 Phasen einer Krise

► **Potenzielle Krisenphase**: Die potenzielle Krisenphase, auch Nichtkrisenphase genannt, ist die Zeit, in der »alles ruhig« ist.

► **Latente Krisenphase**: Die latente Krisenphase ist der Moment, kurz bevor eine Krise wahrscheinlich ausbricht. Mit den geeigneten Systemen zur Früherkennung können Sie an dieser Stelle noch Maßnahmen einleiten, um eine Krise zu verhindern oder zumindest abzuschwächen. Bei einer überraschenden Krise entfällt diese Phase.

► **Akute Krisenphase**: Die akute Krisenphase steht für den eigentlichen Ausbruch der Krise und erfordert von Ihnen und Ihrem Unternehmen den höchsten Einsatz. Unter Zeit- und Handlungsdruck müssen jetzt schnellstmöglich Lösungen gefunden und kommuniziert werden. Der Verlauf der akuten Krisenphase hat zwei Szenarien, die beherrschbare und die unbeherrschbare Krise. Die beherrschbare Krise kennzeichnet sich dadurch, dass trotz Krisenszenario absehbar ist, dass die Krise zu bewältigen ist. Im Falle einer nicht beherrschbaren Krise gerät die Situation völlig außer Kontrolle, und das Unternehmen wird zunehmend handlungsunfähig, während die schädigende Wirkung der Krise stetig zunimmt.

▶ **Nachkrisenphase**: Nach der Krise ist vor der Krise. Aus diesem Grund ist es wichtig, die vorhergehende Krise genau zu analysieren und daraus zu lernen. Darüber hinaus gilt es jetzt umzusetzen, was im Rahmen der Krisenbewältigung vereinbart wurde, und das kommunikativ zu dokumentieren.

Das Krisenmanagement berücksichtigt genau diesen typischen Verlauf einer Krise und umfasst alle Maßnahmen zur Prävention, Früherkennung und Vorbereitung von Krisen, deren akute kommunikative Bewältigung sowie die Nachbereitung und Auswertung der Krisen. Die Krisenkommunikation bezeichnet an dieser Stelle die Öffentlichkeitsarbeit von Unternehmen, Behörden und Organisationen im Kontext dieser Krisensituationen.

11.4.2 Anforderungen an die Krisenkommunikation durch Social Media

Wie gesagt, Krisen gab es schon immer, und auch die »alten Medien« haben einen guten Beitrag dazu geleistet, diese für Unternehmen möglichst unangenehm zu machen. Social Media bringen an dieser Stelle lediglich neue Anforderungen mit sich.

Wegfall der Gatekeeper und Vernetzung der Community

Der große Unterschied ist, dass früher Journalisten als Gatekeeper darüber entschieden, ob es sich lohnt, über ein Thema zu berichten. Heute kann jeder einen Umstand veröffentlichen, und die Community entscheidet dann, ob dies zu einer Empörungswelle wird oder nicht. Dabei spielen sowohl die Vernetzung des jeweiligen Beschwerdeführers als auch die Reaktion des Beklagten eine große Rolle. Je stärker das Netzwerk einer Person ist, desto größer ist die Wahrscheinlichkeit, dass ein Thema über die sozialen Medien hinaus Beachtung findet. Darüber hinaus lässt eine (vermeidlich) falsche Reaktion der Gegenseite die Situation schnell eskalieren.

Solidarität mit dem »Schwächeren«, Empörung und der Streisand-Effekt

Als falsche Reaktion ist in diesem Zusammenhang jegliche Handlung gemeint, die ausdrückt, dass eine Kritik nicht wirklich ernst genommen wird oder mit unverhältnismäßigen Mitteln geschieht. Das unkommentierte Löschen oder Löschenlassen einer gerechtfertigten Kritik führt oft zu dem Effekt, dass sich noch mehr Personen mit dem Beschwerdeführer solidarisieren und sich über das Verhalten empören nach dem Motto »Jetzt erst recht«. Eines der prominentesten Beispiele ist hier die Erfahrung von Nestlé, als diese das Greenpeace-Video »Give the rainforst a break« (siehe Abbildung 11.17) wegen Urheberrechtsverletzungen offline nehmen ließ. Das Video[6], das als Kritik an der Zerstörung von Regenwaldflächen für die Zutat

---

6 Zu sehen unter: *www.youtube.com/watch?v=IzF3UGOlVDc*

Palmöl in Nestlé-Produkten gedacht war, wurde prompt von mehreren Nutzern an den verschiedensten Stellen verbreitet und der Konzern mit negativen Kommentaren überhäuft. Verstärkend wirkte an dieser Stelle, dass der Community Manager der Facebook-Seite wenig empathisch kommunizierte. Eine ausführliche Analyse des Nestlé-Shitstorms, der wohl zu den bekanntesten Beispielen gehört, finden Sie bei Till Achinger unter *http://achinger.com/nestles-facebook-fanpage-entwicklung-einer-krise/*.

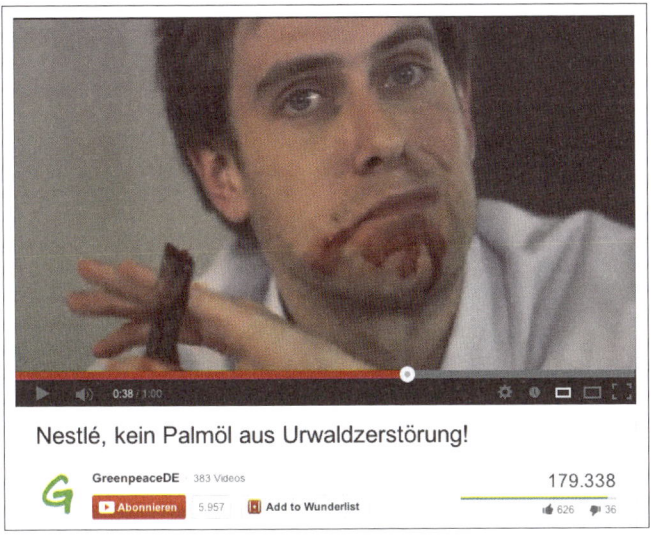

Abbildung 11.17 Das Schockvideo im Greenpeace-YouTube-Kanal

Dieses Phänomen, bei dem ein Unternehmen versucht, durch Löschung die Verbreitung eines Themas zu unterdrücken, und dadurch noch mehr Interesse auf das Thema lenkt, hat einen Namen: *Streisand-Effekt*. Ein weiteres Phänomen ist hier der *David-und-Goliath-Effekt*, bei dem sich die Masse mit dem vermeintlich Schwächeren solidarisiert. In der Regel wird der Beschwerdeführer als »schwächer« wahrgenommen und das Unternehmen oder die Organisation als Feind, der bekämpft werden muss. Im Social Web erreichen beide Phänomene mitunter unglaubliche Reichweiten.

Echtzeit

Eine weitere große Herausforderung, die Social Media an die Krisenkommunikation stellen, ist Echtzeit. Dadurch, dass die Menschen heutzutage stets mit ihren Smartphones unterwegs sind, sind Fotos und Videos von kritischen Themen bereits auf Twitter oder Facebook, bevor das Unternehmen selbst überhaupt etwas davon mitbekommen hat. An dieser Stelle spielt das Social Media Monitoring eine große Rolle, ohne ein Monitoring werden Unternehmen meist erst dann auf ein Krisenthema aufmerksam, wenn dieses bereits eine gewisse Reichweite hat. Zu diesem Zeitpunkt ist die Chance, die Krise noch abzuwenden, in den meisten Fällen bereits vertan. Darüber hinaus macht das Internet keinen »Feierabend«; in Krisenzeiten müssen alle Beteiligten deswegen so lange dranbleiben, bis eine erste Lösung und eine merkliche Beruhigung eintreten. Das heißt mitunter auch, Nachtschichten einzulegen.

Multimediale Waffen

Social Media ermöglichen einen plattformübergreifenden Kampf mit multimedialen Waffen. Im Beispiel von Nestlé war ein Video das Stilmittel, im Fall von Wiesenhof ein offener Brief auf einem bekannten und gut vernetzten Blog, und immer häufiger wird Ihnen das passende Tumblr-Blog mit satirischen Motiven begegnen.

Wie Sie sehen, stellen Social Media eine Reihe von Anforderungen an die Krisenkommunikation. Die Regeln und Prinzipien werden aber nicht grundlegend verändert, im Gegenteil, Social Media machen es noch wichtiger, sich auf altbewährte Methoden zurückzubesinnen, denn diese geben Stabilität.

11.4.3   Aufgabenbereiche der Krisenkommunikation

Die Krisenkommunikation hat keineswegs nur dann etwas zu tun, wenn eine Krise akut ausbricht. Jede der in Abschnitt 11.4.1, »Was ist eigentlich Krisenkommunikation?«, vorgestellten Krisenphasen bietet Ansätze für ein umfassendes Krisenmanagement. In Abbildung 11.18 sehen Sie die vier typischen Aufgabenbereiche, die ich Ihnen vorstellen werde. Dabei werde ich auch immer auf den Beitrag eingehen, den das Social-Media-Team leisten kann.

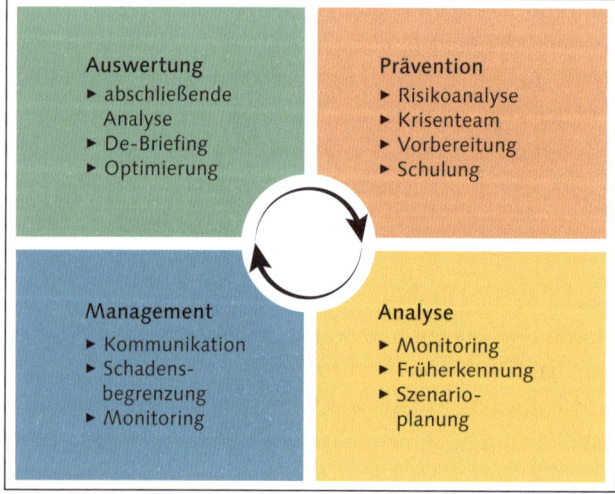

Abbildung 11.18 Aufgabenbereiche der Krisenkommunikation

Prävention

Je besser Sie und Ihr Unternehmen auf eine Krisensituation vorbereitet sind, desto besser kommen Sie wieder heraus oder im Idealfall gar nicht erst so tief hinein. Präventive Maßnahmen, die idealerweise in der potenziellen Krisenphase geschehen, zahlen genau auf diesen Faktor ein. Zunächst wäre hier die ausführliche Risikoanalyse, die potenzielle Krisenthemen aufdeckt und benennt. Das Social Media Management kann diesen Prozess mit Social Media Monitoring (siehe Kapitel 9, »Social Media Monitoring und Measurement«) unterstützen, indem es kritische Themen identifiziert.

Eine weitere wichtige Maßnahme ist die Einrichtung eines interdisziplinären Krisenteams, das im Notfall auch zu Unzeiten abrufbereit sein muss. Die Besetzung des Teams hängt dabei auch immer von der Unternehmensstruktur ab, beinhaltet aber mindestens ein Mitglied aus der Unternehmensleitung, der Unternehmenskommunikation, aus den Abteilungen, die laut Risikoanalyse »gefährdet« sind, eventuell einen externen Krisenberater sowie Vertreter aus Community und Social Media Management.

Gemeinsam mit den Mitgliedern des Krisenteams werden dann die potenziellen Krisenszenarien durchgesprochen und Kommunikationsleitfäden sowie Workflows und Reaktionsschemata entwickelt. Diese Vorbereitung wird verschriftlicht und in Form eines Krisenhandbuches aufbereitet. Auf Basis des Handbuches werden Schulungen und Trainings im Unternehmen durchgeführt und Krisenszenarien durchgespielt.

Eine weitere wichtige Aufgabe in diesem Kontext, die nicht direkt in die Krisenkommunikation gehört, ist der Aufbau von Glaubwürdigkeit und Vertrauen in der Öffentlichkeit. Je mehr Fürsprecher Ihr Unternehmen hat, desto besser lässt sich während einer Krise navigieren und umso größer ist die Wahrscheinlichkeit, dass eine Krise nicht völlig außer Kontrolle gerät. Vorausgesetzt natürlich, die Ursache liegt nicht in Dimensionen, die gesellschaftlich völlig inakzeptabel sind. Auch an dieser Stelle kann das Social-Media-Team einen großen Beitrag leisten, schließlich sind Dialog, Authentizität und Menschlichkeit wichtige Faktoren für die Vertrauensbildung.

Analyse

Die Analyse spielt eine wichtige Rolle im Übergang zwischen der potenziellen und der latenten Krisenphase. Zu den Hauptaufgaben gehört hier eine stetige Überwachung sämtlicher interner wie externer Faktoren, die eine Krise auslösen könnten. Auch hier leistet das Social Media Monitoring einen wertvollen Beitrag zur Früherkennung. Werden kritische Vorgänge bemerkt, werden diese genau analysiert und gegebenenfalls Vorbereitungen für eine Krisensituation eingeleitet.

Management

In der akuten Krisenphase liegen sämtliche Maßnahmen, um eine Krise zu bewältigen, beim Management. An dieser Stelle findet sich das Krisenteam zusammen, und im Falle eines Krisenszenarios, das vorbereitet wurde, liegen hier auch die zugehörigen Kommunikationsrichtlinien und -maßnahmen aus dem Krisenhandbuch vor. Handelt es sich um einen Sonderfall, müssen durch die Unternehmenskommunikation schnellstmöglich Richtlinien nachgeliefert werden, darüber hinaus ein erstes Statement, das in den sozialen Medien veröffentlicht werden kann.

Hier ist eine extrem enge Zusammenarbeit zwischen der Unternehmenskommunikation sowie Social Media und Community Management zwingend notwendig. In diesem Zusammenhang hat sich ein sogenannter »War-Room« bewährt, also ein Raum, in dem sämtliche Mitglieder des Krisenteams zusammensitzen. Dieser sorgt für kurze Kommunikations- und Abstimmungswege und damit für einen einheitlichen Auftritt nach außen. Ist eine solche räumliche Nähe nicht möglich, muss gewährleistet werden, dass alle Parteien auf dem gleichen Stand sind, beispielsweise durch Telefon- oder Videokonferenzen.

An dieser Stelle spielen Social Media und Community Management eine Schlüsselrolle in der Kommunikation. Die Teams sind für die Echtzeitkommunikation auf Basis des Kommunikationsleitfadens zuständig und weisen die Community gegebenenfalls auf eine zentrale Seite mit weiterführenden Informationen hin. Darüber hinaus kann der Versuch unternommen werden, die Diskussion zu kanalisieren, um möglichst eine zentrale Anlaufstelle für die Diskutanten zu haben. Konzentrieren Sie sich in solchen Momenten auf Ihre Social-Media-Präsenzen, und greifen Sie auf anderen Schauplätzen nur dann ein, wenn es unbedingt sein muss.

In der Managementphase spielt das Social Media Monitoring ebenfalls eine wichtige Rolle, da die Entwicklung der Stimmen und Meinungen im Netz sowie in der Regel auch die Berichterstattung in Blogs und klassischen (Online-)Medien in Echtzeit mitverfolgt werden können.

Auswertung

Ist die Krise vorbei, geht die Arbeit noch weiter. Sämtliche beteiligte Abteilungen müssen jetzt auswerten, was passiert ist, wie die Reaktion war und wie die jeweiligen Maßnahmen zu bewerten sind. Mithilfe einer Auswertung des Social Media Monitorings können Sie an dieser Stelle den Verlauf der Stimmungen und Meinungen visualisieren.

Besondere Ausschläge und Wendepunkte im Sentiment lassen sich dabei den jeweiligen kommunikativen Maßnahmen und Berichten in den unterschiedlichen Medien zuordnen.

11.4.4 Faktoren einer guten Krisenkommunikation

Aus den eben genannten Aufgaben der Krisenkommunikation lassen sich insbesondere für die akute Phase der Krise die folgenden Erfolgsfaktoren ableiten:

▶ **Schnelligkeit**: Je schneller Sie einen kritischen Beitrag oder gar einen Krisenherd entdecken und je schneller Sie adäquat reagieren, desto größer ist die Wahrscheinlichkeit, dass Sie die Wucht einer Krise noch mildern oder im Idealfall ganz stoppen können.

▶ **Empathie**: Nehmen Sie Ihr Gegenüber und die Betroffenen einer Krise ernst, und versetzen Sie sich in deren Lage. Sie müssen diese direkt ansprechen und ihnen verständliche Lösungswege aufzeigen. Wer an dieser Stelle gereizt reagiert oder versucht, Dinge herunterzuspielen, hat schon verloren. Egal, was der Beschwerdeführer sagt, nehmen Sie ihn ernst. Zeigen Sie Mitgefühl, und entschuldigen Sie sich im Namen des Unternehmens, wo es notwendig ist.

▶ **Transparenz**: Ein Statement abzugeben und zu hoffen, dass es reicht, funktioniert nicht. Eine offene Kommunikation darüber, was Sie gerade tun, um den beklagten Umstand zu verbessern, ist Pflicht. Kommunizieren Sie dort, wo Ihre Community ist, nutzen Sie die unterschiedlichen Plattformen, um Ihre Message möglichst weit zu streuen.

▶ **Vorbereitung**: Ich kann es gar nicht oft genug sagen, bereiten Sie sich vor! Die sozialen Medien sorgen dafür, dass kritische Themen öfter und heftiger an die Oberfläche kommen. Sie müssen Ihre »Leichen im Keller« kennen und wissen, was zu tun ist, wenn jemand diese entdeckt.

▶ **Proaktiv**: In den Bereich Vorbereitung gehören für mich auch Themen, die unweigerlich zu einer Krise führen, proaktiv anzusprechen und zu behandeln. Ein gutes Beispiel, dass so etwas funktioniert, liefert hier McDonald's (siehe Abbildung 11.19), die proaktiv auf ein kritisches Video hinwiesen. Die Reaktionen der Fans waren in 80 % der Fälle positiv.

Abbildung 11.19 Proaktiver Facebook-Post von McDonald's

▶ **Nahtlose Zusammenarbeit**: Eine nahtlose Zusammenarbeit mit allen beteiligten Abteilungen ist essenziell wichtig, insbesondere mit der Unternehmenskommunikation. Erarbeiten Sie gemeinsam die Kommunikationsrichtlinien. Weisen Sie dabei auf die Besonderheiten in der Community hin, und bleiben Sie während der gesamten Krisenphase in enorm engem Kontakt.

▶ **One Voice Policy**: Womit früher gemeint war, dass nur der Unternehmenssprecher spricht, bedeutet heute, dass das Unternehmen auf sämtlichen Kanälen eine Sprache spricht. Widersprüche in der Kommunikation machen alle Beteiligten unglaubwürdig. Umso wichtiger ist, dass sich sowohl die Unternehmenskommunikation als auch das Social-Media-Team fest an die Richtlinien halten und dass neue Informationen an allen Stellen gleichzeitig bekannt sind.

▶ **Fakten, Fakten, Fakten**: Insbesondere bei Krisen, die auf Behauptungen basieren, gilt es, die Fakten klar und deutlich zu nennen und zu belegen. Ein gutes Beispiel in dieser Hinsicht, den WWF, habe ich Ihnen bereits in Abschnitt 1.2.2, »Social Media – alles ist erleuchtet«, vorgestellt.

▶ **Klarheit in der Kommunikation**: Krisenzeiten sind die Zeiten von verständlicher und klarer Sprache. Machen Sie nicht den Fehler, in Fachsprache oder PR-Sprech zu kommunizieren. Seien Sie verständlich, brechen Sie komplexe Sachverhalte so runter, dass auch ein Laie versteht, was gemeint ist.

Und ganz wichtig – keine Panik! Lassen Sie sich nicht aus der Ruhe bringen. Falscher Aktionismus, voreilige Statements oder Widersprüche in der Kommunikation verschlimmern die Situation nur. Weder Beschwerdewelle noch Krise sind Angelegenheiten, die sich vermeiden lassen, aber Sie können sich gut auf potenzielle Krisenthemen vorbereiten und diesen dann entsprechend besser entgegentreten. Außerdem, egal, wie schlimm es ist, es geht irgendwann vorbei.

11.4.5 Ist das jetzt schon ein Shitstorm?

Eine Frage, die mir im Berufsalltag des Öfteren gestellt wurde, war, was denn jetzt klare Anzeichen dafür wären, dass eine Beschwerdewelle herrscht. Sagen wir mal so, wer längere Zeit Community Management gemacht hat, entwickelt ein Gefühl dafür, welche Situation unweigerlich eskaliert und welche nicht. Darüber hinaus wird einem bewusst, wie häufig eigentlich kleinere »Problemfälle« auftreten, die ein Außenstehender vielleicht schon als Shitstorm bezeichnet. Übung macht hier den Meister. Schauen Sie sich an, wenn gerade einmal wieder das Wort »Shitstorm« durch Ihre Timeline geistert, lesen Sie sich Beispiele für Best und Worst Practices durch[7], und sprechen Sie auf Events mit anderen Social Media Managern über das Thema.

---

7 Eine schöne Liste mit Beispielen finden Sie unter: *http://de.wikipedia.org/wiki/Shitstorm*

Eine sehr gute Übersicht über die Stärke einer Beschwerdewelle und die jeweiligen Anzeichen, dass Sie sich gerade in diesem Stadium befinden, haben die Experten Barbara Schwede und Daniel Graf von *www.Feinheit.ch* in der in Abbildung 11.20 sichtbaren »Shitstorm-Skala« zusammengefasst. Unter *https://feinheit.ch/blog/shit-storm-skala/* finden Sie das Original.

Shitstorm Skala	Windstärke	Wellengang	Social Media	Medien-Echo
0	Windstille	völlig ruhige, glatte See	keine kritischen Rückmeldungen	keine Medienberichte
1	leiser Zug	ruhige, gekräuselte See	vereinzelt Kritik von Einzelpersonen ohne Resonanz	keine Medienberichte
2	schwache Brise	schwach bewegte See	wiederholte Kritik von Einzelpersonen, schwache Reaktionen der Community auf dem gleichen Kanal	keine Medienberichte
3	frische Brise	mässig bewegte See	Andauernde Kritik von Einzelpersonen, zunehmenden Reaktionen der Community, Verbreitung auf weiteren Kanälen	Interesse von Medienschaffenden geweckt, erste Artikel in Blogs und Online-Medien
4	starker Wind	grobe See	Herausbildung einer vernetzten Protest-gruppe, wachsendes, aktives Follower-Publikum auf allen Kanälen	zahlreiche Blogs und Berichte in Online-Medien, erste Artikel in Print-Medien
5	Sturm	hohe See	Protest entwickelt sich zur Kampagne. Großer Teil des wachsenden Publikums entscheidet sich fürs Mitmachen. Pauschale, stark emotionale Anschuldigungen, kanalübergreifende Kettenreaktion	ausführliche Blog-Einträge, Follow-Up-Artikel in Online-Medien, wachsende Zahl Artikel in klassischen Medien (Print, Radio, TV)
6	Orkan	schwere See	ungebremster Schneeball-Effekt mit aufge-peitschtem Publikum, Tonfall mehrheitlich aggressiv, beleidigend, bedrohend	Top-Thema in Online-Medien, intensive Berichterstattung in allen Medien

Shitstorm-Skala: Wetterbericht für Social Media von Daniel Graf und Barbara Schwede steht unter einer Creative Commons Namensnennung-Nicht-kommerziell-Weitergabe unter gleichen Bedingungen 3.0 Unported Lizenz. Über diese Lizenz hinausgehende Erlaubnisse können Sie unter www.feinheit.ch erhalten.

Abbildung 11.20 Die Shitstorm-Skala von Barbara Schwede und Daniel Graf

11.5   Social Media Marketing

Social Media verändern die Spielregeln des klassischen Marketings. Die Auswirkungen auf das Marketing und insbesondere die Werbung fasste Egbert Wege, Koautor der Publikation von Roland Berger, »Changing the Game«[8], wunderbar in diesem Zitat zusammen:

> »Bislang war Werbung vergleichbar mit einem Bowling-Spiel: Die Kugel rollt und auf der anderen Seite fallen die Pins. Das heißt: Das Marketing hat Kunden angesprochen und sie von einem Produkt überzeugt. Heute gleicht Marketing eher einem Pinnball-Spiel: Die Kugel wird angestoßen, springt in alle Richtungen und löst verschiedene Interaktionen aus.«

---

8   Die Studie ist erhältlich unter: *http://bit.ly/dsomemaberger*

11.5.1 Wie Social Media das Marketing verändern

Im Endeffekt habe ich Ihnen diese Frage bereits in Kapitel 1, »Social Media – Chancen und Herausforderungen für Unternehmen«, beantwortet, denn Social Media Marketing ist das große Ganze.

Social Media haben einen großen Einfluss auf die Art, wie Menschen heutzutage Kaufentscheidungen treffen. Um genau zu sein, mittlerweile mehr als TV-Werbung, zu diesem Schluss kommt die »German Social Media Consumer Report«-Studie der Universität Münster.[9] Demnach liegen Social Media mit 6,2 % vor TV mit 5,0 % und Radio mit 3,2 %. Doch nicht nur der Einfluss der TV-Werbung auf die Kaufentscheidung sinkt, sondern auch deren Glaubwürdigkeit. Lediglich 14 % der Konsumenten halten Werbung im Fernsehen heutzutage noch für glaubwürdig, dagegen vertrauen 90 % auf Empfehlungen aus ihrer Peergroup.[10]

Empfehlungen und Bewertungen übernehmen den Einfluss der Massenmedien

Den Einfluss, den Unternehmen früher über die Massenmedien auf Meinungsbildung und Kaufentscheidung der Konsumenten hatten, wird von Dialogen und Empfehlungen in den sozialen Medien abgelöst. Dort, wo der Mensch früher vielleicht noch in seinem Freundeskreis herumfragen konnte, sind Empfehlungen, Erfahrungs- und Testberichte sowie Meinungen zu Produkt und Dienstleistungen heute nur einen Klick weit entfernt. Dort ist zwar auch Ihre Unternehmens-Website, die schauen sich aber nur 51 % der Nutzer an, während sich 73 % Bewertungen durchlesen.[11] Es ist also nicht mehr nur das Unternehmen, das mit seinen Marketingmaßnahmen über Erfolg oder Misserfolg eines Produkts oder einer Marke entscheidet, sondern es sind eben diese Gespräche der Konsumenten untereinander.

Werbung in Social Media funktioniert nicht

Darüber hinaus reicht es heute nicht mehr, irgendwo ein Werbebanner anzeigen zu lassen. Tagtäglich begegnen den Konsumenten beim Surfen unzählige Banner und Werbeanzeigen, doch geklickt wird hier höchst wenig. Auf Facebook beispielsweise liegen die durchschnittlichen Klickraten bei 0,029 %[12], das bedeutet, dass gerade einmal Personen klicken, wenn die Anzeige 1.000 Mal angezeigt wird. Darüber hinaus haben in Deutschland fast 30 % der Internetnutzer Werbeblocker installiert.[13]

---

9   Die Studie ist erhältlich unter: *http://bit.ly/dsomemastudieUM*
10 *http://bit.ly/16tAKoM*
11 *http://goo.gl/btkTDW*
12 *http://goo.gl/KuuQl5*
13 *https://goo.gl/EsbHxP*

Weniger Push, mehr Pull

Wie gesagt, den Konsumenten einfach Werbung aufs Auge zu drücken, das funktioniert in Social Media nicht. Diese möchten unterhalten werden und sich untereinander und mit Ihnen austauschen. Dafür brauchen Sie interessante Inhalte und Geschichten, die Sie über Ihre Produkte und Ihr Unternehmen erzählen können. Interessant ist dabei immer genau das, was Ihre Kunden möchten. Stellen Sie entsprechend die Bedürfnisse und Wünsche Ihrer Zielgruppe in den Mittelpunkt, und stimmen Sie sämtliche Maßnahmen darauf ab.

Der Mensch im Vordergrund

In Social Media dreht sich alles um den Menschen und die Dialoge untereinander. Unternehmen, die in diese Gespräche einsteigen möchten, müssen ebenso ihre menschliche Seite zeigen. Authentizität, Transparenz und Ehrlichkeit sind die Schlüsselfaktoren zu einem Erfolg in Social Media. Dafür gilt es, Einblicke in das Unternehmen hinter den Produkten und Dienstleistungen zu zeigen – die Menschen, die tagtäglich für den Erfolg einer Marke arbeiten und sich damit identifizieren.

Informationen über die Zielgruppe helfen im Marketingmix

Social Media geben Unternehmen eine enorme Chance, die Bedürfnisse und Wünsche der eigenen Zielgruppen zu verstehen und sämtliche Kommunikationsmaßnahmen darauf auszurichten. Das gilt für jeden Schritt im Marketingmix.

Ob eine Konzentration auf gute Inhalte (Kapitel 7, »Corporate Content – die richtigen Inhalte«), die genaue Analyse der Zielgruppe (Kapitel 9, »Social Media Monitoring und Measurement«), der direkte Dialog mit den Kunden (Kapitel 8, »Community Management – der direkte Dialog«), guter Kundenservice im Web (Abschnitt 11.6, »Kundenservice 2.0«), Social PR (Abschnitt 11.2, »Social Media in der PR«) oder sogar die direkte Zusammenarbeit mit Kunden an Produkten und Dienstleistungen (Abschnitt 11.8, »Forschung und Innovation«) – Social Media beeinflussen sämtliche Bereiche im Kaufprozess und damit das gesamte Unternehmen. Dialog ist das neue Marketing.

11.5.2 Kampagnen mit Social Media unterstützen

Eigentlich ist die Überschrift an dieser Stelle falsch. Der richtige Weg ist, wenn das Thema Social Media bereits von Anfang an fester Bestandteil der Konzeption und der Social Media Manager Teil des Kampagnenteams ist. Leider sieht die Realität meistens anders aus, und das Marketing kommt (mit Glück) wenige Wochen vor Kampagnenstart auf Sie zu und fragt, was Sie denn jetzt noch für Ideen hätten, um die Kampagne zu begleiten. Ihre erste Aufgabe an dieser Stelle ist, entsprechend die Wahrnehmung im Unternehmen dafür zu schaffen, dass man Social Media nicht mal eben so irgendwo »ranflanschen« kann. Dies ist ein Prozess, der gerade in

Unternehmen, die neu in das Thema einsteigen, Zeit braucht. Wie Sie hier für mehr Verständnis sorgen und sich als Experte im Unternehmen positionieren, zeige ich Ihnen in Kapitel 14, »Corporate Social Media«.

Eine weitere Frage, die Ihnen sicher irgendwann begegnen wird, ist diese: »Könnt ihr nicht mal eben einen Link auf unsere neue Kampagne/das neue Werbeprospekt auf Facebook oder Twitter posten?« Die Gegenfrage, die ich an dieser Stelle grundsätzlich stelle, lautet: »Was ist denn deiner Meinung nach der Mehrwert für unsere Fans, wenn ich das jetzt tue?« Wenn ich hier eine überzeugende Antwort mit echtem Mehrwert für die Zielgruppe im Web bekomme, dann lass ich mit mir reden. Die Antwort »Weil der Marketingchef das gesagt hat« zählt hier nicht. Wenn das Marketing lediglich seine Werbung in die sozialen Netzwerke pusht, ist das Spam. Diesen mögen Facebook-Fans und Twitter-Follower genauso wenig wie jeder andere auch. Der Sprout Social Index 2019 ergab hier[14], dass 41 bzw. 35 % der Nutzer Marken aus ihrem Stream schmeißen, weil diese zu viel Werbung oder werbende Inhalte posten.

Erklären Sie dem Marketingteam hier deutlich, dass klassische Werbung in den sozialen Netzwerken nicht funktioniert. Regen Sie diese dazu an, sich Gedanken zu machen, wie sie die klassische Kampagne durch die »Social-Brille« betrachten können, um Themen und Einblicke zu identifizieren, die Sie gemeinsam für die sozialen Medien aufbereiten können. Eine kleine Liste mit Ideen zur Inspiration finden Sie bereits in Kapitel 7, »Corporate Content – die richtigen Inhalte«, im folgenden Abschnitt zeige ich Ihnen noch einige Best-Practice-Ideen, darüber hinaus finden Sie noch jede Menge Anregungen in Kapitel 13, »Strategische Bedeutung und Möglichkeiten der sozialen Netzwerke«.

11.5.3 Best Practice: Social-Media-Marketingkampagnen

Gut gemachte Social-Media-Kampagnen begeistern die Community, ohne dass das Produkt oder die Marke zu sehr in den Vordergrund rücken. Sie setzen direkt an den Wünschen und Bedürfnissen der Zielgruppe an, bieten einen echten Mehrwert und machen einfach Spaß. Ein paar gute Beispiele stelle ich Ihnen hier vor.

Eatkarus – Storytelling bei Edeka

Das erste Beispiel ist die auf Storytelling basierende Kampagne Eatkarus von Edeka. Diese war sehr erfolgreich, aber nicht unumstritten. Der Protagonist Eatkarus, ein Wortspiel aus dem englischen Wort *eat* (= essen) und dem Namen Ikarus, ist ein grotesk kugelrunder Junge, der in einer Stadt voller überzeichnet dicker Menschen lebt. Eatkarus würde gerne so frei fliegen wie der Vogel an seinem Fenster, scheitert aber kläglich, bis er den größten Unterschied zwischen sich und dem Federvieh ent-

---

14 *https://sproutsocial.com/insights/data/index/*

deckt – die Ernährung. Nachdem er diese anpasst, erfüllt sich sein Traum, und er hebt ab. Die Intention von Edeka hinter dem Spot: »Die fiktive Geschichte macht dabei Mut, selbst seine (Ess-)Gewohnheiten zu überdenken – ganz nach dem Motto ›Iss wie der, der du sein willst!‹ – #issso.« Das Video wurde um Beiträge zum Thema »gesunde Ernährung« ergänzt, die auf allen Kanälen gespielt wurden. Außerdem wurden für das Community Management kleine Bilder mit Gesten zu häufigen Reaktionen produziert (siehe Abbildung 11.21).

Abbildung 11.21 Edeka reagiert mit vorproduzierten Bildern auf Facebook.

Das Video brachte 14 Mio. Abrufe auf YouTube und 44 Mio. Abrufe auf Facebook, darüber hinaus generierte der Spot eine Menge Buzz in den sozialen Netzwerken. Der Grund dafür war auch eine Reihe von Diskussionen, denn während ein Teil der Zuschauer das Video und die Botschaft toll fand, verstanden andere den Spot als Diskriminierung Übergewichtiger. Edeka gab sich hier alle Mühe, die Wogen zu glätten, und betonte immer wieder, dass das Ziel des Videos mehr Bewusstsein für gesunde Ernährung sei. Damit zeigt dieses Beispiel auch, wie wichtig es ist, eine Kampagnenidee durch die Augen der unterschiedlichsten Zielgruppen zu sehen. Worüber der eine schmunzeln kann, das empfindet der Nächste als Beleidigung. Hier gilt es, gegebenenfalls abzuwägen und sich im Vorfeld auf die Reaktionen vorzubereiten.

Ritter Sport mit Einhorn – der Hype um #glittersport

Die Hamburger Agentur Elbkind landete gemeinsam mit Ritter Sport einen Hit. Die *#glittersport*-Einhorn-Schokolade wurde als Reaktion auf den mehrfachen Wunsch der Nutzer der SortenKreation (mehr dazu in Abschnitt 11.8.3, »Crowdsourcing«)

produziert und am 01.11., dem Tag des Einhorns, veröffentlicht. Vorab hatte Ritter Sport eine Reihe von Influencern mit glitzernden pinken Boxen beliefert, die sich nur per Zahlencode öffnen ließen (siehe Abbildung 11.22). Das Resultat: Der Webserver des Ritter-Sport-Shops brach zusammen, im Onlineshop war die *#glittersport*-Edition innerhalb von einem Tag und in den Ritter-Sport-Läden innerhalb von drei Tagen vergriffen. Ähnlich erging es der limitierten Nachproduktion. Insgesamt hat Ritter Sport so mehr als 200.000 Tafeln verkauft und mehr als 500 Mio. Kontakte erreicht. Dabei lag die Markenbekanntheit der Einhorn-Schokolade bei 72 % in der jungen Zielgruppe.[15] Auch für die Agentur hat sich diese Kampagne gelohnt, Elbkind wurde für *#glittersport* unter anderem mit dem Deutschen Preis für Onlinekommunikation ausgezeichnet.

Abbildung 11.22 Die Einhorn-Edition basierte auf Kundenwünschen und wurde ein voller Erfolg.

Dieser Case zeigt wunderbar, wie sehr es sich lohnen kann, seinen Kunden in den sozialen Medien gut zuzuhören und aktuelle Trends im Blick zu behalten.

Sky Deutschland – Fußball im Herzen

Sky Deutschland trifft mit der Kampagne rund um besondere Fußballfans die Zielgruppe mitten ins Herz. Leidenschaftliche Bundesliga-Fans lassen sich besonders mit emotionalen Geschichten rund um ihre Vereine begeistern. Schon in der ersten Runde ist Sky mit dem Porträt des ältesten Fußball-Fanclubs des Landes ein Coup gelungen (siehe Abbildung 11.23). Das Kernstück der Kampagne ist ein dreiminütiges Video, in dem die Fans im Alter zwischen 77 und 95 Jahren ihre persönliche Geschichte erzählen. Der Film wurde auf den Social-Media-Plattformen von Sky verteilt und lief in einer gekürzten Version als Werbespot im TV. Darüber hinaus

---

15 *www.elbkind.de/case/ritter-sport-einhorn/*

gab es auf der Microsite zur Kampagne Einblicke in die Dreharbeiten und Hintergrundinformationen. Hier können sich Fußballclubs für die nächste Runde der Kampagne bewerben.

The best thing about the supporters' club is that we stick together.

2:34 / 3:12

Sky "Fußball im Herzen": Schalke und der älteste Fanclub Deutschlands

Sky Sport HD

Subscribe 350,636

890,183

Abbildung 11.23 Der älteste Fußballclub in Deutschland

Die Reaktionen waren über sämtliche Vereine hinweg positiv. Eine absolute Besonderheit, denn sonst lassen sich die Fans von ihrer Leidenschaft für den eigenen Club gerne einmal mitreißen.

Weitere Best Practices finden Sie in Kapitel 13, »Strategische Bedeutung und Möglichkeiten der sozialen Netzwerke«. Lassen Sie sich inspirieren!

11.5.4   Besser gefunden werden mit Social SEO

Social Media haben direkt und indirekt einen Einfluss auf Suchmaschinenergebnisse. Die Disziplin, die sich damit beschäftigt, wie Sie Social Media für die Sichtbarkeit der eigenen Website nutzen können, nennt sich Social SEO.

Marketing-Basic: Was ist SEO?

Das Akronym SEO steht für *Search Engine Optimization* und bezeichnet Maßnahmen, um eine Webseite in den Suchergebnissen der Suchmaschinen möglichst weit nach vorne zu bringen. Google bietet unter *http://bit.ly/16v0wsA* ein umfangreiches PDF zur »Einführung in die Suchmaschinenoptimierung« zum freien Download an.

Für die steigende Beliebtheit von Social SEO ist primär die Korrelation zwischen dynamischen Inhalten und der Positionierung einer Seite verantwortlich. Dazu spielen *Social Signals* indirekt eine Rolle. Als Social Signals (soziale Signale) bezeichnet man das Resultat einer Interaktion eines Nutzers mit sozialen Daten. Zu den Social Signals gehören beispielsweise Likes, Shares, Kommentare, Retweets, Repinns und sämtliche anderen Aktionen, die ein Nutzer mit Inhalten innerhalb eines sozialen Netzwerkes ausführen kann. Generiert ein Inhalt über eine starke Streuung in den sozialen Medien viele Backlinks, suggeriert das den Suchmaschinen, dass ein Inhalt relevant ist. Relevante Inhalte genießen höhere Sichtbarkeit. Guter Content zahlt sich hier also doppelt aus.

Wie Social Ihre SEO-Strategie unterstützt

Neben den Social Signals gibt es noch eine Reihe von weiteren Faktoren, die sich positiv auf die Sichtbarkeit einer Seite auswirken:

▶ Das beginnt schon an der Stelle, wo Sie oder einer Ihrer Kollegen einen guten Artikel für das Web verfassen. Google mag Seiten, die regelmäßig neue Inhalte haben, entsprechend sind Blogs in der Regel gut in Suchmaschinen positioniert. Darüber hinaus liefern Sie mit guten Artikeln und klug ausgewählten Überschriften und Schlagwörtern schlichtweg mehr Ansatzpunkte dafür, gefunden zu werden.

▶ Die Inhalte, die Sie auf Ihrem Blog veröffentlichen, posten Sie natürlich auch auf Ihren Präsenzen in den Social Networks. Dort werden diese mit Interaktion bedacht, und vielleicht schreibt sogar jemand einen Blogeintrag als Antwort auf Ihren Beitrag. Dabei ist jedes »Teilen« Ihrer Beiträge besonders wertvoll, denn es generiert Links auf Ihre Seite. Diese *Backlinks* haben positive Auswirkungen auf das Suchmaschinenranking.

▶ Über interessante Beiträge werden mehr Leser auf Ihr Blog aufmerksam und abonnieren diesen per RSS-Feed oder werden Fan/Follower Ihrer Präsenzen.

▶ Darüber steigt Ihre Reichweite, ein Kreislauf beginnt. Immer mehr Personen sehen Ihre Inhalte, was mehr Interaktion und mehr Abonnenten und damit wiederum noch mehr Reichweite bedeutet. Das funktioniert natürlich nur dann, wenn Sie regelmäßig gute Inhalte liefern.

▶ Mit etwas Glück werden Ihre Inhalte in Onlinemagazinen aufgegriffen, was aus der Sicht von Suchmaschinen bedeutet, dass Ihre Seite relevant für diese Themen ist. Relevante Seiten werden weiter vorne gelistet.

Ihre so erhöhte Sichtbarkeit in den Suchmaschinen führt wiederum dazu, dass mehr Personen über die Suchmaschinenergebnisse auf Ihre Seite kommen.

Erfolgsfaktoren für Social SEO

Social SEO ist keine eigenständige Disziplin, sondern ein Grundsatz, den Sie bereits bei der Erstellung Ihrer Inhalte im Kopf haben müssen. Die Fragen, die Sie sich dabei im Vorfeld stellen müssen, sind:

▶ Welche Themen möchte ich besetzen?

▶ Unter welchen Stichworten sollen Personen unsere Seite finden?

▶ Wie kann ich unseren Kunden und Interessenten dabei helfen, die Informationen zu finden, die sie suchen?

Denken Sie dabei aus der Perspektive Ihrer Zielgruppe, was würde diese in Google & Co. eintippen? Durch die Antworten auf diese Frage erhalten Sie eine Liste von Stichwörtern, die in Ihren Inhalten enthalten sein müssen. Zwei kleine Beispiele:

▶ Ein Kunde hat ein Problem mit einem Ihrer Produkte. Er sucht »Aufbauanleitung Produkt XY«. Ein Video, das dem Kunden zeigt, wie er das Produkt aufbaut, hilft an dieser Stelle nicht nur mehr als ein Text, sondern ist darüber hinaus auch gut in Suchmaschinen positioniert. Gute Stichwörter an dieser Stelle sind zum Beispiel Anleitung, Aufbauanleitung, Hilfe, Produktname, Videoanleitung, Tutorial, How-to, Einleitung.

▶ Ein Journalist hat mitbekommen, dass es gerade kritische Stimmen zu einem Ihrer Produkte gibt, und googelt »Probleme Produkt X«. An dieser Stelle ist ein Blogbeitrag sinnvoll, der Hintergründe über den Sachverhalt anbietet und dazu erläutert, wie das Problem zu lösen ist.

Erfolgreiches Social SEO funktioniert am besten, wenn Sie gute Inhalte mit den richtigen Keywords erstellen und diese Inhalte fleißig in den sozialen Netzwerken geteilt und »gemocht« werden. Eine gute Social-Media- und Content-Strategie ist entsprechend auch hier der Schlüssel zum Erfolg.

11.5.5 Social Commerce

Social Commerce ist eine Variante des elektronischen Handels, bei der die aktive Beteiligung der Kunden sowie die persönliche Beziehung zu diesen im Vordergrund stehen.

Die Beteiligung der Kunden geschieht dabei durch:

▶ ein aktives Mitgestalten am Produktdesign oder dem Produkt selbst

▶ die Zusammenstellung von Einkaufslisten im Sinne einer Empfehlung

▶ die Bewertung von Produkten und Händlern

Über diese aktive Beteiligung der Kunden hinaus wird auch das Einbinden eines Onlineshops in ein Social Network dem Social Commerce zugerechnet. Social Commerce senkt durch ein Empfehlungs- und Bewertungssystem die Kaufbarriere. Da ich diese Prinzipien bereits ausgiebig behandelt habe, werde ich mich hier auf den Teil der Distributionspolitik im Marketingmix konzentrieren, den Vertrieb.

Mass Customization – der Kunde macht das Produkt so, wie er will

Eine Möglichkeit, den Kunden direkt an dem Endprodukt zu beteiligen, ist *Mass Customization*. Dabei kann sich der Kunde aus einem Basisprodukt oder -zutaten sein individuelles Einzelstück kreieren. Die Bandbreite der Personalisierung reicht dabei von einem individuellen Äußeren, wie es zum Beispiel der dm-Drogeriemarkt unter *http://produktdesigner.fotoparadies.de* anbietet (siehe Abbildung 11.24), bis hin zu komplett individualisierbaren Produkten, wie zum Beispiel My Müsli (*http://mymuesli.de*) oder Chocri (*http://chocri.de*).

Abbildung 11.24 Das persönliche Duschgel

Mass Customization ermöglicht so die Erfüllung von individuellen Kundenwünschen, was mit gesteigerter Loyalität und sicher auch mit der einen oder anderen Empfehlung im Social Web belohnt wird. Eine weitere Variante der direkten Kundenbeteiligung ist das *Crowdsourcing*, auf das ich noch in Abschnitt 11.8.3, »Crowdsourcing«, eingehen werde.

Social Media im stationären Handel

Ein weiterer Trend ist der Einzug von Social Media in den stationären Handel. Produkte, die von der Community im Social Web als Favoriten bewertet (siehe Abbildung 11.25) wurden, werden als solche im Geschäft ausgewiesen.

Abbildung 11.25 Der Deichmann-Facebook-Schuh des Monats

Der Käufer vor Ort bekommt so zusätzliche Sicherheit beim Kauf, da die Empfehlungen online wie auch offline sichtbar werden. Natürlich ist diese Auszeichnung auch im Onlineshop ein Verkaufsargument.

Shopping auf Facebook, Instagram, WhatsApp und Pinterest

Im Jahr 2011 etablierte sich der Begriff F-Commerce, eine Wortschöpfung aus Facebook und E-Commerce. Damals wurden die großen Erwartungen nicht erfüllt. Das hatte einen ganz einfachen Grund. Menschen gehen nicht auf Facebook, um einzukaufen. Sie sind dort, um sich mit Bekannten und Freunden auszutauschen und unterhalten zu werden. Bis heute macht ein Shop auf Facebook nur Sinn, wenn Sie Ihre Kunden mit Ihren Inhalten oder Werbeanzeigen so begeistern, dass diese Ihr Produkt haben wollen. Anbieter für Shoplösungen auf Facebook gibt es reihenweise, Beispiele wären hier Shopify (*www.shopify.de/facebook*) oder der Lightspeed Webstore (*www.lightspeedhq.de*). Darüber hinaus bietet Facebook die Möglichkeit an, auf der Plattform selbst einen Produktkatalog oder Shop einzurichten. Eine ausführliche Anleitung dazu finden Sie unter *http://bit.ly/dsomemafbshop*. Ein Facebook-Shop oder Produktkatalog ist auch die Grundlage für einen Shop auf Instagram. Auf Instagram können Beiträge auf dem Profil (siehe Abbildung 11.26) und im Explore-Bereich sowie Stories und Ads »shoppable« gemacht werden.

Laut Instagram tippen jeden Tag 130 Mio. Nutzer jeden Monat einen dieser Shopping-Beiträge an, um mehr über das Produkt zu erfahren. Einen ausführlichen Leitfaden für das Einrichten der Funktion inklusive Richtlinien und Tipps finden Sie unter: *www.facebook.com/business/instagram/shopping/guide*

Auch WhatsApp bietet eine Shopfunktion für kleine und mittelständische Unternehemen – mehr dazu in Abschnitt 13.9.1.

317

 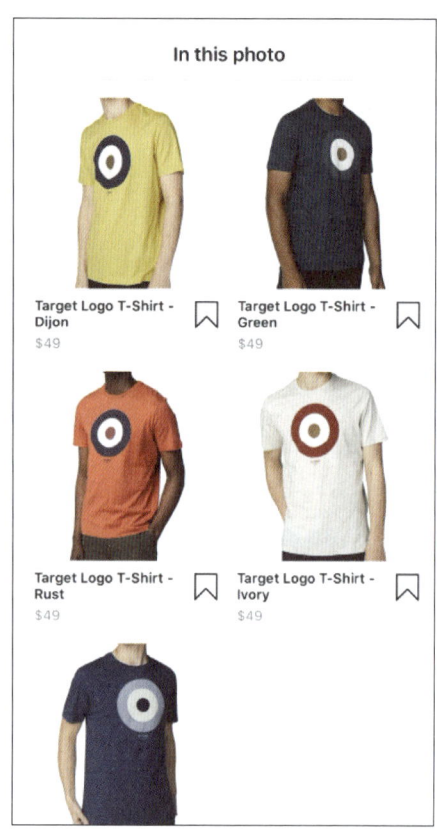

Abbildung 11.26 Mit einem Klick auf »View Products« öffnet sich die Produktübersicht der abgebildeten T-Shirts von Ben Sherman auf Instagram.

Als weitere Plattform für Social Commerce ist Pinterest zu nennen. Pinterest bietet Unternehmen mit »Shop the Look-Pins« eine Einkaufsfunktion an. Aktuell ist diese Funktion auf Bekleidung und Einrichtung begrenzt. Eine Anleitung für die Einrichtung dieser Variante finden Sie unter: *https://business.pinterest.com/de/shop-the-look-pins*

Der beste Verkaufsmotor im Social Web ist aber, dass Social Media Ihnen dabei helfen, Ihre Kunden zu verstehen und zu ihnen eine Beziehung aufzubauen. Bessere Voraussetzungen für wirkungsvolle Marketingaktionen gibt es nicht!

11.6   Kundenservice 2.0

Die Öffentlichkeit des Servicedialogs im Social Web macht den Kundenservice 2.0 zum neuen Marketing. Denn guter Kundenservice sorgt für zufriedene Kunden, und im Internet haben Sie viele Zuschauer, die genau das mitbekommen. Bereits in

Abschnitt 1.3.5, »Kundenservice auf einem neuen Level«, habe ich Ihnen einen Einblick in die Bedeutung des Kundenservice im Web gegeben.

An dieser Stelle werde ich Ihnen kurz erläutern, was die Aufgaben des klassischen Kundenservice sind, welche Auswirkungen der Service im Netz für ein Unternehmen haben kann und was die Erfolgsfaktoren für guten Service sind.

11.6.1   Was ist überhaupt Kundenservice?

Guter Kundenservice spielt heutzutage eine wichtige Rolle bei der Kaufentscheidung. So gaben in einer repräsentativen Studie des Beratungsunternehmens Verint 53 % der Befragten an, dass ihnen der Preis nicht wichtiger sei als Service. Als Kundenservice wird die Abteilung oder Einheit im Unternehmen bezeichnet, die sich den Beschwerden, Bedürfnissen und Wünschen der Kunden während und nach Kauf eines Produkts oder einer Dienstleistung widmet. Weitere Bezeichnungen für den Kundenservice sind Kundendienst oder auch die englischen Varianten Customer Care, Customer Service und Support. Der Kundendienst ist dabei entweder eine Abteilung im eigenen Haus, wird an einen Dienstleister ausgelagert oder ist eine Mischform aus beiden Varianten.

Die Mannschaft des Kundenservice tritt überall dort in Aktion, wo ein Kunde ein Problem hat, sei es aufgrund eines Defekts an einem Produkt, der Unzufriedenheit mit einer Dienstleistung, missverständlicher Werbeversprechen oder unverständlicher Tarifstrukturen. Der Kundendienst ist für den Kunden da und versucht, diesem nach besten Möglichkeiten weiterzuhelfen. Diese Aufgabe ist bei Weitem nicht immer einfach. Aufgebrachte Kunden, die den Servicemitarbeiter als Sündenbock beschimpfen und anschreien, gehören genauso zum Alltag wie komplizierte Sachverhalte und Situationen, in denen einem Kunden schlichtweg nicht geholfen werden kann. Ein guter Servicemitarbeiter bleibt auch in diesen Fällen ruhig, freundlich und sachlich und versucht zu retten, was zu retten ist. Man könnte sagen, der Kundenservice reißt all das wieder raus, was irgendwo anders im Unternehmen schiefgelaufen ist, und leistet damit einen enormen Beitrag zum Unternehmenserfolg.

Diese Leistung blieb bisher in Kundenservice-Abteilungen und Callcentern eher hinter den Kulissen verborgen. Kunden konnten ihre Anliegen per Telefon, E-Mail oder postalisch vorbringen und bekamen dann über einen dieser Wege eine Antwort. Fällt diese nicht im Sinne des Empfängers aus, schreiben die Kunden immer öfter ihre Erfahrungen im Social Web nieder (siehe Abbildung 11.27) oder suchen dort direkt Hilfe.

An diesem kleinen Beispiel sehen Sie direkt die erste Herausforderung, die Social Media an den Kundenservice stellen. Nicht nur der Social-Media-Support ist öffentlich, Fehler, Patzer und unfreundliches Verhalten per E-Mail und Telefon können genauso schnell transparent werden. Über diese Tatsache sollte sich jeder einzelne Mitarbeiter im Kundenservice bewusst sein.

Abbildung 11.27 Kunden beschweren sich im Netz über den Kundenservice.

11.6.2 Herausforderungen von Social Media an den Kundenservice

Neben dem Plus an Transparenz, das Social Media in den klassischen Kundenservice bringen, gibt es weitere Anforderungen, die Sie bei dem Aufbau eines Social-Media-Supports beachten müssen.

Schnelligkeit ist entscheidend

Kunden, die in den sozialen Medien eine Serviceanfrage stellen, sind ungeduldig. 20 % erwarten eine Antwort innerhalb von 15 Minuten, insgesamt 42 % geben Ihnen 1 Stunde, und eine Antwort, die mehr als 2 Stunden benötigt, führt schon dazu, dass Ihre Kunden Ihr Unternehmen um 2 % weniger weiterempfehlen, selbst wenn die Antwort dann noch hilfreich ist. Kommt gar keine Antwort, sinkt die Wahrscheinlichkeit, dass der Fragesteller Kunde wird oder bleibt, übrigens direkt um 80 %.[16] Die geforderte Schnelligkeit stellt hohe Anforderungen an die Prozesse im Unternehmen und an Schnittstellen zu bestehenden Prozessen. Diesen Themenkomplex erörtere ich noch ausgiebig in Abschnitt 14.5, »Social-Media-Prozesse und -Workflows gestalten und etablieren«.

Der Dialog ist öffentlich und transparent

Selbst der beste Kundenservice-Mitarbeiter macht mal einen Fehler, im Social Web wird jeder Fehltritt sichtbar. Dieser Umstand übt einen hohen Druck auf die Mitarbeiter aus, die im Social-Media-Support arbeiten. Das Positive an dieser Stelle ist

---

16 Näheres zu den Statistiken finden Sie unter: *http://bit.ly/14UKNDk*

jedoch, dass gute Arbeit genauso sichtbar wird und die Social Media Agents genauso Fans und Fürsprecher haben wie Community Manager – ein Phänomen, das es im klassischen Support nicht gibt und das sehr motivierend wirkt. Eine Herausforderung ist, dem eigenen Unternehmen klarzumachen, dass Ausreden nicht mehr funktionieren.

Wenn ein Fehler oder ein Problem im Betriebsablauf auftaucht, wird dieses in den sozialen Medien transparent. Hier gilt es, gemeinsam mit dem Social-Support-Team darum zu kämpfen, dass auch das Team mithilfe einer größtmöglichen Transparenz arbeiten darf und stets darüber informiert ist, was im Unternehmen gerade passiert.

Der Kunde bestimmt, ob Sie ein Serviceteam im Netz brauchen

Selbst wenn Sie keinen Service auf Ihrer Facebook-Seite anbieten, müssen Sie Service machen. Zumindest gilt das, wenn Ihr Ziel rundum zufriedene Kunden sind. Sorgen Sie dafür, dass Ihr Social-Media-Team eine gute Schnittstelle zum Kundenservice hat und bei Anfragen reaktionsfähig ist. Beschwert sich ein Kunde auf Ihrer Präsenz und wird stumpf an Ihre »klassischen Kanäle« verwiesen, sorgt das nur für weiteren Unmut, und das deutlich sichtbar für den gesamten Freundeskreis des Beschwerdeführers sowie alle »Zuschauer« auf Ihrer Präsenz (siehe Abbildung 11.28). Die Sichtbarkeit von öffentlichen Facebook-Einträgen in Suchmaschinen ist hier auch nicht zu unterschätzen.

Abbildung 11.28 Den Kunden in Social Media auf klassische Kanäle zu verweisen, ist in den meisten Fällen keine gute Idee.

Neue Herausforderungen an die Servicemitarbeiter

Ich persönlich vertrete die Meinung, dass es einfacher ist, einem guten und erfahrenen Mitarbeiter aus dem Kundenservice die öffentliche Kommunikation im Web nahezubringen, als einen im Web erfahrenen Mitarbeiter in den Kundenservice einzulernen. Und mit dieser Meinung stehe ich offensichtlich nicht allein. Sowohl die Mitarbeiter hinter den erfolgreichen Servicekanälen der Bahn als auch der Deutschen Telekom bestehen primär aus ehemaligen Mitarbeitern aus dem Kundenservice. Vor einem Start in das Social Web müssen diese Mitarbeiter jedoch ausgiebig auf die Anforderungen vorbereitet werden. Neben den Besonderheiten in der Kommunikation müssen diese in der Anwendung der jeweiligen Tools und Netzwerke trainiert werden. Neben Schulungen und Trainings ist ebenso die Ausarbeitung von Leitfäden und im Idealfall eines Handbuches notwendig, in dem all diese Informationen zusammengefasst sind. In Abschnitt 14.4, »Auswahl und Ausbildung der Mitarbeiter«, finden Sie zu diesen Themen noch ein spannendes Interview mit dem Social-Media- und Dialogteam der Deutschen Bahn.

Der schmale Grat zwischen Extrawurst und zu viel des Guten

Eine große Herausforderung, die mit der Öffentlichkeit des Servicedialogs einhergeht, ist, den Kunden glücklich zu machen, ohne dass dieser eine echte »Extrawurst« bekommt. Das Social-Media-Team muss bei der Bearbeitung der Anliegen stets im Rahmen der Möglichkeiten bleiben, die im klassischen Service vorgegeben sind. Übertreiben Sie im Social Web mit den Zugaben und Rabatten, wird sich das rumsprechen, und alle weiteren Kunden werden eben diese Vorzugsbehandlung fordern. Kunden des Social Media Supports genießen in der Regel schon schnellere Bearbeitungszeiten und individuellere Behandlung, ziehen Sie hier die Grenze.

All diese Anforderungen geben Ihnen einen Hinweis darauf, dass der Kundenservice im Web ebenso eine gründliche Vorbereitung braucht wie jedes andere Anwendungsszenario von Social Media. Warum sich dieser Aufwand lohnt, erläutere ich Ihnen im nächsten Abschnitt.

11.6.3   Warum ist Kundenservice in Social Media sinnvoll?

Meine Kurzantwort auf diese Frage lautet:

»Ein Kritiker, dem Sie im Social Web geholfen haben, ist der beste Fan und hat sogar das Potenzial, ein echter Fürsprecher zu werden. Darüber hinaus bringt die Sichtbarkeit öffentlicher Servicedialoge einen unbezahlbaren Mehrwert für das Unternehmensimage mit sich. Aus der Kombination aus gutem Kundenservice und der Öffentlichkeit wird eine neue Art des Marketings.«

An dieser Stelle werde ich Ihnen erläutern, warum Service im Social Web Sinn macht und was Ihr Unternehmen davon hat.

Ihre Kunden suchen online nach Hilfe

Immer mehr Kunden gehen für die Suche nach einer Kontaktmöglichkeit zu dem Kundenservice eines Unternehmens online und suchen dort. Toolanbieter Conversocial und das Marktforschungsunternehmen NM-Incite fanden im Rahmen der »State of Social Customer Service Reports« Folgendes heraus:[17]

- ▶ 47 % der Social-Media-Nutzer haben bereits auf den Service im Netz zurückgegriffen, in der Altersgruppe zwischen 18 bis 24 Jahren liegt die Zahl sogar bei 59 %.

- ▶ 54,4 % der befragten Nutzer ziehen den Kontakt zum Kundenservice über Social-Media-Kanäle wie Facebook, Twitter und WhatsApp den klassischen Kanälen Telefon und E-Mail vor.

- ▶ 100 % der Befragten, die Social-Media-Kanäle bevorzugten, begründeten dies mit der »Einfachheit der Benutzung«.

- ▶ Fast 50 % der Befragten gaben an, dass eine personalisierte Antwort einer Marke ihre Markenloyalität erhöht.

Diese Zahlen stammen aus den USA, wo die Bevölkerung in Sachen Social im Schnitt ein bis zwei Jahre voraus ist. Entsprechend sind diese Zahlen noch nicht 1 : 1 auf den deutschen Markt übertragbar, aber sie geben Ihnen einen sehr zuverlässigen Ausblick darauf, wohin die Reise geht.

Positive Mundpropaganda

71 % der Kunden, die eine positive Erfahrung mit einem Social Customer Service gemacht haben, empfehlen das jeweilige Unternehmen weiter. So lautet ein Ergebnis des NM-Incite-Reports. Als positiv wird hier eine schnelle und effektive Antwort bewertet, und selbst eine Antwort, die keine wirkliche Verbesserung für den Kunden bringt, steigert diesen Wert noch auf 33 % (siehe Abbildung 11.29).

Damit ist die Wahrscheinlichkeit, dass Ihre Kunden Sie weiterempfehlen, fast einbzw. dreimal so hoch, als wenn Sie ihnen keine Antwort geben. An dieser Stelle zeigt sich auch noch einmal die Bedeutung von Schnelligkeit im Kundenservice: Eine Antwort, die zu langsam kam, sorgt, selbst wenn diese hilfreich ist, noch für eine Senkung der Wahrscheinlichkeit um 2 %.

---

17 Sie können sich die Studien hier herunterladen: *http://slidesha.re/16sbn9s* und
    www.conversocial.com/hubfs/StateofSocialCS.pdf

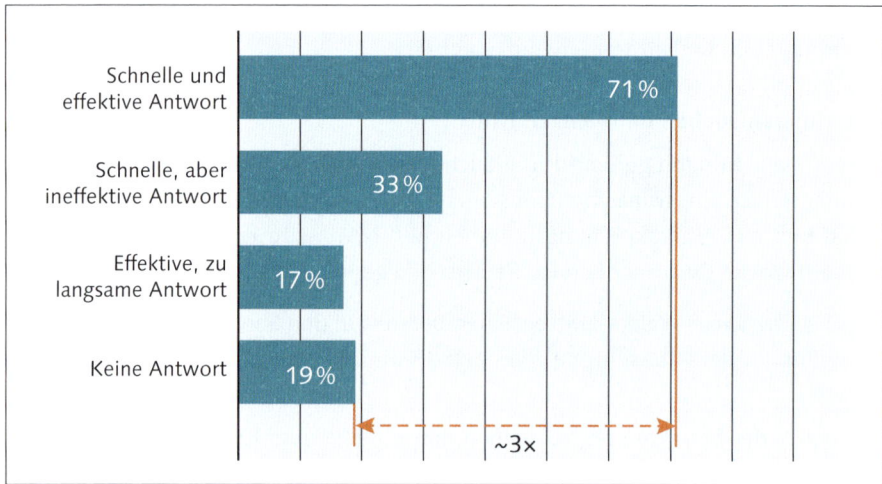

Abbildung 11.29 Die Wahrscheinlichkeit einer Weiterempfehlung auf Basis der letzten Kundenservice-Erfahrung im Web

Aktives Reputationsmanagement durch Social-Media-Support

Customer Service im Netz bietet besonders den Unternehmen, über die sehr viel Negatives im Web gesprochen wird, eine echte Chance, ihre Reputation zu verbessern. Hier können Sie genau dort ansetzen, wo die Kritik geäußert wird, und auf Ihre Kunden zugehen, die ein Problem mit Ihrem Unternehmen haben. Dadurch senken Sie in einem ersten Schritt vielleicht nicht direkt die negativen Stimmen, erhöhen aber die Quote von positiven und neutralen Nennungen. Insgesamt verbessert sich so das Sentiment gegenüber dem Unternehmen und damit auch ein Stück weit das Image. Ein Plus an positivem Überraschungseffekt bringt hier die proaktive Ansprache von Kunden (siehe Abbildung 11.30), die sich über ein gutes Social Media Monitoring realisieren lässt. Achten Sie dabei jedoch darauf, dass Sie mit viel Fingerspitzengefühl und Empathie vorgehen. Gehen Sie nur in den proaktiven Dialog, wenn Sie sehen, dass Sie einen echten Mehrwert für den Kunden schaffen können. Selbst dann sollten Sie zunächst einmal vorsichtig nachfragen, ob Ihre Hilfe gewünscht ist. Die Erfahrung zeigt hier, in etwa 80 % der Fälle wird diese gerne angenommen.

Kunden helfen Kunden – Reduktion der Servicekosten durch aktive Helfer

Ein ganz besonderer Nebeneffekt des Kundenservice im Netz ist bei einer ausreichend großen und loyalen Community, dass Kunden, die dem Unternehmen gegenüber besonders positiv eingestellt sind, anderen Kunden helfen. In dieser Situation muss sich der Kundenservice nur noch dann einschalten, wenn ein Fall durch die Community nicht gelöst werden kann bzw. wenn persönliche Daten oder der Zugriff auf interne Datenbanken notwendig werden.

Abbildung 11.30 Wenn das Unternehmen aktiv zuhört und proaktiv handelt, wirkt sich das meist positiv aus.

Wissensdatenbanken im Web

Ein weiterer Pluspunkt in diesem Zusammenhang sind die Wissensdatenbanken, die insbesondere in den sogenannten Service-Communitys aufgebaut werden. Diese sind besonders gut in den Suchmaschinen sichtbar und für den Kunden einfach zu durchsuchen. Auf diesem Weg finden entsprechend weitere Kunden Ihre Lösung, bevor der Kundenservice überhaupt in Anspruch genommen wird.

Besserer Service durch bessere Kenntnis der Probleme der Kunden

Darüber hinaus helfen Social Media dem Unternehmen dabei, Servicethemen zu identifizieren und dafür gezielt Hilfestellung in Form von Videos und Blogeinträgen anzubieten, eben auf den Plattformen, die besonders gut gefunden werden, wenn ein Kunde nach einer Lösung seines Problems in einer Suchmaschine sucht (siehe auch Abschnitt 11.5.4, »Besser gefunden werden mit Social SEO«).

11.6.4 Wie und wo mache ich Kundenservice im Netz?

Grundsätzlich gibt es vier unterschiedliche Varianten für den Kundenservice in Social Media:

▶ Service »nebenbei«

▶ die eigene Serviceseite

▶ Service dort, wo der Kunde ist

▶ die eigene Service-Community

Ich stelle Ihnen hier alle Varianten einmal kurz vor und verlinke dazu jeweils Präsenzen und Beispiele. So können Sie sich die Alternativen am aktiven Beispiel ansehen und besser einschätzen, welche Variante für Ihr Unternehmen am besten geeignet ist.

Service »nebenbei«

Das Serviceangebot »nebenbei« bedeutet, es auf einer bestehenden Präsenz in den sozialen Medien abzubilden. In dieser Variante ist Ihre »normale« Facebook-Seite, Ihr Twitter-Kanal oder Ihre Instagram-Seite gleichzeitig der Ort, an dem Ihre Kunden sich mit Servicefragen an Sie wenden können und sollen. Beispiele für diese Variante sind:

- dm-Drogeriemarkt: *www.facebook.com/dm.Deutschland*
- Lufthansa: *www.facebook.com/lufthansa*
- O2 Deutschland: *www.facebook.com/o2de*
- Rossmann: *www.facebook.com/rossmann.gmbh*
- Mediamarkt: *www.facebook.com/mediamarkt*
- DB Bahn: *www.facebook.com/dbbahn*

Vorteil ist, der Kunde findet alles an einer Stelle, und für den Kanal selbst ist eine gewisse Grundaktivität gewährleistet. Der Nachteil ist, dass eben diese Serviceanfragen unfreiwillig in den Vordergrund rücken, wenn Sie Ihren Kanal nicht aktiv genug betreiben. Grundsätzlich lassen sich Serviceanfragen auf keiner Ihrer aktiven Präsenzen vermeiden. Selbst wenn Sie beispielsweise auf Facebook deaktivieren, dass Nutzer Ihnen dort auf Ihre Seite schreiben können, werden diese eben Ihre Postings mit einer Anfrage in den Kommentaren versehen.

Die Serviceseite im sozialen Netzwerk

Die Serviceseite meint einen speziellen Servicekanal in den sozialen Netzwerken. Die Seite ist speziell nur für Serviceanfragen und servicerelevante Themen, wie beispielsweise Wartungsarbeiten, gedacht. Eine solche dezidierte Seite haben die folgenden Unternehmen im Einsatz:

- Telekom-hilft: *www.facebook.com/telekomhilft*
- UnityMedia Hilfe: *www.facebook.com/UnitymediaHilfe*
- Strato: *www.facebook.com/stratohilft*
- Mobile.de: *www.facebook.com/mobile.de.kundenservice*

Vorteil dieser Variante ist, Ihre Kunden finden sämtliche Servicethemen an einem Ort und Sie Ihre Kunden ebenso. Der Nachteil ist, Sie müssen Kunden gegebenenfalls von Ihrer »Hauptseite« an die Serviceseite verweisen. Ein verärgerter Kunde reagiert darauf nicht immer positiv.

Service dort, wo Ihre Kunden sich beschweren

Geben Sie einmal die Kombination aus Ihrem Unternehmensnamen und dem Wort »Beschwerde« oder »Kundenservice« in eine Suchmaschine ein. Viele Frage- und Bewertungsplattformen sind in diesen Bereichen überdurchschnittlich gut sichtbar. Kennen Sie beispielsweise die ReclaBox (*http://de.reclabox.com*)? Wie Sie in Abbildung 11.31 sehen, finden sich hier Tausende von Kundenbeschwerden durch alle Branchen.

Hier kann unter Umständen ein guter Ort sein, um in den Dialog zu treten und Ihren Kunden aktiv und sichtbar zu helfen. Die Vorteile sind das Überraschungsmoment und der Umstand, dass andere Kunden, die ebenso Hilfe suchen, sehen, dass Sie sich aktiv um Ihre Kunden kümmern. Der Nachteil ist, dass dies mitunter eine sehr kleinteilige Arbeit wird oder Sie sich irgendwo eine Anlaufstelle für Kunden aufbauen, die Ihnen vielleicht gar nicht so lieb ist. Darüber hinaus braucht es hier eine gehörige Portion Fingerspitzengefühl. Gerade in Foren sind Unternehmen nicht immer willkommen. Die gängigen Frage- und Bewertungsplattformen stelle ich Ihnen in Abschnitt 13.7, »Bewertungs- und Verbraucherportale«, vor.

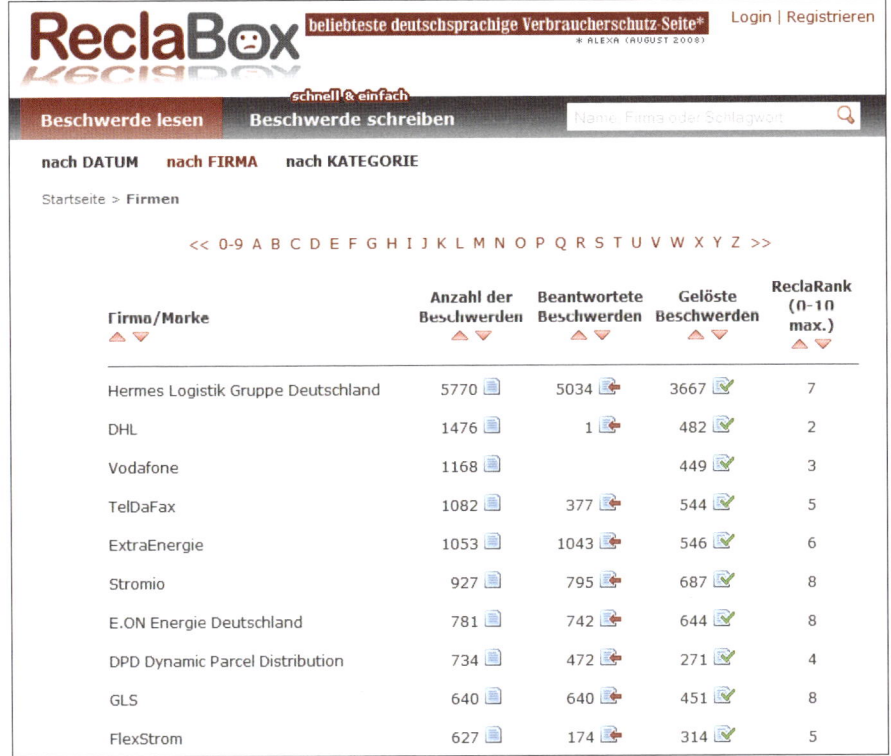

Abbildung 11.31 Beliebte Anlaufstelle für Beschwerden – die ReclaBox

327

Die eigene Service-Community

Kundenservice in einer eigenen Kunden-Community mit perfekt auf die eigenen Bedürfnisse angepassten Funktionen und einer aktiven Armee von freien Helfern ist die absolute Königsdisziplin. Beispiele für solche Communitys sind:

▶ Vodafone: *https://forum.vodafone.de*

▶ Telekom: *https://telekomhilft.telekom.de*

▶ O2: *http://hilfe.o2online.de*

▶ Deutsche Bahn: *https://community.bahn.de*

 Ben Ellermann, Experte auf dem Gebiet des Kundenservice im Web, hat dazu unter *https://muuuh.me/custcom* einen hervorragenden Beitrag veröffentlicht, der Ihnen ausführlich die Anforderungen, Herausforderungen und Vorteile dieser Variante des Kundenservice im Web erläutert.

11.6.5 Der ROI des Kundenservice im Social Web

Abschließend möchte ich noch auf ein wichtiges Thema zurückkommen, den ROI des Kundenservice 2.0, denn Social-Media-Kundenservice soll Kosten sparen – aber tut er das auch wirklich? Diese Frage werde ich Ihnen ausführlich beantworten, denn mit dieser Frage werden Sie sowohl die Geschäftsleitung als auch der Leiter des Kundenservice konfrontieren.

Die digitale Promillegrenze

Eine Sache will ich Ihnen nicht vorenthalten: Kundenservice im Social Web macht nur einen Bruchteil der Serviceanfragen aus, die Unternehmen insgesamt erhalten. Dies gilt insbesondere für Großkonzerne. Ich zeige Ihnen das einmal an den Beispielen der Deutschen Telekom und der Deutschen Bahn, die mit ihren jeweiligen Teams einen hervorragenden Job im Social Web machen. In Tabelle 11.4 habe ich Ihnen jeweils die Anzahl der Kontakte im klassischen Kundenservice der Anzahl der Kontakte in Social Media gegenübergestellt und daraus den Anteil berechnet.

Unternehmen	Klassischer Support	Social-Media-Support	Anteil
Telekom	83.000.000	165.000	0,20%
Bahn	7.000.000	70.000	1%

Tabelle 11.4 Jährliche Serviceanfragen im klassischen und Social-Media-Support

Wie Sie sehen, machen die Anfragen im Social Web bei der Telekom gerade einmal 0,20% aus, die Bahn liegt hier knapp unter 1%. Diese »digitale Promillegrenze im Social Web«, wie sie der Social-Media-Berater Mirko Lange nennt, ist nur schwer zu durchbrechen. Lediglich sehr kleine Unternehmen mit wenigen Kunden oder die absolut besten ihrer Klasse schaffen es, diese Werte zu toppen.

Kundenservice 2.0 ist teuer

Dazu ist Kundenservice in den sozialen Medien nicht immer günstiger als der klassische Kundenservice, im Gegenteil: Während im klassischen Kundenservice auf Effizienz und Schnelligkeit in der Bearbeitung optimiert wird, geht es im Social-Media-Kundenservice primär darum, den Kunden bestmöglich zu betreuen und individuell auf diesen einzugehen. So etwas kostet Zeit, und Zeit verursacht Kosten. Darüber hinaus müssen die Mitarbeiter speziell für die Aufgabe im Web geschult und vorbereitet werden (dazu mehr in Abschnitt 14.4, »Auswahl und Ausbildung der Mitarbeiter«). Selbst wenn Sie die gesamte Infrastruktur, die ein Engagement in den sozialen Medien generell von einem Unternehmen fordert, außen vor lassen, bedeutet Kundenservice 2.0 zunächst einmal eine Investition.

Kundenservice 2.0 kann trotzdem Kosten einsparen

Trotz des minimalen Anteils am Gesamtvolumen der Serviceanfragen und der höheren Kosten pro Servicekontakt kann der Social-Media-Support Kosten sparen oder zumindest das Serviceangebot eines Unternehmens kostenneutral ergänzen. Der Grund dafür liegt in den Kontakten, die dank Social Media gar nicht erst entstehen.

Die Personen, die das Social-Support-Team direkt anschreiben, entsprechen dem aktiven Prozent nach dem 90-9-1-Prinzip von Nielsen (siehe Abschnitt 8.4.1, »Die Ein-Prozent-Regel oder das 90-9-1-Prinzip«). Das bedeutet aber auch, dass dort noch weitere 99% sind, die zuschauen. Und nicht nur zuschauen, sondern eben auch direkt eine Lösung finden und den Kundenservice gar nicht erst kontaktieren. Jeder einzelne Kontakt, der durch Social Media vermieden wird, spart bares Geld. Dass sich guter Service im Web positiv auf die digitale Mundpropaganda auswirkt, ist empirisch belegt. Eine entsprechende Auswirkung auf die Kaufentscheidung bei Neukunden ist wahrscheinlich. Jeder Kunde, dem Sie im Web helfen, ist ein Kunde, der bleibt. Es ist zu erwarten, dass hier in naher Zukunft empirische Verhältniszahlen veröffentlicht werden. Spätestens dann können Sie jedem gelösten Fall im Social Web einen »Gewinn« zuordnen.

Der Gewinn durch einen geretteten Kunden

Mike Schwede (*http://mike.schwede.ch*) hat eine plausible Formel für den Gewinn, den der Kundenservice im Web pro gelösten komplexen negativen Fall macht, aufgestellt. Diese lautet unter der Annahme, dass 80% der Kunden aufgrund schlechten Service kündigen:

[Anzahl gelöster komplexer Negativfälle] × *Churn Rate* × *80%* × *Kosten pro Neukunde*

Die *Churn Rate* ist dabei die Rate, mit der die Kunden eines Unternehmens im Durchschnitt kündigen. Diese Zahl sowie die Kosten pro Neukunde können Sie in der Regel in Ihrer Marketingabteilung erfragen.

Dialog ist das neue Marketing

Einen Neukunden zu werben ist teurer, als einen bestehenden Kunden zu halten. Hier gilt es auch, ein wenig die Wahrnehmung weg vom »Kundenservice als reiner Kostenfaktor« hin zum »Kundenservice als neues Marketinginstrument« zu verändern. Marketingmaßnahmen werden mit anderen Kennzahlen gemessen. Der Social-Media-Kundenservice benötigt entsprechend Kennzahlen aus beiden Welten. Beim Kundenservice 2.0 geht es natürlich noch um Reaktionszeiten und zufriedene Kunden, aber eben auch um Reichweite und die Menge an positiven Reaktionen, die dieser im Web schafft. Mit diesem Wissen können Sie gegenüber dem Management sicher vertreten, warum ein Social-Media-Support aus finanzieller Sicht lohnenswert ist.

Benchmarking für Kundenservice im Web

Wenn Sie sich einen Überblick darüber verschaffen möchten, welche Unternehmen in Deutschland besonders gut beim Service in Social Media sind, dann sollten Sie bei Socialbakers vorbeischauen.

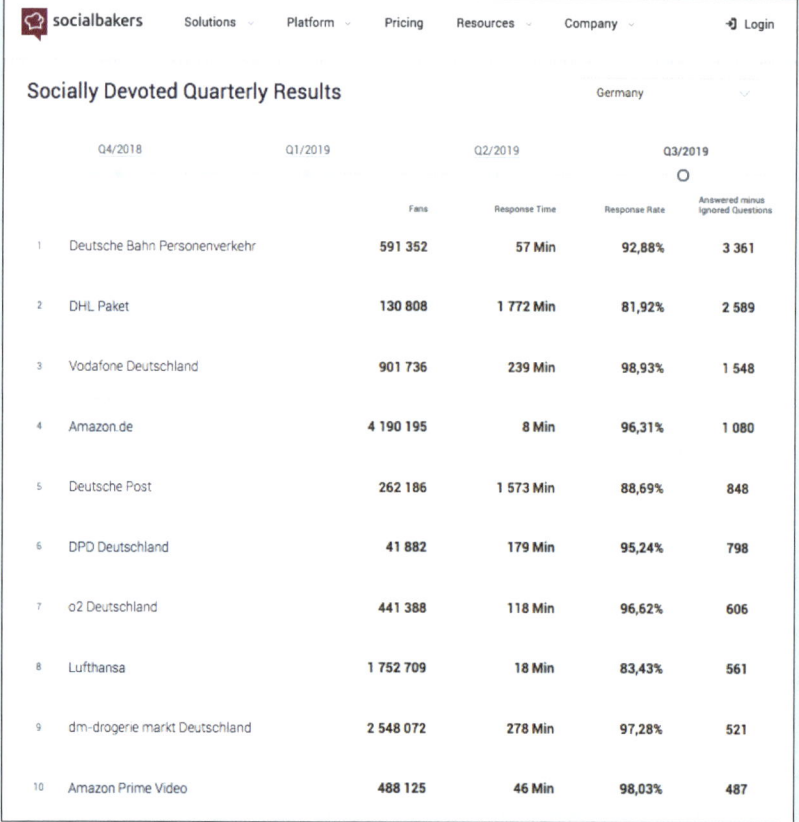

Abbildung 11.32 Das Kundenservice-Ranking von Socialbakers für Deutschland

Das Ranking »Socially Devoted« (*http://sociallydevoted.socialbakers.com*), bestehend aus einer gewichteten Bewertung von Fans, Antwortzeit, Antwortrate und den beantworteten minus der ignorierten Fragen, zeigt Ihnen, wer auf Twitter und Facebook den besten Service macht (siehe Abbildung 11.32).

Kundenservice in Social Media ist aus meiner Sicht eine der logischsten Dinge, die ein Unternehmen tun kann, denn neben einem echten Mehrwert für die Kunden hat dieser Service einen positiven Abstrahleffekt auf das gesamte Unternehmen. Wenn Ihr Unternehmen jetzt noch aus den Problemen und Kritikpunkten im Kundenservice lernt und die Erkenntnisse im gesamten Unternehmen umsetzt, besteht langfristig die Chance auf eine Verbesserung auf allen Ebenen – eine Chance, die Sie nutzen sollten, denn Ihr bester Fan ist ein Kritiker, dem Sie geholfen haben.

11.7   Social Media im Personalwesen

Der Kampf um die Talente (»War for Talents«) ist in vielen deutschen Unternehmen Realität. Es fehlen gut ausgebildete Fachkräfte und qualifizierter Nachwuchs. Die Ansprüche der Mitarbeiter an ein Unternehmen steigen, und für ein Image als attraktiver Arbeitgeber reicht eine hübsche Website schon lange nicht mehr aus. Darüber hinaus wird auch die klassische Mitarbeitersuche durch das Internet und Social Media modernisiert. In diesem Abschnitt zeige ich Ihnen, welche Möglichkeiten Ihr Unternehmen durch Social Recruiting und digitales Employer Branding hat.

11.7.1   Social Recruiting

Ein befreundeter Personalberater sagte einst zu mir:

> *»Business-Netzwerke sind so etwas wie das El Dorado für unsere Profession. Reihenweise potenzielle Kandidaten, die freiwillig alle relevanten Informationen für eine erste Grobauswahl ins Internet stellen und das über sämtliche Branchen und Ebenen hinweg.«*

Ich habe selbst in einer Personalberatung gearbeitet und habe in meiner Zeit nicht nur das damalige OpenBC lieben gelernt, sondern war auch diejenige, die für die ersten Premium-Accounts verantwortlich war.

Social Recruiting beschreibt den Prozess der Personalbeschaffung über die sozialen Netzwerke. Dabei unterscheide ich zwei unterschiedliche Ansätze:

▶ **Social Distribution** – die aktive Ansprache des Kandidaten auf Basis seiner hinterlegten Daten in dem jeweiligen Netzwerk

▶ **Social Profiling und Sourcing** – die indirekte Ansprache über eine Werbeein-
blendung der Stellenanzeige des Unternehmens in einem Social Network oder
die Verteilung der Stellenanzeige über die Präsenzen des Unternehmens

Social Profiling und Sourcing

Social Profiling und Sourcing ergänzen in erster Linie die klassische Stellenanzeige
durch die Reichweite und Dynamik der sozialen Medien. Das Social Profiling nutzt
aus, dass soziale Netzwerke die Möglichkeit haben, aufgrund der hinterlegten
Daten der Nutzer die passenden Stellenanzeigen anzuzeigen. Diese Mechanismen
begegnen Ihnen beispielsweise auf Ihrer persönlichen Startseite von XING und
LinkedIn. Social Sourcing ist das Posten einer Stellenanzeige auf Facebook, XING
oder Twitter, wie Sie es am Beispiel der Agentur Yvi Kej in Abbildung 11.33 sehen.

Abbildung 11.33 Yvi Kej sucht auf Facebook Social Media Manager.

Social Distribution – die Direktansprache

Passive Talente, eben die Kandidaten, die noch gar nicht wissen, dass sie einen
neuen Job suchen, sind die Zielgruppe der Direktansprache auf den Business-Plattformen. Die Netzwerke werden mit Suchabfragen durchforstet und die geeigneten
Kandidaten mal mehr und mal weniger dezent per private Nachricht kontaktiert –
eine sehr effektive Methode, wenn Sie genau wissen, was Sie suchen. Über die
Jahre haben die beiden großen Business-Netzwerke XING und LinkedIn erkannt,
welches Potenzial in der Unterstützung der Recruiter liegt, und spezielle Produkte
für diese Klientel entwickelt. Auf dieses Thema gehe ich in Abschnitt 13.4, »Business-Netzwerke – XING und LinkedIn«, noch genauer ein.

Rechtliche Stolpersteine bei der aktiven Kandidatensuche

Laut BGH ist das Abwerben von Mitarbeitern als Teil des freien Wettbewerbs grundsätzlich zulässig (BGH 11.01.2007 Az. I ZR 96/04). Wettbewerbswidrig wird es, wenn unlautere Begleitumstände hinzukommen, insbesondere unzulässige Mittel eingesetzt oder unlautere Zwecke verfolgt werden. Beispiele wären hier das Schlechtmachen des aktuellen Arbeitgebers oder das Androhen von Nachteilen. Die IHK München hat den aktuellen Stand hierzu in einem Merkblatt zusammengefasst: *http://bit.ly/16PdF32*

Bei all diesen Maßnahmen hilft natürlich, wenn der Arbeitgeber mit einem guten Image aufwarten kann. Auf dieses wichtige Thema, das Employer Branding, gehe ich im folgenden Abschnitt ein.

11.7.2 Was ist Employer Branding?

Employer Branding (Arbeitgebermarkenbildung) ist eine Maßnahme im Personalmarketing, die darauf abzielt, eine positive Arbeitgebermarke zu bilden und zu erhalten. Die Employer Branding Akademie (*www.employerbranding.org*) definiert den Begriff so:

>»*Employer Branding positioniert ein Unternehmen nach innen wie nach außen als Arbeitgebermarke oder auch ›Employer Choice‹. Grundlage dafür ist eine Arbeitgebermarkenstrategie, die aus Unternehmensstrategie und Unternehmensmarke erwächst. Ein professionell entwickeltes und strategisch fundiertes Employer Branding verbessert nicht nur das Arbeitgeberimage, sondern auch die faktische Arbeitgeberqualität, so dass die Wettbewerbsfähigkeit eines Unternehmens als Arbeitgeber vollumfänglich und nachhaltig gesteigert wird.*«

Ziel des Employer Brandings ist die Gewinnung und Bindung von Mitarbeitern durch die Positionierung des Unternehmens als attraktiver Arbeitgeber. Dafür müssen Sie sich gemeinsam mit der Personalabteilung die Fragen stellen:

▶ Warum sollte sich ein Bewerber gerade für dieses Unternehmen entscheiden?

▶ Welche Gründe hat ein bestehender Angestellter, um möglichst lange bei uns zu bleiben?

▶ Was ist unser Unique Selling Point (USP) als Arbeitgeber, also was macht uns besonders?

▶ Welche Werte und Ideale haben wir als gemeinsame Grundlage für ein gutes Betriebsklima? Welche hätten wir gerne?

Darüber hinaus müssen Sie wissen, wer Ihre Wunschkandidaten sind (Stichwort Zielgruppe) und welche Bedürfnisse und Anforderungen diese an einen Arbeitgeber stellen. Bei all diesen Fragen hilft Ihnen sowohl eine anonyme Befragung der bestehenden Mitarbeiter als auch ein Blick ins Social Web, aber dazu mehr in Abschnitt 11.7.3, »Warum Social Media im Personalmarketing?«.

Was macht einen guten Arbeitgeber aus?

Ein Hinweis darauf, welche Bereiche Fach- und Führungskräften besonders wichtig sind, liefert die Studie »Top Job«.[18] Die identifizierte, dass Arbeitnehmer insbesondere auf die Themen Führung und Vision, Entwicklungs- und Weiterbildungsmöglichkeiten, die Work-Life-Balance sowie Vertrauenskultur und Mitarbeiterkommunikation Wert legen.

Authentizität ist die Grundlage einer guten Employer Brand

Ihre Maßnahmen zum Employer Branding können noch so toll sein, wenn das, was Sie einem potenziellen Mitarbeiter versprechen, nicht dem entspricht, was er letztendlich im Unternehmen vorfindet, führt das zu großer Unzufriedenheit. Achten Sie deswegen darauf, dass Ihre Employer Brand auch dem entspricht, was Ihr Unternehmen ausmacht.

11.7.3   Warum Social Media im Personalmarketing?

Insbesondere die sogenannten *High Potentials*, also Studenten und Absolventen, tummeln sich in den sozialen Netzwerken. Laut des »Universum Arbeitgeberrankings 2019« nutzt der Großteil der befragten Studenten soziale Netzwerke, um sich über einen potenziellen Arbeitgeber zu informieren. Laut der »Studentenmatrix« sind sogar 50 % der Befragten davon überzeugt, dass der Ton des Twitter- oder Facebook-Auftritts das Betriebsklima widerspiegelt. Umso wichtiger wird das Thema Employer Branding im Unternehmen, denn es setzt auch auf eine Festigung der Bindung zu bestehenden Mitarbeitern. Ein zufriedener Mitarbeiter, der sich mit dem Unternehmen identifiziert, repräsentiert diese Werte auch nach außen. Ein besonders zufriedener Mitarbeiter empfiehlt ein Unternehmen sogar weiter. Alles, was Sie im Unternehmen für Zufriedenheit und ein gutes Betriebsklima tun, gelangt entsprechend nach außen.

Darüber hinaus unterstützen Sie Social Media in den folgenden Aspekten:

▶ Social Media geben Ihnen die Möglichkeit, mit Videos, Fotos, Reportagen, Storys oder Blogbeiträgen der eigenen Mitarbeiter einen authentischen und interessanten Einblick in Ihr Unternehmen zu bieten.

▶ Über den Dialog mit Bewerbern und potenziellen Arbeitnehmern erfahren Sie, welche Themen Ihre Zielgruppen interessieren.

▶ Darüber hinaus können Sie eine Menge darüber lernen, was Ihre Mitarbeiter über Ihr Unternehmen denken. Arbeitgeberbewertungsportale wie Kununu (dazu mehr in Abschnitt 13.7.5, »Arbeitgeberbewertungen – Employer Branding umgekehrt«) liefern hier genauso wichtige Hinweise wie eine spezielle Auswer-

---

18 *www.topjob.de/projekt/trendstudien/index.html*

tung des Social Media Monitorings (Kapitel 9, »Social Media Monitoring und Measurement«) im Hinblick auf Ihre Employer Brand. Dies gibt Ihrem Unternehmen darüber hinaus die Chance, Schwachstellen in Angriff zu nehmen.

Generell macht es als Unternehmen einfach Sinn, dort zu sein, wo sich potenzielle Mitarbeiter aufhalten. Auch das finden Sie mit dem Social Media Monitoring heraus und können dann entsprechend dort Ihre Unternehmenspräsenz aufbauen. Dafür, was Sie dann konkret in Sachen Employer Branding und Personalmarketing tun können, liefern Ihnen die folgenden Abschnitte Inspiration.

11.7.4 Maßnahmen im Social Web, die das Employer Branding unterstützen

Den Grundstein für Ihre Employer Brand legen Sie mit den Inhalten, die Sie auf Ihren Unternehmenspräsenzen einpflegen, den zweiten Teil des Bildes machen die Mitarbeiter aus. An dieser Stelle ist es demnach wichtig, dass diese für potenzielle Interessenten ein einheitliches Bild repräsentieren, das Ihre Werte transportiert. Dafür sollten Sie die folgenden Punkte beachten:

▶ **Einheitliche Benennung des Unternehmens**: Beide Netzwerke (XING, LinkedIn) aggregieren die Mitarbeiter auf Basis der Benennung des Unternehmens im Profil. Achten Sie darauf, dass Ihre Mitarbeiter eine einheitliche Benennung durchführen.

▶ **Musterbeispiele, Vorschläge und Schulungen**: Manche Mitarbeiter wissen schlichtweg nicht, was sie in ein professionelles Profil eintragen sollen. Erstellen Sie ruhig ein paar Musterbeispiele, oder verweisen Sie an Kollegen, die es besonders gut gemacht haben. Sie können auch eine Schulung zum Umgang anbieten. Bedenken Sie aber an dieser Stelle, dass Sie nur Vorschläge machen können, arbeitsrechtlich ist es verboten, feste Vorgaben zu machen.

▶ **Sympathische Fotos**: Sie können niemanden zwingen, ein Foto von sich online zu stellen, aber oftmals hilft das Angebot eines (semi)professionellen Fotografen, der alle Mitarbeiter einheitlich fotografiert. Fällt ein Kollege mit seinem Bild unangenehm auf, ist es durchaus legitim, diesen dezent darauf anzusprechen.

Eine perfekte Employer Brand in einem sozialen Netzwerk wird es niemals geben, denn Sie können niemanden zu einer Darstellung in Ihrem Sinne zwingen. Die Chancen steigen aber mit jedem Mitarbeiter, der glücklich und zufrieden in seinem Job ist und die Werte des Unternehmens online wie offline lebt.

11.7.5 Personalmarketing im Social Web

Mit der Employer Brand in den Netzwerken haben Sie den Grundstein für ein gutes Personalmarketing gelegt. In einem zweiten Schritt geht es nun darum, die richtigen Kandidaten auf sich aufmerksam zu machen und von Ihren Vorzügen zu überzeugen. Und dies tun Sie, wie eigentlich immer, mit guten Inhalten. Bieten Sie authentische Einblicke in den Arbeitsalltag an, und machen Sie potenzielle Kandidaten neugierig auf Ihr Unternehmen. Ein paar Beispiele:

▶ Verlinken Sie Blogbeiträge oder Profile, in denen Mitarbeiter von ihrem Arbeitstag erzählen, oder den Bericht Ihres letzten Ausflugs.

▶ Unterstützen Sie Ihre Mitarbeiter darin, als Markenbotschafter (Corporate Influencer) für Ihr Unternehmen aktiv zu werden. Einen sehr guten Artikel zu dem Thema finden Sie bei Dr. Kerstin Hoffmann unter *www.kerstin-hoffmann.de/prdoktor/markenbotschafter-strategie-typologie-beispiele/*.

▶ Machen Sie auf Veranstaltungen aufmerksam, auf denen man Ihre Mitarbeiter treffen kann.

▶ Verlinken Sie interessante Statistiken und Studien zu Ihrem Berufsfeld, natürlich inklusive Kommentar, warum diese für potenzielle Kandidaten relevant sind.

▶ Sprechen Sie in der Sprache Ihrer Zielgruppe und das auf Augenhöhe.

▶ Wenn Sie Stellenanzeigen auf den Business-Plattformen schalten, werden diese auf Ihrem Profil veröffentlicht. Tun Sie dies nicht, sollten Sie geeignete Angebote auf Ihrem Unternehmensprofil verlinken.

▶ Reagieren Sie zeitnah auf Kommentare und Nachrichten, seien Sie hilfreich und freundlich.

▶ Bleiben Sie in Erinnerung. Es reicht nicht mehr, wenn Sie Ihre Zielgruppe nur erreichen. Sie müssen so interessant, anders oder besonders sein, dass Sie aus der Masse herausstechen und so im Gedächtnis bleiben.

Wie Sie sehen, gelten hier die gleichen Regeln wie in allen anderen Unternehmensbereichen, nur eben in Inhalten, Themen und Tonalität auf ein spezielles Zielpublikum abgestimmt.

XING- und LinkedIn-Unternehmensprofile auf Ihrer Homepage

Um Interessenten auf Ihre Präsenzen in den Business-Netzwerken aufmerksam zu machen, bieten Ihnen beide Plattformen Buttons für Ihre Homepage an.

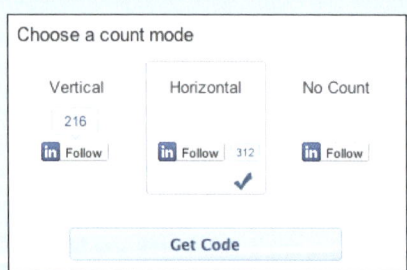

Abbildung 11.34 LinkedIn- und XING-Unternehmensprofil-Buttons

Auf XING finden Sie den Quellcode für den Button auf der rechten Seite neben dem jeweiligen Unternehmensprofil (siehe Abbildung 11.34, rechts), auf LinkedIn können Sie sich unter *www.linkedin.com/help/linkedin/answer/15496/linkedin-page-follow-button-overview* den Button für Ihr Unternehmen erstellen (siehe Abbildung 11.34, links).

11.7.6   Best-Practice-Beispiele zum Thema Employer Branding

Es gibt eine Reihe von guten Beispielen in Sachen Employer Branding im Netz, die dabei so völlig unterschiedlich sind, dass ich Ihnen hier eine kurze Liste mit meinen persönlichen Favoriten vorstellen werde. Um im Detail zu verstehen, was die Auftritte jeweils so gut macht, müssen Sie sich selbst hineinklicken und sich die Beispiele mit den Augen eines potenziellen Bewerbers ansehen.

Otto – Blick hinter die Kulissen

Das Otto Personalmarketing bespielt auf der Suche nach guten Kandidaten gleich fünf verschiedene Bereiche. Neben einer Karriereseite auf Facebook (*www.facebook.com/OTTOinside*, siehe Abbildung 11.35) werden über den Twitter-Kanal *@otto_jobs* (*http://twitter.com/otto_jobs*) Stellenangebote und Jobthemen getwittert, es gibt ein Otto-Azubiblog sowie das eStarter Blog und darüber hinaus Präsenzen auf XING und LinkedIn.

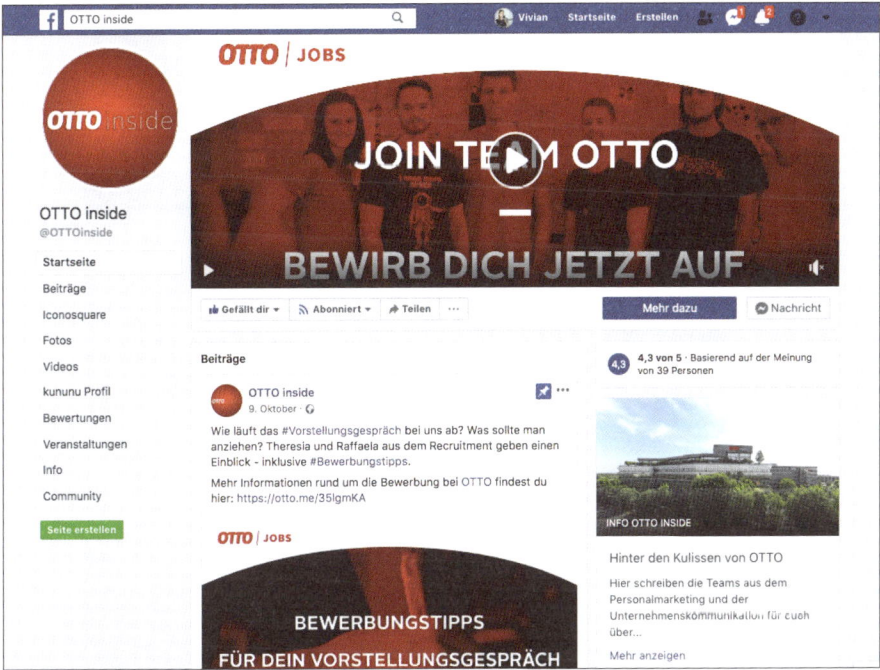

Abbildung 11.35 Die Seite »Otto Jobs« auf Facebook

Bundespolizei – authentische Einblicke auf Instagram, Facebook und YouTube

Die Bundespolizei betreibt ebenfalls ein breites Kanalangebot auf Facebook, You-Tube und Instagram (siehe Abbildung 11.36). Auf Facebook werden über 80.000 Fans mit Nachrichten aus der Polizeiwelt sowie Eindrücken aus dem Alltag unter-halten. Darüber hinaus bietet die Bundespolizei zusammen mit Polizei und Zoll unter *www.facebook.com/EinstellungstestPolizei/* eine Seite zum Üben des Einstel-lungstests an. Dem offiziellen Karriere-Account auf Instagram folgen mehr als 95.000 Nutzer. Dort bekommen die Fans in Bild und Video Einblicke, wie der Ar-beitsalltag aussehen kann.

Potenzielle Bewerber können wie auf Facebook ihre Fragen rund um Ausbildung und Karriere per Nachricht stellen. Der Fokus auf YouTube liegt auf Imagevideos, wie zum Beispiel der Vorstellung der unterschiedlichen Einheiten. Eine Übersicht über alle Kanäle finden Sie hier: *www.komm-zur-bundespolizei.de/bewerben/*

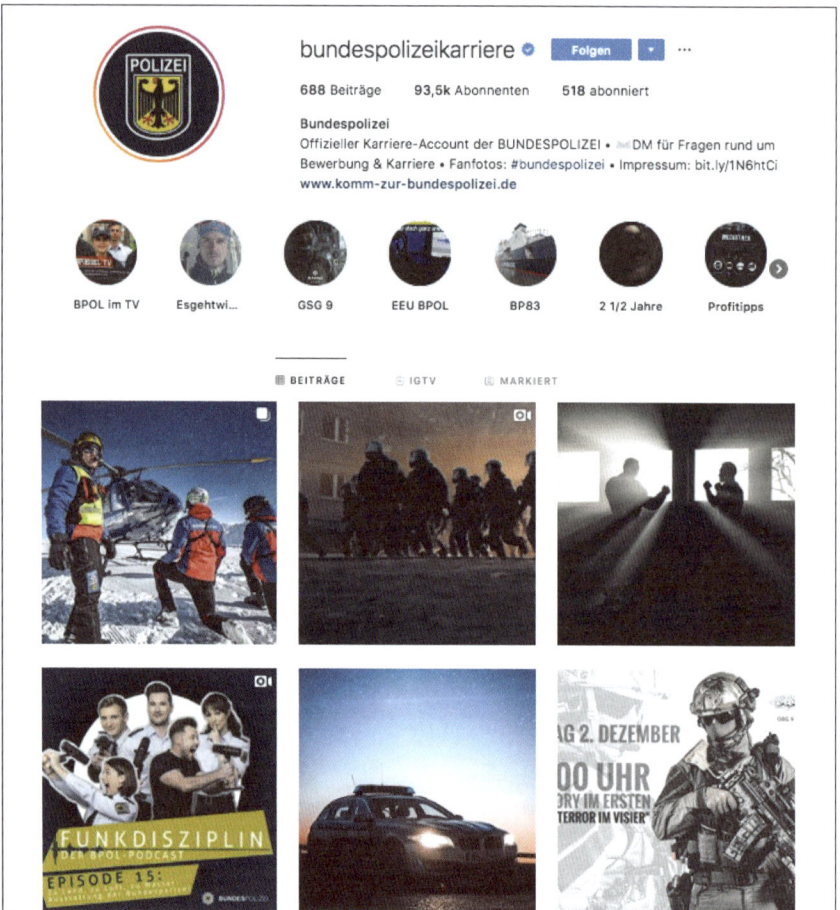

Abbildung 11.36 Einblicke in den Arbeitsalltag der Bundespolizei

Audi – crossmediale Kampagne für Zukunftstechniker

Audi startete die Image- und Recruiting-Kampagne »Some call it work – we call it passion«, um allein in Deutschland rund 1.200 Experten für die zukunftsträchtigen Bereiche Digitalisierung und Elektromobilität zu suchen. Kern der Kampagne, die neben Imagespot und Messekonzept mehrere Outdoor-, Print- und Bannermotive sowie Präsenzen in allen Audi-Onlinepräsenzen umfasste, war der Einsatz von Mitarbeitern, die bereits in den Innovationsbereichen arbeiten. Diese wurden bei ihrer Arbeit an der »Zukunft der Mobilität« in Bild, Video und Blogformat (*https://goo.gl/bEn7pT*) porträtiert und stellten dabei die Audi-typischen Themen wie Fortschritt und Technik in den Mittelpunkt (siehe Abbildung 11.37). Ein spannendes Interview zu der Kampagne finden Sie hier: *https://goo.gl/RwPWny*

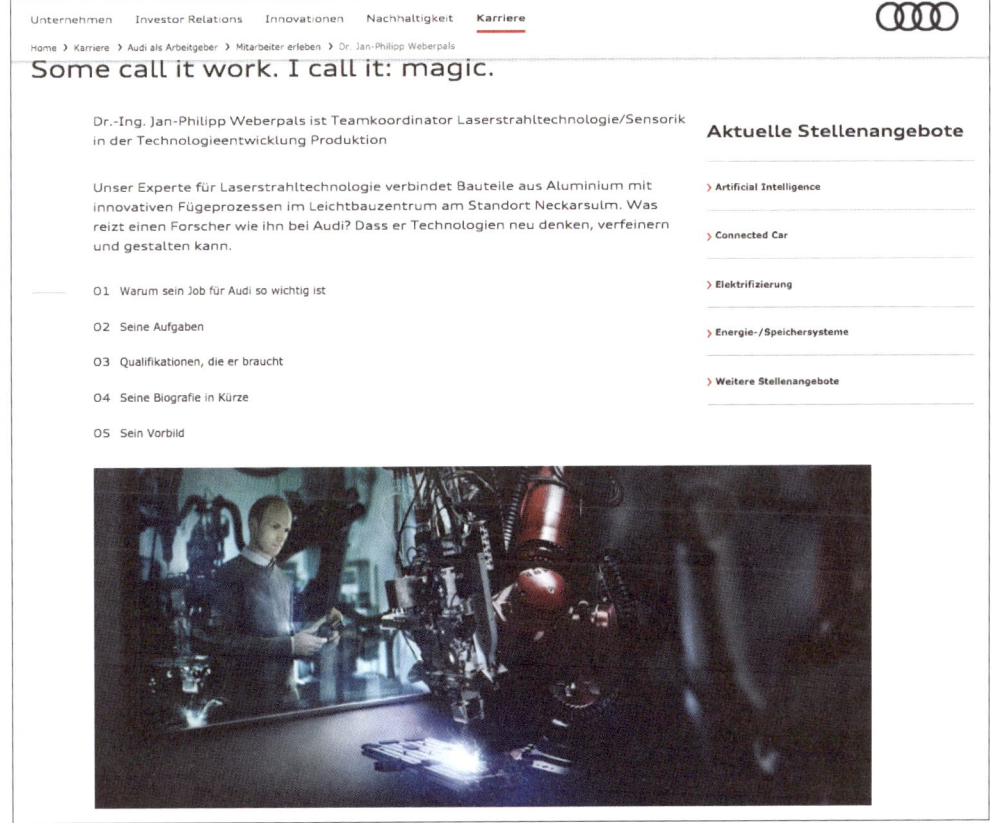

Abbildung 11.37 Interviews mit Mitarbeitern sollen Lust auf Audi machen.

Jetzt wissen Sie auch, wie Sie die Personalabteilung durch Social Media unterstützen können. Auch hier gilt: Setzen Sie sich mit den Verantwortlichen an einen Tisch, sensibilisieren Sie die Personaler für die Möglichkeiten, und entwickeln Sie gemeinsam

Ideen. Persönlich habe ich sogar die Erfahrung gemacht, dass die Personalabteilung stets zu den Ersten gehört, die gerne das Social Web nutzen möchten.

11.8 Forschung und Innovation

Noch nie hatten Unternehmen einen so direkten Zugang zu Meinungen, Ideen und Verbesserungsvorschlägen wie in den Zeiten von Social Media – eine riesengroße Chance für Ihr Unternehmen, die Bedürfnisse und Probleme Ihrer Kunden wirklich zu verstehen und auf dieser Basis Produkte und Dienstleistungen zu entwickeln. In diesem Abschnitt stelle ich Ihnen vor, wie Social Media die klassische Marktforschung komplettieren und wie Sie mit dem Instrument Crowdsourcing gemeinsam mit Ihren Kunden neue Produkte entwickeln können.

11.8.1 Die Grundlagen der Marktforschung

Um die Bedürfnisse ihrer Kunden zu erfüllen, müssen Organisationen die Verhältnisse auf den Märkten kennen, auf denen sie agieren. Genau an dieser Stelle kommt die Marktforschung ins Spiel. Die Beschaffung derartiger Informationen, insbesondere im Hinblick auf die Bedürfnisse der Kunden und das Käuferverhalten, ist Ihre zentrale Aufgabe. Die Marktforschung befasst sich zu diesem Zweck entsprechend mit der systematischen Sammlung, Aufarbeitung, Analyse und Interpretation von Daten. Dazu bedient sie sich insbesondere der folgenden Forschungsfelder:

▸ Untersuchung der Einstellungen und Meinungen zu bestehenden Produkten oder solchen, die sich noch in der Entwicklung befinden

▸ Analyse des Informationsverhaltens vor einem Kauf

▸ Ermittlung der Entscheidungskriterien der Konsumenten bei der Auswahl eines Produkts

Als Grundlage der Analysen werden Primär- und Sekundärquellen ausgewertet. Als Primärquellen werden dabei Daten bezeichnet, die aus einer extra dafür durchgeführten Erhebung stammen. Sekundärquellen basieren auf bereits vorhandenem Datenmaterial, wie zum Beispiel amtlichen Statistiken und Gutachten.

Datenerhebung und -analyse

Um Daten im Rahmen der Primärforschung zu gewinnen, werden in erster Linie die in Tabelle 11.5 aufgeführten Methoden angewandt.

Nach der Erhebung müssen die Daten ausgewertet und interpretiert werden. Quantitative Erkenntnisse lassen sich dabei durch Zählung sowie die Anwendung von speziellen Statistikprogrammen gewinnen.

Methode	Beispiel
Beobachtung	► Feldbeobachtung ► Laborbeobachtung
Befragung	► Telefoninterviews ► persönliche Interviews ► schriftliche Interviews ► Internetumfragen
Experiment	► Labortest ► Warentest ► Markttest
Panels	► Verbraucherpanels ► Handelspanels

Tabelle 11.5 Methoden in der Primärforschung

Für qualitative Erkenntnisse dagegen ist ein erheblicher Mehraufwand notwendig, darüber hinaus gibt es hier kein einheitliches Konzept, und die Praxis ist sehr individuell und erfahrungsgetrieben. Grundsätzlich lassen sich hier jedoch vier Ansätze unterscheiden:

► **Interpretation**: Eine Person interpretiert die Interviews oder Diskussionen im Hinblick auf die Fragestellung.

► **Konkretisierung**: Einzelne Äußerungen oder Beispiele werden Prototypen zugeordnet, die auf Basis der quantitativen Daten entwickelt wurden.

► **Kategorien**: Die beobachteten Handlungen oder Einstellungen werden einer Kategorie zugeordnet.

► **Tagging**: Den Ergebnissen werden Tags (Schlagwörter) zugeordnet, die inhaltlich erwähnt wurden.

Aufgrund des Spielraumes, der durch diese Auswertung entsteht, müssen die im Rahmen der Primärforschung gewonnenen Daten strengen Gütekriterien entsprechen. Hierzu zählen:

► **Objektivität**: Die Ergebnisse müssen unabhängig von der durchführenden Person sein.

► **Reliabilität**: Zufallsfehler müssen durch eine formale Genauigkeit ausgeschlossen werden.

► **Validität**: Die Ergebnisse müssen Gültigkeit haben.

▶ **Repräsentativität**: Die Ergebnisse müssen eine allgemeine Aussagekraft haben. Um repräsentative Ergebnisse für nationale Fragen zu erhalten, ist beispielsweise eine Befragung von mindestens 2.000 Personen notwendig.

Ablauf eines Marktforschungsprojekts

Der Ablauf eines Marktforschungsprojekts wird durch Homburg und Krohmer in elf Phasen eingeteilt:[19]

1. Formulierung des Problems
2. Festlegung des Untersuchungsdesigns
3. Festlegung der Informationsquellen
4. Bestimmung des Durchführenden
5. Festlegung der Datenerhebungsmethode
6. Auswahl der Stichprobe
7. Gestaltung des Erhebungsinstruments
8. Durchführung der Datenerhebung
9. Editierung und Codierung der Daten
10. Analyse und Interpretation der Daten
11. Präsentation der Forschungsergebnisse

Folglich wird eine Fragestellung formuliert, werden die zur Beantwortung notwendigen Quellen, Methoden und Instrumente gewählt, die Daten erhoben, ausgewertet und anschließend die Ergebnisse präsentiert. Wie Sie sehen, ist hier eine starke Ähnlichkeit zum Prozess des Social Media Monitorings (siehe Kapitel 9, »Social Media Monitoring und Measurement«) sichtbar.

Diese kurze Einführung in die klassische Marktforschung gibt Ihnen die Grundlage für den weiteren Verlauf dieses Abschnitts. Bei Interesse finden Sie eine Übersicht über weitere wichtige Begriffe und Methoden der Marktforschung unter: *http://bit.ly/14t13ax*

11.8.2 Marktforschung 2.0

Manch einer behauptet, dass die primäre Datenerhebung, die heute in der Marktforschung üblich ist, in Zukunft nicht mehr notwendig sein wird, da sämtliche Antworten aus dem Datenpool des Internets bezogen werden können. Dieser Meinung bin ich nicht, sehe die Möglichkeiten des Social Webs jedoch als wertvolle Ergänzung für die klassische Marktforschung an, und das hat die folgenden Gründe:

---

19 Christian Homburg, Harley Krohmer: in: Andreas Herrmann, Christian Homburg, Martin Klarmann: »Handbuch Marktforschung«, 3., überarb. u. erw. Aufl. Wiesbaden 2008., S. 21 ff.

- **Datenmenge**: Die Menge an Daten, die jeden Tag im Social Web entsteht, ist riesig, und es wird immer mehr.

- **Zugang zu bestimmten Zielgruppen**: Gerade jüngere Zielgruppen, die mit klassischen Methoden eher schwierig zu erfassen sind, halten sich in den sozialen Medien auf und sagen dort ihre Meinung.

- **Grenzenlos**: Social Media haben keine Grenzen; wenn Sie möchten, haben Sie Zugang zu globalen Informationen zu Ihren Themen.

- **Direkter Zugang**: Für Informationen und Meinungen müssen Sie nicht direkt auf Personen zugehen, sondern können die Daten auswerten, die diese freiwillig veröffentlicht haben.

- **Authentizität**: Meinungen und Stimmen, die auf den sozialen Plattformen veröffentlicht werden, sind ungefiltert und authentisch. Sie hören Ihren Anspruchsgruppen in freier Wildbahn zu statt unter Laborbedingungen.

- **Effizienz**: Sie haben hier nicht die Stimmen von 2.000 Personen vor sich, sondern können direkt Tausende Meinungen auswerten.

- **Echtzeit**: Ob Fehler bei einem neuen Produkt oder ein negativer Stimmungsumschwung gegenüber Ihrem Unternehmen, Social Media ermöglichen Ihnen, diese Informationen in Echtzeit zu erheben und direkt darauf zu reagieren.

- **Und den Wettbewerb gleich mit**: All diese Vorteile können Sie zugleich auf die Beobachtung des Wettbewerbs anwenden und sich zusätzlich mit diesem messen.

Social Media Monitoring, das Marktforschungswunder 2.0

Eine der größten Möglichkeiten der Marktforschung im Web habe ich Ihnen bereits ausführlich in Kapitel 9 erläutert: das Social Media Monitoring. Mit diesem Instrument können Sie eben diese ungefilterten Stimmen, Meinungen, Kritiken, Verbesserungsvorschläge und so viel mehr finden, filtern und auswerten. Darüber hinaus haben Sie die Möglichkeit, Trends zu erkennen, die Reputation Ihres Unternehmens laufend im Blick zu haben, Problematiken (*Issues*) aufzuspüren und rechtzeitig vorgewarnt zu werden, sollte eine Situation eskalieren.

Gezielte Umfragen im Web, der schnelle Weg zu bestimmten Fragen

Neben der Möglichkeit, die Daten auszuwerten, die bereits vorhanden sind, gibt es eine Reihe von Tools, die es Ihnen einfach machen, neue Daten zu erheben. Der Vorteil ist, Sie können dies genau dort tun, wo Ihre Zielgruppe bereits ist. Viele Anbieter bieten Ihnen beispielsweise direkt die Möglichkeit, erstellte Umfragen per App in Ihre Facebook-Fanseite einzubauen, andere sind nur einen Klick weit entfernt. Ein weiterer Vorteil ist, dass Sie quantitative und demografische Daten schnell und einfach auswerten können, die qualitativen Antworten müssen Sie jedoch auch hier manuell bearbeiten.

Tools für Umfragen im Web

Es gibt eine Reihe von Anbietern für Umfragen im Web. Folgende haben sich bewährt:

Survey Monkey: Survey Monkey (*http://surveymonkey.com*) ist eine professionelle Lösung für Onlineumfragen. In der kostenlosen Basisversion sind allerding nur zehn Fragen und 100 Antworten enthalten. Die kostenpflichtigen Versionen variieren zwischen 25 € und 67 € pro Monat und bieten Ihnen neben sicherer Verschlüsselung und unbegrenzten Fragen und teilweise auch Antworten in der teuersten Version auch die Möglichkeit, die Umfrage an Ihr Unternehmensdesign anzupassen. Alle Umfragen lassen sich auf Facebook und Ihrer Unternehmensseite einbinden. Der Funktionsumfang ist so groß, dass es teils ein wenig unübersichtlich wird.

Google Umfragen: Google Umfragen (*https://docs.google.com/forms*) basieren auf Google Docs und sind eine schnelle und einfache Möglichkeit, um eine Umfrage zu erstellen. Der Funktionsumfang ist zwar ein wenig kleiner als der von Survey Monkey, aber dennoch ausreichend für die meisten Umfragen. Nachteil ist, dass die Möglichkeiten zur Anpassung an die Corporate Identity des Unternehmens sehr eingeschränkt sind. Vorteil ist dafür, dass Sie die Google Umfragen völlig gratis nutzen können.

LimeSurvey: LimeSurvey (*www.limesurvey.org*) ist im Gegensatz zu seinen Vorgängern keine Onlineapplikation, sondern muss auf Ihren Unternehmensservern (oder bei einem Dienstleister) installiert werden. Dafür haben Sie die Daten dann auch direkt auf einem (eigenen) Server in Deutschland, was im Hinblick auf den Datenschutz ein riesiger Vorteil ist. Die Liste der Funktionen ist lang, neben 28 unterschiedlichen Fragetypen können Sie auch Fotos und Videos integrieren. Mit LimeSurvey können Sie unbegrenzte Umfragen erstellen, die Sie in WordPress und Drupal integrieren können. Entwickelt wurde das System übrigens in Hamburg.

11.8.3 Crowdsourcing

Die Königsdisziplin der Forschung im Social Web ist die gemeinsame Entwicklung von Produkten und Dienstleistungen mit Ihren Kunden, das sogenannte *Crowdsourcing*. Der Begriff Crowdsourcing bezeichnet dabei in Anlehnung an den Begriff *Outsourcing* die Auslagerung von Projekten an eine Gruppe von freiwilligen Internetnutzern. Der Gedanke, der hinter dem Crowdsourcing steht, ist der, dass Entscheidungen, die von einer heterogenen Masse von Einzelpersonen getroffen wurde, die Qualität von einer Expertenentscheidung erreichen kann. Diese »Wisdom of the Crowd« (Weisheit der Masse oder auch Schwarmintelligenz) hat sich in der Praxis bewiesen. Produkte, die auf diese Weise entstehen, sind mit Entwicklungen von Experten vergleichbar. Diese Erkenntnis können Sie für Ihr Unternehmen nutzen, um Kosten in der Entwicklung zu sparen. Gleichzeitig geben Sie Ihren Kunden das Gefühl, an etwas Großem teilzuhaben, und finden genau heraus, was diese wirklich wollen. Sie können sich also relativ sicher sein, dass das so entwickelte Produkt kein kompletter Reinfall wird.

Vorreiter auf diesem Gebiet war der Computerhersteller Dell, der seit Anfang 2007 auf seiner Innovationsplattform »Dell Ideastorm« (*www.ideastorm.com*) die eigenen Kunden dazu aufruft, ihre Ideen rund um das Unternehmen zu teilen. In Deutschland ist eine der ältesten und erfolgreichsten Beispiele die Plattform »Tchibo Ideas« (*www.tchibo-ideas.de*), auf der Kunden Ideen für neue Produkte einreichen und darüber diskutieren können. Die zahlreichen Produkte, die bereits realisiert wurden, können Sie sich unter *www.tchibo-ideas.de/loesungen/realisierte* ansehen.

11.8.4   Best Practice: McDonald's und Ritter Sport

Neben dauerhaften Innovationsplattformen wie »Dell Ideastorm« und »Tchibo Ideas« gibt es immer mehr Unternehmen, die ihre Kunden im Rahmen einer Kampagne dazu aufrufen, neue Produktideen zu entwickeln. Zwei besonders erfolgreiche Beispiele stelle ich Ihnen kurz vor.

McDonald's »Mein Burger«

Die Großmutter der Crowdsourcing-Kampagnen sind die Burger-Wettbewerbe von McDonald's. Die Fast-Food-Kette rief ihre Kunden insgesamt viermal auf, ihre eigenen Burger zu entwickeln. Auf der zugehörigen Onlineplattform konnten die Teilnehmer dafür aus vorgegebenen Zutaten ihre Burger zusammenstellen und in zwei Kategorien zur Wahl stellen.

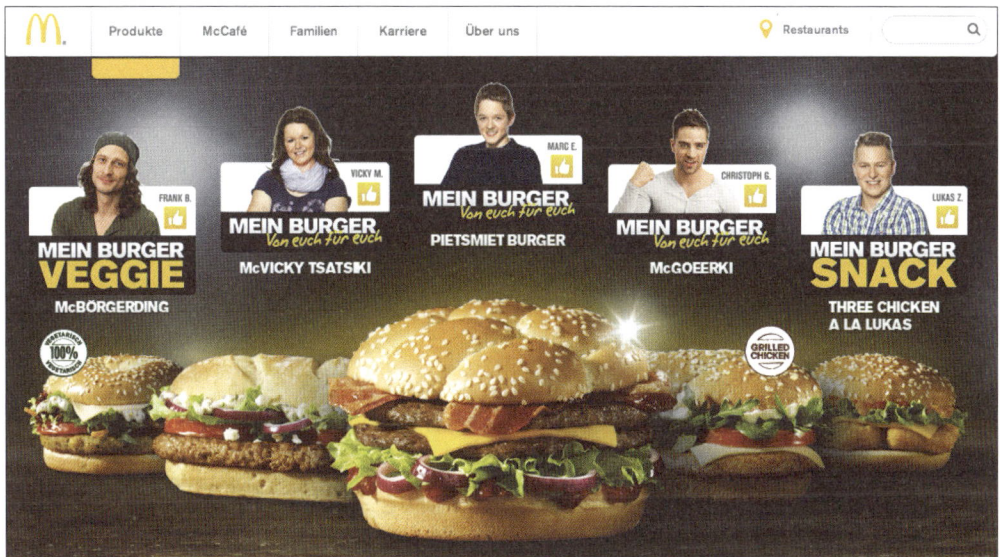

Abbildung 11.38 Die Gewinner der Aktion »Mein Burger«

Der eigentliche Clou kam aber erst im nächsten Schritt. Gewinnen konnte nur derjenige, der die meisten Stimmen sammelte. Entsprechend waren die Nutzer höchst motiviert, ihren Burger auf Facebook, Twitter & Co. zu teilen, um so möglichst viele Stimmen zu bekommen. 2015 wurden insgesamt 187.790 Burger kreiert und über 17 Mio. Stimmen abgegeben.[20] Aus den 16 höchstplatzierten Burgern im jeweiligen Bundesland wählte eine Fachjury die Halbfinalgewinner aus. Die Finalisten wurden daraufhin in den Filialen verkostet, während per Voting parallel der Gewinner ermittelt wurde.

Ein interessanter Fakt am Rande: In allen vier Wettbewerben verdankte mindestens ein Gewinner der Vorrunde (Beispiel siehe Abbildung 11.38) den Erfolg seiner großen Community. Überlegen Sie sich deshalb im Vorfeld gut, wie Sie im Falle des Falles mit der Teilnahme von Influencern umgehen. Ebenso sollten Sie auf Manipulationsversuche vorbereitet sein.

Die Ritter Sport SortenKreation

Bereits seit 2013 können Schleckermäuler unter *www.ritter-sport.de/sortenkreation/* ihre Ideen für eine Ritter-Sport-Schokolade einreichen. Bis November 2019 entstanden so über 55.000 SortenKreationen mit fast 10.000 verschiedenen Zutaten. Alle freigegebenen Sorten können von der Community bewertet werden. Die erste Sorte, die auch in den (Online-)Handel ging, war dabei die Limited Edition mit den schwäbischen Kult-Figuren Äffle & Pferdle, die Sorte »Hafer + Banane«. Auf der Plattform gehörte diese Sorte zu den beliebtesten Kreationen aller Zeiten, kein Wunder, dass die ersten 50.000 Exemplare nach einer Woche und die doppelt so große Folgeproduktion ebenfalls in Rekordzeit ausverkauft war.

HIMMLISCHE BEERE! Die Sorte mit Himbeerstückchen in Joghurtcreme umhüllt von Edel-Vollmilch Schokolade ist euer Sieger und auch wir finden sie wirklich super.

Herzlichen Glückwunsch, Katja! Du hast den gebrandeten Mini-Kühlschrank und einen Jahresvorrat RITTER SPORT Schokolade gewonnen. Viel Spaß beim Naschen!

Abbildung 11.39 Die besten Kreationen kommen in den Handel. (Quelle: Ritter Sport Blog)

---

20 *www.ahgz.de/unternehmen/mcdonalds-macht-rekorde-mit-burger-battle,200012221227.html*

Es folgte die Einhorn-Schokolade (siehe Abschnitt 11.5.3, »Best Practice: Social-Media-Marketingkampagnen«), und nachdem die Siegersorte der Sommerkreation 2017 (siehe Abbildung 11.39) ebenfalls ein voller Erfolg war, erschien sie auch dieses Jahr im Sortiment.[21] Die Produktentwicklung bei Ritter Sport lässt sich auch weiterhin durch die SortenKreationen inspirieren, und ich bin gespannt, was der nächste Clou wird.

11.8.5 So funktioniert auch Ihre Crowdsourcing-Kampagne

Abschließend noch ein paar Hinweise, wie auch Ihre Crowdsourcing-Aktion zum Erfolg wird:

- ▸ **Überlegen Sie sich, wen Sie einbeziehen möchten**: Das Thema Zielgruppe spielt auch bei Crowdsourcing eine große Rolle. Massenprodukte wie Lebensmittel oder Kosmetik sind zwar gut auf Facebook aufgehoben, doch für wissenschaftliche Probleme werden Sie hier weder die notwendige Technologie noch wahrscheinlich die richtigen Personen finden. Ein Beispiel für eine wissenschaftliche Lösung ist die Plattform Foldit (*http://fold.it*).

- ▸ **Klare Vorgaben**: Definieren Sie möglichst genau, was Sie von der Community möchten. Geben Sie die Rahmenbedingungen vor, damit die Produkte oder Ideen möglichst umsetzbar und auch finanziell sinnvoll bleiben. In den beiden Best-Practice-Beispielen von McDonald's und Ritter Sport werden beispielsweise die möglichen Zutaten pro Produkt eingeschränkt.

- ▸ **Klare Regeln**: Denken Sie auch immer an die »Scherzkekse« im Internet, und stellen Sie klare Regeln dafür auf, was okay ist und was nicht. Sonst geht es Ihnen so wie Pril, und Sie haben plötzlich eine Flasche »Pril mit Hähnchengeschmack« auf Platz eins der Abstimmung (siehe Abbildung 11.40).

  Ein großes Problem sind »übermotivierte« Wähler, die versuchen, die Abstimmung zu manipulieren. Hier gibt es eine Reihe von technischen Möglichkeiten, dies einzuschränken, vermeiden lässt es sich jedoch meist nicht komplett.

- ▸ **Regeln Sie die rechtliche Seite**: Machen Sie sich auch Gedanken darüber, wie Sie die rechtliche Seite gestalten möchten. Die meisten Unternehmen schreiben in den Teilnahmebedingungen fest, dass sämtliche Rechte an das Unternehmen übergehen. »Tchibo Ideas« dagegen unterstützt seine Teilnehmer dabei, Patente für ihre Ideen anzumelden, und beteiligt diese so am Gewinn.

- ▸ **Motivieren Sie Ihre Kunden**: »What's in it for me?« Diese Frage muss nicht zwingend mit einem finanziellen Beitrag beantwortet werden. Insbesondere bei der Produktentwicklung kann der Gedanke daran, dass das eigene Produkt Realität wird, Anreiz genug sein.

---

21 Mehr dazu und Bildquelle: *www.ritter-sport.de/blog/2015/09/10/die-siegersorte-der-sommer-kreationen/*

Abbildung 11.40 Pril mit Hähnchengeschmack – so war das sicher nicht gedacht.

▶ **Machen Sie Lärm**: Oder ermöglichen Sie Ihren Teilnehmern, möglichst viel Lärm für Sie zu machen. Eine gute Methode ist hier eben jenes Community-Voting, welches die Nutzer dazu animiert, ihre Kreationen möglichst breit zu streuen. Machen Sie es möglichst einfach, die eigene Idee in den sozialen Netzwerken zu teilen.

▶ **Setzen Sie sich mit Profis zusammen**: Für großflächige Crowdsourcing-Aktionen brauchen Sie einen Partner, der sich damit auskennt. Suchen Sie sich hier eine Agentur, die entsprechende Referenzen hat.

▶ **Plan B – für den Fall des Falles**: Crowdsourcing funktioniert oft, aber eben nicht immer. Überlegen Sie sich immer auch einen Plan B – zur Sicherheit.

Eine große Übersicht über Crowdsourcing-Projekte finden Sie bei Mathias Roskos, der Experte für dieses Thema ist, unter: *http://bit.ly/19slpJz*

Crowdsourcing-Aktionen sind im Verhältnis relativ aufwendig, bringen dafür aber neben neuen Produktideen auch eine Menge Reichweite und vor allem involvierte zufriedene Kunden.

11.9 Enterprise 2.0

Für das letzte Anwendungsszenario werde ich Ihren Blick einmal weg von den sozialen Netzwerken und in das Unternehmen hineinlenken. Enterprise 2.0 und der damit verbundene Einsatz von Social-Media-Tools im Unternehmen eröffnet ganz neue Möglichkeiten der Zusammenarbeit und der internen Kommunikation. Was Enterprise 2.0 genau bedeutet und welche Erfolgsfaktoren und Herausforderungen dieses Feld an Sie und Ihr Unternehmen stellt, wird Ihnen im Folgenden Oliver

Ueberholz darstellen. Oliver gründete bereits 1999 sein erstes Unternehmen, eine wiederverkaufbare Community-Lösung für Bonn, und unterstützt seit 2007 Unternehmen dabei, Social-Media-Plattformen aufzubauen und Enterprise 2.0 einzuführen. Er ist geschäftsführender Gesellschafter der mixxt GmbH, eines Anbieters von Social-Enterprise-Software, und anerkannter Experte auf dem Gebiet.

11.9.1   Definition von Enterprise 2.0

Es gibt viele Definitionen von Enterprise 2.0. Die älteste Definition hat Professor Andrew McAfee der Harvard Business School im Jahr 2006 geliefert:

> *»Enterprise 2.0 ist die Nutzung von Social-Software-Plattformen innerhalb von Unternehmen oder zwischen Unternehmen, ihren Partnern oder Kunden.«[22]*

Mittlerweile sieht man dies aber differenzierter. Es müssen nicht gleich Plattformen sein, es können auch einzelne Werkzeuge sein. Mir fehlen bei dieser Definition die konkreten Ziele, weshalb ich es anders definiere:

> *»Enterprise 2.0 dreht sich um die Herausforderung, im Unternehmen die Produktivität, Kreativität, Innovationskultur, Organisation, Kommunikation und Agilität zu verbessern, indem es eine neue Informations- und Kommunikationskultur schafft, starre Hierarchien aufweicht und virtuelle Teams zusammenbringt, die kurzfristige oder langfristige Aufgaben effektiver lösen. Dabei werden verstärkt interaktive und kollaborative Systeme eingesetzt, die sich durch flache Hierarchien und bestmögliche Benutzbarkeit (Usability) hervortun und sich an die modernen Arbeitsweisen anpassen.«*

11.9.2   Wieso Enterprise 2.0?

Enterprise 2.0 kann man als eine Art Neustart unserer Unternehmensstrukturen und -strategie verstehen. Die meisten Unternehmen sind so aufgebaut, wie es zu Zeiten der Industrialisierung üblich wurde:

▶ Arbeitszeiten zu Tageslicht: 9 to 5

▶ strikte Arbeit am Arbeitsplatz (innerhalb des Unternehmens)

▶ komplexe hierarchische Strukturen (Teams, Abteilungen, C-Levels)

▶ Fachabteilungen und deren Leiter stellen die höchste fachliche Entscheidungsinstanz dar.

▶ Kunden werden von dem Inneren des Unternehmens abgeschirmt.

▶ Gehalt wird als Hauptmotivator für die Arbeit angesehen.

▶ Innovation und Produktentwicklung geschehen innerhalb des Unternehmens.

---

22 *http://andrewmcafee.org/2006/05/enterprise_20_version_20*

▶ Unternehmen setzen auf Festangestellte in Vollzeit und Teilzeit.

▶ Unternehmen stellen ihren Mitarbeitern die Arbeitsgeräte.

In der heutigen Zeit weist aber jeder dieser bisher als unantastbar angesehenen Grundsätze des Unternehmens kleine oder große Risse auf. Studien zeigen, dass mehr Bezahlung nicht zu mehr Loyalität, Produktivität oder Kreativität führt. Gruppen von Menschen, die sich noch nie zuvor gesehen haben und auch nicht von dem Unternehmen angestellt sind, schaffen gemeinsam Werte und Wissen, die traditionellen Institutionen Paroli bieten können und sie in einigen Punkten sogar übertreffen, wie zum Beispiel bei der Wikipedia oder dem Crowdsourcing. Das Homeoffice und der mobile Arbeitsplatz sind auf dem Vormarsch. Arbeitnehmer möchten an den Geräten arbeiten, an denen sie sich produktiver und einfach besser fühlen.

Es gibt also mehr als das Geld, den Arbeitgeber und dessen Gebäude und Geräte. In immer mehr Berufen werden wir zu Knowledge Workern, bei denen Information, die Lösung immer komplexerer Probleme und die Agilität mehr und mehr an Bedeutung gewinnen. Diese immer kopflastigere Arbeit führt auch zu einem Umdenken bei den Mitarbeitern. Enterprise 2.0 sucht und findet darauf Antworten.

Die praktischen Werkzeuge des Enterprise 2.0

Im Enterprise 2.0 geht es verstärkt darum, Werkzeuge einzusetzen, die wir aus den sozialen Medien kennen. Da diese aber nicht als Medien genutzt werden, kommt hier der Begriff der Social Software auf. Zu den üblichen Tools gehören:

▶ Mitarbeiterprofile, oft auch interaktiv (kommentieren, taggen, merken)

▶ Blogs

▶ Wikis

▶ Diskussionsforen, Gruppen

▶ Frage- und Antwort-Systeme

▶ Activity Streams (ähnlich den Strömen von Beiträgen aus Facebook und Twitter)

▶ Chats und Instant Messaging in Echtzeit

▶ Kollaborationsmöglichkeiten (Dokumente, Text- und Tabellenbearbeitung)

▶ moderne Medienformate (Podcasts, Videocasts, Webinare, Videochats)

Nicht alle diese Werkzeuge müssen innerhalb eines Unternehmens zum Einsatz kommen. Es gilt dabei eher, eine solide, nützliche und verständliche Basis an notwendigen Werkzeugen zu finden, als sie alle einzuführen.

11.9.3 Unterschiede zwischen Social Media und Social Software

Auch wenn die Social Software nur aufgrund der Beliebtheit von Social Media aufgekommen ist, sind die beiden Anwendungsgebiete grundlegend verschieden.

Einer der wesentlichsten und leider auch am stärksten vernachlässigten Unterschiede ist die Tatsache, dass jeder Nutzer eines Social-Software-Systems auch gleichzeitig ein Angestellter des Unternehmens ist (mit Ausnahme von Kunden oder Partnern, die darin eingebunden werden können). Durch die namentliche Kennzeichnung jedes Inhalts durch den jeweiligen Autor werden viele Probleme wesentlich minimiert, die in den »offenen« sozialen Medien auftreten können. Mir ist zum Beispiel kein Fall bekannt, in dem politisch sehr fragwürdige, rechtlich bedenkliche, sexistische oder sogar sexuelle Inhalte innerhalb eines Unternehmens veröffentlicht worden wären.

Dafür entstehen innerhalb eines Unternehmens auch viele Probleme, die es in freier Wildbahn nicht gibt. So können Befindlichkeiten unter Kollegen oder in Bezug auf den Vorgesetzten oder auch die vollkommene Offenheit von sensiblen Daten oder Informationen zu Problemen führen. Deshalb muss der Social Media Manager seine Erfahrungen mit Social Media für den Enterprise-2.0-Kontext immer wieder hinterfragen und überlegen, ob seine Lösung oder seine Empfehlung auch für diesen unternehmensinternen Einsatz passt oder nicht vielleicht etwas angepasst werden muss.

11.9.4   Der kulturelle Wandel des Enterprise 2.0

Enterprise 2.0 ist nicht einfach nur die Einführung einiger schöner Web-2.0-Tools. Aufgrund der Funktionsweise dieser Werkzeuge und der Zielsetzung des Enterprise 2.0 ist auch ein kultureller Wandel innerhalb des Unternehmens notwendig. Diese Ansicht ist erst nach der ursprünglichen Definition hinzugekommen. Einerseits hat man gelernt, dass die bloße Einführung von Wikis und Blogs nicht automatisch bedeutet, dass das Unternehmen produktiver und kreativer wird und nun alle Mitarbeiter diese regelmäßig einsetzen. Andererseits ist diese Ansicht aber auch deshalb aufgekommen, weil viele Einführungen dieser Werkzeuge keinen messbaren Effekt verursacht haben.

Der kulturelle Wandel betrifft vor allem die Informationsverteilung, die Kommunikation und die Struktur des Unternehmens. Information darf nicht mehr im Push-Prinzip durch E-Mails mit ewigen Kopie-Empfängern verteilt und somit in Posteingängen ausgewählter Mitarbeiter verschlossen werden. Die Information muss stattdessen zentral abgelegt werden, damit alle Kollegen, die diese Information benötigen, diese auch finden können. Die Kommunikation verläuft dadurch nicht mehr entlang der starren Hierarchien des Unternehmens. Schließlich soll eine gute Idee schnell aufgegriffen, weiterentwickelt und implementiert werden können. Oder bereits hart erarbeitete Erfahrungswerte sollen direkt von allen nutzbar sein, ohne einen komplexen Erfassungsprozess für Wissen zu durchlaufen und im Zweifelsfall irgendwo zu versickern. Hierarchien werden dadurch auch verändert. Es entsteht mehr Gruppendynamik in der »Communitys of Practice«, also eine Art virtuelle Teams mit einem spezifischen Fachbezug, die höchste fachliche Instanz werden.

Diese Offenheit, dieses Loslassen von traditionellen Kontrollmethoden und die neue Verantwortung, die jeder einzelne Mitarbeiter nun erhält, wird in den Augen vieler Manager und Mitarbeiter leider noch als Risiko statt als Chance begriffen. Mir erscheint diese als Mantra gepredigte Forderung nach einem kulturellen Wandel aber auch oft als Ausrede von Softwareherstellern benutzt zu werden. Denn: Wenn diese Werkzeuge so viel besser sind und eine so viel effektivere Arbeit ermöglichen, wieso benötigen diese dann so viel Engagement, Planung und Wandel, um akzeptiert zu werden? Sollte der kulturelle Wandel nicht durch die Werkzeuge entstehen? Hier kommen wir zu den Kernanforderungen von Enterprise-2.0-Werkzeugen: die User Experience, die Usability und die Integration der altmodischen und ineffektiven Kommunikationsformen, an denen sich viele noch festklammern. Ja, von der 40 Jahre alten E-Mail ist die Rede. Mehr dazu später.

11.9.5   Die kritischsten Erfolgsfaktoren für Enterprise 2.0

Das Unternehmen muss es wirklich wollen, auf allen Ebenen, in allen Abteilungen, mit überzeugender Konsequenz und inklusive des Betriebsrates. Als Erstes muss das Management an Bord sein, es muss also mindestens einen Sponsor und Champion geben, der auf höchster Ebene im Unternehmen aktiv ist und die Einführung mit Herzblut unterstützt.

Im Kern sollte ein abteilungsübergreifendes Team stehen, das die Einführung plant, alle Abteilungen auf höchster und niedrigster Ebene einbindet, Schulungen und Trainings durchführt und die restlichen Entscheider des Unternehmens durch Mentoring, Workshops oder andere Methoden davon überzeugt und für die Sache gewinnt. Dabei dürfen weder der Betriebsrat noch die IT-Abteilung noch der Datenschutz noch die (IT-)Sicherheit zu kurz kommen. Während dieser Planungsphase müssen ebenfalls die KPIs der ersten Launchphase sowie der Status quo bestimmt werden, um nach der Einführung Vergleichswerte zu haben und Erfolge bestimmen zu können.

Zur erfolgreichen Einführung gehört ein gemeinsam anerkanntes Regelwerk, wie mit den Werkzeugen umgegangen werden sollte, wie die Tonalität klingt und welche Grenzen es gibt. Dieses sollte nicht jede Eventualität abdecken, sondern eine kompakte, verständliche und allgemeingültige Sammlung an Richtlinien beinhalten. Ohne diesen Rahmen entartet eine Einführung zu oft in Chaos, und die gute Idee sowie die frühen Advokaten werden verbrannt. Nach dem Launch gilt es, die Unterstützung des Managements zu sichern, bis die ersten Erfolge erzielt werden können, ein Community Management von dauerhafter Qualität zu gewährleisten und als Moderator für eventuelle Probleme in den Frühphasen bereitzustehen.

Nicht zuletzt ist auch die eingesetzte Software kritisch für den Erfolg von Enterprise 2.0 im Unternehmen.

11.9.6   Die kritischen Erfolgsfaktoren von Enterprise-2.0-Werkzeugen

Im Gegensatz zur Textverarbeitung, Tabellenkalkulation und Buchhaltungssoftware beruht die eingeführte Social Software auf einer freiwilligen Nutzung. Auch wenn einige Bestandteile und Inhalte verpflichtend sein können, ist die vollumfängliche Nutzung in den allermeisten Fällen freiwillig. Folglich muss das System einfach zu bedienen sein (Usability) und Spaß machen. Das Nutzungserlebnis (User Experience) muss in den Vordergrund gerückt werden.

Auf folgende Kriterien sollte unbedingt geachtet werden:

▶ Verstehen versierte und nicht versierte Nutzer große Teile des Systems innerhalb von maximal 1 Minute?

▶ Wird jeder Inhalt mit dem Autor und der Veröffentlichungszeit gekennzeichnet?

▶ Ist eine Bildung von Gruppen oder Unterbereichen für Projekte und/oder Themen einfach möglich?

▶ Löst das System auch wirklich die vorher gestellten Anforderungen, oder liefert es einfach nur alle Funktionen, die man in diesem Kontext so kennt?

▶ Können Nutzer des Systems auch mit anderen Mitarbeitern kommunizieren, die das System weniger intensiv oder gar nicht nutzen, ohne das System dabei verlassen zu müssen?

▶ Erfüllt das System die notwendigen Anforderungen des Datenschutzes, der Rechtsabteilung, des Betriebsrates und der Sicherheit?

▶ Verfügt das System auch über vollwertige mobile Anwendungen?

Besonders wichtig ist hier die Integration in die bestehende IT-Landschaft. Oft werden solche Enterprise-2.0-Systeme nur in Teilen innerhalb des Unternehmens ausgerollt. Dies ist allerdings leider allzu oft das Rezept für eine Fehleinführung, weil diejenigen Mitarbeiter mit dem System dennoch dieses verlassen müssen, um mit anderen Mitarbeitern kommunizieren zu können. Deshalb ist eine vollwertige Integration von zum Beispiel E-Mail sehr sinnvoll sowie auch die Synchronisation von Kalendern, Dateien, Aufgaben und anderen Daten mit den bestehenden Systemen innerhalb des Unternehmens. Dadurch werden die ersten Befürworter und Nutzer nicht immer wieder zu den alten Systemen zurückgezerrt.

Vorsicht ist auch bei Piloten und Testphasen zu genießen. Betont man zu sehr den Testcharakter eines Systems, werden die Mitarbeiter sich nicht genug mit dem System beschäftigen und sich unzureichend einbringen, was den Erfolg negativ beeinflusst.

11.9.7   Die Rolle des Social Media Managers im Enterprise 2.0

Selten wird von Ihnen als Social Media Manager erwartet, dass Sie Enterprise 2.0 innerhalb des Unternehmens einführen. Vielmehr sollte Ihre Rolle sein, die Einführung als Mentor und Champion zu begleiten. Sie sind aber auch der Moderator zwischen der Unternehmenssichtweise und der Welt von Social Media. Sie wissen, wie diese Medien genutzt werden, welche Erwartungshaltungen an die Kommunikation entstehen können und welche Regeln und Ausprägungen sinnvoll sind. In Bezug auf die einzusetzenden Systeme sind Sie vermutlich eine der ganz wenigen Personen im Unternehmen, die die wichtigen Faktoren wie die Usability, die User Experience und die Feinheiten der Lösungen im Detail evaluieren kann. Stellen Sie sich also als Mentor zur Verfügung. Helfen Sie aktiv bei der Entwicklung der Trainingskonzepte, bei den Workshops selbst, beim Community Management, beim Aufbau des Intranet-Teams, und nutzen Sie Ihren Einfluss im Unternehmen, um solche guten Ideen auch zur Verwirklichung zu bringen.

Wie Sie sehen, ist das Feld der Anwendungsmöglichkeiten von Social Media sehr weit und geht mit einer Reihe von Anforderungen, aber auch Chancen einher. Welche der Möglichkeiten Sie für Ihr Unternehmen beanspruchen, hängt allein von Ihren Zielen und den verfügbaren Ressourcen ab. Überstürzen Sie nichts, fangen Sie klein an, und machen Sie lieber einen Bereich richtig gut als alles nur ein bisschen.

12 Rechtliche Grundlagen

Als Social Media Manager ist es für Sie Pflicht, die rechtlichen Grundlagen in Social Media zu kennen und stets über Änderungen informiert zu sein. Im Rahmen der Vorstellung von wichtigen Fachblogs habe ich Ihnen bereits das Blog von Rechtsanwalt Dr. Thomas Schwenke, LL. M. empfohlen. Diesen Experten, der zu den bekanntesten Social-Media-Anwälten in Deutschland gehört, konnte ich dafür gewinnen, für Sie einen Crashkurs in Social-Media-Recht zu verfassen. Dieses Kapitel stammt aus seiner Feder, ich habe für Sie an den relevanten Stellen Beispiele und Praxistipps eingefügt, die Sie durch die farbliche Abhebung erkennen können. Natürlich kann Herr Schwenke Ihnen hier nur die absoluten Grundlagen erläutern, für eine Vertiefung der Themen empfehle ich Ihnen wärmstens seine Website, auf der er Whitepaper zu vielen der angesprochenen Themen bietet: »https://drschwenke.de«.

Die rechtlichen Gefahren beim Umgang mit sozialen Medien liegen nicht darin, dass es ein »Social-Media-Recht« oder neue Gesetze gäbe, die es zu erlernen gilt. Ganz im Gegenteil. Das Problem liegt darin, dass weiterhin das bestehende Recht gilt, es aber nicht mehr zu unserem täglichen Umgang mit Social Media passen will. Oder würden Sie beim »Teilen« eines Facebook-Beitrags daran denken, dass Sie gegebenenfalls einen Urheberrechtsverstoß begehen und die Haftung für den Beitragsinhalt übernehmen? Rechtliche Vorgaben und das Rechtsgefühl driften immer weiter auseinander. Weil zusätzlich in Social Media die Kommunikation nicht von langer Hand vorbereitet und geprüft wird und vor allem öffentlich stattfindet, ist die Gefahr groß, dass Fehler sichtbar und ausgenutzt werden. Dieses Kapitel hat jedoch nicht das Ziel, Sie von der Nutzung sozialer Medien abzuhalten oder Schreckensszenarien zu zeichnen. Vielmehr soll es Ihnen ein Rechtsgefühl vermitteln, das Ihnen hilft, die gesetzlichen Vorgaben unabhängig von der eingesetzten Technik und den genutzten Plattformen einzuhalten. Dazu brauchen Sie kein Jura studiert zu haben oder Paragraphen auswendig zu kennen. Wenn Sie die nachfolgenden Regeln beachten, werden Sie sicher 99 % aller rechtlichen Gefahren umschiffen.

12.1 Anwendbares Recht und Hausregeln

Wenn Sie in Deutschland wohnen oder als Unternehmen Ihren Sitz haben, müssen Sie das deutsche Recht beachten. Das gilt auch, wenn Sie zum Beispiel eine ausländische Plattform wie Facebook nutzen. Auch wenn Sie aus dem Ausland tätig sind, aber explizit die deutsche Zielgruppe ansprechen, müssen Sie das deutsche Recht beachten. Umgekehrt müssen Sie auch die Gesetze anderer Länder beachten, wenn Sie dortige Zielgruppen ansprechen. Jedoch können Sie davon ausgehen, dass Sie sich bei Beachtung der strengen deutschen Gesetze auch im Ausland rechtskonform verhalten werden. Neben den gesetzlichen Vorgaben müssen Sie auch die Hausregeln der Social-Media-Dienste beachten. Diese können in AGB, Nutzungsbedingungen sowie Richtlinien enthalten sein oder wie bei Facebook aus einem Bündel verschiedener Vorgaben für Profile, Seiten oder Werbemaßnahmen bestehen. Gerade bei geschäftlicher Nutzung können die Verstöße gegen die Hausregeln mit Entfernung von Werbekampagnen oder Löschung von Accounts zu schlimmeren Konsequenzen als Gesetzesverstöße führen.

Hausregeln der größten Social-Media-Dienste

Mitunter machen es einem die Social-Media-Dienste gar nicht so leicht, die jeweiligen Hausregeln zu befolgen. Damit Sie nicht lange suchen müssen, habe ich Ihnen hier eine Übersicht für die größten Dienste zusammengetragen. Dabei steht die Abkürzung TOS für *Terms of Service*, das englische Pendant zu den deutschen AGB (allgemeine Geschäftsbedingungen).

▶ Facebook-TOS
   www.facebook.com/legal/terms

▶ Facebook-Richtlinien für Fanseiten
   www.facebook.com/page_guidelines.php

▶ Twitter-TOS
   https://twitter.com/tos

▶ XING-AGB
   www.xing.com/terms

▶ LinkedIn-TOS
   www.linkedin.com/legal/user-agreement

▶ YouTube-TOS
   www.youtube.com/static?template=terms

▶ Pinterest-TOS
   http://about.pinterest.com/terms

▶ Instagram-TOS
   http://instagram.com/legal/terms

12.2   Wahl eines Accounts

Bevor Sie eine Präsenz innerhalb eines sozialen Netzwerkes anlegen, sollten Sie prüfen, ob die von Ihnen geplante Nutzung überhaupt zulässig ist. Zum Beispiel kann die geschäftliche Nutzung nur gegen die Zahlung eines Mitgliedsbeitrags zulässig sein (zum Beispiel bei der Videoplattform *Vimeo.com*). Darüber hinaus hat sich bei sozialen Netzwerken eine Unterscheidung zwischen persönlichen Profilen für natürliche Personen und Unternehmensprofilen (auch Seiten oder Fanseiten genannt) für Unternehmen sowie Organisationen eingebürgert. Wenn Sie sich zum Beispiel bei Facebook anmelden, erhalten Sie automatisch ein persönliches Profil. Möchten Sie jedoch Ihre Unternehmenspräsenz aufbauen, müssen Sie hierzu eine »Seite« anlegen. Freiberufler können sich dagegen entscheiden, ob sie eine Seite anlegen oder ein persönliches Profil nutzen wollen. Jedoch sollten Sie bedenken, dass mit der geschäftlichen Nutzung des persönlichen Profils das ganze Profil geschäftlich wird. Damit müssen strengere Regeln des Wettbewerbsrechts und die Impressumspflicht beachtet werden.

12.3 Benennung des Accounts

Im nächsten Schritt müssen Sie prüfen, ob der geplante Account-Name rechtmäßig ist. Wenn Sie Ihren bürgerlichen Namen verwenden oder einen bereits markenrechtlich geprüften Unternehmens- oder Markennamen, werden Sie ebenfalls keine Probleme erhalten. Soll es jedoch ein Fantasiename sein, müssen Sie fremde Namens-, Marken- oder Titelrechte geltend machen. Daher gehört zu jeder neuen Namenswahl eine vorhergehende Recherche in Suchmaschinen und den Markenämtern (Deutschland/EU). Des Weiteren haben einige Anbieter eigene Namensvorgaben, wie zum Beispiel Facebook, das Großschreibung, Symbole oder Slogans in Namen verbietet.

Benennung Ihrer Facebook-Seite

Die genaue Regelung zu der Benennung einer Seite auf Facebook finden Sie unter *www.facebook.com/page_guidelines.php*. Bevor Sie sich Gedanken über den Namen Ihrer Facebook-Seite machen, sollten Sie diesen Abschnitt aufmerksam lesen.

12.4 Impressumspflicht

Auch geschäftliche Social-Media-Präsenzen, die Webseiten gleichkommen, weil deren Betreiber Bilder und Texte einstellen, werben und mit Nutzern kommunizieren können, unterliegen der Impressumspflicht. Dazu gehören zum Beispiel Präsenzen innerhalb von Facebook (wozu nicht nur Seiten, sondern auch geschäftlich angelegte Veranstaltungen und Gruppen gehören), Twitter, Instagram, YouTube oder Profile von Unternehmen oder Selbstständigen bei XING und LinkedIn.

12.4.1   Inhalt des Impressums

Da ein Impressum von der Person, dem Unternehmen und deren Tätigkeit abhängig ist, würde es den Rahmen sprengen, hier einzelne Möglichkeiten aufzuführen. Stattdessen verweise ich Sie auf die Seite *http://anbieterkennung.de* oder eine Vielzahl von Impressumsgeneratoren, die Sie per Onlinesuche finden können.

Aktuelles zur Impressumspflicht

Auf der Website von Thomas Schwenke finden Sie aktuelle Hinweise und Beispiele zur Erfüllung der Impressumspflicht: *https://drschwenke.de/allfacebook-whitepaper-impressumspflicht-datenschutzerklaerung-disclaimer-facebook/*.

12.4.2   Einfach erkennbar und unmittelbar erreichbar

Ein Impressum muss einfach zu erkennen und unmittelbar erreichbar sein. Es ist unmittelbar erreichbar, wenn es von jeder Seite des Social-Media-Profils aus mit zwei Klicks erreicht werden kann. Viel problematischer als die Erreichbarkeit ist die Frage, ob ein Impressum einfach zu erkennen ist. Bisher wurden Rubriken wie IMPRESSUM, ANBIETERANGABEN, KONTAKT, MICH oder ÜBER MICH als ausreichende Orte für ein Impressum angesehen, INFO dagegen nicht. Den Einwand, dass die Plattform kein Feld für einen Impressumseintrag bietet, lassen Gerichte nicht gelten. Daher müssen Sie kreativ werden und zum Beispiel einen Link zum Impressum statt des Website-Links oder in der Profilbeschreibung eintragen.

Beispiel für eine rechtskonforme Facebook-Seite

Statt eines Links zum Impressum ist es möglich, einen Link zum Beispiel zur Website oder zu einem Shop zu setzen, wenn zugleich darauf hingewiesen wird, dass sich dort ein Link zum Impressum befindet (siehe Abbildung 12.1).

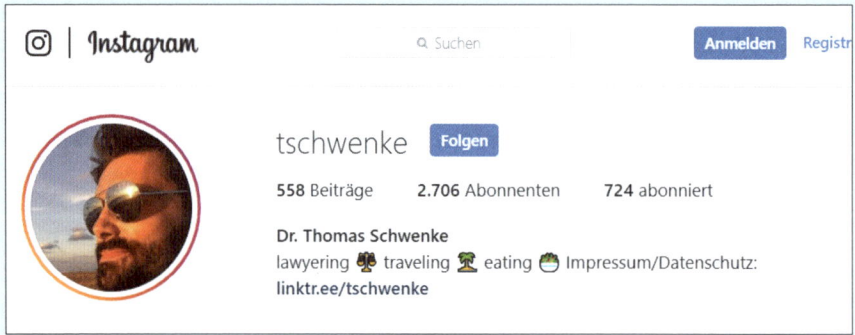

Abbildung 12.1 Impressums-Work-Around im Instagram-Account von Thomas Schwenke

12.5   Nutzung von Bildern und Videos

Bevor Sie innerhalb von Social-Media-Plattformen Bilder verwenden, müssen Sie klären, ob Sie ein Recht dazu haben. Denn so gut wie alle Grafiken und alle Fotografien sind urheberrechtlich geschützt. Werden sie in Social Media verwendet, müssen die Rechteinhaber um Einwilligung gefragt werden. Das gilt ganz besonders für Profilbilder oder Coverbilder. Dabei steigt die Anzahl der Abmahnungen in diesem Bereich, da Rechteinhaber dank der verbesserten Bildersuchtechniken die Urheberrechtsverstöße immer einfacher aufspüren können.

12.5.1   Bilder aus Stockarchiven

Wenn Sie Bilder bei Stockarchiven einkaufen, müssen Sie beachten, dass die Lizenzbedingungen der Stockarchive eine weitere Einräumung von Bilderrechten gegenüber Dritten verbieten. Wenn Sie sich jedoch bei den Social-Media-Plattformen registrieren, räumen Sie diesen Nutzungsrechte an den eingestellten Inhalten ein und verstoßen damit gegen die Lizenzbedingungen der Stockarchive. Die Folge ist ein abmahnbarer Urheberrechtsverstoß.

Da der Umfang der eingeräumten Rechte unterschiedlich ist, sollten Sie mit den Betreibern der Stockarchive klären, ob Sie diese Bilder auch innerhalb von Social-Media-Plattformen verwenden dürfen. Zudem offerieren mittlerweile viele Anbieter spezielle Social-Media-Lizenzen. Meiden Sie ferner kostenlose Bilddatenbanken, die jedermann erlauben, Bilder hochzuladen, und keine Gewährleistung bieten. Häufig werden dort Bilder illegal hochgeladen, und Sie werden im Fall einer Abmahnung die Kosten selbst tragen müssen.

Inhalte mit Creative-Commons-Lizenz

Mehrere Social-Media-Plattformen räumen ihren Nutzern die Möglichkeit ein, ihre Werke mit einer sogenannten *Creative-Commons-(CC-)Lizenz* (*http://de.creativecommons.org*) zu versehen. Creative-Commons-Lizenzen ermöglichen dem Nutzer, die Grundregeln für das Teilen seiner Inhalte genau zu bestimmen. Neben der Wahl, ob das eigene Werk verändert und/oder kommerziell genutzt werden darf, kann die Lizenz auch auf bestimmte Länder eingeschränkt werden. Dies geht einfach und bequem per Lizenzgenerator unter *http://creativecommons.org/choose/?lang=de*.

Grundsätzlich ist bei der Verwendung von CC-Inhalten die Angabe des Namens und der Quelle erforderlich. Darüber hinaus empfehle ich Ihnen, bei geschäftlicher Verwendung den Urheber im Vorfeld zu fragen, ob Sie seine Inhalte für Ihren gewünschten Zweck nutzen dürfen. Ein Beispiel für Inhalte mit CC-Lizenzen ist die Fotoplattform Flickr. Hier können Sie gezielt nach Bildern mit einer CC-Lizenz suchen (*http://flickr.com/search/advanced*).

12.5.2   Recht am eigenen Bild

Sind auf einem Bild andere Personen erkennbar, müssen Sie auch deren Einwilligung vor der Veröffentlichung des Bildes einholen. Denn jedem Menschen steht ein »Recht am eigenen Bild« zu, von dem es nur wenige Ausnahmen gibt. Die erste Ausnahme erlaubt, ungefragt Abbildungen von Personen im Rahmen von öffentlich relevanten Ereignissen zu verwenden. Es muss sich jedoch nicht um herausragende Ereignisse handeln. Umfasst sind zum Beispiel die Bilder von Rednern auf Bühnen, Künstlern im Park oder Läufern bei einem Marathon. Praktischer ist die Ausnahme, die es erlaubt, Personen als unwesentliche Beiwerke abzulichten. Das sind die Fälle, in denen eine oder mehrere Personen zufällig im Bild sind und theoretisch entfernt werden könnten, ohne den Charakter des Bildes zu verändern. Damit sind Aufnahmen von Passanten in der Fußgängerzone oder Touristen vor Sehenswürdigkeiten gemeint. Auch Abbildungen von Personen als Bestandteil von Versammlungen oder Aufzügen dürfen ohne deren Einwilligung verwendet werden. Jedoch ist damit nicht jede Ansammlung von Personen gemeint, sondern nur eine Gruppe, die einen gemeinsamen Zweck verfolgt. Das können zum Beispiel Konzerte, Demonstrationen oder vergleichbare Veranstaltungen sein. Nicht unter diese Kategorie fallen geschlossene Veranstaltungen, wie zum Beispiel ein Betriebsfest für geladene Gäste oder eine private Geburtstagsfeier.

12.5.3   Nutzung von Videos

Die obigen Ausführungen zu Bildern gelten ebenso für die Nutzung von Filmen und Videos. Auch sie sind urheberrechtlich geschützt, und die Rechte der aufgenommenen Personen müssen beachtet werden.

12.5.4   Nutzung von Texten

Die Verwendung von Texten führt in Social Media eher selten zu Problemen. Das liegt daran, dass bei Texten nicht die darin enthaltenen Informationen oder Fakten, sondern nur deren individuelle Form geschützt wird. Damit der Text individuell ist, benötigt er jedoch eine gewisse Länge. Das heißt, Blogbeiträge oder Presseartikel sind in der Regel urheberrechtlich geschützt, Facebook-Beiträge oder Blogkommentare dagegen nicht. Es gibt jedoch Ausnahmen, in denen schon ein kurzer Limerick oder sogar ein Satz so ungewöhnlich und kreativ ist, dass er geschützt ist. Ist ein Text urheberrechtlich geschützt, dürfen Sie ihn im Rahmen eines Zitats wiedergeben. Ein Zitat setzt jedoch voraus, dass Sie mit dem Text eigene Gedanken und Ausführungen belegen. Das heißt, es ist nicht erlaubt, fremde Texte zu übernehmen, nur um sich Arbeit zu sparen. Ferner muss ein Zitat so kurz wie möglich sein und eine Quellenangabe enthalten. Da es für Textzitate keine festen Längenvorgaben gibt, sollten Sie im Zweifel fremde Texte mit eigenen Worten wiedergeben.

12.6 Linkhaftung

Wenn Sie auf illegale Inhalte verlinken, diese in sozialen Netzwerken teilen oder in Webseiten einbetten, können Sie mithaften. Handelt es sich bei den Inhalten um Beleidigungen, Schmähungen, wahrheitswidrige Tatsachen, dann haften Sie zumindest so lange nicht, wie Sie die geteilten Beiträge nicht um eigene Anmerkungen ergänzen (zum Beispiel um »Lesetipp« oder »interessant«). Was also gegen die Linkhaftung hilft, ist die Prüfung des verlinkten Inhalts mit gesundem Menschenverstand. Was auf keinen Fall hilft, sind Linkdisclaimer, wie in etwa »Wir distanzieren uns von den verlinkten Inhalten«. Ein solcher pauschaler Haftungsausschluss ist schlicht unwirksam.

Im Fall von Inhalten, die Urheberrechtsverstöße darstellen, ist die Rechtslage zum Zeitpunkt des Erscheinens dieses Buches noch unbefriedigender. Der Europäische Gerichtshof (Az. C-160/15) stellt eine strenge Haftung für Links auf, die mit einem kommerziellen Hintergrund gesetzt werden (also praktisch alle Links, die Unternehmen oder Freiberufler setzen). In solchen Fällen wird vermutet, dass die Linksetzer Kenntnis von dem Urheberrechtsverstoß hatten. Nur wenn sie nachweisen können, dass sie sich vergewissert haben, dass die Inhalte zulässig sind, entfällt die Haftung. Praktisch bedeutet das, dass Sie sich von den Anbietern der verlinkten Quellen eine Bestätigung holen müssen, bevor Sie auf deren Inhalte verlinken. Es bleibt zu hoffen, dass diese unhaltbare Rechtsprechung bald geändert wird.

12.6.1 Vorschaubilder beim Teilen von Inhalten

Auch die kleinen Vorschaubilder, die beim Teilen von Inhalten aus Links generiert werden, können zu einer Haftungsübernahme führen. Zudem könnte das Teilen selbst einen Urheberrechtsverstoß darstellen. Sie mindern das Risiko jedoch erheblich, wenn Sie nur Inhalte von Webseiten teilen, die selbst mit Empfehlungsschaltflächen wie GEFÄLLT MIR zum Teilen auffordern. Jedoch muss der Website-Betreiber auch das Recht haben, die Erlaubnis zu erteilen. Wenn er zum Beispiel das Artikelbild nur selbst verwenden darf, ist seine Erlaubnis unwirksam, und Sie begehen mit dem Vorschaubild trotzdem eine Urheberrechtsverletzung. Leider können Sie wegen eines Urheberrechtsverstoßes auch dann abgemahnt werden, wenn Sie guten Glaubens waren, das Bild verwenden zu dürfen. Die bisherigen Erfahrungen zeigen jedoch, dass Vorschaubilder eine sehr geringe Gefahr mit sich bringen.

12.7 Haftung für Nutzerbeiträge

Social Media zeichnen sich dadurch aus, dass viele Inhalte von den Nutzern beigesteuert werden. Diese können Bilder hochladen, Beiträge bei Facebook oder in Blogs kommentieren und Links hinterlassen. Wenn diese Inhalte rechtswidrig sind und zum Beispiel Beleidigungen, Unwahrheiten oder Urheberrechtsverstöße beinhalten, haften die Nutzer zuerst selbst dafür. Da die Nutzer jedoch oft anonym agieren, werden die Betreiber der Onlinepräsenzen für diese rechtswidrigen Inhalte belangt. Ist das der Fall, können sie sich jedoch auf »das Haftungsprivileg für nutzergenerierte Inhalte« berufen. Das bedeutet, sie müssen den Inhalt unverzüglich löschen (je nach Schwere innerhalb von ein bis fünf Tagen). Sie können jedoch nicht abgemahnt werden und müssen keine Unterlassungserklärungen unterschreiben oder Abmahnungsgebühren tragen.

Auf das Haftungsprivileg können Sie sich jedoch nur dann berufen, wenn Sie sich den nutzergenerierten Inhalt nicht zu eigen gemacht haben und man Ihnen nicht die Kenntnis der Rechtsverletzung oder Verletzung von Überwachungspflichten nachweisen kann.

12.7.1   Zueigenmachen der nutzergenerierten Inhalte

Wenn sich der Inhalt aus der Sicht der anderen Nutzer als Inhalt des Betreibers einer Social-Media-Präsenz darstellt, haftet dieser für den Inhalt. Dafür gibt es leider keine festen Kriterien, sondern nur die folgenden von Gerichten entwickelten Indizien, die Sie vermeiden sollten:

▶ Der Betreiber wählt die von Nutzern eingereichten Inhalte selbst aus, bevor sie veröffentlicht werden (zum Beispiel Einreichungen bei Gewinnspielbeiträgen).

▶ Der Betreiber lässt sich Rechte zur wirtschaftlichen Verwertung der Inhalte einräumen (zum Beispiel in den Nutzungsbedingungen).

▶ Auf den Inhalten der Nutzer werden eigene Logos/Copyright-Zeichen fest angebracht.

12.7.2   Kenntnis der Rechtsverletzung

Kenntnis der Rechtswidrigkeit bedeutet, dass Sie die Rechtsverletzung hätten erkennen müssen. Jedoch muss man Ihnen diese Kenntnis nachweisen, was gar nicht so einfach ist. Urheberrechtsverstöße oder Unwahrheiten sind in der Regel ohnehin nicht erkennbar, sodass diese Regel praktisch nur für Beleidigungen gilt. Zudem muss man Ihnen die Kenntnis nachweisen können. Und solange Sie nicht den Nutzerbeitrag kommentiert oder ein GEFÄLLT MIR geklickt haben, ist der Nachweis nicht möglich.

12.7.3   Überwachungspflichten

Wenn Sie von einer Rechtsverletzung Kenntnis erlangt haben, müssen Sie dafür sorgen, dass ähnliche Rechtsverletzungen in der Zukunft nicht mehr vorkommen. Das bedeutet, Sie müssen, sofern mit vorhandenen oder mit verhältnismäßigen

Mitteln machbar, Filter einsetzen und dort zum Beispiel die Namen der Unternehmen eintragen, die verletzt worden sind. Nutzer, die Rechtsverstöße begangen haben, sollten Sie zumindest verwarnen oder je nach Schwere des Rechtsverstoßes sofort blocken.

Vorbeugung von Rechtsverletzungen

Störenfriede schlafen nie, auf diese Problematik reagieren Onlineportale mit unterschiedlichen Lösungen. Ein paar Beispiele:

► Nutzer müssen sich vor dem Kommentieren mit einer gültigen E-Mail-Adresse oder ihrem Account in einem sozialen Netzwerk registrieren.

► Die Kommentarfunktion wird außerhalb der »Öffnungszeiten« deaktiviert.

► Kommentare werden erst nach Freischaltung sichtbar (wobei dies zur Haftungsübernahme führt).

► Kommentare, die bestimmte Schlüsselbegriffe enthalten, werden automatisch abgefangen.

12.8   Löschen von Nutzerbeiträgen

Mit der Haftung für Nutzerbeiträge hängt die Frage zusammen, wann man diese löschen darf. Ferner stellt sich diese Frage bei negativen oder kritisierenden Beiträgen. Das gilt ganz besonders, wenn Sie das Opfer eines sogenannten Shitstorms werden, der oft unsachliche oder rechtswidrige Meinungs- und Tatsachenäußerungen enthält. Die Grundregel ist, dass Sie nicht jede unliebsame Meinung und Kritik entfernen dürfen. Wer einen »öffentlichen Raum« eröffnet, darf dessen Besucher und deren Meinungen nicht willkürlich entfernen (auch wenn die Gefahr, dass der Nutzer vor Gericht zieht, äußerst gering ist). Nur wenn diese gegen die Hausregeln sowie Gesetze verstoßen oder den Geschäftsbetrieb lahmlegen, dürfen Sie die Inhalte löschen und Nutzer bannen.

Das heißt, wenn die Nutzer zum Beispiel beleidigend werden, dürfen sie und deren Beiträge entfernt werden. Hausregeln gelten nur, wenn Sie sie vorher, zum Beispiel in einer Netiquette, aufgestellt haben. Der Geschäftsbetrieb wird dann lahmgelegt, wenn die Social-Media-Präsenz durch einen Strom an Einträgen »lahmgelegt« wird, sodass Sie mit den regulären Nutzern nicht mehr in Kontakt treten können. Um den Unmut der Nutzer nicht zu erregen, sollten Sie bei all diesen Maßnahmen immer transparent bleiben, Ihre Maßnahmen erklären oder Fehler zugeben.

Hausregeln per Netiquette

Ich empfehle Ihnen, für Ihre Onlinepräsenzen eigene Hausregeln in Form einer Netiquette, also Verhaltensregeln für den respektvollen Umgang im virtuellen Raum, anzulegen. Eine gute Grundlage für Ihre Netiquette ist hier die Zusammenfassung der wichtigsten Regeln, die Sie in dem zugehörigen Wikipedia-Artikel finden: *http://de.wikipedia.org/wiki/Netiquette*. Stimmen Sie die Netiquette auf Ihr Publikum ab, weisen Sie ruhig auch auf offensichtliche Dinge wie die Einhaltung von Gesetzen hin, und platzieren Sie Ihre Hausregeln so, dass diese einfach auffindbar sind.

12.9 Haftung für Bewertungen und andere Äußerungen

Bei Äußerungen muss zuerst zwischen Meinungen und Tatsachen unterschieden werden. Tatsachen können falsch oder richtig sein (zum Beispiel die Aussage »Der Geschäftsführer der X-GmbH hat gesagt, dass sie nun in China produzieren.«). Wird eine Tatsache angezweifelt, muss der Behauptende sie beweisen. Das bedeutet, Sie sollten nur Tatsachen behaupten, wenn Sie sich völlig sicher sind, dass sie zutreffen. Das gilt auch, wenn Sie lediglich fremde Aussagen wiederholen. Allenfalls, wenn Sie sich auf große Medienmagazine berufen, können Sie sich in den meisten Fällen auf ein sogenanntes Laienprivileg berufen. Dieses erlaubt, darauf zu vertrauen, dass anerkannte Medien den Sachverhalt hinreichend recherchiert haben. Anders als Tatsachen sind Meinungen persönliche Ansichten, die weder falsch noch richtig sein können (zum Beispiel die Aussage »Das Unternehmen X leistet nach meiner Ansicht schlechte Arbeit.«). Die Grenze der Meinung ist Schmähung oder Beleidigung. Diese liegen vor, wenn die Auseinandersetzung nicht mehr sachlich, sondern auf Diffamierung ausgerichtet ist. Da die Meinungen einen größeren Spielraum haben, sollten sie Tatsachenbehauptungen vorgezogen werden. Daher sollten Sie in Social Media immer Worte wie »ich meine«, »meines Erachtens« oder »nach meiner Ansicht« verwenden.

Umgekehrt bedeutet dies, dass man sich auch eine harsche Kritik gefallen lassen muss, solange diese nicht beleidigend ist und keine falschen Tatsachen enthält. Das bedeutet, dass ein Nutzer auch sagen darf, dass ihm eine Leistung nicht gefallen hat, obwohl ein Unternehmen sie objektiv ohne Fehler erbracht hat.

12.10 Wettbewerbsrecht und Werberichtlinien

Sie sollten nie vergessen, dass auch beim Social Media Marketing die strengen Wettbewerbsvorschriften weiterhin gelten. Im Rahmen der öffentlichen Kommunikation mit Nutzern können auch beiläufige Aussagen teure Folgen haben. Die goldene Regel im Social Media Marketing lautet daher »Keine Aussagen über und Vergleiche mit Konkurrenten«. Vermeiden Sie Superlative wie »Wir sind die Schnellsten«, »Wir haben die größte Reichweite« oder »Wir können es am besten«, da diese Aussagen alle Konkurrenten herabsetzen und häufig Abmahnungen provozieren. Auch die Vergleiche mit konkreten Konkurrenten und deren Leistungen sind nur im engen rechtlichen Rahmen zulässig und auf entscheidungsrelevante, objektive und nachprüfbare Kriterien beschränkt. Vergleiche wie »besser« oder »schöner« sind in Bezug auf konkrete Konkurrenten tabu.

Zusätzlich sollten Sie auch die Werberichtlinien und Inhaltsbeschränkungen der Social-Media-Plattformen beachten. Vor allem auf US-Plattformen sollten Sie von der klassischen Werbeweisheit »Sex sells« Abstand nehmen. Auch bei Gewinnspielen sollten Sie die Plattformregeln beachten.

12.11   Direktmarketing und Ansprache von Nutzern

Das Gesetz verbietet es, ungefragt Werbenachrichten an andere Nutzer zu verschicken, wobei unter Werbung praktisch jede kommerzielle Nachricht außerhalb konkreter Geschäftsbeziehungen fällt. So stellt zum Beispiel auch die Einladung zum Besuch eines Social-Media-Accounts Werbung dar. Wenn Sie Werbenachrichten per E-Mail verschicken möchten, brauchen Sie eine ausdrückliche Einwilligung des Empfängers. Das bedeutet, dieser muss sich ausdrücklich zu einem Newsletter anmelden. Dazu reicht grundsätzlich der Klick auf den Absendebutton. Erfolgt die Einwilligung jedoch im Rahmen anderer Erklärungen (zum Beispiel wenn zugleich Teilnahmebedingungen eines Gewinnspiels bestätigt werden), ist ein separates Kontrollkästchen notwendig. Versteckte Einwilligungen in den AGB oder der Datenschutzerklärung sind unwirksam. Ferner sollte ein sogenanntes *Double-Opt-in-Verfahren* angewendet werden, bei dem die Nutzer an die eingetragene Adresse zuerst eine E-Mail mit einem Bestätigungslink erhalten. Nur so können Sie nachweisen, dass die Anmeldung wirklich von dem E-Mail-Inhaber stammt.

Auch der unerwünschte Versand von werbenden Privatnachrichten bei Facebook oder Direktnachrichten bei Twitter stellt unerlaubtes Direktmarketing dar. Nur weil jemand Fan einer Seite ist oder einem Nutzer folgt, bedeutet es nicht, dass man der Person direkt Werbung zustellen darf. Dagegen ist es erlaubt, Kontaktanfragen zu stellen, an Diskussionen teilzunehmen, auch wenn sich daraus mittelbar eine werbende Wirkung ergibt. Ebenso ist es zulässig, Personen anzuschreiben, die einen Kontaktwunsch signalisieren. Zum Beispiel darf ein Headhunter ein XING-Mitglied kontaktieren, das laut Profilangaben nach »neuen Herausforderungen« sucht.

12.12   Datenschutz

Der Datenschutz ist ein sehr abstrakter Begriff, der sich nur anhand praktischer Fälle erklären lässt. Die folgenden Ausführungen beinhalten die für Sie relevanten Datenschutzprobleme.

12.12.1   Datenschutzerklärung

Das Gesetz verpflichtet die Anbieter von Onlinediensten, die Nutzer darüber zu informieren, welche Daten gesammelt, verwendet und an Dritte übermittelt werden. Ferner müssen Nutzer über deren Rechte zur Auskunft, Korrektur und Löschung von Daten aufgeklärt werden. So braucht jede Website und jedes Blog eine Datenschutzerklärung. Innerhalb von Social-Media-Plattformen benötigen Sie in der Regel keine eigene Datenschutzerklärung, da nicht Sie, sondern die Plattformbetreiber diese Daten sammeln. Nur wenn Sie selbst Nutzerdaten erheben, zum Beispiel im Rahmen von Gewinnspielen oder Newslettern, müssen diese eine Datenschutzerklärung beinhalten.

Generator für Datenschutzerklärungen

Auf der Website von Rechtsanwalt Thomas Schwenke finden Sie einen praktischen Generator für Datenschutzerklärungen: *http://datenschutz-generator.de*.

12.12.2   Verwendung von Kundendaten

Social Media machen es einfach, mit Kunden in Verbindung zu bleiben oder Kunden zu beobachten. Die Verwendung von Kundendaten ist jedoch nur dann zulässig, wenn es gesetzlich erlaubt ist oder die Kunden darin eingewilligt haben. Das Gesetz erlaubt es nur, die Kundendaten für die Zwecke zu verwenden, für welche die Kunden ihre Daten überlassen haben. Handelt es sich zum Beispiel um einen Shop-Einkauf, dürfen die Kundendaten nur für die Produktzustellung und Abwicklung des Einkaufs verwendet werden. Dagegen ist es nicht erlaubt, sie zu nutzen, um Kunden zu beobachten, anzusprechen oder sie mit weiteren Daten anzureichern. So wären die folgenden Beispiele verboten:

▶ Beispiel 1: Ein Nutzer beschwert sich auf einer Bewertungsplattform über ein nicht funktionierendes Produkt. Der Name des Nutzers wird mit der Kundendatenbank abgeglichen, es wird eine Lösung für sein Problem gefunden, und der Nutzer wird daraufhin angesprochen. Bei dem Abgleich handelt es sich um einen Datenschutzverstoß. Zulässig wäre es gewesen, den Nutzer allgemein aufzufordern, sich an die Servicestelle zu richten, damit ihm abgeholfen werden kann.

▶ Beispiel 2: Ein Nutzer lobt einen Dienstleister. Auch der Name dieses Nutzers wird mit den Kundendaten abgeglichen, und das Lob wird vermerkt. Beim nächsten Einkauf erhält der Kunde einen Rabatt. Dieser Vorgang ist ebenfalls wegen des Datenabgleichs unzulässig.

Vorhandene Kundendaten dürfen nur eingesetzt werden, um die Verträge mit den Kunden abzuwickeln. So darf zum Beispiel ein Onlinehändler die Postadressen an Spediteure herausgeben. Dagegen ist es nicht erlaubt, ohne Einwilligung der Kunden weitere Daten zu speichern, die durch Social Media Monitoring gewonnen wurden, wie Geburtstage, Onlineprofile oder Meinungen zu dem Unternehmen. Ebenso dürfen als potenzielle Kunden ermittelte Nutzer nicht aktiv angesprochen werden. Hier gilt dasselbe wie beim E-Mail-Marketing.

Auch der Upload von Daten der Kunden zu Werbezwecken (zum Beispiel zur Erstellung von Zielgruppen für Werbeanzeigen, sogenannte *Custom Audiences*) ist rechtlich sehr problematisch und sollte nur nach rechtlicher Beratung und wirtschaftlich orientierter Risikoabwägung umgesetzt werden.

12.12.3 Verwendung von »Like«-Buttons, Social Plug-ins und Facebook-Werbepixeln auf Websites

Das Problem des LIKE-Buttons liegt darin, dass es sich aus der Sicht der Datenschützer um Tracking-Tools handelt. Besucht ein Nutzer eine Website, auf der ein LIKE-Button eingebaut ist, werden die Daten des Nutzers an Facebook gesendet. Dabei werden zum Beispiel pseudonyme Nutzerprofile auch von Nutzern erstellt, die keine Facebook-Mitglieder sind. Dementsprechend untersagte das Landgericht Düsseldorf einem Unternehmen, das Page-Plug-in einzusetzen (Az. 12 O 151/15). Das Urteil wurde zwar angefochten, sollte jedoch bis zur endgültigen Entscheidung beachtet werden. Diese Problematik betrifft zudem nicht nur den LIKE-Button, sondern auch andere Social Plug-ins (zum Beispiel Page-Plug-in oder Einbettung von Facebook-Beiträgen auf Webseiten) und auch die Einbindung von Facebook-Pixeln zu Werbezwecken (zum Beispiel als *Conversion-Pixel* oder für *Custom Audiences from Website*). Da die Rechtslage unklar ist, sollte das Risiko jedoch mit den Vorteilen abgewogen werden und kann sich vor allem beim Einsatz des Facebook-Pixels wirtschaftlich durchaus lohnen.

Unabhängig von dem Ausgang dieser Streitigkeiten sind Sie bereits jetzt verpflichtet, die Nutzer über die Verwendung des LIKE-Buttons oder des Facebook-Pixels in der Datenschutzerklärung aufzuklären. Wenn Sie das Risiko noch weiter mindern wollen, sollten Sie Shariff-Social-Media-Buttons oder die 2-Klick-Lösung einsetzen. Diese gibt es mittlerweile als Plug-ins für die wichtigsten CMS- und Bloggingsysteme. Dabei wird der LIKE-Button erst nach einem Klick auf eine Platzhaltergrafik geladen und der Nutzer zuvor über den Datenaustausch aufgeklärt.

12.13 Schleichwerbung, Influencer und Plattformregeln

Werbehinweise auf Unternehmenspräsenzen sind grundsätzlich nicht notwendig, es sei denn, es handelt sich um journalistische Angebote. Werden jedoch sogenannte Influencer für Werbezwecke eingesetzt, dann müssen die Influencer auf den kommerziellen Hintergrund grundsätzlich hinweisen. Das gilt vor allem, wenn sie für die Produktpräsentationen oder Erwähnungen von Unternehmen entlohnt werden, inhaltliche Vorgaben erhalten oder die Produkte werblich hervorheben oder empfehlen. Als sichere Werbehinweise gelten »Werbung« oder »Anzeige«, wobei innerhalb von Beiträgen in sozialen Medien auch die Begriffe »Gesponsert« oder »Sponsored by« zum Beispiel von Landesmedienanstalten für ausreichend gehalten werden. Fehlt die Werbekennzeichnung, liegt ein Fall der Schleichwerbung vor, der abgemahnt werden kann.

Daneben können Plattformen eigene Regeln aufstellen, wie zum Beispiel Facebook in den Markenrichtlinien (*facebook.com/policies/brandedcontent*). Diese Regeln gelten für alle, die von einem Unternehmen ein Entgelt dafür erhalten, dass sie einen Beitrag veröffentlichen oder verlinken. Derartige Beiträge dürfen nur auf Seiten oder Profilen veröffentlicht werden, die mit einem blauen Haken verifiziert sind. Ferner müssen sie mittels einer Funktion im Eingabefenster als sogenannter *Branded Content* markiert werden. Bei Missachtung der Vorgaben können die Beiträge von Facebook gelöscht werden.

12.14   Einsatz von Messengern wie WhatsApp

Kunden wünschen sich zunehmend, mit Unternehmen via Messenger wie dem von Facebook und vor allen über WhatsApp zu kommunizieren. Im Fall von Broadcasting-Diensten, also Nachrichten, die ähnlich einem Newsletter an eine Vielzahl von Kunden gesendet werden, ist dies rechtlich wenig problematisch. Wichtig ist, dass die Kunden darüber aufgeklärt werden, wie sie sich vom Empfang der Nachrichten abmelden können.

Komplizierter wird es im Fall individueller Kundenkommunikation. In diesem Fall sollten Kunden neben dem Hinweis auf den Messenger als Kommunikationskanal zugleich auf Ihre eigene Datenschutzerklärung hingewiesen werden. Dort sollten Sie zum einen auf die Datenschutzerklärung des Anbieters des Messengers hinweisen, zum anderen auf die Möglichkeit des Kunden, der Kommunikation via Messenger jederzeit widersprechen zu können. Ebenso müssen Kunden darüber aufgeklärt werden, dass sie die Nachrichtenverschlüsselung einschalten sollten sowie dass der Zeitpunkt und Kommunikationspartner vom Anbieter des Messengers gespeichert sowie gegebenenfalls zu Werbezwecken verwendet wird. Des Weiteren sollten die Kunden zusätzlich im ersten Schritt der Kommunikation, das heißt mit Ihrer ersten Nachricht an den Kunden, erneut auf die Datenschutzerklärung und das Widerspruchsrecht hingewiesen werden. Im Fall von sensiblen Inhalten, zum Beispiel im Gesundheits- oder Finanzbereich, sollte der Einsatz von Messengern rechtlich unbedingt von einem Experten geprüft und freigegeben werden.

12.15 Verträge und persönliche Haftung

Sollte doch ein Rechtsverstoß eintreten, eine Abmahnung ankommen oder ein Shitstorm aufkommen, stellt sich die Frage, wer für die Folgen haftet. Während angestellte Community Manager nur im Fall von grober Fahrlässigkeit oder Vorsatz zur Verantwortung gezogen werden können, müssen Selbstständige damit rechnen, selbst für die Kosten ihrer Handlungen aufkommen zu müssen. Denn als Dienstleister sind sie verpflichtet, rechtlich fehlerfreie Leistungen zu erbringen. Da dies angesichts der rechtlichen Unwägbarkeiten oft nicht möglich ist oder anwaltliche Beratung erfordert, sollte entweder eine zusätzliche Vergütung vereinbart oder sollten rechtliche Leistungen, wie Prüfung von Werbekonzepten, Beachtung gesetzlicher Informationspflichten, der Einsatz von Daten für Marketingzwecke oder Haftung für Shitstorms, in dem Vertrag bzw. in den AGB der Social Media Manager ausgeschlossen werden. Ferner sollten Auftraggeber bei rechtlichen Zweifeln um eine verantwortliche Entscheidung gebeten werden.

13 Strategische Bedeutung und Möglichkeiten der sozialen Netzwerke

Unternehmen bietet sich heutzutage eine unübersichtliche Fülle an sozialen Netzwerken und Plattformen, auf denen sie mit ihren Anspruchsgruppen kommunizieren könnten. Bei diesen vielfältigen Möglichkeiten gilt es, den Überblick zu bewahren und für Ihr Unternehmen die Plattform zu finden, die am besten zu Ihren eigenen Zielen passt.

67% der deutschen Internetnutzer sind in mindestens einem sozialen Netzwerk aktiv, so lautet das Ergebnis einer repräsentativen BITKOM-Studie.[1] Betrachtet man nur die Altersgruppe der 14- bis 49-Jährigen, steigt der Wert sogar auf 79%.

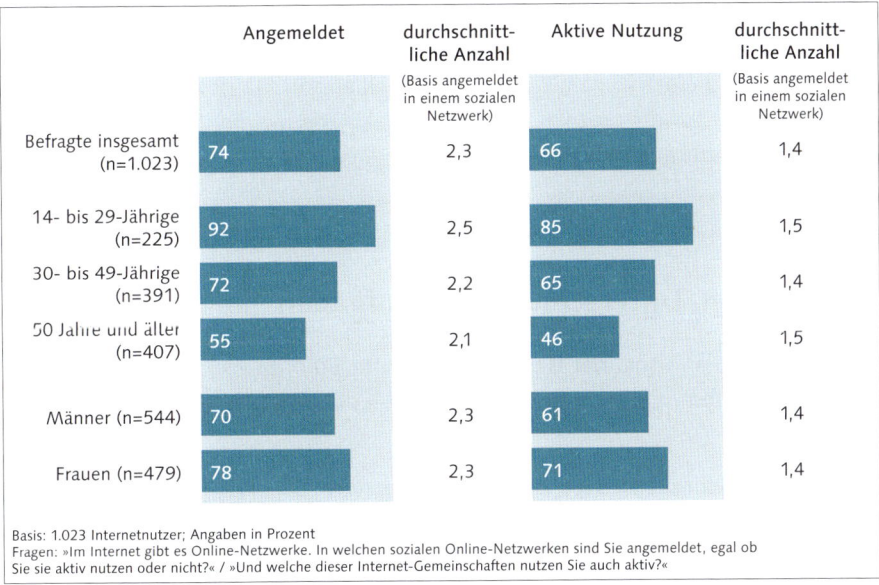

	Angemeldet	durchschnittliche Anzahl (Basis angemeldet in einem sozialen Netzwerk)	Aktive Nutzung	durchschnittliche Anzahl (Basis angemeldet in einem sozialen Netzwerk)
Befragte insgesamt (n=1.023)	74	2,3	66	1,4
14- bis 29-Jährige (n=225)	92	2,5	85	1,5
30- bis 49-Jährige (n=391)	72	2,2	65	1,4
50 Jahre und älter (n=407)	55	2,1	46	1,5
Männer (n=544)	70	2,3	61	1,4
Frauen (n=479)	78	2,3	71	1,4

Basis: 1.023 Internetnutzer; Angaben in Prozent
Fragen: »Im Internet gibt es Online-Netzwerke. In welchen sozialen Online-Netzwerken sind Sie angemeldet, egal ob Sie sie aktiv nutzen oder nicht?« / »Und welche dieser Internet-Gemeinschaften nutzen Sie auch aktiv?«

Abbildung 13.1 Nutzung sozialer Netzwerke im Internet (Quelle: BITKOM)

Darüber hinaus ergab die Studie, dass die Deutschen im Schnitt in 2,3 Netzwerken angemeldet sind und 66% die Plattformen aktiv nutzen. Auch hier sind diese Werte

---

1 *www.bitkom.org/Presse/Presseinformation/Zwei-von-drei-Internetnutzern-sind-in-sozialen-Netzwerken-aktiv.html*

für die unter 30-Jährigen mit 2,5 bzw. 85 % höher. Eine detaillierte Auswertung der Studie sehen Sie in Abbildung 13.1.

Was aber bedeuten diese Zahlen für Sie als Social Media Manager? Zunächst einmal – eine Menge an Möglichkeiten. Generell lässt sich hier erneut festhalten, dass soziale Netzwerke eine stetig wachsende Bedeutung für die Gesellschaft und damit auch für die Positionierung von Unternehmen erlangen. Es bedeutet aber nicht, dass jedes Unternehmen zwingend auf jeder Plattform im Netz eine Präsenz haben muss – im Gegenteil. Es ist wichtig, sich im Vorfeld genau mit der Frage zu beschäftigen, welchen Beitrag welche Plattform zur Erreichung der eigenen Ziele leisten kann und ob es wirklich Sinn macht, überhaupt auf mehr als einer Hochzeit zu tanzen. Unterschätzen Sie nicht, mit welchem Aufwand schon der Betrieb einer Plattform einhergeht.

Um Ihnen ein Gefühl dafür zu geben, welche Netzwerke für Ihr Unternehmen strategisch sinnvoll sein können, stelle ich Ihnen in diesem Kapitel die unterschiedlichen Optionen ausführlich vor. Der Fokus liegt dabei auf der strategischen Einordnung der Plattformen, deren Anwendungsmöglichkeiten und Best Practices. Dazu gibt es eine Reihe von Tools und Tipps, ergänzt um Links zu weiterführenden Informationen zu den Funktionalitäten. So haben Sie die Kombination aus strategischen Grundlagen und einer Dynamik, die den schnelllebigen Plattformen gerecht wird. Doch bevor ich auf die einzelnen Netzwerke eingehe, werde ich mit Ihnen einen kleinen Exkurs zur generellen Einordnung der Möglichkeiten vornehmen, die sich Ihnen auftun.

13.1   Arten, Unterschiede und Aufgaben

Das Social Media Prisma der Hamburger Agentur Ethority visualisiert die vielfältigen Möglichkeiten, die sich Ihnen als Social Media Manager bieten (siehe Abbildung 13.2).[2]

Der Grundstein für soziale Netzwerke wurde bereits in den 1980er Jahren mit Bulletin Boards, einer Vorstufe der Foren, gelegt. Von hier aus ging die Entwicklung stetig weiter. Wie Sie in dem Prisma sehen können, in alle denkbaren Richtungen. Ob Kollaboration, Kommunikation, Dating, Gaming, Video oder Musik – die Ansätze sind vielfältig und wurden mit voranschreitenden Technologien immer bunter.

---

2 *https://ethority.de/social-media-prisma*

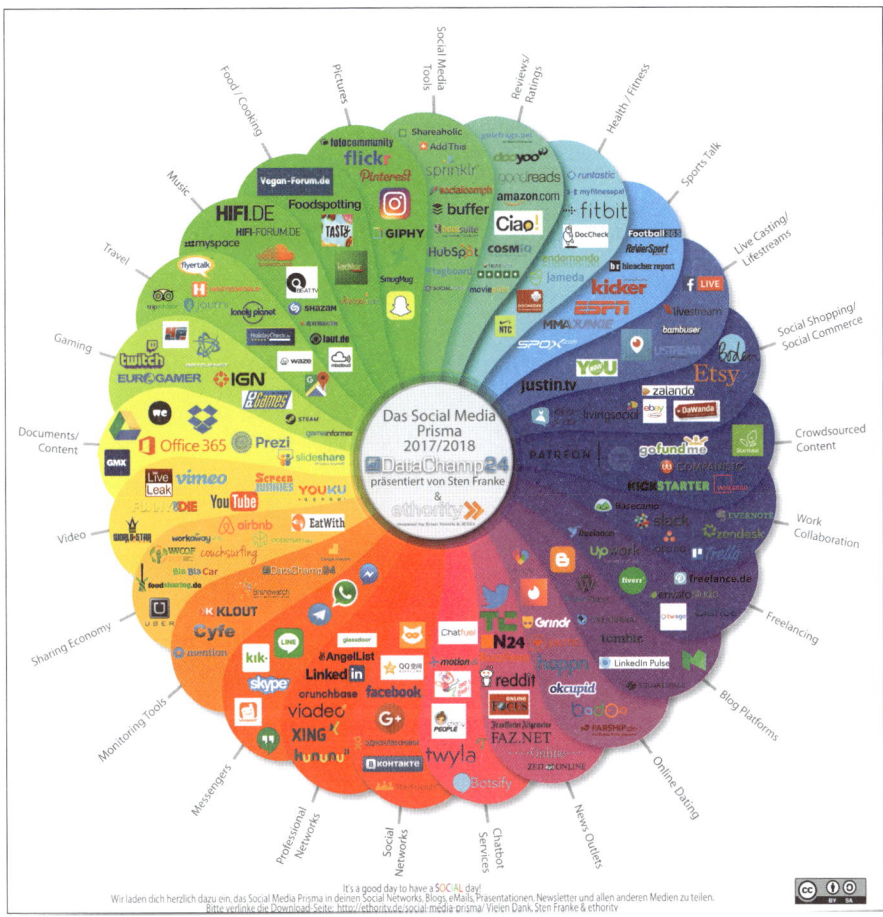

Abbildung 13.2 Das Social Media Prisma für Deutschland (Quelle: Ethority)

13.1.1 Definition soziales Netzwerk

Aber nicht nur das, Abbildung 13.2 zeigt auch, dass der Begriff *soziales Netzwerk* nicht eindeutig definiert ist. Einerseits werden damit Gemeinschaften wie Facebook, Instagram und auch kleinere lokale Netzwerke wie Jappy bezeichnet, anderseits ist aber auch Twitter ein Forum und sogar die Smartphone-App Instagram eine Art soziales Netzwerk. Gemeinsam haben alle diese Anwendungen Folgendes:

▶ Nutzer haben ein persönliches Profil, auf dem sie Namen und/oder Spitznamen, Foto und weitere Informationen von sich preisgeben können. Das Profil ist die virtuelle Selbstdarstellung des Nutzers.

▶ Nutzer können untereinander Kontakte schließen, durch welche ein Netzwerk entsteht.

373

▶ Nutzer können sich austauschen, sprich miteinander kommunizieren. Die Art und Weise der Kommunikation ist dabei abhängig von der jeweiligen Plattform und reicht von öffentlicher Kommunikation über Kommentare bis hin zu persönlichen Nachrichten oder Privatchats.

Wenn ich in diesem Buch von sozialen Netzwerken spreche, so meine ich gemeinhin die übergreifende Definition. Lediglich für die im nächsten Abschnitt folgende Unterscheidung der sozialen Netzwerke wird dieser Begriff im engeren Verständnis eingesetzt.

13.1.2   Arten und Besonderheiten von Social-Media-Plattformen

Um Ihnen die Orientierung in der Fülle der Netzwerke zu erleichtern, habe ich Ihnen unter *http://bit.ly/19dOt1E* eine grobe Kategorisierung der Plattformen zusammengestellt. Diese gibt Ihnen einen ersten Überblick über die Arten der Plattformen. Eine ausführliche Diskussion der Varianten folgt dann in Abschnitt 13.2 bis Abschnitt 13.9.

13.1.3   Welches Netzwerk ist das richtige für mein Unternehmen?

Pauschal kann ich Ihnen auf diese Frage keine Antwort geben, und das ist auch gut so. Allein in dem Prozess, sich mit den strategischen Vor- und Nachteilen der jeweiligen Plattformen auseinanderzusetzen und genau zu überlegen, welche am besten zu den eigenen Zielen und der Zielgruppe passen, liegt ein großes Potenzial für Sie und Ihr Unternehmen. Überstürzen Sie nichts, und lassen Sie sich nicht von Agenturen, die gerade »das nächste große Ding« am Horizont sehen, zu blindem Aktionismus verführen. Sie müssen nicht immer das erste Unternehmen auf einer Plattform sein und nicht jeden Trend mitmachen. Beschäftigen Sie sich umfassend mit einem Netzwerk, und damit meine ich nicht nur die Lektüre des zugehörigen Abschnitts in diesem Buch. Werden Sie Mitglied, bekommen Sie ein Gefühl für die Tonalität, die Stimmung und die Gepflogenheiten auf der Plattform. Machen Sie sich mit den Funktionen vertraut, lesen Sie Best Practices und ebenso die Beispiele, die nicht (so gut) funktioniert haben. Hier ist wieder einmal die Suchmaschine Ihr Werkzeug der Wahl, suchen Sie gezielt nach dem anvisierten Netzwerk, und kombinieren Sie den Namen mit Begriffen wie »Best Practices«, »Fail« oder Namen von Unternehmen, die dort bereits seit einiger Zeit eine Präsenz haben. Natürlich werden Sie so auch eine Reihe von Artikeln finden, mit denen Agenturen ihre Dienstleistungen bewerben, aber selbst in diesen Artikeln sind oft interessante Inhalte. Darüber hinaus empfiehlt es sich, oft einen Blick in Best Practices zu werfen, die von den Netzwerken selbst ausgearbeitet wurden. Im Endeffekt zählt nur, ob das Netzwerk zu Ihnen, Ihrem Unternehmen und dem, was Ihre Anspruchsgruppen von

Ihnen möchten, passt. Hypes haben für eine nachhaltige strategische Ausrichtung keine Priorität.[3]

Monitoring als Grundlage der Auswahl

Gefühl ist gut, Kontrolle ist besser. Natürlich sollte die generelle Entscheidung für eine bestimmte Plattform darauf basieren, dass Ihre Zielgruppe dort vertreten ist. In Kapitel 9, »Social Media Monitoring und Measurement«, können Sie noch einmal nachlesen, wie Sie herausfinden, wo Ihre Kunden über Ihre Produkte, Ihr Unternehmen oder Ihre Branche sprechen.

13.2   Facebook

Facebook ist mehr als ein soziales Netzwerk, es ist ein Phänomen. Mit mehr als 2,4 Mrd. aktiven Nutzern pro Monat hat es innerhalb von nur zehn Jahren mehr Nutzer erreicht als das Internet insgesamt in den ersten 30 Jahren seiner Existenz. Facebook ist die meistgenutzte Website weltweit, in Deutschland wird lediglich Google häufiger aufgerufen. Was sagt dies über die Bedeutung von Facebook für Ihre Social-Media-Strategie aus? Ob Sie es glauben oder nicht – zunächst einmal nicht viel. Obgleich Facebook oftmals mit Social Media gleichgesetzt wird, heißt dies noch nicht, dass es das Richtige für Sie und Ihr Unternehmen ist. Die beeindruckende Reichweite kann niemand bestreiten, ebenso wenig, dass Facebook eine bedeutende Komponente im Kommunikationsmix sein kann. Trotzdem lohnt es sich, genau zu analysieren, was Sie mit einem Engagement auf Facebook erzielen möchten und ob Sie dort für Ihre Ziele die richtigen Voraussetzungen finden.

Marketing-Basic: D-A-CH

Die Abkürzung D-A-CH steht für die Länder Deutschland (D), Österreich (lateinisch: Austria – A) sowie die Schweiz (lateinisch: Confoederatio Helvetica – CH) und bezeichnet den deutschsprachigen Raum.

13.2.1   Strategische Einordnung von Facebook

In Deutschland hat Facebook rund 32 Mio. aktive Nutzer (Stand Dezember 2019), die sich fast gleichmäßig auf weibliche und männliche Nutzer verteilen. Die größte Nutzergruppe befindet sich in dem Segment zwischen 18 und 29 Jahren. Die Visualisierung dieser Zahlen sehen Sie in Abbildung 13.3. In Relation zur Bevölkerung wirkt diese Zahl gleich noch beeindruckender, denn mehr als 37 % der deutschen

---

3   Zu dem Thema habe ich unter *http://bit.ly/dsomemaHypes* einen Blogbeitrag veröffentlicht.

Gesamtbevölkerung und über 50% der deutschen Internetnutzer sind damit auf Facebook vertreten.

Für Österreich und die Schweiz sehen die Zahlen ähnlich imposant aus. Österreich stellt 3,9 Mio. der registrierten Nutzer, was fast 45% der Bevölkerung und 54% der Internetnutzer entspricht. In der Schweiz hat Facebook mit 3,8 Mio. Nutzern einen Anteil von 46% an der Bevölkerung und 52% an der Internetnutzerschaft.

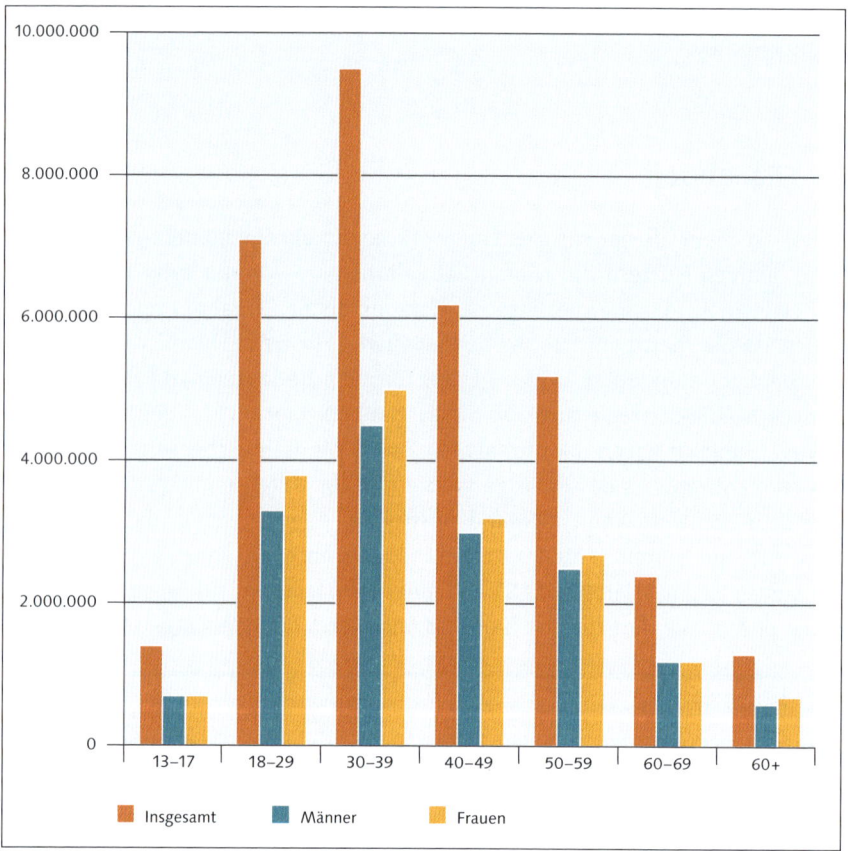

Abbildung 13.3 Struktur der Facebook-Nutzer in Deutschland (Quelle: Facebook AdManager)

Aktuelle Daten und Fakten zu Facebook

Aktuelle Nutzerzahlen können Sie jederzeit im Facebook AdManager (*www.facebook.com/ads/create*) nachlesen.

Interessante Übersichten und Zusammenfassungen im Zusammenhang mit der Facebook-Demografie finden Sie auch immer wieder auf den Facebook-Fachblogs allfacebook.de (*http://allfacebook.de*) und thomashutterer.com (*www.thomashutter.com*). Außerdem lohnt es sich, dem Facebook-Profil des Facebook-Gründers Mark Zuckerberg zu folgen.

Ein großer Vorteil von Facebook ist, dass Sie über den Facebook AdManager (*www.facebook.com/ads/create*) schon im Vorfeld eines Engagements herausfinden können, ob Ihre Zielgruppe auf Facebook ist. Im AdManager haben Sie nämlich die Möglichkeit, sich auf Basis Ihrer Kriterien die ungefähre Größe dieser Personengruppe auf Facebook anzeigen zu lassen. Neben Geschlecht und Alter können Sie hier auch weitere Kriterien, wie zum Beispiel »Interessen« oder »Region«, zur Differenzierung der Nutzer anwenden. Eine Übersicht über diese sogenannten Targeting-Möglichkeiten finden Sie hier: *http://bit.ly/dsomemaFBTarget*

13.2.2 Das Facebook-Profil

Ein Facebook-Profil ist die Voraussetzung, um auf Facebook aktiv zu sein, und soll die Geschichte seines Inhabers erzählen. Der obere Teil Ihres Facebook-Profils wird von einem selbst wählbaren Titelbild dominiert, am unteren Rand von diesem findet sich Ihr Profilbild, und auf der linken Seite finden sich Informationen über Ihre Person (siehe Abbildung 13.4).

Abbildung 13.4 Das eigene Facebook-Profil

Rechts neben dem Informationsteil werden Ihre Beiträge, Markierungen sowie wichtige Lebensereignisse (Meilensteine) angezeigt. Dieser Teil wird als Facebook Chronik oder Timeline bezeichnet.

Facebook – privat oder beruflich?

Für Sie als Social Media Manager ist Facebook Teil Ihrer Online-Reputation. Füllen Sie deswegen auch hier Ihren Werdegang sorgfältig aus, und überprüfen Sie Ihre Interessen und Unternehmen, die Sie mit GEFÄLLT MIR markiert haben. Achten Sie genau darauf, was Sie öffentlich schreiben und wen Sie als »Freund« aufnehmen bzw. wem Sie welche Freigaben gewähren. Über Listen können Sie ein ausgefeiltes Rechtesystem für Ihre Beiträge entwickeln und beispielsweise Fotos generell nur Personen aus der Liste FREUNDE UND GUTE BEKANNTE zugänglich machen. Achten Sie trotzdem immer darauf, nur Inhalte zu veröffentlichen, die Sie auch vor einem großen Publikum sagen oder zeigen würden – niemand weiß, wann Facebook seine Privatsphäre-Einstellungen mal wieder ändert.

Sie können sich jederzeit Ihre Chronik aus der Perspektive der Öffentlichkeit ansehen. Unter *www.facebook.com/settings?tab=timeline* finden Sie die Option ANZEIGEN AUS DER SICHT VON. Mit einem Klick auf diesen Link können Sie sich Ihr Profil wahlweise aus Sicht eines bestimmten Freundes oder der Öffentlichkeit ansehen.

Administration einer Facebook-Seite

Eine weitere wichtige Funktion des Facebook-Profils ist die der Administration einer Facebook-Seite, auf die ich im folgenden Abschnitt noch ausführlich eingehen werde. Die ideale Lösung, um eine Facebook-Seite anzulegen, wäre, wenn der Geschäftsführer mit seinem Profil eine Facebook-Seite anlegt und dann Sie in Ihrer Position als Social Media Manager als Administrator einsetzt. Da dies in vielen Fällen utopisch ist, funktioniert die Praxis oft so, dass der Social Media Manager die Aufgabe der Registrierung übernimmt und dann weitere Kollegen, über ihr Profil oder den Business Manager, für die Administration einsetzt. Ganz wichtig an dieser Stelle – nutzen Sie Ihren Klarnamen für die Verwaltung von Facebook-Seiten. Facebook hat gemäß seiner Nutzungsbedingungen das Recht, Profile mit »Fake-Namen« zu sperren. Wenn Sie mit einem solchen Profil eine Seite verwalten, verlieren Sie bei einer Sperrung auch auf diese den Zugriff.

13.2.3 Facebook-Unternehmensseiten – die Basis für Ihr Unternehmen

Facebook-Seiten, auch Fanseiten, Pages oder Unternehmensseiten genannt, sind Präsenzen für Organisationen, Unternehmen und Persönlichkeiten. Sie bieten diesen die Möglichkeit, auf Facebook Kunden, Fans, Kritiker und Interessenten zu erreichen und mit ihnen in einen Dialog zu treten. Dabei ist die Sichtbarkeit nicht auf Facebook-Nutzer beschränkt, sondern die Inhalte sind auch im ausgeloggten Zustand sichtbar und damit in Suchmaschinen auffindbar. Das Anlegen einer Facebook-Page ist kostenlos und für jedes Unternehmen möglich. Ist die Fanseite erstellt, können Facebook-Nutzer auf GEFÄLLT MIR (LIKE) klicken und werden so Fan einer Seite.

Der Aufbau einer Facebook-Fanseite ist ähnlich dem eines persönlichen Facebook-Profils, wie Sie in Abbildung 13.5 am Beispiel von Glossybox sehen können. Die wichtigsten Bestandteile und deren Bedeutung für die Fanseite werde ich Ihnen im Folgenden erläutern.

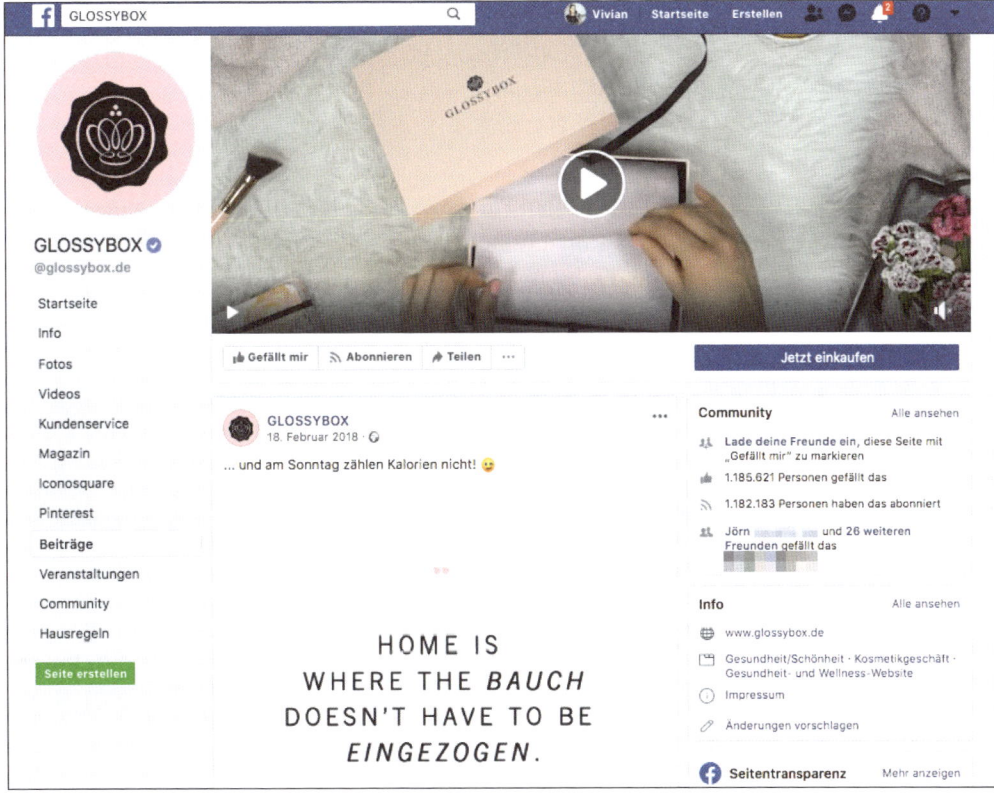

Abbildung 13.5 Die Facebook-Fanpage von Glossybox mit Video im Titelbild

Titelbild (Cover Photo)

Das Titelbild ist das Erste, was einem Nutzer ins Auge springt, wenn er Ihre Seite besucht. Sorgen Sie dafür, dass dies einen bleibenden Eindruck hinterlässt. Warum? Die große Mehrheit der Interaktion zwischen Nutzern und Fanseiten passiert nicht auf der Seite, sondern im Newsfeed. Es ist also gut möglich, dass ein Nutzer Ihre Seite kein zweites Mal besucht. Nutzen Sie diese Chance!

Für die Inhalte des Titelbildes hat Facebook Regeln, die Sie unter *www.facebook.com/page_guidelines.php* finden. So darf Ihr Titelbild nicht irreführend sein, nicht als bloße Werbefläche missbraucht werden oder gegen Urheberrechte verstoßen. Gute Titelbilder dagegen zeichnen sich aus durch:

▸ perfekte Ausnutzung der verfügbaren Maße

▸ nicht mehr als 20% Text

▸ eine gute Auflösung (Wenn Ihr Titelbild verschwommen oder pixelig angezeigt wird, sollten Sie dieses noch einmal überarbeiten [lassen].)

▸ ein Bild, das zu Ihrem Unternehmen/Ihrer Marke/Ihrer Dienstleistung passt

▸ Abwechslung (Testen Sie ruhig aus, wie Ihre Fans auf unterschiedliche Bilder reagieren. Mit dem Wechsel des Titelbildes haben Sie außerdem die Chance, im Newsfeed Ihrer Fans zu erscheinen.)

Profilbild (Profile Picture)

Das Profilbild ist das Gesicht Ihrer Facebook-Seite im Newsfeed der Nutzer, denn hier wird eine Miniaturversion des Bildes angezeigt. Achten Sie auch hier auf einen guten Wiedererkennungswert und ein perfektes Ausnutzen der vorgegebenen Maße.

Die perfekten Maße für Facebook

Die Maße für die perfekten Titel- und Profilbilder sind dynamisch, weil Facebook hier regelmäßig Änderungen vornimmt. Die jeweils aktuellen Maße finden Sie unter: *http://bit.ly/dsomemaFBSize*

Nachricht senden (Message)

Diese Funktion macht es möglich, über eine Fanseite private Nachrichten von Facebook-Nutzern zu bekommen. Nutzer haben so eine Alternative zu dem Verfassen eines Beitrags auf Ihrer Timeline. Darüber hinaus können auf diesem Weg persönliche Daten ausgetauscht werden.

Tabs

Über die Navigation unterhalb des Profilbildes haben die Nutzer Zugriff auf unterschiedliche Aspekte der Facebook-Seite, die Tabs. Standardmäßig werden hier Basisfunktionen wie Fotos, Videos oder der Informationsteil, der auch Ihr Impressum beinhalten muss (ausführlich in Abschnitt 12.4, »Impressumspflicht«), angezeigt. Darüber hinaus haben Sie die Möglichkeit,

▸ Anwendungen von Facebook, wie zum Beispiel einen Shop, einzuklinken,

▸ auf eine App eines Anbieters für Facebook-Anwendungen zuzugreifen (eine gute Übersicht zum Einstieg finden Sie zum Beispiel hier: *http://bit.ly/dsomemaFBApps*) oder

▶ Ihre individuellen Funktionen programmieren (zu lassen).

Dabei ist die Gesamtauswahl an Anwendungen groß, und stetig kommen neue Möglichkeiten hinzu. Ob die Verknüpfung mit anderen Diensten, die Integration eines Onlineshops oder ausgeklügelte Gewinnspiele, die Sie extra von einer Agentur entwickeln lassen, Sie haben die Wahl.

Abbildung 13.6 Rossmann bietet in den Tabs eine Standortsuche an.

Beiträge (Posts)

Das wichtigste Element auf einer Facebook-Seite ist die Möglichkeit, interessante Beiträge und Inhalte zu veröffentlichen. Sie haben die Auswahl, denn neben einem einfachen Textbeitrag können Sie Fotos und Videos, Livevideos, Links, Angebote, Veranstaltungen, Produkte oder Meilensteine mit Ihren Fans teilen. Facebook erweitert die Liste der Formate stetig. Entsprechend haben Sie die Möglichkeit, auf Ihrer Fanseite für Abwechslung zu sorgen und Ihre Fans zu begeistern.

Facebook-Seite richtig einrichten

Facebook selbst bietet einen umfangreichen, gut verständlichen Hilfs- und Lernbereich rund um die Erstellung, Einrichtung und Unterhaltung von Fanseiten. Hier finden Sie neben aktuellen Informationen rund um Bildermaße und Funktionalitäten auch Tipps und Best Practices. Einen guten Einstieg zum Thema finden Sie unter *https://goo.gl/mB9Fum* oder in dem zugehörigen E-Learning-Kurs: *https://goo.gl/CMUCAv*

Sie können Beiträge direkt oder zu einem von Ihnen definierten Zeitpunkt veröffentlichen. Neu eingestellte Beiträge werden oben in der Seiten-Timeline angezeigt.

13.2.4 Warum Nutzer Fan einer Facebook-Page werden

Die Grundvoraussetzung dafür, dass ein Facebook-Nutzer Ihre Beiträge in seinem Newsfeed angezeigt bekommt, ist, dass dieser Ihre Fanseite mit GEFÄLLT MIR markiert (gelikt) hat. Doch welchen Anreiz sollte Ihr Unternehmen schaffen, damit Facebook-Nutzer genau dies tun? Die Ergebnisse der Studie »The Digital Republic«[4], die von dem E-Mail-Marketing-Anbieter ExactTarget veröffentlicht wurde, hilft Ihnen dabei, dieser Frage auf den Grund zu gehen. Im Rahmen der Studie wurden 1.920 deutsche Internetnutzer im Alter von über 18 Jahren gefragt, was sie dazu motiviert, ein Unternehmen zu liken. Die Antworten darauf sehen Sie in Abbildung 13.7 (Mehrfachnennungen möglich).

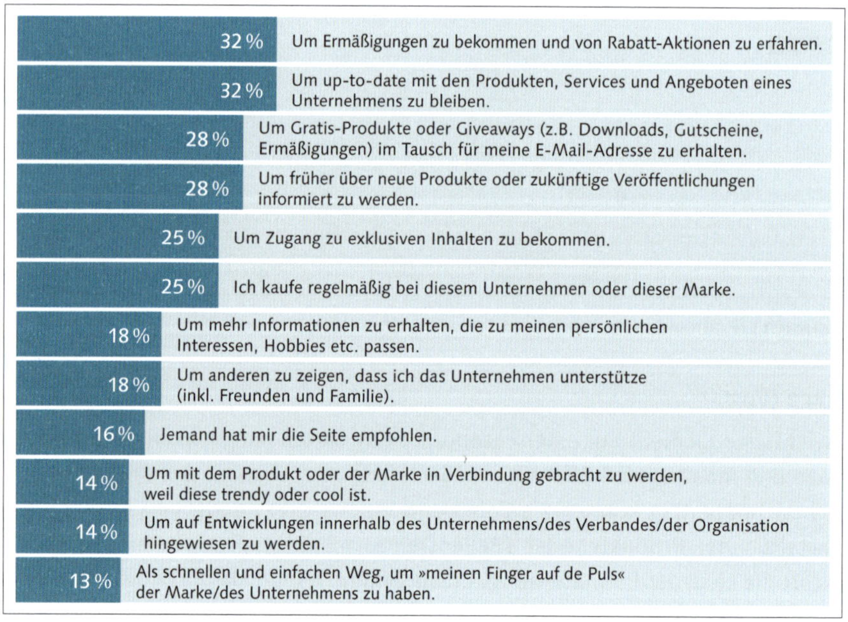

32 %	Um Ermäßigungen zu bekommen und von Rabatt-Aktionen zu erfahren.
32 %	Um up-to-date mit den Produkten, Services und Angeboten eines Unternehmens zu bleiben.
28 %	Um Gratis-Produkte oder Giveaways (z.B. Downloads, Gutscheine, Ermäßigungen) im Tausch für meine E-Mail-Adresse zu erhalten.
28 %	Um früher über neue Produkte oder zukünftige Veröffentlichungen informiert zu werden.
25 %	Um Zugang zu exklusiven Inhalten zu bekommen.
25 %	Ich kaufe regelmäßig bei diesem Unternehmen oder dieser Marke.
18 %	Um mehr Informationen zu erhalten, die zu meinen persönlichen Interessen, Hobbies etc. passen.
18 %	Um anderen zu zeigen, dass ich das Unternehmen unterstütze (inkl. Freunden und Familie).
16 %	Jemand hat mir die Seite empfohlen.
14 %	Um mit dem Produkt oder der Marke in Verbindung gebracht zu werden, weil diese trendy oder cool ist.
14 %	Um auf Entwicklungen innerhalb des Unternehmens/des Verbandes/der Organisation hingewiesen zu werden.
13 %	Als schnellen und einfachen Weg, um »meinen Finger auf de Puls« der Marke/des Unternehmens zu haben.

Abbildung 13.7 Warum Nutzer zu Fans werden

---

4 *http://bit.ly/2AFbmoj*

Grob können diese Antworten in drei Kategorien eingeteilt werden:

► Nutzer möchten aktuelle, exklusive und unterhaltsame Informationen über das Unternehmen erhalten.

► Nutzer möchten Vorteile bekommen.

► Das GEFÄLLT MIR ist der Ausdruck einer tatsächlich bestehenden Vorliebe für das Unternehmen.

Nutzer der ersten Kategorie überzeugen Sie mit relevanten und interessanten Beiträgen in Ihrer Timeline, auf dieses Thema gehe ich in Abschnitt 13.2.6, »Merkmale guter Beiträge auf Facebook«, noch genauer ein.

Die Bedürfnisse der zweiten Gruppe können Sie mit Rabatten und Aktionen stillen, achten Sie hier aber darauf, dass dies nicht der Kern Ihrer Strategie ist. Erfahrungsgemäß sind Fans, die nur den materiellen Vorteil sehen, eher inaktiv, was sich wiederum negativ auf die Aktivität und damit die Sichtbarkeit der Seite auswirkt.

Ihren treuen Kunden, die in die dritte Kategorie fallen, müssen Sie auf Ihren klassischen Kanälen mitteilen, dass Sie jetzt auch auf Facebook zu finden sind. Ob ein spezieller Bereich auf Ihrer Website, ein Hinweis im Newsletter, auf dem Produkt selbst oder eine Zeile in der klassischen Printanzeige – sprechen Sie mit den Kollegen aus dem Marketing. Haben diese Kunden Sie erst einmal gefunden, gilt hier das gleiche Prinzip wie für die erste Gruppe – bieten Sie relevante Inhalte, die auf die Bedürfnisse Ihrer Zielgruppe eingeht, und Ihre Inhalte werden weiterempfohlen.

Relevanz ist generell der Schlüssel, damit Ihre Inhalte es überhaupt in den Newsfeed Ihrer Zielgruppe schaffen.

13.2.5   Der Facebook Newsfeed Rank

Jeden Tag werden auf Facebook Milliarden von Beiträgen veröffentlicht. Je mehr Verbindungen zu Freunden und Seiten eine Person hat, desto größer wird die Menge an Informationen, die tagtäglich in deren Newsstream gelangt. Um der Überforderung der Nutzer entgegenzuwirken, hat Facebook einen Algorithmus eingeführt, der die Beiträge nach Relevanz für den Betrachter bewertet und anzeigt. Dieser Algorithmus heißt *Newsfeed Rank* und berücksichtigt mehr als 100.000 Rankingfaktoren. Dabei sind die drei Faktoren Affinität, Gewichtung und Zeit zentraler Bestandteil des Algorithmus. Auf Basis dieser Faktoren werden alle Aktionen auf Facebook, die potenziell im Newsfeed eines Nutzers angezeigt werden könnten, bewertet (gerankt). Wirklich eingeblendet werden die Aktionen mit den höchsten Werten. In Tabelle 13.1 sehen Sie noch einmal die drei Faktoren und ihre Bedeutung.

Faktor	Bedeutung
Affinität (Affinity)	Die Affinität beschreibt die Enge der Beziehung zwischen dem Nutzer und dem Urheber eines Beitrags. Häufige Interaktion eines Nutzers mit den Inhalten einer Seite oder einer Person erhöht den Wert der Affinität.
Gewichtung (Weight)	Die Gewichtung ist ein von Facebook ausgeklügeltes Wertesystem, das sowohl der Art des Postings als auch den Reaktionen darauf Werte zuweist. So sind Beiträge mit vielen Likes, Kommentaren und Shares (ge)wichtiger als solche, die niemand beachtet. Darüber hinaus haben Fotos, Videos und Links eine höhere Gewichtung als Text.
Zeit (Time)	Der Faktor Zeit ist am einfachsten zu verstehen. Je älter ein Beitrag ist, desto weniger Wert hat dieser.

Tabelle 13.1 Die Faktoren des Edge Ranks

Neben diesen drei Faktoren hat Facebook bisher vier weitere Kriterien offengelegt[5], die einen Einfluss auf die angezeigten Beiträge haben:

▶ **Last Actor**: Facebook bezieht bei der Bewertung eines Beitrags die letzten 50 Interaktionen eines Nutzers mit ein. Je häufiger dieser mit Inhalten einer Person oder einer Page interagiert, desto häufiger werden ihm Inhalte aus diesen Quellen angezeigt.

▶ **Re-Bumping**: Re-Bumping zeigt Beiträge, die ein Nutzer potenziell gesehen, aber auf die er nicht reagiert hat, erneut an, wenn diese besonders viele Likes oder Kommentare bekommen.

▶ **Chronological Order**: Serielle Beiträge werden möglichst in der chronologischen Reihenfolge angezeigt.

▶ **Meaningful Conversations**: Frei mit »bedeutsamen Unterhaltungen« übersetzt werden Beiträge, die Unterhaltungen unter den Nutzern auslösen positiv bewertet.

Über die genaue Funktionsweise des Newsfeed Ranks hält sich Facebook genauso bedeckt wie Google über dessen Suchalgorithmus. Die Quintessenz für Sie ist an dieser Stelle, dass aktuelle, beliebte und relevante Beiträge generell eine höhere Wahrscheinlichkeit haben, angezeigt und wahrgenommen zu werden.[6]

---

5   *http://on.fb.me/14H1dQg*

6   Einen sehr guten Artikel über den Facebook-Newsfeed-Algorithmus und seine Geschichte lesen Sie unter: *http://time.com/3950525/facebook-news-feed*.

13.2.6 Merkmale guter Beiträge auf Facebook

Ein großer Vorteil von Beiträgen auf Facebook ist, dass ein Fan diese kommentieren, mit GEFÄLLT MIR markieren und mit seinen Freunden teilen kann. Auf diese Weise verschafft er Ihnen mehr Reichweite und mit etwas Glück auch neue Fans. Damit dies passiert, müssen mehrere Faktoren zusammenkommen. Zunächst einmal muss Ihr Beitrag durch die Relevanzprüfung des Newsfeed Ranks (siehe letzter Abschnitt) kommen, dann dem Nutzer im Newsstream auffallen und abschließend so gut gefallen, dass dieser mit ihm interagiert.

Was aber sind Merkmale guter Beiträge? Hier helfen Ihnen die Best-Practice-Tipps[7] von Facebook selbst, die auf den Daten von sämtlichen Facebook-Unternehmensseiten basieren. Demnach sind die Merkmale der erfolgreichsten Beiträge:

▶ **Kürze und Prägnanz**: Beiträge mit 100 bis 250 Zeichen werden 60 % häufiger gelikt, kommentiert und geteilt als längere Beiträge.

▶ **Visuelle Unterstützung**: Beiträge, die mit Fotos, 360°-Fotos, Fotogalerien, Videos oder einzelnen Bildern angereichert werden, steigern die Interaktion im Vergleich zu einem durchschnittlichen Beitrag um 180 %, 100 % bzw. 120 %.

▶ **Direkte Ansprache der Fans**: Beiträge, in denen Sie Fans nach deren Meinung oder Feedback fragen, funktionieren überdurchschnittlich gut. Eine weitere Variante, die 90 % höhere Reaktionen erzielt, ist, Ihre Fans einen Satz vervollständigen zu lassen.

▶ **Exklusive Inhalte**: Belohnen Sie Ihre Fans mit exklusiven Informationen und einem Blick hinter die Kulissen.

▶ **Angebote und Rabatte**: Nicht umsonst stehen Angebote und Rabatte oben in den Gründen, warum Facebook-Nutzer Fan einer Seite werden.

▶ **Aktuelle Themen**: Ob gesellschaftliche Themen, Feiertage oder große Events, Fans reagieren eher auf Themen, die ihnen gerade präsent sind. Denken Sie dabei daran, dass das Ereignis zu Ihrer Content-Strategie passt und Sie einen Bezug zu Ihrer Marke herstellen müssen.

▶ **Passgenauigkeit zum Unternehmen und Themenrelevanz**: Sprechen Sie die Sprache des Unternehmens, und beschäftigen Sie sich mit Themen, die zu Ihnen passen und die Ihre Fans von Ihnen erwarten.

▶ **Regelmäßigkeit und gutes Timing**: Posten Sie regelmäßig Beiträge, aber nicht zu oft, testen Sie, wann Ihre Fans am meisten auf Ihre Beiträge reagieren.

Keine Kekse für Clickbait

Nachdem Facebook von *Clickbait* regelrecht überschwemmt wurde, hat das Netzwerk reagiert. Beiträge, die mit reißerischen Überschriften wie »Und Ihr glaubt nicht, was dann passiert ist«, oder sinnlosen Aufforderungen zu Interaktion arbeiten, werden abgestraft. Dementsprechend ist es klüger, darauf zu verzichten.

---

7 www.facebook.com/facebookmedia/best-practices/

Welche Inhalte gut funktionieren und welche nicht, können Sie in Ihren Facebook-Seitenstatistiken unter *www.facebook.com/insights* überprüfen. Hier finden Sie zu jedem Ihrer Beiträge die Anzahl der Nutzer, die diesen gesehen und mit diesem interagiert haben.

13.2.7   Grundsätzliches vor dem Start einer Facebook-Seite

Wenn Sie eine Facebook-Seite für Ihr Unternehmen anlegen möchten, bedeutet dies für Sie:

▶ Legen Sie den Fokus auf gute Inhalte, und erzählen Sie Geschichten, denen Ihre Nutzer gerne zuhören. Wenn Sie nichts zu erzählen haben, ist Facebook vielleicht (noch) nicht das Richtige für Sie.

▶ Versuchen Sie gar nicht erst, Ihren Anhängern platt Werbung oder PR-Meldungen unterzujubeln.

▶ Seien Sie darauf vorbereitet, dass Ihre Fans etwas ganz anderes mit der Fanseite vorhaben als Sie. Dies zeigen immer wieder Unternehmen, die das Aufkommen von Support-Anfragen unterschätzen.

▶ Planen Sie ausreichend Zeit und Mittel ein, nicht nur für die Erstellung von Inhalten, sondern auch für die Betreuung der Seite selbst.

▶ Wo Lob ist, ist auch Kritik – seien Sie darauf vorbereitet, auch mit kritischen Fragen und Beiträgen konfrontiert zu werden – von kleinen Einzelfällen bis hin zum berühmt-berüchtigten Shitstorm. Das generelle Rüstzeug dafür habe ich Ihnen in Abschnitt 11.4, »Krisenkommunikation im Social Web«, vorgestellt.

▶ Sorgen Sie dafür, dass die Prozesse und Zuständigkeiten innerhalb des Unternehmens geklärt sind.

13.2.8   Benchmarking-Tools für Facebook

Das Thema *Benchmarking* hat eine besondere Bedeutung in der Einschätzung der eigenen Performance. Durch den Abgleich mit anderen Fanseiten wird deutlich, wie die eigene Seite wirklich abschneidet.

Achten Sie dabei aber auch darauf, dass Sie ähnliche Pages zum Vergleich heranziehen, sprich gleiche Branche, Größe und Ausrichtung. Sich als Mobilfunkanbieter mit Fokus auf Kundenservice mit einem Konsumartikelhersteller, der den Fokus auf Reichweite setzt, zu messen, macht hier wenig Sinn. Wenn Sie wissen möchten, wie Sie im Wettbewerb dastehen, helfen Ihnen die Tools und Dienste, die ich Ihnen unter *http://bit.ly/19dPXZH* vorstelle, dabei, zu evaluieren, wie Sie im Vergleich abschneiden.

13.2.9 Facebook Places und »Orte in der Nähe«

Facebook-Nutzer können sich bei dem Verfassen eines Status-Updates Orte in der Nähe anzeigen lassen, dort sich und ihre Freunde einchecken und Empfehlungen vergeben. Checkt ein Nutzer bei Ihnen ein oder wird von einer anderen Person eingecheckt, ist dies theoretisch für alle seine Freunde sichtbar. Gleiches gilt, wenn dieser eine Empfehlung über Ihren Ort schreibt.

Bewertungen und Empfehlungen auf Facebook

Facebook hat die Möglichkeit Orte mit 1-5 Sternen zu bewerten 2018 entfernt und dafür das Format »Empfehlung« eingeführt. Die Bewertung errechnet sich jetzt aus dem Verhältnis von »Empfehlungen« zu »Nicht-Empfehlungen«. Eine sehr gute und regelmäßig aktualisierte Anleitung, wie Sie Empfehlungen für Sich nutzen können, finden Sie auf Allfacebook *https://allfacebook.de/pages/bewertungen-empfehlungen*.

Die Funktion »Orte« (Places)

Auf der Seite *Orte, www.facebook.com/places*, kann sich der Nutzer nach Kategorien geordnete Plätze in einer Stadt ansehen. Neben den Profilbildern der umliegenden Orte werden die Bewertungen sehr prominent angezeigt. Strategisch ist es aus diesem Grund natürlich wichtig, dass Sie möglichst viele begeisterte Kunden dazu bekommen, dies auch an dieser Stelle kundzutun. Eine ausführliche Anleitung, wie Sie Ihren Facebook-Place bestmöglich anlegen, finden Sie hier: *https://goo.gl/oDQxVL*. Wenn Sie ein Unternehmen mit mehreren Filialen betreuen, bietet Ihnen Facebook die zentrale Verwaltung aller Orte unter einem Dach an. Wie das funktioniert, lesen Sie hier: *https://goo.gl/Bm1zVJ*.

13.2.10 Facebook-Gruppen

Facebook ermöglicht, eine Facebook-Gruppe mit der eigenen Fanseite zu verbinden. Diese sogenannten *Communitys* können wie normale Gruppen auch öffentlich oder geschlossen sein und bieten den Administratoren umfassende Moderationsmöglichkeiten.

Hilfe zu Gruppen

Einen ausführlichen Grundlagenartikel rund um das Thema Facebook Gruppen finden Sie bei meinem BVCM-Kollegen Melchior Neumann *www.pergenz.de/blog/facebookgruppen/*. Darüber hinaus finden Sie stets aktuelle Informationen auf der Lernplattform Facebook Blueprint: *http://bit.ly/dsomemaGruppen*.

Bevor Sie Ihrer Seite eine Gruppe hinzufügen, sollten Sie gut darüber nachdenken, welche Ausrichtung diese hat, denn nur wenn Sie die Bedürfnisse Ihrer Zielgruppe wirklich treffen, wird diese auch aktiv werden. Darüber hinaus müssen Sie die

Kapazitäten haben, um die Gruppe gewissenhaft zu betreuen. Es lohnt sich aber durchaus, diese Kapazitäten zu schaffen, denn Facebook hat auf der Entwicklerkonferenz 2019 angekündigt, dass Gruppen den Kern von Facebook ausmachen werden. Schon heute sind die Auswirkungen davon spürbar, denn während die native Reichweite von Beiträgen kontinuierlich runtergeht, genießen Gruppenbeiträge gute Sichtbarkeit im Newsfeed.

Ein Beispiel für eine sehr gute und aktive Gruppe können Sie sich bei Ankerkraut aus Hamburg ansehen (siehe Abbildung 13.8).

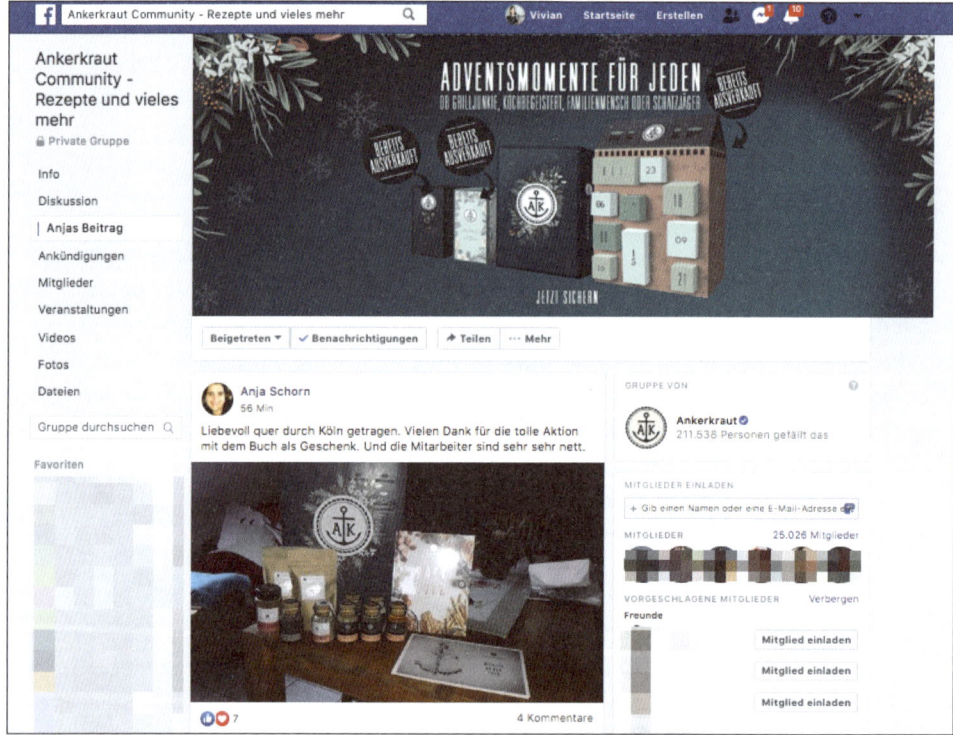

Abbildung 13.8 Die Ankerkraut-Rezeptgruppe auf Facebook

Eine Rezeptgruppe passt natürlich perfekt zu einer Gewürzmanufaktur, denn hier kann nicht nur Ankerkraut selbst schöne Gerichte vorschlagen, sondern auch die Community mit neuen Kreationen glänzen. Ausschlaggebend für den Erfolg der Gruppe ist außerdem das persönliche und leidenschaftliche Engagement der Ankerkraut-Vertreter.

Neben einer eigenen Gruppe haben Sie auch die Möglichkeit, anderen Gruppen als Seite beizutreten. Achten Sie dabei darauf, dass dies von der Community auch erwünscht ist, und darauf, dass Sie einen Mehrwert durch Ihre Beiträge und Antworten einbringen. Platte Werbung kommt hier gar nicht gut an!

13.2.11   Facebook und Video

Nach wie vor liegt der Trend auf Facebook deutlich auf Videos. Damit meine ich nicht die steigende Bedeutung von Webvideos insgesamt, auf die ich in Abschnitt 13.5, »Videoportale und -Apps (YouTube, Vimeo, TikTok & Co.)«, noch näher eingehen werde. Facebook ist nach eigenen Angaben selbst eines der größten Portale für Videos.[8] Die Bestrebungen von Facebook, selbst zum Videoportal zu werden, zeigen sich in den stetig neuen Funktionen und Nuancen, die gerade schrittweise veröffentlicht werden. Videos, die nativ auf Facebook hochgeladen werden, haben seit geraumer Zeit höhere Reichweiten als verlinkte YouTube-Videos. Gleichzeitig sind Videos aktuell das stärkste Format auf Facebook, was Reichweite und Interaktion angeht.

Best Practice für Videos auf Facebook

Auch hier helfen die Ressourcen von Facebook weiter, denn Facebook selbst hat den besten Einblick, wie die eigenen Nutzer mit den Inhalten auf der Plattform umgehen. So empfiehlt Facebook, die Aufmerksamkeit der Nutzer in den ersten 3 Sekunden direkt zu erwischen bzw. in den ersten 23 Sekunden die wichtigsten Botschaften zu verpacken. Außerdem muss ein Video mit und ohne Ton funktionieren und hat idealerweise Untertitel. Dazu ergeben Studien immer wieder, dass das quadratische Format am besten funktioniert. Ausführlich können Sie sich diese und weitere Tipps bei Facebook (*https://goo.gl/SnY1sn*) und Buffer (*https://goo.gl/AKsNrm*) durchlesen.

Neben dem klassischen Video bietet Facebook noch eine Reihe weiterer Formate, die ich im Folgenden vorstelle.

13.2.12   Facebook Live

Im August 2015 stellte Facebook die Funktion *Live* vor, die einen Livestream ermöglicht, mit dem die Zuschauer interagieren können. Das Format erfreut sich auf Facebook großer Beliebtheit, ob ein kleiner Einblick in die Redaktion, Liveberichte vor Ort oder sogar ganze Galashows, es gibt viele Möglichkeiten, dieses interaktions- und reichweitenstarke Format zu nutzen. Facebook selbst gibt eine Reihe von Tipps, wie Livevideos am besten funktionieren:

▶ Kündigen Sie jede Übertragung vorher an. Der optimale Zeitpunkt für die Ankündigung ist einen Tag vorher.

▶ Machen Sie Ihren potenziellen Zuschauern den Stream mit einer spannenden Beschreibung dessen, was sie erwartet, schmackhaft.

▶ Achten Sie auf eine gute Internetleitung! Unterwegs sollten Sie mindestens im 4G-Netz sein. Testen Sie den Stream, bevor Sie richtig live gehen.

---

8   *http://goo.gl/lx7YTn*

▶ Moderieren und beantworten Sie Kommentare direkt während der Sendung. Sprechen Sie die Kommentatoren über das @Zeichen mit Namen an.

▶ Weisen Sie Ihre Zuschauer darauf hin, dass sie mit einem einfachen Klick die künftigen Livevideos abonnieren können.

▶ Planen Sie mindestens zehn und höchstens 90 Minuten für ein Livevideo ein. Je länger die Sendung, desto mehr Personen haben die Möglichkeit, zuzuschauen.

▶ Starten Sie mit einer Begrüßung, und beenden Sie die Übertragung mit einer Verabschiedung. Warten Sie ein paar Sekunden, bevor Sie dann den Stopp-Knopf drücken.

▶ Experimentieren Sie mit Formaten und Ideen – so bleibt der Kanal für die Zielgruppe spannend.

13.2.13 Facebook Watch

Mit *Facebook Watch* eröffnet Facebook eine Plattform für Shows und Serien, die allen Creators und Publishern offensteht. Die Produzenten werden an den Werbeeinnahmen der Videos beteiligt. Facebook Watch ist vom Prinzip her mit Streaming-Diensten wie Netflix vergleichbar, bietet den Nutzern aber zusätzlich die Möglichkeit, während einer Show oder Serien mit anderen Zuschauern zu interagieren.

Genau hier liegt auch die Stärke des Formats, denn der soziale Kontext bindet die Nutzer. Natürlich arbeitet Facebook an unterschiedlichen Werbemöglichkeiten auf Watch, Serien werden ein besonderes Format der Fanseite, die *Watch Page*, bekommen. Für Unternehmen mit großen Budgets könnte zukünftig das Sponsoring einer Show interessant werden. Facebook selbst geht sogar noch einen Schritt weiter und produziert Ende 2017 seine erste Serie, die mit einem Budget von 2,7 Mio. € pro Folge zu den teuersten Produktionen in den USA gehört.

13.2.14 VR auf Facebook

Zuckerberg selbst sieht die Zukunft des Videos unter anderem in *immersive* 3D-Videos. Das unterstreicht der Kauf von Oculus, einem Virtual-Reality-Spezialisten. 2017 enthüllte Mark Zuckerberg auf der Entwicklerkonferenz F8 *Facebook Spaces*. Erinnern Sie sich noch an »Second Life«? Facebook Spaces belebt das Prinzip dieses 2003 veröffentlichten 3D-Netzwerkes neu. Aus dem Profilbild des Nutzers wird ein Avatar kreiert, mit dem dieser in der virtuellen Welt umherwandern und mit anderen Nutzern interagieren kann. Facebook Spaces wurde Ende Oktober 2019 abgestellt, die Idee wird in 2020 durch Facebook Horizon fortgeführt. Es ist aber durchaus realistisch, dass Facebook in der Zukunft auch einen Platz für Unternehmen in dieser 3D-Welt vorsieht. Aktuelle Informationen finden Sie unter: *www.oculus.com/facebookhorizon/*.

13.2.15   Facebook Instant Articles

Mit *Facebook Instant Articles* können Medienhäuser, Blogger oder Unternehmen, die Magazine oder Blogs betreiben, ihre Inhalte direkt in Facebook einspeisen. Diese werden dann nicht mehr als Link auf die jeweilige Plattform angezeigt, sondern direkt als interaktives Format in Facebook selbst.

Als Vorteil sind hier deutlich schnellere Ladezeiten zu nennen, die eine Verringerung der Absprungrate zur Folge haben, darüber hinaus gibt es umfangreiche Statistiken. Ein großer Nachteil hingegen ist, dass weniger Besucherverkehr auf die eigene Seite fließt, was gegebenenfalls mit geringeren Werbeeinnahmen einhergeht. Zum Ausgleich bietet Facebook die Möglichkeit an, Werbung in den Artikeln einzubinden. Ob Facebook Articles für Ihr Engagement geeignet ist, hängt entsprechend von Ihren Zielen ab. Unter *https://instantarticles.fb.com* finden Sie aktuelle Informationen zu dem Format und eine gute Anleitung zur Einrichtung unter *https://goo.gl/5xKzMe*.

Abbildung 13.9 Rodale Inc. nutzt Facebook Instant Articles für ihre Magazine. (Quelle: Facebook[9])

13.2.16   Facebook Stories

Facebook macht das flüchtige Storyformat auch für Pages nutzbar. Seiteninhaber können damit dann ebenfalls hier Bilder und Videos einstellen, die nach 24 Stun-

---

9 *https://instantarticles.fb.com/case-studies/rodale-inc-how-to-monetize-instant-articles-in-3-steps/*

den von selbst wieder verschwinden und mit Effekten, Filtern und Rahmen verziert werden können. Die flüchtigen Inhalte eignen sich besonders gut für die Begleitung von Events, Einblicke in den Alltag oder das kreative Erzählen von Geschichten. In Abschnitt 13.6.9, »Instagram Stories«, und Abschnitt 13.9.9, »Ephemeral Media – flüchtige Medien schaffen ein ganz neues Netzwerk der Interaktion«, gehe ich noch ausführlicher auf das Format der Stories ein.

Helfer für Stories

Ansprechend gestaltete Stories sind die beste Alternative zu authentischem Livecontent. Wenn Sie gerne mit Photoshop arbeiten, helfen Ihnen diese Templates: *https:// graphicpanda.net/instagram-stories-templates/*. Wenn Sie Grafiklaie sind, hilft Ihnen das Tool Canva (*http://bit.ly/2yucZCq*) mit praktischen Vorlagen, die Sie direkt online nach Ihren Wünschen gestalten können.

13.2.17 Facebook-Werbeanzeigen

Neben der Möglichkeit, einen Dialog mit Kunden und Fans zu führen, bietet Facebook auch statische Werbeformate an. Diese können (und sollten) unterstützend für ein Engagement auf Facebook eingesetzt werden. Doch die Welt der Facebook-Werbung ist komplex, Facebook hat seine eigenen Terminologien, und die Unterschiede zwischen den Werbeformaten zeigen sich oft erst im Detail. Dazu ist die Entwicklung der Facebook-Werbeformate rasant und bringt stetig neue Varianten hervor. Um in diesem Dschungel strategische Entscheidungen treffen zu können, müssen Sie zunächst einmal verstehen, welche Werbeformate es gibt und wie Sie diese einsetzen können. Davor werde ich Ihnen noch kurz auf Basis der Zielgruppensegmentierung auf Facebook erläutern, warum sich diese Mühe lohnen kann.

Zielgruppensegmentierung auf Facebook

Die große Stärke von Facebook basiert auf der Masse an Daten, die Nutzer freiwillig über sich, ihre Interessen und Vorlieben preisgeben. Diese Angaben ermöglichen ein präzises Targeting der eigenen Zielgruppe, und sie erhöhen so die Wahrscheinlichkeit, dass ein Nutzer tatsächlich auf die Anzeige klickt. Die Möglichkeiten, eine Zielgruppe konkret einzugrenzen, sind auf Facebook außergewöhnlich vielfältig. Neben sozialen und demografischen Merkmalen können Sie sogar einzelne Interessen als Kriterium angeben. Diese großzügigen Optionen zur Segmentierung helfen Ihnen nicht nur bei der Erstellung von Werbeanzeigen. Sie können diese auch perfekt zur Recherche im Vorfeld einer Kampagne oder eines Gewinnspiels nutzen. Geben Sie einfach die gewünschten Kriterien Ihrer Zielgruppe in den Facebook Manager ein, und Sie bekommen in Echtzeit angezeigt, wie groß die Reichweite ist.

Marketing-Basic: Was ist Targeting?

Targeting (engl. *target* = Ziel) ist ein Marketinginstrument zur fokussierten Ansprache der eigenen Zielgruppe. Auf Basis von Informationen, die über den Nutzer vorliegen, wird hier eine möglichst passgenaue Werbung angezeigt. Ziel des Targetings ist es, die Klickraten zu erhöhen und Streuverluste einer Werbekampagne zu minimieren.

Beispiel: Besucht der Nutzer eine Seite, die das Thema Auto hat, wird ihm Werbung für eine Pkw-Versicherung angezeigt.

Die Facebook-Werbeformate

Die Facebook-Werbeformate lassen sich grundsätzlich in drei Kategorien aufteilen:

▸ Anzeigen, die zusätzliche Interaktion für Seitenbeiträge bringen

▸ Anzeigen, die Klicks oder Aktionen innerhalb der Plattform zum Ziel haben, wie zum Beispiel GEFÄLLT MIR-Angaben für die Seite, Teilnahme an Events, Nutzung von Apps oder die Nutzung von Angeboten

▸ Anzeigen, die Klicks oder Aktionen zum Ziel haben, die von der Plattform wegführen, zum Beispiel Klicks zur eigenen Website oder die Installation einer App

Facebook optimiert hier ständig die Formate, aus diesem Grund verweise ich an dieser Stelle auf die ständig aktuelle Anleitung unter *www.facebook.com/advertising*. Dort finden Sie stets die neuen Möglichkeiten inklusive einer Anleitung zur Erstellung der jeweiligen Anzeigen.

Alle Werbeformate werden um Informationen zum sozialen Kontext ergänzt. Das bedeutet, dass die Freunde der Person angezeigt werden, die das beworbene Produkt, Event oder Unternehmen bereits als GEFÄLLT MIR markiert haben. Durch diese Ergänzung erhält die Anzeige den Touch einer persönlichen Empfehlung.

Marketing-Basic: Impression, Click, CTR, CPC, CPM und CPL

Das Onlinemarketing ist eine Welt voller Abkürzungen und Fachbegriffe. Die wichtigsten im Zusammenhang mit Facebook-Werbeanzeigen sind folgende:

▸ **Impression**: Häufigkeit der Einblendung einer Werbeanzeige

▸ **Click**: Häufigkeit, mit der ein Nutzer eine Anzeige angeklickt hat

▸ **Click-through Rate (CTR)**: Zu Deutsch Klickrate, bezeichnet das Verhältnis von Werbeeinblendungen (Impressions) zur Häufigkeit, mit der ein Nutzer die Anzeige anklickt (Click). Ein CTR von 0,1 % entspricht demnach einem Klick bei 1.000 Werbeeinblendungen.

▸ **Cost per Click (CPC)** oder auch **Pay-per-Click (PPC)**: Ist ein Abrechnungsformat im Onlinemarketing. Hier werden die Kosten auf Basis der Klicks berechnet, die auf eine Anzeige gemacht werden, unabhängig davon, wie diese eingeblendet wird.

▸ **Cost per Mille (CPM)**: In diesem Abrechnungsformat bezahlen Sie pro 1.000 Werbeeinblendungen, dabei ist es unerheblich, wie oft Nutzer die Anzeige anklicken.

- **Cost per Action (CPA)**: Bei »Kosten pro Aktion« wird ein Beitrag für die von Ihnen ausgewählte Aktion berechnet. Eine Aktion kann zum Beispiel eine Reaktion, ein Kommentar, ein Klick auf »Nachricht senden« sein.

- **Cost per Lead (CPL)**: Das Format Cost-per-Lead vervollständigt die Liste der messbaren Aktionen. Hier bezahlt der Werbekunde für jeden Kunden, der nach dem Klick die gewünschte Aktion (zum Beispiel Kauf, Abonnement eines Newsletters, Kontaktaufnahme) ausführt.

- **Split-Test**: Ein Split-Test, auch A/B-Test oder Multivariantentest genannt, bezeichnet den Einsatz unterschiedlicher Variablen in einer Werbeanzeige mit dem Ziel, die beste Variante zu identifizieren.

Kosten von Facebook-Werbung

Der Großteil der Facebook-Werbeanzeigen ist leistungsbasiert, was heißt, dass Sie als Werbekunde nur für bestimmte messbare Aktionen zahlen (*Performance-based Advertising*).

Facebook bietet Ihnen die Möglichkeit, nach den Aktionen Klick (CPC) oder per 1.000 Einblendungen (CPM) abzurechnen. In beiden Varianten können Sie eine Höchstgrenze definieren, wie viel Sie bereit sind, für die jeweilige Aktion zu zahlen. Ähnlich wie bei einer Onlineauktion entscheidet Facebook auf Basis Ihres Gebots im Vergleich zu Geboten anderer Werbekunden, wie oft und wo Ihre Anzeige eingeblendet wird. Liegen gerade viele Gebote auf eine bestimmte Zielgruppe vor, so bekommen die Anzeigen Priorität, die einen höheren Preis geboten haben. Aus diesem Grund empfiehlt es sich, nicht unterhalb der von Facebook vorgeschlagenen Spanne zu bieten. In Abbildung 13.10 sehen Sie den Dialog zu Budget und Zeitplan im Facebook Werbeanzeigenmanager. Sie sehen die Möglichkeit, Budget und Laufzeit zu bestimmen. Außerdem sehen Sie, dass hier gerade ein sogenannter Split-Test angelegt wird. Split-Tests eignen sich, um herauszufinden, worauf Ihre Zielgruppe am besten reagiert. Facebook gibt Ihnen mit der grün gefärbten Prozentzahl einen Hinweis darauf, wie aussagekräftig ein Test mit der von Ihnen gewählten Kombination aus Zeit und Budget ist.

Für die Angabe des Werbebudgets bietet Facebook zwei Möglichkeiten:

- **Tagesbudget**: Sie geben an, welchen Beitrag Sie pro Tag höchstens ausgeben möchten.

- **Laufzeitbudget**: Sie geben an, welche Summe Sie über eine bestimmte Laufzeit ausgeben möchten.

Wird die Obergrenze der gewählten Budgetart erreicht, stellt Facebook die Einblendung Ihrer Anzeige(n) automatisch ein. Die Bezahlung erfolgt über PayPal, Kreditkarte oder exklusiv in Deutschland auch per Lastschriftverfahren. Rechnungen gibt es nur in digitaler Form.

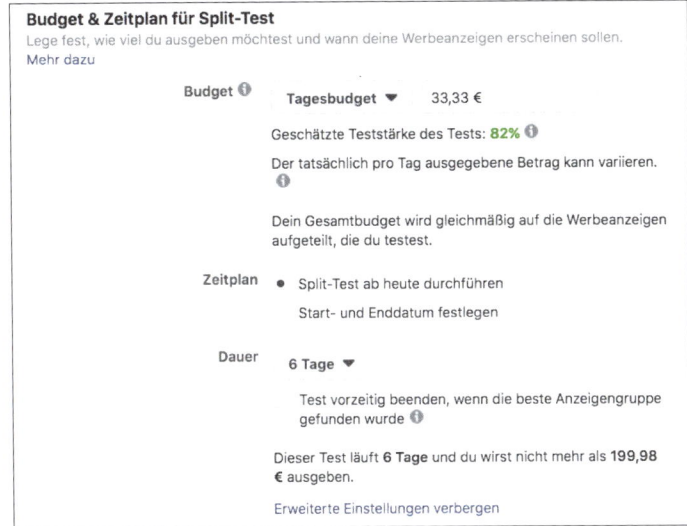

Abbildung 13.10 Der Facebook Werbeanzeigenmanager

Wann CPC und wann CPM?

Das für Sie vorteilhaftere Abrechnungsformat hängt davon ab, welche Ziele Sie auf Facebook verfolgen. Wenn Sie Markenbekanntheit erreichen möchten, empfiehlt sich die Variante CPM, die viele Impressionen, aber nur wenige Klicks bringt. Lautet Ihr Ziel Traffic, dann sollten Sie CPC-Anzeigen nutzen, die weniger Impressionen, aber dafür bessere Durchklickraten haben.

Ein kleines praktisches Tool zum Experimentieren mit Werten ist an dieser Stelle der kostenlose CPC-Rechner von Miniwebtools (*www.miniwebtool.com/cpc-calculator*). Dieser ermöglicht Ihnen, im Vorfeld aus zweien dieser Werte den jeweils dritten zu berechnen. Im Zuge einer konkreten Facebook-Werbekampagne werden Ihnen diese Zahlen auch in der Auswertung zur Performance angezeigt.

Tipps für Facebook-Werbeanzeigen

Aufgrund der Menge an Werbung auf Facebook muss Ihre Anzeige schon das gewisse Etwas haben, um aus der Masse herauszustechen. Was dieses Etwas für Ihr Unternehmen ist, können nur Sie herausfinden. Diese Tipps helfen Ihnen jedoch dabei, Ihre Anzeige zu optimieren:

▸ Definieren Sie Ihre Zielgruppen so genau wie möglich, denn eine passgenaue Ansprache erhöht den Erfolg.

▸ Bilder und Videos wirken! Nutzen Sie interessante (Bewegt-)Bilder, die die Aufmerksamkeit der Nutzer erregen und zu Ihrem Angebot passen.

▸ Geben Sie den Nutzern mit einer Handlungsaufforderung (*Call-to-Action*, CTA) einen Grund zum Klicken.

▶ Sprechen Sie Ihre Zielgruppe in der Tonalität an, die diese spricht.

▶ Experimentieren Sie im Rahmen von Split-Tests mit Texten, Bildern und Videos, und kontrollieren Sie den Erfolg der Varianten.

▶ Sorgen Sie mit Ihrer Corporate Identity (CI) für einen Wiedererkennungswert.

▶ Spielen Sie mit den unterschiedlichen Werbeformaten, die auf Ihre Ziele passen.

▶ Machen Sie sich gründlich mit den Facebook-Werberichtlinien vertraut, Sie finden diese unter: *www.facebook.com/ad_guidelines.php*.

Facebook entwickelt seine Werbeformate stetig weiter, aus diesem Grund lohnt es sich, hier stets auf dem Laufenden zu bleiben. Aktuelle Informationen und Hilfestellungen zu Facebook Ads finden Sie unter *www.facebook.com/advertising* und in den in Abschnitt 13.2.1, »Strategische Einordnung von Facebook«, genannten Facebook-Fachblogs. Darüber hinaus kann ich auch hier sehr den zugehörigen Kurs auf der Facebook-E-Learning-Plattform Blueprint, *www.facebook.com/blueprint*, empfehlen.

13.2.18   Gewinnspiele und Promotions

Eine der beliebtesten Varianten, um viele Fans, Shares und Likes auf Facebook zu generieren, sind Gewinnspiele. Aber wussten Sie, dass diese Art der Fan-Akquisition nur kurzfristig zu mehr Fans und dafür dauerhaft zu einer schlechteren Sichtbarkeit Ihrer Inhalte führt, weil die Fans kein Interesse an Ihren Inhalten haben?[10] Obwohl Facebook im Vergleich zu früher die Richtlinien für Gewinnspiele stark gelockert hat, gibt es eine Reihe von Punkten, die Sie beachten müssen.

Facebook Promotion Guidelines

Ihr Gewinnspiel muss den *Facebook Promotion Guidelines* entsprechen, die Sie sich unter *www.facebook.com/page_guidelines.php* durchlesen können. Da Facebook seine Regeln generell häufiger ändert, müssen Sie die Guidelines stets überprüfen, bevor Sie in die Konzeption eines Gewinnspiels auf Facebook einsteigen.

Gesetzliche Rahmenbedingungen

Über die Facebook Guidelines hinaus müssen Sie Ihr Gewinnspiel natürlich auch konform zu der deutschen Gesetzgebung ausrichten. Diese sieht unter anderem vor, dass jedes Gewinnspiel Teilnahmebedingungen und eine Datenschutzerklärung haben muss. Wenn Sie also ein Gewinnspiel über einen Facebook-Post realisieren, müssen Sie in diesem beide sichtbar verlinken. Wie Sie ein rechtskonformes Gewinnspiel ausrichten, können Sie noch einmal genau bei Rechtsanwalt Thomas Schwenke unter *http://bit.ly/15lZUC2* sowie *http://bit.ly/15m2QhW* nachlesen.

---

10 Spannende Zahlen zu diesem Phänomen gibt es von Fanpage Karma in dieser Präsentation: *http://bit.ly/dsomemaFPKGewinnspiel*.

Facebook-Post oder App?

Grundsätzlich sind Gewinnspiele in Form eines Facebook-Posts möglich, wenn Sie sich an die vorher genannten Regeln halten. Auch die Herausforderung, einen Gewinner aus den Likes/Kommentaren zu ermitteln, ist durch Anwendungen wie die *Fanpage Karma Glücksfee www.fanpagekarma.com/facebook-promotion*, die per Zufall einen Gewinner ermittelt, nicht mehr so groß wie früher. Dennoch bieten Ihnen Apps mehr Möglichkeiten und Freiheiten bei der Ausrichtung Ihres Gewinnspiels. Wenn Sie also die Möglichkeit und das Budget dafür haben, eine App für Ihr Gewinnspiel zu nutzen, würde ich empfehlen, das zu tun.

13.2.19   Fazit – Pro und Contra einer Unternehmenspräsenz auf Facebook

Sie haben jetzt eine Reihe von Möglichkeiten gesehen, die Facebook Ihnen und Ihrem Unternehmen bietet. Abschließend gehe ich noch einmal auf Argumente pro und contra einer Unternehmenspräsenz auf Facebook ein, um Ihnen die strategische Abwägung zu erleichtern.

Pro

▶ **Reichweite**: 2,4 Mrd. Nutzer weltweit und rund 40 Millionen Nutzer in der D-A-CH-Region sind ein gutes Argument.

▶ **Aktivität**: Der durchschnittliche Nutzer verbringt pro Besuch 20 Minuten und im Monat 600 Minuten auf Facebook.

▶ **Internationalität**: Aufgrund der internationalen Präsenz haben Sie die Möglichkeit, auf Facebook Kampagnen in mehreren Ländern durchzuführen.

Contra

▶ **Datenschutz**: Nicht nur den deutschen Datenschutzbehörden ist Facebook ein Dorn im Auge – rund die Hälfte aller Nutzer vertraut Facebook nicht oder kaum.

▶ **Schlechte Anpassbarkeit**: Außer dem Titel- und Profilbild und selbst programmierten Applikationen haben Sie keinen Einfluss auf das Aussehen und die Funktionen von Facebook.

▶ **Unbeständigkeit**: Facebook ändert gerne die Plattform und das auch, ohne die Nutzer vorher darüber zu informieren. Diese Änderungen können von den Maßen der Profilbilder bis hin zu einem kompletten Wegfall von Möglichkeiten reichen. Wenn Sie sich auf Facebook einlassen, müssen Sie entsprechend für solche Änderungen Ressourcen und Budget einplanen.

▶ **Bugs**: Immer wieder treten Fehler (Bugs) auf, die den Administratoren von Facebook-Seiten das Leben schwer machen.

▶ **Zielgruppen**: Wenn Ihre Zielgruppe nicht (mehr) auf Facebook ist, können Sie sich ein Engagement sparen

Und last, but not least – Sie sollten nicht auf Facebook aktiv sein, wenn

▶ Sie nicht in einen Dialog treten können oder wollen. Dann ist Facebook nicht die richtige Plattform für Sie. Zumindest nicht, wenn Sie mehr als das Sichern der Seite Ihres Unternehmens vorhaben. Das Bespielen von Facebook in klassischer One-Way-Tradition, sprich Posten von Marketing- und PR-Botschaften, ist nicht das, was Nutzer von Ihnen erwarten, und wird mit negativen Reaktionen beantwortet. Selbst wenn Sie einzelne Marketingaktionen planen, sollten Sie immer bedenken, dass der Kommunikationsbedarf Ihrer Kunden vielleicht höher ist als gedacht. Ignorieren Sie Ihre Kunden dann, wird dies mindestens zu einem negativen Beigeschmack führen.

▶ Sie weder ausreichende Prozesse noch Ressourcen im Unternehmen haben. Eine offizielle Facebook-Seite geht mit hohen Erwartungen der Nutzer einher. Solange Sie diese nicht bedienen können, wirkt sich eine Facebook-Seite eher negativ als positiv auf Ihr Unternehmensimage aus.

13.2.20 Alternativen zu Facebook

In den letzten Jahren hat Facebook Wettbewerber kommen und gehen sehen, aber keines der Netzwerke konnte dem blauen Juggernauten so wirklich das Wasser reichen. Eines der Netzwerke, die das größte Potenzial hatten, war Google+, das 2019 abgeschaltet wurde. Den Grund dafür sehe ich nicht nur in der Größe von Facebook, sondern auch in einer ständigen Weiterentwicklung und guter Marktbeobachtung. Sobald ein neues Netzwerk populär wird, kauft Facebook dieses (Beispiele sind WhatsApp und Instagram). Wer sich nicht kaufen lässt, wird, wie zum Beispiel Snapchat, als Inspiration genommen und dadurch meist auf die hinteren Ränge verwiesen. Obwohl aktuell kein soziales Netzwerk in Sicht ist, das Facebook seinen Platz generell streitig machen kann, gibt es dennoch komplette Zielgruppen, die ihren Fokus auf andere Netzwerke, Messenger oder sonstige Apps verlagert haben. Wir können also weiter gespannt sein, wie die Entwicklung rund um Facebook in den nächsten Jahren weitergeht.

13.3 Twitter

Die Limitierung der Kommunikation auf 140 Zeichen war im Jahr 2006 eine kleine Revolution und die Geburtsstunde eines neuen Genres, des *Microbloggings*. Über die Jahre versuchte eine Reihe von Microblogging-Diensten ihr Glück, aber selbst die bekannteren Dienste wie Plurk (*http://plurk.com*), Indenti.ca (*https://identi.ca*) oder Jaiku kamen nicht an Twitter heran. Lediglich in China dominiert Sina Weibo (*www.weibo.com*), was aber auch daran liegt, dass Twitter dort gesperrt ist. Twitter hat im Schnitt 330 Mio. aktive Nutzer pro Monat, die 500 Mio. Tweets pro Tag versenden. Dazu kommen laut Twitter noch 500 Mio. Menschen, die auf Twitter lesen, ohne einen Account zu besitzen (Stand Dezember 2019[11]). Für Deutschland gibt der Dienst seine Nutzerschaft mit rund 12 Mio. an.

Anfang November 2017 erhöhte Twitter das Zeichenlimit von 140 auf 280 Zeichen. Die Veränderung wurde von einem kurzen Protest begleitet, der sich aber wenige Tage später beruhigte.

13.3.1   Das Twitter-ABC

Tweet, Follower, Retweet, DM – im Zusammenhang mit Twitter fällt eine Reihe von Begriffen, die ohne Erklärung durchaus verwirrend ist. Aus diesem Grund erkläre ich Ihnen einmal kurz das Twitter-ABC, bevor ich auf die strategischen Anwendungsszenarien für Unternehmen zu sprechen komme:

▶ **Tweet**: Das zentrale Element auf Twitter sind Tweets (von engl. *to tweet* = zwitschern), die Nachrichten, mit denen Sie, auf 280 Zeichen limitiert, mit anderen Twitter-Nutzern kommunizieren können.

▶ **Follower**: Follower sind die Nutzer, die einen anderen Nutzer abonniert haben. Ihre Follower bekommen Ihre Tweets automatisch in ihrer Timeline angezeigt.

▶ **Timeline (TL)**: Die Timeline ist ähnlich wie bei Facebook der Strom an Nachrichten, der aus den Tweets der Nutzer entsteht, denen Sie folgen.

▶ **Retweet (RT)**: Wenn Sie den Tweet eines anderen Nutzers weiterleiten, dann machen Sie einen Retweet, der dadurch gekennzeichnet wird, dass Sie die Initialen »RT« davorsetzen.

▶ **@Mention**: Der »Klammeraffe« @ vor einem Tweet wird dazu genutzt, einen anderen Nutzer direkt anzusprechen. Beispielsweise würden Sie mich mit @*vivianpein* persönlich adressieren.

▶ **Direct Message (DM)**: Direktnachricht ist eine private Nachricht, die Sie mit einem Nutzer austauschen. Achten Sie dabei immer gut darauf, dass Sie auch wirklich privat schreiben. Früher, als DMs in erster Linie durch ein d vor dem Nutzernamen des Gegenübers generiert wurden, gab es hier den einen oder anderen Fauxpas. DMs können nur ausgetauscht werden, wenn zwei Nutzer sich gegenseitig folgen.

▶ **Hashtag (#)**: Hashtags sind Schlagwörter, die dazu dienen, einen Tweet einem gewissen Thema zuzuordnen oder einem Gefühl Ausdruck zu verleihen (Beispiel: #*happy* für positive Stimmung).

---

11 *https://about.twitter.com/company*

▶ **Favoriten (Favs)**: Mithilfe des kleinen Sterns unter einem Tweet können Sie diesen als Favoriten markieren und dem Verfasser so Ihre Wertschätzung ausdrücken. Ich nutze die Funktion auch gerne, um mich für positive Tweets über meine Person zu bedanken, darüber hinaus sammeln Sie so Testimonials.

▶ **#ff (Follower Friday)**: Das Hashtag *#ff* hat sich eingebürgert, um an Freitagen besonders interessante Twitter-Accounts weiterzuempfehlen.

Mit diesen Grundlagen sind Sie für den folgenden Abschnitt gerüstet.

13.3.2 Strategische Einordnung von Twitter

Die große Stärke von Twitter ist die Kommunikation in Echtzeit. Selbst Facebook kommt kaum an die potenzielle Reichweite und Geschwindigkeit heran, mit der sich Nachrichten auf Twitter verbreiten. Das liegt in erster Linie daran, dass die meisten Accounts auf Twitter öffentlich sind und die Twitter-Nutzer ohne Hierarchien miteinander kommunizieren. Für Unternehmen eröffnet sich hier die Chance, mit den unterschiedlichsten Stakeholdern unkompliziert und direkt in einen Dialog zu treten. Dabei sind die Anwendungsszenarien von Twitter vielfältig. Ob Marketing, Kundenservice, Krisenkommunikation, Marktforschung, Investor Relations oder Pressearbeit, auf Twitter sind von Kunden bis Journalisten sämtliche Zielgruppen vertreten. Im Vergleich zu der Nutzung in den USA liegt Twitter hier in Deutschland unter Potenzial im Hinblick auf Nutzerzahlen und Reichweite, was bedeutet, dass nicht jeder hier erreichbar ist. Mithilfe der folgenden Anwendungsfälle können Sie einschätzen, ob Twitter ein interessantes Netzwerk für Ihr Unternehmen ist.

13.3.3 Twitter als Krisenradar und -kommunikationsmittel

In der Krise zählt jede Minute. Twitter, mit seinem Charakter als Echtzeitmedium, ermöglicht Ihnen, schnell, direkt und konkret auf Vorwürfe einzugehen und damit eine große Zahl Menschen zu erreichen. Ebenso schnell können sich Vorwürfe verbreiten, auf die Sie nicht reagieren. Twitter funktioniert hier wie ein Brandbeschleuniger, da spannende Nachrichten mit nur zwei Mausklicks weiter verbreitet und oftmals vorher nicht geprüft werden. Welche verheerenden Konsequenzen das haben kann, habe ich Ihnen bereits in der Einleitung (siehe Abschnitt 1.2.1, »Social Media = Informationen »auf Speed««) am Beispiel des gehackten Twitter-Accounts der AP dargelegt.

Twitter gibt Ihnen in Krisenzeiten die Möglichkeit, direkt mit den Meinungsführern zu kommunizieren, diesen Ihre Seite der Geschichte darzulegen und auf weiterführende Informationen auf Ihrem Blog oder Ihrer Unternehmens-Website zu verweisen. Außerdem fällt eine deutliche Stimmungsänderung auf Twitter sehr schnell auf. Mit Twitter haben Sie ein gut funktionierendes Krisenradar, wenn sich der

Wutsturm unerwartet zusammenbraut. Nehmen Sie dieses Medium ernst, denn durch die hohe Anzahl an Journalisten, die auf Twitter vertreten sind, ist der Weg in die klassischen Medien nicht weit.

13.3.4 Twitter als Stimmungsbarometer und Marktforschungstool

Es muss ja nicht immer gleich die Krise sein, wenn es um Stimmungen auf Twitter geht. Wenn Sie ehrliches Feedback zu Ihren Produkten haben möchten, sind Sie auf Twitter genau richtig. Und selbst wenn Sie eigentlich nicht geplant haben, hier Thema zu sein, wird wahrscheinlich doch über Sie gesprochen. Twitter-Nutzer sind erfahrungsgemäß überdurchschnittlich direkt, was ihre Meinung zu Produkten, Unternehmen und Dienstleistungen angeht. Sie nehmen im wahrsten Sinne des Wortes kein Blatt vor den Mund und teilen mit der Welt, was sie denken. Nutzen Sie diese Chance, um sich einen Überblick darüber zu verschaffen, wie die Stimmung zu Ihrem Unternehmen und dem Angebot ist. Fragen Sie Ihre Follower gezielt nach ihrer Meinung und ihren Ideen. Lernen Sie daraus, welche Produkte Ihren Kunden besonders oder so gar nicht gefallen und welche Punkte Sie verbessern können. So hat zum Beispiel die Telekom im Rahmen der Neustrukturierung der Tarife das Feedback der Kunden mit einbezogen (siehe Abbildung 13.11).

Abbildung 13.11 Die Telekom nutzt das Feedback der Twitter-Nutzer.

Genau zu wissen, was Ihre Kunden denken und wo Probleme liegen, ist übrigens auch der ideale Ansatzpunkt für das nächste Anwendungsszenario.

13.3.5 Kundenservice über Twitter

Der Kundenservice über Twitter ist für mich eines der Best-Practice-Anwendungsszenarien überhaupt. Prominente Beispiele wie Telekom_hilft (*https://twitter.com/ telekom_hilft*) oder DB Bahn (*https://twitter.com/DB_Bahn*) antworten auf direkte Fragen der Nutzer und informieren ihre Kunden über relevante Ereignisse. Besonders wichtig für den persönlichen Dialog: Alle Mitarbeiter, die für das Unterneh-men twittern, sind mit Foto und Namen auf der Twitter-Seite aufgeführt und kenn-zeichnen ihre Tweets mit ihrem jeweiligen Kürzel (siehe Abbildung 13.12). So weiß der Kunde sofort, mit wem er spricht.

Da alle Tweets öffentlich sichtbar sind, wird der Support-Dialog transparent und damit zum Marketinginstrument. Die positiven Auswirkungen eines Kundenservice auf Twitter stellen sich oftmals direkt ein und sind messbar. Ich konnte in unter-schiedlichsten Projekten eine Steigerung der positiven Nennungen im Bereich von 5% bis 30% innerhalb des ersten Monats beobachten.

Abbildung 13.12 Das Serviceteam der Deutschen Bahn auf Twitter

13.3.6   Twitter für das Marketing

Nicht nur die Imagewirkungen von gutem Kundenservice ist ein Ansatzpunkt für Marketeers auf Twitter. Jeweils 22% der Twitter-Nutzer folgen einem Unterneh-men, um über Discounts oder über neue Produkte informiert zu werden. Darüber hinaus brachte die Studie »Subscribers, Fans and Followers Germany« von Exact-Target einen interessanten Aspekt ans Licht.[12] 19% der Personen, die angaben, von

---

12 *http://goo.gl/kDned7*

Twitter zu einem Kauf bewegt worden zu sein, haben noch nicht einmal einen eigenen Twitter-Account und damit die entscheidenden Tweets bei der Recherche gefunden.

Twitter ist also ein guter Ort, um Ihre Kunden auf besondere Aktionen oder exklusive Informationen zu Produktneuheiten hinzuweisen. Übertreiben Sie es aber nicht, und achten Sie darauf, dass Ihre Informationen und Angebote einen realen Mehrwert für Ihre Follower haben. Spam ist auch hier unerwünscht, und der Dialog sollte immer im Vordergrund stehen.

Einen guten Weg hat die Deutsche Lufthansa (*https://twitter.com/Lufthansa_DE*) gefunden. In Abbildung 13.13 sehen Sie die Mischung aus Einblicken in den Alltag sowie Hinweisen auf Aktionen und Sonderpreise.

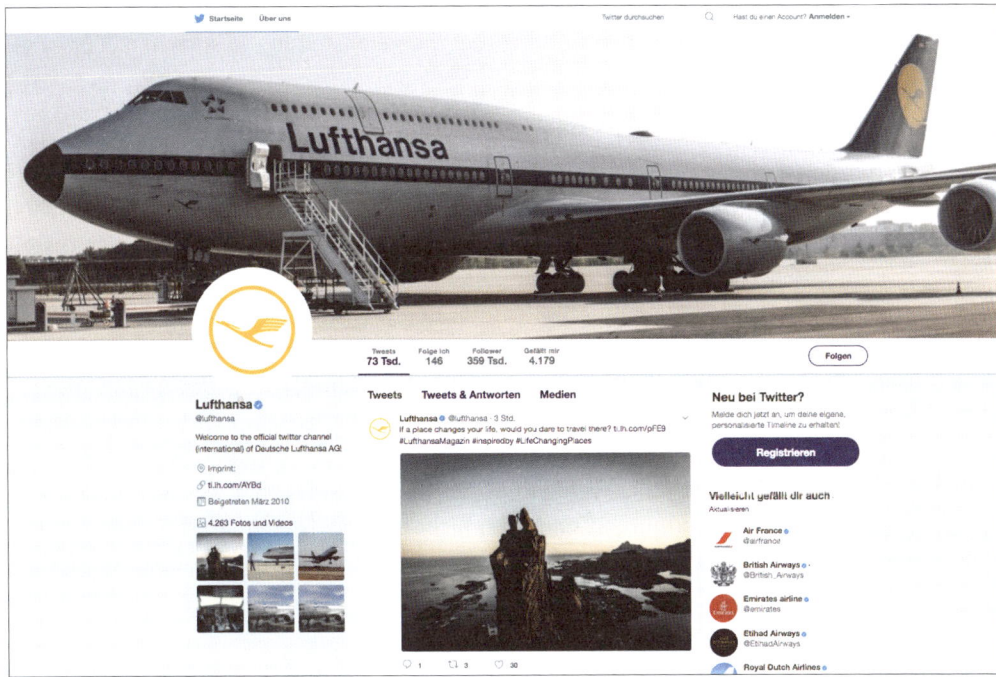

Abbildung 13.13 Die Deutsche Lufthansa mit Einblicken und Aktionen

13.3.7   Twitter als Wissensquelle

Was macht die Konkurrenz, oder was gibt es Neues in Ihrer Branche? Twitter macht es Ihnen leicht, über Neuigkeiten im Wettbewerb informiert zu bleiben und mit Experten Ihres Metiers in einen Dialog zu treten. Folgen Sie einfach den Twitter-Konten Ihrer Wettbewerber, und suchen Sie sich die Experten und Meinungsführer zu Ihren Themen heraus. Besonders praktisch ist hier auch die Listenfunktion von Twitter, mit der Sie Listen für Ihre unterschiedlichen Interessen anlegen können.

Wenn Sie eine geheime Liste anlegen, können Sie sogar Accounts folgen, ohne dass diese darauf aufmerksam werden.

Weitere Tools, mit denen Sie interessante Accounts finden, stelle ich Ihnen in Abschnitt 13.3.12, »Twitter-Tools«, noch vor.

13.3.8 Twitter für Events

Twitter eignet sich auch sehr gut für die Liveberichterstattung von Events, sowohl für die firmeneigenen als auch für jene, die Sie als Unternehmensvertreter besuchen. In den meisten Fällen legen im Internet aktive Veranstalter mittlerweile eigene Hashtags fest, mit denen die Tweets markiert werden können. Mit einer *Twitterwall*, also einer Projektion der Tweets zum Event auf eine Leinwand oder einen Bildschirm, machen Sie die Gespräche um Ihr Event offline sichtbar. Dies motiviert die aktiven Twitterer unter den Gästen, über die Veranstaltung zu sprechen.

13.3.9 Twitter macht das Fernsehen »social«

Twitter ist immer häufiger auf dem zweiten Bildschirm, also dem Smartphone, Tablet oder PC, parallel zu TV-Sendungen zu finden. Mithilfe von Hashtags tauschen sich die Nutzer über das Fernsehprogramm aus. Immer mehr Fernsehserien erkennen diesen Trend und fordern ihre Zuschauer direkt auf, ein bestimmtes Hashtag zu nutzen. Dieses Marketingtool wird in den USA schon weitläufig verwendet, in Deutschland ziehen die ersten Fernsehsender nach. Ein beliebtes Beispiel ist hier der Tatort, zu dem sich die Twitter-Nutzer jeden Sonntag über das Hashtag *#tatort* zu einem regelrechten Liveevent treffen. Die ARD hat auf Twitter (*https://twitter.com/Tatort*) einen dezidierten Account eingerichtet, und in den meisten Fällen sind sogar die Regisseure während der Sendung ansprechbar. Genaue Auswirkungen auf die Einschaltquoten sind noch nicht messbar, es gibt aber zumindest Indizien dafür, dass sich die virtuellen Fangemeinden positiv auf die Zuschauerzahlen auswirken.

13.3.10 Video und Twitter

Twitter zieht ebenfalls im Bereich Bewegtbild mit. In den iPhone- und Android-Apps können Sie Videos aufnehmen oder bereits vorhandene Clips hochladen und editieren. Die Videos können bis zu 2 Minuten und 20 Sekunden lang sein. Eine ausführliche Anleitung zum Teilen von Videos auf Twitter finden Sie unter *https://goo.gl/7fzc8y*. GIFs funktionieren übrigens auch.

Livevideo

Wie Facebook und Instagram bietet auch Twitter eine Livestream-Funktion in der Twitter-App an.

Diese Funktion ist nativ in die Twitter-App integriert und ermöglicht, jederzeit einen Livestream zu starten. Der Nutzer kann entscheiden, ob er diesen öffentlich macht oder nur ausgewählten Personen zur Verfügung stellt. Zuschauer können durch ein Antippen des Bildschirms Herzchen an den Filmenden schicken und per Chat kommunizieren. Jedes neue Livevideo wird als Tweet veröffentlicht und nach Abschluss dort als Video vorgehalten. Anwendungsbeispiele für Livestreams sind vielfältig, eine schöne Übersicht über Beispiele aus dem Medienbereich finden Sie hier: *http://goo.gl/sH9di5*.

13.3.11   Die Twitter-Netiquette

Es gibt ein paar ungeschriebene Gesetze auf Twitter, an die Sie sich sowohl privat als auch mit Ihrem Firmen-Account halten sollten.

Reden Sie mit anderen, nicht mit sich selbst

Twitter ist ein soziales Netzwerk, hier geht es um Dialog und nicht darum, anderen Ihre Informationen aufzudrücken. Noch immer machen einige Unternehmen den Fehler und veröffentlichen einfach stumpf ihre neuen Pressemitteilungen und Blogbeiträge und nichts anderes. Die einzige Ausnahme hier: Sie erstellen einen dedizierten Account für Ihren Informations-Output und kennzeichnen diesen deutlich als solchen. Auf Rückfragen und Kommentare müssen Sie aber auch hier reagieren.

Seien Sie Mensch, nicht Unternehmen

Wer spricht schon gerne mit einem Logo? Zeigen Sie die Menschen hinter dem Twitter-Account, ein gutes Beispiel dafür konnten Sie bereits in Abbildung 13.12 bei der Bahn sehen. Jeder Mitarbeiter sollte zusätzlich zu einem sympathischen Foto ein eigenes Namenskürzel haben und damit seine Tweets kennzeichnen. So weiß der Twitter-Nutzer immer genau, mit wem er gerade spricht.

Echte Stimme statt PR-Sprech

Mit bis zur Perfektion geschliffenen PR-Antworten kommen Sie auf Twitter nicht weit. Die Menschen hier erwarten von Ihnen die Bereitschaft zu einem ehrlichen, individuellen Dialog und das auf Augenhöhe. Zeigen Sie ruhig Ihre Persönlichkeit, und schreiben Sie so, wie Sie mit Ihrem Gegenüber vis-à-vis sprechen würden.

Gute Manieren sind Pflicht

Eigentlich selbstverständlich, aber nicht immer praktiziert, sind gute Manieren auf Twitter. Ich gebe zu, mitunter verleitet die saloppe Umgebung dazu, sich ein wenig gehen zu lassen, und gegen eine sympathisch lockere Ausdrucksweise ist auch nichts einzuwenden. Behalten Sie aber immer im Hinterkopf, Sie sprechen gerade öffentlich und potenziell für die ganze Welt sichtbar im Namen Ihres Unternehmens. Fluchen, Beschimpfungen, Lästereien & Co. sind hier absolut tabu.

Eigenlob stinkt

Sich für Lob freundlich zu bedanken ist eine gute Sache. Jeden positiven Tweet zu retweeten, damit jeder sieht, wie toll Sie sind, sollten Sie lieber lassen. Dies kommt nicht nur angeberisch rüber, sondern verzerrt zusätzlich Ihre Statistiken bezüglich des Sentiments. Markieren Sie das Lob lieber als Favoriten, so finden Sie es auch jederzeit wieder.

Gekaufte Follower

Wussten Sie, dass Sie auf eBay & Co. ganz einfach Follower für Ihren Twitter-Account kaufen können? Selbst wenn, vergessen Sie diese Option am besten gleich wieder! Obwohl gekaufte Follower keine Auswirkungen auf die Sichtbarkeit Ihrer Tweets haben, ist diese Methode definitiv der falsche Ansatz. Es kommt nicht auf die Menge der Follower an, sondern darauf, dass Sie die richtigen Leute erreichen. Machen Sie publik, dass Sie auf Twitter zu finden sind, und schauen Sie dem organischen Wachstum zu, das jetzt passiert. Diese Methode ist schlichtweg nachhaltiger. Darüber hinaus gibt es Tools (siehe folgender Abschnitt), mit denen gekaufte Follower ganz schnell zu einer peinlichen Angelegenheit werden.

13.3.12 Twitter-Tools

Für den Einsatz von Twitter gibt es eine ganze Reihe von praktischen Tools für die unterschiedlichsten Einsatzgebiete.

Twitter mobil nutzen

Twitter ist Echtzeit, und Echtzeit bedeutet für mich, immer und überall die Möglichkeit zu haben, zu reagieren und selbst Dinge zu schreiben. Für Twitter gibt es eine Reihe von Apps für sämtliche mobile Systeme. Mir persönlich gefallen die Apps von Twitter selbst (*https://twitter.com/download*) sowie die mobile Version von Hootsuite (*https://hootsuite.com/features/mobile-apps*) am besten.

Trends auf Twitter identifizieren

Welche Themen in der deutschsprachigen Twittersphäre gerade besonders heiß diskutiert werden, sehen Sie unter anderem auf *https://trendingdeutschland.com/* und *https://trends24.in/germany*. International können Sie sich auf »Get day trends«, *https://getdaytrends.com/de/*, darüber informieren, welche Hashtags gerade häufig genutzt werden.

Interessante Twitterer finden

Um interessante Twitter-Accounts aus Ihrer Branche und zu Ihren Themen zu finden, gab es früher eine Reihe an Verzeichnissen und Tools. Heute sieht der Markt jedoch sehr mau aus. Eines der wenigen Tools, das hier noch am Markt ist, ist Twopcharts (*https://twopcharts.com*).

Ein Grund für das Aussterben für Verzeichnisse ist die Möglichkeit, auf Twitter selbst Listen anzulegen. Da Twitter keine eigene Listensuche anbietet, kann ich Ihnen Scoutzen (*www.scoutzen.com/twitter-lists/search*) empfehlen.

Umfragen auf Twitter

Mit Twtpoll (*http://twtpoll.com*) können Sie Umfragen generieren und so schnell und einfach kleine Umfragen oder Abstimmungen unter Ihren Followern abbilden. Twtpoll bietet unterschiedliche Umfragepakete ab 9 US$ im Monat an.

Fake Follower Check

Um herauszufinden, wie viele Ihrer Follower echt sind, gibt es den *Fake Follower Check* von Status People (*http://fakers.statuspeople.com*). Das Tool überprüft stichprobenartig bis zu 1.000 Accounts Ihrer Follower gegen eine Liste von Spam-Kriterien, wie zum Beispiel das Verhältnis von Followern zu Follows. Für Accounts bis zu 50.000 Followern liefert das Tool, laut Aussage der Entwickler, sehr akkurate Einblicke. Natürlich funktioniert der Fake Follower Check auch für die Accounts des Wettbewerbers.

Wie funktionieren verifizierte Accounts auf Twitter?

Ein verifizierter Account auf Twitter wird durch ein blaues Symbol neben dem Nutzernamen markiert und bestätigt die Echtheit eines Accounts. Beispiele können Sie bei der Bahn (siehe Abbildung 13.12) und bei der Lufthansa (siehe Abbildung 13.13) sehen. Aktuell hält sich Twitter noch bedeckt zu den genauen Kriterien, die eine Verifizierung eines Accounts möglich machen, und bittet um Geduld. Man würde auf die jeweiligen Account-Inhaber zukommen, wenn diese für einen verifizierten Account infrage kämen. FAQ zu den verifizierten Accounts finden Sie unter: *http://bit.ly/11WfarA*.

13.3.13   Fazit zu Twitter im Unternehmenseinsatz

Aus meiner Sicht ist Twitter ein spannendes Instrument im Social-Media-Mix für Unternehmen. Es eignet sich gut als Einstieg, da der Aufwand für die Einrichtung eines Twitter-Accounts verhältnismäßig gering ist, natürlich abgesehen von den Menschen und Prozessen dahinter. Die Kommunikation in 280 Zeichen ist ein gutes Training für andere Netzwerke, und die Kurzlebigkeit auf Twitter ist ein verzeihendes Umfeld für kleinere Fehler. Darüber hinaus ist die passive Nutzung von Twitter als Barometer für Stimmungen, Trends und Meinungen aus meiner Sicht eine unerlässliche Wissensquelle.

Twitter selbst bietet übrigens unter *https://business.twitter.com* eine Reihe von Ressourcen und Best-Practice-Beispiele für Unternehmen. Es lohnt sich durchaus, hier einmal durchzuklicken.

13.4   Business-Netzwerke – XING und LinkedIn

Dienst ist Dienst, und Schnaps ist Schnaps. Wäre diese Mentalität nicht noch immer so stark verbreitet, hätten es reine Business-Netzwerke wie XING und LinkedIn sicher schwer. Doch auch so stehen Business-Netzwerke unter einem gewissen Druck und reagieren mit Angeboten, die nicht nur für Einzelpersonen, sondern auch für Unternehmen attraktiv sind. Starteten beide mit dem Fokus auf Geschäftskontakte, so entwickelten beide mit der Zeit ein zweites Standbein als Plattform für Recruiting und das Employer Branding. Bei der Frage, ob und wie Sie die beiden Business-Netzwerke im Rahmen der Social-Media-Strategie einsetzen können, hilft Ihnen dieser Abschnitt.

13.4.1   Warum Business-Netzwerke?

Wie bereits eingangs erwähnt, tendiert der Mensch dazu, Berufliches und Privates zu trennen, insbesondere hier in Deutschland. Warum das aus meiner Sicht auch sinnvoll ist, werde ich Ihnen an einem kleinen Beispiel erläutern. Stellen Sie sich einmal vor, Sie waren auf einer geschäftlichen Messe und haben einen Stapel Visitenkarten von beruflich interessanten Kontakten gesammelt. Möchten Sie diese wirklich als »Freund« auf Facebook hinzufügen? Wahrscheinlich nicht, und genauso wird es auch Ihrem Gegenüber gehen. Allein schon der Umstand, dass Sie auf XING und LinkedIn keine Freunde, sondern Kontakte haben, schafft eine ganz andere Basis für die so entstehende Verbindung.

Berufliche Kontakte pflegen und erweitern

Der Hauptzweck eines Business-Netzwerkes ist es, Geschäftskontakte zu pflegen und zu erweitern. Hier ist der Ort für die Kontakte von Messen, Kongressen, Kunden, Partnern und zu jetzigen sowie früheren Arbeitskollegen. Über die bestehenden Kontakte hinaus haben Sie außerdem die Möglichkeit, neue interessante Kontakte zu finden, sei es im Austausch in einer der Gruppen oder über die Suche nach bestimmten Stichworten. Seien Sie dabei nicht zu offensiv, und formulieren Sie ausführlich und begründet, wenn Sie einer fremden Person den Kontakt anbieten. Viele Mitglieder in Business-Netzwerken werden fast täglich mit Kontaktanfragen à la »Wir sind gemeinsam in der Gruppe X« oder »Es ergeben sich bestimmt Synergien« überhäuft; um mit Ihrer Anfrage Erfolg zu haben, müssen Sie aus der Masse herausstechen. Darüber hinaus funktionieren XING und LinkedIn wie selbstaktualisierende Adressbücher. Ändern sich Kontaktdaten oder Position in Ihrem Netzwerk, pflegen Ihre Kontakte die neuen Daten in der Regel selbst ein. So haben Sie immer die aktuelle Telefonnummer oder E-Mail-Adresse zur Hand.

Nutzen Sie Ihr berufliches Netzwerk

Wenn Sie mit einem bestimmten Unternehmen in Verbindung treten möchten, dort aber keinen direkten Kontakt haben, lohnt es sich, zu prüfen, ob Sie nicht jemanden kennen, der jemanden kennt. Dies können Sie sowohl auf XING als auch auf LinkedIn tun, indem Sie in der erweiterten Suche die Einstellung IN KONTAKTEN ZWEITEN GRADES SUCHEN wählen.

Seriöses Umfeld für B2B-Aktivitäten

Business-Netzwerke bieten Ihnen ein seriöses Umfeld im Rahmen von B2B-Aktivitäten in der Social-Media-Landschaft. In der Regel sorgt allein das professionelle Umfeld für einen anderen Ton im Austausch zwischen den Mitgliedern, zumindest in Fachgruppen und in der Diskussion auf den Unternehmensprofilen.

Positionierung als Experte

Die Möglichkeit des Austausches in der Vielzahl von XING- und LinkedIn-Gruppen, die vielfältige Fachthemen abdecken, hilft Ihnen dabei, sich als Experte auf Ihrem Gebiet zu positionieren. Mittlerweile bieten die Plattformen außerdem die Möglichkeit, Beiträge bzw. ganze Artikel zu veröffentlichen, um so die eigene Expertise zu präsentieren. Darüber hinaus können Sie Ihr Wissen und Ihre Fähigkeiten durch Ihre Kontakte bestätigen lassen. Dies geht sowohl per Zustimmung zu einem bestimmten Attribut als auch durch ausführliche Empfehlungen, die auf Ihrem Profil angezeigt werden.

13.4.2   XING und LinkedIn im Profil

LinkedIn wurde im Mai 2003 eröffnet, nahm aber erst 2009, mit dem Start der deutschen Version, den offiziellen Eintritt in den deutschen Markt vor. Die Zentrale liegt im kalifornischen Mountain View, und seit 2011 werden Aktien des Unternehmens an der New Yorker Börse gehandelt.

XING startete im November 2003 unter dem Namen OpenBC (Open Business Club) und hat seinen Hauptsitz in Hamburg. Die Umfirmierung zu XING fand 2006 statt und ging dem Börsengang einen knappen Monat später voraus. Nach einigen Akquisen von internationalen Netzwerken in den Jahren 2007 und 2008 konzentriert sich das Unternehmen seit 2010 auf den deutschsprachigen Raum.

Zing, Crossing oder X-ing?

Eine Frage, die mir in meiner Zeit im Community Management von XING immer wieder gestellt wurde, war: Wie spricht man es denn richtig aus? Offiziell gibt es kein Richtig oder Falsch, ich kann aber verraten, dass deutschsprachige Mitarbeiter es so aussprechen, wie es geschrieben wird: »Xing«, die internationalen Kollegen sagen »Zing«.

Ende November 2019 hat XING laut Mediaangaben über 17,5 Mio. Mitglieder in der D-A-CH-Region, LinkedIn verkündete im Sommer 12 Mio. Mitglieder.

Beide Netzwerke bieten Ihnen die Möglichkeit, sich mit einem persönlichen Profil zu präsentieren und sich über dieses mit anderen Personen zu vernetzen. Natürlich sollten Sie sich hier von Ihrer besten Seite zeigen, Tipps und Hinweise dafür können Sie in Abschnitt 4.1, »Gefunden werden«, nachlesen.

Für Unternehmen bieten beide Plattformen Unternehmensprofile an, auf die ich in den folgenden Abschnitten noch genauer eingehen werde. Darüber hinaus können Sie Jobanzeigen schalten und über die ausgeprägten Suchfunktionen potenzielle Kandidaten identifizieren. Finanziert werden sowohl XING als auch LinkedIn aus einer Kombination aus Premiummitgliedschaften, Werbung und Angeboten für Unternehmen, wie zum Beispiel das Schalten von Jobangeboten oder Premiumfunktionen für die Unternehmensseiten.

13.4.3   XING oder LinkedIn?

Für Ihr persönliches Profil lässt sich diese Frage recht einfach beantworten, nutzen Sie die Möglichkeit der kostenlosen Mitgliedschaft auf beiden Plattformen, und pflegen Sie Ihr Profil sorgfältig ein.

Ob für Ihr Unternehmen eines oder beide Netzwerke relevant sind, hängt in erster Linie von Ihrer Zielgruppe ab. XING fokussiert sich auf den deutschen Markt und hat hier noch den größten Nutzerstamm.[13] Die vier am häufigsten vertretenen Branchen sind Dienstleistungen, Industrie, Medien und Finanzen, IT und Handel. Mehr als 49% der Nutzer sind in höheren Führungspositionen (Manager, Geschäftsführer, Bereichsleiter), Berufseinsteiger und Studenten stellen nur 6% der Nutzerschaft. 51% der Nutzer sind zwischen 20 und 39 Jahren alt, und 54% haben Abitur oder einen höheren Abschluss.

LinkedIn ist dagegen international breit aufgestellt, hat zwar in Deutschland noch weniger Nutzer, aber mittlerweile hat sich auch die deutschsprachige Community hier gut etabliert. In der Branchenverteilung liegen IT/Telekommunikation, Industrie, Corporate und Finanzen an der Spitze. Die größte Altersgruppe wird mit 37% von den 35- bis 54-Jährigen vertreten. Die Gruppe der Berufseinsteiger ist mit 26% relativ hoch, was aber auch an einer anderen Klassifizierung im Vergleich zu XING liegen kann. Die Level Manager und Geschäftsführer stellen 30%.[14]

In beiden Netzwerken dominieren männliche Nutzer mit 63% (XING) bzw. 66% (LinkedIn).

---

13 XING-Mediadaten: *https://werben.xing.com/daten-und-fakten/*
14 LinkedIn-Mediadaten: *http://goo.gl/HzTgGf*

Im Hinblick auf die Aktivität hat LinkedIn im vergangenen Jahr deutlich aufgeholt, beziehungsweise hat in mehreren Branchen XING schon überholt. Ein sehr naheliegendes Beispiel ist die Berufsgruppe der Social Media Manager, die sich auf LinkedIn deutlich intensiver austauschen.

Fazit

Auch hier kann Ihnen nur eine ausführliche Analyse, in welchem Netzwerk Ihre Anspruchsgruppen stärker vertreten sind, eine abschließende Antwort geben. Da die Basisversion der Unternehmensseiten in beiden Netzwerken kostenlos ist, lohnt sich in jedem Fall die Investition in eine professionelle Gestaltung Ihrer Seite in beiden Netzwerken.

13.4.4 Unternehmensprofile auf XING und LinkedIn – der Ort für Ihr Employer Branding

Die Business-Netzwerke bieten Ihnen die Möglichkeit, Ihr Unternehmen vor einem professionellen Publikum als attraktiven Arbeitgeber zu positionieren. Am besten geeignet sind hierfür die Unternehmensprofile. Waren die Funktionen zu Beginn noch sehr statisch, bieten beide Netzwerke heute die Möglichkeit, Status-Updates zu veröffentlichen, die von den Mitgliedern der jeweiligen Netzwerke als interessant markiert, kommentiert und geteilt werden können. Die Funktionen, Gemeinsamkeiten und Unterschiede der Unternehmensprofile werde ich Ihnen im Folgenden vorstellen.

Die XING-Unternehmensprofile

Die XING-Unternehmensprofile gibt es in einer kostenfreien Basisversion sowie als Employer-Branding-Profil mit Fokus auf der Gewinnung und Bindung von Mitarbeitern. Beide Profile binden automatisch die Bewertungen aus dem hauseigenen Portal Kununu mit ein (mehr zu Kununu lesen Sie in Abschnitt 13.7.5, »Arbeitgeberbewertungen – Employer Branding umgekehrt«). Das Basisprofil stellt die Präsentation von Produkten und Dienstleistungen in den Fokus. Es ermöglicht Ihnen, eine Art Visitenkarte für Ihr Unternehmen zu erstellen, und zeigt automatisch Ihre Mitarbeiter sowie Ihre kostenpflichtig erstellten Stellenangebote an. Darüber hinaus können Sie Neuigkeiten verfassen und XING-Nutzer als Abonnenten dafür gewinnen.

So sammeln Sie alle Mitarbeiter in Ihrem Unternehmensprofil

Je mehr Ihrer Mitarbeiter auf Ihrem Profil angezeigt werden, desto höher ist die Chance, dass ein Interessent dort einen Kontakt ersten oder zweiten Grades und damit einen potenziellen Ansprechpartner findet. Da Mitarbeiter nur dann angezeigt werden, wenn der Name auf ihrem Profil genauso geschrieben ist wie der des Unternehmensprofils, ist es wichtig, dass Ihre Mitarbeiter den Namen einheitlich nutzen und auch wissen, warum dies relevant ist. Erfahrungsgemäß hilft hier am besten eine E-Mail an die bestehenden Mitarbeiter und die Aufnahme des Punktes in den Leitfaden für die Einarbeitung neuer Mitarbeiter. Idealerweise wird die zugehörige E-Mail von oberster Position verschickt oder im Rahmen einer Aktion durch die Unternehmenskommunikation. Auch das Ausloben eines kleinen Preises, wie beispielsweise eines Gutscheins, für alle Mitarbeiter, die bis zum Datum X ihr Profil angepasst haben, hat sich bewährt.

Wenn Sie das große Pluspaket wählen, gibt es darüber hinaus die Möglichkeit, durch XING unterschiedliche Schreibweisen verschmelzen zu lassen. Der beste Weg bleibt jedoch ein einheitlicher Auftritt all Ihrer Mitarbeiter.

Das kostenpflichtige Employer-Branding-Profil dagegen bietet eine Reihe von weiteren Möglichkeiten. Neben einer automatischen Einbindung von Neuigkeiten per RSS gibt es zusätzliche Gestaltungsmöglichkeiten wie mehrere Fotos, Videos oder Audiodateien, darüber hinaus können Sie mehrere Administratoren benennen. Der Preis für das Employer-Branding-Profil richtet sich nach Unternehmensgröße und beginnt bei 357,50 € pro Monat.[15]

Ein gutes Beispiel für ein aussagekräftiges Employer-Branding-Profil finden Sie bei Bertelsmann (siehe Abbildung 13.14): *www.xing.com/company/bertelsmann*.

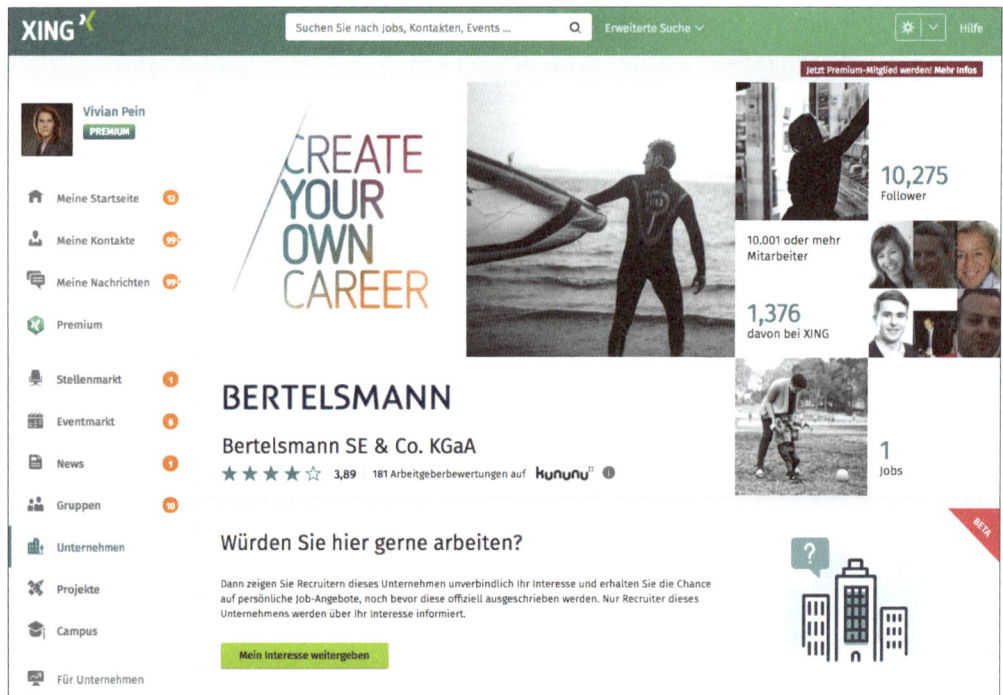

Abbildung 13.14 Bertelsmann mit Employer-Branding-Profil auf XING

---

15 Weitere Informationen finden Sie hier: *www.xing.com/companies/contract/select_package*.

Welches der Unternehmensprofile Sie für Ihr Unternehmen brauchen, ist davon abhängig, wie umfangreich Ihr Engagement auf XING ist. Wenn Sie unsicher sind, empfiehlt es sich, zunächst mit einem Basisprofil zu starten und bei Bedarf in die höhere Kategorie zu wechseln.

Die LinkedIn-Unternehmensprofile

Die LinkedIn-Basis-Unternehmensprofile sind ebenfalls kostenfrei. Wie auf XING haben die Mitglieder die Möglichkeit, ihrem Unternehmen zu folgen und so automatisch über Neuigkeiten sowie aktuelle Stellenangebote informiert zu werden.

Abbildung 13.15 Hubert Burda Media auf LinkedIn

LinkedIn offeriert Ihnen hier ein umfassendes Paket zu einem unschlagbaren Preis. Selbst wenn Sie sich gegen ein Engagement auf LinkedIn entscheiden, sollten Sie ein Unternehmensprofil für Ihr Unternehmen anlegen und dieses gewissenhaft ausfüllen. Es schadet nie, eine weitere virtuelle Visitenkarte zu haben, vorausgesetzt natürlich, Sie reagieren auf Nachrichten, die Sie hier bekommen.

Alternativ können Sie auch auf LinkedIn zusätzlich die auf Employer Branding fokussierte Karriereseite buchen. Neben einem weiteren komplett anpassbaren Reiter bringt die Karriereseite zusätzliche Funktionen für die Personalabteilung mit, die in eine Silber und eine Goldversion aufgeteilt sind. Der Preis für die Pakete beginnt bei 5.000 € jährlich, bei Interesse können Sie sich unter *http://talent. linkedin.com/Career-Pages* darüber informieren.

13.4.5   Möglichkeiten für das Social Recruiting

Der *XING Talentmanager* bietet Personalern die Möglichkeit, eine besonders fein-körnige Suche durchzuführen und damit die potenziellen Kandidaten bereits im Vorfeld einzugrenzen. Das bedeutet, Sie sparen sich die Zeit, die sonst für das Prüfen der ungefilterten Profile einzusetzen war. Darüber hinaus können Sie Suchagenten speichern, auch ist die Höchstanzahl der Nachrichten an Nichtkontakte im Vergleich zu der normalen Premiummitgliedschaft deutlich höher. Der XING Talentmanager ist dazu eine kollaborative Lösung, was bedeutet, dass die zugehörigen Accounts Projekte und die zugehörigen Kandidaten im Team verwalten können. Die gesamte Korrespondenz mit den Kandidaten kann für alle Teammitglieder einsehbar gemacht werden und ist losgelöst von den einzelnen Mitarbeitern. Damit löst XING das Problem, dass ein XING-Account dem jeweiligen Mitarbeiter gehört und ent-sprechend seine Kontakte und die Kommunikation mit den möglichen Kandidaten mit sich nimmt, wenn er das Unternehmen verlässt. Des Weiteren können alle Kan-didaten mit Notizen und einem Status versehen werden, und der Personaler hat die Möglichkeit, seinen Besuch auf Profilen zu verstecken.

Wenn die Kollegen in der Personalabteilung selbst aktiv auf die Suche gehen und Kandidaten auf XING ansprechen, ist der Talentmanager eine Erleichterung, die Sie mit gutem Gewissen empfehlen können. Sind Sie sich nicht sicher, können Sie den Talentmanager kostenlos zehn Tage lang testen, danach liegt dieser bei rund 3.948 € im Jahr. Weitere Informationen sowie Demo-Videos des Systems finden Sie unter: *https://recruiting.xing.com*.

Unter dem Namen *LinkedIn Recruiter* bietet LinkedIn ein ähnliches System an: umfangreiche Teamverwaltungs- und Suchfunktionen sowie eine Startseite, die einen Überblick über Projekte, Kandidaten und Aktivitäten bietet. Die LinkedIn Recruiter Light Edition beginnt bei 89,95 € im Monat. Weitere Informationen fin-den Sie unter: *http://de.talent.linkedin.com/Recruiter*.

Stellenanzeigen

Beide Business-Netzwerke bieten Ihnen die Möglichkeit, ganz klassisch Stellenan-zeigen zu schalten. Der Vorteil gegenüber speziellen Jobportalen ist hier, dass Sie auch Personen erreichen, die gerade nicht aktiv nach einer Stelle suchen. Darüber hinaus werden die Anzeigen primär den Kandidaten angezeigt, die zu dem gesuch-ten Profil passen. Ein weiterer Vorteil ist, dass Sie Jobangebote mit Ihrem Netzwerk teilen und dieses auf Ihrem Unternehmensprofil veröffentlichen können. So stei-gern Sie die Reichweite und erhöhen die Wahrscheinlichkeit, dass ein geeigneter Kandidat die Anzeige sieht. Auf XING finden Sie weitere Informationen zu Stellen-anzeigen unter *www.xing.com/jobmanager/products*, auf LinkedIn sind die Infor-mationen unter *http://de.talent.linkedin.com/jobs-network* zu finden.

13.4.6   Social Media im B2B – das Unternehmen als Experte positionieren

Nach so vielen Möglichkeiten für die Kollegen aus dem Personalwesen sollten Sie nicht vergessen, dass Business-Netzwerke ideale Plattformen für Social Media im Bereich B2B sind. Die Seriosität der Business-Plattformen, in Kombination mit der Anwesenheit von Entscheidern, ist ideal dazu geeignet, bestehende und potenzielle Geschäftspartner zu erreichen. Neben der Möglichkeit, diese über Neuigkeiten auf dem Laufenden zu halten, spielt die Positionierung als Experte eine große Rolle. Und dies nicht nur über die Veröffentlichung von Fachthemen auf dem Unternehmensprofil, sondern gerade auch durch das Fachwissen der Mitarbeiter. Ermutigen Sie Ihre Mitarbeiter, sich mit Geschäftspartnern zu vernetzen und in ihrem Netzwerk interessante Links zu teilen oder sich in den Gruppen der Plattformen aktiv an Fachdiskussionen zu beteiligen. Geben Sie ihnen dazu Social Media Guidelines (mehr dazu in Abschnitt 14.6, »Social Media Guidelines«) an die Hand, und bieten Sie spezielle Schulungen für die Business-Netzwerke an. So befähigen Sie Ihre Mitarbeiter als Markenbotschafter (*Corporate Influencer*) für Ihr Unternehmen zu agieren. Die Fachkompetenz als Unternehmen durch kompetente, freundliche und hilfsbereite Mitarbeiter ergänzen zu können, mach Ihren Auftritt perfekt. Ein gutes Beispiel dafür sehen Sie zum Beispiel bei Stephanie Tönjes von der Telekom. Sie ist eine authentische Personenmarke, die Ihren Arbeitgeber dennoch offensichtlich präsentiert, und so positive Effekte für diesen erzielt.

Abbildung 13.16 Stephanie Tönjes ist gleichzeitig Personenmarke und Markenbotschafterin für die Telekom

13.4.7 Slideshare und Scribd – zeigen Sie Ihr Wissen

Neben den großen Business-Netzwerken gibt es noch zwei Plattformen, die wie geschaffen für einen Auftritt im Business-Kontext sind. Slideshare (*http://slideshare.net*), das zu LinkedIn gehört, und Scribd (*http://scribd.com*) sind Netzwerke, auf denen Sie Ihre Präsentationen, Studien und Whitepapers präsentieren und sich so mit Ihrem Wissen profilieren können. Der Fokus bei Scribd liegt, wie der Name schon sagt, auf Skripten, Handbüchern und anderen textlastigen Schriftstücken, während auf Slideshare primär Präsentationen zu finden sind. Sämtliche Inhalte, die Sie hier hochladen, können Sie bequem auf Ihrer Homepage oder Ihrem Blog einbinden. Wenn Sie es freigeben, können sogar Ihre Interessenten die Inhalte verbreiten. Slideshare ist dabei die bekannteste Plattform, gehört zu LinkedIn und zieht im Monat 25 Mio. Besucher an. Mitarbeiter aus Ihrem Unternehmen halten Vorträge auf Konferenzen, oder Sie haben die wichtigsten Erkenntnisse aus Ihrer letzten Studie anschaulich in PowerPoint aufbereitet? Perfekt, genau diese Inhalte sind interessant für Ihren Slideshare-Account. Der Basis-Account auf Slideshare ist gratis, die Premiumversion ab 19 US$ im Monat bietet Ihnen unter anderem ausführliche Statistiken und die Möglichkeit zu Onlinemeetings. Bei der Nutzung von Slideshare oder Scribd gibt es die folgenden Punkte zu beachten:

▶ Achten Sie darauf, dass Ihre Folien oder Skripte einem hohen Anspruch an Professionalität und Struktur genügen, schließlich sollen diese die Kompetenzen Ihres Unternehmens widerspiegeln.

▶ Ob Sie Ihre Inhalte zum Download für jedermann freigeben oder nicht, ist Ihre Entscheidung. So oder so würde ich empfehlen, Ihr Branding auf den Dokumenten zu haben.

▶ Sie können Ihre Inhalte von Slideshare oder Scribd bequem auf Ihrer Website oder Ihrem Blog einbinden, die Plattformen generieren Ihnen dafür den passenden Code. Darüber hinaus können Sie Ihre Slideshare-Präsentationen auf Ihrem persönlichen LinkedIn-Profil anzeigen lassen.

▶ Achten Sie darauf, dass Sie die Rechte an verwendeten Bildern und Texten haben, sonst kann es auch hier zu einer Abmahnung kommen.

▶ Dies gilt auch für die Reaktion auf Kommentare oder Nachrichten.

▶ Auch hier gilt, eine gute Beschreibung und die passenden Keywords sind Pflicht.

Slideshare und Scribd stellen aus meiner Sicht eine perfekte Ergänzung für den Business-Kontext im Social Web dar.

13.4.8 Fazit Business-Netzwerke

Insbesondere im Bereich Employer Branding, Recruiting und der Positionierung in Bereich B2B bieten Ihnen Business-Netzwerke ideale Bedingungen für den Dialog mit potenziellen Kandidaten, Alumni und Geschäftspartnern. Auch wenn XING und LinkedIn lange nicht so gehypt sind wie der blaue Riese Facebook, lohnt es sich, hier Zeit und Geld zu investieren, wenn Ihre Ziele das Rekrutieren neuer Mitarbeiter, die Positionierung als Experte in Ihrer Branche (Thought Leadership) oder das Aufbauen langfristiger Geschäftskontakte beinhalten. Das Engagement in Business-Netzwerken ist besonders dafür geeignet, um die Verantwortung in den jeweiligen Fachabteilungen zu belassen. Ihre Aufgabe ist es an dieser Stelle, die Kollegen auf einen professionellen Auftritt in diesem Kontext vorzubereiten. Bieten Sie Schulungen für die unterschiedlichen Bedürfnisse an – von einfacher Nutzung der Netzwerke über die Dos und Don'ts bis hin zu Hintergrundwissen über Recruiting in den Netzwerken. Darüber hinaus sollten Sie jederzeit als Ansprechpartner zur Verfügung stehen, falls Probleme oder Unsicherheiten auftauchen.

13.5 Videoportale und -Apps (YouTube, Vimeo, TikTok & Co.)

Der Siegeszug von Webvideo geht weiter. Da YouTube in diesem Jahr 15-jähriges Jubiläum feierte, wäre es falsch, hier von einem tollen neuen Trend zu sprechen. Es ist eher eine kontinuierliche Entwicklung, die gerade mit dem technologischen Fortschritt in Form von höheren Bandbreiten und erschwinglicherem Produktionsmaterial einhergeht. Dazu zeigt sich hier meiner Meinung nach das Bedürfnis der Menschen nach echten Persönlichkeiten, nach Authentizität und dem Gefühl, »dabei zu sein«. YouTube steht hinter Google und Facebook auf Platz drei der am häufigsten besuchten Seiten im Web und ist nach Google die meistgenutzte Suchmaschine.[16] Darüber hinaus sind Videos, die auf die entsprechenden Stichwörter optimiert sind, sehr gut in der Google-Suche positioniert.

Dementsprechend bringt es große Vorteile für die Sichtbarkeit und die Reichweite mit sich, hier Inhalte zu platzieren. Dennoch scheuen sich viele Unternehmen davor, genau diesen Schritt zu gehen. Vielleicht weil es »einfacher« ist, einen Post auf Facebook oder einen Blogbeitrag zu verfassen, als ein Video zu planen und zu produzieren. An dieser Stelle ein Appell – schauen Sie sich das Thema Bewegtbild unbedingt näher an, wenn Sie das bisher verpasst haben. In diesem Abschnitt zeige ich Ihnen, dass es gar nicht so kompliziert ist, wie es scheint. Da YouTube mit

---

16 *www.alexa.com/topsites*

Abstand das bekannteste Videoportal in Deutschland ist und die größte Reichweite hat, werde ich dieses in den Mittelpunkt der Erläuterungen stellen. Die Tipps und Hinweise lassen sich aber genauso auf die alternativen Plattformen übertragen, die ich Ihnen in Abschnitt 13.5.10, »Alternativen zu YouTube«, vorstellen werde.

13.5.1   Zahlen und Fakten zu YouTube

Über 1,9 Mrd. Nutzer, dazu täglich die Wiedergabe von Videos mit einer Gesamtdauer von 1 Mrd. Stunden sowie Milliarden von generierten Aufrufen. Ebenso beeindruckend ist, dass jede Minute 400 Stunden an Videomaterial hochgeladen wird.[17]

Reichweite in den Zielgruppen

Auch in Bezug auf Zielgruppen hat YouTube eine immense Reichweite, diese beträgt für folgende Zielgruppen beispielsweise:

▸ Männer zwischen 18 und 54 Jahren 53 %

▸ Frauen zwischen 18 und 54 Jahren 46 %

▸ Jugendliche zwischen 10 und 19 Jahren 58 %

Unternehmen auf YouTube

Gemäß der Studie »F500 on Social Media« der University of Massachusetts Dartmouth Center for Marketing nutzen 67 % der »Fortune Global Top 500«-Unternehmen YouTube im Rahmen ihrer Social-Media-Strategie. Von den Top-10-Unternehmen haben sogar 100 % einen YouTube-Kanal.[18]

Zu einem ähnlichen Schluss kommt die Studie »Social Media und Community Management« des BVCM. Insgesamt setzen hier 71 % der befragten Social Media Manager YouTube ein.[19]

Bundesregierung auf YouTube

Selbst die deutsche Bundesregierung hat ihren eigenen YouTube-Kanal (*www.youtube.com/user/bundesregierung*), in dem sie Einblicke in die Arbeit der Kanzlerin und der Regierung bietet (siehe Abbildung 13.17).

Der Kanal der Bunderegierung hat fast 26.000 Abonnenten, das beliebteste Video über 720.000 Abrufe, Platz drei und vier kommen noch auf über 400.000 bzw. 200.000 Abrufe.

---

17 *www.youtube.com/yt/press/de/statistics.html*

18 *www.umassd.edu/cmr/socialmediaresearch/2016fortune500/*

19 *www.bvcm.org/bvcm-studie-2018/*

Abbildung 13.17 YouTube-Kanal der Bundesregierung

13.5.2 Strategische Einordnung von Videoportalen

Die Frage, welche Ziele eine Präsenz auf YouTube & Co. unterstützen kann, ist einfach zu beantworten. Sichtbarkeit, Reichweite und eine verbesserte Positionierung in Suchmaschinen sind die offensichtlichen Ziele. Dazu kommen der Aufbau einer Fangemeinde, Reputationsmanagement und Employer Branding sowie Recruiting.

Wenn Sie auf Ihrer Unternehmens-Website oder im Blog Videos verwenden (möchten), ist eine Präsenz auf einer der Videoplattformen fast schon eine logische Konsequenz. Einerseits bieten Ihnen die Plattformen die Möglichkeit, Ihre Inhalte unkompliziert auf jeglichen Präsenzen einzubinden. Auf der anderen Seite bekommen Ihre Videos automatisch potenzielle neue Reichweite, wenn diese mit einem guten Titel, einer guten Beschreibung und passenden Stichworten versehen sind. YouTube gehört zu Google, und da hauseigene Dienste durchaus ein Stück besser in der Suche positioniert werden, eröffnet sich hier sogar die Chance, bei sehr beliebten Suchphrasen ganz vorne mit dabei zu sein. Und zu guter Letzt wäre da auch noch der Vorteil, dass die Nutzer Kanäle auf den Videoplattformen abonnieren können und damit über Neuigkeiten informiert werden. Das bedeutet, Sie haben direkt potenzielle Zuschauer und Multiplikatoren, sobald Sie ein neues Video hochladen.

13.5.3 Was macht ein gutes Video aus?

Um ein Konzept für ein Video zu entwickeln, das aus der Masse heraussticht, stellt sich natürlich die Frage, was ein wirklich gutes Video ausmacht. Eines der bekanntesten Beispiele dafür, dass die Antwort hier nicht »hohes Budget« heißt, ist Gary

Vaynerchuck, der heute einer der bekanntesten Social Media Stars ist. Mit seinem Videoblog Winelibrary (*http://tv.winelibrary.com*) erreichte er zuletzt mehr als 80.000 Zuschauer am Tag. Was er dafür tat, war sehr einfach. Er setzte sich an einen Tisch und probierte vor laufender Kamera die Weine, die es in dem Weinladen seiner Eltern gab. Wie das aussah, können Sie in Abbildung 13.18 sehen.

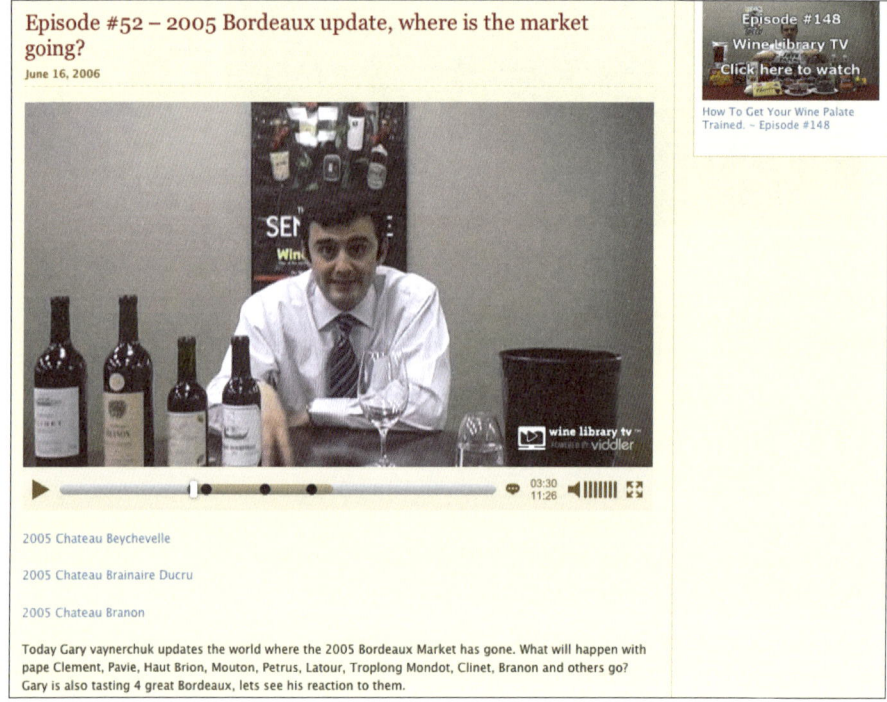

Abbildung 13.18 Folge 52 der Winelibrary

Ausschlaggebend für den Erfolg war hier die Persönlichkeit des Hauptdarstellers, der auf eine authentische Art und Weise und vielleicht nicht ganz regelkonform das tat, was er liebte. Nehmen Sie sich daran ein Beispiel. Dass diese Strategie funktioniert, zeigt auch das Phänomen der YouTube-Stars, die in der jungen Zielgruppe Reichweiten haben, von denen klassische Medien nur träumen können.[20]

Wie wird ein Video viral?

Eines der höchsten Ziele ist noch immer, ein virales Video zu schaffen. Welche Faktoren dabei zu beachten sind, können Sie unter *http://bit.ly/1f5GqKj* nachlesen.

Videos, die gut funktionieren, sind in der Regel witzig, nützlich, interessant, sprechen den Zuschauer emotional an oder sind schlichtweg so seltsam, dass man sie

---

20 Einen guten Einblick in das Phänomen erhalten Sie unter: *http://goo.gl/FqSrbd*.

einfach teilen muss. Da all diese Attribute natürlich auch immer im Auge des Betrachters liegen, hier eine kleine Liste von Ideen für Inhalte, die keinerlei Ansprüche auf Vollständigkeit erhebt:

▶ Interviews mit Kunden, Experten, Meinungsführern oder Influencern

▶ Einblicke in die Produktion

▶ Vorstellung der Berufe in Ihrem Unternehmen

▶ Einblicke in den Arbeitsalltag der Mitarbeiter

▶ Making-of-Videos

▶ Berichte von Events

▶ Tipps und Tutorials zu Produkten

▶ Videowettbewerbe

Es gibt noch viele weitere Themen, die sich im Video festhalten lassen. Überlegen Sie, was zu Ihrem Unternehmen passt und wie eine Umsetzung aussehen könnte. Zusätzlich werde ich Ihnen noch fünf Kategorien von Videos anhand von Beispielen erläutern, die Ihnen dabei helfen, Ideen für Ihr Unternehmen zu finden.

13.5.4   Videos, die Kunden helfen und sie inspirieren

Eigentlich ein sehr logisches Anwendungsszenario ist es, Kunden per Video zu zeigen, wie die eigenen Produkte funktionieren. Ein gutes Beispiel aus Deutschland ist hier der YouTube-Kanal der kleinen Gewürzmanufaktur Just Spices (siehe Abbildung 13.19): *http://bit.ly/dsomemaJustspices*.

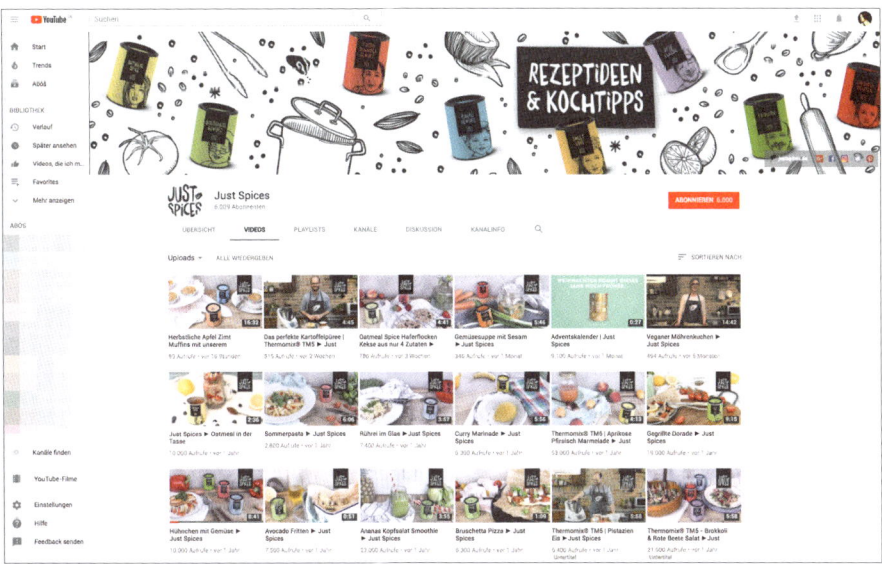

Abbildung 13.19 Der YouTube-Kanal von Just Spices

Neben Produktvorstellungen und Erklärungen finden Sie hier eine Reihe von Rezepten, die zeigen, wie der Zuschauer mit den Gewürzen leckere und ausgefallene Gerichte zaubern kann. Die Videos sind im Stil einer Kochsendung gehalten und nehmen auch immer wieder trendige Kochzutaten oder -utensilien, wie zum Beispiel die Avocado oder den Thermomix mit auf. Eine gelungene Mischung, die Ihnen zeigt, wie ein derartiger Kanal für Ihr Unternehmen aussehen könnte.

Weitere gute Beispiele, die mit diesem Stil arbeiten, sind Bosch Heimwerker (*http://youtube.com/user/BoschHeimwerkenDE*) und Stihl (*www.youtube.com/user/stihl*).

13.5.5   Videos, die mitten ins Herz treffen

Videos, die bewegen, den Zuschauer mitten ins Herz treffen, großes Identifikationspotenzial bieten und Emotionen auslösen, können zum großen Hit auf YouTube werden. Eines der bekanntesten Beispiele ist »Real Beauty Sketches« (echte Skizzen der Schönheit) von Dove (*http://goo.gl/xD8Lm4*). Dieses Video spielt auf die Differenz zwischen Selbst- und Fremdbild bei Frauen an, ein Gefühl, das viele Frauen kennen. Ein Phantombildzeichner zeichnet Frauen, einmal nach der eigenen und dann nach der Beschreibung einer fremden Person. Die Auflösung zeigt alle Frauen sehr emotional und erstaunt. Das Video wurde fast 68.000.000 Mal aufgerufen und wird als einer der erfolgreichsten Werbespots aller Zeiten auf YouTube gefeiert. Mit einer ähnlichen Thematik arbeitet das Video »#likeagirl« von Always (*https://goo.gl/6BYC6B*), das von Veränderungen des weiblichen Selbstbewusstseins in der Pubertät handelt und ebenfalls starke Emotionen hervorruft, weil frau sich sehr gut in die Situation einfühlen kann, insbesondere wenn sie zusätzlich Mutter einer Tochter ist.

Das viralste Video aller Zeiten schaffte allerdings das kleine Modelabel Wren mit dem Video »The first Kiss« (*https://youtu.be/IpbDHxCV29A*), in dem die neue Kollektion der Designerin gezeigt wurde. Die Protagonisten in dem Video müssen sich vor laufender Kamera zum ersten Mal küssen. Was folgt, ist bei den meisten genau die Verlegenheit, die wahrscheinlich ein Großteil der Zuschauer schon erlebt hat, der sich dann neugierig fragt, wie es wohl weitergeht. Dieser Impuls führte zu mehr als 20 Mio. Abrufen in nur 48 Stunden, 46 Mio. Views nach vier Tagen und über 143.500.000 Aufrufen und fast 600.000 Likes im Dezember 2019.

Diese Beispiele zeigen auch, dass Storytelling (mehr dazu erfahren Sie in Kapitel 7, »Corporate Content – die richtigen Inhalte«) im Videobereich eine starke Rolle spielt. Nicht ohne Grund folgen auch immer mehr Fernsehwerbespots diesem Schema. Wenn es um die Produktion Ihres nächsten Werbespots geht und das Marketing Sie um Ihre Meinung fragt, können Sie durchaus auf gute Beispiele in dieser Hinsicht verweisen.

Darüber hinaus machen Ihre (kanalgerechten) Werbespots auf YouTube durchaus Sinn, denn hier bekommen Sie das Feedback, das Sie von TV-Zuschauern, wenn überhaupt, nur auf Umwegen bekommen.

Interaktive Videoerlebnisse

Die Königsklasse unter den Videokampagnen ist aus meiner Sicht die Kreation von interaktiven Videoerlebnissen. Ein Best-Practice-Beispiel finden Sie hier: *https://goo.gl/G9xs4Q*

13.5.6   Einblicke hinter die Kulissen

Videos sind eine gute Möglichkeit, um Ihren Zuschauern einen Einblick in den Arbeitsalltag oder einen Blick hinter die Kulissen eines Events zu geben. Das geht auch gut mit kleinem Budget, denn alles, was Sie brauchen, sind Mitarbeiter, die freiwillig mitmachen, eine gute Kamera und entsprechendes Zubehör. So filmen sich die Azubis von Gerolsteiner selbst mit einer Actionkamera, während sie von ihrer Ausbildungsstelle erzählen (siehe Abbildung 13.20).

Abbildung 13.20 Gerolsteiner lässt Azubis sprechen.

Ein außergewöhnliches Beispiel sowohl im Hinblick auf das Thema als auch den Erfolg des Engagements ist die Bundeswehr. Auf dem YouTube-Kanal »Bundeswehr Exclusive«, *http://bit.ly/dsomemaBundeswehr*, zeigt die Bundeswehr exklusive Videos von dem ersten Tag als Soldat/Soldatin bis zum Einsatz im Ausland (siehe Abbildung 13.21). Dabei investiert die Bundeswehr in hochwertige Videoproduktionen. So hat beispielsweise die Produktion der Webserie »Die Rekruten«, die den Alltag im Stil einer Seifenoper porträtiert, rund 1,7 Mio. € gekostet. Laut eigenen Angaben der Bundeswehr stiegen daraufhin die Bewerbungen um 21 %.

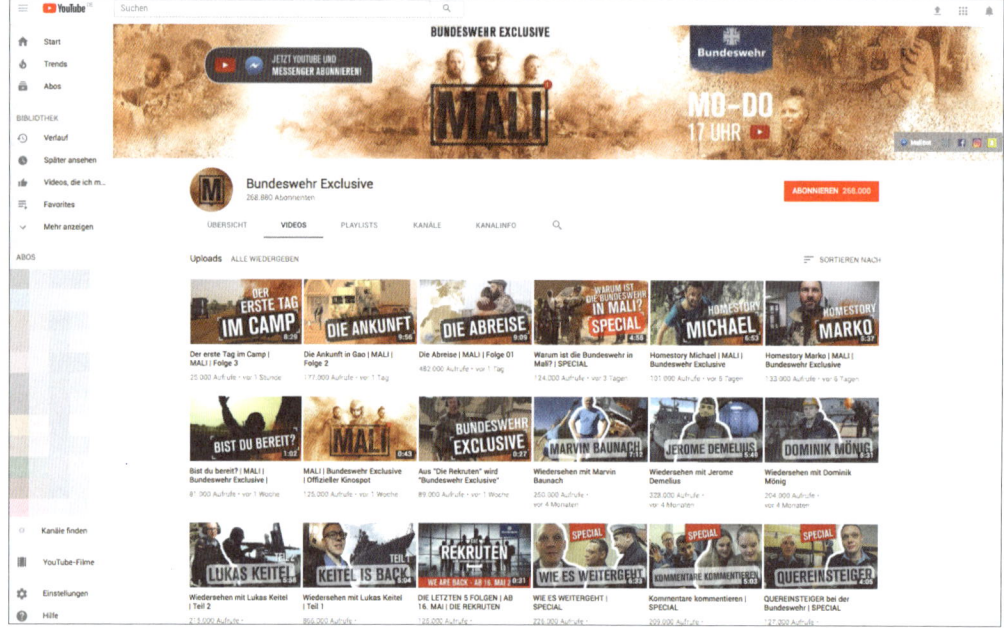

Abbildung 13.21 Die Bundeswehr auf YouTube

Ein Erfolg, der zu einer Fortsetzung der Webserie, diesmal mit dem Fokus Auslandseinsatz, geführt hat. Begleitet wird die Webserie von einem Chatbot, der einen »Freund im Einsatz« simuliert und Nachrichten, Bilder und Videos in Echtzeit versendet.[21] Der Stil von »Mali« ruft aber auch Kritiker auf den Plan, denn die Serie wird stark wie ein Actionfilm beworben, was aus Sicht mancher Experten zu einer Verharmlosung der Gefahr führt.

13.5.7 Virtuelle Videowelten

Mit dem Vormarsch von VR (*Virtual Reality*) und AR (*Augmented Reality*, angereicherte Reality) in den Alltag ergeben sich ganz neue Perspektiven, die Sie Ihren

---

21 Ein Interview zu dem Projekt lesen Sie hier: *http://bit.ly/dsomemaMali*.

Zuschauern zeigen können. Ob virtueller Rundgang durch Ihre Geschäftsräume, der Kunde als Gast in der Produktion oder eine Anwendung, die Ihre Produkte direkt im Zuhause potenzieller Kunden platziert, die Möglichkeiten sind vielfältig. Mercedes-Benz hat beispielsweise schon knapp 285.000 Fans auf eine virtuelle Rundfahrt an der kalifornischen Küste mitgenommen (siehe Abbildung 13.22).

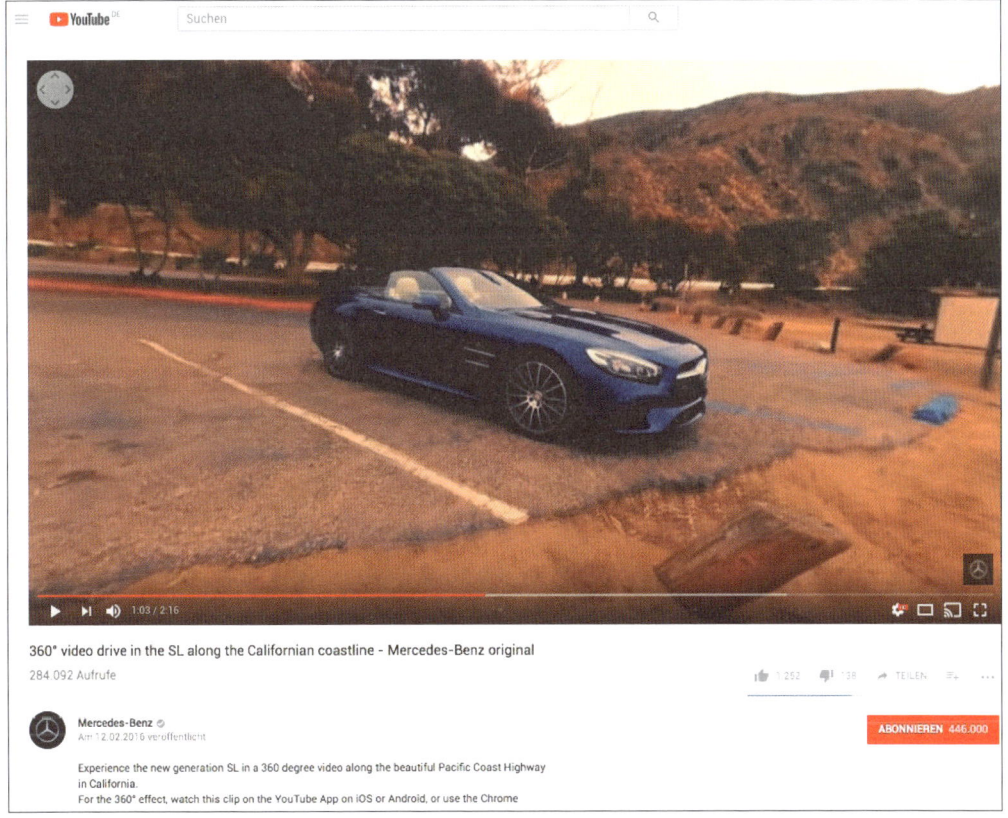

Abbildung 13.22 Mercedes-Benz nimmt Fans auf eine virtuelle Rundfahrt mit.

Eine Übersicht über mehr als 20 Beispiele aus den unterschiedlichsten Branchen finden Sie beim »Upload Magazin« unter *http://bit.ly/dsomemaVRAR*. Ich kann der Begründung von Jan Tißler nur zustimmen, Virtual Reality eignet sich für das Marketing, weil Sie mit der neuen Technologie noch Aufmerksamkeit erregen können und dazu kein anderes Medium den Zuschauer so emotional mit einbeziehen kann.

13.5.8 Videokampagnen mit Influencern

Wie wichtig Authentizität und die Möglichkeit zur Identifikation für die junge Generation heute ist, sieht man an einer ganz neuen Riege von Stars. Das, was für die Ü-30-Generation damals der Film- oder Popstar war, ist heute der »Internetstar«. In den meisten Fällen haben diese Persönlichkeiten auf einer der Plattformen ihr Imperium aufgebaut. Dabei verstehen sie die Gesetzmäßigkeiten ihres Umfeldes hervorragend, treffen den Nerv der Zielgruppe und sind trotz einer großen Professionalität authentisch und gefühlt »anfassbar«. Diese Stars bewegen und beeinflussen Millionen von Menschen unter 25, und dieses Phänomen werden wir in den kommenden Jahren noch stärker beobachten. Da lohnt es sich, einmal genauer hinzusehen, was hier passiert. YouTuber sind dabei eine der bekanntesten Kategorien dieser neuen Stars. Diese Reichweite für die eigenen Ziele zu nutzen und gemeinsam mit diesen Stars unterhaltsame Videoformate zu entwickeln ist da naheliegend. Edeka hat zum Beispiel mit yumtamtam einen Kochkanal ins Leben gerufen, der von drei bekannten YouTubern befüllt wird und dem Zuschauer das Kochen näherbringen soll (siehe Abbildung 13.23).

Abbildung 13.23 yumtamtam auf YouTube

Der Kanal passt sehr gut zu Edekas Philosophie »Wir lieben Lebensmittel«, und die Hauptdarsteller sind gut ausgewählt – wichtige Kriterien, denn einfach irgendeinen Star vor die Kamera zu stellen funktioniert auch in diesem Bereich nicht. Eine passende Kampagne hat hier auch die Techniker Krankenkasse mit #wireinander vorgelegt. Die TK hat mit mehreren Influencern sehr persönliche Gespräche über Krankheiten geführt (*https://goo.gl/u3sTp7*) und daraufhin die Nutzer aufgerufen, das Gleiche zu tun.

13.5.9   Der Einfluss von Webvideo-Stars auf das Kaufverhalten

Welchen Einfluss diese Stars auf die Generation der unter 25-Jährigen haben, untermauern die Zahlen des ACUMEN Report von Defy Media.[22] Die befragten Personen zwischen 13 und 24 Jahren gaben an, dass sie durchschnittlich 12,1 Stunden in der Woche mit Webvideos verbringen, während dem TV »nur« noch 8,2 Stunden gewidmet werden. Begründet wurde dies von 69% damit, dass sie online eher Inhalte finden würden, die ihrem Interesse entsprächen, und 67% gaben an, dass sie sich eher mit den dortigen Inhalten identifizieren könnten. Dazu gaben 61% der Befragten an, dass sie sich ihren YouTube-Stars näher fühlen als denen aus traditionellen Medien. Dieses Gefühl schlägt sich auch in dem Einfluss auf die Kaufentscheidung nieder. 63% würden ein Produkt eher kaufen, wenn dies von einem Webvideo-Star empfohlen wird, für Stars aus traditionellen Medien liegt dieser Wert nur noch bei 48%. Diese Verschiebung des Einflusses wird in Zukunft noch mehr zunehmen.

Abbildung 13.24 Nela Lee schminkt sich im Rahmen einer Kooperation

Beschäftigen Sie sich hier unbedingt auch mit den rechtlichen Aspekten,[23] leider sieht man immer noch zu selten gekennzeichnete Produktplatzierungen wie in

---

22 *http://bit.ly/dsomemaACUMEN*

23 Einen sehr guten Podcast hat Thomas Schwenke dazu gemacht: *http://goo.gl/yMNqcu*.

Abbildung 13.24. Einen Überblick darüber finden Sie bei Rechtsanwalt Christian Solmecke unter: *http://bit.ly/dsomemaSolmecke*.

13.5.10 Alternativen zu YouTube

Obgleich YouTube aufgrund der überragenden Größe mit Abstand das bekannteste Videoportal in Deutschland ist, gibt es einige kleinere Wettbewerber, auf die sich durchaus ein Blick lohnt. Im Folgenden stelle ich Ihnen die Alternativen kurz vor.

Vimeo

Aus meiner Sicht die beste Alternative zu YouTube, denn Vimeo (*http://vimeo.com*) bietet eine professionelle Videoseite ohne Werbung und Schnickschnack. Vimeo war die erste Plattform, die für alle Nutzer HD-Videos möglich machte, und die Community ist im Ton deutlich zahmer als die YouTube-Klientel. Ein weiterer großer Vorteil gegenüber dem Platzhirsch YouTube ist: Die Rechte an dem hochgeladenen Material bleiben bei demjenigen, der das Video hochgeladen hat.

Der bekannteste Nutzer auf Vimeo ist wohl das amerikanische Weiße Haus (*http://vimeo.com/channels/whitehouse*), aber auch die Luxusmarke Rolex (*http://vimeo.com/rolexawards*) hat eine Präsenz.

In dem Gratis-Account auf Vimeo sind ausdrücklich nur nicht kommerzielle Videos erlaubt, entsprechend müssen Unternehmen einen Vimeo-Business-Account buchen. Dieser bietet jedoch für 159 € im Jahr eine Menge fürs Geld. 50 Gigabyte Speicher, Statistiken und suchmaschinenoptimierte Seiten sind nur ein paar der Benefits, die Sie sich ausführlich unter *http://vimeo.com/business* ansehen können.

Dailymotion

Dailymotion (*www.dailymotion.com/de*) wurde 2005 in Frankeich gegründet und hat weltweit rund 300 Mio. Nutzer. In Deutschland greifen monatlich rund 4,6 Mio. Nutzer auf die Plattform zu.

Dailymotion bietet kommerziellen Anbietern ein Partnermitgliedschaft an, die die Monetarisierung des Kanals sowie Einblicke in detaillierte Statistiken ermöglicht. Alle Informationen über den Partner-Account finden Sie unter: *www.dailymotion.com/monetization*

Facebook Video

In dieser Aufzählung darf Facebook Video natürlich nicht fehlen. Eine ausführlichere Beschreibung der Plattform finden Sie in Abschnitt 13.2.11, »Facebook und Video«.)

13.5.11   Profitipps für Videoinhalte

Ich habe mich mit einer Reihe von Profis über das Thema »Was macht Videos so richtig gut?« unterhalten, und dabei kam eine Liste von Tipps und Tricks zusammen, die ich Ihnen hier weitergebe.

Überlegen Sie genau, was das Video aussagen soll

Überlegen Sie sich genau, welche Botschaft Sie mit dem Video an die Zuschauer überbringen und welche Reaktion Sie erreichen möchten. Diese Botschaft ist die Basis für die Geschichte, die in dem Video erzählt wird, und zugleich der rote Faden.

Erzählen Sie eine Geschichte

Und da wären wir wieder bei dem Stichwort Storytelling. Achten Sie darauf, dass das Video in die Geschichte Ihres Unternehmens passt, diese ergänzt und dabei selbst eine Geschichte erzählt. Idealerweise sollte das auch ohne Ton funktionieren. Schauen Sie sich das Video noch einmal ohne Ton an, kommt die Botschaft immer noch wie gewünscht an? Hintergrund ist der, dass viele Nutzer den Ton abgeschaltet haben, Barrierefreiheit kommt als weiteres Argument hinzu.

Lassen Sie sich inspirieren

Sie müssen das Rad nicht neu erfinden, sondern können sich von dem inspirieren lassen, was funktioniert oder eben nicht. Schauen Sie sich ruhig die Videos der Wettbewerber und vergleichbarer Branchen an. Ergoogeln Sie sich die Reaktionen in der Blogosphäre und in den Medien, um ein Gefühl dafür zu bekommen, was gut ankommt.

Haben Sie Spaß an dem, was Sie tun

Das Eingangsbeispiel von Gary Vaynerchuck zeigt: Wenn der Mensch vor der Kamera mit Spaß und Leidenschaft bei der Sache ist, steigt die Wahrscheinlichkeit, dass die Videos auch gut beim Publikum ankommen.

Schreiben Sie ein Skript

Komplett ohne Plan einfach so draufloszufilmen geht meistens schief. Halten Sie zumindest ein grobes Skript schriftlich fest, und fangen Sie die gewünschten Szenen anschließend Stück für Stück ein.

Nehmen Sie in HD auf

Selbst die meisten gängigen Smartphones sind mittlerweile in der Lage, Videos in HD-Qualität (High Definition) aufzunehmen, nutzen Sie das aus. Nichts ist störender als ein pixeliges Bild. Eine gute HD-Kamera ist entsprechend ein Investment, das Sie mit in Ihr Budget einrechnen sollten.

Bearbeiten Sie Ihr Video

Die wenigsten Videos gelingen in einem Schritt. Entsprechend sollten Sie sich die Mühe machen und sich eines der Videobearbeitungsprogramme aneignen oder jemanden finden, der das kann, wenn Sie dafür keine Agentur haben. Tipps dazu finden Sie in Abschnitt 15.3.4, »Multimediale Ergänzung für Ihre Beiträge«.

Die richtige Länge

Wie lange ein Video sein soll, hängt natürlich auch immer von seinem Zweck ab. So kann eine Videoanleitung durchaus 10 Minuten lang sein, während eine Produktvorführung eventuell schon mit 90 Sekunden zu lang ist. Seien Sie selbstkritisch, und setzen Sie die Zeit lieber ein wenig zu kurz als zu lang an.

Und Action!

Sie müssen nicht gleich einen Hollywood-reifen Actionfilm konstruieren, aber ein Video, das 10 Minuten nichts anderes als das Gesicht Ihres sprechenden Geschäftsführers zeigt, wird schnell langweilig.

Der Ton zählt so viel wie das Bild

Achten Sie darauf, dass der Ton Ihrer Videos wirklich gut ist. Dies gilt genauso für die Stimmen der Akteure wie auch für die richtige Stimmung durch passende Hintergrundmusik. An dieser Stelle lohnt sich die Investition in ein Richtmikrofon, die es in ausreichender Qualität bereits ab 250 € gibt. Ebenso sollten Sie ausreichend Zeit für die Auswahl der passenden Musik investieren.

Hintergrundmusik für Ihre Videos

Eine große Auswahl an stimmungsvoller lizenzfreier Musik für den Hintergrund finden Sie zum Beispiel auf Last.fm (*http://last.fm*) oder Soundcloud (*https://soundcloud.com*). Bitte achten Sie bei der Auswahl darauf, dass der gewünschte Song auch für die kommerzielle Verwendung freigegeben ist. Fragen Sie im Zweifel direkt den Eigentümer des Stücks. Die Namensnennung mit Link am Ende des Videos ist obligatorisch.

Nutzen Sie Schlagwörter

Je besser Sie Ihre Videos mit Schlagwörtern ausstatten, desto besser werden diese auf YouTube und in Google gefunden. Überlegen Sie genau, unter welchen Keywords und Suchanfragen Sie gefunden werden möchten. Zusätzlich können Sie mit dem Google-Keyword-Tool (*https://adwords.google.com/o/Targeting/Explorer*) nach Stichwörtern suchen, die zu Ihrem Video passen. Hier lohnt sich durchaus auch ein Blick auf die Stichwörter des Wettbewerbs, um als »empfohlenes Video« im Anschluss an ein Wettbewerbervideo zu erscheinen.

Wählen Sie ein gutes Vorschaubild aus

Mitunter entscheidet das Vorschaubild eines Videos darüber, ob ein Nutzer dieses anklickt oder nicht. Sie können zu jedem Ihrer Videos manuell ein Vorschaubild bestimmen, indem Sie auf *www.youtube.com/my_videos* unter dem gewünschten Video auf BEARBEITEN klicken.

Testen Sie vor der Veröffentlichung

Egal, ob Sie selbst ein Video produzieren oder eines produzieren lassen, Sie sollten es vor der Veröffentlichung einem Testpublikum zeigen, das nicht nur aus Mitarbeitern des eigenen Unternehmens besteht. Es passiert oft, dass sich eine gewisse Betriebsblindheit einschleicht, sprich ein Video auf Außenstehende ganz anders wirkt als auf einen selbst. Holen Sie sich externe Meinungen und ehrliches Feedback ein, um peinlichen Missverständnissen vorzubeugen.

Promoten Sie Ihre Videos

Einfach hochladen und dann läuft es schon? Leider in den meisten Fällen absolutes Wunschdenken. Machen Sie Ihre Fangemeinde auf Ihr Video aufmerksam, indem Sie es auf Ihrem Blog und in Ihren anderen Social-Media-Kanälen verbreiten. Fragen Sie nach Meinungen zum Video, und weisen Sie dezent darauf hin, dass Sie sich über eine Weiterverbreitung freuen würden.

Interagieren Sie mit der Community

Einer der größten Fauxpas ist nach wie vor, Videoportale allein als Plattformen zum Hochladen und Speichern von Videos zu betrachten. Die Plattformen haben starke Communitys, die in der Regel auch sehr aufgeschlossen für Dialoge sind – im positiven wie im negativen Sinne. Ein gutes Community Management ist aus diesem Grund Pflicht.

13.5.12   Fazit Videoportale

Die Bedeutung von Webvideo wird heute gerne noch auf YouTube reduziert, aber gerade die Entwicklung seit 2015 zeigt hier in eine ganz andere Richtung. Damit meine ich nicht nur das Aufkommen von Plattformen wie Snapchat oder TikTok, die nebenbei das Hochkantformat für Videos rehabilitiert haben, das jahrelang verpönt war. Mittlerweile ist auf allen großen Plattformen eine Videofunktion zu finden.

Hier ist eine Menge Bewegung für die Zukunft absehbar, womit die Herausforderung für Unternehmen einhergeht, passende Videoformate für die jeweiligen Kanäle und Zielgruppen zu entwickeln. Je früher Sie damit anfangen, sich mit diesem Thema zu beschäftigen, desto besser.

Ob es dann aufwendig produzierte Kampagnen werden oder Videos, die Sie selbst mit der HD-Kamera aufnehmen – Bewegtbild wirkt und birgt große Potenziale im Hinblick auf Reichweite und Sichtbarkeit Ihres Unternehmens.

13.5.13 Das Trendnetzwerk TikTok

TikTok ist das neue Netzwerk am Social-Media-Himmel. Das Wachstum der App war schneller als bei jedem Netzwerk zuvor. Was es wirklich mit dieser App auf sich hat und wie der potenzielle strategische Nutzen des Netzwerkes für Ihr Unternehmen aussehen kann, erfahren Sie nun.

Was ist TikTok?

TikTok ist eine Plattform für kurzweilige Videos, die meistens rund um ein Musikstück gebaut sind. Dieser Fokus ist in der Vorgeschichte der App begründet, die 2014 mit der Lippensynchronisations-App Musica.ly begann. Der große Erfolg der App führte dazu, dass der chinesische Anbieter ByteDance mit Douyin ein Konkurrenzprodukt auf den Markt brachte. 2017 kaufte dann ByteDance Musica.ly und fusionierte beide Plattformen. Das Ergebnis bekam außerhalb von China den Namen TikTok und führt seinen Siegeszug unbeirrt fort. TikTok hat im Dezember 2019 über 1 Mrd. Nutzer und hat YouTube und Instagram bei den weltweiten Downloads in den Mobile App-Stores überholt.

Insgesamt ist das Wachstum der App beeindruckend, was insbesondere im Vergleich mit den Wachstumskurven von Instagram und Snapchat in Abbildung 13.25 deutlich wird.

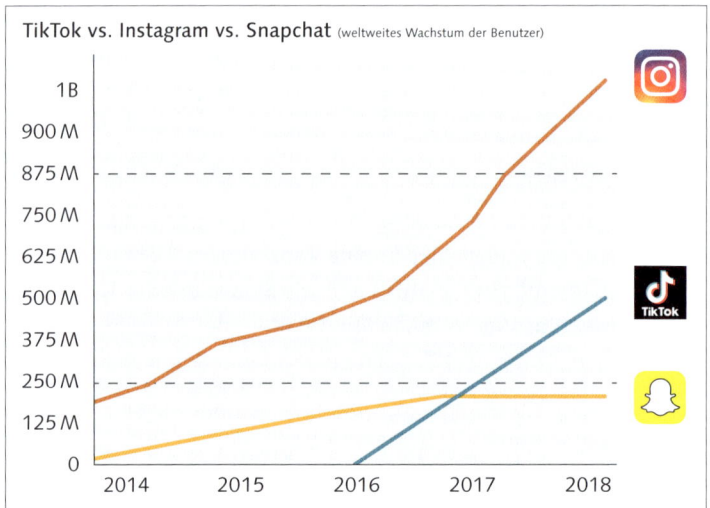

Abbildung 13.25 Das Wachstum von TikTok im Vergleich mit dem von Instagram und Snapchat. (Quelle: Mediakix)

Die Kurve deutet auch darauf hin, dass TikTok nicht so schnell in eine Nischenrelevanz fallen wird. Und das, obwohl Instagram mit Reels[24] eine sehr ähnliche Funktion veröffentlicht hat und stark in den Fokus rückt. Der Grund dafür ist einfach: TikTok hat eine kritische Masse erreicht und sehr treue Fans. Ich kann Ihnen wärmstens empfehlen, sich die Plattform anzusehen. Sie bekommen so nicht nur ein Gespür für einen potenziellen strategischen Nutzen für Ihr Engagement, sondern auch ein Gefühl für die Lebenswelt und das Nutzerverhalten junger Menschen.

13.5.14 Strategische Einordnung von TikTok

TikTok ist ein Tummelplatz der jungen Generationen. Offiziell erlaubt TikTok Nutzer ab 13 Jahren, 60 % der aktiven Nutzer sind unter 24 Jahre alt, 66 % sind unter 30. In Deutschland gibt es rund 5,5 Mio. Nutzer.[25]

Die Videos auf TikTok sind vertikal, zwischen 15 und 50 Sekunden lang. Die App bringt eine riesige Palette an Filtern, Effekten und Musik mit und eröffnet den Nutzern so jede Menge kreativer Möglichkeiten. Die Vergangenheit als Lippensynchronisations-App zeigt sich noch darin, dass fast alle Videos mit Musik hinterlegt sind. Besonders etablierte Formate sind neben Lipsync zum Beispiel Tanz, Comedy, Zaubertricks, Fail-Videos, Gaming, Tiere und Sport.

Auf der Startseite wird direkt nach der Installation eine Übersicht an Videos angezeigt, die sich nach dem eigenen Interaktionsverhalten anpasst. Es ist zwar möglich, sich ein Profil anzulegen und anderen Profilen zu folgen, notwendig ist dies für das Anschauen von Bildern aber nicht. Ein Profil wird demnach erst notwendig, wenn ein Nutzer selbst Inhalte hochladen, oder seinen Favoriten folgen möchte. Alle Videos sind auch im Browser abrufbar, wenn das Profil der Nutzer öffentlich ist.

Als Unternehmen können Sie sich auf TikTok ein Profil anlegen und verifizieren lassen. Das Unternehmensprofil bietet Ihnen die Möglichkeit, ein Profilbild oder -video anzulegen, Ihre Präsenzen auf Instagram und YouTube zu verlinken und Direktnachrichten zu empfangen. Ein Beispiel dafür können Sie sich beim 1. FC Köln ansehen (siehe Abbildung 13.26). Darüber hinaus bietet TikTok für Unternehmensprofile Statistiken an, damit Sie Ihre Arbeit besser analysieren können.

Der Algorithmus bestimmt, welche Videos auf dem Startbildschirm und unter Discover anzeigt werden und damit die größte Chance auf Interaktion und Reichweite haben. Genau in dieser Funktionalität liegt eine große Herausforderung und Chance für ein Engagement auf TikTok. Selbst wenn Sie mit einem Video den Geschmack der Community treffen und hohe Reichweiten erzielen, kann das nächste Video total floppen. Umgekehrt ermöglicht dies aber auch, dass Sie trotz

---

24 https://business.instagram.com/blog/announcing-instagram-reels?locale=de_DE
25 www.futurebiz.de/artikel/tiktok-nutzerzahlen-deutschland/

weniger Follower mit guten Inhalten, viele TikTok-Nutzern erreichen. Um genau solche Videos zu produzieren, ist es besonders wichtig, dass Sie sich mit den Verhaltensweisen der Nutzer und Mechaniken der Plattform vertraut machen.

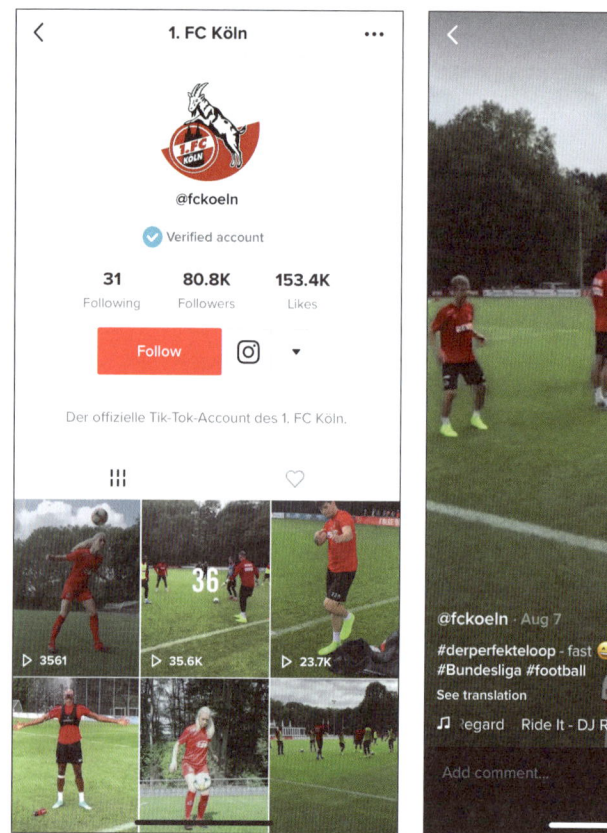

Abbildung 13.26 Der 1.FC Köln auf TikTok

Praktisch ist, dass TikTok anbietet, die auf der Plattform generierten Inhalte herunterzuladen und in andere Netzwerke zu teilen. Außerdem können Sie aus Ihren Videos Livefotos und GIFs erstellen und diese ebenfalls anderweitig nutzen.

13.5.15   Anwendungsbeispiele für TikTok

Ein Kernelement auf TikTok sind die sogenannten Challenges, das heißt kleine Aufgaben, die mit einem bestimmten Hashtag versehen werden. Diese Mechanik können Sie für Ihr Unternehmen nutzen, um die Community mit spannenden Aufgabenstellungen zu kreativen Videos zu animieren. Eine weitere gerne genutzte Strategie von Unternehmen ist die Kooperation mit Influencern auf der Plattform. Als drittes Marketingszenario kommt aktuell der Einsatz von Branded Stickern in Betracht.

Hashtag-Challenge – The Hoff bewirbt seine Deutschland-Tour

David Hasselhoff hat auf TikTok ein Gewinnspiel für seine Deutschland-Tour ausgelobt. Dafür rief er auf seinem kurz zuvor gestarteten TikTok-Account @*davidhasselhoff* (*www.tiktok.com/@davidhasselhoff*) dazu auf, eine eigene Version seines Songs »You made the summer go away« zu filmen. Unter allen Videos, die ihn markieren und die mit dem Hashtag #*summergoaway* versehen sind, sollten zweimal zwei Karten verlost werden. Mit seinem Video sammelte The Hoff zwar fast 30.000 Herzchen (Likes) ein, aber es zeigte sich eben auch, wie wichtig klare Anweisungen sind. Denn die eigentlichen Gewinnspielbedingungen (siehe oben) stimmen nicht mit dem überein, was er im Video sagt, und in dem Text zu dem Video steht noch einmal etwas anderes (siehe Abbildung 13.27 links). Entsprechend gering war die Ausbeute unter dem Hashtag #*summergoaway* mit um die zehn Videos und rund 2.500 Views. Unter dem Lied selbst sind zwar rund 150 Videos zu finden, die aber überwiegend nichts mit dem Gewinnspiel zu tun haben.

Abbildung 13.27 David Hasselhoff und Falco Punch auf TikTok

Influencer-Kampagne – Scooter und Zalando

Die Technoklassiker Scooter setzten für die Promotion Ihres neuen Albums ebenfalls auf TikTok. Gemeinsam mit dem TikTok-Star Falco Punch @*falcopunch* (*www.tiktok.com/@falcopunch*) wurde dafür ein Video in dessen typischem Stil gedreht, der durch schnelle Cuts geprägt ist. In diesem Video weist Falco auch auf die zugehörige #godsavetherave-Challenge hin (siehe Abbildung 13.27 rechts). Allein das Video von Falco erhielt rund 300.000 Likes und 2.000 Kommentare, insgesamt hat #goodsavetherave rund 7 Mio. Abrufe zu verzeichnen.

Zalando kooperierte im Rahmen einer Markenkampagne gleich mit mehreren populären Kreatoren, darunter @pralinacarina, @patroxofficial und @sheila.wolf. Unter dem Kernthema Selbstentfaltung wurden die Nutzer aufgerufen zu zeigen, was sie ausmacht und was Freiheit für Sie bedeutet. Unter dem Hashtag #freetobe kamen so mehr als 1.600 Videos und über 15 Mio. Aufrufe zustande.

Hier zeigt sich, dass die Kooperation mit Influencern auch auf TikTok eine lohnende Strategie ist. Weitere Inspiration zu dieser Variante können Sie sich holen, wenn Sie auf TikTok nach den Hashtags #Ad oder #Anzeige suchen.

Werbung auf TikTok

TikTok hat in Punkto Werbeanzeigen im letzten Jahr massiv aufgeholt. Auf https://ads. tiktok.com/ können Sie eine Reihe von klassischen Werbeformaten, wie zum Beispiel native Videoanzeigen (In-Stream) buchen. Darüber hinaus gibt es über das TikTok-Werbeteam eine Reihe weiterer Möglichkeiten, wie zum Beispiel gesponsorte Hashtag Challenges oder sogenannte Brand-Takeover-Anzeigen zu buchen. Eine Übersicht der aktuellen Werbemöglichkeiten inklusive der jeweiligen Anforderungen finden Sie unter https:// www.tiktokforbusinesseurope.com/de/.

Branded Sticker

TikTok bietet Unternehmen grundsätzlich auch die Möglichkeit, eigens gebrandete Sticker zu kreieren. Zum Beispiel wurden im Rahmen des Super Bowls Sticker mit animierten NFL-Spielern veröffentlicht, die über Augmented Reality in Videos eingebunden werden können.

Abbildung 13.28 3D-NFL-Spieler auf TikTok (Quelle: TikTok)

13.5.16   Fazit TikTok

Viele spannende Möglichkeiten, Zugang zu einer jungen Zielgruppe und wenig Konkurrenz, denn aktuell tummeln sich nur wenig deutsche Unternehmen auf der Plattform. Wenn TikTok zu Ihrer Zielgruppe und Ihre Ideen zu der Plattform sowie deren Mechanismen passen, spricht nichts dagegen, TikTok einmal auszuprobieren.

13.6   Fotoplattformen

Das Thema Fotoplattformen erlebte in den letzten Jahren mit dem Aufkommen von immer besseren Kameras in Smartphones und Foto-Apps wie Instagram einen regelrechten Boom. Jetzt sind es nicht mehr nur die Fotografen und Geeks, die ihre Bilder online zur Schau stellen, sondern jedermann kann mithilfe von Filtern aus mittelmäßigen Aufnahmen vorzeigbare Bilder machen. Ein Instagram-Foto schaffte es auf das Cover der New York Times, und das Time Magazine ließ die Dokumentation über die Folgen des Hurrikans Sandy via Instagram durchführen.[26] Aber auch abseits der Foto-Apps rücken Bilder weiter in den Mittelpunkt. Pinterest, das den Fokus auf der visuellen Sammlung von Links hat, wurde Anfang 2012 die Seite, die in der Geschichte des Internets am schnellsten mehr als 10 Mio. Besucher im Monat erreichte. Das Fotoportal Flickr erstrahlt seit Mitte 2013 nach einer Generalüberholung in neuem Glanz und bietet jetzt jedem Nutzer 1 Terabyte an Speicher – und das gratis.

Der Bedeutung von Fotoportalen und -Communitys für Ihre Social-Media-Strategie werde ich in diesem Abschnitt auf den Grund gehen.

13.6.1   Strategische Einordnung visueller Plattformen

Ein Bild sagt mehr als tausend Worte, schon dieses alte Sprichwort drückt den Mehrwert eines Bildes gegenüber Text aus. Bilder sind in der Lage, ganze Botschaften zu transportieren und selbst komplizierte Sachverhalte einfach darzustellen. In Abschnitt 13.2.6, »Merkmale guter Beiträge auf Facebook«, habe ich bereits erwähnt, dass Bilder die Interaktion mit einem Post auf Facebook zwischen 120 und 180 % erhöhen. Kurzum, Bilder sind wichtig für Ihr Engagement in den sozialen Medien, was aber heißt dies für die Nutzung von Fotoportalen und Communitys? Mit jeder weiteren Plattform steigt der administrative Aufwand, dennoch bieten Ihnen die Netzwerke, unabhängig von der konkreten Ausrichtung, die folgenden Vorteile:

---

26 *http://lightbox.time.com/2012/10/30/in-the-eye-of-the-storm-capturing-sandys-wrath/#3*

▶ **Reichweite und Sichtbarkeit für Ihre Bilder**: Unabhängig davon, ob Sie Ihre Bilder auf einem Fotoportal wie Flickr ablegen oder einen eigenen Fotostream auf Instagram haben, Ihre Kunden können Ihre Bilder finden, wenn diese danach suchen.

▶ **Futter für Suchmaschinen**: Genauso wie Videos sind auch Bilder für Suchmaschinen relevant, wenn Sie diese vernünftig benennen und mit den passenden Schlagworten ausstatten. Darüber hinaus können Sie auf allen Plattformen ein persönliches Profil inklusive Link zu Ihrer Homepage erstellen.

▶ **Zusätzlicher Außenposten und Onlinespeicher (gratis)**: Mit dem Mehraufwand eines weiteren Profils geht natürlich auch der Vorteil einher, einen weiteren Außenposten in Ihrem Social-Media-Universum zu haben. Darüber hinaus bieten Ihnen die meisten Plattformen mindestens eine gute Basis an freiem Speicherplatz an. Sprich, Sie können Ihre Bilder gratis online speichern, haben von jedem Rechner der Welt aus Zugriff darauf und können sie von dort aus überall einbinden.

▶ **Eine Community um Ihre Bilder**: Die meisten Plattformen ermöglichen Profile, Kontakte, Likes und Kommentare und bieten damit alle Voraussetzungen für eine Community. Nutzen Sie diese Chance, interagieren Sie, vernetzen Sie sich mit anderen Nutzern, und gehen Sie einen Dialog ein.

Ich werde Ihnen im Folgenden drei sehr unterschiedliche visuelle Plattformen vorstellen, die allesamt relevant für Ihre Social-Media-Strategie sein können.

13.6.2   Instagram – Fotos, Filter und Facebook

Instagram (*http://instagram.com*) lässt seine Nutzer die Welt mit anderen Augen sehen oder, besser gesagt, durch andere Filter. Zur Nutzung der App ist eine Mitgliedschaft auf Instagram Pflicht. Als Mitglied können Sie sich ein Profil anlegen, Bilder, Videos und Stories hochladen, anderen Nutzern folgen sowie Bilder kommentieren und liken. Die App ermöglicht es, aufgenommene Fotos und Filme mit Filtern, Rahmen und Weichzeichnungseffekten so zu verändern, dass selbst aus schlechten Aufnahmen ansehnliche Bilder werden. Webprofile ermöglichen eine Ansicht von Privat- oder Unternehmensprofilen unabhängig von der App.

Instagram hat im Dezember 2019 mehr als 1 Mrd. aktive Nutzer im Monat, davon 15 Mio. in Deutschland. Über 2 Mio. Unternehmen werben auf Instagram, und 50 % der Unternehmen haben schon eine Story veröffentlicht.[27] Generell ist die Interaktion auf Instagram hervorragend. Der Social-Media-Analytics-Anbieter Quintly evaluierte hier eine Rate zwischen 10,72 % bei Profilen unter 1.000 Fans, bis zu 0,88 % bei Profilen mit mehr als 10 Mio. Fans (siehe Abbildung 13.29). Die

---

27 *https://business.instagram.com/blog/welcoming-two-million-advertisers/*

Werte von Facebook liegen hier zwischen 1,86 % und 0,06 % und auf Twitter sogar nur zwischen 0,42 % und 0,01 %.[28]

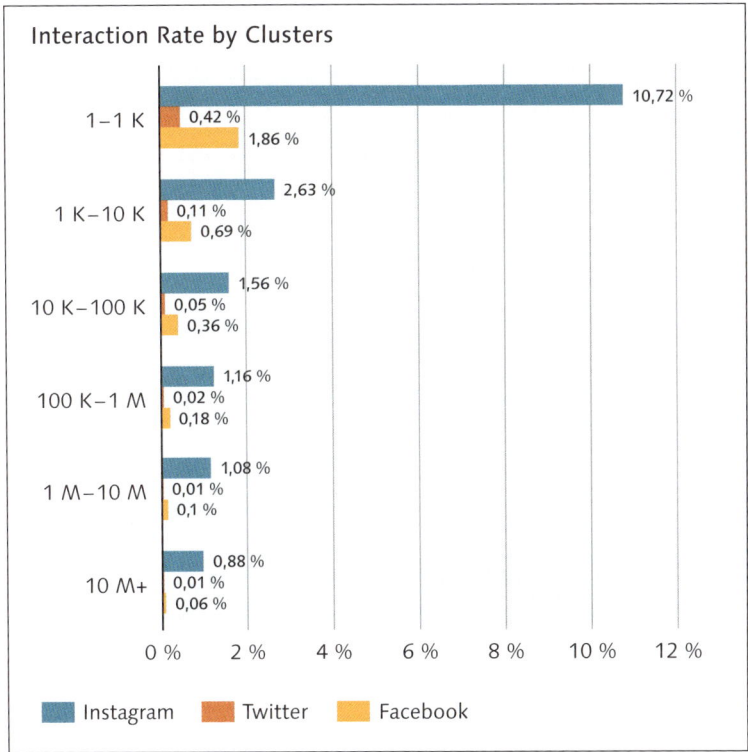

Abbildung 13.29 Interaktion auf Instagram, Facebook und Twitter in Abhängigkeit von der Größe der Profile (Quelle: Quintly)

13.6.3 Strategische Einordnung von Instagram

Eine Studie der Agentur sproutsocial ergab,[29] dass bereits 90 % der Top-100-Marken weltweit einen Instagram-Account nutzen. Für Deutschland gibt die aktuelle BVCM-Studie ein Gefühl für die Nutzung, denn hier gaben 82 % der befragten Social Media Manager an, Instagram im Einsatz zu haben.

Ein Blick auf die Zielgruppe auf Instagram zeigt, dass diese tendenziell weiblich (68 %) und unter 35 Jahren ist. Besonders beliebt sind Themen rund um Fitness, Ernährung, Mode, Beauty, Einrichtung, Design, Reisen und DIY.[30]

---

28 www.quintly.com/blog/topic/social-media-benchmarking
29 www.brandwatch.com/de/blog/instagram-statistiken/
30 www.omnicoreagency.com/instagram-statistics/

Laut Aussage von Instagram selbst folgen 70% der Nutzer mindestens einer Marke und 32% sogar mehr als fünf Unternehmens-Accounts, und das, wie anfangs beschrieben, bei den höchsten Interaktionswerten der großen Plattformen. Dementsprechend kann Instagram für Ihr Unternehmen eine sehr gute Option sein, wenn dieses thematisch zu der Instagram-Community passt oder Sie eine Nische belegen.

13.6.4 Der Instagram Business-Account

Instagram bietet für Unternehmen Business-Accounts an, die im Gegensatz zu normalen Profilen mehrere Vorteile mit sich bringen.

Statistiken

Der größte Vorteil ist der Zugriff auf Statistiken, die es endlich ermöglichen, den Erfolg auf Instagram zu messen und die eigenen Inhalte zu optimieren.

Neben den üblichen Werten Impressionen, Reichweite und Interaktion haben Sie hier auch einen Einblick in die Demografie und die Aktivitäten Ihrer Fans.

Einfachere Kontaktaufnahme – online, offline und per Telefon

Sie können in Ihrem Instagram Business-Account eine Kontaktmöglichkeit für Ihre Nutzer hinterlegen, den Kanal können Sie dabei selbst bestimmen. Je nachdem, welche Kontaktinformationen Sie angeben, sieht der Nutzer dann die Optionen ANRUFEN, ROUTE PLANEN oder EMAIL.

Einfachere Erstellung von Werbung

Analog zu den Sponsored Posts auf Facebook können Sie jetzt auch einzelne Beiträge auf Instagram per Knopfdruck bewerben. Dabei können Sie zusätzlich einen *Call-to-Action* (CTA) ergänzen.

Entsprechend ist es ratsam, im Unternehmenskontext einen Business-Account zu nutzen. Alles rund um die Einrichtung und Auswertung eines Unternehmensprofils sowie den Link zu dem zugehörigen Blueprint-E-Learning-Kurs finden Sie hier: *http://bit.ly/dsomemaInstaBusiness*.

Werbung auf Instagram

Genau wie bei Facebook können Sie auch bei Instagram Werbung buchen und dabei auf umfangreiche Targeting- und Analysemöglichkeiten zurückgreifen. Für eine erfolgreiche Werbeschaltung ist wichtig, dass Sie die Community verstehen und Werbeinhalte schaffen, die wirklich in dieses Umfeld passen. Darüber hinaus kann ich Ihnen auch hier nur empfehlen, Anzeigen im Business Manager zu erstellen und Split-Tests mit unterschiedlichen Medien und Texten zu machen. Beispiele und alle weiteren Informationen finden Sie bei Instagram Business (*https://business.instagram.com/adverti-*

sing) sowie in dieser ausführlichen Anleitung bei Hootsuite: *https://blog.hootsuite.com/de/werben-auf-instagram/*.

13.6.5   Mit den richtigen Hashtags zu mehr Interaktion

Genauso wie bei Twitter können Sie auf Instagram Ihre Bilder und Videos mit Schlagwörtern versehen und damit einem Thema zuordnen. Doch nicht nur das, denn Hashtags sind auf Instagram einer der zentralen Faktoren dafür, gefunden zu werden, und damit die Grundlage für Interaktion. Aktuell ermöglicht Instagram 30 Hashtags pro Bild, was aber nicht als Aufforderung verstanden werden sollte, diese auf Teufel komm raus auszunutzen. Gerade der Einsatz von vielen Engagement-Hashtags wie *#likeforlikes* oder *#followforfollow* wirkt spätestens im Unternehmenskontext doch ein wenig verzweifelt. Außerdem möchten Sie ja Aufmerksamkeit von Ihrer Zielgruppe und nicht von Bots und Sammlern.

Ähnliches gilt für die Nutzung von besonders populären Hashtags, die Sie zum Beispiel unter *https://top-hashtags.com/instagram* jederzeit aktuell einsehen können. Mit diesen Hashtags versehene Bilder tauchen, wenn überhaupt, nur für wenige Momente in der Bildübersicht auf. Ein für Sie bedeutsamer Like ist damit auch hier eher Glückssache. Beide Methoden führen entsprechend nicht zum Ziel und wirken sich dazu negativ auf den Algorithmus aus.

Spezielle Hashtags auf Instagram

Neben den normalen Hashtags gibt es auf Instagram eine Reihe von besonderen Kategorien:

▶ **Branded Hashtag**: Ein Branded Hashtag ist einer, der von einer Marke geprägt wird und zum Beispiel die Marke selbst, ein Motto oder eine Kampagne bezeichnet. Branded Hashtags eignen sich, um eigene Inhalte zu »markieren« oder von der Community Bilder zu sammeln (siehe den Abschnitt »Fanfotos« in Abschnitt 13.6.7).

▶ **Community Hashtags**: Die Instagram-Community nutzt spezielle Hashtags für Gleichgesinnte innerhalb der Plattform. So finden sich beispielsweise die schönsten Bilder von Hamburgern unter *#welovehh* oder *#igershamburg*.

▶ **Weekly Hashtags**: Ob *#motivationmonday*, *#throwbackthursday* oder *#sundaybumday*, für jeden Wochentag gibt es auf Instagram spezielle Hashtags.

Die in der Praxis bewährteste Methode ist also, auf Hashtags zu setzen, die für Ihre Zielgruppe wirklich relevant sind. Dabei gilt, je enger Sie die Interessen Ihrer Zielgruppe erfassen können, desto besser. Um diese relevanten Schlagwörter zu finden, gilt es, ein Gefühl dafür zu bekommen, welche Hashtags in Ihrer Community besonders gerne benutzt werden. Hilfreich sind hier Tools wie der Hashtag-Generator von Fanpage Karma (*www.fanpagekarma.com/hashtag*), Hashtagify (*http://hashtagify.me*) oder Hashtagsforlikes (*www.hashtagsforlikes.co*). Mit diesen drei aktuell noch kostenlosen Tools können Sie die Popularität Ihrer Hashtags sowie relevante Hashtags aus Ihrem Themengebiet evaluieren. Auch Instagram selbst zeigt Ihnen ähnliche Hashtags an, wenn Sie nach einem Begriff suchen.

Darüber hinaus können Sie sich von erfolgreichen Bildern aus Ihrer Community inspirieren lassen. Wenn Sie so Ihren ersten Grundstock an Hashtags zusammenhaben, können Sie testen, was sich bewährt, und von dort aus optimieren. Zum Abschluss lege ich Ihnen zum Thema Hashtags noch den 53 Seiten langen »Hashtag Strategy Guide« von dem Toolanbieter Later ans Herz. Darin finden Sie eine Schritt-für-Schritt-Anleitung für Ihre persönliche Instagram-Hashtag-Strategie (*https:// later.com/instagram-hashtag-guide*).

Der Einsatz von Filtern

Instagram-Filter haben einen Einfluss auf die Interaktion, der genau den psychologischen Erkenntnissen der Farbenlehre entspricht. Dementsprechend wirken Bilder, die Rot- oder Gelbtöne enthalten, anregend und »erheiternd«. Dies spiegelt sich in gesteigerten Likes und Kommentaren wider. Starke Sättigung sowie Retroeffekte wirken sich dagegen negativ auf die Interaktion aus. In Filternamen übersetzt heißt das: Mayfair, Rise, Valencia, Hefe, Nashville, Lark, Slumber und Aden sind eine gute Wahl. Nicht so gut funktionieren laut der Studie von Yahoo Labs Lo-Fi und X-Pro II aufgrund der starken Sättigung sowie Amaro, Hudson und Walden, die kalte Farben einbringen. Die Forscher betonen aber auch, dass allein ein Filter ein Foto nicht gut macht. Es gibt reihenweise sehr gute Bilder, die auch ohne Filter grandiose Interaktionsraten haben. Oder anders gesagt – richtig gute Bilder brauchen keinen Filter. Die ausführliche Studie von Yahoo Labs finden Sie unter: *http://goo.gl/3zCFYr*.

13.6.6 Videos auf Instagram

Bewegtbild funktioniert auch auf Instagram und bringt mehr Interaktion als statische Bilder. Videos auf Instagram können 60 Sekunden lang sein und direkt innerhalb der App bearbeitet sowie mit Filtern aufgehübscht werden.

Darüber hinaus bietet Instagram mit den Apps *Hyperlapse* und *Boomerang* zwei kreative Möglichkeiten an, Videos im Zeitraffer bzw. im Dauerloop zu produzieren. Gute Beispiele für Videoinhalte auf Instagram habe ich Ihnen hier zusammengestellt: *http://der-socialmediamanager.de/kreative-kampagnen-mit-instagram*.

13.6.7 Die erfolgreichsten Anwendungsszenarien auf Instagram

Wenn Sie Instagram für Ihr Unternehmen einsetzen möchten, habe ich hier ein paar erfolgreiche Anwendungsbeispiele für Sie, die sowohl für Bilder als auch für Videos funktionieren. Den Themenkomplex Stories behandele ich gesondert in Abschnitt 13.6.9, »Instagram Stories«.

Aus dem Arbeitsalltag – Blick hinter die Kulissen und in die Gesichter der Menschen

Auch auf Instagram gilt: Ihre Fans möchten Einblicke, die sie sonst nicht bekommen. Geben Sie Einblicke in den Arbeitsalltag und hinter die Kulissen. Da kann der süße Hund der Kollegin genauso interessant sein wie ein Bild aus dem Labor oder ein Schnappschuss während des Fotoshootings für die neue Kollektion. Zeigen Sie die Menschen, die Ihr Unternehmen ausmachen, denn Bilder von Personen funktionieren überdurchschnittlich gut. Das ist übrigens eine Methode, die Sie sich gut von den erfolgreichsten Instagram-Sternchen abschauen können. Dort wird viel von sich und dem Leben gezeigt und so ein Gefühl von Vertrauen und Nähe erschaffen.

Besonders geeignet sind diese Art der Bilder und Videos auch im Kontext des Employer Brandings. Hier können Sie potenziellen Mitarbeitern und Azubis zeigen, wie es ist, bei Ihnen zu arbeiten. Versetzen Sie sich in Ihre Zielgruppe, und überlegen Sie, wen und was Sie an deren Stelle gerne sehen würden. Für diese Einblicke hinter die Kulissen sind die Instagram Stories natürlich auch sehr gut geeignet.

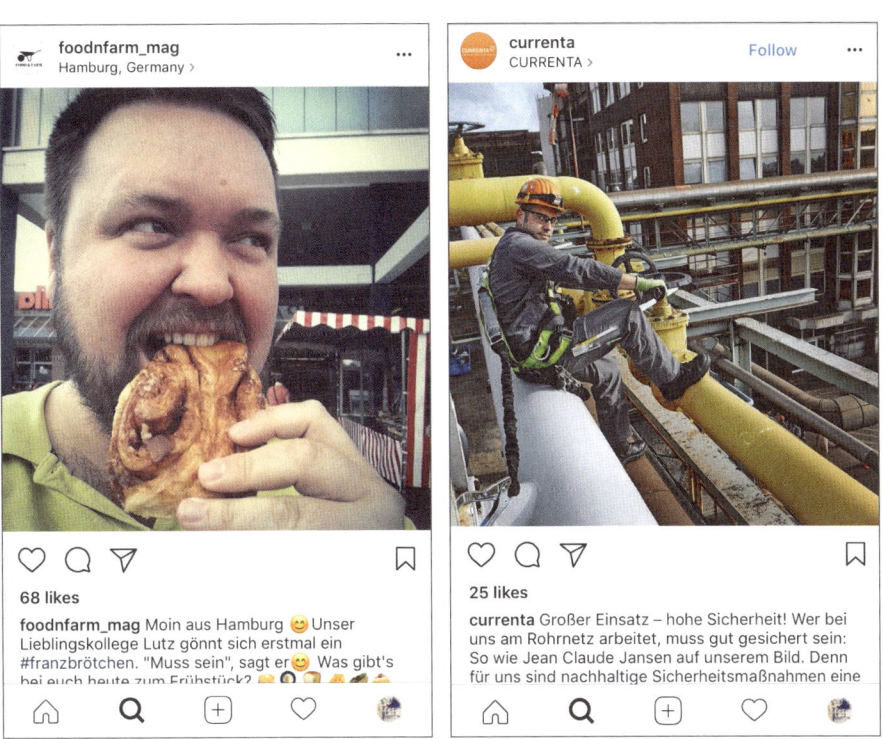

Abbildung 13.30 Food & Farm und Currenta zeigen die Mitarbeiter hinter den Kulissen.

Das Lebensgefühl im Mittelpunkt

Ist Ihre Marke in der Lage, ein Lebensgefühl, eine Leidenschaft oder einen Leitgedanken zu transportieren? Wenn Sie diese Frage mit Ja beantworten und auch eine Vorstellung haben, wie Sie dieses Lebensgefühl visuell umsetzen können, dann sind Sie auf Instagram genau richtig. Eines der bekanntesten Beispiele ist hier der Getränkehersteller Red Bull, der unter dem Motto #GivesYouWings auch auf Instagram den adrenalingeladenen Lebensstil der Marke transportiert.

Weitere Beispiele wären hier Air BnB (www.instagram.com/airbnb), deren Bilder zu dem Lebensstil der reiselustigen Zielgruppe passt, oder der Hamburger Stoffhandel »Alles für Selbermacher«, bei dem der Name nicht nur Programm ist, sondern auch mit der Community gelebt wird (siehe Abbildung 13.31).

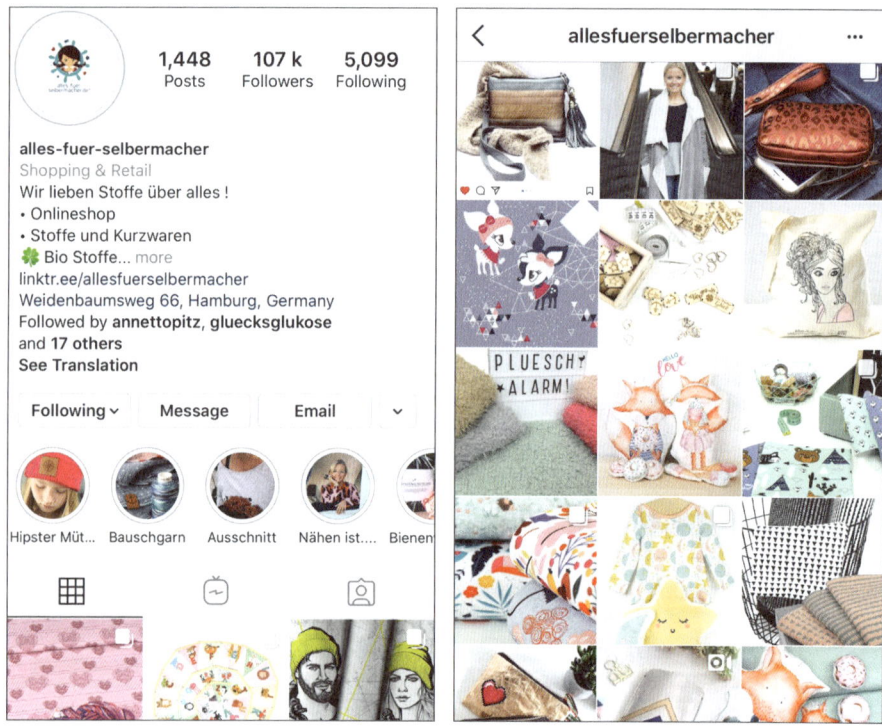

Abbildung 13.31 Auf dem Account von »Alles für Selbermacher« lebt die Leidenschaft für das Nähen.

Produktwerbung, ohne zu nerven

In Bezug auf das Engagement kam die Agentur Olapix[31] zu dem spannenden Ergebnis, dass Produktfotos auf Instagram, im Gegensatz zu allen anderen Plattformen,

---

31 www.olapic.com/resources/want-to-kill-it-on-instagram-post-product-pics/

mit die höchsten Interaktionsraten haben. Die erfolgreichsten Produktbilder auf Instagram sind dabei auf eine kreativ-menschliche Weise inszeniert, die zu der Community passt. Machen Sie Bilder, die Ihre Kunden nicht in der Werbung oder in Zeitschriften sehen. Überraschen Sie mit wunderschönen, witzigen oder total durchgeknallten Bildern. Lassen Sie sich im Hinblick auf Ästhetik, Perspektiven und Stil Ihrer Bilder von erfolgreichen Accounts aus Ihrem Themenumfeld inspirieren.

Schöne Beispiele sind hier die Accounts von Douglas und Glossybox (siehe Abbildung 13.32). Die Produkte werden in dem typischen Beautyblogger-Stil präsentiert. Die Unternehmen zeigen damit, dass sie die Community verstehen und selbst Teil davon sind. Platte Kopien von Bildern sollten Sie allerdings lassen, sondern lieber eine Kategorie für diese Fanfotos einrichten.

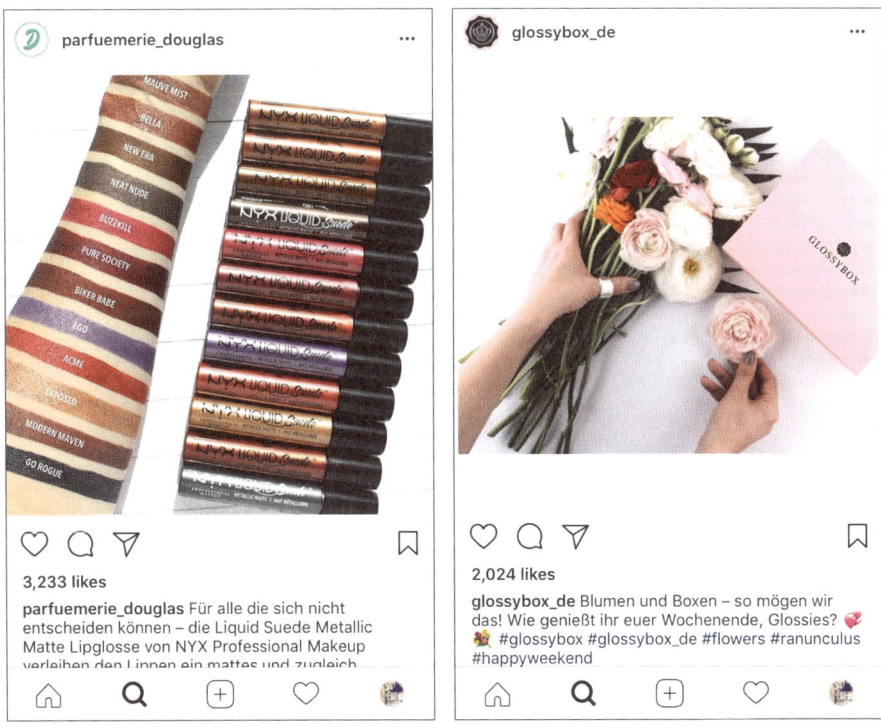

Abbildung 13.32 Douglas und Glossybox präsentieren ihre Produkte im Stil der Community.

Fanfotos

Über die Nutzung von Hashtags können Sie ganz einfach Fotos von Ihren Fans und Followern sammeln und diese kuratierten Inhalte auf Ihrem Account präsentieren. Ein profitabler Deal für beide Seiten – Ihre Fans bekommen eine Bühne, und Sie bekommen Inhalte für Ihren Kanal. Liefern Sie Ihren Followern und Fans einfach ein passendes Hashtag zu dem jeweiligen Anlass. TK Maxx Deutschland ruft seine Fans

445

unter dem Hashtag #*tkmaxxschatzgefunden* auf, die schönsten Schätze aus den TK-Maxx-Filialen zu zeigen (siehe Abbildung 13.33).

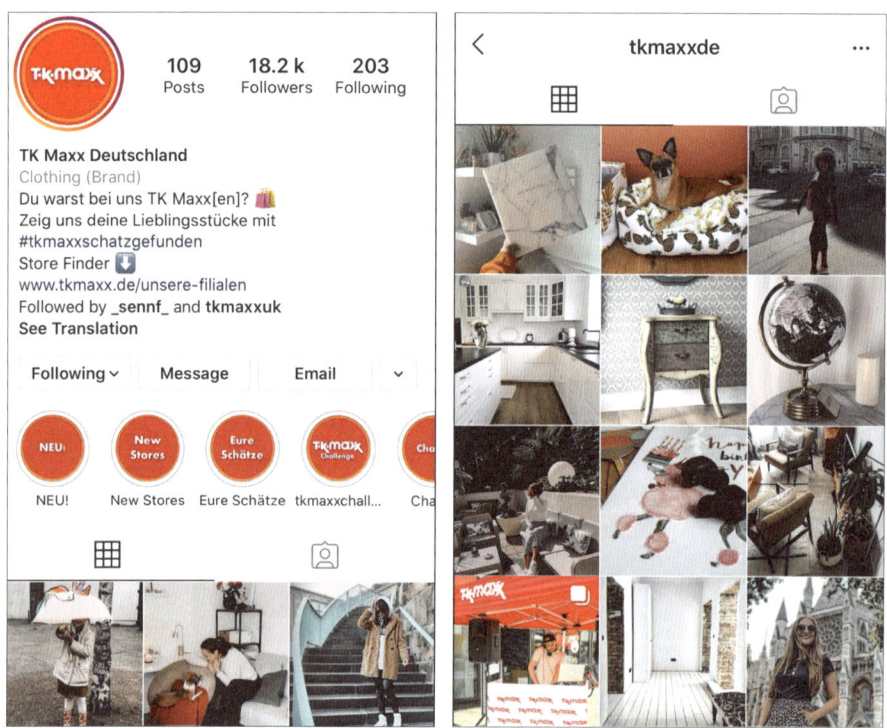

Abbildung 13.33 TK Maxx sammelt auf Instagram gut inszenierte Bilder von Käufern.

Bevor Sie ein Fanfoto auf Ihrem Account verwenden, sollten Sie sich auf jeden Fall eine Erlaubnis vom Urheber einholen. Vergessen Sie außerdem nicht, diesen zu markieren und sich zu bedanken. Wenn Sie die Möglichkeit haben, können Sie natürlich auch die besten Bilder auf Ihrer Website, auf Facebook oder in Ihrem Magazin präsentieren – eine Methode, die zum Beispiel der britische Tourismus-verein seit Jahren nutzt: *www.instagram.com/lovegreatbritain/*.

Wettbewerbe und Challenges

Ähnlich wie bei den Fanfotos können Sie über ein Hashtag auch einen Wettbewerb ausrufen. Neben klassischen Wettbewerben, bei denen die Nutzer nur ein Bild machen, können Sie auch sogenannte *Challenges* inszenieren. Eine Challenge ist ein Wettbewerb, der über mehrere Tage läuft und bei dem die Teilnehmer jeden Tag ein Foto zu einer neuen Aufgabe machen, natürlich auch jeweils wieder mit den von Ihnen vorgegebenen Hashtags markiert. Ein schönes Beispiel ist hier die #*digitaleFrauenChallenge*, die von den »Digital Media Women« (*https://digitalmediawomen.de*) in Kooperation mit den Magazinen »Emotion«, »Barbara« und »Freundin«

veranstaltet wurde, um Frauen in digitalen Berufen sichtbarer zu machen. An der Challenge haben insgesamt 729 Frauen teilgenommen und 3.431 Bilder gemacht – ein guter Erfolg für die Digital Media Women (siehe Abbildung 13.34).

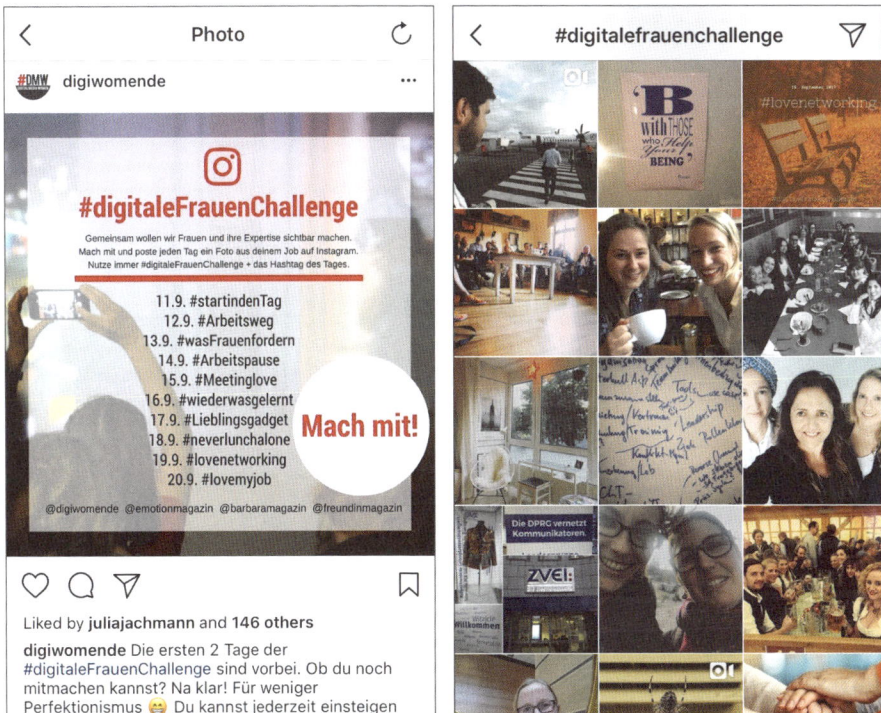

Abbildung 13.34 Der Aufruf und ein Einblick in die Ergebnisse der #digitaleFrauenChallenge

Kooperationen mit Influencern

Eine Reihe von Regeln für und Beispiele von Kooperationen mit Influencern auf Instagram habe ich Ihnen bereits in Abschnitt 11.3, »Influencer Marketing und Influencer Relations«, vorgestellt.

Visual Statements

Ob Motivationsspruch oder eine freche Aussage, der Ihre Community zustimmen kann – Texte, die visuell inszeniert sind, funktionieren auf Instagram einfach gut. So gut, dass sich das Unternehmen »Visual Statements«, das sich kurzerhand nach den kurzen Sprüchen auf Bildern benannt hat, damit eine Fangemeinde von mehr als 1,2 Mio. auf Instagram, Facebook und Snapchat aufgebaut hat. Generell sind die kurzen Bildsprüche ein Interaktionsgarant – Studien weisen hier zwischen 50 und 105 % mehr Interaktion für dieses Format aus, vorausgesetzt, die Sprüche passen zu der Zielgruppe. Drei schöne Beispiele von der Bäckerei Junge, dem Shape Magazin und dem Eltern Magazin sehen Sie in Abbildung 13.35.

Aber warum funktionieren diese Bildsprüche so gut? Psychologisch ist das einfach erklärt. Wenn die Nutzer sich oder eine Person aus ihrem Umfeld mit dem Spruch identifizieren können oder eine Emotion angesprochen wird, werden gleich zwei Impulse ausgelöst: der Impuls, zu reagieren, das heißt ein Herz oder einen Kommentar zu hinterlassen, sowie der Impuls, diesen Spruch mit seinem Umfeld zu teilen. Deswegen finden Sie so häufig Markierungen unter Visual Statements.

Abbildung 13.35 Sprüche, die zu der Zielgruppe passen, sorgen für Interaktion.

Tipps für Visual Statements

▶ Bleiben Sie im Themenrahmen Ihrer Content-Strategie.

▶ Wählen Sie Sprüche und Zitate aus, mit denen sich Ihre Zielgruppe identifizieren kann und/oder die eine Emotion auslösen.

▶ Entwickeln Sie einen Stil für Ihr Unternehmen. Das kann ein dezentes Logo mit Ihrer Firmenschriftart sein, Ihre Farben oder ein Schriftzug am Rand. Achten Sie darauf, dass Bild und Spruch im Vordergrund bleiben, Ihre Bilder aber einen Wiedererkennungswert bekommen.

▶ Tools wie Canva (*http://canva.com*) oder der Creator von Visual Statements (*http://create.visualstatements.net*) helfen Ihnen bei der Gestaltung.

Events visuell begleiten

In der Barcamp-Szene seit Jahren ein Selbstläufer, im Unternehmenskontext noch viel zu selten genutzt – die Begleitung eines Events mit einem bestimmten Hashtag. Möglichst kurz und eindeutig sowie deutlich kommuniziert, können alle Besucher ihre Bilder um das Hashtag ergänzen. Die Zuschauer an den Bildschirmen haben nun die Chance, gezielt nach diesem Schlagwort suchen, um sich einen Eindruck von dem Event zu verschaffen. Machen Sie sich die Knips- und Filmfreude Ihrer Zielgruppe zunutze, und schaffen Sie so mehr Sichtbarkeit und Einblicke für Ihre Events.

Noch mehr Inspiration

Instagram sammelt unter *https://business.instagram.com/inspiration* die besten Accounts, Ideen und Kampagnen rund um die Plattform.

13.6.8   Leitlinien für gute Instagram-Bilder

Jetzt, wo Sie wissen, wie Sie Instagram einsetzen können, gebe ich Ihnen noch ein paar Tipps für gute Bilder mit auf den Weg, die ich aus Gesprächen mit erfolgreichen Instagrammern, Instagram-Mitarbeitern und Fotografen mitgebracht habe:

▶ **Fokussieren Sie sich**: Ein Instagram-Bild sollte immer ein zentrales Motiv haben.

▶ **Machen Sie mehr als ein Foto**: Wenn Sie sich für ein Motiv entschieden haben, sollten Sie mehrere Fotos aus den unterschiedlichsten Blickwinkeln machen. Wählen Sie im Anschluss das beste Bild aus.

▶ **Ungewöhnliche Perspektiven**: Entwickeln Sie einen Blick für ungewöhnliche Perspektiven. Das können Details sein, ein Bild, das Sie im Liegen aufgenommen haben, oder Makroaufnahmen von alltäglichen Dingen.

▶ **Finden Sie Ihren Stil**: Die erfolgreichsten Instagrammer verbinden ein gleichbleibendes Thema mit einem unverkennbaren Stil auf ihren Accounts. Eine stilistische Harmonie erreichen Sie mit ähnlichen Hintergründen, Farbräumen sowie Bildausschnitten und -kompositionen.

▶ **Die Sache mit dem Quadrat**: Auch wenn Instagram mittlerweile Bilder im Hoch- und Querformat anbietet, sollten Sie darauf achten, dass Instagram in der Bildvorschau immer nur das mittlere Quadrat anzeigt.

▶ **Nutzen Sie Apps zur Verbesserung Ihrer Bilder**: Die häufigsten Empfehlungen sind hier VSCO, Snapseed, Aviara, Mextures, Canva und Ripl. Spielen Sie mit Filtern, Unschärfen und Kontrasten, aber übertreiben Sie es nicht. Komplett unnatürlich wirkende Bilder kommen nicht so gut an.

▶ **Achten Sie auf wirklich gute Fotos**: Die Zeit, in der jeder Schnappschuss auf Instagram funktioniert hat, ist vorbei. Sie konkurrieren heute mit Bildern von professionellen Fotografen. Seien Sie entsprechend selbstkritisch, achten Sie auf gutes Licht, eine ansprechende Bildkomposition und einen geraden Horizont.

100 Tipps von Profifotografen

Eine interessante Liste mit 100 kleinen Tipps von Profifotografen finden Sie unter: *http://bit.ly/dsomemaFoto*.

▸ **Schreiben Sie gute Bildunterschriften**: Bildunterschriften sind ein guter Weg, um Ihre Instagram-Kreationen in einen Kontext zu stellen oder zu emotionalisieren. Nutzen Sie diese Chance, schreiben Sie das Wichtigste zuerst, und seien Sie prägnant. Darüber hinaus ist es auf Instagram Usus, die Hashtags zum Bild in den ersten Kommentar zu verlagern.

▸ **Leben Sie die Community**: Neben dem Bild selbst ist es die Art und Weise, wie Sie mit Ihrer Community interagieren, die den Unterschied macht. Moderieren Sie deswegen nicht nur die Kommentare unter Ihren Bildern, sondern streifen Sie durch Ihren Themenkomplex und liken und kommentieren Sie Bilder, die Ihnen gefallen. So werden nicht nur mehr Nutzer auf Ihren Account aufmerksam, sondern Sie werden Teil der Community.

Tools und Tipps rund um Instagram

Da der Platz hier nicht ausreicht, um alle Aspekte en détail zu behandeln, habe ich Ihnen auf dem Blog zum Buch unter *https://der-socialmediamanager.de/tools-und-tipps-rund-um-instagram* eine große Sammlung mit Tools und weiterführenden Links zusammengestellt.

13.6.9   Instagram Stories

Natürlich muss auch die Story-Funktion von Instagram Erwähnung finden, da die Nutzer diese mittlerweile stärker nutzen, als den klassischen Newsfeed.[32] Stories sind eine Kombination aus kurzen Videos und Fotos, die nach 24 Stunden verschwinden, wenn diese nicht in den Story-Highlights gespeichert werden. Über ein Drittel der Stories, die von Instagram-Nutzern angesehen werden, stammen von Unternehmen. Rund 50 % der Unternehmen auf Instagram veröffentlichen mindestens eine Story im Monat (Stand Dezember 2019). Die Anwendungsszenarien entsprechen dabei grundsätzlich denen in Abschnitt 13.6.7, »Die erfolgreichsten Anwendungsszenarien auf Instagram«. Achten Sie darauf, dass Sie Ihre Inhalte an das Format anpassen. Mischen Sie Bild- und Videoinhalte, und experimentieren Sie mit den Gestaltungsmöglichkeiten und Filtern. Darüber hinaus können Sie Ihre Stories mit Orten, Hashtags, GIFs und Umfragen anreichern oder andere Nutzer markieren (siehe Abbildung 13.36). Accounts, die verifiziert sind oder mehr als 10.000 Follower haben, können auch Links in ihren Stories verwenden.[33]

---

32 *https://techcrunch.com/2018/05/02/stories-are-about-to-surpass-feed-sharing-now-what/*
33 *https://later.com/blog/add-links-instagram-stories/*

Instagram Stories lassen sich über die Bilder- und Fotofunktion hinaus auch mit den Inhalten aus Ihrer Fotobibliothek befüllen. Das bedeutet, Sie können Bilder auch mit den in Abschnitt 13.2.16, »Facebook Stories«, vorgestellten Apps bearbeiten oder sogar Bilder verwenden, die in einem Grafikprogramm am Rechner entstanden sind.

Wie der Name schon sagt, geht es bei den Stories darum, eine Geschichte zu erzählen. Dabei gibt es zwei Herausforderungen:

1. Die Geschichte muss auch dann noch funktionieren, wenn die ersten Bilder bereits wieder verschwunden sind.

2. Ihre Geschichte muss die Nutzer direkt zum Weiterschauen animieren.

Abbildung 13.36 Das Eltern Magazin macht eine Umfrage, Rossmann markiert Revlon, Asos verlinkt.

Spannende und kreative Einblicke, die Ihre Fans nur hier sehen können, sind dafür die beste Voraussetzung. Ein schönes Beispiel, wie das aussehen kann, ist das Restaurant Burritorico (*www.instagram.com/burritorico*).

Immer wieder stehen hier die Mitarbeiter im Mittelpunkt, als Zuschauer wird man mit hinter die Theke genommen oder lernt etwas über mexikanisches Essen. Darüber hinaus werden die Zuschauer nach ihrer Meinung zu (potenziellen) neuen Gerichten und Getränken gefragt (siehe Abbildung 13.37).

Ein weiteres Beispiel kommt von der britischen Designermarke Ted Baker (*www.instagram.com/ted_baker*). Das Label hat ein Faible für gutes Storytelling zur

451

Einführung einer neuen Kollektion. Die Kampagne »Keeping up with the Baker's« wurde entsprechend im Stil einer Seifenoper inszeniert und nimmt den Konsumenten mit in das virtuelle Leben der Baker Family, die auf der Tailor's Lane ein Bilderbuchleben führt, das hinter den Kulissen ganz anders aussieht. Genau diese Hintergrundgeschichten konnten die Fans über acht Tage hinweg auf Instagram Stories erleben. Der Zuschauer hatte dabei das Gefühl, durch TV-Kanäle zu zappen (siehe Abbildung 13.38), dabei kombinierten die Stories animierte Bilder, Videos, lustige Pointen und Gewinnspiele. Natürlich konnten die Zuschauer die Outfits der Kampagne direkt kaufen.

Abbildung 13.37 Burritorico nimmt die Nutzer mit in die Restaurants.

Abbildung 13.38 Ted Baker lässt seine Zuschauer in den Stories durch TV-Kanäle zappen.

452

Generell ist diese Kampagne ein Musterstück für eine kanalübergreifende Strategie, denn von einem voll shopbaren 360°-Werbefilm über interaktive Schaufenster bis hin zu Facebook, Twitter und Instagram spielten alle Kanäle genial zusammen. Mehr Hintergründe zu der Kampagne inklusive eines Videos der Instagram Stories finden Sie hier: *https://goo.gl/mXs6JC*. Außerhalb der Kampagne bieten die Ted Baker Stories übrigens alltagstauglichere Inhalte wie exklusive Einblicke in die neue Kollektion und bei unterschiedlichen Events, Vorstellung der Ted-Filialen durch die Mitarbeiter sowie Stylingideen.

Stories konservieren

Um Ihre Stories für die Nachwelt zu erhalten, können Sie diese nicht nur in den Story-Highlights konservieren. Es ist möglich, eine Story als Gesamtfilm herunterzuladen und auf einem Videoportal Ihrer Wahl online zu stellen. Wenn Sie nur einzelne Bilder veröffentlichen, können Sie diese auch einzeln auf einer der anderen Fotoplattformen veröffentlichen. Das Maggi Kochstudie hat beispielsweise ein eigenes Pinterest-Board aus Story-Bildern (siehe Abbildung 13.40 im Abschnitt »Pinterest als Traffic-Lieferant« in Abschnitt 13.6.12).

Wie Sie sehen, eröffnen die Instagram Stories spannende Möglichkeiten für Ihre Content-Strategie auf Instagram. Noch mehr Inspiration für das Story-Format werde ich Ihnen in Abschnitt 13.9.12, »Snapchat im Unternehmenseinsatz«, vorstellen.

Eine ausführliche Bedienungsanleitung für Instagram Stories

Für eine sehr ausführliche und stetig an die technischen Veränderungen angepasste Bedienungsanleitung mit Video kann ich Ihnen diesen Artikel im Upload Magazin sehr ans Herz legen: *https://upload-magazin.de/blog/14027-instagram-stories-anleitung/*

13.6.10   Fazit Instagram

Instagram ist meiner Meinung nach eine hervorragende Erweiterung im Portfolio. Nicht nur aufgrund der hohen Interaktionsrate, sondern weil Sie sowieso visuelle Inhalte für Ihre Arbeit im Social Web brauchen. Darüber hinaus greifen Facebook und Instagram sehr gut ineinander. Ein Vögelchen flüsterte mir, dass Links auf Instagram sogar eine gewisse Bevorzugung in der Sichtbarkeit genießen.

13.6.11   Pinterest – visuelles Social Bookmarking

Pinterest, ein Wortspiel aus Pinboard (Pinnwand) und Interest (Interesse), ist ein visueller Social-Bookmarking-Dienst, bei dem die Nutzer Bilder mit einer kurzen Beschreibung (Pins) auf virtuellen Pinnwänden (Boards) festhalten können (siehe

Abbildung 13.39). Mithilfe einer kleinen Browsererweiterung kann so jedes beliebige Bild aus dem Internet in dem passenden Album abgelegt werden.

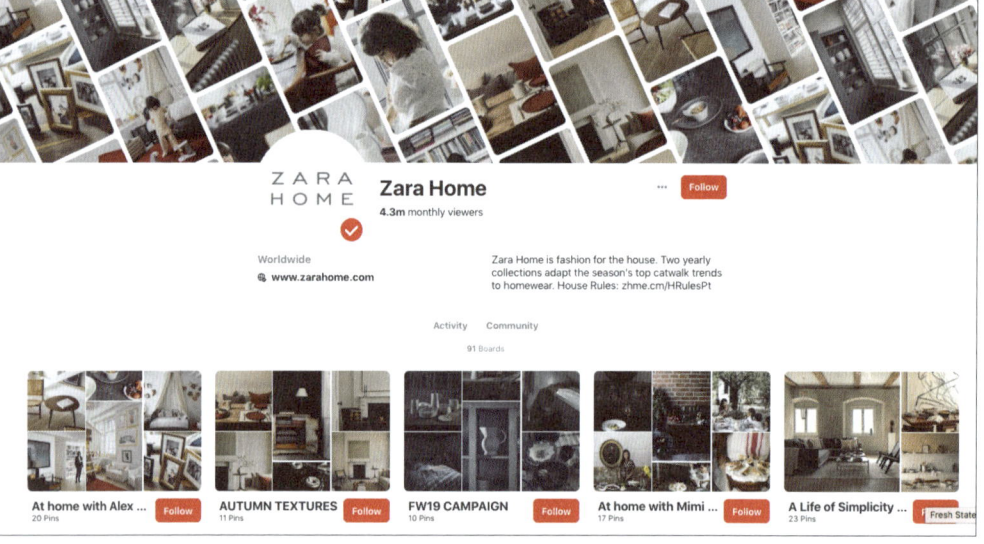

Abbildung 13.39 Die Boards von Zara Home auf Pinterest

Weltweit hat der Dienst über 322 Mio. Nutzer, die mehr als 200 Mrd. Pins erstellt haben (Stand Dezember 2019). In Deutschland gibt es gemäß dem Pinterest Anzeigenmanager über 7 Mio. Nutzer. Mit 70 % ist der Großteil der Pinterest-Nutzerschaft weiblich und die Altersstruktur zwischen 18 und 64 sehr ausgeglichen verteilt. 80 % nutzen die Seite mobil. Spannend ist auch, dass 93 % aller »Pinner« die Plattform zur Einkaufsplanung verwenden und 87 % bereits einen Kauf durch Pinterest getätigt haben.

Als angemeldeter Nutzer können Sie anderen Mitgliedern folgen und bekommen dann auf der Startseite deren Pins angezeigt. Jeder dieser fremden Pins kann gelikt und in die eigenen Boards weitergepinnt werden. Der Fokus der Pinterest-Community liegt auf interessanten Bildern und den dahinterliegenden Inhalten, die die Nutzer auf Themenboards sammeln und mit anderen teilen. Diesem Verhalten können Sie aus zwei Richtungen entgegenkommen: Durch die Optimierung Ihrer Webseite auf Pinterest sowie durch eigene ansprechende Bilder und Themenboards auf der Plattform selbst. Natürlich gilt in beiden Fällen, dass Ihre Themen und Inhalte zu der Community passen müssen.

13.6.12 Anwendungsszenarien für Pinterest im Unternehmen

Aus meiner Sicht gibt es hauptsächlich drei Anwendungsszenarien für Unternehmen: eine passive Variante, in der Pinterest primär als virtuelles Schaufenster und Traffic-Lieferant eingesetzt wird, eine aktive Variante mit einem vollen Engagement und eine Variante, die im Mittelfeld liegt und primär als Social Media Newsroom (siehe Abschnitt 11.2.6, »Social Media Newsroom«) fungiert.

Pinterest als Traffic-Lieferant

Hinter jedem Pin steckt die Original-URL eines Bildes. Wenn von Ihrer Website ein Bild gepinnt wird, gelangt jeder Besucher auf Pinterest mit einem Klick direkt auf Ihre Website. Bemerkenswert sind in diesem Zusammenhang die Studienergebnisse von BloomReach.[34] Diese untersuchten für eine Reihe von Kunden aus dem Einzelhandel, wie sich der Traffic von Pinterest und Facebook auswirkt. Obwohl Facebook für die besagten Unternehmen mehr als das 7,5-Fache an Traffic auf die Website leitete, liegt Pinterest weit vorne im Hinblick auf:

▶ Ausgaben: Die Besucher von Pinterest gaben 60 % mehr aus als die von Facebook.

▶ Conversion Rate: 22 % mehr Traffic führte zu einem Einkauf.

▶ Absprungrate: 90 % der Besucher von Facebook klickten die Webseite sofort wieder weg, von Pinterest aus liegt diese Rate bei 75 %.

▶ Durchschnittliche Seiten pro Besuch: Nutzer von Pinterest sahen sich im Schnitt 2,9 Seiten an, die von Facebook nur 1,6 Seiten.

Besucher, die über Pinterest auf Ihre Website kommen, stehen einem Kauf aufgeschlossener gegenüber als jene von Facebook. Wenn Ihr Unternehmen einen Onlineshop hat, sollten Sie die Verantwortlichen dazu anregen, den PIN IT-Button in den Shop zu integrieren.[35] Dieser ermöglicht es Besuchern, Ihre Produkte mit nur einem Klick auf Pinterest zu bringen. Die Möglichkeit, einen individuellen Button zu gestalten, finden Sie unter *http://business.pinterest.com/widget-builder/#do_pin_it_button*. Darüber hinaus haben Sie auch die Möglichkeit, die Grundlage für sogenannte *Rich Pins* zu schaffen. Rich Pins können beispielsweise die Preise für Ihre Produkte mit auf Pinterest anzeigen, alle Informationen darüber finden Sie hier: *http://business.pinterest.com/rich-pins*

Ein gutes Beispiel für ansprechende Bilder, die zur Pinterest-Community passen, liefern hier die Pins von Maggi (siehe Abbildung 13.40). Mit dem Hochformat

---

34 *http://goo.gl/maVvMG*
35 Bitte achten Sie dabei auf eine DSGVO-konforme Einbindung.

bekommen die Bilder mehr Aufmerksamkeit in den Suchergebnissen, denn Bilder werden grundsätzlich komplett angezeigt.

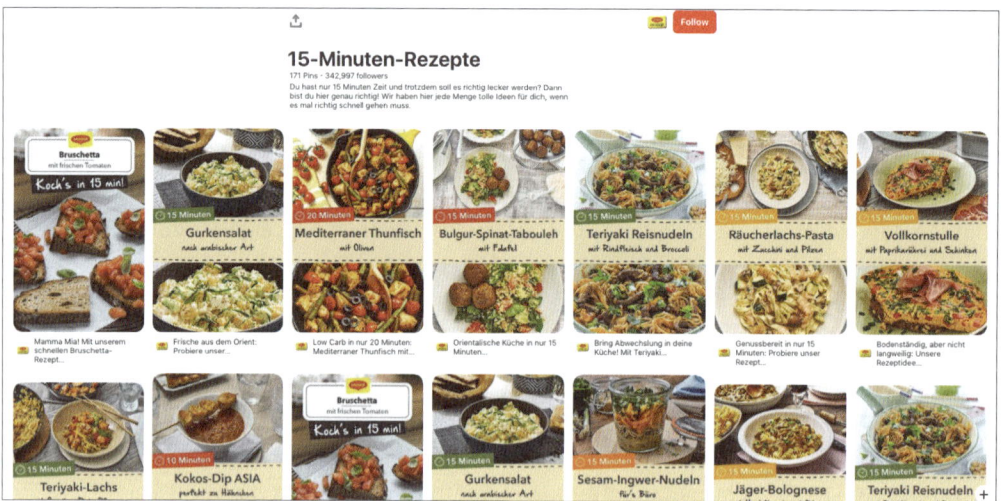

Abbildung 13.40 Kochrezepte von Maggi auf Pinterest

Pinterest als virtuelles Schaufenster

Wenn Ihre Zielgruppe zu Pinterest passt, bringt Ihnen die Plattform nicht nur guten Traffic, sondern auch Käufer und funktioniert entsprechend wie ein virtuelles Schaufenster. Ein gutes Beispiel für diese Variante ist Home24, ein Onlineshop für Möbel & Co. (siehe Abbildung 13.41).

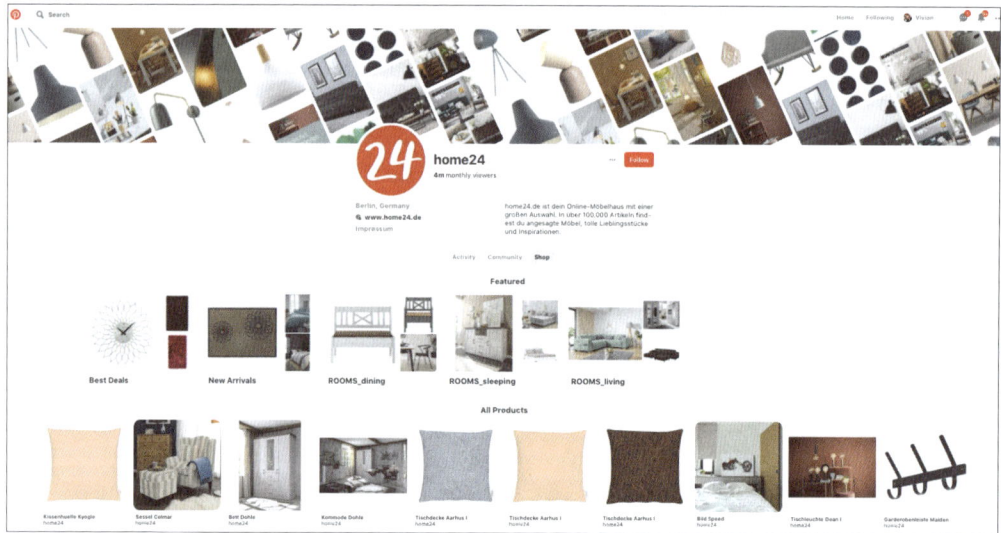

Abbildung 13.41 Der Home24-Shop auf Pinterest

Home24 passt perfekt zu Pinterest, da die Zielgruppe gut übereinstimmt, denn bei den überwiegend weiblichen Nutzern rangiert das Thema Inneneinrichtung ganz weit vorne. Aus diesem Grund ist es auch sinnvoll, dass Home24 auf der eigenen Website neben jedem Artikel die Möglichkeit zum Pinnen auf Pinterest (Pin-Button) anbietet. Pinterest wird so zum zusätzlichen virtuellen Schaufenster für potenzielle Kunden.

Mehr Funktionen für Business-Kunden

Pinterest bietet Business-Kunden Rich Pins an, die Pins um zusätzliche Informationen anreichern und so noch nützlicher machen. Beispielsweise gibt es hier Product Pins, die Echtzeitpreis, Verfügbarkeit und den Shop anzeigen. Dazu wird der Pinner benachrichtigt, wenn der Preis des gepinnten Produkts fällt. Wie das aussieht, können Sie sich unter *https://de.pinterest.com/pinterest/products-we-love/* ansehen. Article Pins zeigen eine Überschrift, eine kurze Beschreibung und den Autor an, und Map Pins blenden zusätzlich eine Karte und Kontaktinformationen ein. Alle Informationen zu den Rich Pins finden Sie unter: *https://business.pinterest.com/de/rich-pins*

Pinterest als Magazin

Die Nutzer auf Pinterest sind auf der Suche nach Inspiration. Wenn Sie dafür sorgen, dass sie diese auf Ihren Boards finden, werden Sie dafür mit Followern belohnt. Überlegen Sie sich genau, welche Werte und Ideale Ihre Marke transportiert und welche Themen Sie passend dazu abbilden möchten. So passt es, wenn ein Joghurthersteller beispielsweise die Themen gesunde Ernährung und aktiver Lebensstil in den Mittelpunkt stellt (*https://de.pinterest.com/chobani*), während ein Verlag für Reiseliteratur wie Marco Polo (*http://pinterest.com/MarcoPoloOnline*) natürlich alles rund um das Thema Reisen sammeln kann.

Rechtliche Stolperfallen bei Pinterest

Da Pinterest beim Pinnen eines Bildes eine Kopie macht, macht sich der Pinner haftbar, wenn er nicht eine Einwilligung des Urhebers hat. Zu diesem Thema finden Sie Informationen in Abschnitt 12.5, »Nutzung von Bildern und Videos«, sowie einen ausführlichen Artikel von Thomas Schwenke in der t3n unter: *http://t3n.de/news/pinterest-rechtlichen-grenzen-364782*.

Pinterest als Social Media Newsroom oder Onlineportfolio

Sie können Ihre Pinterest-Boards als Social Media Newsroom einrichten, indem Sie hier Artikel, die im Social Web über Ihr Unternehmen verfügbar sind, einsortieren. Das können Presseberichte, Blogbeiträge, Fotos, Videos oder Referenzen sein. Vor schaffen Sie sich und interessierten Lesern einen Überblick über das, was über Sie gesprochen wird.

13.6.13   Tipps für Pinterest

Wenn Sie sich für einen aktiven Auftritt auf Pinterest entscheiden, gebe ich Ihnen noch ein paar Tipps mit, wie Sie ihn erfolgreich gestalten.

Melden Sie sich mit einem Business-Account an

Pinterest bietet spezielle Business-Accounts für Unternehmen an (*http://business.pinterest.com*). Ein großer Vorteil sind hier aktuell die kostenlosen Analysetools, für die Zukunft hat Pinterest weitere Funktionen angekündigt.

Grundlage vor dem Start

Bevor Sie an Ihre Fans und Follower kommunizieren, dass Sie jetzt auch auf Pinterest unterwegs sind, sollten Sie sich die Zeit nehmen, um eine solide Grundlage zu schaffen. Richten Sie Ihre Boards ein, und befüllen Sie diese jeweils mit mindestens 10 bis 20 Pins. Bieten Sie Ihren Fans etwas zum Gucken, damit sie einen Anreiz haben, Ihnen zu folgen. Darüber hinaus sollten Sie in Ihrer Profilbeschreibung zusammenfassen, was sie erwarten können, wenn sie Ihre Boards oder gleich Ihren Account abonnieren.

Gute Beschreibungen und Tags

Egal, ob Pin oder Board, nutzen Sie aussagekräftige Beschreibungen für Ihre Inhalte. Sie haben zwar für jeden Pin 500 Zeichen frei, ideal sind trotzdem kurze, prägnante Beschreibungen mit den passenden Schlagwörtern. Dazu können Sie genauso wie auf Facebook und Twitter Hashtags verwenden, um Ihre Bilder einer Kategorie zuzuordnen. Achten Sie darauf, dass das Hashtag Ihr Produkt gut beschreibt, denn viele Nutzer verändern die Tags beim Repinnen eines Bildes nicht.

Optimieren Sie Ihre eigenen Bilder

Optimieren Sie Bilder auf Ihrer Website mit aussagekräftigen Dateinamen. Wenn Sie selbst Bilder auf Pinterest hochladen, sollten Sie diese im Anschluss bearbeiten und einen Link auf Ihre Website einfügen.

Mehr als ein Katalog

Pinterest ist nicht nur ein Katalog, sondern vielmehr eine Plattform für gesammelte Inspirationen. Posten Sie also nicht nur normale Bilder von Ihren Produkten oder Dienstleistungen. Zeigen Sie, was Ihre Fans damit machen können, und befüllen Sie genauso Boards mit Dingen, die wenig mit Ihrem Unternehmen zu tun haben. Eine gute Mischung macht hier die Modemarke Esprit vor (siehe Abbildung 13.42; *http://pinterest.com/espritofficial*).

Neben den Produkten der Woche werden Kombinationsmöglichkeiten gezeigt und Reisedokumentationen sowie Veranstaltungsberichte in Pins verwandelt.

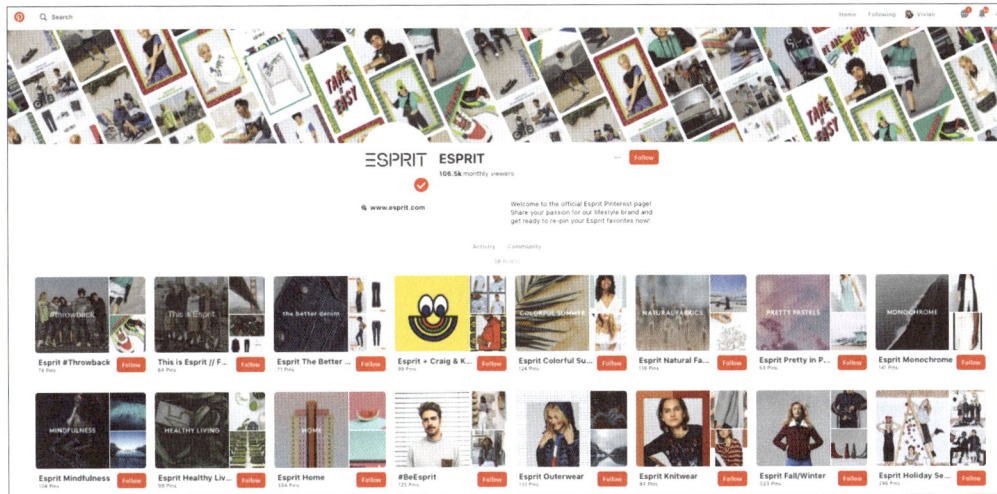

Abbildung 13.42 Esprit auf Pinterest

Menschlich und social

Vergessen Sie nicht, dass Pinterest eine Social-Media-Plattform und keine Werbe-
sendung ist. Tauschen Sie sich mit anderen Nutzern aus, durchstöbern Sie die Plattform nach Pins, die zu Ihrem Unternehmen passen, und teilen Sie diese. Verteilen
Sie Likes, und antworten Sie auf Kommentare. Zeigen Sie mit Ihren Pins das Gesicht
des Unternehmens.

Werbung auf Pinterest

Auch Pinterest bietet Werbung an. Die Community reagiert darauf gelassen, da laut
Pinterest sowieso 75 % der Pins durch Marken zur Verfügung gestellt werden. Neben
Promoted Pins, die zu ausgewählten Suchbegriffen bevorzugt angezeigt werden, können Sie auch Cinematic Ads buchen. Diese sind aktuell die einzige Möglichkeit, Videoinhalte auf der Plattform anzubieten. Mehr Informationen zu Werbung auf Pinterest
finden Sie hier: *https://business.pinterest.com/en/why-pinterest-ads-work*.

13.6.14   Flickr – die klassische Fotocommunity

Der Klassiker und gleichzeitig Platzhirsch unter den Foto-Communitys ist Flickr,
http://flickr.com. Die Plattform wurde 2004 gegründet und bereits ein Jahr später
von Yahoo gekauft. Öffentliche Medien auf Flickr sind ohne Registrierung zugänglich. Registrierte Nutzer können Fotos und Videos hochladen und diese entweder
nur mit ausgewählten Personen oder der ganzen Welt teilen.

Für den letzteren Anwendungsfall ermöglicht Flickr die Markierung mit Creative-
Commons-Lizenzen, die ich Ihnen in Abschnitt 12.5.1, »Bilder aus Stockarchiven«,
erläutert habe. Das macht Flickr zu einer beliebten Quelle für Bilder in Blogartikeln

und anderen Publikationen. Neben der Onlineversion gibt es Flickr-Apps für iOS und Android. Flickr bietet jedem registrierten Nutzer 1 Terabyte Speicherplatz, was im Schnitt 500.000 Bildern entspricht. Darüber hinaus werden die Bilder in ihrer Originalqualität gespeichert.

13.6.15   Flickr im Unternehmenskontext

Flickr ist ein bewährtes Tool im Rahmen des Social-Media-Mix. Dies geschieht in einer Reihe von unterschiedlichen Anwendungsszenarien.

Überall verfügbares Backup

Der erste Anwendungsfall, unabhängig davon, ob im privaten oder im beruflichen Kontext, ist fast schon offensichtlich. Keine andere Fotoplattform bietet aktuell so viel kostenlosen Speicherplatz an.

Flickr eignet sich entsprechend auch aufgrund der Option privater Galerien dazu, ein sicheres und überall verfügbares Backup der eigenen Bilder anzulegen.

Zusätzlicher Außenposten und Material für Ihre Social-Media-Präsenzen

Wenn Sie Ihre Bilder online auf Flickr speichern, haben Sie die Möglichkeit, diese von überall auf Ihren Social-Media-Präsenzen zu veröffentlichen oder diese dort einzubinden. Viele Blogger speichern beispielsweise ihre Medien auf Flickr, um sie dann direkt in ihr Blog einzubinden. Die XING AG nutzt Flickr unter anderem auch in diesem Kontext (siehe Abbildung 13.43), und das schon seit 2005.

Abbildung 13.43 Die XING AG ist seit 2005 auf Flickr.

Mit der Präsenz auf Flickr schaffen Sie gleichzeitig wieder einen Außenposten, der auf Ihr Unternehmen aufmerksam macht.

Diashows und weitere Gimmicks für Ihre Webseiten

Mithilfe von Flickr-Apps können Sie Diashows und andere kleine Applikationen kreieren und diese dann direkt in Ihre Website integrieren. Eine Übersicht über alle Apps finden Sie unter *www.flickr.com/services*. Mir persönlich gefällt der Dienst Flickrslideshow (*www.flickrslideshow.com*) für individuelle Diashows.

Fotos für die Blogosphäre

Wenn Sie Fotos oder Infografiken haben, die interessant für die Bebilderung von Artikeln in der Blogosphäre sind, sollten Sie diese unter einer Lizenz einstellen, die Namensnennung und Link erfordert. So hat der Blogger ein Bild für seinen Artikel, und Sie bekommen Anerkennung in Form eines Links zurück. Ein Beispiel ist hier der Chemiekonzern BASF, der auf Flickr qualitativ hochwertige Bilder unter einer CC-BY-NC-ND-2.0-Lizenz[36] veröffentlicht (siehe Abbildung 13.44, roter Pfeil). Das bedeutet, die Bilder können für nicht kommerzielle Zwecke, unbearbeitet und unter Namensnennung verwendet werden.

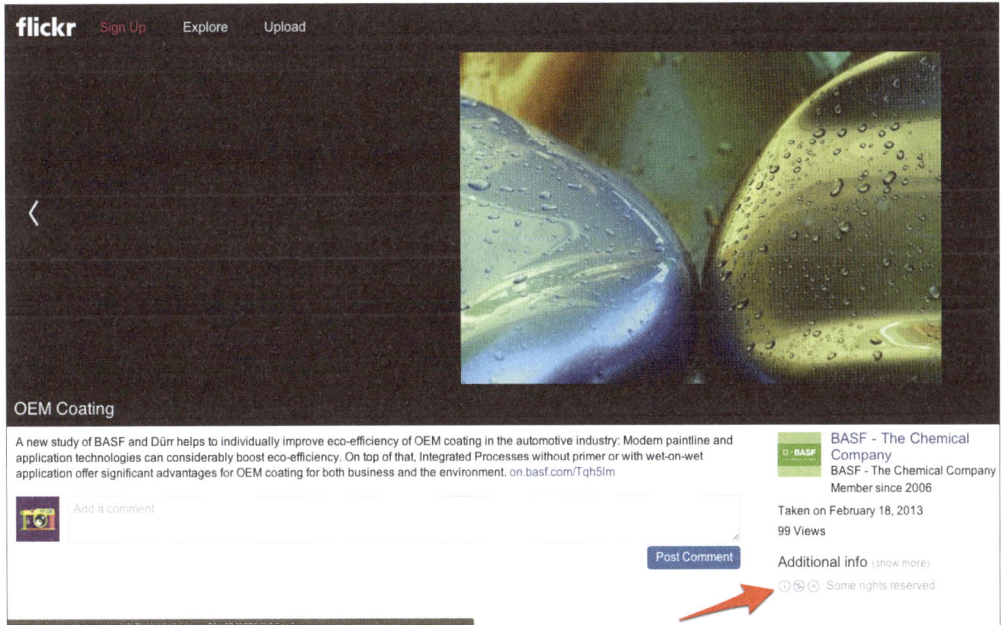

Abbildung 13.44 BASF mit beeindruckenden Bildern unter CC-Lizenz

Alternativ ist auch ein Vermerk in der Bildbeschreibung möglich, wie Interessenten mit Ihnen in Kontakt treten können, um ein Bild zu lizenzieren.

---

36 *http://creativecommons.org/licenses/by-nc-nd/2.0/deed.de*

Geschichten und Gesichter aus Ihrem Unternehmen

Genauso wie auf Instagram eignet sich Flickr sehr gut dazu, Geschichten aus Ihrem Unternehmen zu visualisieren. Ob ein Blick hinter die Kulissen, Bilder aus den Büros oder von dem letzten Event, hier ist der Ort, um Werte, Gesichter und Erlebnisse aus Ihrem Unternehmen zu zeigen. Ein gutes Beispiel in diesem Bereich liefert hier die Deutsche Bank auf ihrem Flickr-Account unter *www.flickr.com/photos/deutschebank/sets*. Die Deutsche Bank berichtet hier bunt und aus aller Welt über das Unternehmen und die Menschen, die hier arbeiten.

Geschützte Galerien für die interne Kommunikation

Eine geschützte Galerie eignet sich ganz gut dafür, die Bilder der letzten Weihnachtsfeier, die vielleicht nicht für die Öffentlichkeit bestimmt sind, mit den Mitarbeitern zu teilen. Das gilt insbesondere dann, wenn die Kollegen nicht an einem Standort sitzen. Vergessen Sie in so einer Situation jedoch nicht, darauf hinzuweisen, dass jede Person, die den Link hat, die Galerien einsehen kann.

13.6.16   Tipps für Ihre Bilder auf Flickr

Entscheiden Sie sich für ein Engagement auf Flickr, sollten Sie Ihre Bilder für das Web optimieren, und Sie dürfen natürlich die Community auf der Plattform nicht vergessen.

Halten Sie sich an die Community-Richtlinien

Flickr hat eigene Community-Richtlinien, die einen hohen Stellenwert innerhalb der Community genießen. So dürfen beispielsweise keine Produkte oder Dienstleistungen direkt über Flickr verkauft werden. Sie finden die Guidelines unter: *www.flickr.com/help/guidelines*.

Interagieren Sie mit anderen Nutzern

Ich kann es gar nicht oft genug sagen: Jede Community, in der Sie eine Präsenz aufbauen, erfordert den Dialog mit den anwesenden Nutzern. Gehen Sie auf Kommentare ein, und bedanken Sie sich für gute Bilder rund um Ihr Unternehmen, indem Sie diese als Favoriten markieren.

Optimieren Sie Ihre Bildbeschreibungen

Flickr bietet Ihnen neben Bildüberschriften und -beschreibungen auch Hashtags und Geodaten zur Beschreibung Ihrer Bilder. Machen Sie sich die Mühe, diese Möglichkeiten auszuschöpfen. Verfassen Sie aussagekräftige Bildbeschreibungen und Schlagwörter, damit diese gut in der Suche gefunden werden. Beinhalten Ihre Bilder keine Geoinformationen, haben Sie die Möglichkeit, diese über eine Weltkarte hinzuzufügen.

Legen Sie Bilderalben an

Laden Sie nicht alle Bilder in den Hauptstream, sondern legen Sie Sets für thematisch zusammengehörige Bilder an. Dies hilft nicht nur der Übersichtlichkeit, sondern liefert Ihnen zusätzlich eine weitere Überschrift, unter der Sie gefunden werden können.

Integrieren Sie Flickr auf Facebook

Mithilfe einer Applikation können Sie Ihre Flickr-Fotos als Tab auf Facebook anzeigen. Ein Beispiel ist hier die Flickr-Tab-App (*www.facebook.com/flickrtabapp*).

13.6.17 Alternativen zu Flickr

Flickr ist der bekannteste Fotodienst, Sie können aber auch eine Alternative nutzen: **Photobucket** (*http://photobucket.com*) bietet Ihnen ebenfalls ein Programm für den Desktop an und dazu auch einen Online-Editor für Ihre Bilder. Ein weiteres nettes Feature ist Photobucket Stories, das es ermöglicht, Bildergeschichten zu erstellen. Sie können auch hier frei über Sichtbarkeit der Bilder bestimmen und Ihren Account mit Facebook, Pinterest & Co. verbinden. Im kostenlosen Basis-Account haben Sie aktuell 2 Gigabyte an Speicher.

13.6.18 Fazit Fotoportale

Wie Sie sehen, gibt es eine Reihe von Möglichkeiten und Anwendungsszenarien für die unterschiedlichen Fotoportale, die Ihnen die Social-Media-Welt bietet. Fakt ist, Bilder sind eine wichtige Komponente, um Ihre Fans zu aktivieren, und leisten einen erheblichen Mehrwert im Hinblick auf die nonverbale Vermittlung von Botschaften. Bilder durchbrechen Sprachgrenzen und brauchen nur Sekunden, um ganze Geschichten zu erzählen. Wie und mit welcher Plattform Sie dieses Potenzial für Ihr Unternehmen ausschöpfen, hängt von Ihren Zielen, Ihrer Zielgruppe, Ihrem Zeitbudget, Ihrer Ausstattung und Ihren Ressourcen ab. Evaluieren Sie hier genau, ob und, wenn ja, welche Plattform für Sie die richtige ist.

13.7 Bewertungs- und Verbraucherportale

Frage-, Bewertungs- und Verbraucherportale sind ein Phänomen, das älter ist als Facebook & Co. Bereits um die Jahrtausendwende wurden einige Vertreter dieses Genres gegründet, und konkrete Suchen zu Produkten, Dienstleistungen und Unternehmen führen direkt zu den zugehörigen Bewertungen. Dennoch laufen diese Plattformen im Zusammenhang mit Social-Media-Strategien oftmals unterhalb des Radars – ein Fehler, den Sie nicht machen sollten, denn diese offenen Meinungen, Fragen und Bewertungen stellen für Unternehmen einen enormen Wert dar.

13.7.1 Warum Sie Bewertungsportale nicht außer Acht lassen sollten

Rufen Sie sich noch einmal in Erinnerung, dass 70 % der Deutschen vor dem Kauf eines Produkts im Internet recherchieren. Dann beziehen Sie zusätzlich ein, dass in einer Studie der Agentur BrightLocal 72 % der Befragten angaben, dass sie Onlinebewertungen ebenso viel Vertrauen schenken wie einer persönlichen Empfehlung.[37] Können Sie sich jetzt vorstellen, welche Auswirkungen Bewertungen haben können? Sollte Ihnen dieser Grund noch nicht ausreichen, habe ich hier noch ein paar weitere für Sie.

Ihre Kunden finden die Bewertungen

Trotz großer Sichtbarkeitsverluste nach einer Umstellung des Google-Suchalgorithmus erscheinen Bewertungsportale bei der Kombination mit einem Produktnamen und »Testbericht« oder »Erfahrungsbericht« noch immer auf den ersten Seiten der Suchergebnisse.

Aus Beschwerden lernen

Mehrere Kunden beschweren sich darüber, dass Ihr Kaffee zu stark oder Ihr Ladengeschäft nur schwer zu finden ist? Lernen Sie aus den Beschwerden, was Sie besser machen können.

Missstände aufdecken

Ob Arbeitsgeber- oder Hotelbewertungsportal, manchmal gibt es Missstände im Unternehmen, die schlichtweg nicht bekannt sind, aber hier publik werden. Nutzen Sie diesen Umstand als Chance, diese Probleme anzusprechen und zu lösen.

Neue Ideen entwickeln

Viele Unternehmen verschenken ein riesiges Potenzial für neue Produktideen und Verbesserungen bestehender Produkte, indem sie Onlinebewertungen schlichtweg ignorieren. Analysieren Sie genau, was Ihre Kunden stört, und extrahieren Sie Ideen, die geäußert werden. Diese Daten sind in der Produktentwicklung in der Regel gerne gesehen. Aus all diesen Gründen stelle ich Ihnen die bekanntesten Portale aus den unterschiedlichen Bereichen vor.

13.7.2 Amazon – Produktbewertungen mit Einfluss

In Sachen Produktbewertungen ganz vorne mit dabei ist der Onlineshopping-Gigant Amazon (*http://amazon.de*). Vom Startschuss im Jahr 1995 an konnten

---

37 Local Consumer Review Survey: *http://selnd.com/12NBR4q*

Amazon-Kunden Produkte, die auf Amazon angeboten werden, mit einem bis fünf Sternen bewerten und wahlweise noch einen Text dazu verfassen. Seit 2010 ist Amazon die Quelle der meisten Produktbewertungen im Internet überhaupt. Genaue Zahlen darüber, wie viele Bewertungen auf der Plattform existieren, sind nicht bekannt, ein Indiz ist jedoch, dass mehr als 300 Mio. URLs auf Amazon das Wort »review« beinhalten.

Da die Produktbewertungen schon in der Suche direkt neben dem jeweiligen Artikel angezeigt werden (siehe Abbildung 13.45), ist von einem sehr hohen Einfluss auf die Verkaufszahlen auszugehen.

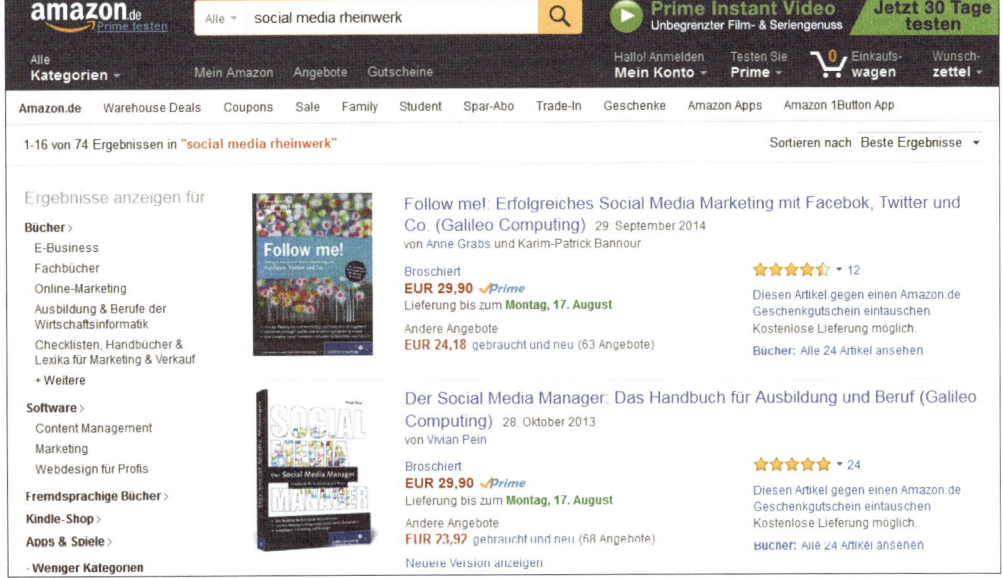

Abbildung 13.45 Suchergebnisse von Amazon mit Bewertungen

13.7.3 Google My Business – Bewertungen für Gastronomie und Dienstleister

Google bietet mit Google My Business eine Art virtuelles Branchenbuch an. Alle Unternehmen mit lokaler Adresse haben die Möglichkeit, kostenlos ihren eigenen Eintrag zu erstellen oder diesen zu übernehmen, sollte bereits einer vorhanden sein. Neben grundlegenden Informationen wie Adresse, Öffnungszeiten und einer Beschreibung können Sie Bilder einpflegen oder Neuigkeiten veröffentlichen. Es ist ratsam, Ihren Brancheneintrag sorgfältig anzulegen, denn dieser wird in allen Google-Produkten, also zum Beispiel auf Google Maps und in der Google Suche (siehe Abbildung 13.46), angezeigt.

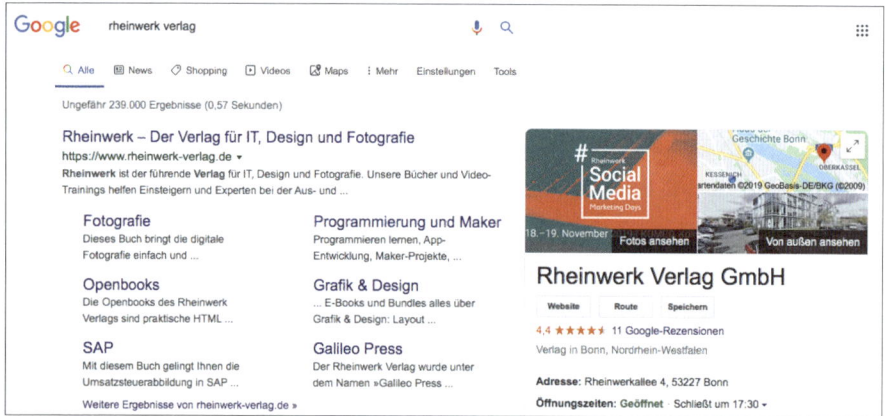

Abbildung 13.46 Der Brancheneintrag des Rheinwerk Verlags

Schritt für Schritt zum Google-My-Business-Account

Im Impulse Magazin finden Sie eine gute Schritt-für-Schritt-Anleitung für die Erstellung und Optimierung Ihres Google-My-Business-Accounts *www.impulse.de/management/ marketing/google-my-business/7309872.html*.

Ein weiterer Vorteil, wenn Sie Ihren Brancheneintrag erstellen oder übernehmen, ist, dass Sie auf Bewertungen reagieren können. Meine Empfehlung lautet deshalb, dies auf jeden Fall zu tun.

Yelp und Foursquare

Bevor Google und Tripadvisor die vorderen Ränge in Suchmaschinen und Apps eingenommen haben, unterstützten die Apps Yelp und Foursquare bei der Auswahl von Restaurants und Dienstleistern. Da diese Anbieter mittlerweile in Deutschland nur noch zweitrangig sind, finden Sie die zugehörigen Abschnitte aus der Vorauflage auf meinem Blog unter: *https://der-socialmediamanager.de/location-based-services/*.

Ein weiterer Dienst, der insbesondere für die Restaurantbranche sehr relevant ist, ist TripAdvisor, den ich Ihnen im folgenden Abschnitt vorstellen werde.

13.7.4 Holidaycheck, TripAdvisor & Co. – Hotels und Reisen auf dem Prüfstand

Eine weitere Branche, für die Bewertungsportale einen enorm hohen Stellenwert haben, ist der Tourismus. Laut den »Daten und Fakten zum Online Reisemarkt 2019« des Branchenverbandes Verband Internet Reisevertrieb (VIR) recherchieren 88 % der Reisenden im Vorfeld einer Reise online.[38]

---

38 *https://v-i-r.de/wp-content/uploads/2019/03/webversion_vir_df2019.pdf*

Eine interessante Zahl aus der Studie im Vorjahr ist, dass die Onliner im Schnitt 9 Stunden auf dreizehn unterschiedlichen Webseiten recherchieren, um eine Urlaubsreise zu planen[39] – massig Zeit und Möglichkeiten, um Bewertungen über potenzielle Unterkünfte, Reiseziele und Transportmittel zu lesen.

HolidayCheck

HolidayCheck (*http://holidaycheck.de*) wurde 1999 von Studenten gegründet und ist das größte deutschsprachige Urlaubsbewertungsportal mit Hauptsitz in der Schweiz. Laut Tomorrow Fokus Mediadaten hat HolidayCheck in Deutschland 7,85 Mio. Besucher im Monat.[40] Neben der Möglichkeit, Bewertungen und Reisetipps zu schreiben, können sich die angemeldeten Nutzer in dem hauseigenen Reiseforum austauschen.

Die Bewertungen zu den jeweiligen Hotels sind in unterschiedliche Bereiche wie Zimmer und Gastronomie aufgeteilt, dazu hat ein Besucher die Möglichkeit, sich nur die Bewertungen von Personen mit einem ähnlichen Profil (Altersgruppe, Art der Reise) anzeigen zu lassen (siehe Abbildung 13.47). Neben der Gesamtbewertung wird ausgewiesen, wie viel Prozent der Gäste das Hotel weiterempfehlen würden. Die Unterkunft ist jeweils auch direkt buchbar.

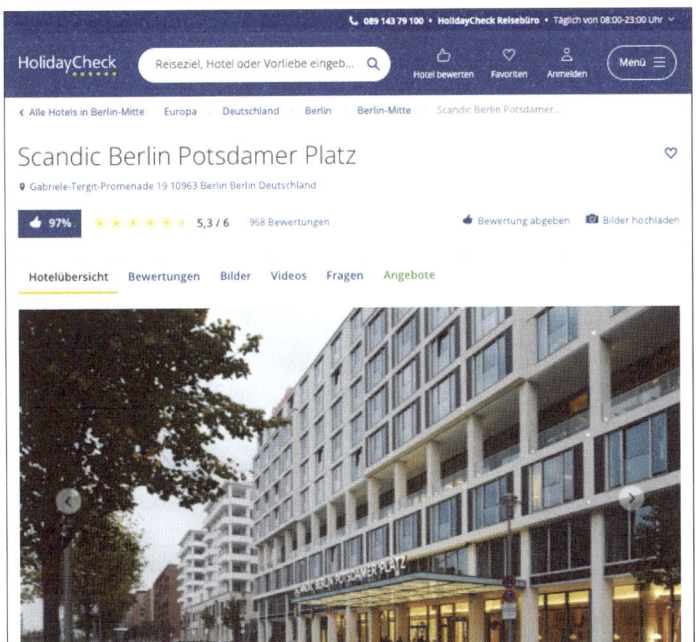

Abbildung 13.47 Das Scandic Hotel würden 97 % der befragten Hotelgäste weiterempfehlen.

---

39 *https://v-i-r.de/wp-content/uploads/2017/03/web-final-daten-fakten-17.pdf*
40 *www.holidaycheck.de/werbung*

Für Hoteliers sowie Tourismusziele gibt es die Option, den eigenen Eintrag zu administrieren, Informationen über den kostenlosen Hotelmanager erhalten Sie unter *https://secure.holidaycheck.de/access_login*.

TripAdvisor

TripAdvisor (*www.tripadvisor.de*) ist die größte internationale Reiseplattform und trumpft mit mehr als 435 Mio. Bewertungen und Erfahrungsberichten sowie 455 Mio. Besuchern pro Monat auf (Stand Dezember 2019). Neben Bewertungen und Erfahrungsberichten zu jeglichen Aspekten des Reisens können sich die Nutzer hier auch in Foren austauschen und sich auf den »Travelers Choice«-Bestenlisten zu Hotels, Destinationen und Restaurants inspirieren lassen (*www.tripadvisor.de/TravelersChoice*).

TripAdvisor bietet ähnliche Bewertungs- und Filtermöglichkeiten zu den einzelnen Plätzen wie HolidayCheck, ebenso besteht die Möglichkeit, direkt über einen der Reisepartner zu buchen.

Unternehmen können bereits gelistete Einträge übernehmen oder einen neuen anlegen. Auch hier können Sie Informationen wie Öffnungszeiten, Serviceangebote sowie offizielle Fotos einfügen oder ergänzen. Mithilfe des Management-Antwort-Formulars können Sie auf Bewertungen und Fragen reagieren. Weitere Informationen über die Möglichkeiten auf TripAdvisor für Unternehmen finden Sie unter: *www.tripadvisor.de/Owners*.

TripAdvisor bietet außerdem eine Location-based Smartphone-App, die Lokalitäten, Geschäfte und Dienstleister sowie deren Bewertungen in der Umgebung anzeigt.

Das weite Feld der Bewertungsplattformen

HolidayCheck und TripAdvisor sind nur die größten Vertreter der Branche, darüber hinaus gibt es noch eine Reihe anderer Plattformen, wie zum Beispiel *trivago*.de, *hotelkritiken.de*, *myhotelcheck.de*, und sogar direkt auf Google können Bewertungen abgegeben werden. Darüber hinaus haben Buchungsplattformen wie *Booking.com* und *Expedia.de* eigene Bewertungssysteme in die jeweilige Plattform integriert, damit Nutzer direkt die Bewertung ehemaliger Gäste lesen können. Um die Anzahl der Bewertungen zu steigern, bekommt ein Gast nach jeder Buchung eine E-Mail, in der um eine Bewertung gebeten wird. Die Möglichkeiten für Hoteliers variieren von Plattform zu Plattform, am besten informieren Sie sich direkt bei dem jeweiligen Anbieter, wenn Sie Einträge zu Ihrem Hotel finden.

Wie Sie sehen, gibt es eine Reihe von Baustellen, die Sie als Hotelinhaber im Blick haben müssen. Ein vernünftiges Social Media Monitoring, wie in Kapitel 9, »Social Media Monitoring und Measurement«, beschrieben, sowie adäquate Reaktionen sind fast unerlässlich. Ein Aufwand, der jedoch mit mehr Buchungen belohnt werden wird, wenn Sie sich online aufrichtig um Ihre Gäste kümmern.

13.7.5 Arbeitgeberbewertungen – Employer Branding umgekehrt

Eine Bewertungsplattform, die definitiv für Ihr Employer Branding relevant werden kann, ist die Arbeitgeberbewertungsplattform Kununu (*http://kununu.de*). Hier sind es nicht Ihre Social-Media-Aktivitäten, die primär für das Bild Ihres Unternehmens verantwortlich sind, sondern die Meinungen aktueller und ehemaliger Mitarbeiter sowie Bewerber und Auszubildender (siehe Abbildung 13.48).

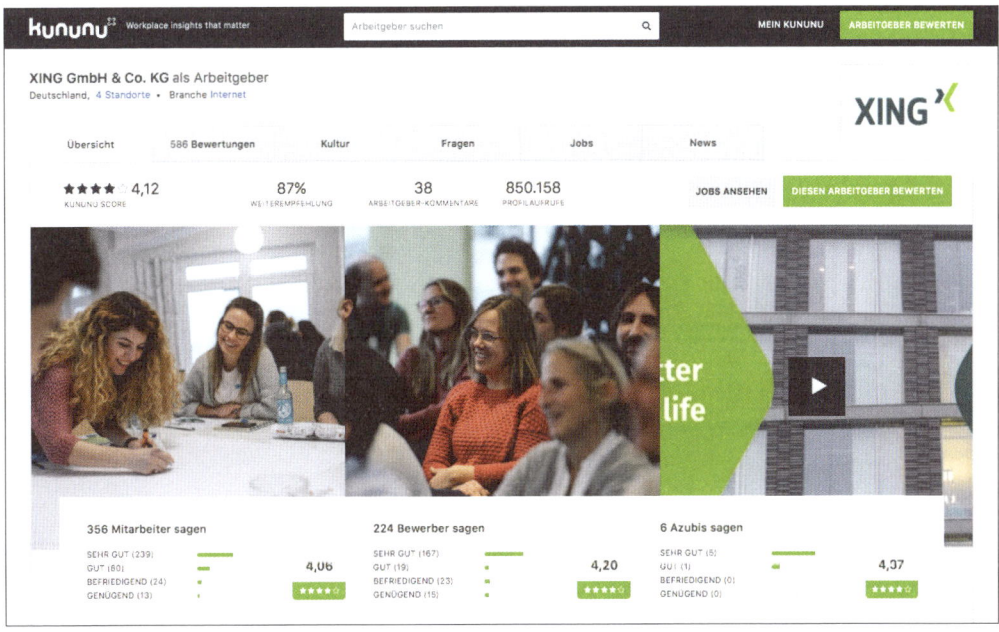

Abbildung 13.48 Die XING AG auf Kununu

Kununu bietet für Unternehmen unterschiedliche Möglichkeiten, das eigene Profil zu verwalten und mit Informationen zu bestücken. In Kooperation mit XING, die Kununu im Jahr 2013 gekauft haben, wird das sogenannte *Employer Branding Profil* angeboten, welches auf beiden Plattformen Vorteile mit sich bringt. Eine detaillierte Übersicht über die angebotenen Funktionen finden Sie unter: *www.kununu.com/unternehmen*.

Ob sich für Ihr Unternehmen ein Premiumprofil auf Kununu lohnt, ist eine Entscheidung, die Sie gemeinsam mit der Personalabteilung treffen müssen. Wenn Sie sich dagegen entscheiden, sollten Sie auf jeden Fall im Blick haben, was hier über Sie geschrieben wird. Im Zweifel ist dies einer der ersten Eindrücke, den ein potenzieller Kandidat von Ihnen bekommt.

13.7.6   Was tun bei negativen oder gefälschten Bewertungen?

Unabhängig von der Art der Bewertungsplattform – negative Bewertungen tun weh und können mitunter ziemlich wütend machen. Das Wichtigste ist in so einer Situation zunächst einmal – durchzuatmen. Jetzt einfach zurückzukeifen, dass das alles überhaupt nicht stimmt, ist hier definitiv der falsche Weg. Nehmen Sie die Antwort auf keinen Fall persönlich, sondern sehen Sie diese als Chance, noch besser zu werden. Wenn Sie antworten möchten, ist es wichtig, dass Sie sich darüber im Klaren sind, dass der Kunde aus seiner Sicht im Recht ist. Er hat die Situation so erlebt und Punkt. Ihr öffentlicher Beitrag oder die persönliche Nachricht sollte mit einer Entschuldigung für die negative Erfahrung eingeleitet werden. Wenn Sie Hintergrundinformationen haben, die der Grund für die missglückte Situation sind, trägt dies oft zur Entschärfung bei. Darüber hinaus sollten Sie Maßnahmen beschreiben, die Sie einleiten werden, damit so etwas nicht erneut vorkommt, und dies dann natürlich auch tun. Besonders Letzteres ist sehr wichtig, denn wenn Sie an dieser Stelle leere Versprechungen machen, feuert dies irgendwann doppelt negativ zurück. Seien Sie insgesamt sehr sensibel und einfühlsam in einer solchen Situation. Kommt Ihre Antwort unhöflich, beschwichtigend oder unehrlich beim Kunden an, kann es die Situation noch verschlimmern. Eine ehrliche Antwort in Kombination mit dem aufrichtigen Willen, etwas zu ändern, dagegen hat schon vielen Unternehmen eine zweite Chance eingebracht.

> **Was tun bei gefälschten Bewertungen?**
>
> Für den Sonderfall eines Verdachts auf gefälschte Bewertungen habe ich Ihnen unter *http://bit.ly/1f5KMAV* einen Reaktionsleitfaden verfasst.

13.7.7   Fazit Bewertungs- und Verbraucherportale

Nicht alle Bewertungs-, Verbraucher- und Frageportale bieten bisher gute Lösungen für Unternehmen an, in manchen Fällen wünschen die Nutzer auch gar keinen Dialog. Nichtsdestotrotz müssen Sie die Portale im Auge behalten, wenn hier über Ihr Unternehmen und Ihre Produkte gesprochen wird. Sonst verpassen Sie die Vorteile, die ich Ihnen zu Beginn von xxx, aufgelistet habe. Im Übrigen gelten die dort genannten Punkte genauso für Facebook, Instagram & Co. Darüber hinaus können Sie auf Bewertungsportalen mit einer aktiven Präsenz unzufriedenen Kunden helfen und so allen Lesern zeigen, dass Ihnen Ihre Kunden am Herzen liegen – eine Chance, die Sie nicht außer Acht lassen sollten.

13.8   Foren und Communitys

Foren und Communitys sind eine der ältesten Formen der Diskussion im Internet und trotz oftmals chaotisch und nicht unbedingt modern aussehender Oberfläche nach wie vor eine der wichtigsten Anlaufstellen zu bestimmten Themen. Strategisch ist es aus diesem Grund wichtig, dass Sie sich über das Monitoring (siehe Kapitel 9, »Social Media Monitoring und Measurement«) einen Überblick verschaffen, in welchen Foren und Communitys über Sie gesprochen wird, und nach einer Sichtung der Diskussionen über Ihr weiteres Vorgehen entscheiden.

13.8.1 Strategische Einordnung von Foren und Communitys

Sie sind der Meinung, Foren und Communitys sind zu antiquiert, um relevant für Ihre Social-Media-Strategie zu sein? Ich könnte wetten, damit liegen Sie falsch. Foren und Communitys sind eine gute Quelle für ehrliche, ungefilterte Meinungen über Ihre Produkte und Dienstleistungen, die Sie nicht außer Acht lassen dürfen. Achten Sie aus diesem Grund darauf, dass Ihr Social Media Monitoring Foren und Communitys einschließt und Sie wissen, wo über Sie diskutiert wird. Zu einer Reihe von Branchen gibt es Fachforen oder -Communitys mit immenser Reichweite, die außerdem besonders gut in Suchmaschinen platziert sind.

Nehmen wir das bekannteste Beispiel für die Autobranche, Motor-Talk (*www. motor-talk.de*). Gegründet 2001, hat der Forenbereich heute über 2,5 Mio. Mitglieder und mehr als 41,5 Mio. Beiträge. Allein das Unterforum für die Automarke Audi bringt es hier auf knapp 6,3 Mio. Beiträge (siehe Abbildung 13.49) – eine immense Quelle für Meinungen, Erfahrungen und Ideen zu der Marke.

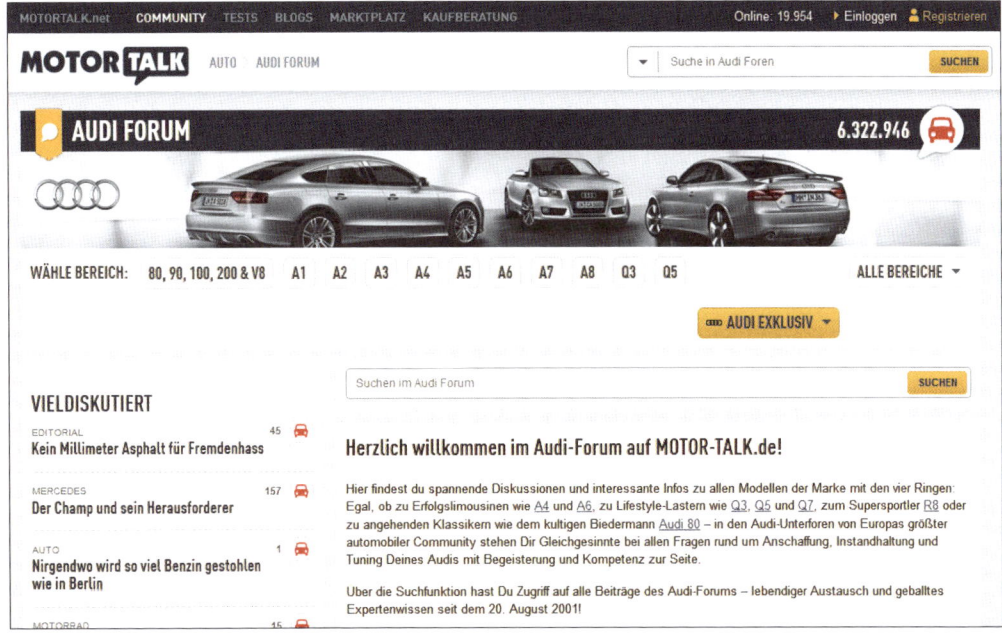

Abbildung 13.49 Das Audi-Forum auf Motor-Talk

Korrekt ist dagegen, dass Sie sich nicht zwingend im Namen Ihres Unternehmens in Foren oder Communitys bewegen und mitdiskutieren müssen, da dies in manchen Fällen sogar unerwünscht ist. Strategisch empfiehlt sich aus diesen Gründen eine Vorgehensweise in drei Stufen.

13.8.2 Was Sie beim Einstieg in die Foren- und Community-Welt beachten müssen

Nehmen Sie sich ausreichend Zeit dafür, zu beobachten, worüber in den Foren und Communitys gesprochen wird und vor allem in welchem Ton. Hören Sie genau zu, was die Kritikpunkte sind und welche Verbesserungsvorschläge gemacht werden. Machen Sie sich ein genaues Bild davon, wer die Meinungsführer sind und wer für und gegen Sie eingestellt ist. Lernen Sie, wie der Umgangston ist und welche Gepflogenheiten und Rituale in dem Forum/der Community herrschen. Achten Sie auch besonders darauf, ob die Stimmen von Unternehmen hier überhaupt erwünscht sind. Ist dem nicht so, sollten Sie stiller Beobachter bleiben und die Informationen ausschöpfen, die Sie auf diesem Weg bekommen.

13.8.3 Richtig mitdiskutieren

Um auf Nummer sicher zu gehen, dass Sie in einem Forum oder einer Community als Unternehmensvertreter erwünscht sind, empfiehlt es sich, den Admin zu fragen. Doch auch wenn dieser sein Okay gibt, müssen Sie bei dem Einstieg einiges beachten. Lesen Sie zuallererst die FAQ und die Verhaltensregeln, so vermeiden Sie Anfängerfehler und Fragen, die schon oft gestellt wurden. Versuchen Sie auf keinen Fall, Ihre Herkunft zu verschleiern.

Stellen Sie sich offiziell als Unternehmensvertreter vor, und sagen Sie etwas zu den Gründen, warum Sie gerne ein Teil des Forums oder der Community sein möchten. Wählen Sie dabei aber ein persönliches Profil. Behalten Sie im Hinterkopf, dass Sie das Gesicht Ihres Unternehmens sind, und zeigen Sie sich entsprechend schon in Ihrem Profil von Ihrer besten Seite. Nehmen Sie ein Foto mit Wiedererkennungswert, und verlinken Sie Ihren persönlichen Twitter- oder Facebook-Account. Wenn es die Regeln gestatten, können Sie durchaus auch einen Link zu Ihrem Unternehmen in die Signatur einfügen. Wichtig ist jedoch, dass in der Regel Werbung jeglicher Art in Foren und Communitys unerwünscht ist. Sprich, über einen dezenten Link hinaus sollten Sie keine Beiträge mit werbenden Inhalten veröffentlichen.

Seien Sie hilfsbereit, fragen Sie die Forenteilnehmer nach ihrer Meinung, und diskutieren Sie mit – ein authentisches geschätztes Mitglied zu sein ist sowieso die beste Werbung für Sie und Ihr Unternehmen.

13.8.4 Lohnt sich ein eigenes Forum oder eine eigene Community?

Die Königsklasse ist, eine eigene Community oder ein Forum aufzubauen und erfolgreich zu führen. Königsklasse in sämtlicher Hinsicht, denn es reicht nicht aus, eine Community-Software aufzusetzen und darauf zu warten, dass die Nutzer kommen und mit Ihnen sprechen. Eine kritische Masse in einer Community aufzubauen ist harte Arbeit und überhaupt nur dann zu empfehlen, wenn Sie genau wissen, dass Sie eine ausreichend große Zielgruppe haben und diese auf Ihrer Plattform mit Ihnen diskutieren möchte. Gelingt es Ihnen tatsächlich, ausreichend Mitglieder zu gewinnen, müssen Sie in der Lage sein, den administrativen Aufwand zu stemmen, der damit einhergeht, Ihre Mitglieder stetig dazu zu motivieren, zurückzukommen und sich aktiv zu beteiligen.

Ein guter Kompromiss kann hier die Kooperation mit einer bestehenden Community oder einem Forum sein, die sich mit Ihren Themen beschäftigt, vielleicht in Form eines Sponsorings. Doch auch hier sollten Sie mit Fingerspitzengefühl herangehen und Ihr Vorhaben transparent gegenüber dem Admin und den Mitgliedern kommunizieren.

Wie finde ich relevante Foren?

Eine Übersicht von Forensuchmaschinen finden Sie unter:
https://der-socialmediamanager.de/wie-finde-ich-relevante-foren/.

13.9 Messenger und Ephemeral Media

Messenger Apps haben die Kommunikationsgepflogenheiten der Menschen im Sturm erobert, was entsprechend große Chancen für Unternehmen eröffnet. In diesem Abschnitt wird zwischen zwei »Arten« von Messengern unterschieden: den klassischen Messengern, zu denen WhatsApp, Facebook Messenger & Co. zählen, sowie den sogenannten *Ephemeral Media*, deren Vorreiter Snapchat mit vergänglichen Nachrichten ein ganzes Genre in Gang gesetzt hat. Dabei ist neben dem Schwerpunkt der Funktionen die jeweilige Nutzerdemografie ein wichtiges Unterscheidungsmerkmal. Während die klassischen Messenger flächendeckend in der Gesamtbevölkerung genutzt werden, hat Snapchat den Fokus auf einer sehr jungen Zielgruppe. Entsprechend unterschiedlich sind hier auch die Anwendungsszenarien, die ich Ihnen in den folgenden Abschnitten vorstellen möchte.

Marketing Basic: Conversational Commerce

Der Begriff *Conversational Commerce* wurde von Chris Messina 2015 geprägt und beschreibt die Verlagerung von Teilen des E-Commerce-Vorganges in Messenger Apps. Der Begriff lässt sich mit »Kauf im Dialog« übersetzen und beschreibt somit den Kern des Vorganges. Der Kauf wird im Dialog zwischen einem Kunden und in der Regel einem (Chat)Bot in einer Messenger App vollzogen. Dabei werden die Kundenwünsche und -fragen per künstlicher Intelligenz (KI) analysiert und dazu passende Antworten und Aktionen generiert.

13.9.1 Zahlen und Fakten rund um klassische Messenger

Messenger sind für Smartphone-Nutzer laut einer Studie von ComScore[41] nach Wetter-Apps und E-Mails die beliebteste App-Kategorie. Die Nachfolger der SMS sind dabei heute nicht mehr bloße Text-Apps, neben den Klassikern wie Fotos, Videos und Sprachnachrichten können die Nutzer Gruppenchats einrichten, Video-telefonate führen, Einkaufen, Freunden Geld schicken und in manchen Apps sogar Stories posten, die auf Wunsch chronologisch gespeichert werden. Die Messenger entwickeln sich also immer mehr in Richtung kleiner Betriebssysteme.

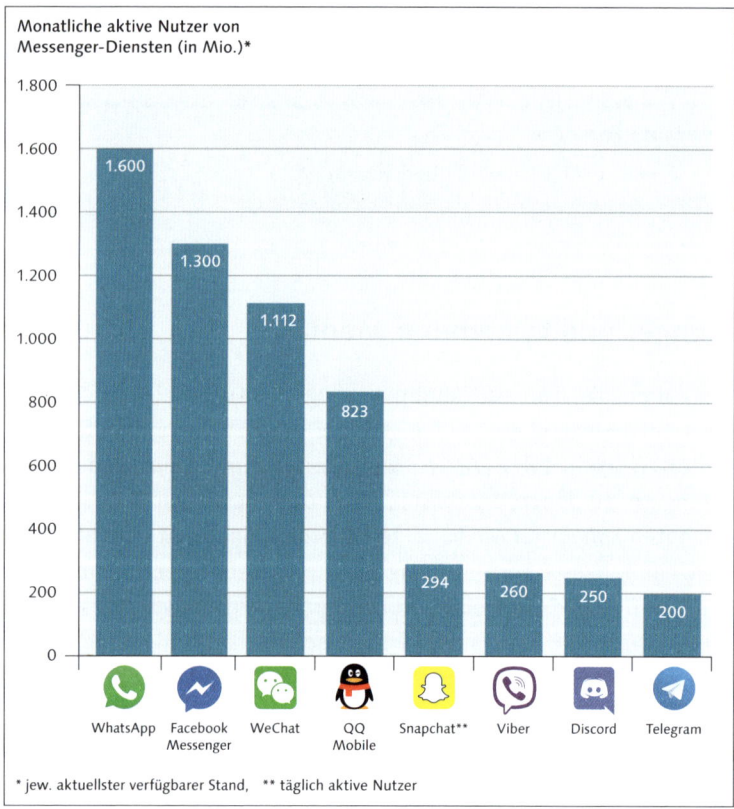

Abbildung 13.50 Monatliche aktive Nutzer in den Messengern

---

41 *http://goo.gl/W6dYhv*

In der Nutzung und Bekanntheit liegen der Facebook Messenger und WhatsApp ganz vorne (siehe Abbildung 13.50).

WhatsApp

WhatsApp, das zum Facebook-Konzern gehört, hat im Dezember 2019 über 1,6 Mrd. aktive Nutzer pro Monat und 1 Mrd. aktive Nutzer pro Tag weltweit. Pro Tag versenden diese 55 Mrd. Nachrichten, 4,5 Mrd. Fotos und 1 Mrd. Videos.[42] In Deutschland nutzen 58 Mio. Nutzer den Messenger. Im Januar 2018 wurde Whats-App Business vorgestellt und ist mobil auf Android und iOS sowie im Browser und via API nutzbar. WhatsApp Business ermöglicht neben einem kleinen Branchenein-trag einfachere Kommunikation via automatische Antworten und Textbausteine, die Kategorisierung von Nachrichten nach Themen, grundlegende Analysen und seit November 2019 auch einen Produktkatalog (siehe Abbildung 13.51). Dass Facebook Pay in WhatsApp nutzbar wird, ist damit der nächste logische Schritt.

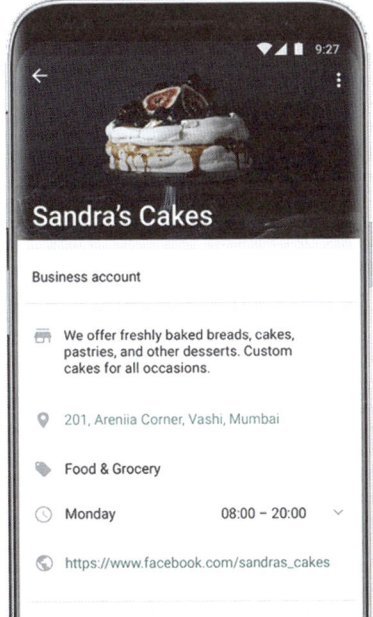

Abbildung 13.51 Ein Produktkatalog in WhatsApp (Quelle: Facebook)

Leitfaden für den Unternehmensstart auf WhatsApp

Facebook bietet Ihnen einen Leitfaden für den Start mit WhatsApp Business und der WhatsApp-Business-API unter: *www.facebook.com/business/whatsapp/get-started*.

---

42 *www.messengerpeople.com/de/whatsapp-nutzerzahlen-deutschland-2019/*

Facebook Messenger

Der Facebook Messenger hat aktuell 1,3 Mrd. Nutzer weltweit sowie 23 Mio. in Deutschland. Der Messenger verfügt bereits seit 2015 über Business-Funktionen, die direkt mit der jeweiligen Facebook-Seite gekoppelt sind. Da sich der Facebook Messenger schon deutlich länger an Unternehmen richtet, sind die Funktionen oft ausgereifter. Das gilt insbesondere im Hinblick auf die Menge und Varianz an unterschiedlichen Chatbots sowie die Unterstützung für einen Dialog und die Möglichkeit für Conversational Commerce.

Leitfaden für den Facebook Messenger

Facebook bietet Ihnen einen umfangreichen Leitfaden zu der Einrichtung und Nutzung des Facebook Messengers unter: *www.facebook.com/business/marketing/messenger*.

Messenger aus Übersee

In Asien haben die lokalen Dienste weit die Nase vorne, während sie in den hiesigen Märkten noch eher unbekannt sind. Auf Platz drei und vier finden sich deshalb die chinesischen Dienste WeChat und QQ Mobile mit 1,12 Mrd. respektive 823 Mio. aktiven Nutzern. Die japanischen Dienste Viber und Line bringen es jeweils auf mehr als 260 bzw. 217 Mio. aktive Nutzer im Monat.

Tun Sie sich bitte trotzdem den Gefallen, und probieren Sie die asiatischen Dienste einmal aus. Sie bekommen damit einen sehr guten Einblick in die Potenziale, die Messenger noch haben. Besonders spannend ist dabei WeChat, denn der Messenger ist mit seinen umfangreichen Funktionalitäten mittlerweile eher ein eigenes Betriebssystem. Ob Bezahlfunktion, Taxiruf, Kundenkarte oder Spenden – der Nutzer hat kaum noch Grund, die App zu verlassen.

Der »WeChat-Guide«

Das Magazin t3n hat in Kooperation mit dem OSK den 80-seitigen »WeChat-Guide« entwickelt, den Sie kostenlos unter *http://t3n.de/news/wechat-guide-851466/* herunterladen können. Darin finden Sie Fakten, Tipps und Best Practices für den chinesischen Dienst.

Da WhatsApp und der Facebook Messenger im deutschen Markt, insbesondere in der Nutzung durch Unternehmen, klar dominieren, werde ich Ihnen ab Abschnitt 13.9.3, »Kundenservice via Messenger«, exemplarisch an diesen Diensten ein paar Anwendungsszenarien zeigen. Vorher nehme ich Sie auf einen Exkurs zum Thema Chatbots mit, da im Endeffekt sämtliche Anwendungsbereiche von diesen kleinen Helfern profitieren.

13.9.2   Sind Bots die neuen Apps?

An dieser Stelle freue ich mich sehr, dass ich Samuel Kirchhof, der sich als Advanced Consultant im Bereich Social Business Technology bei der T-Systems Multimedia Solutions GmbH intensiv mit dem Thema Bots beschäftigt hat, für einen Gastbeitrag gewinnen konnte. Für den Rest dieses Abschnitts überlasse ich ihm das Wort.

Messenger oder virtuelle Assistenten, bei denen Anfragen realer Personen von einer Software beantwortet werden, sind spätestens seit Watson ein Hype-Thema der Marketingbranche. Wer die Entwicklerkonferenz F8 von Facebook gesehen hat, bekommt eine Vorstellung davon, wie Messenger als Basis, mit zusätzlichen Funktionen (Bots) angereichert, das Ökosystem für unser gesamtes Leben werden möchten. Mittlerweile wird ein Bot-Service nach dem anderen angeboten. Zukünftig muss es statt »There is an app for everything« wohl eher heißen: »There is one app with bots for everything.« Denn Kunden/Nutzer lassen sich immer weniger zum Download einer neuen App bewegen und verbleiben lieber in den ihnen bekannten bzw. bestehenden Ökosystemen. Was bedeutet also dieser Bot-Hype?

Was sind Bots überhaupt?

Bots sind nichts anderes als ein Stück Software, das alltägliche Aufgaben automatisiert übernimmt. Dabei kann man zwischen Chatbots, Virtual Assistants, Conversational Agents und Virtual Agents unterscheiden, die speziell im Kundenservice zum Einsatz kommen. Hier gilt es zu beachten, dass Kundenservice heute viel weiter unter dem Begriff *Social Service* gefasst werden kann/muss. Das Verständnis ist unangefochten holistisch und geht damit weit über das einfache Bearbeiten von Serviceanliegen hinaus:

▶ **Chatbot**: Bezeichnet einen Computercharakter, der über natürliche Sprachverarbeitung einfache Aufgaben erledigt, wie die Beantwortung häufiger Fragen oder Navigationsunterstützung auf Webseiten.

▶ **Virtual Assistant**: Bezeichnet eine virtuell menschenähnliche Repräsentanz, die nicht nur Antworten gibt, sondern richtig strukturierte sowie sinnvolle Unterhaltungen führt und Anfragen mit verschiedenen Inhalten koordiniert.

▶ **Conversational Agents**: Bezeichnet eine Software, die einfache Anfragen im Sprachstil interpretiert und beantwortet.

▶ **Virtual Agents**: Bezeichnet einen computergenerierten animierten Charakter mit künstlicher Intelligenz, der als online verfügbare Kundenservicerepräsentanz fungiert und komplexe Aufgaben wie die Verarbeitung von nonverbalem Verhalten erledigen kann.

Verschiedene Unternehmen haben Bots in unterschiedlichster Form im Einsatz und lassen sie Aufgaben unterschiedlicher Komplexitätsstufen autark übernehmen, die zuvor von Menschen erledigt wurden.

Mit der Automatisierung von Aufgaben werden Teile der Kundenservicemitarbeiter durch Bots ersetzt. Eine Studie der Oxford University und Deloitte sieht beispielsweise 35% der Jobs in Großbritannien durch Automatisierung gefährdet. Die Kundenservicemitarbeiter müssen aber nicht zwangsläufig ersetzt werden. Ein Wandel ihrer Jobbeschreibung oder das Entstehen ganz neuer Jobs sind durchaus denkbar. Schließlich müssen Bots entwickelt, trainiert und optimiert werden. Zudem werden komplexe Anliegen aufgrund der technischen Restriktionen kurzfristig nicht von Maschinen übernommen werden können.

Mit der Optimierung von künstlicher Intelligenz und der Weiterentwicklung von selbstlernenden Maschinen wird sich perspektivisch aber auch das immer mehr ändern. Zum jetzigen Zeitpunkt ist es entscheidend, wie die Zusammenarbeit von Mensch und Maschine koordiniert wird. Welche Aufgaben übernimmt die Software, und wo muss der Mensch nach wie vor übernehmen? Bisher ist das noch relativ statisch definiert. Zudem sind Bots heute häufig noch bei Messenger-Plattformen integriert, die an Text- und Spracheingabe bzw. natürliche Sprachverarbeitung gebunden sind. Wenn man das Thema Bots im Kundenservice aber weiterdenkt, ergeben sich weitere vielfältige Anwendungsfälle jenseits der jetzigen Restriktionen.

Hier ein kleines Szenario: Bots »leben« in der Cloud und updaten sich selbst mit neuen Funktionen. Verschiedene Bots können miteinander interagieren. Zudem können sie verknüpft werden, damit eine Serie von Aktionen ausgeführt werden kann, die bisher voneinander separiert waren. Einkaufen, Verabredungen, Arbeiten, Messaging werden auf Basis der Vorlieben automatisiert im Hintergrund stattfinden. Bots können andere Bots leiten, basierend auf Hierarchien.

Was für die einen wie ein Horrorszenario einer fremdbestimmten Maschinenwelt klingt, birgt für andere das Potenzial einer automatisiert effizienten Welt. Und um die Eingangsfrage zu beantworten: Bots haben das Potenzial, die neuen Apps zu werden, und sind es in Teilen auch schon. Bis sie Apps aber vollständig ablösen, wird noch etwas Zeit vergehen.

13.9.3   Kundenservice via Messenger

Der One-to-One-Dialog über Messenger entspricht am ehesten dem ursprünglichen Gedanken des Mediums und wird entsprechend gut angenommen. Messenger eröffnen Unternehmen eine Möglichkeit, dem Kunden einen bequemen Weg für den Kundenservice »dort, wo er sowieso ist«, anzubieten. Dass dies eine Idee ist, die auf Gegenliebe stößt, unterstreicht eine Studie von HeyWire Business.[43] Diese kam zu dem Ergebnis, dass 75% der Nutzer Textnachrichten der Kommunikation per Social Media im Kundenservice vorziehen würden.

---

43 Mehr dazu hier: *http://goo.gl/6FYx7F*

Besonders gut ist diese Anwendungsmöglichkeit aktuell im Facebook Messenger implementiert. Neben einem klassischen Chat von Mensch zu Mensch bietet Facebook Unternehmen eine API an, über die vielfältige Anwendungen via Chatbot umsetzbar sind. Die Möglichkeiten reichen hier von einfachen Servicegesprächen bis zur Sendungsverfolgung als Serviceangebot. In Abbildung 13.52 links sehen Sie beispielsweise die Sendungsverfolgung, die der Secondhandshop Messina Hembry anbietet. Auf der rechten Seite sehen Sie den Kundenservice Bot FRAnky des FRAports (*www.messenger.com/t/askFRAnky*), der bei Fragen rund um den Flughafen weiterhilft.

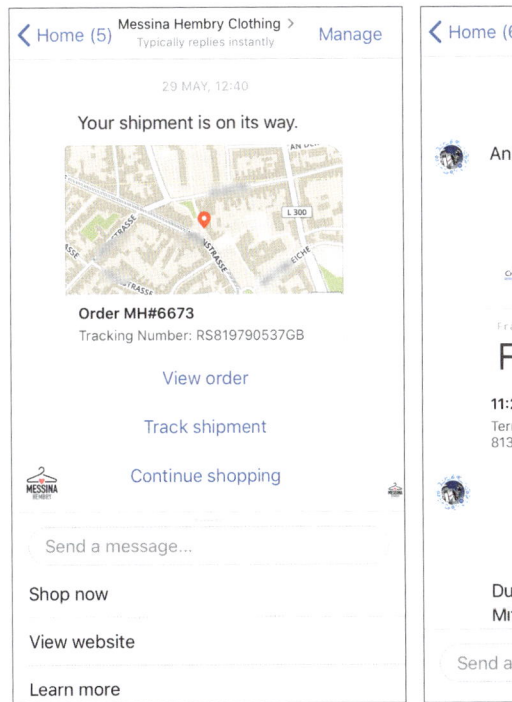

Abbildung 13.52 Kundenservice im Messenger

In Bezug auf die Reaktionszeiten sind Nutzer des Facebook Messengers anspruchsvoll. Eine Studie von Facebook und YouGov in Deutschland ergab hier, dass 45 % höchstens 15 Minuten erwarten. Sorgen Sie also dafür, dass Sie hinter dem Kanal entsprechend schnelle Prozesse und Workflows im Unternehmen aufbauen, bevor Sie einen offiziellen Servicekanal in einem Messenger anbieten.

In der Praxis sind in diesem Anwendungsszenario auch immer mehr Chatbots zu finden, die den Nutzern zumindest eine erste Rückmeldung geben und einfache Fragen beantworten (siehe auch Abschnitt 13.9.2, »Sind Bots die neuen Apps?«).

> **Alles rund um Facebook-Messenger-Bots**
>
> Facebook bietet auf der Seite *https://messenger.fb.com* sowie *www.facebook.com/business/products/messenger-for-business* umfangreiche Informationen, Beispiele, Neuigkeiten und Blueprint-Kurse zu Facebook Messenger und Bots an.

13.9.4   Virtuelle Assistenten

Von einfacher Terminvergabe bis zur virtuellen Styleberatung – virtuelle Assistenten, die den Nutzer bei unterschiedlichen Herausforderungen unterstützen, sind eine beliebte Anwendung für Messenger. Bei Sephora (*http://m.me/Sephora*) können die Kundinnen direkt im Messenger freie Termine für die unterschiedlichen Dienstleistungen buchen, Mildred von der Lufthansa (*http://mildred.lh.com*) sucht die günstigsten Flüge raus, und bei Zalando (*https://m.me/zalando*) werden die Kunden von Emma in Stylefragen beraten.

Ein gutes, aber aufwendiges Beispiel kommt von Hellmanns. Zu »WhatsCook« konnten sich die Nutzer über die Webseite anmelden und bekamen daraufhin via WhatsApp einen echten Koch an die Seite. Dieser kreierte aus den Inhalten des Kühlschranks ein Rezept, natürlich immer mit Produkten von Hellmanns. Der Nutzer wurde mit Tipps, Fotos und Videos durch den Kochvorgang begleitet und bekam auch via Message gesagt, wann es Zeit ist, das Gericht aus dem Ofen zu holen. Ein Video zu der Kampagne finden Sie hier: *https://youtu.be/xYN9A09iy5Y.*

13.9.5   Kreative Wettbewerbe im Messenger

Der Spirituosenhersteller Absolut war das erste Unternehmen, das sich an eine WhatsApp-Kampagne heranwagte. Anlässlich des Launches der Absolut Unique Edition in Argentinien wurde eine exklusive Party veranstaltet. Hingehen konnte nur, wer es schaffte, den virtuellen Türsteher Sven via WhatsApp zu überzeugen. Innerhalb von drei Tagen stand Absolut so mit mehr als 600 Personen in Kontakt und bekam über 1.000 Nachrichten, Fotos, Sprachnachrichten sowie Videos, die Sven überzeugen sollten. Dazu verursachte die Kampagne, die absolut zur Geschichte des Unternehmens passt, ausreichend Buzz innerhalb der Community. Das Video zur Aktion können Sie sich hier ansehen: *https://youtu.be/ozFLRwzyO6Q*

13.9.6   Nachrichten via Messenger

Eine andere Variante, Messenger einzusetzen, ist, aktuelle Nachrichten auf die Smartphones der Nutzer zu schicken. Diese Push-Nachrichten oder One-to-Many-Möglichkeit nutzt bereits eine Reihe von Nachrichtensendern und Redaktionen.

Das Aus für den WhatsApp-Newsletter

Von Beginn an in der Grauzone der WhatsApp-AGB, ist der Newsletter über die Messenger-App seit dem 07.12.2019 verboten. Über die WhatsApp-Business-API sind zwar mit SMS vergleichbare »Notifications« weiter erlaubt, diese sind aber kostenpflichtig. Im Facebook Messenger sind Newsletter, die keine kommerziellen Inhalte haben, weiterhin erlaubt.

So hat beispielsweise die Tagesschau einen Chatbot, der die Nutzer spielerisch mit Nachrichten versorgt (siehe Abbildung 13.53). Denken Sie daran, die Nutzer müssen einen Mehrwert durch Ihre Nachrichten haben, platte Werbung kommt hier nicht nur genauso schlecht an wie in den sozialen Netzwerken, sondern ist auch verboten. Idealerweise sind Ihre Inhalte so gut und besonders, dass die Nutzer diese unbedingt teilen möchten. Und mit dem Thema Teilen kommen wir zum dritten Szenario.

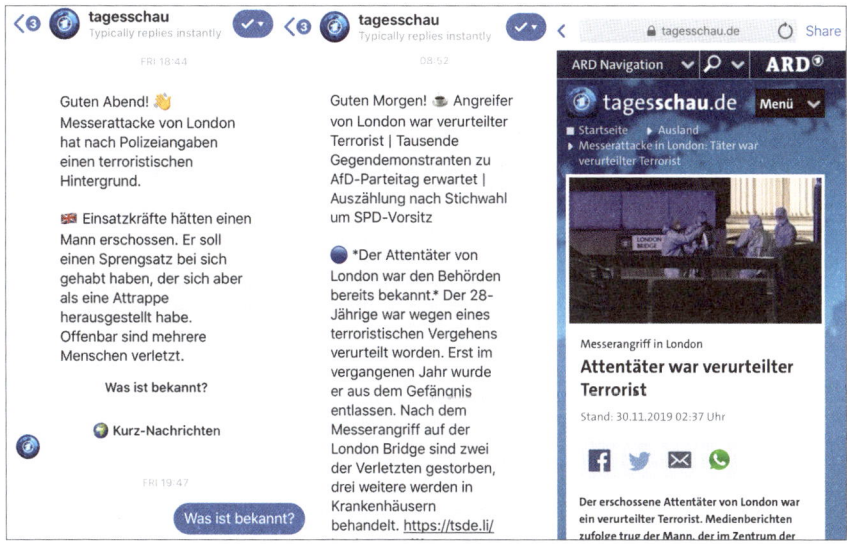

Abbildung 13.53 Der Tagesschau-Chatbot bringt interaktive Nachrichten ins Messenger-Postfach

13.9.7   Vom Web in den Messenger – Inhalte teilbar machen

WhatsApp gilt als der neue Traffic-Bringer im Social Sharing, kein Wunder also, dass ein Großteil der Medien und Blogs den Button bereits auf ihren mobilen Seiten und in die zugehörigen Apps integriert hat. Per Klick auf den grünen WhatsApp-Button können die Nutzer den Link zu dem Artikel in einen Chat oder eine Gruppe auf WhatsApp posten. Ziel ist es hier natürlich, Reichweite für die Inhalte zu bekommen. Die Klickraten auf den Button sind laut Buzzfeed höher als bei Twitter. Eine weitere Anwendungsmöglichkeit ist hier das Einbinden des Buttons auf Produktseiten, damit die Nutzer einen Artikel direkt weiterempfehlen können. Douglas beispielsweise stellt seinen Kunden diese Funktion bereits zur Verfügung. Bevor Sie den WhatsApp-Share-Button in Ihre Webseite oder Applikation integrieren, sollten Sie sich mit den rechtlichen Aspekten beschäftigen. Einen sehr guten Artikel dazu finden Sie bei Thomas Schwenke: *http://bit.ly/dsomemaWArA*.

13.9.8   Fazit Messenger

Der Unternehmenseinsatz von Messengern ist in den letzten Jahren stark gestiegen. Das liegt zum einen daran, dass vor allem Facebook diese Entwicklung stark fördert, und zum andern an der stark anziehenden Verwendung von Chatbots, die zumindest einen Teil der Kundenservice-Anfragen auffangen können. Welche vielfältigen Möglichkeiten Messenger-Dienste noch bieten können, sieht man, wie eingangs erwähnt, mit einem Blick auf den asiatischen Markt. Messenger sind ein Feld, das Sie auf jeden Fall beobachten sollten. Im nächsten Abschnitt gehe ich jetzt unter anderem auch auf den Messenger ein, den ich hier bewusst ausgespart habe. Snapchat ist zwar ein Nachrichtendienst, hat seinen Schwerpunkt mit den selbstzerstörenden Nachrichten aber im Bereich der Ephemeral Media.

13.9.9   Ephemeral Media – flüchtige Medien schaffen ein ganz neues Netzwerk der Interaktion

Der Siegeszug von Snapchat & Co. in den letzten Jahren ist wieder ein sehr gutes Beispiel für die Dynamik der digitalen Medienlandschaft. Innerhalb von kurzer Zeit hat sich hier eine ganz neue und eigenwillige Art des Webs etabliert, die primär von der jungen Zielgruppe unter 20 bevölkert wird. Ich freue mich an dieser Stelle sehr, dass ich Wolfgang Lünenbürger-Reidenbach, Managing Director Germany bei Cohn & Wolfe, für einen Gastbeitrag zu diesem Thema gewinnen konnte. Im folgenden Abschnitt 13.9.10 wird er für Sie das Phänomen Ephemeral Media einordnen und einen Ausblick auf die strategische Anwendbarkeit im Unternehmen geben.

13.9.10   Einordnung von Ephemeral Media

In gewisser Weise ist es fast ironisch, dass etwas, das aus flüchtigen, also nicht permanenten, Medien besteht, als Phänomen nachhaltig ist und bleiben wird. Aber die neueren Services und Netzwerke, die sich als *Ephemeral Media* zusammenfassen lassen – also in erster Linie Snapchat, Periscope oder Stories auf den großen Plattformen –, haben innerhalb sehr kurzer Zeit eine treue und engagierte Nutzerschaft um sich gesammelt, von der anzunehmen ist, dass sie diese Art der Kommunikation – die Flüchtigkeit – auf Dauer will und macht. Damit entsteht ein »drittes Web« neben Such- und Social Web. Alle diese Webs haben verschiedene Regeln und stellen verschiedene Anforderungen an Social Media und Digital Manager*innen.

1. Das Such-Web

Um hier erfolgreich zu sein – also erfolgreich gefunden zu werden –, muss ich als Unternehmen oder Marke gut strukturierte datenreiche Angebote online stellen. Inhalte, die auf Suche optimiert sind, jede Menge Inhalte übrigens, die auch leicht abseitige kleine Suchanfragen bedienen. Ich brauche nicht unbedingt tolle Kommentare oder das, was Digitalexpert*innen »Engagement« nennen, aber ich brauche gut durch Suchen auffindbaren wertvollen Content.

2. Das Social Web

Während wir im Such-Web aktiv Fragen an die Suchmaschine stellen und Antworten suchen, ist das Social Web eines, das eher aus passivem Konsum von Inhalten besteht. Sogenannte *soziale Signale*, also Äußerungen von Menschen, mit denen ich in sozialen Medien über einen Kontakt verbunden bin, leiten den Traffic und navigieren mich durch das Internet.

Was die beiden ersten »Webs« gemeinsam haben, ist, dass sie dauerhaft sind und durchsuchbar. Im Grunde haben diese beiden Formen des Internets gemeinsam, dass sie quasi »schriftliche« Kommunikation sind: dauerhaft, archivierbar und archiviert – und weil digital, eben auch durchsuchbar. Damit sind sie für nachhaltige Markenbildung und für dauerhafte Kommunikation wichtig und richtig. Strategisch eingesetzt, kann ich auf Dauer größere oder kleinere Zielgruppen gut erreichen. Aus Sicht der Nutzerinnen ist genau dieser Vorteil von Such-Web und Social Web allerdings auch ein Problem. Dadurch, dass alles permanent ist, sozusagen »schriftlich« festgehalten, ist es weit weniger intim, weit weniger unmittelbar als beispielsweise mündliche Gespräche. Ich persönlich bin davon überzeugt, dass genau dieses für viele Menschen in den ersten 15 Jahren Internet ein tatsächliches, ein echtes Problem war. Die akademische und politische Diskussion rund um das »Recht auf Vergessen«, um den »digitalen Radiergummi« spricht dabei Bände. Und genau hier setzen die neuen Plattformen an, die sich als *Ephemeral* zusammenfassen lassen.

3. Das Ephemeral Web

Diese neue Form der Internetkommunikation ist eine Antwort auf das Bedürfnis nach flüchtiger, mehr »mündlicher« Kommunikation im Web. Eine Antwort auf jenen Konstruktionsfehler des Such-Webs und des Social Webs, dass für die Normalnutzer*in alles, was sie im Internet tun, permanent und durchsuchbar ist. Der rasante Erfolg beispielsweise von Snapchat (abseits von der Faszination für eine völlig neuartige Bedienung und Navigation) erklärt sich mindestens zu einem großen Teil dadurch, dass das Bedürfnis nach unmittelbarem Ausdruck (*Instant Expression*), nach nicht dauerhafter, flüchtiger Kommunikation immer da war – und mit den neuen Plattformen endlich befriedigt werden kann.

Es ist heute quasi unmöglich, eine 17-Jährige zu finden, die nicht entweder Snapchat/Instagram Stories nutzt oder zumindest weiß, was das ist und warum es die meisten ihrer Freund*innen nutzen.

Was dieses neue, dieses dritte Web ausmacht, ist, dass es nicht gezielt durchsuchbar ist. Das haben alle Services und Plattformen gemeinsam, die wir als Ephemeral Media zusammenfassen. Sie haben keine Suchfunktion im herkömmlichen Sinne. Alles, was hier produziert und gesendet wird, ist für unmittelbare Unterhaltung gemacht. Ich brauche mich nicht »aufzurüsten« – denn das Foto oder Video ist nach 5 Sekunden oder 24 Stunden offline. Ich bin überzeugt, dass genau deshalb Ephemeral (flüchtige) Plattformen auf Dauer bestehen werden. So, wie Suche dauerhaft Teil des Internets bleiben wird und Social Media auch. Weil sie drei verschiedene Kommunikationsbedürfnisse der Menschen abbilden. Ephemeral Media bedienen ein Grundbedürfnis menschlicher Kommunikation, sie sind sozusagen »natürlich« in ihrer Mechanik.

Die Art der Interaktion, die das Ephemeral Web bietet, ist ein neues Web innerhalb des Internets. Was immer hier passiert, ist nur sichtbar für die, die dabei sind. Bei Snapchat ist es quasi unmöglich, »zufällig« über jemanden zu stolpern, den oder die ich noch nicht kannte oder deren Namen auf der Plattform ich nicht kenne. Und dennoch – oder gerade deshalb – verbreitet sich das, was da passiert, mit rasender Geschwindigkeit.

Ephemeral Media in der Kommunikation

Die extrem hohe Durchdringung junger Zielgruppen mit Snapchat & Co. lässt in Marketing und Kommunikation das Interesse steigen. Überall, wo es um Unmittelbarkeit geht, darum, schnell und vergänglich Duftmarken zu setzen, können Ephemeral Media relevant sein. Überall dort, wo ich beispielsweise zu sehr jungen Zielgruppen anders sprechen will als zu älteren Menschen (ab 25 Jahren) – und das möglichst so, dass die Zielgruppen nichts voneinander mitbekommen –, kommen die flüchtigen, jungen Kanäle ins Spiel. Die kommunikative Kraft der Flüchtigkeit und der Unmittelbarkeit, die gilt es zu finden und zu entwickeln. Nach dem großen Trend der »geplanten Spontaneität« – ausgelöst vom »Realtime Marketing« beispielsweise von Oreo und anderen – kommt jetzt mit Ephemeral Media der nächste Schritt, der »unmittelbare Ausdruck«, die Flüchtigkeit. Ein lohnendes Feld für kreative Kommunikation.

13.9.11   Strategische Einordnung Snapchat

Snapchat (*http://snapchat.com*) war der Vorreiter des Genres der flüchtigen Inhalte und wurde im Jahr 2011 veröffentlicht. Das Besondere an der Messenger-App ist, dass sämtliche Nachrichten nach 24 Stunden automatisch verschwinden. Das gilt auch für die *Snaps*, die der eigenen Story hinzugefügt werden und für alle Kontakte sichtbar sind. Sowohl Videos als auch Fotos können dabei mit Zeichnungen, Filtern, Stickern sowie Orts- und Wetterangaben verziert werden. Darüber hinaus erlaubt die App auch Audio- und Videotelefonie. Das Hinzufügen von Kontakten ist nur über den Nutzernamen oder den Snapcode möglich.

Werbetreibende haben zusätzlich die Möglichkeit, sich im Bereich DISCOVER[44] oder in den *Featured Stories* anzeigen zu lassen. Auch diese Inhalte sind jeweils nur 24 Stunden abrufbar.

Weltweit kommt Snapchat auf fast 300 Mio. aktive Nutzer, in Deutschland gibt es laut Unternehmensangaben etwa 7,2 Mio. Nutzer, davon sind 40 % unter 18 Jahren alt (Stand Dezember 2019). Für die strategische Einordnung ist die Studie »Wie snappt Deutschland« von der Hochschule Düsseldorf[45] interessant. Von den Befragten gaben 81,8 % an, dass sie keinem Unternehmen auf Snapchat folgen, dafür folgen 55 % bis zu zehn und 22,2 % sogar bis zu 20 Prominenten. Auf ähnliche Ergebnisse kommen auch internationale Studien, was darauf hinweist, dass »Persönlichkeit« in jeglicher Hinsicht das zentrale Thema auf Snapchat ist.

Nach der Veröffentlichung der Instagram Stories ist das Wachstum von Snapchat um 40 % eingebrochen. Dennoch kann sich ein Blick auf die Plattform lohnen, wenn Ihre Kernzielgruppe zwischen 12 und 25 Jahren alt ist. Zumindest sagt das Forschungsmagazin eMarketer voraus, dass diese Zielgruppe sich wieder stärker von Instagram auf Snapchat orientieren wird.[46]

Das Snapchat-Buch

»Snap me if you can« von Philipp Steuer ist ein kostenloses E-Book, das Ihnen auf 85 Seiten zeigt, wie die App funktioniert und wie Sie Snaps bearbeiten und einsetzen können (*http://snapmeifyoucan.net*) Es wird regelmäßig aktualisiert und ist an dieser Stelle meine Empfehlung, wenn Sie sich eingehender mit der App beschäftigen möchten.

13.9.12 Snapchat im Unternehmenseinsatz

Die thematische Ausrichtung auf Snapchat gleicht der der Instagram Stories, hier geht es um authentische, aktuelle, exklusive und unterhaltsame Inhalte. Aus diesem Grund können Sie sich für die unterschiedlichen Möglichkeiten in Abschnitt 13.6.7, »Die erfolgreichsten Anwendungsszenarien auf Instagram«, und in Abschnitt 13.6.9, »Instagram Stories«, inspirieren lassen.

---

44 Wie das aussieht und funktioniert, sehen Sie hier: *http://t3n.de/news/snapchat-discover-591001*.

45 *https://wiwi.hs-duesseldorf.de/aktuelles/meldungen/20170116*

46 *www.emarketer.com/Article/Instagram-Snapchat-Adoption-Still-Surging-US-UK/1016369*

Snapchat oder Instagram Stories?

Beide Plattformen haben ihre Vor- und Nachteile, die Kernunterschiede sind folgende:

► Instagram hat eine deutlich größere Nutzerbasis, die Zielgruppe auf Snapchat ist sehr jung, während auf Instagram auch noch die Altersgruppe 30 bis 45 gut zu erreichen ist.

► Die Filterfunktion auf Snapchat ist ausgereifter.

► Während Sie auf Instagram über das Hinzufügen von Hashtags, Geotags und Mentions mehr Reichweite und Aufmerksamkeit erreichen, haben diese Elemente auf Snapchat keine Funktion.

► Auf Snapchat gibt es weniger Wettbewerb durch andere Unternehmen.

► Die Nutzer müssen sich auf Snapchat immer wieder bewusst dafür entscheiden, Ihre Inhalte anzusehen, es gibt kein Autoplay wie auf Instagram Stories. Der Vorteil ist, dass Sie wissen, wer Ihre Inhalte wirklich sehen möchte, der Nachteil ist weniger Reichweite.

► Inhalte auf Instagram haben einen gewissen Anspruch an Ästhetik, auf Snapchat zählt Authentizität.

Welche Plattform für Sie besser geeignet ist, kommt entsprechend auf Ihre Strategie an.

Abschließend stelle ich Ihnen zwei gelungene Snapchat-Kampagnen vor.

ADAC goes Snapchat

Der ADAC Deutschland gewährte seinen Interessenten über sieben Tage und sieben Stationen hinweg ganz persönliche Einblicke in die unterschiedlichen Unternehmensbereiche. Vorgestellt wurden die Menschen und die Geschichten, die das Unternehmen mit den gelben Engeln ausmachen (siehe Abbildung 13.54). Angekündigt wurde die Aktion über sämtliche Kanäle des ADAC.

Abbildung 13.54 Die sieben Stationen des ADAC (Quelle: ADAC auf Slideshare)

Neben 100% positivem Feedback kam der ADAC in sieben Tagen auf mehr als 400 Snaps und weit über 110.000 Abrufe. Der ADAC hat die Snapchat-Aktion als Experiment durchgeführt, geht aber aufgrund des großen Erfolgs zu besonderen Anlässen weiter auf Snapchat online.[47]

Personalmarketing der TK auf Snapchat

Da Schüler und Studenten einen Großteil der Snapchat-Nutzer stellen, ist der Einsatz im Personalmarketing ein spannender Ansatz. Ein gut gemachtes Beispiel kommt hier von der Techniker Krankenkasse (tk-karriere) auf Snapchat. Kern des Engagements sind regelmäßige Take-overs durch Azubis, die Einblicke in ihre Ausbildung oder von Karrieremessen zeigen und Fragen beantworten. Auch die TK nutzt dabei stets die weiteren Social-Media-Kanäle, um die jeweiligen Protagonisten anzukündigen (siehe Abbildung 13.55).

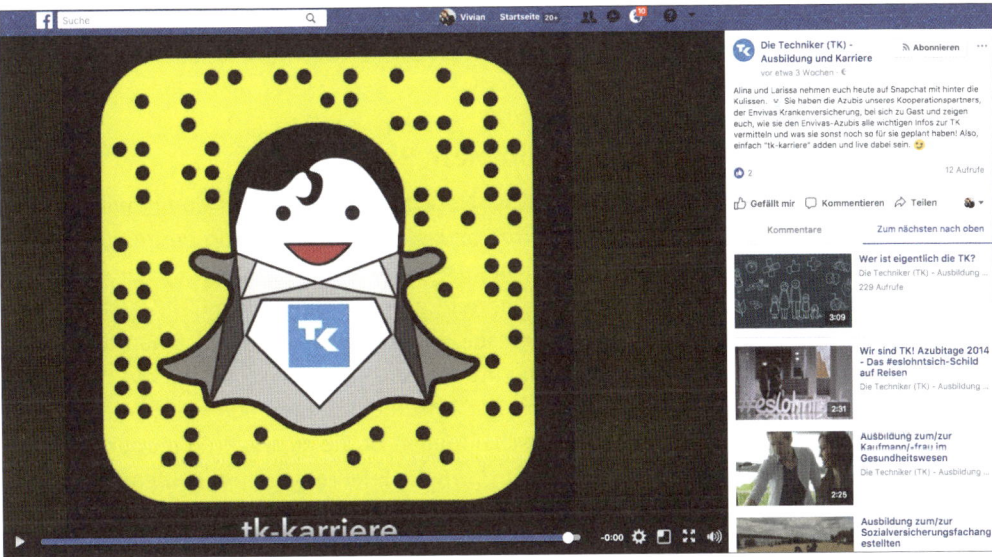

Abbildung 13.55 Die TK kündigt den Snapchat-Take-over auf Facebook an.

Darüber hinaus bespaßt die TK ihre Community mit Gewinnspielen und Aktionen. Besonders spannend dabei ist, dass 22% der neuen Azubis Mitte 2016 angaben, dass sie über Snapchat auf die TK aufmerksam geworden sind.

13.9.13 Fazit Snapchat

Der Vorreiter der flüchtigen Medien bleibt seiner Kernfunktion treu – vergängliche Inhalte, die weder durchsuchbar noch durch Zufall zu finden sind. Dies macht die Plattform zwar sehr relevant für eine kleine, junge Zielgruppe, stellt Unternehmen

---

47 Ein ausführliches Interview zu der Aktion können Sie hier lesen: *https://goo.gl/APPNVD*.

aber auch vor Herausforderungen in Bezug auf Inhalte, Fanaufbau und Reichweite. Die Antwort, ob ein Einsatz von Snapchat für Ihr Unternehmen geeignet ist, hängt entsprechend davon ab, ob Sie eben diese Zielgruppe erreichen möchten und sie dauerhaft oder zumindest zu besonderen Anlässen mit spannenden Inhalten begeistern können.

13.10   Das Corporate Blog als Social-Media-Zentrale

Das Thema Corporate Blog erachte ich persönlich als zentral für eine abgerundete Plattformstrategie. Aus diesem Grund habe ich Klaus Eck, den führenden Experten zum Thema Corporate Blogs in Deutschland, gebeten, für Sie einen Abschnitt über das Corporate Blog als Social-Media-Zentrale zu verfassen. Wie in Kapitel 12, »Rechtliche Grundlagen«, mit Herrn Schwenke stammt der Rest dieses Abschnitts aus der Feder von Herrn Eck, Anmerkungen und Ergänzungen von meiner Seite finden Sie in den Kästen.

13.10.1   Bedeutung von Corporate Blogs

Durch die Popularisierung der Social Networks sind Blogs als Kommunikationsinstrument in den vergangenen Jahren etwas in den Hintergrund der medialen Aufmerksamkeit getreten. Unternehmen, die in die Social-Media-Welt starten, setzen wesentlich häufiger auf Facebook als auf Corporate Blogs. Damit unterschätzen sie die Chancen, die ein Unternehmensblog bietet, ganz gewaltig. Einem Corporate Blog sollte meiner Meinung nach eine zentrale Bedeutung im Content Marketing beikommen. Darüber lassen sich viele Unternehmensthemen wunderbar ansprechen und verbreiten. Bei Kaufentscheidungen ist die eigene Präsentation auf einer Website bei Weitem nicht so wichtig wie die Erfahrungen und Kaufempfehlungen anderer Kunden, die das Image einer Marke prägen können. Die meisten Konsumenten informieren sich vor einem Kauf online. Unternehmen können sie dabei mit relevantem Content unterstützen, sollten jedoch auf aggressive Angebote verzichten. Gefragt ist eher der Content, den Kunden freiwillig konsumieren und idealerweise sogar weiterempfehlen. Dazu ist es wichtig, seine Kunden gut zu kennen, zu wissen, wann sie welche Inhalte auf welchem Kanal rezipieren und ihnen Möglichkeiten zum Teilen der Inhalte anzubieten.

Ein Kanal, der in dieser Hinsicht viele Vorteile bietet, ist das Blog. Die wohl wichtigste positive Eigenschaft: Ihr Unternehmen hat dort »Hausrecht« und ist nicht abhängig von Facebook-Algorithmen. Es dient zugleich als Basis der Content-Aktivitäten, auf der man den eigenen Kunden Service- oder Unterhaltungsthemen zur Verfügung stellen kann. Empfehlenswert ist jedoch eine deutliche Kennzeichnung, von wem die Inhalte stammen – sonst kann schnell der Eindruck von Schleichwerbung entstehen.

Corporate Blog oder Onlinemagazin

Statt des Begriffs *Corporate Blog* werden dynamische, auf Einzelartikel basierende Onlineauftritte von Unternehmen immer häufiger als *Onlinemagazin* bezeichnet. Der einzige signifikante Unterschied zwischen den Formaten ist, dass Blogs immer eine Kommentarfunktion haben, während Onlinemagazine diese nicht zwingend anbieten. Ob Blog oder Magazin, der Inhalt sollte sich immer nach den Interessen Ihrer Zielgruppe richten.

13.10.2   Worauf Corporate Blogger achten sollten

Ein erfolgreiches Blog entsteht nicht über Nacht. Storytelling will gelernt sein. Wer jedoch journalistische Regeln beachtet und sich an seiner jeweiligen Zielgruppe orientiert, ist auf einem guten Weg in die Blogosphäre zu seiner Leserschaft. Letztlich entstehen die meisten Kosten nicht beim technischen Aufbau. Erst im Blogbetrieb selbst zeigen sich die wahren Probleme. Guter Content allein macht nicht glücklich. Die Leser müssen ihn überhaupt erst einmal zur Kenntnis nehmen und als für sich relevant wahrnehmen. Deshalb gehören Influencer Relations und Blogmarketing eng zusammen. Je mehr gute, lesenswerte Inhalte ein Corporate Blog bietet, desto mehr Futter für Linkbaiting und Content Marketing bietet es und kann seine Stakeholder erreichen. Denn die Influencer verlinken gerne via Facebook und Twitter auf Branchenthemen.

Das Bloggen ist in der Regel personalintensiv. Deshalb scheuen noch immer viele Unternehmen das Betreiben eines Corporate Blogs. Doch der Aufbau von Qualitäts-Content und eigenen Markenbotschaftern lohnt sich sehr schnell. Darüber kann ein Unternehmen im Idealfall das Vertrauen der Kunden in eine Marke bestärken. Zudem können sich Unternehmen souveräner gegenüber Bloggern positionieren, indem sie auf ihrer eigenen Plattform Content-Angebote und sich ansprechbar machen, ohne andere anbetteln zu müssen. Wenn Influencer auf einer Branchenplattform gute Inhalte finden, die sie nutzen können und dürfen, erleichtert das ihre jeweiligen Blogaktivitäten.

Blogs sind das ideale Kommunikationsinstrument der Unternehmen in den Influencer Relations. Als Influencer möchte ich wissen, mit wem ich es zu tun habe, wenn ich auf Twitter, Facebook oder in anderen Netzwerken angesprochen werde. Ein Blog ermöglicht es mir als Leser, sehr viel über einen Menschen und eine Marke zu erfahren. Es gibt keine formale Limitierung bei der Erstellung von Texten, Bildern und Videos. Außerdem fällt es viel leichter, über einen längeren Beitrag Leser zu begeistern, als über wenige Tweets an Profil zu gewinnen. In einem Unternehmensblog erhalten Marken die einmalige Gelegenheit, ihre Geschichte spannend aufzubereiten und gleichzeitig Kunden- und Influencer-Beziehungen auszubauen.

Lesetipp – Corporate Blogs als Kommunikationszentrale

Eine wunderbare Ergänzung an dieser Stelle ist der Artikel »Corporate Blogs als Kommunikationszentrale«, den Sie auf dem PR-Blogger von Klaus Eck, *http://bit.ly/19dM-KcH*, finden. Dieser geht noch einmal ausführlich auf die Herausforderungen für Corporate Blogger und die Bedeutung eines Corporate Blogs als Kommunikationszentrale ein.

13.10.3 Tipps, die Ihr Corporate Blog zum Erfolg führen

Wer erfolgreich für sein Unternehmen bloggen will, sollte beim Corporate Blogging jedoch einige Dinge beherzigen:

1. Kostenaufstellung

Bevor Sie ein Corporate Blog ins Leben rufen, sollte der finanzielle Rahmen geklärt sein. Überlegen Sie sich, was sie an monetären Ressourcen für die Einführung und das Betreiben des Blogs zur Verfügung haben. Arbeiten Sie danach einen Kommunikationsplan für das Blog aus, und machen Sie sich Gedanken darüber, wie Ihr Blog aus gestalterischer Sicht aussehen soll. Wichtig für die Kostenaufstellung ist, dass die zukünftigen Verfasser der Blogartikel eingearbeitet und im Idealfall noch geschult werden. Hierbei können größere Kosten anfallen. Wenn das Blog erst einmal in Betrieb genommen ist, entstehen neue Ausgaben für das Bloghosting, die Kundenbetreuung und das Blogmarketing.

Zudem fallen Zahlungen für das Monitoring des Blogs, also die Kontrolle des Blogtraffics, an. Zu guter Letzt müssen Sie in Ihrer Kostenaufstellung auch noch anfallende Personalkosten (intern sowie extern) berücksichtigen.

2. Commitment von der Geschäftsführung

Für den Fall, dass Sie sich erst das Einverständnis der Geschäftsleitung holen müssen, um ein Corporate Blog zu starten, sollten Sie sich sehr gut auf das Gespräch und/oder die Präsentation vor den Verantwortlichen vorbereiten. Letztere werden mit ziemlicher Sicherheit mit vielen Fragen auf Sie zukommen. Konzentrieren Sie sich allerdings nicht nur auf die Geschäftsführung, sondern auch auf weitere Führungskräfte und Kolleginnen sowie Kollegen. Nur wenn alle Abteilungen in einem Boot sitzen und Sie unterstützen, kommt hinterher tatsächlich ein vernünftiges Ergebnis heraus. Letztlich benötigen Sie eine umfassende Unterstützung, damit Sie über Autoren aus allen Fachbereichen verfügen können.

3. Bestimmen Sie einen Blogchefredakteur

Ein gutes Blog zeichnet sich durch eine hohe Dynamik und eine regelmäßige Content-Aktualisierung aus. Besonders für Blogs von Unternehmen gibt es nichts Fataleres als ein vernachlässigtes oder sogar stillgelegtes Blog, das aber noch online ist.

Wenn jetzt ein Kunde gezielt nach einem Artikel oder Informationen im World Wide Web sucht und dann auf diese Blogruine stößt, kann (und wird) sich das negativ auf das Markenimage auswirken.

4. Legen Sie einen Content-Fahrplan fest

Gute, lesenswerte Blogartikel fallen nicht vom Himmel und lassen sich nicht spontan im Dutzend-Paket erstellen. Es bedarf einer persönlichen Agenda, einer Themenplanung und einer guten Content-Strategie. All das verschafft dem Leser etwas Orientierung, damit dieser sich in unserer Themenwelt zurechtfindet. Ohne Content-Fahrplan tun sich Schreiber wie Leser schwer, weil niemand Ihrer persönlichen Bloglogik ohne Weiteres folgen kann. Fertigen Sie eine persönliche Blogagenda an, planen Sie Ihre Themen, und erstellen Sie so Ihre individuelle Content-Strategie. Durch so eine Content-Strategie bieten Sie Ihren Lesern nicht nur lesenswerte Inhalte, sondern erreichen dadurch auch, dass diese Leser Ihre Artikel in anderen Social Networks teilen und in der Platzierung in Suchmaschinen immer weiter nach oben wandern lassen.

5. Entwickeln Sie eine Kommunikationsstrategie

Zusammen mit Ihrer Content-Strategie bildet die Kommunikationsstrategie einen weiteren wichtigen Punkt auf Ihrem Weg zum erfolgreichen Corporate Blog. Überlegen Sie sich folgende Fragen:

▶ Welche Botschaften soll das Blog vermitteln?

▶ Welche Stakeholder wollen Sie ansprechen?

▶ Gibt es Ziele, die erreicht werden sollen?

▶ Gibt es bestimmte Themenblocks, die angesprochen werden sollen?

6. Nehmen Sie das Bloggen richtig ernst

Das Bloggen ist für viele Spaß und die Verwirklichung einer Leidenschaft, doch in Wirklichkeit harte Arbeit, wenn man damit konkrete Ziele verbindet, sich etwa in einem Beratungsumfeld als guter Ansprechpartner etablieren oder in den Suchmaschinen unter den für das eigene Unternehmen wichtigen Keywords gefunden werden will. Wer das neben seiner Arbeit realisieren will, benötigt eine große Ausdauer. Es kann sehr lange dauern, bis sich ein merkbarer Erfolg einstellt. Am besten legen Sie Ihre persönlichen oder Unternehmensziele frühzeitig fest, damit Sie Ihre Blogartikel daran messen können.

7. Verlassen Sie Ihre Bloginsel

Gute Blogartikel nennen immer ihre Quellen und verlinken diese aus Wertschätzung. Auf diese Weise werden wertvolle Content-Quellen im Netz sichtbarer. Für

491

den Leser, der ein Thema vertiefen will, stellen Links einen großartigen Service dar. Trotzdem ist die Verlinkung untereinander in der Blogosphäre in den vergangenen Jahren leider stark zurückgegangen. Nur wer selbst andere aktiv verlinkt, darf sich auch über entsprechende Backlinks in anderen Blogs, auf Facebook oder Twitter freuen.

8. Jeder Blogartikel zählt

Wenn Sie ein Corporate Blog betreiben, steht jeder einzelne Beitrag im Idealfall für ein konkretes Ziel. Vielleicht wollen Sie darüber mit Ihrer Community diskutieren, auf eine wichtige Neuigkeit verweisen oder Ihren Meinungsbeitrag zu einem Thema präsentieren. In den Suchmaschinen steht jeder Beitrag für sich allein.

9. Blogcontent wird gerne geteilt

Ist ein Inhalt für Ihre Leser von Interesse, werden diese ihn vermehrt miteinander via Facebook und Twitter teilen. Das bringt Ihnen mehr Aufmerksamkeit als ein Tweet oder ein Facebook-Update. Außerdem wirkt sich aktueller Blogcontent positiv auf Ihre Suchergebnisse aus.

10. Nützliche Inhalte werden gefunden

Google legt immer mehr Wert auf echte, geteilte und lesenswerte Inhalte. Blogs profitieren hiervon besonders, wenn sie eine tatsächliche Relevanz für die Suchenden haben. In den Suchmaschinen belegen sie oftmals die ersten Plätze in den organischen Suchergebnissen.

11. Content ohne Limitierung

Auf Twitter haben Sie nur 280 Zeichen, auf Facebook sind auch keine langen Artikel üblich. Bilder, Videos und Präsentationen können Sie nur nach strengen Vorgaben in den Social Networks veröffentlichen. Im Corporate Blog haben Sie kaum Limitierungen. Beim Blogsystem WordPress haben Sie große Gestaltungsfreiheiten bei der Einbindung von Wort und Bild. Das Layout und Design können Sie frei gestalten.

12. Unique Content

Me-too-Inhalte langweilen schnell. Niemand liest gerne den hundertsten Beitrag zu einem PR- oder Marketing-Thema, wenn dieser nur per Copy & Paste zusammengetragen worden ist, ohne einen eigenen Zugang zum Thema zu eröffnen. Idealerweise sollten Sie deutlich machen, warum Sie leidenschaftlich für etwas brennen. Das fällt vielen Menschen schwer. Schließlich erfordert es, eine eigene Meinung zu vertreten und den Widerspruch auszuhalten.

13. Aufbau einer Leserschaft

Twitter, Facebook & Co. bieten zahlreiche Content-Schnipsel, die doch sehr flüchtig wirken und schnell vergessen sind. Wo habe ich den Hinweis gefunden und gelesen? Ein Blog bietet eine bessere Leserbindung und verleitet zum Wiederkommen, wenn der Inhalt passt. In Corporate Blogs können Markenbotschafter ein Profil entwickeln und die Leser für ihre Themen begeistern.

Auf Facebook verzichten müssen Sie gar nicht, aber zumindest sollte man sich im Rahmen einer Social-Media-Strategie überlegen, wo die Stärken von Facebook, Blogs und anderen Instrumenten liegen.

Der letzte Satz von Herrn Eck schließt an dieser Stelle den Kreis. Welches soziale Netzwerk für Ihr Unternehmen das richtige ist, müssen Sie selbst abwägen und entscheiden. Was auch immer Sie tun, achten Sie darauf, dass Ihre Präsenzen zu Ihren Zielen passen, und überprüfen Sie regelmäßig, ob Ihr Engagement Früchte trägt. Im nächsten Kapitel erläutere ich Ihnen jetzt, wie Sie sicherstellen, dass hinter Ihrer öffentlichen Social-Media-Präsenz eine solide Basis steht. Denn ohne Verankerung von Social Media im Unternehmen selbst wird Ihr Engagement niemals das volle Potenzial erreichen.

TEIL III
Social Media Management im Unternehmen

14 Corporate Social Media

»Innovation needs to be part of your culture. Consumers are transforming faster than we are, and if we don't catch up, we're in trouble.«
Ian Schafer, Deep Focus

Die Einführung von Social Media im Unternehmen ist eine der größten Herausforderungen überhaupt. Dem, was letztendlich in den sozialen Medien sichtbar wird, geht eine Menge Arbeit voraus. Dieser Umstand ist für Außenstehende oftmals schwer nachzuvollziehen. Ich wurde schon des Öfteren nach drei, vier Wochen von anderen Mitarbeitern gefragt, wann denn nun endlich die Facebook-Seite eröffnet wird. Das Erstaunen war groß, wenn ich auf diese Frage mit »etwa in sechs Monaten« antwortete. Hilfreich war hier das Sinnbild des Eisberges, dessen sichtbare Spitze die Plattformen darstellen, während sich der deutlich umfangreichere Teil aus Strategie, Prozessen, Guidelines, Inhalten, Teams und Analysen im unsichtbaren Teil befindet. Eine Skizze des Eisberges sehen Sie in Abbildung 14.1. Auf alle Punkte unterhalb des Meeresspiegels bin ich bereits in diesem Buch eingegangen oder werde es in den folgenden Abschnitten noch tun.

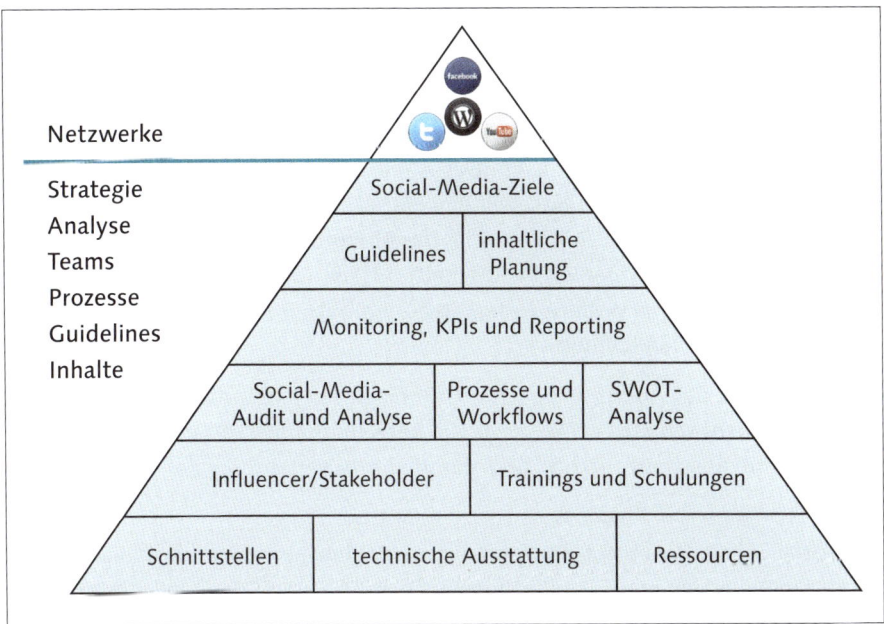

Abbildung 14.1 Der Social-Media-Eisberg – Social Icons von Eli Burford

Die Zeitspanne, die die Vorbereitung eines Social-Media-Engagements in Anspruch nimmt, ist von einer Reihe von Faktoren abhängig, etwa von der Unternehmensgröße, dem Grad der Bereitschaft zur Veränderung und der Passgenauigkeit bestehender Prozesse, um nur einige zu nennen. Erfahrungsgemäß variiert die Spanne hier irgendwo zwischen zwei Monaten und einem Jahr. Welche Schritte vor dem öffentlichen Start eines Social-Media-Engagements stehen und wie Sie Ihr Unternehmen bestmöglich vorbereiten, zeige ich Ihnen in diesem Kapitel.

14.1   Ist mein Unternehmen bereit für Social Media?

Um den Standort Ihres Unternehmens in Bezug auf die Bereitschaft für ein Engagement in den sozialen Medien zu bestimmen, gibt es eine Reihe von professionellen Werkzeugen, die Ihnen dabei helfen. Drei dieser Werkzeuge, mit denen Sie bestens für diese Aufgabe gerüstet sind, stelle ich Ihnen in diesem Abschnitt vor.

14.1.1   Die umfassende Bestandsaufnahme

Bevor Sie überhaupt anfangen zu planen, müssen Sie herausfinden, mit welchen Rahmenbedingungen Sie es zu tun haben. An dieser Stelle hilft Ihnen ein systematisches *Social-Media-Audit*, in dem sowohl die externen als auch die internen Gegebenheiten und Voraussetzungen analysiert werden. Der Begriff Audit leitet sich von dem lateinischen *audire* für hören/anhören ab und bezeichnet ein Untersuchungsverfahren, das Prozesse im Hinblick auf die Erfüllung von bestimmten Anforderungen prüft und beurteilt. In einem anfänglichen Social-Media-Audit wird der aktuelle Ist-Zustand ermittelt und so verortet, wie »bereit« das Unternehmen für Social Media ist und in welchen Bereichen noch Veränderungen stattfinden müssen, damit ein Engagement starten kann. Das Audit teilt sich in zwei Bereiche auf, das externe Audit, das die Voraussetzungen der Umwelt analysiert (ausführlich in Abschnitt 14.1.2), und das interne Audit, das überprüft, wie die Gegebenheiten im Unternehmen sind (ausführlich in Abschnitt 14.1.3). Externe wie interne Analyse fächern sich jeweils in weitere Unterkategorien auf, wie Sie in der Übersicht in Abbildung 14.2 sehen können.

Die Ergebnisse der Audits bilden die Grundlage für eine anschließende *SWOT-Analyse* (siehe Abschnitt 14.1.4) sowie die Berechnung des *Social Media Readiness Scores* (siehe Abschnitt 14.1.5) und damit die Ausarbeitung der Social-Media-Strategie.

Ein Social-Media-Audit macht nicht nur zu Beginn eines Social-Media-Engagements Sinn, im Gegenteil. Es hilft Ihnen auch zu späterer Zeit dabei, zu sehen, wo Sie aktuell stehen, welchen Weg Sie bereits zurückgelegt haben und in welchen Bereichen noch Potenzial für eine Verbesserung besteht. Deshalb sollten Sie sich auch dann mit dem Prozess vertraut machen, wenn Sie ein bereits bestehendes Social-Media-Programm betreuen.

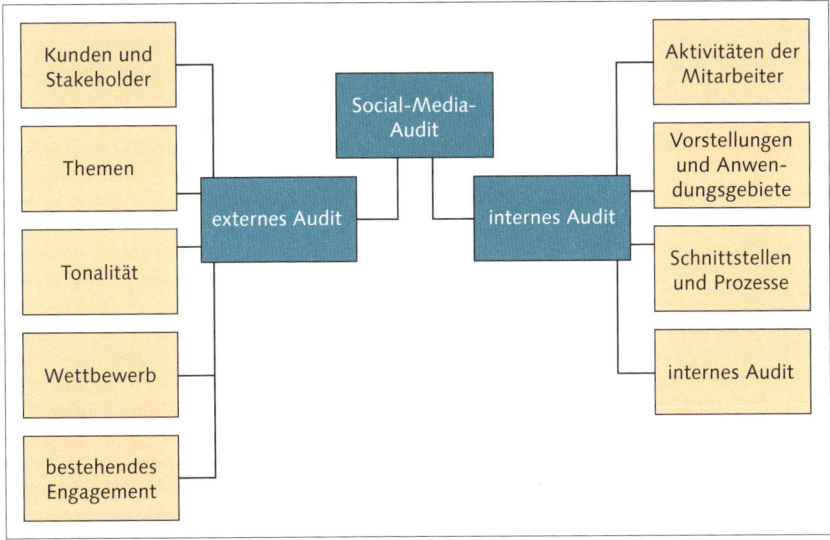

Abbildung 14.2 Übersicht des Social-Media-Audits

14.1.2   Externes Social-Media-Audit

Ziel des externen Audits ist es, die externen Gegebenheiten genau zu analysieren. Neben einer Einschätzung der Bezugsgruppen des Unternehmens werden Themen und die Tonalität überprüft, der Wettbewerb eingestuft und bereits bestehende Aktivitäten bewertet.

Eine Zusammenarbeit mit einer auf Social Media Monitoring spezialisierten Agentur macht für diese Nullmessung, also die Erfassung des Status vor dem Start eines Social-Media-Engagements, viel Sinn. Diese verfügt über die richtigen Technologien und das Wissen, um Ihr Unternehmen im Social Web zu verorten. Darüber hinaus können Sie nach einem professionellen Audit besser einschätzen, wie sinnvoll das Engagieren einer Agentur für das dauerhafte Monitoring ist. Professionelle Anbieter von Social-Media-Monitoring-Dienstleistungen in Deutschland finden Sie in Abschnitt 9.6, »Kostenpflichtige Dienste«. Im Detail werden im Rahmen eines externen Audits die folgenden Aspekte evaluiert.

Kunden und Stakeholder

Eine Analyse darüber, wo im Netz über Ihr Unternehmen und Ihre Produkte gesprochen wird, ist insbesondere für die Auswahl der Plattformen unerlässlich, auf denen Ihr Unternehmen Präsenzen einrichtet. Darüber hinaus werden in diesem

Rahmen wichtige Meinungsführer und Multiplikatoren identifiziert, und Sie finden heraus, welche Zielgruppen Sie überhaupt im Social Web erreichen können.

Themen

Die Analyse der Themen, die im Zusammenhang mit Ihrem Unternehmen besprochen werden, gibt Ihnen schon an diesem Punkt einen Hinweis auf eventuelle Schwerpunkte in Ihrer Content-Strategie. Darüber hinaus können Sie hier Trends und sogar potenzielle Krisenherde ableiten. Oftmals bringt eine solche Analyse zusätzliche Begriffe, die innerhalb eines Monitorings beobachtet werden sollten.

Tonalität

Das Stichwort Krise ist die perfekte Überleitung zu einem weiteren Punkt der Evaluation. Die Tonalität, also die Stimmung, die in den Unterhaltungen über Ihr Unternehmen mitschwingt, ist ein wichtiger Faktor für die Schwerpunkte der Social-Media-Strategie. Wird in erster Linie positiv über Ihre Organisation gesprochen, können Sie ganz andere Akzente setzen als bei einem Unternehmen, das stark in der Kritik steht. Mit einer Auswertung darüber, welche Themen besonders negativ besetzt sind, schaffen Sie darüber hinaus gleich Ansatzpunkte für deren Verbesserung.

Wettbewerber

Interessant ist immer auch eine Auswertung dessen, was der Wettbewerb macht. Zunächst wäre hier analog eine Analyse der Kunden, Tonalität und Themen hilfreich, die Sie mit Ihren Ergebnissen abgleichen können.

Darüber hinaus sollten Sie sich die Engagements unbedingt persönlich ansehen und sich dabei die folgenden Fragen stellen: Wo und wie wird kommuniziert? Gibt es öffentliche Informationen über die Strategie, Ziele oder den Aufbau des Teams? Was macht der Wettbewerb besonders gut oder schlecht? Was können Sie aus alldem für Ihr Engagement lernen? Ein persönlicher Tipp an dieser Stelle: Suchen Sie doch einmal in Suchmaschinen und auf Plattformen wie Slideshare mit der Stichwortkombination aus dem Namen des Unternehmens und »Social-Media-Strategie«. Oftmals finden Sie so direkt, was Sie suchen. Eine Suche für das Logistikunternehmen DHL nach diesem Vorbild ergibt zum Beispiel einen Artikel auf der Seite *Call Center News* unter *http://bit.ly/11fYZHX*, der die Strategie ausführlich beschreibt (siehe Abbildung 14.3).

In diesem Zusammenhang sollten Sie sich durchaus auch Auftritte in den USA und Großbritannien ansehen, denn in der Regel sind Unternehmen aus dem angelsächsischen Raum immer einen Schritt voraus. Wenn Sie dort keine direkten Wettbewerber haben, können Sie Ihre Analyse auf vergleichbare Unternehmen der Branche ausweiten. Was macht der Wettbewerb? Welche Strategie wird verfolgt? Wie ist das Engagement aufgebaut? Was können Sie davon lernen?

Vom Zuhören zum strategischen Framework

Die von der Konzernkommunikation initiierte Social Media- Strategie der Deutschen Post DHL fußt auf drei Säulen: Governance, Engagement und Intelligence.

Unter „Governance" ist der Auf- und Ausbau von Social Media Know-how im gesamten Unternehmen zu verstehen. Hierfür wurde ein umfangreiches Kompendium an Werkzeugen entwickelt: ein Social Media-Handbuch mit Anleitungen und Praxisbeispielen für die erfolgreiche Umsetzung der Business-Ziele im Social Web, Guidelines für Kundenservice-Mitarbeiter und Community-Manager, diverse Online-Schulungen – und natürlich auch Social Media Guidelines für alle 470.000 Mitarbeiter des Unternehmens. Denn ein nicht unbeträchtlicher Anteil der Wortmeldungen im Social Web kommt
von den eigenen Mitarbeitern, die in den sozialen Netzwerken gewissermaßen als Markenbotschafter fungieren.

Unter „Engagement" werden alle Aktivitäten des Konzerns zusammengefasst, bei denen eine Dialog-Orientierung im Mittelpunkt steht. Darunter befinden sich zahlreiche Facebook-Pages, Twitter-Accounts oder YouTube-Channels, die für unterschiedliche Geschäftsfelder, Produkte oder Marketing-Aktivitäten eingerichtet wurden. Diese Aktivitäten unter ein einheitliches Dach zu stellen, war das Ziel
– und dabei immer wieder die zentralen Fragen zu stellen: Welche Berechtigung hat das, was wir als Deutsche Post DHL tun? Wie zahlt es in unsere Zielsetzungen ein?

„Intelligence" beinhaltet die umfassenden Monitoring-Aktivitäten im Social Web zur Identifikation aller relevanten Quellen und Meinungsführern. Hierfür wurde ein Set aus relevanten Keywords, gängigen Abkürzungen und Produktnamen zusammengestellt, das flexibel an aktuelle Themen und Entwicklungen angepasst werden kann. So können alle Aktivitäten und Kommunikationskanäle kontrolliert und aktuelle Auswertungen dazu erstellt werden, wie die Kunden die Marke und einzelne Produkte beurteilen – und welche Verbesserungen und neue Produkte sie sich wünschen.

Abbildung 14.3 Ausführliche Informationen zu der DHL-Social-Media-Strategie auf der Seite »Call Center News«

Social Media

Den Abschluss des externen Audits bildet eine Bewertung der aktuellen Aktivitäten im Social Web, sofern hier schon welche vorhanden sind. In diesem Zusammenhang sollten Sie auch überprüfen, auf welchen Plattformen bereits ein Account mit dem Namen des Unternehmens existiert. Einen schnellen Überblick können Sie sich mit dem Tool Namechk (*http://namechk.com*, siehe Abbildung 14.4) verschaffen.

Dieser Dienst überprüft auf über 150 Plattformen, ob ein bestimmter Name oder eine Vanity-URL bereits vergeben ist. Sollte sich bereits jemand Ihre Präsenzen reserviert haben, können Sie die Person direkt schon einmal anschreiben und um eine Übergabe bitten. Übrigens, auf den meisten Plattformen ist per AGB der Verkauf eines Accounts untersagt. Sollten Sie ein entsprechendes Angebot bekommen, lohnt es sich, den jeweiligen Kundenservice zu kontaktieren und diesbezüglich mal nachzufragen. Im Rahmen des externen Audits werden nur die öffentlich sichtbaren Aspekte bestehender Engagements überprüft, diese Analyse wird im Rahmen des internen Audits, das ich ihnen jetzt vorstelle, noch um die interne Perspektive erweitert.

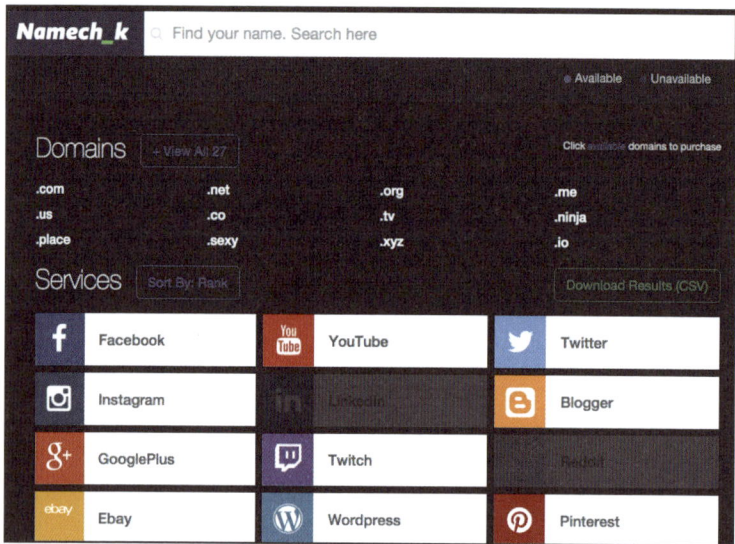

Abbildung 14.4 Namechk verschafft Ihnen einen Überblick über vergebene Accounts.

14.1.3   Internes Social-Media-Audit

Das interne Audit hat zum Ziel, die Bereitschaft des Unternehmens für ein Engagement in Social Media sowie Standpunkte und mögliche Schwerpunkte zu verorten. Im Rahmen des internen Social-Media-Audits werden die folgenden vier Teilbereiche untersucht:

▶ Bestandsaufnahme der Social-Media-Aktivitäten durch Abteilungen oder einzelne Mitarbeiter des Unternehmens

▶ Evaluation, welche Vorstellungen und potenziellen Anwendungsgebiete die einzelnen Abteilungen im Kopf haben

▶ Analyse der bestehenden Prozesse und Schnittstellen, die relevant für ein Social Media Management sind

▶ Analyse der technischen Gegebenheiten und Ressourcen

Am Ende dieses internen Audits steht ein Gesamtbild des Status quo aus der internen Perspektive.

Bestandsaufnahme der Aktivitäten

Bevor ein Unternehmen in das strategische Social Media Management einsteigt, passiert es durchaus, dass einzelne Abteilungen oder Personen eigenständig kleinere Aktivitäten anstoßen, etwa das Sichern von Accounts auf Twitter, Facebook & Co. durch einen Social-Media-affinen Mitarbeiter oder den Kundenservice, wie in dem Beispiel in Abbildung 14.5 die Hermes Logistik Gruppe, die ihre Kunden bereits mehrere Jahre lang in einzelnen Foren und Verbraucherplattformen professionell betreut hatte, bevor das Social Media Management ins Leben gerufen wurde.

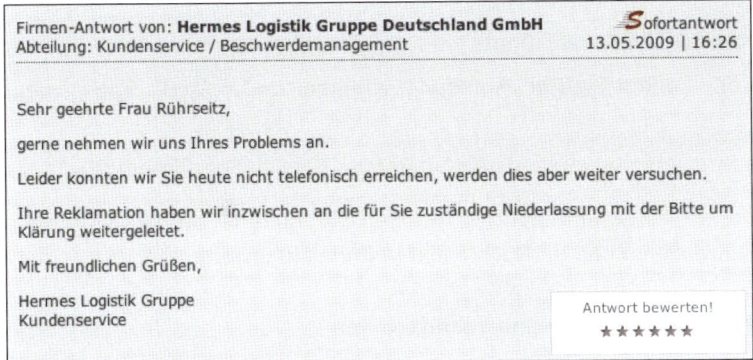

Firmen-Antwort von: **Hermes Logistik Gruppe Deutschland GmbH**   *S*ofortantwort
Abteilung: Kundenservice / Beschwerdemanagement   13.05.2009 | 16:26

Sehr geehrte Frau Rührseitz,

gerne nehmen wir uns Ihres Problems an.

Leider konnten wir Sie heute nicht telefonisch erreichen, werden dies aber weiter versuchen.

Ihre Reklamation haben wir inzwischen an die für Sie zuständige Niederlassung mit der Bitte um Klärung weitergeleitet.

Mit freundlichen Grüßen,

Hermes Logistik Gruppe
Kundenservice

Antwort bewerten!
★ ★ ★ ★ ★

Abbildung 14.5 Der Kundenservice der HLGD agierte bereits vor dem offiziellen Start aktiv und professionell in den sozialen Medien.

Ziel des internen Audits ist an dieser Stelle, all diese Einzelaktionen zu identifizieren. Diese Daten können durch ein Social Media Monitoring gewonnen werden, eine Umfrage im Unternehmen bringt oft zusätzliche Erkenntnisse. Bedenken Sie an dieser Stelle, dass kein Mitarbeiter dazu verpflichtet ist, Ihnen Auskünfte über seinen privaten Twitter-Account zu geben.

Evaluation der Vorstellungen und potenziellen Anwendungsszenarien

Wie unterschiedlich teilweise die Vorstellungen von dem Einsatz der sozialen Medien im Unternehmenskontext sind, habe ich immer wieder in Interviews zum Thema erlebt. Das Vorgehen an dieser Stelle ist, eine oder mehrere Schlüsselfiguren aus der Geschäftsführung, den Abteilungen Marketing, Unternehmenskommunikation, Kundenservice, Personal, Vertrieb, IT sowie anderen Abteilungen, die für ein Engagement relevant sein könnten, zu interviewen. Die Fragen reichen hier von einer Einschätzung des eigenen und unternehmensweiten Wissensstandes bis hin zu konkreten Vorstellungen, wie Social Media in dem jeweiligen Bereich eingesetzt und umgesetzt werden könnten. Einen konkreten, allgemeinen Fragenkatalog gibt es hier nicht. Die Fragen müssen konkret auf das Unternehmen und sogar die jeweils gerade im Interview befindliche Person zugeschnitten sein.

Als Inspiration können Ihnen diese Beispielfragen dienen:

▶ Halten Sie ein Social-Media-Engagement für sinnvoll?

▶ Welches Ziel sollte das Unternehmen mit Social Media verfolgen?

▶ Was wissen Sie über Social Media?

▶ Kennen Sie gute Beispiele für Social-Media-Engagements?

- Wo sehen Sie das Unternehmen aktuell, was muss dringend vor einem Engagement getan werden?

- Sehen Sie Hindernisse für ein Engagement?

- Welche potenziellen Krisen könnte ein Engagement mit sich bringen?

- Welche Rolle sollten Sie/Ihre Abteilung in einem Social-Media-Engagement spielen?

- Gibt es in Ihrer Abteilung bereits Aktivitäten im Bereich Social Media?

Führen Sie die Interviews im möglichst lockeren Stil, hilfreich kann es sein, diese auf Video aufzuzeichnen und im Nachhinein in Ruhe auszuwerten.

Analyse bestehender Prozesse und Schnittstellen

Eine Aufgabe, die nicht ganz trivial ist, ist die Analyse bestehender Prozesse, die für Social Media relevant sind. In diesem Stadium wäre »sein könnten« die treffendere Formulierung, da Sie noch nicht genau wissen, welchen Weg die Social-Media-Strategie im Endeffekt vorsieht. Auch hier gibt es kein allgemeingültiges Rezept. Aspekte, die Sie sich aber in jedem Fall anschauen sollten, sind die folgenden:

- **Freigabeprozesse**: Wie werden Botschaften, die das Unternehmen verlassen, heute freigegeben? Welche Personen sind involviert? Wie könnte hier ein Rahmen geschaffen werden, der den Kommunikatoren innerhalb des Social-Media-Teams größtmögliche Freiheiten ermöglicht?

- **Krisenkommunikation**: Welche Prozesse setzen ein, wenn eine Krise erwartet wird oder eintritt? Wie sind die Meldeketten, wer wird zu welchem Zeitpunkt informiert und einbezogen? Gibt es eine spezielle Krisen-Taskforce?

- **Kundenservice**: Wie werden Beschwerden von Kunden heute bearbeitet? Gibt es spezielle Eskalationsstufen? Was passiert, wenn jemand die Geschäftsführung direkt anschreibt? Was passiert, wenn die Medien einen missglückten Fall aufnehmen?

- **Marketing**: Wie werden Kampagnen organisiert? Welche Kampagnen begleiten das Unternehmen? Gibt es unterschiedliche Zuständigkeiten für potenzielle und bestehende Kunden?

- **Forschung und Entwicklung**: Wie werden neue Produkte entwickelt? Wie wird Marktforschung betrieben?

Eine Analyse der Prozesse sollte immer im Hinblick auf folgende Fragen stattfinden:

- Wie könnte eine Zusammenarbeit mit den zuständigen Abteilungen aussehen?

- Welche Schnittstellen müssen geschaffen werden?

- Welche Personen in den Abteilungen wären als Ansprechpartner geeignet?

Analyse der technischen Gegebenheiten und Ressourcen

Ein Social-Media-Team, das nicht richtig ausgestattet ist, kann nicht arbeiten. Was zunächst absolut logisch klingt, ist in der Realität oftmals ein echtes Problem. Sicherheitsrichtlinien, blockiertes Internet, hierarchiebedingte Freigabe für Smartphones und der Internet Explorer 10 als Standardbrowser machen das Arbeiten schwer. Im Rahmen des internen Audits müssen entsprechend auch die hiesigen Rahmenbedingungen erfasst werden. Kann das Social-Media-Team frei auf das Internet zugreifen, ist die technische Grundausstattung vorhanden (konkret dazu in Abschnitt 15.2.1, »Die Grundausstattung«), und wo gibt es sonst noch Hindernisse oder Engpässe, die ein Engagement stören könnten? Idealerweise setzen Sie sich hier gleich mit der IT-Abteilung zusammen, um eventuelle Lösungsansätze anzustoßen.

Ist auch das interne Audit abgeschlossen, kommen die Auswertung und die Analyse der gewonnenen Daten.

14.1.4   SWOT-Analyse

Das Akronym SWOT leitet sich von diesen englischen Begriffen ab:

- **S**trenghts (Stärken)
- **W**eaknesses (Schwächen)
- **O**pportunities (Chancen)
- **T**hreats (Risiken)

Es bezeichnet ein Instrument der strategischen Planung, das eine Grundlage für die Strategieentwicklung schafft. Die Ergebnisse des Audits werden dafür in eine Matrix eingeordnet, die unternehmensinterne Schwächen und Stärken (Unternehmensfaktoren) sowie Herausforderungen und Risiken abbildet, die in externen Bedingungen ihre Ursache finden (Umweltfaktoren). Auf den Stärken können Sie Strategie und Umsetzung gezielt aufbauen, Schwächen sind beeinflussbare Größen, an denen Sie arbeiten müssen, bevor Sie und Ihr Unternehmen bereit für ein Engagement in den sozialen Medien sind. Chancen beschreiben Möglichkeiten, denen Sie besondere Berücksichtigung in Strategie und Umsetzung zukommen lassen sollten. Risiken müssen Sie bei der Kommunikation in sozialen Medien stets im Auge behalten und wo möglich beeinflussen. Sind die Ergebnisse des Social-Media-Audits in die SWOT-Matrix übersetzt, gilt es, den Nutzen aus Stärken und Chancen zu maximieren und die negativen Effekte aus Risiken und Schwächen zu minimieren. Eine Ableitung erfolgt hier über die folgenden vier Kombinationsfragen:

1. **SO – Stärke-Chance-Kombination**: Welche Stärke kann genutzt werden, um eine Chance zu nutzen?

2. **ST – Stärke-Risiko-Kombination**: Welche Stärke kann genutzt werden, um ein bestimmtes Risiko zu minimieren?

3. **WO – Schwäche-Chance-Kombination**: Gibt es eine Möglichkeit, aus einer Schwäche eine Chance zu machen? Wie lässt sich eine Schwäche in eine Stärke verwandeln?

4. **WT – Schwäche-Risiko-Kombination**: Wie lässt sich das Unternehmen optimal vor Risiken schützen? Welche Schwächen können sich in Risiken verwandeln?

Aus den Antworten auf diese vier Kombinationen können Sie jetzt geeignete Maßnahmen ableiten, die im Rahmen der Social-Media-Strategie aufeinander abgestimmt werden. Da das Thema SWOT-Analyse derart abstrakt ist, werde ich Ihnen die Methode anhand eines fiktiven Praxisbeispiels näherbringen.

Praxisbeispiel SWOT-Analyse

Hauptdarsteller in meinem Beispiel ist die Motorrad AG, ein Hersteller von Motorrädern mit guter Marktposition. Das externe Social-Media-Audit ergab hier, dass es eine Menge Kunden gibt, die sich über die Marken des Unternehmens austauschen, und Mitarbeiter, die mit diesen Fans bereits aktiv in Kontakt sind (Stärken). Dies wird von den Fans sehr positiv aufgenommen (Chancen). Der Tenor ist grundlegend positiv (Stärke), jedoch im Bereich Kundenservice sowie zu einigen wenigen Händlern gibt es sehr negative Stimmen (Risiken). Da das Unternehmen bisher kein offizielles Social-Media-Programm hat, ergibt das interne Audit unzureichende Infrastrukturen und personelle Ressourcen, einen langsamen Informationsfluss sowie ein fehlendes Social Media Monitoring (Schwächen). Die zugehörige SWOT-Matrix sehen Sie in Abbildung 14.6.

Auf Basis dieser SWOT-Matrix ergeben sich die folgenden Antworten auf die vier Kombinationen:

1. **SO – Stärke-Chance-Kombination**: Eine starke Fangemeinschaft und engagierte Mitarbeiter sind die ideale Grundlage für einen Dialog in den sozialen Medien.

2. **ST – Stärke-Risiko-Kombination**: Da sich die Fans aktiv über das Unternehmen austauschen, sind Schwachstellen im Kundenservice sowie bei Händlern, die negativ auffallen, leicht zu identifizieren.

3. **WO – Schwäche-Chance-Kombination**: Im Rahmen der Einführung eines Social-Media-Engagements werden die Schwächen schrittweise beseitigt. Dies ermöglicht einen Dialog auf einem ganz anderen Level als zuvor.

4. **WT – Schwäche-Risiko-Kombination**: Hat das Unternehmen weiterhin keine Möglichkeit, Gespräche im Netz durch ein Social Media Monitoring zu beobachten, kann zum Beispiel ein besonders negativer Erfahrungsbericht über einen Händler Auswirkungen auf das Gesamtimage des Unternehmens haben.

Stärken	Schwächen
▶ starke Marke ▶ starke Fangemeinschaft ▶ engagierte Mitarbeiter ▶ gute Grundlage für Inhalte	▶ kein Social Media Monitoring ▶ fehlende Infrastruktur ▶ langsamer Informationsfluss ▶ unzureichende personelle Ressourcen
Chancen	Risiken
▶ Fans wünschen sich Dialog mit der Marke ▶ Mitarbeiter als Markenbotschafter	▶ Kundenservice hat ein schlechtes Image ▶ schwarze Schafe unter den Händlern

Abbildung 14.6 SWOT-Matrix für das Praxisbeispiel

Diese Analyse gibt dem Unternehmen eine gute Grundlage für die Entwicklung einer geeigneten Strategie und die Wahl der bestmöglichen Ziele. Auf das Beispiel der Motorrad AG werde ich im weiteren Verlauf dieses Kapitels zurückgreifen.

14.1.5   Social Media Readiness Score

Neben der SWOT-Analyse gibt es ein weiteres Werkzeug, das die Ergebnisse des Audits in eine Positionsbestimmung des Unternehmens übersetzt. *Social Media Readiness* ist ein von der Agentur Demand Metric entwickeltes Punktesystem (Scoring), das offenlegt, in welchen Bereichen ein Unternehmen schon besonders gut im Hinblick auf die Bereitschaft für ein Social-Media-Engagement dasteht und in welchen Bereichen noch nachgebessert werden muss. Demand Metric bietet auf der Unternehmens-Website (*http://bit.ly/1aOBvht*) eine englischsprachige Arbeitsmappe an, die Ihren Readiness Score automatisch ausrechnet. Dafür müssen Sie einen umfangreichen Fragenkatalog beantworten und Ihr Unternehmen im Hinblick auf unterschiedliche Bereiche bewerten. Als Ergebnis erhalten Sie ein Netzdiagramm, das Ihnen anschaulich zeigt, wo Ihr Unternehmen noch Verbesserungspotenzial hat (siehe Abbildung 14.7).

Ein Beispiel für eine vollständige Analyse können Sie sich unter *http://bit.ly/151pEEM* ansehen. Darüber hinaus finden Sie auf meinem Blog *http://bit.ly/1aODDFY* die ins Deutsche übersetzten Fragen sowie eine ausführliche Erläuterung der Vorgehens- und Funktionsweise.

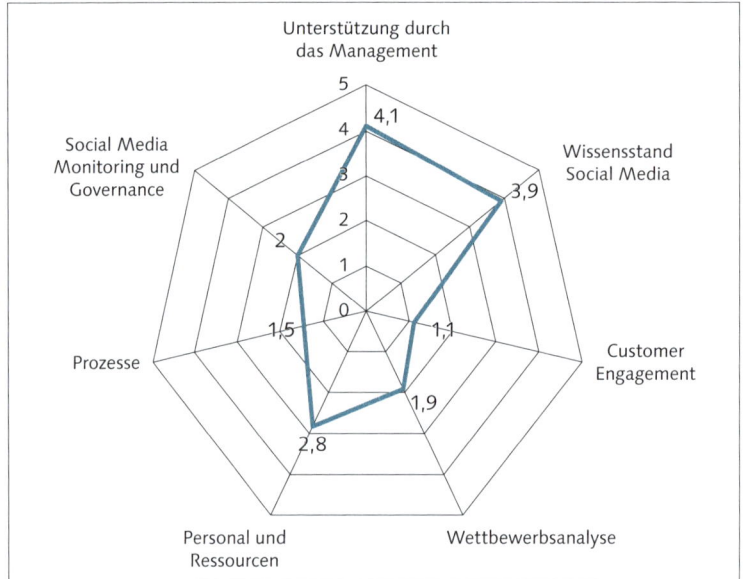

Abbildung 14.7 Ergebnis der Analyse in einem Netzdiagramm

14.2 Erfolgsfaktoren der Social-Media-Strategie im Unternehmen

Social-Media-Strategien, die nicht vollständig im Unternehmen und den bestehenden Prozessen integriert sind, sind langfristig zum Scheitern verurteilt. Zu diesem Ergebnis kam die Altimeter-Studie »Social Readiness – How Advanced Companies Prepare Internally«[1], die 144 Unternehmen im Hinblick auf die Prozesse und Strukturen um die Social-Media-Strategie herum untersuchte. Die Studie bestätigt wieder einmal, dass die Umsetzung einer Social-Media-Strategie mehr ist als nur die Umsetzung an sich. Social Media bedingen eine Transformation des Unternehmens in ein *Social Business*. Damit Sie Ihrem Unternehmen erfolgreich durch diese Transformation helfen können, müssen Sie insbesondere vier Faktoren im Blick haben:

▸ Social Media Governance

▸ unternehmensweite Reaktionsprozesse

▸ fortlaufendes Schulungsprogramm und Austausch von Best Practices

▸ Führung durch ein dezidiertes und zentrales Team

Die einzelnen Erfolgsfaktoren werde ich Ihnen in den folgenden Abschnitten ausführlich erläutern.

---

1 *http://bit.ly/17EJgSi*

14.2.1 Social Media Governance

Der Begriff *Governance* bezeichnet im Allgemeinen ein Steuerungs- und Regelungssystem einer Organisation. *Social Media Governance* ist demnach die Bezeichnung für die Rahmenbedingungen für den Einsatz von Social Media. Darunter fallen neben der übergreifenden Strategie und der Ressourcenverteilung insbesondere die Schaffung eines Ordnungsrahmens für den Einsatz von Social Media. Die Minimalanforderung für eine erfolgreiche Social-Media-Strategie ist, dass das Unternehmen eine Social Media Policy oder Guideline aufsetzt, die den Mitarbeitern hilft, sich sicher im Social Web zu bewegen, und die das Unternehmen vor rechtlich bedenklichem Verhalten schützt. Fortgeschrittene Unternehmen ermutigen ihre Mitarbeiter sogar dazu, sich aktiv in den sozialen Medien zu beteiligen und als Markenbotschafter zu agieren.

Darüber hinaus müssen die Social Media Guidelines durch einen Prozess begleitet werden, der diese allen Mitarbeitern nahebringt und gegebenenfalls notwendige Aktualisierungen einleitet. Den gesamten Themenkomplex der Social Media Guidelines stelle ich Ihnen ausführlich in Abschnitt 14.6, »Social Media Guidelines«, vor.

14.2.2 Unternehmensweite Reaktionsprozesse

Bereits im Alltag braucht es einen definierten Workflow im Team, damit jeder Kunde abgeholt wird und nicht mehrere Personen gleichzeitig ein und denselben Kunden ansprechen. Dass so ein Workflow nicht auf das Social-Media-Team beschränkt ist, zeigt sich spätestens dann, wenn die erste kompliziertere Kundenanfrage eingeht oder sogar ein Shitstorm über das Unternehmen hereinbricht. Hier zeigt sich die Bedeutung von unternehmensweiten, gut durchgeplanten Prozessen und Schnittstellen, damit Ihr Unternehmen in der Lage ist, adäquat, zeitnah und konsistent zu reagieren. Die Altimeter-Studie identifizierte dabei die folgenden drei Themenkomplexe als besonders wichtig.

14.2.3 Social-Media-Workflow/Triage

Social-Media-Workflow, Triage oder Prozess, ist eine Sequenz von aufeinanderfolgenden Schritten, die die gesamte Organisation dazu befähigt, effizient und mit minimal überlappenden Aufgaben und Ressourcen zu handeln, um den Markt in den sozialen Kanälen und darüber hinaus zu bedienen. Definierte Workflows helfen dabei, Überschneidungen in der Kundenkommunikation zu vermeiden sowie den Prozess von der Entdeckung eines Kundenpostings bis hin zum Abschluss für alle Seiten zufriedenstellend zu erledigen. Community Manager und Agents haben eine Richtlinie dafür, was wann und wie zu tun ist. Haben Sie einen Workflow ausgearbeitet, sollten Sie jedoch im Hinterkopf behalten, dass dieser nicht in Stein gemeißelt ist, sondern durch Erfahrung optimiert werden kann. Auf die Ausarbeitung von

Social-Media-Workflows gehe ich in Abschnitt 14.5, »Social-Media-Prozesse und -Workflows gestalten und etablieren«, noch ausführlich ein. In Kapitel 8, »Community Management – der direkte Dialog«, habe ich Ihnen in diesem Zusammenhang bereits einen Workflow für das Community Management vorgestellt und in Abschnitt 11.4.4, »Faktoren einer guten Krisenkommunikation«, ein Schema für die Krisenkommunikation. Genau diese beiden Prozesse wurden in der Studie als erfolgskritische Punkte identifiziert, entsprechend sollten Sie diese besonders sorgfältig für Ihr Unternehmen ausarbeiten.

14.2.4 Fortlaufendes Schulungsprogramm und Austausch von Best Practices

Aufgrund der Dynamik, mit der sich die Gegebenheiten in Social Media verändern, ist es wichtig, dass die Mitarbeiter in diesem Bereich ihre Fähigkeiten und ihr Wissen stetig ausbauen. Das Lernen in dem Bereich Social Media hört niemals auf, neue Netzwerke kommen hinzu, Facebook verändert seine Funktionen oder Spielregeln, oder ein neuer Bereich ergänzt das bestehende Engagement (Inspirationen dazu finden Sie in Kapitel 11, »Anwendungsfelder des Social Media Managements«). Unternehmen, die erfolgreich in Social Media agieren, sorgen entsprechend dafür, dass ihr Social-Media-Team in ein fortlaufendes Schulungsprogramm eingebunden ist. Dies beginnt bei einem organisierten Austausch untereinander, reicht über den Besuch von Konferenzen und Barcamps (siehe dazu Abschnitt 3.2.4, »Der Blick über den Tellerrand«, bis Abschnitt 3.4, »Networking«) bis hin zu der Förderung einer Lernkultur. Die folgenden Maßnahmen können Ihnen eine Idee von dem vermitteln, was Sie dafür tun können:

Stetiges Lernen ist für das Social-Media-Team wichtig und sollte entsprechend Zeit im Arbeitsalltag finden. Planen Sie Meetings, in denen Sie mit Ihrem Team Best- und Worst-Practice-Beispiele durchsprechen. Stellen Sie sich dabei die folgenden Fragen:

▶ Was war gut, und was war schlecht?

▶ Wie hätte hier anders reagiert werden können?

▶ Lernen Sie aus den Fehlern und Erfolgen anderer Unternehmen genauso wie von den Erfahrungen Ihrer Teammitglieder.

▶ Erstellen Sie eine Übersicht über interessante Konferenzen und Weiterbildungsmaßnahmen (siehe Abschnitt 3.2.4 bis Abschnitt 3.4), und schaffen Sie bereits während der Budgetplanung die notwendigen Mittel dafür.

▶ Schaffen Sie einen Verteiler für interessante Links, in den alle regelmäßig Artikel schicken, die lehrreich sind. Alternativ können Sie auch einen wöchentlichen Newsletter verfassen, der die besten Links der Woche enthält.

▶ Bauen Sie ein zentrales Wissensarchiv auf, beispielsweise in Form eines internen Wikis. Hier haben die diskutierten Beispiele genauso ihren Platz wie ein Glossar mit den wichtigsten Begriffen rund um Social Media oder eine kommentierte Liste mit besonders wichtigen Influencern und Meinungsführern sowie Standarddokumente wie Social Media Guidelines und Reaktionsschemata. Dieses Wissensarchiv ist nicht nur für das Social-Media-Team relevant, jeder interessierte Mitarbeiter sollte darauf Zugriff haben.

Persönlich finde ich es wichtig, dass generell das gesamte Unternehmen die Möglichkeit hat, sich mit dem Thema Social Media auseinanderzusetzen. Auf diesen Aspekt gehe ich in Abschnitt 14.7.3, »Schulungen und Trainings«, noch genauer ein.

14.2.5   Führung durch ein dezidiertes und zentrales Team

Eine fehlende übergeordnete Social-Media-Strategie in Kombination mit mehreren Abteilungen, die sich auf eigene Faust in den sozialen Medien engagieren, führt meistens zu einem höheren Verbrauch von Ressourcen und einer uneinheitlichen Repräsentation des Unternehmens nach außen. Diese Probleme lassen sich umgehen, wenn Sie in Ihrem Unternehmen ein sogenanntes *Center of Excellence* etablieren. Kern dieser Formation ist ein dezidiertes Social-Media-Team, das die bereichsübergreifende Verantwortung für sämtliche Social-Media-Aktivitäten Ihres Unternehmens trägt. Im Einzelnen sind dies die folgenden Aufgabenkomplexe:

▶ Entwicklung der unternehmensweiten Social-Media-Strategie

▶ Koordination des gesamten Engagements in den sozialen Medien

▶ Ausführung des Monitorings inklusive Ausarbeitung einheitlicher Messwerte-Reportings

▶ Etablierung und Verbesserung der Social Media Governance

▶ Entwicklung und Durchführung von Trainings und Schulungsprogrammen

▶ Forschung im Bereich der Kunden und des Wettbewerbs

▶ Test und Auswahl für mögliche Tools, Partner und Agenturen

▶ zentraler Ansprechpartner für alle Themen und Probleme rund um Social Media

Das Team besteht dabei aus Personen mit unterschiedlichen Schwerpunkten und Hintergründen.

Die Idealbesetzung für das zentrale Social-Media-Team

Die ideale Besetzung für Unternehmen mit mehr als 1.000 Mitarbeitern entspricht, laut den Untersuchungen der Altimeter Group, im Schnitt einem Team von elf Personen. Diese Teamgröße ist für kleine und mittelständische Unternehmen zwar unrealistisch, aber die idealtypische Verteilung hilft Ihnen dabei, eine geeignete Struktur für Ihr persönliches Team zu entwickeln.

In Tabelle 14.1 sehen Sie die Bezeichnung der Rollen inklusive einer Beschreibung des Verantwortungsbereichs und einen Stellenschlüssel (SS). Die Zahl 1 entspricht dabei einer Vollzeitstelle, 0,5 einer Halbzeitstelle.

Rolle	Beschreibung	SS
Social Strategist	Der Social Strategist trägt von der Vision bis hin zum Budget die übergeordnete Verantwortung für das Social-Media-Programm.	1,5
Social Media Manager	In diesem Konstrukt ist der Social Media Manager die Schnittstelle zu den einzelnen Unternehmensbereichen. Er koordiniert Ressourcen und die Kommunikation, entwickelt Kampagnen und Programme.	2
Community Manager	Der Community Manager hat auch hier die klassische, auf die Kommunikation mit den Kunden fokussierte Rolle.	3
Social Analyst	Der Social Analyst ist für das unternehmensweite Monitoring und Reporting zuständig.	1
Web Developer	Der Webentwickler unterstützt das Social-Media-Team bei der Konzeption, Entwicklung, Anpassung und dem Branding von bestehenden und neuen Social-Media-Technologien.	1,5
Education Manager	Der Education Manager konzipiert Schulungs- und Trainingspläne für das gesamte Unternehmen und organisiert den Austausch von Best Practices und Wissen im Allgemeinen.	0,5
Business Unit Liaison	In Großunternehmen übernimmt diese Rolle die Koordination zwischen den einzelnen Unternehmensbereichen, beschafft die benötigten Ressourcen und gewährleistet eine Konsistenz des Engagements.	1,5
Durchschnittliche Größe des Social-Media-Teams		11

Tabelle 14.1 Durchschnittliche Größe des Social-Media-Teams erfolgreicher Unternehmen gemäß der Social-Readiness-Studie

In Deutschland ist mir bis dato kein Team in dieser speziellen Aufgabenteilung bekannt, sehr wohl aber Unternehmen, die diese Rollen »anders zusammensetzen«. Die Lösung sieht meistens so aus, dass mehrere Stellen in Personalunion ausgefüllt werden und nicht jeder Mitarbeiter fester Bestandteil des Teams ist.

Von der One-(Wo)Man-Show zum Team

Meiner Erfahrung nach übernimmt der Social Media Manager meistens in einem ersten Schritt alle in Tabelle 14.1 beschriebenen Aufgaben, bis diese Schritt für Schritt an weitere Personen delegiert werden können. Die zweite Rolle, die entsteht, ist oftmals die des Community Managers. Ich kenne kein Unternehmen in Deutschland, das einen dezidierten Mitarbeiter für die Business Unit Liaison hat. Diese Aufgabe liegt hier in der Regel immer in der Verantwortung des Social Media Managers. Wenn Sie vor der Aufgabe stehen, Ihr Team weiter zu verstärken, hilft Ihnen Tabelle 14.1 bei der Überlegung, welchen Bereich Sie abgeben könnten. Eine alternative Rollenverteilung, die sich in der Praxis bewährt hat, stelle ich Ihnen noch in Abschnitt 14.4.1, »Wer gehört in das Social-Media-Team?«, vor. Die ideale Integrationsform des zentralen Social-Media-Teams ist, gemäß der Studie, das *Hub-and-Spoke-Modell*. Diese und andere Möglichkeiten, ein Social-Media-Team in einem Unternehmen zu integrieren, stelle ich Ihnen im folgenden Abschnitt 14.3 vor.

14.2.6   Fazit

Eines steht fest, der Aufbau derartiger idealtypischer Strukturen innerhalb Ihres Unternehmens wird Sie eine Menge Zeit, Nerven und Ressourcen kosten. Dennoch sollten Sie in die vier genannten Erfolgsfaktoren investieren, denn ein perfekt koordiniertes Social-Media-Engagement mit klar definierten Prozessen, Verantwortlichkeiten und gut ausgebildeten Mitarbeitern, die von einem starken Team geführt und geleitet werden, zahlt sich langfristig doppelt und dreifach aus. Die obigen Ausführungen helfen Ihnen dabei, eine Roadmap dafür zu entwickeln, wie Sie Ihr Unternehmen auf den richtigen Weg bringen. Darüber hinaus sollten Sie sich in diesem Kontext mit den Social-Media-Maturity-Modellen vertraut machen, die ich Ihnen in Abschnitt 14.8, »Social-Media-Reifegradmodelle«, vorstellen werde. Diese beleuchten die Entwicklung eines Unternehmens im Rahmen der Einführung von Social Media aus einer anderen Perspektive.

14.3   Integrationsmodelle von Social Media im Unternehmen

An welcher Stelle im Unternehmen das Social Media Management angesiedelt ist, spiegelt oftmals den Schwerpunkt des jeweiligen Engagements wider. So ist eine der häufigsten Formen nach wie vor, dass Social Media einen kleinen Teil einer bestehenden Abteilung ausmachen oder sogar zusätzlich zu den bestehenden Aufgaben erledigt werden. Dabei ist aus meiner Sicht nach wie vor fraglich, ob dies der Königsweg ist. Über einen Einblick in die Unternehmensrealität, die Diskussion der Vor- und Nachteile der Zuordnung zu einer Abteilung sowie die Vorstellung von

Modellen für die Integration von Social Media werde ich Ihnen in diesem Abschnitt alternative Möglichkeiten vorstellen, die neue Ansätze ermöglichen.

14.3.1 Organisationsmodelle für Corporate Social Media

Jeremiah Owyang beschäftigt sich seit mehr als einem Jahrzehnt eingehend mit der Frage, wie sich Unternehmen bestmöglich für ein Engagement in Social Media aufstellen. Seine Forschungsarbeit ergab fünf unterschiedliche Organisationsmodelle für Corporate Social Media, die er bereits 2010 im Rahmen eines Webinars vorstellte.[2] Weitere Forschungszyklen bestätigten dieses Rahmenkonzept immer wieder, weswegen ich Ihnen diese Modelle vorstellen werde. In Abbildung 14.8 sehen Sie fünf Piktogramme, die jeweils eines der Modelle repräsentieren.

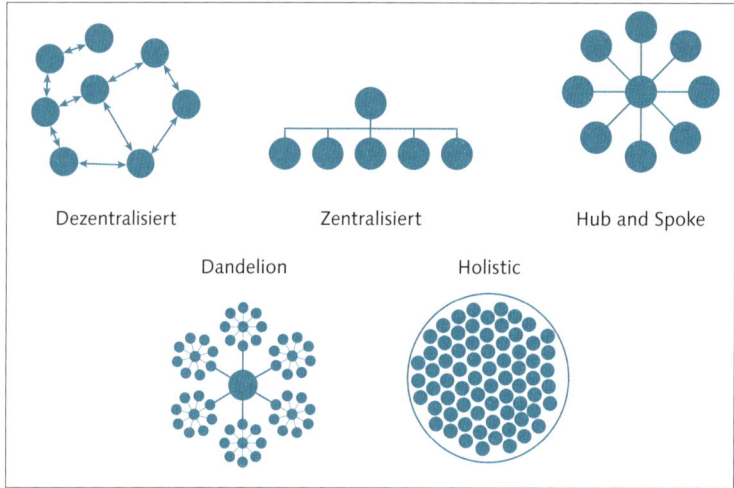

Abbildung 14.8 Organisationsmodelle nach Jeremiah Owyang

Ich werde Ihnen die einzelnen Optionen der Reihe nach von oben links nach unten rechts erläutern.

Dezentralisiert

Das dezentralisierte Modell, auch als »organisch gewachsen« bezeichnet, ist oftmals eine Art Einstiegsformation, die aus dem Tagesgeschäft heraus entsteht. Einzelne Abteilungen starten unabhängig voneinander Social-Media-Engagements, die nicht zwingend miteinander verbunden oder untereinander bekannt sind. Der Nachteil ist nicht nur eine chaotische Struktur im Unternehmen, sondern oftmals auch eine inkonsistente Repräsentation nach außen. Erfahrungsgemäß ist diese

---

2 Das Webinar können Sie sich unter *http://bit.ly/1ahhrmf* ansehen.

Form oft nur ein Zwischenstadium, bevor das Unternehmen in eines der weiteren Modelle übergeht.

Zentralisiert

Das zentralisierte Modell ist, wie der Name schon sagt, eine Struktur, in der eine bestehende Abteilung sämtliche Aktivitäten im Social Web kontrolliert (siehe Abbildung 14.8, oben Mitte). Meistens liegt hier die Verantwortung bei der Unternehmenskommunikation oder dem Marketing (Genaueres dazu gleich in Abschnitt 14.3.2, »Wie sieht die Unternehmensrealität in Deutschland aus?«). Der Vorteil dieses Organisationsmodells liegt in der Konsistenz der Markenbotschaft und der Kommunikationserfahrung der betreffenden Abteilung. Nachteilig kann wiederum sein, dass die klassische Prägung eben jener Kommunikation zu einem weniger authentischen Engagement führt. Dazu kommt laut Owyang eine Tendenz, vorhandene Inhalte ohne Anpassung an die sozialen Medien weiterzuverwenden. Meiner Erfahrung nach bringt diese Konstellation oftmals ein gewisses Konfliktpotenzial mit sich.

Hub and Spoke (Nabe und Speichen)

Bezeichnend für das Modell Hub and Spoke ist ein interdisziplinäres Team, das einen zentralen Punkt (Hub) bildet und von hier aus Abteilungen, Projektteams oder Niederlassungen (die Spokes) betreut (siehe Abbildung 14.8, oben rechts). Das Hub funktioniert dabei als Center of Excellence und hilft jedem der Spokes dabei, Social Media bestmöglich einzusetzen. Es erarbeitet die Social-Media-Strategie, gibt Richtlinien vor, etabliert unternehmensweit Prozesse und Abläufe, bietet Schulungen und Lernmaterial an und ist Ansprechpartner für sämtliche Belange zum Thema Social Media. Aus meiner Sicht ist *Hub and Spoke* das ideale Modell für Social Media im Unternehmen. Der Nachteil, der mit dieser Organisation einhergeht, sind die damit verbundenen Kosten für das Unternehmen. Der Social Media Manager ist die zentrale Figur innerhalb des Hubs, dazu kommen anteilig oder komplette Stellen aus den involvierten Abteilungen dazu. Dieser Einsatz wird mit einem konsistenten, ganzheitlichen Auftritt in den sozialen Medien belohnt. Dazu entsteht die Möglichkeit, Social Media unternehmensweit koordiniert für die Unternehmensziele einzusetzen. Diese Art der Organisation wird heute von im Bereich Social Media professionell aufgestellten Unternehmen wie der Bahn, Rossmann und Tchibo genutzt.

Dandelion (Löwenzahn)

Das Modell Dandelion bzw. Löwenzahn (siehe Abbildung 14.8, unten links) besteht aus mehreren Hub-and-Spoke-Formationen, die zentral koordiniert werden. Dieses Modell eignet sich insbesondere für große multinationale Unternehmen mit verschiedensten Produkten. Im Zentrum werden lediglich generelle Leitlinien entwickelt, die jeweiligen Unternehmenseinheiten arbeiten hier innerhalb ihres Hub-and-Spoke-Modells weitestgehend autark und passen ihr Engagement an Kultur und Zielgruppen an. Auch diese Form der Organisation ist kostenintensiv, gleichzeitig aber die beste Formation für eben jene Großunternehmen, die ihre Social-Media-Engagements auf multiple Zielgruppen abstimmen müssen. Beispiele dieser Organisationsform sind Unilever, Procter and Gamble und IBM.

Holistic (ganzheitlich)

Ein ganzheitlicher Ansatz, den nur ein minimaler Anteil aller Unternehmen jemals erreichen wird, ist das Holistic-Modell. In diesem Modell ist jeder Mitarbeiter befähigt und fähig, an dem Dialog innerhalb der sozialen Medien teilzunehmen. Eine zentrale Kontrollinstanz gibt es nicht oder nur minimal, dafür bekommen die Angestellten jegliche Unterstützung, um sich zu engagieren. Ein Beispiel hierfür ist der amerikanische Onlinehändler Zappos, bei dem Social Media fester Bestandteil der Firmenkultur sind.

14.3.2 Wie sieht die Unternehmensrealität in Deutschland aus?

Die zentralisierte Organisation mit einer bestehenden Abteilung als »Oberhaupt« des Social-Media-Engagements ist die Form, die aktuell in Deutschland am häufigsten anzutreffen ist. Die Studienergebnisse des Bundesverbandes der deutschen Wirtschaft (BVDW) zum Thema »Einsatz von Social Media im Unternehmen« bestätigen dies.[3] Die Studie ergab einen deutlichen Schwerpunkt der Verantwortlichkeiten in den Abteilungen Marketing und PR mit Werten zwischen 59% und 65%. Mit einem Abstand von fast 20% folgt hier die Geschäftsleitung und danach der Vertrieb (siehe Abbildung 14.9).

Der Anteil der Sonderformen, sprich die Aufhängung als Stabsstelle oder gesonderte Abteilung, liegt hier bei 9% in der Planung und 11% in der Durchführung. Aus meiner Sicht wäre eine Umkehrung dieses Verhältnisses ideal. Sie fragen sich, warum? Ein Thema, das in fast jeder meiner Sessions der »Social Media Manager Selbsthilfegruppe« auf Barcamps auftaucht, sind Schwierigkeiten mit der »Mutter«, also der Abteilung, zu der das jeweilige Social-Media-Team gehört. Die Kritikpunkte sind hier immer wieder die gleichen. Durch den Schwerpunkt der übergeordneten Abteilung werden Engagements außerhalb dieses Fokus niedrig priorisiert oder komplett blockiert. Mit dem Marketing gibt es öfter Auseinandersetzungen bezüglich übermäßiger Werbung, der PR dagegen fällt die Abgabe von Kontrolle über die Äußerungen von einem offiziellen Unternehmens-Account oftmals schwer. Durch die Kontrolle und Richtungsvorgabe der Abteilung werden Potenziale geblockt und

---

3 Die BVDW-Studie »Einsatz von Social Media im Unternehmen« finden Sie unter: *http://bit.ly/ 1oUrn2o*

Chancen verschenkt, aus diesem Grund favorisiere ich die Organisation im Hub-and-Spoke-Modell.

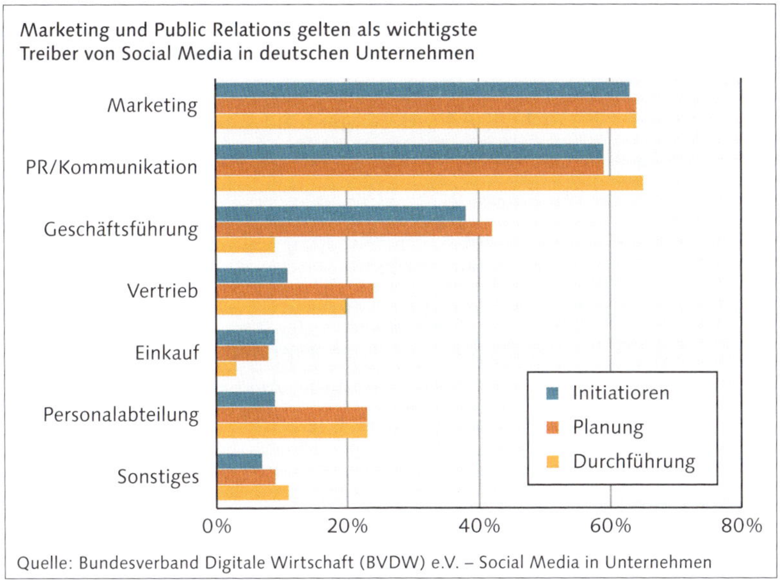

Marketing und Public Relations gelten als wichtigste
Treiber von Social Media in deutschen Unternehmen

Abbildung 14.9 Verantwortlichkeiten für Social Media im Unternehmen

14.4   Auswahl und Ausbildung der Mitarbeiter

Auch wenn einige Unternehmen dies gerne so hätten, mit einem einzelnen Social Media Manager ist die Arbeit in den meisten Fällen nicht getan. Ein gutes, ganzheitliches Social-Media-Engagement erfordert ein Team von speziell ausgebildeten Menschen mit unterschiedlichen Schwerpunkten. Nicht alle Aufgabeninhaber müssen zwangsläufig in der Social-Media-Abteilung sitzen, aber es muss klar sein, wer die Verantwortung für die jeweiligen Bereiche trägt. Ebenso können durchaus mehrere Positionen durch eine Person besetzt sein oder umgekehrt mehrere Personen die gleiche Rolle verkörpern. Welche Positionen ein Social-Media-Engagement im Unternehmen schafft und wie die Auswahl und Ausbildung der Mitarbeiter aussehen können, stelle ich Ihnen in diesem Abschnitt vor.

14.4.1   Wer gehört in das Social-Media-Team?

Ein ganz besonders wichtiger Aspekt vorweg, das Team im Social Media Management muss menschlich gut zusammenpassen. Der Teamzusammenhalt im Social Media Management ist eine wichtige Voraussetzung für die erfolgreiche Leistung. Achten Sie also bei der Auswahl der einzelnen Mitarbeiter gut darauf, ob die Charaktere zusammenpassen, und holen Sie bereits bestehende Teammitglieder mit in

517

die Auswahlgespräche. Ein weiterer wichtiger Aspekt sind die Ausrichtung und das Ziel Ihres Social-Media-Engagements. Dieser bestimmt maßgeblich über die notwendigen Schwerpunkte der Teammitglieder. Grob lassen sich die Rollen im Social-Media-Team wie folgt aufteilen:

▸ **Social Media Manager**: Der Hauptakteur in diesem Buch, in Kapitel 2, »Der Social Media Manager – Berufsbild, Anforderungen und Aufgabengebiete«, ausführlich erklärt, ist der Social Media Manager. Er ist für die übergreifende Strategie und die Koordination des Social-Media-Engagements zuständig.

▸ **Community Manager**: Der oder die Community Manager führen den direkten Dialog mit den Kunden. Ihr Schwerpunkt liegt auf dem Aufbau sowie der Aktivierung und der Weiterentwicklung der Community.

▸ **Social Media Agents (Social Media Customer Support)**: Kundendialoge mit Serviceinhalten sind die Spezialität der Social Media Agents. Diese Position besteht idealerweise aus Spezialisten für den Kundenservice, die speziell für die Interaktion im Social Web ausgebildet wurden.

▸ **Social-Media-Analyst(en)**: Die Meister hinter den Zahlen und des Monitorings sind die Social-Media-Analysten. Sie werten die Daten zu der Beobachtung des Unternehmens und des Wettbewerbs aus, erstellen Reportings und geben umgehend Bescheid, sobald Besonderheiten auftreten.

▸ **Social-Media-Redakteur(e)**: Die Profis für Texte und Inhalte sorgen immer für den passgenauen Nachschub auf allen Plattformen.

Behalten Sie bei dieser Aufzählung im Hinterkopf, dass es sich hier um eine idealtypische Skizze handelt. Lediglich besonders große Unternehmen können es sich leisten, ein derart großes Team zu beschäftigen. Mit den richtigen Fähigkeiten, Kenntnissen, einer guten Portion Leidenschaft und der Zuarbeit aus anderen Abteilungen kann bereits ein Team von zwei Personen ein sehr gutes Social Media Management abbilden. Bevor ein Engagement an die Öffentlichkeit geht, funktioniert sogar eine One-Man- bzw. One-Woman-Show.

14.4.2   Akquisition aus den eigenen Reihen oder Externe einstellen?

Diese Frage lässt sich pauschal nicht so einfach beantworten. Im Endeffekt steht hier zunächst die Frage, was ist schwieriger, jemanden, der Experte auf dem Gebiet Social Media ist, in Ihr Unternehmen und die Branche einzuführen oder einen langjährigen Mitarbeiter dazu zu befähigen, sich sicher im Social Web zu bewegen? Wenn Sie das Glück haben und einen Mitarbeiter finden, der sich seit Jahren privat mit Social Media beschäftigt und auf eigene Faust Statistiken über den Wettbewerb führt, dann ist die Antwort klar. Gleiches gilt aus meiner Sicht auch für die Profis aus dem Kundenservice, denn die sind oft sowieso schon Meister der Kundenkommunikation, sodass der Weg zu einem guten Social Media Agent nicht mehr weit ist. Ähnlich verhält es sich bei den Social-Media-Redakteuren, für die Branchenwissen und -verständnis ebenso wichtig sind wie die Fähigkeit, gute Texte zu verfassen. So oder so, selbst wenn eine interne Stellenausschreibung nicht sowieso durch den Betriebsrat vorgeschrieben ist, empfehle ich Ihnen, sämtliche Stellen auch im Unternehmen bekannt zu machen. Wer weiß, vielleicht beherbergen Sie ja einen ungeschliffenen Diamanten in Ihren Reihen.

Was bei Mitarbeitern aus den eigenen Reihen außerdem zählt, sind die Bereitschaft dazu, öffentlich mit Namen und Foto für das Unternehmen zu stehen, und schlichtweg Lust darauf, sich in die entsprechende Richtung weiterzuentwickeln. Bei einer Schlüsselposition wie dem Social Media Manager oder dem Leiter des Community Managements dagegen zählt oftmals die konkrete Berufserfahrung auf diesem Gebiet. Hier lohnt es sich, nach Experten außerhalb des Unternehmens zu schauen.

14.4.3   Outsourcen ja oder nein?

Die Auslagerung des Social Media oder des Community Managements an eine Agentur ist durchaus noch gängige Praxis. Dies erscheint in manchen Fällen als die schnellere oder kostengünstigere Variante, als ein eigenes Team aufzubauen, langfristig sollten die ausgelagerten Bereiche jedoch wieder in das Unternehmen integriert werden. Das hat ganz einfache Gründe:

▶ **Authentizität**: Niemand kann die Werte eines Unternehmens so authentisch vermitteln wie ein Mitarbeiter, der tagtäglich in diesem Unternehmen arbeitet und mit vollkommener Überzeugung dahintersteht.

▶ **Geschwindigkeit**: Eine externe Agentur kann teilweise schon aufgrund von Sicherheitsrichtlinien gar nicht so eng in die Informations- und Abstimmungsprozesse eingebunden werden wie ein interner Mitarbeiter. Dies verlangsamt den Prozess im Krisenfall um wichtige Minuten.

▶ **Integration**: Einen der häufigsten Fehler, den ich in der Zusammenarbeit beobachte, ist, dass Agenturen nicht richtig eingebunden werden (können). Entsprechend entsteht für den Kunden ein Bruch, wenn beispielsweise das Facebook-Team keinerlei Verbindung zum Kundenservice hat.

▶ **Abhängigkeit**: Wenn eine Agentur vollständig für das Social-Media-Engagement zuständig ist, geht damit eine gewisse Abhängigkeit einher. Die Agentur zu wechseln wird schwierig, und eventuelle Preiserhöhungen werden oftmals zähneknirschend hingenommen.

Dennoch, Personalengpässe oder fehlende Kenntnisse im Social-Media-Team können zeitweise gut durch Agenturen oder Freiberufler ausgeglichen werden. Achten Sie jedoch darauf, dass Sie dauerhaft sowohl das Wissen als auch die notwendigen personellen Ressourcen im Unternehmen schaffen.

14.4.4   Die Sache mit den Praktikanten

Ein Blick auf die Fülle an Stellenanzeigen für Praktikanten im Bereich Social Media und Community Management suggeriert mitunter, dass dies die perfekten Aufgaben für diese Schnupperpositionen sind. Persönlich sehe ich das anders bzw. kann ich Praktikanten hier nur unter bestimmten Bedingungen befürworten. Social Media sind eine verantwortungsvolle Aufgabe, bei der die Verantwortlichen im Namen des Unternehmens mit Kunden, Fans und Kritikern kommunizieren. Für diese Aufgabe benötigt der Akteur Erfahrung, Taktgefühl und Kommunikationskompetenz. Entsprechend braucht es ein etabliertes Social Media Management mit einem Team, das einen Praktikanten an die Hand nehmen und sie oder ihn in diesen Punkten ausbilden kann. Erst wenn Ihre Abteilung rundläuft und Sie die Zeit haben, einen Praktikanten gut zu betreuen, ist die Ergänzung des Teams auf diese Weise sinnvoll.

14.4.5   Von Handbüchern und Trainings

Haben Sie Ihr Wunschteam gefunden, gilt es, dieses optimal auf seine Aufgaben vorzubereiten. Neue Mitarbeiter von extern müssen an das Unternehmen herangeführt werden und lernen, wie »es tickt«. Als enorm hilfreich in diesem Kontext empfand ich immer, wenn ich die Möglichkeit hatte, in so vielen Abteilungen wie möglich einen Tag im Alltag zu erleben. Ganz egal, ob im Marketing, Kundenservice oder der Produktion, ob hinterm Tresen, im Paketwagen oder auf der Messe, diese Tage ermöglichen einen unglaublich tiefen Einblick in das Unternehmen und inspirieren so direkt zu Inhalten, die auch für Kunden und Fans interessant sein könnten.

Mitarbeiter, die das Unternehmen bereits in- und auswendig kennen, müssen dagegen lernen, wie der Dialog in den sozialen Medien funktioniert. In den meisten Fällen geht es hier um die Schulung der Social Media Agents, die als Mitarbeiter des Kundenservice oftmals schon Profis in Sachen Kundenkommunikation sind. Inhalte für Trainings könnten entsprechend sein:

- Unterschiede zwischen dem Dialog am Telefon/per E-Mail und in den sozialen Medien
- Einführung in die sozialen Netzwerke
- unsere Social-Media-Strategie
- unsere Social Media Guidelines
- Benutzung der Facebook-Seite/Twitter/des Social-Media-Management-Tools der Wahl
- Kommunikation im Netz – Fallbeispiele, Best und Worst Practices
- Krisenkommunikation

Vor allem sollten Sie die ausgewählten Personen dazu ermutigen, sich selbst in den Netzwerken zu bewegen, zu lernen, wie die Kommunikation dort funktioniert und was die Besonder- und Feinheiten sind. Wie Sie sehen, geht es darum, eine Menge an Wissen zu vermitteln. Ideal ist aus diesem Grund, wenn Sie zusätzlich das passende Lernmaterial in Form eines Handbuches oder eines Bereichs im Intranet zur Verfügung stellen. Ein Best-Practice-Beispiel hierzu stelle ich Ihnen gleich in Abschnitt 14.4.6 vor.

Die Inhalte eines solchen Handbuches sollten sich an den Trainings orientieren und als Nachschlagewerk dienen, wenn Unsicherheiten bestehen. Ein Abschnitt über häufig gestellte Fragen ist hier ebenso sinnvoll wie Richtlinien für die Krisenkommunikation, Skizzen von Prozessabläufen für unterschiedliche Szenarien und eine generelle Einführung in Social Media sowie die unterschiedlichen Netzwerke.

Neben den Trainings und Handbüchern sollten Sie den Mitarbeitern des Social-Media-Teams deutlich signalisieren, dass Sie jederzeit für Fragen, Diskussionen und Probleme zur Verfügung stehen. Ich habe oft erlebt, wie prägend die ersten Wochen in einem Social-Media-Engagement für »Neulinge« sind. Je besser die Erfahrungen hier ausfallen, desto enthusiastischer geht die Person in der Position auf und kann auch in schweren Zeiten noch von diesem Elan zehren.

14.4.6   Best Practice: Das Social-Media-Team der Deutschen Bahn

Eine perfekt durchorganisierte Struktur, in Kombination mit einem umfassenden Trainingsprogramm für neue Mitarbeiter, stelle ich Ihnen am Beispiel des Social-Media-Teams der Deutschen Bahn vor. Svea Raßmus, Leiterin Onlineredaktion und Media-Management der DB Vertrieb GmbH, und Christiane Osterseher, Abteilungsleiterin Social Media der DB Dialog GmbH, ermöglichten mir einen Blick hinter die Kulissen.

Organisation und Aufgabenverteilung des Deutsche-Bahn-Teams

Die Social-Media-Mannschaft der Deutschen Bahn teilt sich in zwei Teams auf, das Social-Media-Management-Team in Frankfurt a. M. und das DB-Dialog-Team in Berlin. Das Social-Media-Management-Team besteht zurzeit aus sechs Vollzeitmitarbeitern. In diesem Bereich liegt die Verantwortung für:

▶ Steuerung, Strategie und Projektmanagement

▶ Projekt- und Kampagnenmanagement

▶ Redaktion und Content Management

▶ Community Building

▶ Web Monitoring, Analysen und Reporting

Die Kompetenzen und Erfahrungen im Team sind gut gemischt, hier treffen Social-Media- und Community-Management-Experten auf Kommunikationsprofis der Bahn. Entsprechend ist über die Abteilung hinaus sowohl eine gute Vernetzung in den Konzern hinein als auch in das Social Web hinaus gewährleistet.

Das DB-Dialog-Team (einen Teil davon sehen Sie in Abbildung 14.10) ist Teil der Tochterfirma DB Dialog, die den bahneigenen Kundenservice betreut und für den Support im Social Web zuständig ist. Die Abteilung besteht Anfang 2020 aus 25 Personen inklusive des Teamleiters und der Abteilungsleiterin.

Das DB-Dialog-Team rekrutiert alle Mitarbeiter aus den eigenen Reihen. Diese haben also eine Menge Erfahrung im Kundendialog und wurden speziell für die Anforderungen in den sozialen Medien ausgebildet. Neben der Betreuung der DB-Bahn-Accounts (Twitter, Facebook, YouTube, Community sowie das Blog *inside.bahn.de*) wird auch der Dialog für DB Karriere sowie das Monitoring der Facebook-Seite des Deutsche-Bahn-Konzerns abgebildet.

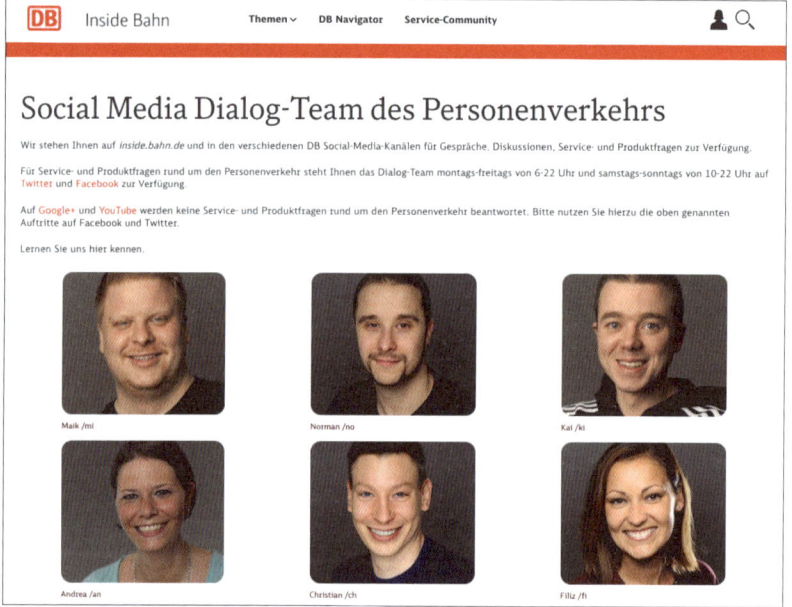

Abbildung 14.10 Das DB-Dialog-Team wird unter https://inside.bahn.de/db-bahn-social-media-team/ vorgestellt.

Interview zu Auswahl und Ausbildungskonzept des DB-Dialog-Teams

Svea Raßmus und Christiane Osterseher erläuterten mir im Rahmen eines Interviews ausführlich, wie die Mitarbeiter des DB-Dialog-Teams ausgewählt und ausgebildet werden. Darüber hinaus sprachen wir über die Arbeitsweise des Dialog-Teams und über die Zusammenarbeit mit dem Social-Media-Management-Team – aus meiner Sicht ein sehr gutes Beispiel für die Organisation und das Verständnis eines Social-Media-Engagements.

Die Antworten von Frau Raßmus und Frau Osterseher habe ich im Folgenden zusammengefasst, ich bedanke mich an dieser Stelle noch einmal herzlich für die Offenheit.

Wie wird man bei euch Teil des Dialog-Teams?

Wird eine neue Stelle frei, wird diese zunächst intern bei der DB Dialog ausgeschrieben, denn am liebsten rekrutieren wir Mitarbeiter aus den eigenen Reihen. Bei der DB Dialog übernehmen wir alle Services für den Personenverkehr der Deutschen Bahn und haben gut geschultes Personal im Hinblick auf die Kundenbetreuung. Die Mitarbeiter haben viel Erfahrung mit Kundenanfragen zu den einzelnen Servicebereichen (zum Beispiel Bahncard, Tickets) und sind inhaltlich, fachlich und kommunikativ sehr gut ausgebildet.

Darüber hinaus bringt diese Methode auch einen Mehrwert für das bestehende Team, da das Wissen und die Erfahrung des neuen Mitarbeiters durch den ständigen Austausch innerhalb des Teams auf alle übergehen. Für bestehende Mitarbeiter ist die Stelle nicht nur wegen der neuen Herausforderungen reizvoll, sondern sie stellt auch einen Sprung auf der Karriereleiter dar. Dazu kommt, dass die Arbeitsweise im Dialog-Team eine gewisse Freiheit mit sich bringt, wie zum Beispiel den Kunden durchgehend zu begleiten und das Beste für ihn herauszuholen – etwas, das die Mitarbeiter sehr zu schätzen wissen.

Geht ihr auch aktiv auf Mitarbeiter zu, die aus eurer Sicht ins Team passen könnten?

Wenn man eng mit seinen Mitarbeitern zusammenarbeitet, fällt natürlich auf, wenn jemand großes Potenzial hat. Meistens ermutigt der Teamleiter dann denjenigen dazu, sich zu bewerben. Ob die Person das tut oder nicht, bleibt natürlich ihre eigene Entscheidung.

Wie wählt ihr aus den Bewerbern die neuen Mitarbeiter aus?

Zunächst einmal geben wir jedem Mitarbeiter die Chance, mal für 1 Stunde in den Arbeitsalltag des Dialog-Teams reinzuschauen. Das geht übrigens auch außerhalb eines Auswahlprozesses. Uns ist wichtig, dass die Interessenten wissen, worauf sie sich einlassen. Nach solch einer Probestunde gab es schon Mitarbeiter, die ihre Bewerbung zurückgezogen haben, aber natürlich auch die, die danach noch mehr Lust auf eine Mitarbeit im Team hatten. Danach folgt ein eher klassisches Auswahlverfahren, das sehr auf Lösungen bedacht ist.

Die Bewerber bekommen schriftliche Aufgaben gestellt, deren Antworten dann ausgewertet werden. Dabei schauen wir darauf, ob jemand frei schreiben kann, wie Rechtschreibung und Grammatik ausgeprägt sind und ob der- oder diejenige in der Lage ist, aus 140 Zeichen die richtige Serviceanfrage abzuleiten, und ein Gefühl dafür hat, was der Kunde als Antwort hören möchte. An den Antworten merkt man schnell, wie gut sich jemand auf die Besonderheiten des Webs einstellen kann.

Wie werden neue Teammitglieder auf die Anforderungen des Social Webs vorbereitet?

Neben einer Schulung über die technische Nutzung und die Eigenheiten von Twitter, Facebook, YouTube, Community und Blog werden die Mitarbeiter auf freies, empathisches Schreiben weg von Textbausteinen trainiert. Anschließend erfolgt das Einarbeiten durch Training »on the job« und die Qualitätssicherung durch routinemäßiges Durchsprechen von Fallbeispielen (was könnte man ändern, oder ist es gut gelaufen, was war schwierig etc.) in den Teammeetings und gegebenenfalls in Einzelgesprächen. Es gibt auch einen mit dem Betriebsrat abgestimmten Qualitätscheck. Das heißt, wir nehmen eine bestimmte Anzahl Tweets/Kommentare und legen eine Schablone mit prozentualen Punktwerten darüber – Rechtschreibung/Grammatik, fachliche Erfassung, Hinweise auf »Selbsthilfe« etc. – und wenn wir sehen, dass es dort zu größeren Diskrepanzen kommt, dann setzen wir ein gesondertes Training auf, welches die Schwachstellen behebt.

Das bedeutet, die Mitarbeiter können frei formulieren?

Ja, die Mitarbeiter haben freie Hand bei der Formulierung (es gilt aber grundsätzlich das Vieraugenprinzip, bevor etwas hinausgeht), auch wenn es manchmal – nach Rücksprache – Sprachregelungen gibt. Das ist aber alles in Prozessen definiert.

Gibt es weitere unterstützende Maßnahmen für die Mitarbeiter?

Da es nicht immer einfach ist, sich das, was auf der Pinnwand steht, nicht zu Herzen zu nehmen und unter dem Brennglas der Öffentlichkeit zu stehen, bieten wir für die Mitarbeiter eine Art Supervision an. Auf diesen Teamevents tauschen wir uns konkret über Probleme aus und versuchen gemeinsam, das Arbeitsleben zu erleichtern und positiver zu gestalten. Wichtig ist, dass die Mitarbeiter merken, dass wir uns Gedanken machen, damit es dem Team gut geht, und dass sie spüren, dass wir ihre Arbeit wertschätzen. Ein starkes Team und der Rückhalt im Unternehmen sind gerade beim Dialog im Netz essenziell.

Im Weiteren gibt es für den Arbeitsalltag ein umfassendes »Handbuch« für die Social-Media-Mitarbeiter, das ihnen als Richtlinie für die Navigation im Social Web dient und sie zur eigenständigen Kommunikation mit den Kunden befähigt. Das ehemals gedruckte Handbuch ist dabei in das Confluence umgezogen, da es so besser zu aktualisieren und zu nutzen ist, auch für andere interessierte Abteilungen.

Welche Tools nutzt ihr im Team?

Wir nutzen für alle Kanäle (YT, TW, FB, Insta und *https://inside.bahn.de*) sprinklr (*www.sprinklr.com*). Für die Community nutzen wir das Backend der SaaS-Lösung der Community, *https://community.bahn.de*.

Unser Teamleiter teilt die Aufgaben jeweils am Vortag ein, sodass jeder Mitarbeiter am Morgen weiß, welche Rolle er einnimmt. Zusätzlich zu den Mitarbeitern, die die Anfragen beantworten, wird täglich eine Person als »Sichter« eingeteilt, und eine weitere ist für das Veröffentlichen von Marketingbeiträgen zuständig. Der Sichter behält den Überblick und teilt den Mitarbeitern die Fälle zu, derjenige, der den Marketingpost veröffentlicht, ist für diesen Tag für die Überwachung desselben zuständig.

Bekommt ein Mitarbeiter einen Fall zugewiesen, prüft dieser zunächst, ob der Verfasser bekannt ist und welches Anliegen dieser hat. Wir legen viel Wert darauf, dass wir den Kunden so ansprechen, wie dieser es möchte, beispielsweise haben wir auf Wunsch unserer Pendler, die echte Power-User sind, eine Duz-Liste angelegt.

Hat der Mitarbeiter seine Antwort formuliert, fragt er einfach in die Runde (das Dialog-Team sitzt in einem Raum), ob jemand mal gucken kann. Die zweite Person prüft nun, ob die Antwort passt und der Kunde mit dieser empathisch abgeholt wird. Natürlich achten wir auch darauf, dass Rechtschreibung und Grammatik korrekt sind. Ist auch die zweite Person mit der Antwort zufrieden, geht diese an den Kunden raus, wenn nicht, wird diese noch einmal überarbeitet und erneut geprüft. Mit diesem Vieraugenprinzip sichern wir unsere Qualität, und als netter Nebeneffekt lernen die Mitarbeiter untereinander immer wieder etwas dazu.

Haben Kunden bei euch einen festen Ansprechpartner?

Wenn möglich, wird der Kunde bei uns von A–Z und bis zu einer bestmöglichen Lösung betreut. Kann ein Fall vor dem Schichtwechsel nicht abgeschlossen werden, wird dieser einem zweiten Mitarbeiter persönlich und mit einer kurzen Erklärung übergeben. Das Gleiche gilt, wenn wir irgendwo die Gefahr einer Eskalation sehen.

Spricht immer nur das Dialog-Team oder übernimmt, zum Beispiel in Krisensituationen, auch mal das Social Media Management?

Nach außen hin ist es immer das Dialog-Team, damit die Kunden sehen können, mit wem sie sprechen, und wir eine Einheitlichkeit bewahren. Hinter den Kulissen arbeiten wir generell sehr eng zwischen den Teams zusammen und ziehen bei Bedarf auch die Pressestelle oder die jeweilige Fachabteilung hinzu. Entscheidungen im Bereich Social Media werden von dem Social-Media-Management-Team und dem DB-Dialog-Team immer gemeinsam getroffen.

Ganz frech gefragt – könnt ihr uns etwas über die Zukunftspläne des DB-Bahn-Social-Media-Teams verraten?

Wir prüfen etwa halb- bis vierteljährlich, ob es für uns weitere interessante Plattformen oder Foren gibt, in denen wir aktiv sein könnten. Dabei stellen wir uns die Frage, ob das für unsere Kunden interessant ist, ob es sich für uns langfristig lohnt und ob es mit dem deutschen Datenschutz vereinbar ist. So haben wir im Laufe der

Jahre unsere Aktivität auf Google+ eingestellt und die G+-Community an aktive Mitglieder verschenkt. Seit 2018 sind wir auf Instagram, um eine jüngere Zielgruppe anzusprechen (im Vergleich zu den anderen Kanälen). Wir haben eine eigene Service-Community »Meine Frage – Deine Antwort« (*https://community.bahn.de*) und schon sehr lange ein Blog bzw. Content-Hub (*https://inside.bahn.de*).

Gibt es etwas, das ihr einem angehenden Social Media Manager, der vielleicht mal ein Team wie eures aufbauen soll, mit auf den Weg geben möchtet?

Svea Raßmus: Social Media hat viel damit zu tun, sich in den Kunden hineinzuversetzen und Kommunikation zu verstehen. Das ist ein wenig Loriot 2.0: Wenn der Kunde sagt, das 5-Minuten-Ei sei kein 5-Minuten-Ei, dann ist es das auch nicht.

Christiane Osterseher: Es ist wichtig, den Mitarbeitern ihre eigene Art zu lassen. Die Mitarbeiter entwickeln ein tolles Gespür dafür, wie sie mit ihrer eigenen Sprache und ihrer persönlichen Art umgehen können.

Fazit

Was passiert, wenn man den Mitarbeitern die Freiheit lässt, ihre eigene Art zu zeigen, können Sie in dem Beispiel von dem Comedian Harry G, der seine Beziehung mit der Bahn auf Facebook beendet, in Abbildung 14.11 und Abbildung 14.12 nachlesen. Für mich persönlich ein Beispiel dafür, wie Kundenservice im Social Web sein sollte – authentisch, empathisch und, wenn es passt, mit einem kleinen Augenzwinkern.

Abbildung 14.11 »Harry G« macht Schluss mit der Bahn. (*www.facebook.com/HarryGueber/posts/1214679678622988*)

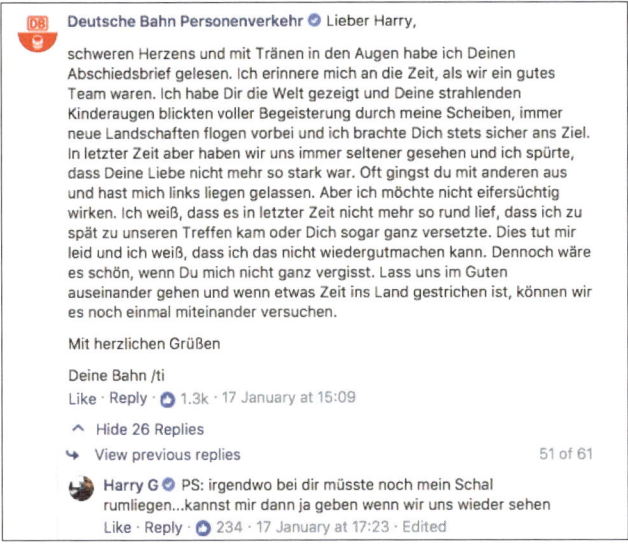

Deutsche Bahn Personenverkehr ● Lieber Harry,

schweren Herzens und mit Tränen in den Augen habe ich Deinen
Abschiedsbrief gelesen. Ich erinnere mich an die Zeit, als wir ein gutes
Team waren. Ich habe Dir die Welt gezeigt und Deine strahlenden
Kinderaugen blickten voller Begeisterung durch meine Scheiben, immer
neue Landschaften flogen vorbei und ich brachte Dich stets sicher ans Ziel.
In letzter Zeit aber haben wir uns immer seltener gesehen und ich spürte,
dass Deine Liebe nicht mehr so stark war. Oft gingst du mit anderen aus
und hast mich links liegen gelassen. Aber ich möchte nicht eifersüchtig
wirken. Ich weiß, dass es in letzter Zeit nicht mehr so rund lief, dass ich zu
spät zu unseren Treffen kam oder Dich sogar ganz versetzte. Dies tut mir
leid und ich weiß, dass ich das nicht wiedergutmachen kann. Dennoch wäre
es schön, wenn Du mich nicht ganz vergisst. Lass uns im Guten
auseinander gehen und wenn etwas Zeit ins Land gestrichen ist, können wir
es noch einmal miteinander versuchen.

Mit herzlichen Grüßen

Deine Bahn /ti
Like · Reply · ● 1.3k · 17 January at 15:09

⌃ Hide 26 Replies

↳ View previous replies   51 of 61

     Harry G ● PS: irgendwo bei dir müsste noch mein Schal
     rumliegen...kannst mir dann ja geben wenn wir uns wieder sehen
     Like · Reply · ● 234 · 17 January at 17:23 · Edited

Abbildung 14.12 Tilo von der Bahn antwortet so, wie es sein sollte.

14.5   Social-Media-Prozesse und -Workflows gestalten und etablieren

Die Bedeutung von etablierten und auf das Unternehmen abgestimmten Prozessen und Workflows habe ich Ihnen bereits in Abschnitt 14.2.2, »Unternehmensweite Reaktionsprozesse«, kurz verdeutlicht. Hier geht es nun darum, wie Sie in Ihrem Unternehmen die relevanten Schnittstellen und Prozesse identifizieren und die passenden Workflows etablieren. Da jedes Unternehmen einzigartig ist, gibt es keinen allgemeingültigen Masterplan. Aber auch hier gilt, allein die intensive Beschäftigung mit der Thematik gibt Ihnen so tiefe Einblicke und Erkenntnisse in die Funktionsweise Ihres Unternehmens, dass dies ein Vorteil ist.

14.5.1   Ohne Prozesse zu arbeiten birgt Risiken für Ihr Unternehmen

Es gibt tatsächlich noch Unternehmen, die arbeiten einfach so vor sich hin, ohne dass die Prozesse geregelt sind. Das mag vielleicht noch bei sehr kleinen Unternehmen mit sehr flachen bis nicht existenten Hierarchien und kurzen Informations- und Abstimmungswegen funktionieren, aber in der Regel ist das so entstehende Risiko größer als der Aufwand, geregelte Prozesse einzuführen.

Das Risiko liegt hier einerseits darin, dass widersprüchliche Antworten von Mitarbeitern eines Unternehmens im schlimmsten Fall zu einer Krise führen können. Nicht definierte Prozesse für einen solchen Fall verzögern dann zusätzlich die notwendige Reaktion und verschlimmern die Situation. Andererseits führt dieser

Zustand oftmals zu einem erhöhten Verbrauch von Ressourcen, da Aufgaben doppelt gemacht werden oder, noch schlimmer, weil Kundenanfragen im Unternehmen versacken und dann erneut, mit einem deutlich frustrierteren Kunden, auftauchen. Wie das dann aussieht, sehen Sie in Abbildung 14.13.

Abbildung 14.13 Unvollständige Prozesse führen zu frustrierten Kunden.

Ein weiteres Phänomen sind unvollständig eingebundene Social-Media-Teams, die keinen Zugriff auf bestehende Unternehmensprozesse haben. Die häufigsten Beispiele sind fehlende Anbindungen an den Kundenservice oder unvollständige Feedback-Prozesse, die wertvolle Erkenntnisse aus dem Social Web nicht an die entsprechende Fachabteilung weiterleiten.

14.5.2　Herausforderungen für die Prozessgestaltung

Die Gestaltung von Prozessen im Bereich Social Media bringt ein paar Herausforderungen mit sich.

Gesteigerte Prozessgeschwindigkeit

Social Media erhöhen die Anforderung an die Prozessgeschwindigkeit. 42 % der Kunden erwarten laut einer Studie der Agentur Convince und Convert[4] eine Reaktion innerhalb 1 Stunde, 20 % sogar innerhalb von 15 Minuten, und das unabhän-

---

4 *www.convinceandconvert.com/the-social-habit/42-percent-of-consumers-complaining-in-social-media-expect-60-minute-response-time*

gig von Tages- und Öffnungszeiten. In erster Instanz reicht hier eine Rückmeldung an den Kunden, dass sein Anliegen gesehen wurde und in die Bearbeitung übergeht. Ein Beispiel einer solchen Antwort des Otto-Twitter-Teams (*https://twitter.com/otto_de*) können Sie in Abbildung 14.14 sehen.

Abbildung 14.14   Otto_de signalisiert dem Kunden, dass sein Anliegen bearbeitet wird.

Entsprechend müssen die Prozesse im Social-Media-Team so gestaltet werden, dass eine zeitnahe Erstreaktion gewährleistet und im Folgenden ein fester Ablauf definiert ist, wie die Fälle zum Abschluss geführt werden. Ganz wichtig ist an dieser Stelle, dass das Anliegen des Kunden nach einer Übergabe in die »normalen Prozesse« wirklich bearbeitet wird, und das innerhalb einer Zeitspanne, die den Kunden nicht ungeduldig werden lässt. Diese Anforderung zu erfüllen stellt Ihr Unternehmen vor die nächste Herausforderung.

Verknüpfung mit bestehenden Prozessen

Social-Media-Prozesse dürfen nicht isoliert sein, sondern müssen mit bestehenden Prozessen und Abläufen verknüpft werden. Dabei müssen alle beteiligten Abteilungen und Personen abgeholt und in die Entwicklung der Prozesse eingebunden werden. Das hat gleich drei Gründe:

▶ Jede Abteilung kennt die eigenen Prozesse am besten, sodass gemeinsam die optimale Schnittstelle ausfindig gemacht werden kann. Darüber hinaus ist es sinnvoll, einen oder mehrere feste Ansprechpartner für Social-Media-Themen in den jeweiligen Abteilungen zu definieren.

▶ Für eine Akzeptanz von Veränderungen und eine gute Zusammenarbeit ist es wichtig, dass sich die Prozessinhaber mit einbezogen und gehört fühlen.

▶ Je größer das Verständnis für Social Media und die damit einhergehenden Herausforderungen für das Unternehmen ist, desto ernster wird das Thema genommen. Ich habe selbst erlebt, wie sich durch Aufklärung und das gemeinsame Entwickeln von Prozessen die Wahrnehmung komplett änderte und der Ablauf extrem beschleunigt werden konnte. Ein Anruf von dem Twitter-Team ist dann nicht mehr eine Anfrage von den Internetspinnern, sondern wird genauso ernst genommen wie eine Anfrage aus dem Eskalationsteam.

Prozesse, die zwischen dem Social-Media-Team und bereits bestehenden Prozessen geknüpft werden, sind für beide Seiten neu und benötigen in der Regel ein wenig Übung. Idealerweise testen Sie bereits vor einem offiziellen Start des Social-Media-Engagements, wie gut diese Prozesse funktionieren, und nehmen dort Anpassungen vor, wo es notwendig ist.

Keine Extrawürste im Social Web

Vielleicht wundert Sie diese Aussage an dieser Stelle, da ich stetig auf die Bedeutung einer schnellen Beantwortung von Fragen und Dialogen im Web hinweise. An dieser Stelle sollte es aus meiner Sicht dann aber auch aufhören. Wenn Ihre Kunden merken, dass sie über die sozialen Kanäle besondere Konditionen herausschlagen können oder generell bevorzugt behandelt werden, dann werden sie das ausnutzen. Diese Vorgehensweise ist aus meiner Sicht völlig nachvollziehbar, und ich gebe ehrlich zu, dass ich ebenfalls schon (erfolgreich) getestet habe, ob es funktioniert. Bleiben Sie mit Ihren Prozessen im Rahmen dessen, was für Kulanz bereits Standard oder im Rahmen von bestehenden Eskalationsprozessen möglich ist. Gegen kreative Lösungen ist hier allerdings nichts einzuwenden. Wenn Sie einem Kunden mit ein paar kleinen Kniffen und ein wenig Improvisation glücklich machen können, dann tun Sie das bzw. geben Sie Ihren Kollegen die Freiheit, dies zu tun.

14.5.3   Wo Schnittstellen und Prozesse geschaffen werden müssen

Im Rahmen des internen Audits, genauer im Abschnitt »Analyse bestehender Prozesse und Schnittstellen« in Abschnitt 14.1.3, habe ich Ihnen bereits Fragen vorgestellt, die Sie für die Analyse beantworten müssen. Daraus ergeben sich die ersten Notwendigkeiten für eine Zusammenarbeit:

▶ **PR**: Die Themen Krisenkommunikation, Freigaben sowie ein Teil der generellen Kommunikation des Unternehmens nach außen liegen in der Verantwortung der PR. Der Pressesprecher war in der Regel bisher die einzige offizielle Stimme nach außen. Durch ein Social-Media-Engagement weicht diese Kommunikationshoheit auf. Entsprechend müssen hier enge Schnittstellen und übergreifende Prozesse für eine enge Zusammenarbeit geschaffen werden.

▶ **Marketing**: Ein weiterer Teil der Kommunikation zwischen Unternehmen und Öffentlichkeit wird durch das Marketing geleistet. Auch hier ist ein enger Austausch nötig, um stetig über geplante Aktionen informiert zu sein und mögliche Synergien, wie zum Beispiel die im Bereich Content, zu nutzen.

▶ **Kundenservice**: Sie können sich nicht aussuchen, ob Ihre Kunden auf Ihrer Facebook-Seite Serviceanfragen stellen oder nicht. Wenn sie dies tun, sollten Sie vorbereitet sein und diese nicht an ein Kontaktformular verweisen. Schaffen Sie mindestens enge Schnittstellen zum Kundenservice, denn guter Service in den sozialen Medien kann maßgeblich zu einer Imagesteigerung im Social Web beitragen (ausführlich wurde dieses Thema bereits in Abschnitt 11.6, »Kunden-service 2.0«, behandelt).

► **Sales (Verkauf)**: Kunden, die durch das Social-Media-Engagement so begeis-tert sind, dass Sie Ihr Produkt oder Ihre Dienstleistung direkt kaufen möchten, sollten an einen konkreten Ansprechpartner verwiesen werden können. Auch hier gilt es, einen Prozess zu schaffen, der das gewährleistet.

► **Forschung und Entwicklung**: Das Social-Media-Team lernt jeden Tag aufs Neue, was den Kunden des Unternehmens gefällt, sammelt Ideen für neue Pro-dukte oder Dienstleistungen und weiß ganz genau, wo die größten Kritikpunkte liegen. Dieses geballte Wissen sollte hier nicht stecken bleiben, sondern geord-net in die entsprechenden Abteilungen weitergegeben werden.

► **Personalabteilung (Human Resources)**: Ob im Rahmen der Einstellung neuer Mitarbeiter oder der Zusammenarbeit im Bereich Employer Branding, auch in der Personalabteilung sollten Sie wissen, wer Ihr Ansprechpartner ist.

► **Rechtsabteilung und Datenschutz**: Rechtsabteilung und Datenschutz sind zwei wichtige Partner für das Social-Media-Team. Die gemeinsamen Themen reichen hier von einer Prüfung der Social Media Guidelines über die Beurteilung möglicher neuer Plattformen bis hin zur Beratung im Social-Media-Alltag.

► **Betriebsrat**: Nicht jedes Unternehmen hat einen, aber wenn dieser existiert, sollten Sie auf keinen Fall den Fehler machen, ihn zu übersehen.

► **Fachabteilungen**: Unter diesem Überbegriff fasse ich alle unternehmensspezi-fischen Abteilungen zusammen, die für Ihr Unternehmen relevant sein könnten. Dies kann beispielsweise die Logistik bei einem Versandhändler, das Labor in einem Chemiepark oder die Produktion bei einem Lebensmittelhersteller sein. Um einen guten Informationsfluss zu sichern, müssen auch hier Schnittstellen geschaffen werden, die bei Bedarf aktiviert werden können.

Diese Liste von Schnittstellen und Prozessen erhebt keinerlei Anspruch auf Voll-ständigkeit. Jedes Unternehmen ist anders, die Tätigkeit, Ausrichtung und sogar die Größe machen mitunter Prozesse in einem Unternehmen notwendig, die für ein anderes unwichtig bis irrelevant sind. Um eine sorgfältige Analyse kommen Sie ent-sprechend nicht herum.

14.5.4   Wie Prozesse und Workflows entwickelt werden

Hier gibt es kein Geheimrezept, aber einige Richtlinien und Hinweise, die Sie beachten sollten. Zunächst werde ich Ihnen noch einmal die Prozesslandschaft im Zusammenhang mit Social Media verbildlichen. In Abbildung 14.15 sehen Sie die drei Bereiche, die durch ein Social-Media-Engagement entstehen. Auf der linken Seite befinden sich die bestehenden Unternehmensprozesse, wie zum Beispiel die im Kundenservice oder der Unternehmenskommunikation. Auf der rechten Seite sehen Sie die im Bereich Social Media notwendigen Prozesse, und in der Mitte finden Sie die neu zu schaffenden Schnittstellen zwischen diesen beiden Bereichen. Die Anforderung an die Geschwindigkeit, mit der ein Anliegen bearbeitet werden muss, steigt dabei von links nach rechts an. Bestehende Unternehmensprozesse sollten möglichst in ihrer ursprünglichen Geschwindigkeit belassen werden, es sei denn, diese werden vom Kunden generell kritisiert, dann sind Anstrengungen notwendig, diese generell zu beschleunigen. Die Social-Media-Prozesse unterliegen der oben genannten Herausforderung einer Erstantwort innerhalb von höchstens 60 Minuten.

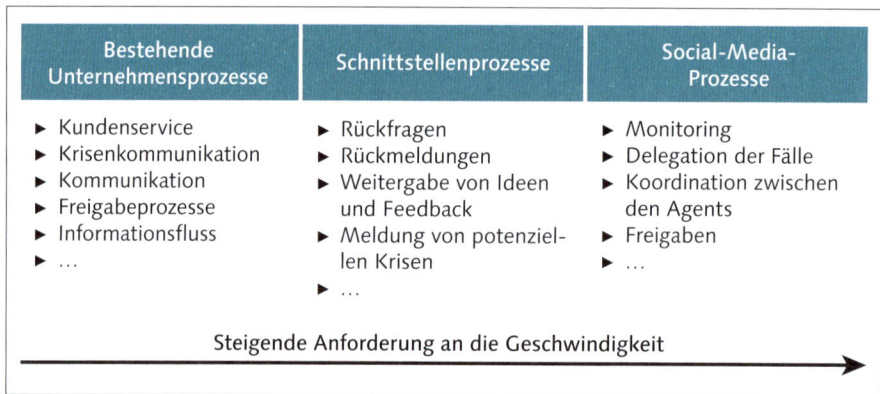

Abbildung 14.15 Verzahnung von Social Media und Unternehmensprozessen

Zwischen diesen beiden Polen müssen Prozesse geschaffen werden, die beide Welten optimal verzahnen und dabei die Bedürfnisse und Anforderungen beider Seiten erfüllen. Das ist keine einfache Aufgabe, denn selbst wenn bestehende Prozesse unberührt bleiben, muss sich die Arbeitsweise in manchen Bereichen anpassen oder um Schritte erweitert werden, die das neue Arbeitsfeld des Unternehmens einbeziehen. Erfahrungsgemäß löst dieser Gedanke beim mittleren Management oft eine gewisse Abwehrhaltung aus, da befürchtet wird, dass zusätzliche Arbeit entsteht, ohne dass ein konkreter Gegenwert dafür erbracht wird. An dieser Stelle sind zwei Dinge wichtig:

▸ **Volle Unterstützung durch die Geschäftsführung**
Wenn die Bedeutung von Social Media für das Unternehmen von »ganz oben« verdeutlicht wird, hat dies einen ganz anderen Stellenwert, als wenn ein Social Media Manager sagt, dass es wichtig ist. Darüber hinaus hilft es, wenn die Geschäftsleitung hier und da mal ein Machtwort spricht oder zusätzliche Ressourcen freigibt.

▸ **Einbeziehen der Abteilungen**
Entwickeln Sie mit den beteiligten Abteilungen gemeinsam die neuen Prozesse, erklären Sie, worin der Mehrwert besteht, und das in einer Sprache, die verstan-

den wird. Beispielsweise argumentiere ich im Marketing gerne über die (potenzielle) Reichweite und im Kundenservice über die Bedeutung eines Social-Media-Supports für das gesamte Unternehmen.

Bestandsaufnahme und Prüfung der Rahmenbedingungen

Die ersten Schritte bei der Entwicklung der Social-Media- und Schnittstellenprozesse ist eine Feststellung der Rahmenbedingungen, der bestehenden Prozesse und der Ziele, die erreicht werden sollen. Diese gründliche Bestandsaufnahme findet oft bereits während des internen Audits (siehe Abschnitt 14.1.3, »Internes Social-Media-Audit«) statt. Den Abschnitt »Analyse bestehender Prozesse und Schnittstellen« sollten Sie sich dort noch einmal durchlesen, bevor Sie hier weiter einsteigen.

Sämtliche Prozesse und Workflows, die Sie für Ihr Unternehmen entwickeln, müssen auf die Ziele der Social-Media-Strategie und damit die Unternehmensziele einzahlen. Entsprechend müssen Sie sich Ihre Ziele immer vor Augen halten, denn diese bestimmen die Priorisierung, welche Prozesse zuerst stehen müssen. Ein Beispiel ist das Ziel der Social-Media-Strategie, die Kundenzufriedenheit durch die Einführung eines Social-Media-Supports zu steigern, so liegt die Priorität auf sämtlichen Prozessen, die genau diesem Zweck dienen. Ausführlich gehe ich hierauf noch in dem Praxisbeispiel in Abschnitt 14.5.5, »Best Practice: Die Einführung von Social Media bei Rossmann«, ein.

Im Hinblick auf die anvisierten Ziele gilt es dann, die Rahmenbedingungen in der Social-Media-Abteilung zu erfassen und zu beurteilen. Dabei müssen Sie sich mindestens die folgenden Fragen stellen:

▶ Wie viele Personen in welchen Rollen können in die Prozesse eingebunden werden? Sind wir ausreichend besetzt, um eine adäquate Reaktionszeit zu gewährleisten?

▶ Welche Tools stehen dem Team für die Arbeit zur Verfügung? Sind diese ausreichend, um schnell und effizient arbeiten zu können?

▶ Wie kann das Team optimal zusammenarbeiten (Tipps und Tools für die Zusammenarbeit im Team finden Sie in Abschnitt 15.4, »Teamarbeit«)

▶ Welche Prozesse und Workflows müssen definiert werden, damit das Team optimal arbeiten kann (Beispiele: Monitoring, Kundenanfragen, Krisenkommunikation, Freigaben, Feedback-Prozesse etc.)?

▶ Gibt es bereits bestehende Kontakte aus dem Team in Schlüsselabteilungen, wie zum Beispiel die Unternehmenskommunikation oder den Kundenservice? Wenn ja, welche sind es und wie eng ist die Zusammenarbeit? Wo fehlen Kontaktpersonen? Wo muss die Zusammenarbeit intensiviert werden?

▶ Ist das Social-Media-Team gut in den Informationsfluss eingebunden? Ist gewährleistet, dass alle Informationen aus dem Unternehmen zuerst hier bekannt sind, bevor diese nach außen gelangen (beispielsweise Pressemeldungen, Kooperationen, Events, Kampagnen)?

Je nach Unternehmen spielen hier weitere Fragestellungen eine Rolle, wie zum Beispiel tarifliche Arbeitszeiten oder datenschutzbedingte Zugriffsregelungen für bestimmte Mitarbeiter. Diese müssen Sie ebenfalls identifizieren und mit in Ihre Überlegungen einbeziehen. Mir persönlich hat in diesem Schritt immer sehr geholfen, mir einen idealtypischen Prozess vorzustellen und diesen auf seine reale Umsetzbarkeit hin zu prüfen. Halten Sie Ihre Ergebnisse schriftlich fest, und visualisieren Sie Workflows für Ihre Abteilung. Auf diese Daten werden Sie nach dem nächsten Schritt wieder zurückgreifen müssen.

In einem dritten Schritt müssen Sie alle relevanten bestehenden Prozesse erfassen. Gehen Sie dafür direkt in die Abteilung hinein, führen Sie Interviews, und lassen Sie sich alle Abläufe ganz genau erklären. Wenn Sie die Zeit haben, ist es durchaus sinnvoll, mal ein paar Stunden im Arbeitsalltag mitzuerleben, quasi die Prozesse in Aktion zu sehen. Dokumentieren Sie Ihre Erkenntnisse aus jeder Abteilung, und stellen Sie die Prozesse visuell dar. Gleichen Sie Ihre Version dann noch einmal mit der Abteilung ab, und lassen Sie gegebenenfalls Korrekturen vornehmen.

Tooltipp: Software für die Darstellung von Prozessen und Workflows

Die Darstellung von Workflows und Prozessen ist mitunter ziemlich aufwendig. Entscheidungsbäume, Abhängigkeiten & Co. lassen ein Diagramm schnell unübersichtlich werden. Die folgenden Tools helfen Ihnen dabei, Workflow-Diagramme zu entwerfen:

▸ **PowerPoint oder Keynote**
Beide Programme bieten Ihnen die Möglichkeit, Abläufe mit Formen und Pfeilen darzustellen. In der Regel ist diese Methode jedoch sehr zeitaufwendig, da Sie alle Elemente manuell justieren müssen. Dennoch, ist kein anderes Programm im Haus, geht es auch hiermit.

▸ **Lovely Charts**
Lovely Charts ist ein Tool, mit dem man alle Arten von Diagrammen und Charts erstellen kann, darunter auch solche für Workflows und Prozesse. Die Kosten liegen zwischen 3,99 € (iPad-Version) und 59 € (Desktop-Version). Es hat eine breite Auswahl an Elementen zum Thema und erlaubt neben umfangreichen Anpassungen auch das Hochladen eigener Symbole. Das Ergebnis können Sie als JPEG- oder PNG-Bild exportieren. Dieses Tool ist mein persönlicher Favorit, einen Screenshot sehen Sie in Abbildung 14.16.

▸ **Microsoft Visio**
Visio ist ein professionelles Visualisierungs-Tool aus dem Hause Microsoft für die Darstellung von Workflows und Prozessen. Mit dem sehr großen Funktionsumfang überzeugt das Tool in der Anwendung, sobald Sie sich eingearbeitet haben. Visio kostet in der Professional-Version aktuell (Dezember 2019) ab 4,20 € pro Monat: *http://office.microsoft.com/de-de/visio*.

▶ **Omnigraffle**

Das Pendant zu Visio für den Mac ist Omnigraffle, der Funktionsumfang ist vergleichbar (*www.omnigroup.com/products/omnigraffle*). Omnigraffle ist exklusiv für Mac und iPad erhältlich und kostet 99 US$ für die normale Version (die völlig ausreichend ist) bzw. 199 US$ für die Professional Edition. Besonders schön an Omnigraffle finde ich die große, von der Community vorangetriebene Sammlung sogenannter Stencils (Stempel, sprich Elemente, mit denen Sie Diagramme erstellen können). Diese finden Sie unter: *www.graffletopia.com*

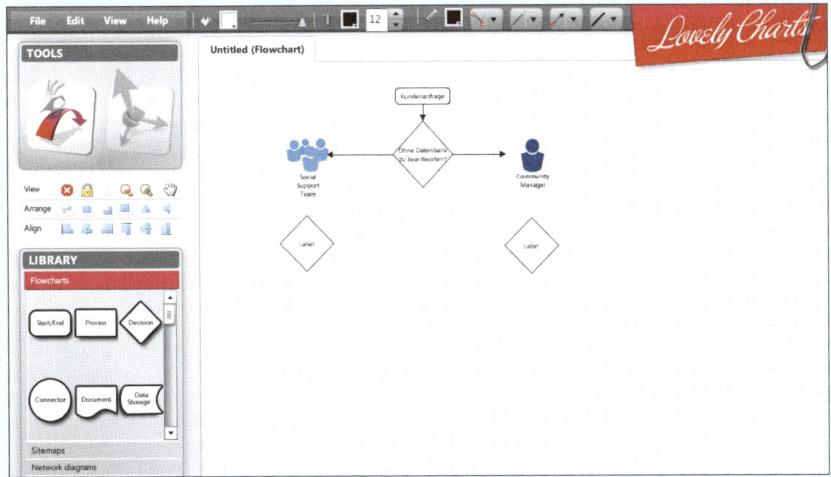

Abbildung 14.16 Die Oberfläche von Lovely Charts

Definition von Schnittstellen, Prozessen und Workflows

Haben Sie die Rahmenbedingungen identifiziert und alle bestehenden Abläufe realitätsgetreu zusammengetragen, gilt es nun, die bestmöglichen Schnittstellen zu finden. Überlegen Sie, an welchen Stellen eine Verzahnung zwischen den traditionellen Abläufen und Social-Media-Prozessen sinnvoll ist. Dabei helfen Ihnen die in Abschnitt 14.5.2, »Herausforderungen für die Prozessgestaltung«, genannten Kriterien zu den Anforderungen an Social-Media-Prozesse. Entwerfen Sie ein Beispiel für den jeweiligen Schnittstellenprozess, und stellen Sie diesen der beteiligten Abteilung vor. Diskutieren Sie jetzt gemeinsam, ob dies der optimale Ablauf ist oder ob sich noch eine bessere Alternative findet. Sehr wichtig ist auch, dass Sie abteilungsübergreifend sicherstellen, dass alle beteiligten Personen jederzeit wissen, in welchem Status sich ein Fall befindet. Haben Sie sich mit der Abteilung auf einen Prozess geeinigt, können Sie den zugehörigen Workflow entwerfen. Auch dieser sollte gemeinsam diskutiert und abgesegnet werden. Bedenken Sie, dass in jedem Schritt des Prozesses Menschen involviert sind. Vermeiden Sie unrealistische Anforderungen wie die ständige Erreichbarkeit einer Einzelperson oder eine Reaktionszeit von unter 1 Stunde an Sonn- und Feiertagen.

Implementierung und Testlauf

Dass zwischen Theorie und Praxis manchmal große Unterschiede liegen, ist ein Umstand, dem Sie nicht erst im öffentlichen Engagement begegnen möchten. Aus diesem Grund sollten Sie die gemeinsam entwickelten Prozesse und Workflows im Vorfeld ausgiebig testen. Neben abteilungsübergreifenden Schulungen und Trainings ist das Durchspielen der Workflows in Echtzeit und unter realistischen Bedingungen besonders lehrreich. Konstruieren Sie dafür einen realistischen Fall, wie zum Beispiel eine komplizierte Kundenanfrage auf Twitter, und gehen Sie den geplanten Ablauf Schritt für Schritt durch. Hier zeigt sich meistens, wo es noch hakt und entsprechend nachjustiert werden muss. Erst wenn hinter den Kulissen alles reibungslos läuft, sollten Sie offiziell mit dem Engagement starten.

Dokumentation ist entscheidend

Wichtig ist, dass immer eine Dokumentation stattfindet, die von allen Mitarbeitern des Social-Media-Teams sowie den relevanten Schnittstellen einsehbar ist. Ideal ist hier eine Verknüpfung in Form eines Social-CRM-Systems. Da die meisten CRM-Tools ein Freitextfeld bieten, kann diese Dokumentation auch hier geschehen. Über das Thema Social CRM (Customer Relationship Management) klärt Sie Oliver Ueberholz umfassend in einem Beitrag in meinem Blog auf: *http://bit.ly/14AQZk9*

Fortlaufende Optimierung

Ein Workflow, der heute ideal ist, kann durch veränderte Rahmenbedingungen optimierungsbedürftig werden. Prüfen Sie zunächst kurze Zeit (ein bis zwei Wochen) nach dem Livegang, ob die Prozesse auch in der Realität Bestand haben, und justieren Sie gegebenenfalls mit den beteiligten Abteilungen nach. Im Anschluss liegt es in Ihrem Ermessen, wie oft und nach welchem Schema (in festen Zeitabständen, nach Bedarf) Sie sich bezüglich konkreter Optimierung zusammensetzen. Wichtig sind ein fortlaufender enger Austausch zwischen den Schnittstellen und das gemeinsame Durchsprechen von Fallbeispielen.

Da die Theorie der Entwicklung von Prozessen und Workflows durchaus ein wenig abstrakt ist, halte ich für Sie unter *http://bit.ly/1aOFA5p* ein Praxisbeispiel bereit, in dem ich Ihnen Schritt für Schritt die Entwicklung eines Workflows für einen Social-Media-Support auf Twitter zeige.

14.5.5 Best Practice: Die Einführung von Social Media bei Rossmann

Um Ihnen die Bedeutung der tiefen Integration und des Verständnisses von Social Media im gesamten Unternehmen noch einmal zu verdeutlichen, werde ich Ihnen noch ein Best-Practice-Beispiel mit auf den Weg geben. Ich konnte hierfür Paul Baumann von Rossmann für ein Interview zu diesem Themenkomplex gewinnen.

Bitte stelle dich kurz einmal vor.

Mein Name ist Paul Baumann, ich arbeite seit September 2011 bei Rossmann und habe dort den Social-Media-Bereich mit gegründet und aufgebaut.

Wie hast du das Thema Social Media bei Rossmann eingeführt?

Das Thema als Einzelperson entsprechend einzuführen ist in einem Unternehmen eigentlich nicht möglich, sondern es funktioniert nur mit Rückendeckung und dem Vertrauen der entsprechenden Vorgesetzten und auch der Geschäftsleitung. Ich hatte das große Glück, dass ich bei Rossmann beides vorgefunden habe.

Auf dieser Grundlage haben wir zunächst ein grobes strategisches Konzept ausgearbeitet. Dabei mussten anfangs viele Fragen geklärt werden: Welche Ziele verfolgt Rossmann mit seinem Social-Media-Engagement? Welche Ressourcen werden zum Start und perspektivisch benötigt? Welche Prozesse müssen eingeführt werden? Wie kann der Erfolg gemessen werden? Wie kann ich diese Ziele operativ erreichen? Die Liste könnte ich lange fortführen, aber sie würde nicht von den allgemeingültigen Hinweisen und schon oft verfassten Tipps abweichen. Ein zentraler Punkt wird allerdings oft vergessen oder vernachlässigt: Wie binde ich die Mitarbeiter des Unternehmens aktiv ein, und wie kann ich jedem Mitarbeiter möglichst auch die Vorteile und Chancen von Social Media erklären und näherbringen? Und daraufhin: Wie kann ich Begeisterung für das Thema bei Meinungsführern im Unternehmen entfachen? Ich glaube, wir konnten als Abteilung das Thema so erfolgreich einführen, weil wir genau das gemacht haben: Wir haben möglichst viele Mitarbeiter für das Thema begeistert und ihnen die Vorteile für ihre eigene Arbeit dargelegt. Das kann man nicht mit PowerPoint-Präsentationen und E-Mails tun. Das geschieht nur im persönlichen Dialog und mit persönlicher Überzeugungsarbeit. Ein weiterer Erfolgsfaktor war meiner Meinung nach die klare Konzentration auf ein soziales Netzwerk. Wir haben uns bewusst in den ersten beiden Jahren unserer Tätigkeit zu 90 % auf Facebook konzentriert und dort bewiesen, dass das Thema eine große Relevanz besitzt. Erst auf dieser Erfolgsgeschichte aufgesetzt, sind wir im Anschluss weitere Kanäle wie YouTube, Blogs, Twitter, Foursquare, Pinterest, Instagram, XING usw. angegangen. Das ist deutlich einfacher, als wenn man sich direkt auf alle Kanäle stürzt und sich dann komplett in einer operativen Bespielung der Kanäle verliert.

Unternehmensweite Prozesse und Workflows sind ein wichtiges Thema in diesem Zusammenhang, wie habt ihr die relevanten Prozesse identifiziert?

Ich finde es, ehrlich gesagt, etwas merkwürdig, dass in Zusammenhang mit der Einführung einer Social-Media-Strategie auch von so vielen nötigen neuen Prozessen bei Unternehmen gesprochen wird. Ich glaube, das Gegenteil ist der Fall: Wenn es in einem Unternehmen gewisse Prozesse noch nicht gibt – die es geben sollte –,

dann können Social Media das schmerzhaft ehrlich deutlich machen. Ein funktionierendes Community Management, also der Dialog mit den Kunden auf den Kanälen, kann sich stark an den Prozessen im Kundenservice orientieren. Eine Blogger-
kommunikation greift viele Elemente einer klassischen PR-Arbeit auf. Und eine
Social-Media-Kampagne muss genauso mit allen anderen Medien verzahnt werden
wie andere Marketingkampagnen. Mit diesem Verständnis benötigt es meiner Meinung nach dann nur noch sehr gute Mitarbeiter. Diese müssen Social Media leben
und wissen, wohingehend diese bestehenden Prozesse leicht angepasst werden
müssen. Genauso sind wir vorgegangen und gehen auch heute noch bei der Einführung und Weiterentwicklung neuer Themen und Bereiche vor.

Habt ihr neue Prozesse gemeinsam mit den anderen Abteilungen entwickelt? Wenn ja, wie sah das aus?

Die Anpassung der Prozesse haben wir gemeinsam mit den involvierten Abteilungen
vorgenommen, dabei haben wir allerdings sehr viel vorgegeben – was auch so akzeptiert wurde. Hierbei kommt nämlich genau das bereits Gesagte ins Spiel: Herrscht im
Unternehmen eine Akzeptanz für das Thema, so vereinfacht es auch eine Akzeptanz
für neue Prozesse. Zu versuchen, diese Akzeptanz erst mit der Schaffung neuer Prozesse zu etablieren, kann meiner Meinung nach nur selten funktionieren.

Zu welchen Abteilungen gibt es bei euch Schnittstellen?

Die Abteilung Neue Medien – zu der wir als Social-Media-Team gehören – ist Teil
des Marketings. Hier sind die Verbindungen natürlich besonders stark, da wir
immer alle Kampagnen und Aktivitäten ganzheitlich sehen und versuchen, alle
Medien zu verknüpfen. Ebenfalls sehr stark ist die Verbindung zu unserem Marken-
einkauf, da wir viele gemeinsame Aktionen mit unseren Industriepartnern durchführen. Aber auch das Produktmanagement unserer Eigenmarken ist ein wichtiger
Partner für uns. Diese sind natürlich sehr stark an dem Feedback im Netz interessiert, um unsere Produkte stets zu verbessern und unsere Kunden immer besser
kennenzulernen.

Ein enger Dialog herrscht natürlich auch mit dem Kundenservice, damit wir bei
Kundenanfragen einheitlich vorgehen und reagieren können. Ich könnte an dieser
Stelle jetzt auch noch alle anderen Abteilungen sowie jede einzelne unserer Filialen
erwähnen. Da wir jedes Feedback, das in den sozialen Netzwerken an uns gerichtet
wird, an den zuständigen Mitarbeiter im Unternehmen weitergeben, stehen wir
den ganzen Tag in einem regen Austausch mit fast allen Bereichen von Rossmann.

Kannst du uns ein Beispiel für einen Prozess nennen?

Wenn wir uns für die Ankündigung einer neuen Produkteinführung entscheiden,
beispielsweise eines neuen Eigenmarken-Produkts, sprechen wir vorher mit unse-

ren entsprechenden Social-Media-Ansprechpartnern der Abteilung. Dann arbeiten wir eine ideale Darstellung des Produkts für den jeweiligen Kanal aus, schreiben Texte und produzieren entsprechendes Material (beispielsweise Bilder). Ab dem Zeitpunkt der Ankündigung sind wir dann in einem engen Dialog mit dem entsprechenden Produktmanagement, um einerseits Anfragen unserer Community zum Produkt innerhalb weniger Minuten sofort beantworten, aber auch jedes inhaltliche Feedback an das Produktmanagement weitergeben zu können. Für diese ist das direkte Konsumenten-Feedback in Echtzeit sehr viel wert. Auch wenn es natürlich nicht repräsentativ ist, gibt es oft sehr gute Anregungen und einen ersten Überblick über die Meinung unserer Kunden. Dadurch können wir uns stetig verbessern.

Gibt es einen Tipp, den du einem angehenden Social Media Manager zum Thema Prozesse im Unternehmen mit auf den Weg geben möchtest?

Der angehende Social Media Manager sollte in der Lage sein, seine persönliche Leidenschaft für soziale Netzwerke auch auf andere Mitarbeiter zu übertragen. Besonders in Unternehmen mit sehr unterschiedlichen Altersstrukturen ist es erforderlich, sich auch in Personen reinzudenken, die den Social-Media-Plattformen noch nicht zugewandt sind und ihnen sogar skeptisch gegenüberstehen. Hier gilt es, sich nicht abschrecken zu lassen, sondern individuell den persönlichen Nutzwert für die Mitarbeiter oder den Mehrwert für die Abteilungen bzw. das gesamte Unternehmen herauszuarbeiten.

14.6   Social Media Guidelines

Social Media Guidelines sind die Leitplanken für das sichere Navigieren im Social Web und ein wichtiges Thema, das vor einem aktiven Eintritt in ein Engagement ausgearbeitet und unternehmensweit kommuniziert werden muss. Social Media Guidelines sind Richtlinien, die Ihre Mitarbeiter dabei unterstützen, privat wie beruflich sicher im Internet zu agieren. Sie beinhalten Regeln sowie Handlungsempfehlungen für das Verhalten in den sozialen Medien.

14.6.1   Warum Social Media Guidelines?

Viele Aspekte der Social Media Guidelines werden bereits mit Arbeitsverträgen und dem gesunden Menschenverstand abgedeckt, sind Social Media Guidelines da überhaupt noch nötig? Aus meiner Sicht ist die Antwort hier ein klares Ja, denn die Unsicherheiten im Umgang mit den sozialen Medien sind in vielen Unternehmen noch sehr hoch.

Social Media Guidelines helfen an dieser Stelle, da sie als Schwimmflügel bei den ersten Schwimmversuchen fungieren. Sie unterstützen die Bewegung im Netz, da sie Sicherheit geben. Wichtig ist in diesem Zusammenhang, dass die Richtlinien entsprechend formuliert sind und den Mitarbeiter ermutigen, anstatt ihm mit Drohungen, Verboten und Worst-Case-Szenarien Angst vor dem Web zu machen. Jeder Mitarbeiter hat das Potenzial, zum Markenbotschafter oder Multiplikator zu werden und dem Unternehmen ein Gesicht zu verleihen. Gute Social Media Guidelines helfen hier bei einem professionellen Einstieg, dem Aufbau von Medienkompetenz im Unternehmen und dabei, die größten Stolpersteine zu umgehen.

14.6.2   Welche Themen gehören in Social Media Guidelines?

Social Media Guidelines sollen den Mitarbeitern Sicherheit und Kompetenz für die Kommunikation in den sozialen Netzwerken vermitteln und diese gleichzeitig dazu ermuntern, sich hier zu engagieren. Aus diesem Grund gibt es ein paar grundsätzliche Themen, die jede Social-Media-Strategie abdecken sollte. Je nach Unternehmen können hier selbstverständlich noch weitere Punkte hinzukommen.

▶ **Privatsphäre**: Ein Aspekt, der für viele Mitarbeiter ein Buch mit sieben Siegeln scheint, ist das Thema Privatsphäre und der »schweren Vergänglichkeit« von einmal veröffentlichten Daten. Ich erinnere mich hier nur zu gut an das entsetzte Gesicht einer Kollegin, deren Bild ich gerade mit zwei Mausklicks aus dem Internet auf meinen Desktop befördert hatte, oder an den Kollegen, der sprachlos war, wie viele Informationen ich innerhalb von 1 Stunde über ihn herausfand.

Social Media Guidelines müssen Ihre Mitarbeiter für das Thema Privatsphäre sensibilisieren, ohne diese abzuschrecken. Eine Gratwanderung, die meiner Erfahrung nach besonders gut in Kombination mit Workshops zu dem Thema lösbar ist.

▶ **Die Grenze zwischen Privat und Beruflich**: Dass die Grenze zwischen privatem und beruflichem Agieren im Netz plötzlich sehr schmal wird, wenn ein Mitarbeiter den Arbeitgeber in sein Profil einträgt, ist ebenso ein Fakt, der vielen so nicht klar ist. Der Mitarbeiter muss sich darüber bewusst sein, dass auch sämtliche privaten Äußerungen auf seinen Arbeitgeber zurückfallen können. Weisen Sie Ihre Mitarbeiter generell darauf hin, dass die Social Media Guidelines ihnen ebenso helfen, sich privat sicher im Web zu bewegen.

▶ **Auswirkung auf die Reputation**: Machen Sie Ihre Mitarbeiter darauf aufmerksam, dass sich deren Verhalten auf die Reputation des Unternehmens auswirken kann, und zwar im positiven wie im negativen Sinn. Bieten Sie Hilfestellung für Situationen an, in denen etwas schiefgelaufen ist, und bestärken Sie positives Verhalten.

▶ **Umgangsformen**: Gute Manieren und respektvolles Verhalten gegenüber anderen sind die Grundlage für die positive Wahrnehmung einer Person. Ein Hinweis auf diesen Umstand inklusive der Ermunterung zu entsprechenden Umgangsformen ruft dies noch einmal ins Gedächtnis.

▸ **Umgang mit Fehlern, Kritik und Wut**: Insbesondere in emotional geladenen Situationen ist die Tendenz zu Fehltritten groß. Unterstützende Handlungsempfehlungen für derartige Situationen helfen Ihren Mitarbeitern, einen kühlen Kopf zu bewahren und sich bestmöglich zu verhalten. Wichtig ist an dieser Stelle auch wieder der Hinweis darauf, wo der Mitarbeiter sich Unterstützung holen kann.

▸ **Gesetzliche Vorgaben**: Dass gesetzliche Vorgaben im Internet genauso gelten wie anderswo, ist eigentlich logisch, aber ein wichtiger Punkt in den Social Media Guidelines. Weisen Sie auf diesen Umstand hin, und benennen Sie die Vorgaben beim Namen, damit es nicht zu abstrakt ist. Wichtige Punkte sind hier zum Beispiel Datenschutz, Persönlichkeits-, Urheber- und Markenrecht sowie Beleidigungen und Diskriminierungen.

▸ **Betriebliche Vorgaben**: Die Weitergabe von Betriebsgeheimnissen und Interna ist in der Regel schon durch den Arbeitsvertrag untersagt. Trotzdem ist ein Hinweis an dieser Stelle sinnvoll.

▸ **Transparenz und Offenheit**: Legt ein Mitarbeiter gar nicht oder erst sehr spät seine Zugehörigkeit zu einem Unternehmen offen, hat dies oftmals negative Konsequenzen. Ermutigen Sie Ihre Mitarbeiter, in Fachdiskussion zu ihrem Unternehmen zu stehen, und weisen Sie diese auf die Bedeutung von Transparenz und Offenheit hin.

▸ **Ansprechpartner und Verhalten in Krisensituationen**: Die Mitarbeiter müssen ganz genau wissen, an wen sie sich bei Fragen oder Problemen wenden können. Kontaktinformationen in Form einer zentralen E-Mail-Adresse und Telefonnummer sind hier das Mindeste, ideal sind namentliche Ansprechpartner mit einer jeweiligen Vertretung.

▸ **Einleitung**: Für mich fast so wichtig wie die Social Media Guidelines selbst ist eine gute Einleitung, die den Mitarbeitern erklärt, warum die Social Media Guidelines eingeführt werden. Wichtige Punkte sind dabei, wie Sie diese zu Ihrem Vorteil nutzen können, und ein deutliches Plädoyer für das Engagement im Netz. Idealerweise stammt die Einleitung von der Geschäftsführung selbst oder wird zumindest von einem Grußwort selbiger begleitet.

14.6.3 Beispiele von Social Media Guidelines deutscher Unternehmen

Nachdem es über Jahre stets nur gute Beispiele internationaler Unternehmen gab, hat der deutschsprachige Raum stark aufgeholt. Ich empfehle Ihnen hier öffentlich verfügbare Social Media Guidelines einiger Unternehmen und skizziere jeweils kurz, warum ich diese empfehlenswert finde:

▶ **DATEV**: Schon im Prolog zu den Social Media Guidelines unter *http://bit.ly/ 179Vx0x* ermutigt DATEV seine Mitarbeiter zu einer aktiven Nutzung des Social Webs. Ein Überblick über die Guidelines hilft bei der Verinnerlichung.

▶ **Daimler**: Ausführlich und verständlich erklärt kommt der Social-Media-Leitfaden von Daimler daher: *http://bit.ly/2IFcfiy*.

▶ **Deutsche Post DHL**: Komplett im gelben Firmendesign sind die Social Media Guidelines der Deutschen Post DHL ein echter Blickfang: *http://bit.ly/2Vv9Tba*

▶ **GfK**: Eine Übersicht über die eigenen Social-Media-Aktivitäten rundet die besonders detaillierten Social Media Guidelines und Vorgaben der GfK ab: *http:// bit.ly/2paZ7uY*

▶ **achtung!**: Allein schon der Untertitel des achtung!-Social-Media-Kompasses, der da lautet: »Use your Brain«, macht dieses Schriftstück empfehlenswert: *http://slidesha.re/179ZT7R*

▶ **Telekom**: Ein ganzes Portal rund um Social-Media-Leitlinien und -Grundsätze sowie das korrekte Verhalten bietet die Telekom für Mitarbeiter und Interessierte unter *www.telekom.com/socialmedia* (siehe Abbildung 14.17). Mit der App »Höflich 2.0« wird sogar eine Applikation für Smartphones angeboten.

Abbildung 14.17 »Social Media Grundsätze« bei der Telekom

▶ **Stadt Hamburg**: Ein ganzes Social-Media-Handbuch hält die Stadt Hamburg für seine Mitarbeiter bereit: *http://bit.ly/19o7Udy*

▸ **Tchibo**: Eines der bekanntesten Beispiele zum Thema Social Media Guidelines ist wohl das Video von Tchibo, das Herrn Bohne die wichtigsten Richtlinien für das Social Web erklären lässt, zu sehen unter: *http://bit.ly/19o8KqN*

▸ **Telefonica**: Auf Basis von Schlagwörtern, deren Initialen das Wort Social Media ergeben, hat Telefonica die Guidelines übersichtlich auf zwei Seiten gestaltet: *http://bit.ly/2i1Lfw5*

Ich habe bereits für zwei unterschiedliche Unternehmen Social Media Guidelines ausgearbeitet. Dabei musste ich feststellen, dass es trotz vieler guter Beispiele, oder gerade deswegen, gar nicht so einfach ist, perfekte und einzigartige Social Media Guidelines zu entwickeln. Als Hilfestellung habe ich deshalb unter *http://bit.ly/1aOGgaK* für Sie ein Muster für Social Media Guidelines zusammengestellt.

14.6.4   Einführung von Social Media Guidelines

Die besten Social Media Guidelines machen keinen Sinn, wenn niemand sie kennt oder beachtet. Aus diesem Grund ist eine großflächige Einführung mit entsprechend viel »Lärm« drumherum notwendig. Die folgenden Maßnahmen haben sich hier bewährt:

▸ **Ansprechende Gestaltung**: Arbeiten Sie mit dem Marketing eine ansprechende Gestaltung aus. Das Ergebnis sollte so gut aussehen, dass Sie es sich gerne an die Wand hängen.

▸ **E-Mail vom Geschäftsführer**: Vereinbaren Sie mit der Geschäftsführung, dass diese die Einführung der Social Media Guidelines über ihren E-Mail-Account vornimmt. Durch diesen einfachen Kniff bekommt die E-Mail mit den darin enthaltenen Guidelines eine ganz andere Priorität.

▸ **Text und PDF**: In der besagten E-Mail sollten die Richtlinien sowohl in Textform als auch als PDF im Anhang enthalten sein.

▸ **Für E-Mail-Muffel**: Sprechen Sie mit der Unternehmenskommunikation, damit die Guidelines in der nächsten Mitarbeiterzeitschrift abgedruckt werden (wenn vorhanden).

▸ **Lesestoff für neue Mitarbeiter**: Vereinbaren Sie mit der Personalabteilung, dass jeder neue Mitarbeiter die Leitlinien ausgehändigt bekommt.

▸ **Themenseiten im Intranet**: Wenn Sie im Unternehmen ein Intranet haben, nutzen Sie dieses, um ein Themenspezial rund um Social Media aufzubauen. Neben den Social Media Guidelines sollten Sie hier die Grundlagen zu den einzelnen Netzwerken und ein kleines Glossar anbieten. Darüber hinaus sorgen aktuelle Statistiken über die Unternehmenspräsenzen für einen Anreiz, die Seiten mehr als einmal zu besuchen.

▸ **Offizielle Einführungsveranstaltung**: Ein wichtiger Punkt bei den Social Media Guidelines ist, Verständnis für das Warum und Wieso zu schaffen. Auf einer oder mehreren offiziellen Einführungsveranstaltungen, auf denen die Guidelines Punkt für Punkt durchgespielt und erläutert werden, lassen sich diese Aspekte gut klären.

Bestimmt fallen Ihnen noch weitere Ideen ein, wie Sie in Ihrem Unternehmen bestmöglich auf die Guidelines aufmerksam machen können. Je kreativer und auffälliger die Methode, desto mehr Aufmerksamkeit werden Sie erreichen.

Mit den Social Media Guidelines haben Sie den letzten Grundstein für den Einstieg in das aktive Social Media Management gelegt. Nun gilt es, in den Social-Media-Management-Prozess einzusteigen und Ihr Engagement Stück für Stück zu etablieren.

14.7   Social Media im Unternehmen etablieren

Oft hat das Thema Social Media im Unternehmen einen speziellen Status. Das Thema ist neu und in aller Munde, viele Abteilungen möchten selber mitmachen oder bekommen sogar Angst, dass man ihnen etwas wegnehmen möchte. Aus diesem Grund ist es enorm wichtig, dass alle Mitarbeiter des Unternehmens, vom Praktikanten bis zum Vorstandsvorsitzenden, von dem Engagement in den sozialen Medien wissen und verstanden haben, warum dies relevant für das Unternehmen ist.

In dieser Konstellation sind die Aufgaben des Social Media Managers folgende:

▸ Aufklärungsarbeit betreiben, um den Mitarbeitern die Angst zu nehmen

▸ Möglichkeiten und Risiken aufzeigen, die durch das Engagement des Unternehmens entstehen

▸ sich als Experte und Ansprechpartner positionieren und Hilfe sowie Unterstützung anbieten

Aus meiner Erfahrung kann ich sagen, dass bei dieser Aufgabe die folgenden Methoden enorm geholfen haben, um Wahrnehmung und Akzeptanz im Unternehmen zu erlangen.

14.7.1   Die Roadshow

Eine Roadshow bezeichnet nichts anderes als die Vorstellung und Erklärung des Social-Media-Engagements in allen Abteilungen und an allen Standorten.

Der Kern des Auftritts ist eine Präsentation, in der den Mitarbeitern möglichst anschaulich dargestellt wird, was Social Media ist, warum und wie sich das Unternehmen engagieren möchte und welche Ziele damit verfolgt werden. Idealerweise ist die Präsentation mit bunten Anekdoten und Beispielen gespickt, die an die jeweilige Abteilung angepasst sind.

So kann man sogar dem Außendienst wunderbar verdeutlichen, warum Social Media auch für ihn in seinem Arbeitsalltag relevant ist. Neben den Zielen ist es wichtig, dass hier auch individuell auf Herausforderungen, Risiken und die speziellen Möglichkeiten, die durch Social Media entstehen, eingegangen wird. Außerdem sollte vorgestellt werden, welche Hilfestellung aus dem Social Media Management geboten wird. Mit einer abschließenden Fragerunde für die Mitarbeiter wird die ideale Bühne geschaffen, um sich als Experte zu positionieren. Bei weitläufigeren Unternehmensstrukturen, in denen es nicht möglich ist, alle Mitarbeiter mit einzubeziehen, sollten diese zumindest von ihrem Niederlassungsleiter oder Ähnlichem über das Engagement informiert und mit Informationsmaterial versorgt werden.

14.7.2   Informationsmaterial

Was sind Social Media eigentlich, und warum sollte mich das interessieren? Wie sieht die Social-Media-Strategie des Unternehmens aus, und an wen kann ich mich wenden, wenn ich Fragen habe oder etwas im Netz bemerke, das relevant für das Unternehmen sein könnte? Diese und weitere Fragen, anschaulich aufgearbeitet und leicht zu lesen, sollten Sie als Informationsmaterial für alle Mitarbeiter zur Verfügung stellen. Nutzen Sie dabei sämtliche Kanäle, die Ihnen zur Verfügung stehen. Ob ein Themenspecial im Intranet, als Anhang per E-Mail versandt, ausgedruckt auf dem Schreibtisch oder am schwarzen Brett – sorgen Sie dafür, dass wirklich jeder Mitarbeiter weiß, dass sein Unternehmen nun im Social Web aktiv ist.

Natürlich gehören in dieses Informationsmaterial die Social Media Guidelines sowie Telefonnummer und E-Mail-Adresse des Social Media Managers. Weitere besonders hilfreiche Unterlagen sind hier ein Glossar mit den wichtigsten Begriffen aus dem Social Web und eine ausführliche FAQ rund um Social Media.

Ein äußerst kreatives Beispiel dafür liefert die adidas Group, die ihre Mitarbeiter von den Comicfiguren Sue Social und Media Man in das Social Web führen lässt (siehe Abbildung 14.18). Neben den Social Media Guidelines werden die wichtigsten Fragen zu Social Media und Social Networks beantwortet, zu bestaunen unter *http://smg.adidas-group.com/index.php*. Lassen Sie Ihrer Kreativität freien Lauf, je mehr Spaß das Lesen macht, desto mehr Mitarbeiter werden sich mit der Thematik auseinandersetzen.

Abbildung 14.18 Sue Social und Media Man führen die Mitarbeiter der adidas group durch das Social Web.

14.7.3 Schulungen und Trainings

Je größer das Verständnis für Social Media, desto höher ist die Akzeptanz im Unternehmen. Darüber hinaus helfen Sie den Mitarbeitern mit speziellen Schulungen und Trainings dabei, sich sicher im Internet zu bewegen.

Themen könnten hier sein:

► Facebook sicher nutzen

► Twitter für Anfänger

► Was sind Social Media?

► sicher im Internet

► unser Unternehmen und der Wettbewerb im Social Web

► unsere Social Media Guidelines

Diese kleine Liste soll Ihnen als Inspiration dienen, Sie werden durch die Fragen, die Ihnen im Alltag am meisten gestellt werden, sicherlich noch auf weitere Ideen kommen.

Stimmen Sie sich für die Planung des Angebots mit der Personalabteilung ab, und bitten Sie diese um Hilfe bei der Organisation. Die Trainings sollten möglichst während der Arbeitszeit angeboten werden, denn das steigert die Teilnehmerzahl erheblich. Ein Kompromiss ist hier die Nutzung von Zeiten, die weniger produktiv sind, wie zum Beispiel der späte Nachmittag. Versuchen Sie, Ihr Angebot auf etwa 1 Stunde plus 15 bis 30 Minuten für Fragen und Diskussion zu konzipieren. Bauen Sie interaktive Teile mit ein, beispielsweise könnten Sie live zeigen, wie man einen Twitter-Account anlegt oder wie die Social-Web-Auftritte Ihres Unternehmens aussehen. Bereiten Sie sich auch auf kritische Fragen vor, denn diese werden kommen, und das in ganz unterschiedlicher Tonalität. Ich habe hier schon alles gehört von »Warum geben wir für so einen Mist Geld aus?« bis hin zu »Ihr Job ist es also, den ganzen Tag im Internet zu surfen? Dafür möchte ich auch bezahlt werden.« An so einem Punkt ist es wichtig, dass Sie solche Fragen nicht persönlich nehmen und ruhig bleiben. Antworten Sie ganz sachlich auf solche Fragen. Erklären Sie noch einmal, warum Social Media für das Unternehmen wichtig sind, bzw. geben Sie einen Einblick in Ihren Arbeitsalltag. Sie brauchen sich nicht zu rechtfertigen, Sie sind in diesem Rahmen der Experte, und Ihre Aufgabe ist es, Ihr Gegenüber davon und von Ihrem Tun zu überzeugen. Je mehr Sie an sich und die Sache glauben, desto besser wird Ihnen dies gelingen.

Ziel der Veranstaltung ist, dass die Teilnehmer etwas über Social Media gelernt haben, Spaß hatten, wissen, wen sie bei Fragen und Problemen zu dem Thema ansprechen können, und ihren Kollegen von einem interessanten Abend erzählen.

14.8   Social-Media-Reifegradmodelle

Im Rahmen eines Social-Media-Engagements taucht immer wieder die Frage auf: »Wo steht mein Unternehmen eigentlich im Prozess und im Vergleich zu anderen?« Für die Beantwortung dieser Fragen gibt es mehrere Ansätze eines Social-Media-Reifegradmodells.

14.8.1   Das Social-Media-Maturity-Modell des Social Media Excellence Circles

In diesem Abschnitt stelle ich Ihnen das Modell des Social Media Excellence (SME) Circles (*www.social-media-excellence.de*) ausführlicher vor. Der SME wird von der Business Intelligence Group (B.I.G.) geleitet und bündelt durch die Teilnahme von mehr als 30 großen Unternehmen und Organisationen aus dem deutschsprachigen Raum geballtes Wissen zu Social Media im Unternehmen.

Die Agentur B.I.G. entwickelte eine erste Version des Social-Media-Maturity-Modells (SM^3) und verfeinerte dies in Zusammenarbeit mit den Unternehmen des Kreises, um es an die Praxis anzupassen. Die Zielsetzungen für das Reifegradmodell sind:

▸ Systematisierung und Operationalisierung der Corporate-Social-Media-Aktivitäten

▸ Unterstützung bei der Standortbestimmung

- ▶ Ableitung der Social-Media-Roadmap

- ▶ Verfolgung der Fortschritte über die Zeit

- ▶ Benchmarking intern und mit anderen Unternehmen und Industrien

Das SM^3 ermöglicht Ihnen, die organisatorische Reife Ihres Unternehmens zu ermitteln und von hier aus Schritte für die weitere Entwicklung abzuleiten. Dafür ist das Modell in vier unterschiedliche Reifegrade – Explorer, Optimizer, Enabler und Champion – unterteilt. Die Maturität eines Unternehmens wird dabei durch Merkmale in sechs Dimensionen gekennzeichnet. Auf die Dimensionen und Reifegrade gehe ich im Folgenden ausführlich ein. Eine Übersicht über das Modell sehen Sie in Abbildung 14.19.

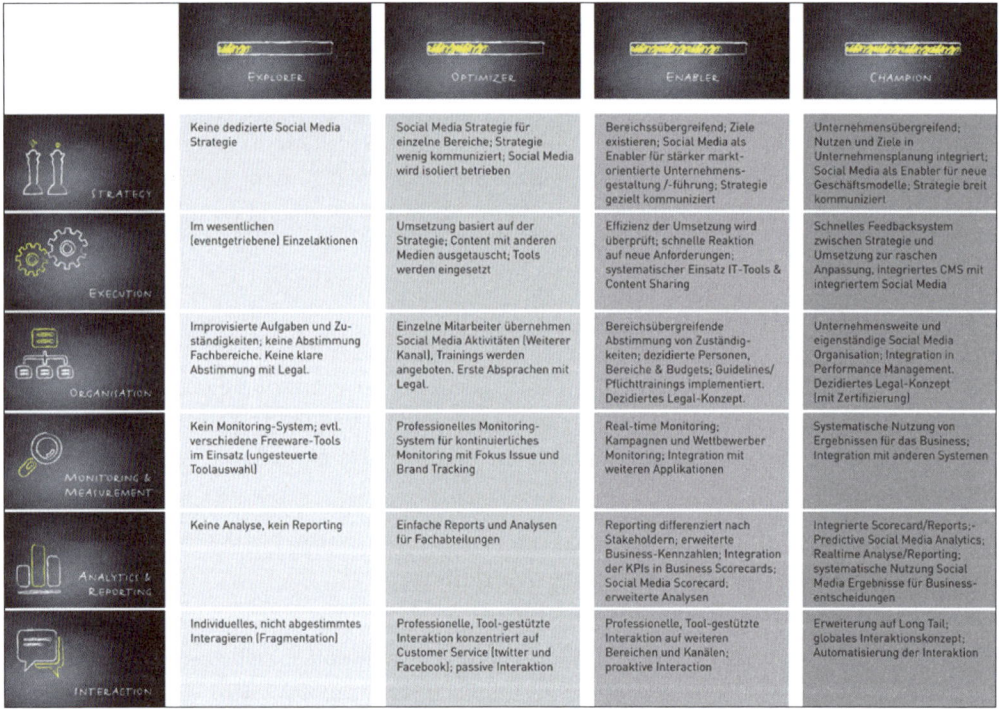

Abbildung 14.19 Tabelle der Social-Media-Reifegrade (Quelle: B.I.G.)

14.8.2   Die sechs Dimensionen

Anhand der Beurteilung von sechs Aspekten (siehe Abbildung 14.19, linke Spalte) des Social Media Managements können Sie die Reife Ihres Unternehmens einschätzen. Dabei wird das Engagement in den folgenden Dimensionen innerhalb der beschriebenen Spanne eingeordnet:

- ▶ **Strategy**: Einordung der Strategie auf der Spanne zwischen »keine Strategie« und »unternehmensübergreifend mit Integration in die Unternehmensplanung«

- **Execution**: Einordnung der Umsetzung zwischen »Einzelaktionen« und »schnelles Feedback-System zwischen Strategie und Umsetzung«

- **Organisation**: Beurteilung der Struktur für Social Media zwischen »improvisierte Zuständigkeiten« bis hin zu »eigenständige Social-Media-Organisation«

- **Monitoring und Measurement**: Das Monitoring und die Messung der Ergebnisse werden zwischen »kein System« bis hin zu »systematische Nutzung der Ergebnisse für das Business« eingeordnet.

- **Analytics und Reporting**: Einordnung zwischen »keine Analyse, kein Reporting« und »systematische Nutzung der Social-Media-Ergebnisse für Businessentscheidungen«

- **Interaction**: Einschätzung der Interaktion zwischen »Fragmentation« und »globales Interaktionskonzept«

Generell empfiehlt es sich, mit einer ordentlichen Portion Selbstkritik auf das eigene Engagement zu schauen und sich gegebenenfalls eher eine Kategorie zu niedrig als zu hoch einzustufen. Haben Sie Ihr Unternehmen in allen Kategorien zugeordnet, können Sie sich ein ungefähres Bild davon machen, welchem Reifegrad es zugehört.

14.8.3 Die vier Reifegrade

Die vier Reifegrade sind in der oberen Spalte in Abbildung 14.19 zu sehen und werden durch die eben vorgestellten sechs Dimensionen beschrieben. Daraus ergeben sich die folgenden Charakterisierungen.

Explorer

Der Explorer macht die ersten Gehversuche im Social Web, hat dabei aber weder eine Social-Media-Strategie noch professionelle Tools. Wenn überhaupt, findet eine Interaktion mit seinen Kunden unkoordiniert und im kleinen Rahmen statt.

Optimizer

Ein Unternehmen im Stadium Optimizer hat bereits eine Social-Media-Strategie für einzelne Bereiche entwickelt, einzelne dezidierte Mitarbeiter bestimmt und zur Unterstützung des Social-Media-Engagements entsprechende Tools eingeführt.

Enabler

Eine bereichsübergreifende Strategie und eine ganzheitliche Betrachtung der Schritte im Web kennzeichnen den Enabler. Unternehmen in diesem Reifegrad sind in der Lage, proaktiv zu interagieren und Social Media gezielt als »Befähiger« für eine stärker marktorientierte Unternehmensgestaltung bzw. -führung zu nutzen.

Champion

Der höchste Reifegrad ist der des Champions. Unternehmen, die diesen Status erreichen, haben neben einer ganzheitlichen Social-Media-Strategie, die in die Unternehmensplanung integriert ist, die Möglichkeit, Social Media als Basis für neue Geschäftsmodelle zu nutzen. Neben einem globalen Interaktionskonzept, einer eigenständigen Social-Media-Organisation und einer kompletten Integration von Monitoring, Analyse und Reportings ermöglicht ein schnelles Feedback-System die rasche Anpassung zwischen Strategie und Umsetzung.

14.8.4   Fazit

Das Social-Media-Maturity-Modell eignet sich für eine systematische Einordnung Ihres Unternehmens in Bezug auf den Reifegrad des Social-Media-Engagements. Damit liefert es gleichzeitig eine Grundlage für die zukünftige Planung, da es Schwächen in den Dimensionen offenlegt und damit eine Verbesserung in eben diesen Bereichen nahelegt. Eine solche Einordnung basiert auf Ihrer Einschätzung, welche der jeweiligen Beschreibungen am besten zu Ihrem Unternehmen passt, und kann damit nur eine erste Übersicht liefern. Das kann ausreichen, ist aber in manchen Fällen nicht tief genug. Die Business Intelligence Group bietet hier für Unternehmen eine detailliertere Analyse an, die eine »exaktere und individuellere Bewertung mit wesentlich besser operationalisierbaren Ergebnissen« liefert. Bei Interesse können Sie unter *www.big-social-media.de* mit der B.I.G. Kontakt aufnehmen. Alternativ fragen Sie die Agentur Ihres Vertrauens, ob diese eine ähnliche Analyse anbieten kann.

Zu guter Letzt werde ich den Fokus auf Sie, den Social Media Manager, richten und gebe Ihnen nun in Kapitel 15 einen Rundumblick auf das Thema praktisches Social Media Management, angereichert mit Tipps, Tricks und Tools aus jahrelanger Erfahrung.

15 Praktisches Social Media Management

Alltag: gleichförmiger, sich wiederholender Lebensrhythmus. Schon diese Definition zeigt eigentlich, wie widersinnig es ist, beim Berufsbild des Social Media Managers von einem Alltag zu sprechen. Genauso wechselhaft wie die Ausprägung des Berufsbildes ist auch der Alltag. Ein Fakt, der für mich persönlich mit den Reiz des Berufs ausmacht.

Das Schöne am Social Media Management ist, dass es niemals langweilig wird. Jeden Tag gibt es neue Herausforderungen, Vorkommnisse und Dinge, die man dazulernen kann – aus meiner Sicht einer der besten Jobs, die es gibt. In diesem Kapitel werde ich Ihnen anschaulich zeigen, was im Alltag als Social Media Manager auf Sie zukommt, und Ihnen mit Tipps, Tricks und Tools zur Seite stehen. Meine Empfehlungen basieren auf mehr als zwölf Jahren praktischer Erfahrung im Social Web und in Social Media im Unternehmen sowie nicht zuletzt auf dem jahrelangen Austausch mit anderen Social Media und Community Managern. Einen Anspruch auf Vollständigkeit kann ich trotzdem nicht erheben und werde Sie deswegen unter *www.facebook.com/dsomema* über neue Tools und aktuelle Entwicklungen auf dem Laufenden halten. Generell gilt: Probieren Sie alle Tools selbst aus, und testen Sie, welche am besten zu Ihnen und Ihrem Arbeitsstil passen.

15.1 Tagesablauf eines Social Media Managers

Als Social Media Manager von einem Alltag zu sprechen ist vielleicht ein wenig hoch gegriffen. Um genau zu sein, ist das Aufgabenpaket per se ein ganz anderes, wenn Sie in einem Unternehmen das Thema Social Media von Grund auf einführen, als wenn Sie in ein laufendes Engagement einsteigen.

15.1.1 Der Tagesablauf

Die Agentur Socialcast hat eine kleine Infografik (siehe Abbildung 15.1) veröffentlicht, die bei vielen Social Media Managern ein zustimmendes Nicken hervorrief und nach wie vor gut passt.

Abbildung 15.1 Der Tagesablauf eines Social Media Managers

Basierend auf dieser Grafik skizziere ich Ihnen einen für manche Tage typischen Tagesablauf – das Ganze mit einem Augenzwinkern und keinerlei Anspruch auf Allgemeingültigkeit.

5:30 bis 12:00

▶ Direkt nach dem Aufwachen greift der Social Media Manager nach seinem Smartphone und prüft, ob über Nacht etwas Relevantes passiert ist. Immer daran denken: Social Media schlafen nie! Ist alles ruhig, geht es unter die Dusche, gibt es ein Problem, setzt er sich noch im Pyjama an seinen Rechner und arbeitet los.

▶ Der Arbeitstag beginnt mit einem ausführlichen Scan des Netzes: Was wurde über mein Unternehmen gesagt, was passiert in der Branche, und welche Themen sind gerade interessant? Arbeitet der Social Media Manager im Büro, liest er schon auf dem Weg dahin auf seinem Smartphone, sonst setzt er sich zu Hause an den Rechner und legt damit los.

▶ Während des ersten Kaffees werden interessante Inhalte mit Bookmarks versehen, direkt mit Fans und Followern geteilt oder für später terminiert.

▶ Beiträge werden nach Redaktionsplan auf den unterschiedlichen Plattformen veröffentlicht und mit dem Netzwerk geteilt.

▶ In seiner Rolle als Schnittstelle fragt der Social Media Manager in der Marketingabteilung nach den Testimonial-Videos von Kunden und im Kundenservice, ob der Blogartikel fertig ist, der übermorgen veröffentlicht werden soll. Währenddessen holt er sich die neuesten Informationen, welche Themen den Kunden gerade besonders wichtig sind. Oh, es gibt Probleme mit der Bedienung des neuen Produkts? Das kommt direkt auf die Liste der How-to-Videos.

▶ Interagiert der Social Media Manager selbst mit der Community, werden Nachrichten und Kommentare beantwortet, sonst schließt er sich mit dem Community Management kurz, ob es irgendwelche besonderen Vorkommnisse gab, und beantwortet eventuelle Fragen.

▶ Diverse Beiträge für das Unternehmensblog werden gegengelesen, Vorschläge für die neue Headergrafik für Facebook werden gesichtet.

▶ Meeting mit dem Marketing, um sich über den jeweiligen Status quo auszutauschen und Kooperationen zu besprechen

12:00 bis 19:00

▶ Zu Mittag trifft sich der SMM mit einem anderen Social-Media-Spezialisten, um sich über die neuen Trends zu unterhalten. Natürlich wird dabei nicht vergessen, ein paar Eindrücke davon auf Instagram Stories zu posten.

▶ Das How-to-Video wird sogleich in Angriff genommen und direkt im Anschluss auf YouTube hochgeladen. Vorher fragt der SMM noch vier Kollegen, ob dieses Video wirklich hilft.

▶ Leitung des zweiwöchentlichen Redaktionsmeetings

- ▶ Teilnahme an einer Videokonferenz via Skype mit dem Arbeitskreis zum Thema Corporate Blogging

- ▶ Das Social Media Monitoring läuft permanent auf einem zweiten Bildschirm; solange nichts blinkt, überfliegt der Social Media Manager alle 2 Stunden, was gerade passiert.

- ▶ Vorbereitung einer Präsentation der Ergebnisse des letzten Monats für den Vorstand, 10 Minuten vor dem Meeting kommt der Anruf, das dieses auf morgen verschoben werden muss.

- ▶ Prüfen der Metriken des Tages, wie viele Unterhaltungen über das Unternehmen gab es, wie oft wurden die Inhalte geteilt, wie viele Kommentare gibt es auf die Beiträge?

- ▶ Workshop nach Feierabend für interessierte Mitarbeiter über Twitter, Facebook und XING

19:00 bis zur Schlafenszeit

- ▶ Nach Feierabend bewegt sich der Social Media Manager weiter in seinem gewohnten Terrain, er unterhält sich auf Twitter, liest interessante Blogbeiträge, markiert sich schon einmal die Termine der nächsten Barcamps in seinem Kalender und setzt sich den Punkt »Reisekosten für Barcamp Hamburg klären« auf seine To-do-Liste.

- ▶ Vor dem Schlafengehen ruft er noch schnell seine E-Mails ab, denn man weiß ja nie. Dann stellt er seinen Wecker und schläft ein, sobald er fertig damit ist, von einem zum nächsten interessanten Beitrag zu surfen und noch ein letztes Mal seine E-Mails abzurufen.

15.2   Der Social-Media-Arbeitsplatz

Das wichtigste Arbeitsutensil eines Social Media Managers ist ein Gerät mit Internetverbindung. Ob Mac, PC, Tablet-PC oder Smartphone – Hauptsache, das endlose Wissen des Internets und der Zugriff auf die Unternehmenspräsenzen sind jederzeit möglich. Der eigentliche Arbeitsplatz ist dabei die Oberfläche Ihres Rechners, diese sollte ideal auf Ihre Bedürfnisse abgestimmt sein.

15.2.1   Die Grundausstattung

Ohne Technik läuft nichts. Ich habe durchaus schon erlebt, dass ich mehrere Wochen warten musste, bis ich anständig im Büro arbeiten konnte. Damit Ihnen das nicht passiert, hier ein paar Tipps zur absoluten Grundausstattung.

Hardware

Sie benötigen mindestens einen Laptop und ein Smartphone, damit Sie unterwegs alles im Blick haben und – wenn nötig – reagieren können. Sehr nützlich sind ein zweiter Bildschirm sowie eine Tastatur und Maus oder ein externes Trackpad für Ihren festen Arbeitsplatz. Hier sollten Sie außerdem eine Dockingstation oder einen Laptop-Ständer haben. Wenn Sie die Entwicklung von mobilen Apps begleiten, gehören die zugehörigen Geräte ebenfalls zu der Ausstattung Ihrer Abteilung. Nicht zu unterschätzen sind ganz klassische Werkzeuge wie Papier und Stift. Zum schnellen Skizzieren von Ideen oder Festhalten von spontanen Gedanken finde ich diese nach wie vor perfekt.

Sie sollten in der Lage sein, Ihren Arbeitsplatz überallhin mitzunehmen. Nicht nur, weil Sie teilweise Situationen erleben werden, in denen Sie plötzlich Ihren Feierabend oder Urlaub für einen Notfall unterbrechen müssen, sondern auch, weil es manchmal notwendig ist, nicht im Büro zu arbeiten. Ob zur Inspiration oder zum ungestörten Arbeiten, das Homeoffice ist aus meiner Sicht eine unverzichtbare Angelegenheit. Warum ich dies so empfinde und wie Sie Ihren Chef davon überzeugen, dass Homeoffice eine gute Idee ist, erläutere ich Ihnen unter *http://bit.ly/16Acrqg*. Im weitesten Sinne zur Hardware gehört für mich das Thema Internet. Wie in Abschnitt 10.5, »Social Media und technische Barrieren«, ausführlich erläutert, benötigen Sie eine Möglichkeit, sich ungebremst im Internet zu bewegen, notfalls mit separatem Internetanschluss.

Software

Sie benötigen eine Textverarbeitungs-, eine Tabellenkalkulations- und eine Präsentationssoftware. Hier bietet sich das Office-Paket von Microsoft an. Dieses ist sowohl für PC als auch Mac verfügbar und ermöglicht Ihnen eine systemübergreifende Zusammenarbeit. Eine Alternative auf OS-X-Geräten ist iWork, jedoch sollten Sie wissen, dass es oftmals Probleme bei der Konvertierung in Microsoft-Formate gibt und Windows-Nutzer die Dateien nur umständlich auf ihren Geräten öffnen können. Zur weiteren Grundausstattung gehören ein Internetbrowser, Kalender, E-Mail-Programm, Mediaplayer und ein Programm, mit dem Sie kleine Änderungen an Grafiken vornehmen können.

Grafiktools

Ob für eine schnelle Korrektur eines Fotos oder das Visualisieren einer Idee, Sie sollten sich die Mühe machen und den Umgang mit einem Grafikprogramm üben. Welches Sie dabei auswählen, ist eine Frage der Kosten und Ihrer Vorlieben.

Der Alleskönner im Bereich Grafik – leider mit einem entsprechend hohen Preis und sehr vielen komplexen Funktionen – ist Adobe Photoshop (*www.adobe.com/de/products/photoshop.html*). Wenn Sie viel mit Grafiken arbeiten müssen oder wollen, lohnt sich die Investition. Sie können den hohen einmaligen Anschaffungspreis auch umgehen, indem Sie die Adobe Creative Cloud nutzen, die monatlich bezahlt werden kann. Für eine weniger intensive Nutzung reicht die abgespeckte Version Photoshop Elements (*www.adobe.com/de/products/photoshop-elements.html*) aus, oder Sie setzen gleich auf eines der freien Programme.

Das bekannteste kostenlose Programm in dieser Kategorie ist GIMP (*www.gimp.org*), das seit über 15 Jahren entwickelt wird und über einen anschaulichen Funktionsumfang verfügt. Eine Reihe von Tutorials und Erweiterungen zu GIMP finden Sie unter *www.gimpusers.de*. Leider ist es nicht immer die angenehmste Art und Weise, Grafiken zu bearbeiten.

Auf das Thema Webbrowser gehe ich im nächsten Abschnitt genauer ein. Im weiteren Verlauf dieses Kapitels stelle ich Ihnen darüber hinaus eine Reihe von Social-Media-spezifischen Tools vor, die Ihnen bei Ihrer Arbeit helfen. Welche davon Sie installieren bzw. für welche Sie einen Benutzerzugang haben sollten, ergibt sich dabei aus den Schwerpunkten Ihrer Tätigkeit.

15.2.2   Webbrowser – das Tor ins Internet

Ein oder am besten gleich mehrere Browser sind für Sie unerlässlich. Damit können Sie die Darstellung überprüfen und sich gegebenenfalls mit mehreren Profilen gleichzeitig einloggen. Als Hauptbrowser nutze ich seit langer Zeit Google Chrome (*www.google.com/chrome*), da dieser über eine Reihe von praktischen Erweiterungen (Plug-ins) für die tägliche Arbeit verfügt und eine sehr gute Performance hat. Darüber hinaus verfügt Chrome über eingebaute Sicherheitsfeatures, wie den Schutz vor Phishing, eine unübertrefflich einfache Nutzeroberfläche, und wenn Sie es bunt mögen, haben Sie die Möglichkeit, Chrome in Hunderten von Designs zu benutzen.

Empfehlenswerte Erweiterungen für Google Chrome

Neben Plug-ins für Applikationen wie Evernote, Buffer und Bit.ly, die ich Ihnen in diesem Kapitel noch vorstellen werde, gibt es ein paar universelle Erweiterungen (auch Extensions oder Plug-ins genannt), mit denen Ihnen Chrome das Leben leichter macht:

▸ **FlashBlock**: Gerade wenn Sie viele Reiter offen haben, ist ein Flash-Blocker Gold wert. Dieser zeigt leistungsintensive Flash-Elemente einer Webseite erst dann an, wenn Sie dies per Mausklick erlauben. So sparen Sie Prozessorlast (also Batterielaufzeit) und gewinnen Schnelligkeit in der Nutzung. Sie finden FlashBlock unter *https://goo.gl/kppwdC*.

▸ **Firebug**: Eigentlich ein Tool für Webseitenentwickler, aber für mich ein Must-have, wenn ich Änderungen an einem WordPress-Blog durchführen muss. Firebug erlaubt Ihnen den tiefen und schnelleren Einblick in HTML, CSS und JavaScript einer Seite. So können Sie Fehlersuche betreiben oder testen, wie sich eine Veränderung im Code auf das Aussehen der Webseite auswirkt. Google Chrome hat schon sehr gute Developer-Tools eingebaut, ich bevorzuge jedoch die Firebug-Erweiterung. Sie finden die Chrome-Firebug-Extension unter *http://getfirebug.com/releases/lite/chrome*.

Chrome ist neben der Desktop-Version auch für iOS- (iPad und iPhone) sowie für Android-Geräte verfügbar. Mobil sind die Erweiterungen zwar nicht nutzbar, aber dafür haben Sie die Möglichkeit, geöffnete Tabs sowie Lesezeichen plattformübergreifend zu speichern und abzurufen. Diese Funktion ist sehr praktisch, da Sie unterwegs etwas lesen und dann direkt am Rechner weiterarbeiten können.

Als Zweitbrowser nutze ich Firefox (*www.mozilla.org/de/firefox/new*), der ebenfalls um alle oben genannten Erweiterungen ergänzt werden kann. An dritter Stelle kommt Safari (*www.apple.com/de/safari*), der allerdings nur vernünftig unter macOS läuft.

15.2.3   Benutzerzugänge

Zur weiteren Grundausstattung gehört eine Reihe von Zugängen für soziale Netzwerke. Damit bleiben Sie auf dem neuesten Stand der Dienste und wissen, wie diese funktionieren und welche Neuerungen sich entwickelt haben. Sie verhindern damit, dass sich Fehler in der Planung von Kampagnen einschleichen, weil Sie die eine oder andere Funktionalität der Social-Media-Dienste nicht genau genug kennen.

Facebook-Benutzerzugang

Nur wenige Social Media Manager kommen um ein Facebook-Profil herum (die Grundlagen dazu habe ich Ihnen bereits in Abschnitt 13.2, »Facebook«, erläutert). In wenigen Ländern der Welt ist Facebook nicht die Nummer eins unter den Social Networks: Hierzu zählen Ende 2019 zum Beispiel China mit *RenRen.com* und *Weibo.com* sowie Russland, wo *vk.com* ganz vorne liegt. Folglich sollten Sie – wenn Sie nicht gerade in China tätig werden wollen – ein Facebook-Profil haben.

Twitter-Benutzerzugang

Twitter ist nach wie vor eine hervorragende Quelle für Nachrichten in Echtzeit. Nutzen Sie Ihren Account, um Experten zu folgen, und idealerweise auch für die Interaktion, um einen Eindruck von den Gepflogenheiten zu gewinnen.

Instagram- und YouTube-Benutzerzugang

Video und Bild sorgen für Aufmerksamkeit und Interaktion. Legen Sie sich mindestens bei den beiden größten Vertretern dieser Genres – YouTube und Instagram – einen Account an, und experimentieren Sie.

XING-Benutzerzugang und/oder LinkedIn-Benutzerzugang

Ein XING-Profil hilft nicht nur der persönlichen Reputation, sondern auch bei den Themen Netzwerken und dem Beobachten von Gesprächen über Ihr Unternehmen innerhalb des Netzwerkes. Dazu lohnt sich ein gepflegtes Profil auf LinkedIn. Sollten Sie in Zukunft international tätig werden oder in einem international aktiven

Unternehmen arbeiten, werden Sie Ihr LinkedIn-Profil brauchen. Wie bei XING gibt es hier ebenfalls aktive Gruppen und eine eigene Dynamik, die Sie kennen und verstehen sollten.

Benutzerzugänge für Trendnetzwerke

Als Social Media Manager sollten Sie es sich zur Gewohnheit machen, sich einen Account bei den jeweiligen Trendnetzwerken zu registrieren. So können Sie die strategische Relevanz für das eigene Engagement besser einschätzen, lernen die Funktionen kennen und bekommen so ein Gefühl für mögliche Nutzungsszenarien.

15.3   Effektives Social Media Management

Jeden Tag strömen Massen an Informationen auf Sie ein, und ein Berg von Arbeit wartet darauf, erledigt zu werden. Eine Menge praktische Tipps und Tools, die Ihnen dabei helfen, die Themen Informationsbeschaffung, -verarbeitung und -veröffentlichung möglichst effizient zu bewältigen, stelle ich Ihnen in den folgenden Abschnitten vor.

15.3.1   Immer am Puls der Zeit – Informationsbeschaffung

Sich und Ihre Fans mit den neuesten Themen, Trends und Informationen auf dem Laufenden zu halten ist ein gutes Stück Arbeit. Sie müssen die richtigen Quellen kennen, diese verfolgen, auswerten und kategorisieren. Damit Sie nicht den ganzen Tag mit dieser Aufgabe beschäftigt sind, gebe ich Ihnen hier Tipps, mit denen Sie diese Schritte effizienter bearbeiten können.

Quellen aufdecken

Wo gibt es die besten und interessantesten News rund um meine Branche? Welche Themen interessieren meine Fans besonders? Das sind die ersten Fragen, die Sie sich stellen sollten, wenn es um das Thema Informationsbeschaffung geht. Wenn Sie Ihre Antworten gefunden haben, leiten Sie hieraus die wichtigsten Stichworte (Keywords) ab und gehen auf die Suche. Ihre erste Anlaufstelle sind Blogsuchen wie Infuma (*www.influma.com/de/search*) sowie Google und die Twitter-Suche. Machen Sie hier Blogs ausfindig, die Ihre Themen behandeln, und abonnieren Sie diese per RSS-Feed.

Was ist RSS?

RSS ist eine einfache Möglichkeit, Neuigkeiten von Blogs, Nachrichtenseiten und Such-maschinen zu erhalten, sobald diese veröffentlicht wurden. Hierfür benötigt man die Adresse (URL) des RSS-Feeds, die Sie meistens mit einem Klick auf das orangefarbene RSS-Symbol finden (siehe Abbildung 15.2, pinkfarbener Pfeil).

Abbildung 15.2 Das RSS-Symbol auf *https://drschwenke.de/blog*

Von dieser Quelle fügen Sie die Adresse in Ihren RSS-Reader ein. Sobald dann neue Inhalte veröffentlicht werden, erscheinen die Überschrift und ein Textanriss im eigenen RSS-Reader. Das Intervall für die Aktualisierung können Sie meistens selbst einstellen oder manuell alle Quellen aktualisieren. RSS muss von der Quelle unterstützt werden, manche Quellen – vor allem Nachrichtenseiten und Verlagshäuser – kürzen die RSS-Feeds, sodass man zum Lesen des gesamten Inhalts die Internetseite besuchen muss. Solange die Feeds nicht gekürzt werden, sind die Inhalte nach der Aktualisierung auch offline lesbar, also für lange Zugfahrten oder den Weg nach Hause grandios nutzbar. Zu empfehlen ist ein synchronisierender Feedreader, der sich über Ihre verschiedenen Geräte hinweg merkt, was Sie bereits gelesen haben, um diese Inhalte auszublenden. RSS könnte man also als eine Art kostenloses Abonnement von Inhalten verstehen.

In einem nächsten Schritt richten Sie sich Google- und Twitter-Suchen für wichtige Stichwörter ein und speichern dafür ebenfalls die RSS-Feeds ab, damit diese Hinweise auf neue Nennungen Ihrer Suchwörter direkt zu Ihnen gelangen. Die so zusammenkommende Menge an Informationen gibt Ihnen eine gute Grundlage für Themen.

Praktische RSS-Reader (Feedreader)

Mit der Schließung des Google Readers im Sommer 2013 fiel der bis dato bekannteste RSS-Reader weg. Schnell kristallisierte sich mit Feedly (*http://feedly.com*) ein neuer Favorit heraus. In Feedly können Sie die Reihenfolge und die Darstellung der Feeds bestimmen und sogar das Aussehen der Oberfläche anpassen. Feedly ist per Browser, iPhone- und Android-App verfügbar und bietet Erweiterungen für Google Chrome und Firefox, mit denen Sie schnell neue Quellen hinzufügen können. Feedly hat eine Reihe von Sharing-Funktionen, mit denen Sie Inhalte direkt in soziale Netzwerke wie Facebook und Twitter oder per E-Mail teilen können. Darüber hinaus gibt es auch Funktionen, um mit einem Team Links zu teilen, was zum Beispiel im Rahmen der Redaktionsplanung praktisch ist. Feedly finanziert sich über Werbung und ist für Sie als Nutzer kostenfrei.

Aber es gibt auch weitere Alternativen, auf die sich ein Blick lohnt:

▶ **Newsblur** (*www.newsblur.com*): Newsblur ist ebenfalls via Web, iPad-, iPhone- und Android-App nutzbar und bietet ein paar nette Spielereien, wie das Sortieren von Inhalten nach persönlichem Geschmack und ein Favoritenblog. Die

Basisversion ist gratis, aber auf 64 Feeds beschränkt und wird weniger häufig aktualisiert. Ein Premium-Account kostet 24 US$ im Jahr.

▶ **Flipboard** (*http://flipboard.com*): Flipboard ist kein Feedreader im eigentlichen Sinne, bietet aber eine schöne Alternative mit der Möglichkeit, ein eigenes Flipboard-Magazin zu veröffentlichen. Flipboard arrangiert die Oberfläche im Stil eines virtuellen Magazins. Neben RSS-Feeds können mehr als zehn soziale Netzwerke (unter anderem Facebook, Twitter, YouTube) als Quelle angegeben werden. Darüber hinaus bietet Flipboard für eine Reihe von Themen vorgefertigte Magazine an (Sammlungen von bekannten RSS-Feeds). Via Chrome-Extension lassen sich Artikel in Flipboard hinzufügen und von dort aus auch weiter an Pocket, Instapaper und Readability versenden. Flipboard ist gratis und als iOS- sowie Android-App erhältlich.

15.3.2 Informationen sammeln und sortieren

Fühlen Sie sich von der Masse an Informationen erschlagen, gilt es, dafür zu sorgen, dass Ihre Filter richtig funktionieren. Die Grundlage dafür ist ein gut gepflegter Feedreader. Wenn Sie merken, dass ein Blog zwar viele Beiträge, aber nur wenig gute Inhalte produziert, schmeißen Sie ihn raus. Gleiches gilt für inaktive und irrelevante Quellen. Sortieren Sie Ihre Quellen nach Relevanz. Blogs und Feeds, die viele interessante Beiträge liefern, sortieren Sie nach oben, die weniger guten nach unten. Newsblur bietet Ihnen zum Beispiel auch die Möglichkeit, Inhalte automatisch anhand von Keywords oder Autoren zu sortieren.

Persönlich schätze ich sehr den sozialen Filter, sprich gefilterte News aus meinem Netzwerk. Wenn es einmal schnell gehen muss und ich keine Zeit habe, selbst meine Feeds zu lesen, verschaffe ich mir auf Twitter und Facebook einen Überblick über die wichtigsten Ereignisse. Auch hier zahlt es sich aus, den Experten aus den USA und UK zu folgen oder sie sogar zu kennen, denn oft werden Nachrichten rund um Social Media dort zuerst publik. Schauen Sie – wenn möglich – jeden Tag in Ihren Feedreader, überfliegen Sie die Überschriften, und markieren Sie uninteressante Artikel gleich als gelesen. Nutzen Sie Leistungstiefs, um interessante Artikel (an) zu lesen, und speichern Sie die, die wirklich interessant sind, als Favoriten oder, besser noch, in einer App für Artikel, die Sie später lesen möchten, oder in einem Archivsystem wie Evernote. Das Praktische an Evernote ist, dass Sie hier Listen anlegen können, die Sie mit Ihrem Team teilen.

Tools für Artikel, die Sie später lesen möchten

Wer kennt es nicht, Sie sehen einen interessanten Artikel, haben aber keine Zeit, diesen sofort zu lesen. Als Bookmark gespeichert, sind die Chancen erfahrungsgemäß gering, dass dieser noch gelesen wird. Read-it-later-Apps, die solche Bookmarks plattformübergreifend in Form eines Magazins darstellen, sind hier die elegantere Lösung. Die zwei Applikationen, die ich Ihnen vorstelle, unterscheiden sich nur gering voneinander. Testen Sie, welche Ihnen am besten gefällt! Alle Applikationen sind für iOS- und Android-Geräte, im Browser sowie auf dem Kindle verfügbar:

▶ **Pocket** (*http://getpocket.com*): Pocket wird bereits seit 2008 entwickelt und ist gut druchdacht. Es gibt eine Reihe von Möglichkeiten, Ihre Bookmarks zu sortieren, und neben Standards wie Sharing-Funktionen gehören der Vollbildmodus, Invertieren der Schriftfarbe, wählbare Schriftgröße und -art sowie Sepiamodus zu den Funktionen. Sie können aus mehr als 300 Apps heraus Artikel in Pocket hineinspeichern. Artikel können auch für das Offlinelesen zwischengespeichert werden. Die Basisversion ist kostenlos, Pro-Funktionen, wie zum Beispiel Schlagwort-Vorschläge, können Sie ab 44,99 US$ im Jahr erwerben.

▶ **Instapaper** (*www.instapaper.com*): Instapaper ist ebenfalls seit 2008 auf dem Markt und ebenfalls in der Basisversion kostenlos. Eine nette Besonderheit ist die FRIENDS-Leseliste, die Links aus verbundenen Social Networks wie Facebook und Twitter zusammenfasst. Ebenso interessant ist die FEATURED-Liste, die besonders populäre Artikel aus dem Web sammelt. In der Premium-Version kann man sich Texte sogar vorlesen lassen.

Visualisierung von Ideen

Als Social Media Manager werden Sie oft Ihre verschiedenen Ideen sortieren, ausarbeiten oder für andere Kollegen oder Partner visuell aufbereiten wollen. Hierbei helfen Ihnen diverse Mindmapping-Lösungen.

Was ist Mindmapping?

Eine *Mindmap* (engl. für Gedächtniskarte) beschreibt eine Technik zur Erschließung und Visualisierung eines Themengebiets oder Sachverhalts. Die von dem Psychologen Tony Buzan geprägte Methode soll dabei helfen, Gedanken freier zu entfalten, um bessere Ergebnisse zu erzielen.

Das Vorgehen zur Erstellung einer Mindmap ist wie folgt: In die Mitte eines unlinierten, quer gelegten und mindestens DIN A4 großen Blattes oder dessen virtuellen Pendants wird das zentrale Thema eingetragen. Um diesen Punkt herum werden die Hauptthemen aufgelistet und mit Linien, den sogenannten Hauptästen, zur Mitte verbunden. Die Hauptthemen werden weiter aufgefächert, indem Sie die Unterthemen darum aufschreiben und wiederum mit Linien, den Zweigen, verbinden. So entsteht ein Baumdiagramm mit Themenästen, die beliebig weiter verzweigt werden können. Ein Beispiel für eine Mindmap sehen Sie in Abbildung 15.3. Im Gegensatz zu einer linearen Darstellung können Sie so Ihren Kollegen Gedankengänge und Themenkomplexe übersichtlich präsentieren. Sehr gut geeignet sind Mindmaps auch für die Themenfindung und das Sortieren von Ideen.

▶ **Mindmeister** (*www.mindmeister.com*) ermöglicht Ihnen Mindmapping direkt in Ihrem Internetbrowser und zählt zu den Pionieren des Online-Mindmappings. Es ist einfach, übersichtlich und sogar – man glaubt es kaum – richtig

561

hübsch. Mindmeister bietet zahlreiche Funktionalitäten und versucht, die Idee des Mindmappings immer weiterzuentwickeln. So können Sie zum Beispiel auf einen Präsentationsmodus zugreifen, der einen Ablauf Ihrer Mindmap als eine Art Geschichte ermöglicht, oder Mindmaps gemeinsam mit Kollegen online bearbeiten. In Abbildung 15.3 sehen Sie den Bearbeitungsmodus von Mindmeister. Eine kleine Anzahl Mindmaps kann kostenlos bearbeitet werden, möchten Sie mehr Mindmaps mit Mindmeister bearbeiten und speichern können, beginnt die Premium-Version bei 99 € im Jahr.

Abbildung 15.3 Der Bearbeitungsmodus von Mindmeister

▶ Der Branchenprimus **Mindmanager** von Mindjet (*www.mindjet.com*) ist eine unglaublich vielseitige und mächtige Mindmapping-Lösung, die in der Summe mehr Funktionalität als Mindmeister aufweist und zum Beispiel in Microsoft Office integriert werden kann.

▶ **Xmind** (*www.xmind.net*) bietet eine kostenlose Open-Source-Variante für Mindmapping an und muss auf Ihrem Mac oder PC installiert werden. Neben der rudimentären Free-Version gibt es eine Plus- und eine Pro-Version, die deutlich mehr Funktionen zum Preis von 79 US$ bzw.129 US$ bieten.

▶ **Popplet** (*http://popplet.com*) ist streng genommen keine Mindmapping-Lösung, kann aber als solche »missbraucht« werden. Es dient eher der allgemeinen Visualisierung von Text und Bild mit Zusammenhängen. Im Gegensatz zu den meisten Mindmapping-Lösungen können die Visualisierungen bei Popplet grafisch wesentlich aufwendiger gestaltet werden. Popplet ist ein kostenloser Onlinedienst, der wie Mindmeister die gemeinsame Bearbeitung von Visualisierungen in Echtzeit ermöglicht.

15.3.3 Inhalte erstellen und verwalten

Der erste Schritt zu guten Inhalten ist eine Ideensammlung für mögliche Themen, die idealerweise von allen Teammitgliedern einsehbar und erweiterbar ist. Dies kann ein Wiki im Intranet, ein geteiltes Google-Doc oder Word-Dokument oder eine Liste in Evernote sein.

Evernote – Ihr Ideenspeicher und digitales Gedächtnis

Als Social Media Manager sollte man mehr Ideen für Inhalte und Kampagnen haben, als man selbst realisieren kann. Für genau diese Ideen, für interessante Artikel oder auch einfach nur der Archivierung dient Evernote (*http://evernote.com*). Mit Evernote können Sie im Handumdrehen Schnipsel, Internetadressen oder auch Artikel, Bilder und ganze Seiten archivieren. Sie können auch eigene Notizen anlegen, auf andere Notizen verweisen und alle Inhalte mit Schlagwörtern (Tags) fein säuberlich ordnen und auffindbar machen, wie Sie in Abbildung 15.4 gut sehen können. Evernote führt sogar eine OCR-Texterkennung mit Ihren Bildern durch, damit Sie nach Texten suchen können, die innerhalb einer Grafik, eines Fotos oder eines gescannten Dokuments zu sehen sind. Auf iOS arbeitet Evernote auch perfekt mit dem Screenshot-Tool Skitch zusammen.

Abbildung 15.4 Das Evernote-Dashboard – Übersicht über alle Einträge

Evernote lässt sich als Onlinedienst, lokal und als Smartphone-App nutzen. In der Grundversion ist Evernote kostenlos, nur wenn Sie monatlich sehr viele Inhalte speichern wollen, müssen Sie auf die Premium-Version umsteigen.

Eine kleine, feine alternative Wiki-Lösung, die Sie allein oder mit Kollegen nutzen können, ist Tiddlywiki (*http://tiddlywiki.com*).

Sorgen Sie dafür, dass alle beteiligten Personen Zugriff auf die Ideensammlung haben, und vereinbaren Sie eine Markierung dafür, dass eine Idee in den Status »in Bearbeitung« übergegangen ist. In den meisten Fällen reicht es nicht aus, Ideen bloß zur Verfügung zu stellen. Der nächste Schritt ist entsprechend ein Verteilen der Themen an einzelne Personen inklusive Festlegung von Abgabeterminen. Dies geschieht idealerweise im Rahmen eines Redaktionsmeetings, das je nach Bedarf wöchentlich oder monatlich stattfindet. Die Ergebnisse des Meetings werden schriftlich in einem Redaktionsplan festgehalten.

15.3.4   Multimediale Ergänzung für Ihre Beiträge

Bilder, Videos & Co. verschönern nicht nur Ihre Beiträge, sondern steigern auch die Wahrscheinlichkeit, dass diese gelesen werden. Ein gutes Bild als Eyecatcher erregt einfach mehr Aufmerksamkeit als purer Text.

Auf das Thema Tools zur Bildbearbeitung bin ich bereits in Abschnitt 15.2.1, »Die Grundausstattung«, eingegangen. Bei der Verwendung von Bildern aus Stockarchiven oder solchen mit CC-Lizenzen müssen Sie die rechtlichen Aspekte, die in Abschnitt 12.5.1, »Bilder aus Stockarchiven«, ausführlich beschrieben wurden, beachten. Ideal ist entsprechend, wenn Sie die Möglichkeit haben, selbst Bilder oder Videos zu erstellen und diese zu verwenden.

Tools für Bilder

Neben echten Bildbearbeitungsprogrammen gibt es eine Reihe von guten Tools, die Ihnen bei der Erstellung ansprechender Grafiken für die sozialen Medien helfen können. Eine kleine Übersicht über Tools finden Sie in der folgenden Liste:

▶ **Canva**
Mein aktuelles Lieblingstool ist Canva (*www.canva.com*), und das hat gleich mehrere Gründe. Zunächst einmal bietet Canva in der kostenlosen Version umfangreiche Möglichkeiten, ansprechende Bilder für die sozialen Netzwerke zu gestalten. Neben *Visual Statements*, die Bilder mit Text verbinden, können Sie Infografiken und sogar Mindmaps erstellen. Darüber hinaus gibt es die Möglichkeit, Profil und Headerbilder in den jeweils aktuellen Maßen zu erstellen. Und das ist noch lange nicht alles. Canva bietet außerdem die Möglichkeit, die unterschiedlichsten Dokumente, wie Flyer oder sogar Lebensläufe, einfach und visuell ansprechend online zu gestalten. Die Basisversion ist gratis, Canva for Work startet bei 12,95 US\$ pro Nutzer im Monat.

▶ **Befunky**
Mit Befunky (*www.befunky.com*) können Sie Bilder bearbeiten, Collagen erstellen oder im Designertool frei Grafiken kreieren. Neben einer umfangreichen Free-Version bietet Befunky Plus für 4,95 US\$ pro Monat noch mehr Filter, Bilder und Möglichkeiten in einer werbefreien Umgebung.

▶ **PostCron Art Studio**
Das PostCron ArtStudio (*https://postcron.com/artstudio/*) bietet ebenfalls um-

fangreiche Möglichkeiten, um ansprechende Bilder für Facebook, Twitter, Instagram und Pinterest zu gestalten. Für all diese Netzwerke werden auch die jeweils aktuellen Bildergrößen vorgehalten. Das ArtStudio gehört zu dem Tool Postcron, das ich Ihnen in Abschnitt 15.3.5, »Organisiertes Veröffentlichen auf verschiedenen Diensten«, noch kurz erläutern werde.

▶ **pablo**
Ebenfalls als Ableger eines Veröffentlichungsdienstes entstanden ist pablo aus dem Hause Buffer (*https://pablo.buffer.com*). Das Praktische an pablo ist, dass Sie sich keinen Account anlegen müssen, um das Tool kostenfrei zu nutzen. Mit über 600.000 durchsuchbaren Bildern, unterschiedlichen Vorlagen und vielen Zitaten in der Datenbank können Sie Ihrer Fantasie freien Lauf lassen.

Lizenzfreie Bilder für das Social Web

Ich habe unter *http://bit.ly/1U8P7Hb* eine Übersicht über Portale mit lizenzfreien Bildern für das Social Web zusammengestellt. Die Liste wird dort stets erweitert und aktualisiert. Bitte achten Sie bei der Nutzung auf das rechtliche Risiko!

Das Thema Video ist an dieser Stelle einfacher zu bewerkstelligen, als Sie vielleicht denken. Es muss nicht immer das perfekt abgelichtete Imagevideo sein, im Gegenteil. Mit viel Mühe selbst erstellte Videos, in denen Sie Ihre Kollegen einen Tag lang mit der Kamera begleiten und die Ergebnisse im Anschluss zusammenschneiden, können sehr effektiv sein. Außerdem sind diese auch direkt viel authentischer. Darüber hinaus muss es nicht einmal ein Video im eigentlichen Sinne sein. Ein animiertes Foto oder eine Fotoshow sind ebenfalls gute Ergänzungen.

Tools und Tipps rund um das Thema Bewegtbild

Wenn Sie ein Video planen, müssen Sie schon vor dem Dreh darauf achten, dass Sie eine ausreichende Auflösung haben. Ideal ist hier eine kleine Kompaktkamera mit HD-Funktion. Zum Schneiden und Verarbeiten von Videos nutze ich persönlich iMovie, das Windows-Pendant hierzu ist der Windows Movie Maker. Professionellere Videobearbeitung ist beispielsweise mit Final Cut Pro oder Adobe Premiere zu bewerkstelligen. An diesem Punkt stellt sich aber auch die Frage, ob Sie die Bearbeitung selbst durchführen können und möchten. Dies hängt nicht nur von Ihrer Bereitschaft ab, sich in eine komplexe Materie einzuarbeiten, sondern auch von der Leistungsstärke Ihres Arbeitsgeräts. Videobearbeitung benötigt sehr viel Leistung. Es kann also durchaus vorkommen, dass Sie ein Video in stundenlanger Arbeit geschnitten und bearbeitet haben, dann aber aufgrund fehlender Rechenleistung nicht in ein Videoformat umwandeln können oder dafür Tage benötigen. Für animierte Slideshows und Bilder gibt es eine Reihe von Tools, die Ihnen dabei helfen:

▶ **Slideshows**: Mit Animoto (*http://animoto.com*) können Sie Slideshows aus Bildern und Videos kreieren und dabei auf eine Reihe von Effekten inklusive Hintergrundmusik zurückgreifen. Inhalte können Sie dafür entweder direkt von Ihrem Rechner hochladen oder aus Facebook, Instagram, Flickr & Co. importieren. Das fertige Resultat lässt sich ebenso bequem auf YouTube hochladen. Die kostenlose Basisversion limitiert Videos auf 30 Sekunden, dieses Limit lässt sich in der Plus- bzw. der Pro-Version für 30 US$ respektive 249 US$ im Jahr aufheben. Die Pro-Version enthält darüber hinaus auch Musik mit kommerziellen Lizenzen und verzichtet auf das Animoto-Logo am Ende eines Videos.

Eine Alternative zu Animoto mit ähnlicher Funktionalität ist unter anderem Ezvid (*www.ezvid.com*). Beide Programme sind webbasiert und damit in Windows und macOS nutzbar.

An dieser Stelle sei noch erwähnt, dass Sie natürlich auch mit iMovie oder dem Windows Movie Maker die Möglichkeit haben, eine Slideshow zu erstellen.

▶ **Animierte GIFs**: GIF ist die Abkürzung für *Graphics Interchange Format*. Das Grafik-format ermöglicht es Ihnen, mehrere Einzelbilder in einer Datei abzuspeichern. Diese Bildfolgen werden von Browsern als Animationen angezeigt, es sei denn, diese Funktion wird vom Dienst explizit nicht unterstützt. In einem solchen Fall wird nur das erste Bild angezeigt. GIFs lassen sich mithilfe von Apps relativ einfach erstellen. Beispielsweise gibt es hier die Apps GIF-Shop (*http://gifshop.tv*) und Giffer (*http://gifferapp.com*) für iOS und GifBoom (erhältlich im Webstore und iTunes Store). In allen Apps fügen Sie einfach die gewünschten Bilder hinzu, können diese noch mit Effekten bearbeiten und dann per Klick in ein animiertes GIF verwandeln lassen. Achtung: GIFs werden schnell sehr groß, was für langsame Internetzugänge ungünstig ist. Ebenfalls unterstützen GIFs nur eine beschränkte Anzahl an Farben, weshalb Sie damit keine hochauflösenden Animationen umsetzen können.

15.3.5   Organisiertes Veröffentlichen auf verschiedenen Diensten

Sind interessante Themen gefunden und Inhalte erstellt, geht es nun darum, diese gezielt in einem Netzwerk oder über mehrere Plattformen hinweg zu veröffentlichen. Natürlich können Sie dies manuell machen, und generell ist dies auch ein guter Weg. Bei vielen geplanten Beiträgen oder Plattformen helfen Ihnen die im Folgenden vorgestellten Tools.

Sollten Sie sich für das sogenannte *Cross-Posting*, also die Veröffentlichung des gleichen Inhalts auf unterschiedlichen Plattformen, entscheiden, sollten Sie im Hinterkopf haben, dass Personen, die Ihnen auf unterschiedlichen Plattformen folgen, davon genervt sein können. Wichtig ist deshalb, dass Sie die Ansprache auf die jeweilige Plattform abstimmen und ganz genau die Reaktionen auf Ihre Posts beobachten und darauf reagieren. Einfach nur Beiträge in den Äther zu blasen ist nicht der Sinn der Übung.

Tools zum Veröffentlichen von Inhalten

Ein sehr nützlicher Dienst in diesem Bereich ist *Buffer* (*http://bufferapp.com*). Mit Buffer lassen sich die verbreiteten Social-Media-Plattformen automatisiert füttern. Damit können Sie Inhalte gleichzeitig auf mehreren Netzwerken veröffentlichen, ohne in jedem Dienst einzeln die Inhalte einstellen zu müssen (siehe Abbildung 15.5).

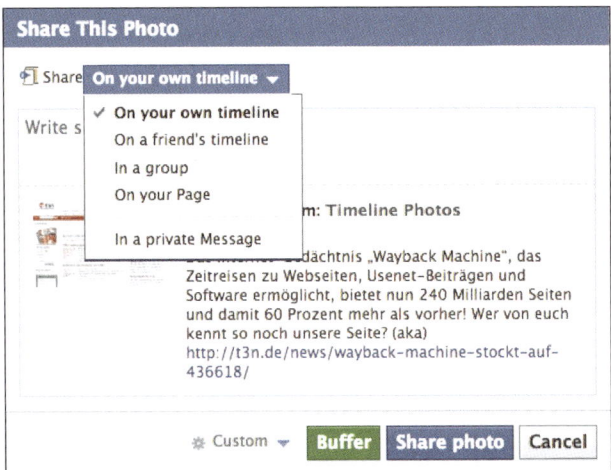

Abbildung 15.5 Buffer-Integration in Facebook

Der noch größere Wert von Buffer ist die zeitversetzte Veröffentlichung. Sie können für jedes verbundene Benutzerkonto eines Social-Media-Dienstes bestimmen, wie oft und wann ein Beitrag veröffentlicht werden soll. Dann brauchen Sie »nur« noch Ihren Puffer (Buffer) gefüllt zu halten, und Buffer kümmert sich um die regelmäßige Veröffentlichung von Inhalten. So können Sie eine konstante Präsenz erreichen, ohne immer zu dem entsprechenden Zeitpunkt selbst auf VERÖFFENTLICHEN klicken zu müssen. Auch eine gemeinsame Nutzung mit Teammitgliedern ist möglich. Derzeit ist Buffer für den privaten Gebrauch und ein Konto pro Social-Media-Dienst kostenfrei. Die Business-Version liegt je nach Anzahl der Accounts und Netzwerke zwischen 50 US$ und 250 US$ im Monat. Buffer ist über die Webseite oder durch Browser-Plug-ins nutzbar.

Mit *PostCron* (*https://postcron.com*) können automatisch Beiträge auf Facebook Pages, Facebook Groups, Facebook Events, Twitter, LinkedIn, Pinterest und Instagram veröffentlicht werden. Eine praktische Funktion ist, dass Inhalte automatisch mit Wasserzeichen oder Logos versehen werden können. Wer viele Beiträge veröffentlicht, wird sich über die Möglichkeit freuen, mehrere Beiträge per (Excel-) Tabelle hochladen zu können. Dazu können Sie Inhalte direkt innerhalb von Post-Cron kuratieren und veröffentlichen. Nach einer kostenlosen Testperiode kostet Postcron, je nach Anzahl der Teammitglieder, zwischen 8,33 US$ und 83,33 US$ im Monat.

Hootsuite – Ihre Schaltzentrale für Social-Media-Dienste

Hootsuite (*http://hootsuite.com*) startete als Twitter-Client, hat sich aber zu einer Art Schaltzentrale zur Verwaltung zahlreicher Social-Media-Konten gemausert. Wenn Ihnen Buffer zu einfach ist oder Ihnen Anschlüsse an weitere Social-Media-

Dienste fehlen, dann werden Sie höchstwahrscheinlich mit Hootsuite glücklich. Dieses Tool zeigt beliebig gefilterte Ströme aus Inhalten von Ihren angeschlossenen Profilen an (siehe Abbildung 15.6). Alle gängigen Social-Media-Dienste können in Hootsuite dargestellt und die meisten davon auch zentral befüllt werden.

Abbildung 15.6 Das Hootsuite-Dashboard – alles auf einen Blick

Hootsuite unterstützt wie Buffer *Scheduled Updates*, also das zeitverzögerte Veröffentlichen von Inhalten auf verschiedenen Social-Media-Plattformen. Darüber hinaus können verschiedene Statistiken und Analysen vordefiniert und abgerufen werden. Durch die Mehrbenutzerfähigkeit ist Hootsuite ideal für die Arbeit im Team. Auch mobil ist Hootsuite verfügbar, bis zu drei angeschlossene Profile sind kostenlos, die Pro-Variante startet bei 7,99 € pro Monat. Aufgrund der günstigen Kostenstruktur eignet sich Hootsuite auch sehr gut für kleine Teams und den Einstieg in die Nutzung eines professionellen Social-Media-Management-Tools.

Buffer, Postcron und Hootsuite eignen sich sehr gut für den Gebrauch durch Einzelpersonen. In Abschnitt 15.4.1, »Social-Media-Management-Tools für Teams«, stelle ich Ihnen noch weitere Tools zum Veröffentlichen von Inhalten vor, die primär für Teams optimiert sind.

15.3.6 URLs kürzen und Klickraten analysieren

Sie verlinken von Ihren Außenposten wie Facebook und Twitter auf Ihr Blog und möchten wissen, von welcher Plattform die meisten Klicks kommen? Auch für diesen Anlass gibt es praktische Anwendungen, die Ihnen das Leben einfacher machen. Die folgenden Tools helfen Ihnen, zu messen, wie oft und wo ein Link geklickt wurde, und kürzen gleichzeitig lange unübersichtliche URLs:

▶ **Bit.ly** (*http://bit.ly*) ist der meistgenutzte URL-Dienst und verfügt über eine Reihe von nützlichen Funktionen. Ausführliche Statistiken mit Zeit, Herkunfts- und Location-Angaben (siehe Abbildung 15.7) sowie QR-Codes gibt es zu jedem verkürzten Link. Den Link zu den zugehörigen Statistiken finden Sie neben jeder verkürzten URL, die Übersicht ist anschaulich und selbsterklärend gestaltet.

Abbildung 15.7 Statistiken auf Bit.ly

Sie haben die Möglichkeit, Wunschendungen für die bit.ly-URLs zu wählen oder sogar eine eigene Domain mit der Linkverkürzungsoption zu verbinden. Weitere Funktionen sind sogenannte URL-Bundles, mit deren Hilfe Sie mehrere URLs unter einem Link zusammenfassen können, und private Links und Bundles, die nicht in Ihrem Profil auftauchen. Bit.ly bietet Ihnen neben der Erweiterung für Chrome ein sogenanntes Bookmarklet, das in jedem gängigen Browser eine Kurz-URL von der Seite generiert, auf der Sie sich gerade befinden. Einen

Haken hat Buffer jedoch, Links zu kommerziellen Angeboten werden unter Umständen in Affiliate-Links umgewandelt. Hier müssen Sie den Nutzen gegen diesen Umstand abwägen.

Was ist ein QR-Code?

QR-Code ist die Abkürzung für *Quick Response Code* (Schnelle-Antwort-Code) und ist ein zweidimensionaler Code, der Informationen in einer quadratischen Matrix aus schwarzen und weißen Pixeln darstellt. Diese Informationen, wie zum Beispiel eine URL, können mit speziellen Geräten oder Smartphone-Apps ausgelesen werden. QR-Codes sind inzwischen häufiger auf Plakaten, in Zeitschriften und Geschäften zu finden.

► Nachdem Google den Linkverkürzer *Goo.gl* (*http://goo.gl*) Mitte 2018 für neue Links einstellte, kann ich Ihnen **Ow.ly** ans Herz legen. Der URL-Verkürzer Ow.ly ist Teil von Hootsuite und erfordert das Anlegen eines kostenlosen Hootsuite-Accounts. In der Basisversion ist dieser Dienst kostenfrei. Ow.ly bietet Kurz-URLs mit ausführlichen Statistiken zu den Klicks und Erweiterungen für alle gängigen Browser. Eine Besonderheit ist die Möglichkeit, Bilder und Dateien hochzuladen und mithilfe einer Ow.ly-URL zu teilen.

► Mit der Open-Source-Software **Yourls** (*http://yourls.org*) können Sie Ihren eigenen URL-Verkürzer bauen. Das hat den Vorteil des eigenen Brandings in der URL und dass niemand sonst Zugriff auf die Statistiken hat. Dafür müssen Sie Ihre IT dazu bekommen, Sie bei der Administration zu unterstützen.

► Es lohnt sich auch ein Blick auf **Rebrandly** (*www.rebrandly.com*), einen Dienst, der umfangreiche Funktionen für Unternehmen bietet und der in der Basisversion kostenfrei ist.

Whitepaper – 200 Social-Media-Tools

Oliver Ueberholz stellt seit Jahren eine ausführliche, ständig aktualisierte und erprobte Sammlung von rund 200 Social-Media-Tools auf Barcamps vor. Falls Sie nicht die Chance haben, sich die Session live anzuschauen, können Sie unter *http://bit.ly/dsomema200* das zugehörige Whitepaper gegen Ihre E-Mail-Adresse bekommen.

15.4 Teamarbeit

Sind Sie aus der Phase der Ein-Personen-Abteilung heraus und arbeiten als Team, wird vieles einfacher, es erwarten Sie aber auch neue Herausforderungen. Das beginnt bei der geteilten Verantwortung für die Betreuung der Social-Media-Kanäle, führt über Projektführung und die gemeinsame Dateiverwaltung bis hin zu dem Abbilden einer Echtzeitkommunikation über die Grenzen von Arbeitszeiten, Betriebssystemen und Örtlichkeiten hinweg.

15.4.1 Social-Media-Management-Tools für Teams

Für die teamübergreifende Veröffentlichung und Verwaltung von Inhalten gibt es mittlerweile eine Reihe von Diensten und Tools, die Ihnen die Arbeit vereinfachen. Tools im Einsteigerbereich habe ich Ihnen bereits in Abschnitt 15.3.5, »Organisiertes Veröffentlichen auf verschiedenen Diensten«, vorgestellt. Die Tools in diesem Abschnitt haben eine anspruchsvollere Kostenstruktur, bieten dafür aber in der Regel auch einen deutlich größeren Funktionsumfang. Darum prüfen Sie vor einer Entscheidung ausgiebig und gemeinsam mit dem Community-Management-Team, welches Tool am besten zu Ihren Anforderungen und Bedürfnissen passt.

Nutzen Sie die Chance, die vorgestellten Tools mit einem kostenlosen Account ausgiebig zu testen. Geschmäcker sind ja bekanntlich verschieden, und vielleicht gefällt Ihnen eines der alternativen Tools besser. Probieren Sie es aus!

Premium-Social-Media-Management-Tools

Mittlerweile gibt es eine Reihe von Tools, die die Zusammenarbeit in großen Teams erleichtern. Alle Lösungen in dieser Runde haben keinen kostenlosen Account, jedoch die Möglichkeit einer kostenlosen Testphase. Die Preise sind an dieser Stelle individuell von der Teamgröße, dem Funktionsumfang und dem gewünschten Support abhängig. Ganz grob lassen sich diese bei allen Tools zwischen 300 € und 1.500 € im Monat einordnen. Dies erscheint zunächst nicht wenig, ist aber oftmals schnell durch optimierte Arbeitsabläufe und bessere Übersicht wieder eingespielt. Ich stelle Ihnen hier explizit Anbieter aus Deutschland vor, die ich persönlich testen konnte. In der Zukunft werde ich unter *http://der-socialmediamanager.de* über weitere Tests berichten.

▸ **Socialhub**: Socialhub wurde gemeinsam mit Community Managern entwickelt und zunächst einmal auf Facebook, Twitter und Instagram optimiert, weitere Netzwerke sind in Planung. Der Fokus liegt auf Social-Media-Kundenservice, alle Workflows im Tool sind so abgestimmt, dass Kundenanfragen aus allen Kanälen optimal abgearbeitet werden können (siehe Abbildung 15.8). Dazu gibt es eine Social-CRM-Funktion (CRM steht für Customer Relationship Management) und Statistiken, eine Übersicht über die Funktionen finden Sie hier: *http://socialhub.io/features*. Zu den Kunden gehören Rossmann, Saturn und DB Bahn.

▸ **247Grad Connect**: Das Tool der Agentur 247Grad bietet den Ablauf von der Ideensammlung für das Content Marketing über die Interaktion mit den Nutzern bis hin zur Auswertung der Social-Media-Aktivitäten in einem modularen System an. Ob Redaktionsplanung, die zeitgesteuerte Veröffentlichung von Beiträgen auf Twitter und Facebook oder das Zuweisen von Kundenservice-Anfragen an Kollegen – Connect ist hier sehr vielseitig einsetzbar. Eine Übersicht über die Funktionen finden Sie unter *http://247grad-connect.com/*. Zu den Kunden gehören zum Beispiel Expert, Fraport und Zurich.

Abbildung 15.8 Socialhub im Einsatz

- ▶ **Facelift**: Ebenso umfangreich, aber mit einem anderen Fokus kommt die Facelift-Cloud daher. Optimiert auf Facebook, kann hier neben der Interaktion mit den Nutzern auch die Werbung gemanagt und optimiert werden. Darüber hinaus ist es möglich, Microsites für die Facebook-Seite zu erstellen und all diese Bereiche statistisch auszuwerten. Eine Übersicht über die Möglichkeiten finden Sie hier: *www.facelift-bbt.com/de/facelift-cloud/*. Zu den Kunden gehören zum Beispiel Otto, Thalia und Ikea.

- ▶ **Swat.io**: Das Tool Swat.io (*https://swat.io*) aus Österreich bezeichnet sich selbst als Enterprise- und Agenturlösung für Content-Planung, Community Management und Social Customer Service. Entsprechend weit ist auch der Funktionsumfang, der um Statistiken und den Zugang zu den wichtigsten sozialen Netzwerken ergänzt wird.

- ▶ **Scompler**: Wie der Name schon sagt, liegt der Fokus von Scompler auf strategischem Content Marketing (SCOM). Es handelt sich um eine Entwicklung der Agentur talkabout, die ihre strategischen Prozesse in ein Tool übersetzt hat. Scompler hilft bei der systematischen Entwicklung einer Content-Strategie und im Folgenden dabei, strategisch Redaktionspläne zu entwickeln, Inhalte zu veröffentlichen und auszuwerten. Neben einer kostenlosen Version und einer Einsteigervariante für 19 € im Monat bietet Scompler ab 99 € pro Monat und Nutzer eine Kombination aus Tool und Beratung an. Mehr Informationen finden Sie unter *http://scompler.com*.

In diesem Bereich gilt übrigens der gleiche Tipp wie beim Monitoring. Testen Sie so viele Systeme wie möglich. Jedes hat seine Schwerpunkte, Eigenarten und

Schwächen, hier müssen Sie ganz individuell herausfinden, welches am besten zu Ihnen passt. Eine umfassende und stetig aktualisierte Übersicht über Social-Media-Engagement-Tools finden Sie unter: *www.monitoringmatcher.de/anbieter/social-media-engagement/*.

15.4.2   Tools für das Projektmanagement

Es gibt eine Reihe von Projektmanagement-Methoden aus der Entwicklung, die sich erfolgreich auf das Community und Social Media Management übertragen lassen. Die Methode, die ich am häufigsten in der Anwendung gesehen habe, ist Kanban.

Projektmanagement mit Kanban

Der japanische Begriff *Kanban* bedeutet Signalkarte (Kan = Signal, Ban = Karte) und kommt aus der Lean Production, deren Ziel es ist, den Produktionsfluss (Flow) weitgehend zu optimieren und drei Arten des Verlusts zu vermeiden:

▸ Muda = Verschwendung von Zeit, Material, Platz

▸ Muri = Überlastung von Mitarbeitern und Fertigungsanlagen

▸ Mura = Unausgeglichenheit in der Fertigung

Als Projektmanagement-Methode in der Softwareentwicklung und über diese hinaus orientiert sich Kanban an diesen Zielen und lässt die Prozesse von den Mitarbeitern gestalten. Das bedeutet, diese holen sich ihre Arbeit aus dem Aufgabenpool (Backlog), wenn sie die Kapazität dafür haben (Pull-Prinzip). Im Kern von Kanban steht ein visueller Ansatz zur Darstellung des Projektfortschrittes. Auf dem sogenannten Kanban-Board werden beliebig viele Spalten definiert, die einen bestimmten Projektstatus repräsentieren und in der logischen Reihenfolge der Bearbeitung stehen. Kärtchen, auf denen jeweils eine Aufgabe steht, wandern bei der Bearbeitung durch die verschiedenen Stationen, bis sie beendet sind. So wird sichtbar, wo Engpässe auftreten.

In Abbildung 15.9 sehen Sie ein Beispiel eines Kanban-Boards, das an die Nutzung im Community Management angepasst wurde.[1] In BACKLOG werden die offenen Aufgaben gesammelt, in NEXT die Aufgaben, die als Nächstes bearbeitet werden, in IN PROGRESS finden sich die laufenden Aufgaben und unter DONE jene, die fertig sind.

Neben der klassischen Variante aus der Kombination von Whiteboard und Post-its gibt es Applikationen, die das Board virtuell abbilden. Da der Zugriff von jedem Rechner aus möglich ist, können so auch Teams die Methode nutzen, die nicht an einem Ort arbeiten. Trello (*https://trello.com*) ist in diesem Bereich mein persönli-

---

1 Die Abbildung stammt aus der Präsentation »Agiles Kanban für Community Manager«, die Leticia Garcia und Heike Siemer auf dem CommunityCamp 2012 gehalten haben. Dort präsentierten die beiden ihre Erfahrungen mit dem Einsatz von Kanban im Community Management von XING.

cher Favorit. Das Tool bietet Ihnen die Möglichkeit, beliebig viele Projekte und Boards anzulegen und jeweils die gewünschten Kollegen zu diesem einzuladen. In der Projektansicht (siehe Abbildung 15.10) werden die Aufgaben übersichtlich auf den jeweiligen Boards angezeigt.

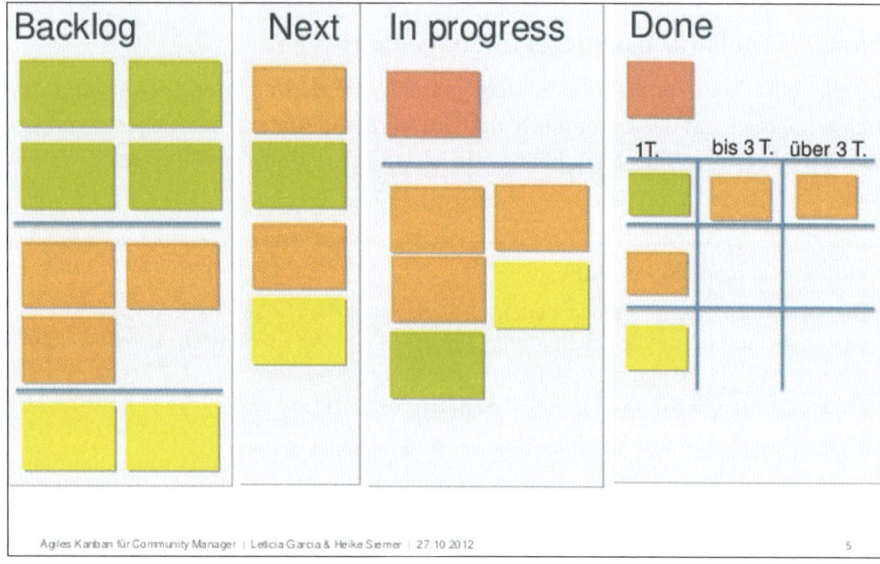

Abbildung 15.9 Beispiel für ein Kanban-Board

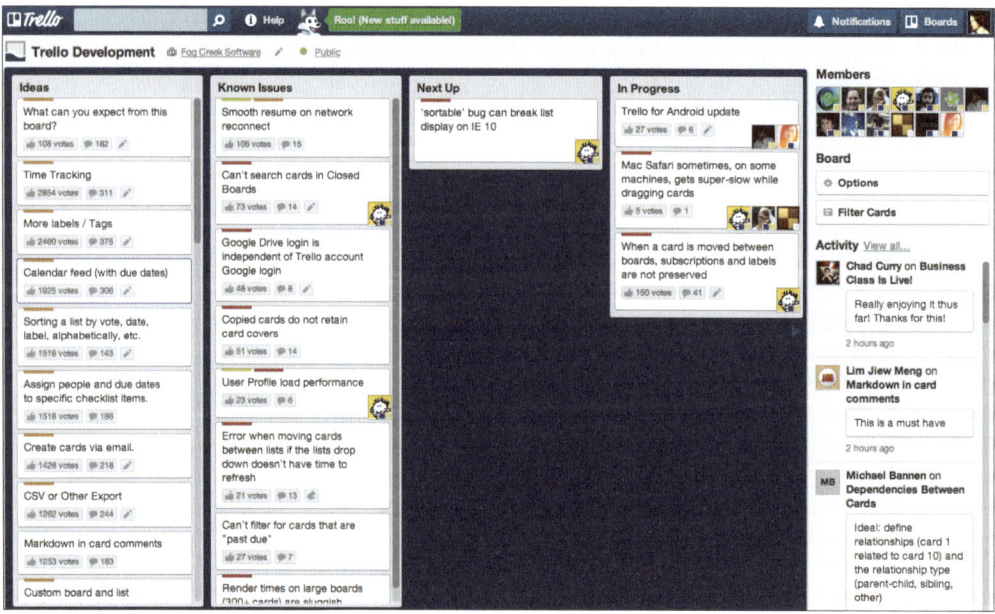

Abbildung 15.10 Das Development Board des Trello-Teams

Sie können jeder Aufgabe eine Reihe von Informationen hinterlegen. Es gibt Platz für Beschreibungen, Kommentare, Checklisten, Anhänge, Bilder und Labels (Tags). Außerdem finden Sie hier eine Bearbeitungshistorie. Trello ist und bleibt, nach eigener Aussage des Unternehmens, in der normalen Version kostenlos und ist im Browser sowie auf Android, iOS und Windows Phone verfügbar. Zusätzlich bietet Trello »Trello Business Class« für Unternehmen an. Für 25 € pro Monat bzw. 200 € im Jahr erhalten Unternehmen zusätzliche Möglichkeiten, wie zum Beispiel die Administration der Mitglieder und die Integration von Google-Apps. Als Alternativen sind Kanbanize (*http://kanbanize.com*) und LeanKit (*http://leankit.com*) zu nennen, beide Tools bieten eine kostenlose Basisversion an.

Ist Ihnen der visuelle Aspekt beim Thema Projektmanagement nicht so wichtig, lohnt sich der Blick auf die Taskmanagement-Tools in Abschnitt 15.5.3, »Intelligentes Aufgabenmanagement«.

15.5   Zeit- und Aufgabenmanagement

Als Social Media Manager werden Sie tagtäglich mit einer Menge Informationen, Aufgaben und Interessen verschiedenster Parteien konfrontiert. Die Kanäle und Aufgaben sind vielfältig, Unterbrechungen an der Tagesordnung, und immer und überall den Überblick zu behalten ist beizeiten nicht einfach. Ein strukturiertes Zeit- und Aufgabenmanagement hilft Ihnen bei dieser Anforderung.

Der Unterschied zwischen Zeit- und Aufgabenmanagement

Der Fokus beim Zeitmanagement liegt darauf, Ihre Zeit über einen bestimmten Zeitraum (täglich, wöchentlich und monatlich) möglichst gut zu planen. Mit einer guten Zeitplanung vermeiden Sie Überstunden und beugen Ablenkungen vor.

Im Mittelpunkt des Aufgabenmanagements (Taskmanagements) steht die Vollendung von (Teil)Aufgaben, um ein größeres Ziel oder einen Projektabschluss zu erreichen. Im Kern steht die Fähigkeit, Prioritäten von Aufgaben einzuschätzen und bei Bedarf anzupassen sowie die Konzentration darauf, eine Aufgabe ohne Ablenkung zu erledigen.

15.5.1   Grundlage für ein effizientes Zeitmanagement

Die Grundlage für ein effizientes Zeitmanagement ist zunächst einmal, herauszufinden, womit Sie Ihre Zeit verbringen. Dabei helfen Ihnen die folgenden Schritte:

▸ Erstellen Sie eine Liste mit allen Tätigkeiten, die Sie ausführen. Ordnen Sie diese den jeweiligen Bereichen zu. Beispiele: Verfassen eines Blogbeitrags – Content; Vorbereiten einer Präsentation mit den Ergebnissen des letzten Monats – Monitoring und Reporting.

▶ Priorisieren Sie Ihre Aufgaben auf einer Skala von eins bis fünf, wobei eins extrem wichtig und fünf wenig wichtig bedeutet.

▶ Dokumentieren Sie über zwei Wochen hinweg genau, wie viel Zeit Sie für welche Aufgaben benötigen.

▶ Auswertung: Welche Aufgaben erfordern die meiste Zeit? Entspricht dies der Priorisierung? Welche Aufgaben benötigen übermäßig Zeit, und lässt sich hier der Prozess beschleunigen?

15.5.2 Tools zur Zeitmessung

Es gibt eine große Zahl kleiner Programme, die Ihnen bei der Messung Ihrer Zeit helfen. Davon werde ich Ihnen hier drei vorstellen, mit denen ich gute Erfahrungen gemacht habe.

RescueTime

RescueTime (*www.rescuetime.com*) ist eine Applikation, die automatisch misst, wo Sie Ihre Zeit verbringen, wenn Sie am Rechner sitzen. RescueTime läuft im Hintergrund und zeichnet dabei auf, wie lange Sie welche Internetseiten und Anwendungen benutzen. Sie haben die Möglichkeit, alle Aktivitäten einer Kategorie zuzuordnen. Eine grafische Auswertung aller Tätigkeiten zeigt Ihnen anschaulich, wo Ihre Zeit bleibt.

In der Lite-Version ist RescueTime kostenlos, die Pro-Version kostet ab 6 US$ im Monat und bietet dafür noch kleine Extras wie die Eingabe von Zeiten abseits des Rechners. Für mich ist dieses Tool eine klare Empfehlung, wenn Sie mit möglichst wenig Aufwand wissen möchten, wo Ihre Zeit bleibt.

Mite

Mite (*http://mite.yo.lk*) ist ein übersichtliches Onlinetool für die Zeiterfassung von Einzelpersonen und Teams. Die Zeiten werden entweder per Klick auf die Stoppuhr oder per manuelle Eingabe erfasst. Sie können sich Ihre Zeiten grafisch auswerten lassen und Mite in jedem Browser und per iPhone-App nutzen. Mite kostet pro Nutzer 5 € im Monat, Sie können aber vor dem Kauf eine 30-tägige Testphase in Anspruch nehmen.

Klok

Alternativ können Sie natürlich ganz klassisch Ihre Zeiten in einer Excel-Tabelle festhalten. Dabei hilft Ihnen zum Beispiel die Applikation Klock (*www.getklok.com*), die Ihnen bereits in der kostenlosen Basisversion den Export der gestoppten Zeiten in Excel ermöglicht.

15.5.3   Intelligentes Aufgabenmanagement

Wenn Sie wissen, wofür Sie Ihre Zeit verwenden, können Sie anfangen, diese besser zu nutzen. Unerlässlich ist dazu aus meiner Sicht ein gutes System für die Verwaltung von Aufgaben, für den Umgang mit Informationen und den typischen Zeitfressern im Büro.

Um die Fülle an Aufgaben im Überblick zu behalten, ist gutes Taskmanagement unerlässlich. Dazu ist es ein gutes Gefühl, wenn Sie nach erledigter Arbeit eine Position von der Liste streichen können. In Abschnitt 15.5.1, »Grundlage für ein effizientes Zeitmanagement«, habe ich Ihnen bereits die Grundlagen für effektives Zeit- und damit auch für ein effektives Aufgabenmanagement vorgestellt: die Auflistung aller Aufgaben, deren Kategorisierung und Priorisierung sowie das Wissen, wie lange die jeweilige Aufgabe in Anspruch nehmen wird. Der nächste Schritt ist die Erfassung in einem System, das Sie dabei unterstützt, die Aufgaben und deren Abgabetermine im Blick zu behalten.

Taskmanagement-Tools

Das Angebot an Tools für die Aufgabenverwaltung ist groß, und es ist stark von Ihren persönlichen Präferenzen abhängig, welches für Sie das beste ist. Um Ihnen die Auswahl zu erleichtern, stelle ich Ihnen ein paar der bekanntesten Taskmanagement-Tools und deren Eigenschaften vor:

▶ **Remember the milk** (RTM) (*www.rememberthemilk.com*): RTM ist der Klassiker für die persönliche Aufgabenverwaltung, der auch die Möglichkeit bietet, in Teams zu arbeiten. RTM erlaubt Ihnen, Aufgaben in Listen zu verwalten, mit Tags zu versehen und diesen Orte zuzuweisen. Darüber hinaus bietet RTM eine große Auswahl an Integrationen, wie zum Beispiel Google Calender, Maps und Instant Messaging. Der umfangreiche Basis-Account ist gratis, die Premium-Version kostet 39,99 US$ im Jahr.

▶ **Microsoft To Do** (*https://products.office.com/de-de/microsoft-to-do-list-app*): Microsoft To Do ist ein Taskmanager mit einfacher und funktionaler Obrfläche. Ob Teamfunktion, Listen, Tags, Notizen, Erinnerungen oder intelligenter Tagesplanung, To Do hat alles, was ein Taskmanager braucht. Es ist komplett kostenlos. Neben Apps für Windows, macOS, iOS und Android, gibt es auch eine Weboberfläche (siehe Abbildung 15.11).

▶ **Asana** (*www.asana.com*): »Der Alleskönner für Einzelpersonen und Teams«, diesen Kommentar habe ich schon des Öfteren zu Asana gehört. Ob Projekte, Listen, Tags, Filter oder E-Mail- und Kalenderintegration – Asana kann alles. Asana in der Basisversion ist gratis für bis zu 15 Nutzer, die Premiumversion startet bei 21 US$ im Monat.

▶ **Google Tasks** (*https://mail.google.com/tasks/canvas?pli=1*): Wenn Sie sowieso im Google-Universum arbeiten, ist Google Tasks mit der nahtlosen Integration in Google Mail und Google Calender eine gute Ergänzung. Google Tasks ist ein simples Tool, das nur im Browser (mobil und Desktop) nutzbar, aber dafür auch kostenlos ist.

Die Möglichkeit, das Tool plattformübergreifend, das heißt sowohl am Rechner als auch auf dem Smartphone, nutzen zu können, ist aus meiner Sicht eines der wichtigsten Kriterien bei der Wahl. Alle vorgestellten Lösungen erfüllen diese Anforderung.

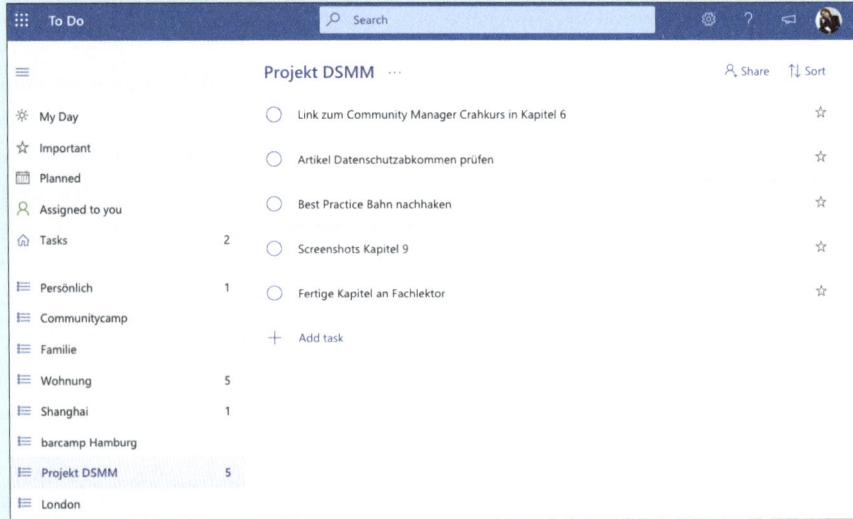

Abbildung 15.11 Die Desktop-Oberfläche von Wunderlist

Probieren Sie unterschiedliche Lösungen gleichzeitig aus. So werden Sie schnell herausfinden, welches Tool am besten zu Ihnen passt.

Abschließend gebe ich Ihnen noch ein paar Tipps mit auf den Weg, mit denen ich gute Erfahrungen gemacht habe:

▶ Vergeben Sie ein Schlagwort (Tag) für Aufgaben, die in weniger als 5 Minuten zu erledigen sind. Für den Motivationsschub zwischendurch haben Sie dann eine Liste, die Sie schnell abarbeiten können.

▶ Legen Sie sich eine Liste für Ideen an. Begegnen Sie einer guten Idee, wird diese hier aufgenommen.

▶ Nutzen Sie die Salami-Taktik: Teilen Sie große Projekte in kleine Schritte auf, und erledigen Sie diese Stück für Stück.

▶ Nehmen Sie Routineaufgaben mit in Ihre Liste auf, eventuell sogar mit einer Wiedervorlage-Funktion.

▶ Gehen Sie jeden Morgen die Aufgaben durch, die Sie heute erledigen müssen. Überprüfen Sie die Prioritäten.

▶ Machen Sie die Aufgabe, die Ihnen am meisten widerstrebt, zuerst.

▶ Vergeben Sie bei der Beschreibung Ihrer Aufgaben ein Verb. Jede Aufgabe sollte aussagen, was Sie tun müssen.

▶ Fragen Sie sich, warum, wenn Sie eine Aufgabe aufschreiben. Warum schreibe ich diese Aufgabe auf? Warum ist diese Aufgabe wichtig? Warum sollte ich diese Aufgabe erledigen? Haben Sie keine Antwort auf diese Fragen, brauchen Sie die Aufgabe nicht aufzuschreiben bzw. sollten die Aufgabe an eine Person weitergeben, die Antworten darauf hat.

▶ Weisen Sie jeder Aufgabe eine geschätzte Zeit zu.

15.5.4   Weg vom Multitasking

Kennen Sie das? Sie waren den ganzen Tag am Rotieren, haben gefühlt 20 Dinge gleichzeitig getan und trotzdem das Gefühl, nichts geschafft zu haben? Das hat einen ganz einfachen Grund. Multitasking wirkt sich nachweislich negativ auf Leistungsfähigkeit und Konzentration aus. Gleichzeitig schießt der Stresspegel in die Höhe. Forscher an der Universität Utah haben dies in einem Test untersucht.[2] Sie ließen ihre Probanden beim Fahren in einem Fahrsimulator telefonieren oder eine SMS schreiben. Das Ergebnis war eine um 40 % niedrigere Leistungsfähigkeit bei höherem Stress.

Als Social Media Manager findet man sich oft in Situationen wieder, in denen man viele Dinge gleichzeitig tut. Umso wichtiger ist es, dass Sie sich Freiräume für wichtige Aufgaben schaffen. Der erste Schritt dazu ist, zu wissen, was wirklich wichtig ist. Priorisieren Sie Ihre Aufgaben, und nehmen Sie sich feste Ziele für jeden Tag vor. Definieren Sie dafür feste Zeitfenster in Ihrem Kalender, in denen Sie sich nur von Notfällen stören lassen. Schließen Sie Ihren Internetbrowser und das E-Mail-Programm, schalten Sie Ihren Status auf »Nicht stören«, und setzen Sie sich demonstrativ Kopfhörer auf. Hält das Ihre Kollegen immer noch nicht davon ab, Sie zu stören, müssen Sie sich einen anderen Ort zum Arbeiten suchen.

Lassen Sie sich nicht von Aufgaben ablenken, die zwischendurch auf Ihrem Tisch landen. Prüfen Sie kurz die Wichtigkeit, setzen Sie die Aufgabe nach Priorität auf Ihre Liste, und machen Sie schnellstmöglich da weiter, wo Sie aufgehört haben. Eine große Hilfe – insbesondere in Zusammenarbeit mit anderen – ist hier eine gute Dokumentation. Halten Sie oft nachgefragte Informationen im Intranet oder einem zugänglichen Dokument fest, und verweisen Sie konsequent darauf.

15.5.5   Informationen clever managen

Zu viele Informationen gibt es nicht, es gibt nur die falschen Filter oder Ansätze. Was die interne Kommunikation angeht, gibt es niemals ein Zuviel. Sie müssen immer und zu jeder Zeit wissen, was im Unternehmen gerade los und geplant ist, und dieses Wissen mit Ihrem Community-Team teilen. Schaffen Sie sich dafür einen

---

2   *https://goo.gl/mQgBD3*

Single Point of Information, sprich einen Ort, an dem alle Informationen zusammenlaufen. Aus Erfahrung weiß ich, dass dies keine einfache Anforderung ist. Versuchen Sie trotzdem, Abteilung für Abteilung mit ins Boot zu holen und diese dazu zu verpflichten, Informationen mit Ihnen zu teilen, und zwar mit Ihnen direkt und nicht mit Ihren Vorgesetzten!

Starten Sie mit den Abteilungen, die nach außen kommunizieren: der PR-Abteilung und dem Marketing. Sie müssen wissen, was in der neuesten Pressemitteilung steht, bevor (!) diese veröffentlicht wird, und was Inhalt der neuen Marketingkampagne sein wird, bevor diese startet. Idealerweise werden Sie schon so weit im Vorfeld informiert, dass Sie mit den Verantwortlichen noch gemeinsame Aktionen planen oder, im potenziellen Krisenfall, einen Leitfaden für Antworten abstimmen können. Holen Sie sich Informationen aus dem Außendienst oder direkt von der Ladentheke, und sorgen Sie dafür, dass Ihr Community-Team weiß, wen es anrufen muss, um genau solche Informationen zu bekommen. Ein gutes Beispiel dafür, wie positiv so etwas aufgenommen wird, ist der Wasserkübel-Dialog der Bahn (siehe Abbildung 15.12).

Abbildung 15.12 Der Dialog zum Wasserkübel auf dem Bahnsteig

Der Twitter-Nutzer Walljet sah auf seiner Fahrt einen Wasserkübel auf dem Bahnsteig stehen und fragte die Bahn über deren Twitter-Account @db_bahn, was dieser wohl dort tun würde. Innerhalb kurzer Zeit kam die Antwort des Serviceteams – und postwendend ein Lob für die Reaktion. Dieser Fall wurde lobend von Spiegel Online sowie weiteren Medien erwähnt und als gutes Beispiel im Netz herumgereicht.

15.5.6 Effizientes E-Mail-Management

E-Mails sind einer der größten Zeitfresser im Büro. Allein schon die Meldung »Sie haben Post« sorgt laut einer Studie der Universität Cardiff dafür, dass Sie im Schnitt 64 Sekunden benötigen, um sich wieder auf die vorherige Aufgabe zu konzentrieren. Aus diesem Grund hier ein paar Tipps und Tricks für einen besseren Umgang mit E-Mails:

▶ Setzen Sie sich feste Zeiten für das Abrufen von E-Mails, und schalten Sie Benachrichtigungen ab.

▶ Gewöhnen Sie sich an, nur auf die E-Mails zu antworten, die auch wirklich eine Antwort benötigen. E-Mails, die nicht in diese Kategorie fallen, werden archiviert oder direkt gelöscht, zum Beispiel die zahlreichen »in Kopie«- bzw. CC-E-Mails.

▶ Notieren Sie sich Aufgaben aus E-Mails direkt in Ihre Aufgabenliste.

▶ Wenn Sie Ihre E-Mails durchsehen, bearbeiten Sie diese direkt. Das heißt, Aktionen, die weniger als 5 Minuten benötigen, werden umgehend gemacht (löschen, archivieren, Termin zusagen), Antworten, die länger brauchen, werden als Aufgabe mit aufgenommen.

▶ Löschen Sie direkt, was Sie weder brauchen noch interessiert.

▶ Etwas radikal, aber besonders effektiv: Sie haben doch bestimmt schon einmal eine E-Mail erhalten, die im Fußbereich »von meinem iPhone gesendet« enthielt. Bei solchen E-Mails hat der Empfänger normalerweise nicht den Anspruch, dass lange Ausformulierungen enthalten sind. Probieren Sie doch einmal aus, diesen Text automatisch unter Ihren E-Mails einzufügen, eben als Bestandteil Ihrer E-Mail-Signatur. Eine kurze und knackige Schreibe wird Ihnen somit verziehen, und Sie sparen Zeit beim Beantworten von E-Mails.

15.6 Privatleben vs. Social Media Management

Als Social Media Manager verschwimmt die Grenze zwischen Privat- und Berufsleben. Wie stark, können Sie zwar bis zu einem gewissen Maße selbst bestimmen, der Prozess an sich ist jedoch kaum zu vermeiden, insbesondere wenn Sie auch als Community Manager im Einsatz sind. Können Sie sich mit diesem Gedanken nicht anfreunden, wird es bereits mittelfristig zu Problemen kommen.

15.6.1 Menschlichkeit als Schutz

Das Paradoxe an dieser Stelle ist: Je mehr an Persönlichkeit Sie von sich in der Öffentlichkeit zeigen, desto mehr Ruhe wird man Ihnen gönnen. Was zunächst wie ein Widerspruch klingt, ist leicht erklärt. Sie zeigen sich als Person, als Mensch, und entsprechend steigt die Hemmschwelle, Sie wie eine Maschine zu behandeln. So wird aus dem Anspruch, dass Sie rund um die Uhr erreichbar sein müssten, Verständnis dafür, dass dies nicht immer gewährleistet werden kann. Das bedeutet absolut nicht, dass Sie als Person komplett in die Öffentlichkeit treten müssen, im Gegenteil, wie ich im nächsten Abschnitt noch genauer erörtern werde. Es geht darum, Menschlichkeit und Persönlichkeit zu zeigen, also authentisch zu sein.

So passierte mir vor vielen Jahren, als ich noch unsicher im öffentlichen Umgang mit Kunden war, dass ich sehr steif und mustergültig antwortete. Daraufhin wurde ziemlich schnell vermutet, dass ich ein Fake-Profil, also ein Profil mit einer anderen Person dahinter, sei und mit Textbausteinen antworten würde. Das Wort Roboter fiel, und sofort wurde der Ton gegen meine Person merklich aggressiver. In diesem Moment warf ich meine Unsicherheit über Bord und fing an, so zu schreiben, wie ich bin. Entschuldigte mich, wenn ich einen Fehler gemacht hatte, reagierte mit Humor auf manch einen Kommentar und wurde bestimmter im Ton, wenn eine Diskussion auszuufern drohte. Der Ton gegen mich wurde nicht nur weicher, sondern in stürmischen Zeiten begannen manche Mitglieder der Community sogar, mich in Schutz zu nehmen. Mit einer echten, sympathischen Person können sich Menschen identifizieren und solidarisieren, nutzen Sie also diese Chance!

15.6.2   Freiräume schaffen und Grenzen ziehen

Es gibt Situationen, in denen Sie einmal ganz bewusst abschalten sollten, und zwar komplett. Suchen Sie sich dafür am besten einen Ort, an dem Sie kein Internet haben, damit Sie nicht in Versuchung geraten, eben mal kurz nachzusehen. Damit Sie wirklich zur Ruhe kommen, sollten Sie mit den Kollegen ausmachen, dass diese Sie nur im Notfall anrufen oder per SMS informieren, aber auch wirklich nur dann!

Darüber hinaus ist es durchaus legitim, in der Freizeit Grenzen zwischen Beruf und Privatleben zu ziehen und die Diskussion über das, was der Arbeitgeber getan hat, freundlich, aber bestimmt zu beenden. Umgekehrt bestimmen Sie selbst, wie viel von Ihrem Privatleben Sie mit in den Beruf ziehen. Sie müssen nicht auf Facebook mit Kunden befreundet sein oder auf XING Kontakte annehmen, die Ihnen nicht persönlich bekannt sind. Was Sie auf XING tun sollten, ist, eine freundliche Absage zu schreiben, warum Sie den Kontakt nicht herstellen und unter welchen Voraussetzungen Sie dies tun. Auf Facebook gibt es neben dieser Strategie noch die Möglichkeit, die Sichtbarkeit von Inhalten auf Ihrem Profil einzuschränken. Dafür erstellen Sie eine Liste, die zum Beispiel den Namen »Beruflich« trägt, und veröffentlichen Ihre Inhalte standardmäßig mit den Sichtbarkeitseinstellungen »Nur für Freunde« und NICHT TEILEN MIT BERUFLICH (siehe Abbildung 15.13).

Kontakte auf dieser Liste sehen dann nicht mehr als Personen, die Ihr öffentliches Profil abonnieren, und Teile Ihres Profils können für diese Kontakte ausgeblendet werden. Überprüfen Sie bei jedem Beitrag die Sichtbarkeitseinstellungen, sicher ist sicher. Einmal im Monat sollten Sie auch die Liste und die damit verknüpften Standardeinstellungen prüfen, Facebook ändert gerne einmal etwas.

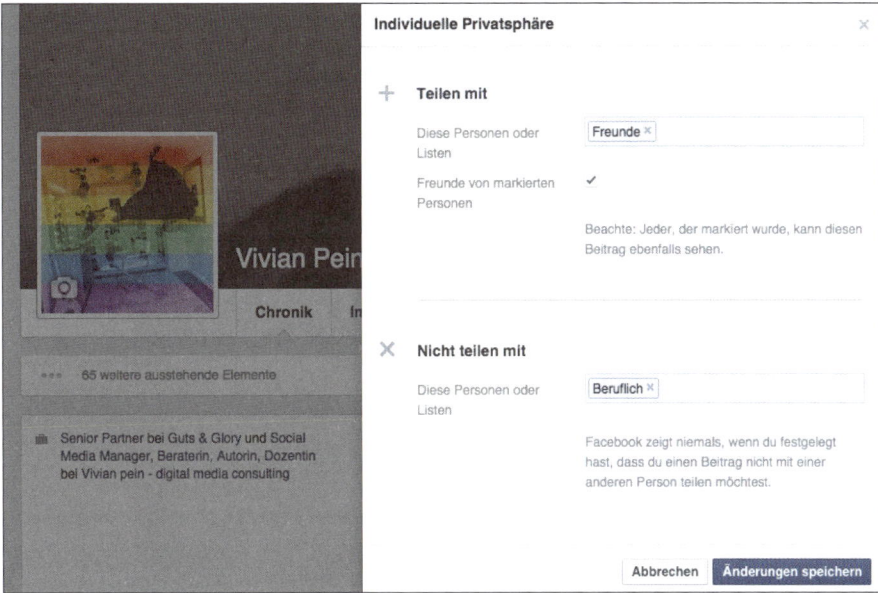

Abbildung 15.13 Mit Freundeslisten Privatsphäre schaffen

15.6.3   Tipps für den Jobwechsel

Wie sehr Berufs- und Privatleben verknüpft werden, habe ich bei meinem Wechsel von XING gelernt. Noch Monate nach dem Start in den neuen Job bekam ich Nachrichten mit Fragen zu der Plattform und wurde auf Events auf Themen in diesem Zusammenhang angesprochen. Wenn Sie sich online eine starke Marke aufgebaut haben, ist ein schneller Wechsel nicht ganz so einfach. Diese Tipps helfen Ihnen dabei:

▶ Aktualisieren Sie alle Profile online. Ob XING, Facebook oder Ihr eigenes Blog, tragen Sie Ihre neue Position ein, und ändern Sie Ihre Kontaktdaten. Gut eignet sich auch der Wechsel des Profilbildes, denn erfahrungsgemäß sorgt dies für viele Klicks und damit für viel Aufmerksamkeit für die neue Position.

▶ Perfekte Zeit für einen Relaunch: Wenn Sie darüber nachgedacht haben, Ihrem Blog oder Ihrer Homepage einen neuen Anstrich zu geben, ist jetzt der perfekte Zeitpunkt. Stecken Sie Zeit in ein neues Design, und schreiben Sie einen Artikel über Ihren Wechsel. Dazu lohnt es sich auch, dieses neue Design auf Elemente wie das Facebook-Headerbild oder Ihren Twitter-Hintergrund zu übertragen.

▶ Verweisen Sie bei Fragen rund um Ihr altes Unternehmen freundlich auf Ihren Nachfolger.

▶ Erklären Sie den Grund für Ihren Wechsel. Eine Frage, die definitiv kommen wird, ist die nach dem Warum. Seien Sie darauf vorbereitet. Lassen Sie sich nicht dazu verleiten, Ihren ehemaligen Arbeitgeber öffentlich negativ darzustellen, selbst wenn Differenzen der Grund für Ihren Weggang waren. Stellen Sie positive Aspekte, wie zum Beispiel die neue Herausforderung oder größere Verantwortung in Ihrer neuen Position, in den Vordergrund.

▶ Werden Sie unter neuer Flagge aktiv. Gehen Sie auf Events, sprechen Sie mit Leuten, und halten Sie Vorträge mit Ihrem neuen Arbeitgeber auf der Visitenkarte und auf den Präsentationsfolien.

Erwarten Sie keine Wunder, je stärker Ihre »alte Marke« im Netz war, desto länger dauert ein kompletter Wechsel auf Ihr »neues Ich«. Bei mir hat es damals in etwa sechs Monate gedauert, und eine Anfrage ging sogar noch ein Jahr später ein.

15.7   Präsentationen halten

Als Social Media Manager müssen Sie regelmäßig Entscheider und Mitarbeiter von Ihren Konzepten, Ideen und Ihrem Können überzeugen. Im Unternehmenskontext bedeutet dies, Präsentationen zu erarbeiten und zu halten. Sie müssen mit den Grundlagen vertraut und in der Lage sein, Ihr Publikum nicht nur zu überzeugen, sondern auch zu unterhalten. Wie es so schön in meinem Lieblingsbuch zu diesem Thema, »Life is a Pitch« von Stephen Bayley und Roger Mavity, heißt:

> »Nobody has ever been bored into saying yes.«

Sie werden also keine Erfolge erzielen, indem Sie langweilig sind. Das Buch ist an dieser Stelle auch eine absolute Leseempfehlung, denn es erklärt die psychologischen Hintergründe des Präsentierens und ermöglicht so eine ganz frische Perspektive auf das Thema.

15.7.1   Grundlagen einer überzeugenden Präsentation

Die Grundlage einer guten Präsentation sind mitnichten hübsche PowerPoint-Folien und gute Ergebnisse. Wenn Sie gut präsentieren können, schaffen Sie es sogar, ohne Technik zu arbeiten oder schlechte Nachrichten ohne Gesichtsverlust zu vermitteln. Eine gute Präsentation stellt die Zuhörer in den Mittelpunkt und geht ganzheitlich auf diese ein. Wie dies funktioniert, stelle ich Ihnen nun vor.

Verstehen Sie Ihr Publikum

Eine Präsentation muss passgenau auf das jeweilige Publikum abgestimmt sein. Das bedeutet, dass Sie sich im Vorfeld ausführlich Gedanken darüber machen müssen, wer Ihr Publikum ist und welche Bedürfnisse und Anforderungen dieses hat. Versetzen Sie sich in die Lage Ihrer Zuschauer, und stellen Sie sich diese Fragen:

- Warum sollte die Präsentation interessant für mich (das Publikum) sein?

- Welche Konsequenzen haben die Ergebnisse?

- Welche Aspekte der vorgestellten Inhalte sind wichtig?

- Was denkt das Publikum generell über das vorgestellte Thema?

Behalten Sie diese Prämisse auch immer dann im Hinterkopf, wenn Sie die gleiche Präsentation vor verschiedenen Personen halten. Oft ist es notwendig, Anpassungen vorzunehmen oder zumindest andere Aspekte und Beispiele in den Vordergrund zu stellen. So ist es zum Beispiel bei der Vorstellung der Social-Media-Strategie gegenüber der Geschäftsführung wichtig, betriebswirtschaftliche Konsequenzen in den Vordergrund zu stellen, während der Belegschaft gegenüber wichtiger ist, die Auswirkungen auf deren Verhalten im Social Web zu beleuchten.

Verschaffen Sie sich Autorität

Als Social Media Manager besetzen Sie oftmals eine neue Rolle im Unternehmen. Sie müssen dafür sorgen, dass man Sie und Ihre Anliegen ernst nimmt. Sie sind der Experte im Themenkomplex »Social«, und das müssen Sie auch ausstrahlen:

- Nutzen und setzen Sie Fachbegriffe, aber erklären Sie diese, falls sie nicht selbsterklärend sind. Achten Sie außerdem darauf, dass Sie es mit Buzzwords nicht übertreiben und diese nur um des Wortes willen nutzen.

- Recherchieren Sie gründlich über das Thema, von dem Sie sprechen, damit Sie bei Nachfragen in der Lage sind, den Sachverhalt aus allen Perspektiven und mit zusätzlichen Beispielen zu beleuchten.

- Wie Barney Stinson aus der Fernsehserie »How I met your mother« sagen würde: »Suit up!« Denn professionelles Auftreten hat viel mit dem entsprechenden Aussehen zu tun. Wenn Sie vor der Geschäftsführung sprechen, ist es angebracht, einen guten Anzug oder ein Kostüm zu tragen bzw. in Unternehmen mit lockerem Dresscode zumindest einen Blazer über dem T-Shirt. Natürlich können Sie Ihre Stellung als »Exot« mit entsprechender Kleidung noch verstärken, aber in diesem Fall geht es nicht darum, aufzufallen, sondern darum, ernst genommen zu werden.

- Zitieren Sie glaubwürdige Quellen. Ein Zitat aus dem »Harvard Business Manager« wirkt mehr als eines aus der Bild-Zeitung oder einem Schülerforum. Überprüfen Sie neue Quellen gründlich auf ihre Glaubwürdigkeit!

- Wenn es passt, können Sie gerne erwähnen, dass Sie auf einer Konferenz als Speaker zu genau diesem Thema geladen waren oder von Experten dazu zitiert wurden.

- Zeigen Sie Best-Practice-Beispiele, wo genau das funktioniert, was Sie gerade vorschlagen.

▶ Lassen Sie Ihre Präsentationen gegenlesen, Tippfehler sollten Sie tunlichst vermeiden.

▶ Benutzen Sie professionell gestaltete Folien, denken Sie dabei an die Entfernung der Zuschauer zu Ihren Folien (Schriftgröße), und sorgen Sie für hohe Kontraste auf den Folien, falls die Lichtverhältnisse ungünstig sind.

Appellieren Sie an das Unterbewusstsein

Niemand lässt sich rein von Fakten überzeugen, denn das Unterbewusstsein entscheidet oft, bevor das Bewusstsein überhaupt die Sachlage abwägen kann. Das hat einen ganz einfachen Grund: Während Sie unterbewusst etwa 400.000.000 Bits an Informationen pro Sekunde verarbeiten, können Sie bewusst nur 2.000 Bits erfassen. Dieses Ungleichgewicht können Sie sich zunutze machen, indem Sie direkt an das Unterbewusstsein appellieren:

▶ Machen Sie sich die fünf menschlichen Sinne zunutze, arbeiten Sie mit Farben, Kontrasten, Video, Bildern, Ihrer Stimme, und setzen Sie Zahlen und Fakten grafisch um.

▶ Zeigen Sie Ihre Leidenschaft für das Thema, verstecken Sie Ihre Begeisterung nicht. Nichts reißt Ihre Zuhörer besser mit!

▶ Lösen Sie Emotionen aus, idealerweise positive wie Stolz und Wohlbefinden. Dies können Sie zum Beispiel erreichen, indem Sie Testimonials von Kunden zeigen, die den Service im Social-Media-Bereich loben oder herausstellen, dass Sie besser als der Wettbewerb wahrgenommen werden. Umgekehrt können Sie, wenn es sein muss, auch negative Emotionen wie Angst und Scham betonen, indem Sie die obigen Beispiele ins Negative kehren. Bei dieser Methode sollten Sie jedoch sehr feinfühlig sein, damit diese Gefühle nicht auf Sie persönlich zurückfallen.

▶ Stellen Sie in den Vordergrund, was Ihr Publikum von dem hat, was Sie präsentieren. Die Frage »Und was ist für mich drin?« wird sich jede Person in Ihrem Publikum bewusst oder unbewusst stellen. Dabei gibt es zwei grundlegende Motivationen, mit denen Sie an dieser Stelle Aufmerksamkeit generieren – die Chance, etwas zu gewinnen, oder die Chance, etwas zu verlieren, ob Zeit, Geld, aktueller Besitz, Reputation oder etwas anderes, das Ihren Zuhörern wichtig ist. Stellen Sie einen Gewinn oder den Verlust dieser Sache in Aussicht, finden Sie Gehör.

Wenn Sie es schaffen, Ihr Publikum unbewusst, auf Basis einer emotionalen Reaktion zu überzeugen, haben Sie über die Hälfte geschafft. Denn der Mensch neigt dazu, in so einer Situation die emotionale Entscheidung logisch zu rechtfertigen. Das bedeutet, wenn Sie Ihren Zuhörern jetzt die Fakten liefern, die genau das ermöglichen, haben Sie gewonnen.

Lernen Sie von Rhetorikern

Im antiken Griechenland haben große Rhetoriker bereits vor mehr als 2.000 Jahren einen Ansatz für Präsentationen entwickelt, der sich bis heute bewährt hat. Mit diesem Ansatz teilen Sie die Struktur einer Rede in vier Bereiche auf:

▶ Einleitung (Exordium)

▶ Erzählung (Narratio)

▶ Beweisführung (Argumentatio)

▶ Schlussfolgerung (Conclusio)

Diese Aufteilung erweitert den wahrscheinlich am häufigsten genutzten Rahmen von Einleitung, Hauptteil und Zusammenfassung durch Elemente, die den Zuhörer tiefer in das Thema holen und so mehr Aufmerksamkeit generieren. Was sich hinter den einzelnen Bereichen genau verbirgt, lernen Sie unter *http://bit.ly/183tO39*.

Inspirationen für gute Präsentationen

Durch Zuschauen zu lernen funktioniert bei Präsentationen besonders gut. Lassen Sie sich von professionellen Speakern inspirieren, und schauen Sie sich deren Tricks und Kniffe ab, ein Publikum zu begeistern.

Eine wunderbare Quelle für sehr gute Präsentationen finden Sie in den TED Talks (*www.ted.com*). Die TED-Konferenz fand ursprünglich einmal im Jahr in Kalifornien statt, mittlerweile gibt es ein weltweites Netz von TED-X-Konferenzen, die auch in Deutschland stattfinden. Stöbern Sie in dem Videoarchiv, und schauen Sie sich Präsentationen an. Wenn Sie mögen, können Sie gleich mit Nancy Duarte beginnen, die über die geheime Struktur von großen Reden referiert (*www.ted.com/talks/nancy_duarte_the_secret_structure_of_great_talks.html*).

Slideshare (*http://slideshare.com*) nutze ich gerne als Fundus für Beispiele von sehr guten und auch sehr schlechten Präsentationen. Suchen Sie nach dem Thema, über das Sie präsentieren möchten, und lassen Sie die verschiedenen Ansätze, Strukturen und Darstellungsmöglichkeiten auf sich wirken. Die schlechten Beispiele speichere ich mir dabei oft für die nächste Runde »PowerPoint-Karaoke« auf einem Barcamp.

Wie oben bereits erwähnt, halte ich »Life is a Pitch« von Bayley und Mavity für ein grandioses Buch zum Thema »Wie überzeuge ich andere von meinen Ideen«. Ähnlich inspirierend, wenn auch langwieriger im Lesen, ist Dale Carnegies »How to Develop Selfconfidence and Influence People by Public Speaking«. Wenn Sie sich Bücher zu dem Thema kaufen möchten, kann ich diese beiden empfehlen.

15.7.2   Gestaltung einer Präsentation

Wenn die Struktur Ihrer Präsentation in Ihrem Kopf steht, sollten Sie Stift und Papier in die Hand nehmen und sich ein Storyboard aufmalen, bevor Sie sich an den Rechner setzen. Alternativ geht natürlich auch eine Skizzen-App wie Paper (*www.fifty-*

three.com/paper) oder Evernote Penultimate (*http://evernote.com/intl/de/penulti-mate*) für das iPad. Ich persönlich bevorzuge in diesem Fall den Wechsel des Mediums, und mehr noch, ich wechsle dazu auch noch die Umgebung. Ob Cafeteria, ein leerer Meetingraum, eine Parkbank oder in der Bahn, Hauptsache, raus aus der gewöhnlichen Umgebung.

Übersetzen Sie Ihre Präsentation aus Ihren Gedanken in Momentaufnahmen, skizzieren Sie eine Gliederung und grob, was auf jeder Folie zu sehen sein soll. Gehen Sie das so entstandene Storyboard so lange im Kopf durch, bis es wirklich Sinn macht. Erst dann setzen Sie sich an das Präsentationstool Ihrer Wahl und legen digital los. In diesem Prozess müssen Sie die Grundlagen einer publikumsfreundlichen Gestaltung im Hinterkopf behalten, die da wären:

▶ Eine klare Struktur hilft Ihrem Publikum, sich zu orientieren.

▶ Lassen Sie alles weg, was nicht notwendig ist. Also verwenden Sie während der Präsentation so wenig Text und Aufzählungspunkte wie möglich! Vermeiden Sie, dass Ihre Zuhörer Ihre Folien lesen, anstatt Ihnen zuzuhören. Wenn notwendig, bereiten Sie ein Skript zu der Präsentation vor, das Sie im Nachgang verschicken.

▶ Pro Folie eine Kernaussage, jede Folie sollte für sich selbst stehen. Segmentierte Informationen machen es Ihrem Publikum einfacher, diese aufzunehmen.

▶ Nutzen Sie Bilder und Diagramme, und zwar solche, die das, was Sie sagen, unterstreichen. So sorgen Sie für eine Verbindung zwischen dem, was Ihr Publikum sieht, und dem, was es hört, und damit dafür, dass beides besser in Erinnerung bleibt.

▶ Nutzen Sie aussagekräftige Titel für jede Folie, zum Beispiel »Ergebnisübersicht unserer Facebook-Kampagne im Mai« statt »Ergebnisse Facebook«.

▶ Achten Sie auf gute Kontraste, ideal ist ein heller Hintergrund mit dunkler Schrift. Benutzen Sie serifenlose Schriften wie Arial, Helvetica oder Verdana und eine Schriftgröße, die auch aus weiter Entfernung gut lesbar ist.

Ein Beispiel für eine gelungene Folie ist die in Abbildung 15.14 von Nathan Cashion aus der Präsentation »Doctor's Order – Burn your PowerPoint Presentations«.

Das Bild visualisiert den Aufruf »Schmeißen Sie Ihre PowerPoint-Präsentationen in den Müll« perfekt, nutzt starke Kontraste zwischen Hintergrund und Schrift, serifenlose Schrift und ist auf die absolute Kernaussage reduziert. Ich empfehle Ihnen, sich die komplette Präsentation anzusehen: *www.slideshare.net/brainslides/burn-your-powerpoints*. Nicht nur wegen des Designs, sondern weil diese noch einmal große Teile von Abschnitt 15.7.1, »Grundlagen einer überzeugenden Präsentation«, zusammenfasst.

Abbildung 15.14 Perfekte Visualisierung eines Gedankens

15.7.3   Tools für Präsentationen

Ganz gleich, ob Sie Ergebnisse gegenüber Ihrem Vorgesetzten präsentieren, Ihrem Team das neue Leitbild vermitteln oder auf einem Barcamp eine Session halten möchten: Die Präsentationssoftware sollte Ihnen in Fleisch und Blut übergegangen sein.

Keynote

Mit Keynote (Teil des iWork-Softwarepakets von Apple) lassen sich einfach und schnell schöne und griffige Präsentationen bauen. Zahlreiche Funktionen und Erweiterungen stehen Ihnen zur Verfügung, und irgendwie bekommt es Keynote immer wieder hin, dass Ihre Präsentationen gut aussehen. Keynote versucht, ein wenig schlichter rüberzukommen, was manchmal von Vorteil sein kann. Die Desktop-Version von Keynote ist nur für Macs verfügbar, die Onlinevariante läuft auch auf anderen Systemen.

PowerPoint

PowerPoint ist die global anerkannte Allzweckwaffe in den Koffern von Millionen von Präsentationswilligen (und -unwilligen). Es ist Bestandteil der Microsoft Office Suite und kann auf Ihrem Mac oder PC installiert werden. Die neuesten Power-Point-Versionen beinhalten eine Reihe von sehr nützlichen SmartArt-Minivorlagen, die Visualisierungen auch ohne die Unterstützung eines Vollblutgrafikers ermöglichen. Allerdings ist es mit PowerPoint auch sehr einfach, eine visuell unappetitliche Präsentation zu schaffen.

Prezi

Prezi (*http://prezi.com*) war eine kleine Revolution auf dem Gebiet der Präsentationssoftware, denn Prezi hat die Idee der Präsentation ganz neu erfunden. Sie erstellen mit Prezi nicht eine Horde von Folien, die Sie dann in die richtige Reihenfolge bringen und vielleicht mit der einen oder anderen Folien-Übergangsanimation aufpeppen (oder unerträglich machen). Stattdessen haben Sie eine einzige beliebig große Fläche, auf der Sie alle Ihre Ideen durch Wörter, Texte, Aufzählungen, Bilder und Videos festhalten. Danach entwerfen Sie eine Art Storyboard, also welche Inhalte mit welchem Blickwinkel und in welcher Reihenfolge dargestellt werden.

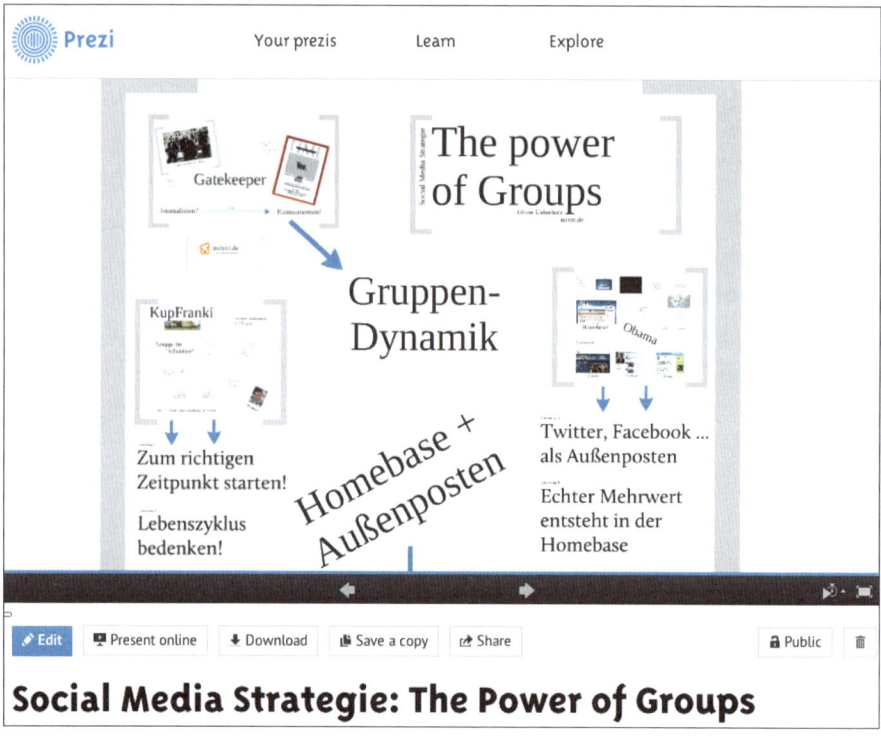

Abbildung 15.15 Beispiel für eine Prezi

Das Besondere an Prezi ist das *Zooming User Interface*. Sie können Ihre Inhalte nämlich beliebig groß oder klein machen und während der Präsentation in vorher definierten Zoomstufen darstellen. So können Sie die wesentlichen Punkte Ihrer Präsentation sehr groß darstellen und pro Thema oder Abschnitt in das Thema »hineinzoomen«, um später wieder zur Vogelperspektive zurückzukehren. In Abbildung 15.15 sehen Sie ein Beispiel für die Übersicht eines Themenabschnitts.[3] Inte-

---

3 Die Prezi aus dem Screenshot stammt von Oliver Ueberholz, Sie finden diese unter:
   http://prezi.com/vac8taco_1of/social-media-strategie-the-power-of-groups.

590

grierte Videos werden direkt abgespielt, zwischen den verschiedenen Blickwinkeln sorgt Prezi für eine dynamische Animation. Leider wurde Prezi innerhalb der Social-Media-Szene in den letzten Jahren etwas zu intensiv genutzt, weshalb es nicht für alle eine Erfrischung ist. Ein weiterer Nachteil ist die Ablenkung durch die Präsentation. Es passiert immer noch häufig, dass sich nach einer Präsentation eine kleine Schlange begeisterter Zuhörer bildet, die nicht – wie erhofft – Fragen zu den Inhalten haben, sondern schlicht wissen möchten, mit welcher Software diese erstellt wurden. Prezi ist zwar eigentlich ein Onlinedienst, kann aber auch im Rahmen der Premium-Version als Software auf dem Mac oder PC installiert werden. In der kostenlosen Version steht die Installationssoftware und somit die Offline-Fähigkeit der Erstellung nicht zur Verfügung. Ebenfalls können die erstellten Prezis nicht privat abgespeichert werden, sind also für jeden einsehbar, der nach den richtigen Stichwörtern sucht. Dafür kann man bereits in der kostenlosen Version jede Prezi herunterladen und lokal speichern, um die Präsentation ohne einen Internetzugang durchführen zu können.

15.7.4   Souverän präsentieren

Obwohl ich mittlerweile eine Reihe von Vorträgen in den unterschiedlichsten Umgebungen und auch in Fremdsprachen gehalten habe, bin ich noch immer nervös vor jedem Vortrag. Souveränität und eine positive Ausstrahlung sind jedoch wichtige Kriterien für den Erfolg einer Präsentation, da wir damit Kompetenz und Autorität assoziieren. Mit dem Trick, sich das Publikum nackt vorzustellen, kann ich persönlich nicht so viel anfangen, dafür helfen mir diese Tipps sehr gut:

▶ Sprechen Sie langsam und verständlich. Nervosität führt gerne einmal dazu, dass die Sprechgeschwindigkeit schneller wird, als gut ist. Achten Sie darauf, und zügeln Sie sich, wenn Sie zu schnell werden.

▶ Lächeln Sie. Es ist nicht immer so einfach, wie es klingt, aber ein Lächeln hilft Ihnen nicht nur dabei, positiver auszusehen, sondern auch, sich besser zu fühlen.

▶ Nutzen Sie Pausen. Nicht nur für einen Spannungsbogen eignen sich Pausen hervorragend, sondern auch in Momenten, wenn die Nervosität Sie einholt oder Sie den Faden verloren haben. Atmen Sie kurz tief durch, trinken Sie einen Schluck Wasser, und machen Sie langsam weiter. Die unvorteilhaften »Ähms« können Sie ebenfalls gut mit einer kleinen Pause ersetzen.

▶ Seien Sie einfach gut vorbereitet. Je tiefer Sie in Ihrem Thema drin sind, desto weniger kann schiefgehen. Sie sind in diesem Moment der Experte, halten Sie sich das vor Augen.

▶ Üben Sie Ihre Präsentation. Damit meine ich nicht auswendig lernen. Merken Sie sich die Reihenfolge Ihrer Folien, und machen Sie sich Stichpunkte, was Sie dazu sagen möchten. Stellen Sie sich vor einen Spiegel oder, noch besser, nehmen Sie sich auf Video auf. Halten Sie die Präsentation so, wie Sie es sich vorstellen, und lernen Sie dabei, was man noch verbessern könnte.

▸ Suchen Sie Blickkontakt im Publikum, idealerweise zu jemandem, der interessiert zuhört. Es ist unglaublich verunsichernd, einen Vortrag zu halten und dabei in kritische oder abwesende Gesichter zu blicken. Sollte Ihr gesamtes Publikum so schauen, läuft wahrscheinlich wirklich etwas falsch. Meistens sind es aber nur wenige, von denen Sie sich nicht ablenken lassen sollten.

▸ Sprechen Sie schon vorher mit den Menschen im Raum. Ein klein wenig Small Talk lockert die Stimmung auf und hilft Ihnen, das Eis zu brechen.

▸ Gehen Sie mit der richtigen Einstellung heran, ebenso wie Lächeln hilft positives Denken. Sie kennen Ihr Thema, Sie schaffen das, Sie sehen gut aus – was soll schon schiefgehen?

▸ Bonus-Tipp: Holen Sie sich Unterstützung aus Ihrem Netzwerk. Wenn ich richtig nervös bin, wie zum Beispiel vor Jahren vor meinem ersten englischen Vortrag, dann poste ich genau das in einem meiner Netzwerke. Das virtuelle Daumendrücken und Feedback (siehe Abbildung 15.16) hilft mir immer sofort.

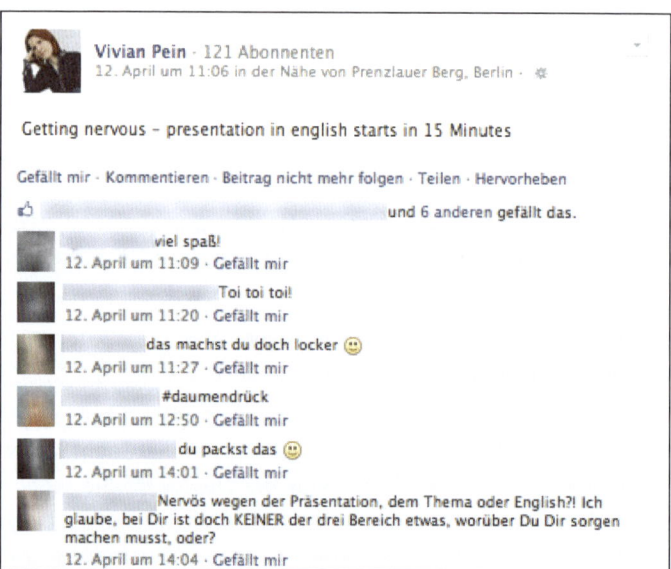

Abbildung 15.16 Virtuelles Daumendrücken vor einer Präsentation

15.8 Umgang mit externen Dienstleistern

Die Zusammenarbeit mit Agenturen und freien Beratern kann viel Spaß, aber auch viel Ärger machen. In welche Richtung die Stimmung geht, können Sie oft schon mit der Auswahl des passenden Dienstleisters beeinflussen. Wenn Sie die Chance haben, diese Wahl mit zu beeinflussen, nutzen Sie diese! Neben der Fachkompetenz zählt nämlich ebenso der Nasenfaktor, sprich, ob Sie mit dem Dienstleister gut zusammenarbeiten können.

15.8.1 Worauf Sie bei der Auswahl eines Dienstleisters achten müssen

Mit dem Start des Hypes um Social Media in Deutschland schossen plötzlich Agenturen und Berater, die Dienstleistungen in diesem Bereich anboten, wie Pilze aus dem Boden. Es gab plötzlich eine unüberschaubare Menge an Agenturen, die »Social Media« anbieten, aber keinerlei Gütesiegel dafür, ob das, was draufsteht, auch wirklich drin ist. An dieser Situation hat sich leider bis heute nicht sehr viel geändert. Wenn Sie den Titel Social Media Manager auf der Visitenkarte und auf XING tragen, können Sie damit rechnen, dass Sie im Schnitt einmal pro Woche von einem Dienstleister angesprochen werden. Doch woran können Sie erkennen, ob eine Agentur oder ein Berater wirklich Ahnung auf dem Gebiet hat? Die folgenden Kriterien helfen Ihnen dabei.

Die Ansprache

Für mich entschied oftmals schon die Ansprache, ob ich überhaupt Interesse an einem weiterführenden Kontakt hatte. Serien-E-Mails oder Copy-&-Paste-Ansprachen auf XING, die sofort erkennen lassen, dass sich die Person nicht 1 Minute mit meinem Profil oder meinem Unternehmen beschäftigt hat, fielen gleich durch. Gleiches gilt für unangekündigte und schlecht vorbereitete Anrufe. Schöne Beispiele dafür sind die Agenturen, die einem Facebook-Dienstleistungen verkaufen möchten, obwohl aktuell keine Facebook-Präsenz besteht, oder die, die damit prahlen, bereits seit X Jahren Erfahrung in Social Media zu haben, obwohl auf meinem XING-Profil öffentlich sichtbar ist, dass meine Erfahrung diese um mindestens zwei Jahre übersteigt. Besonders amüsant fand ich den Monitoring-Anbieter, der mir sein »absolut ausgeklügeltes« System zur Analyse und Beobachtung vorstellen wollte und dabei übersah, dass ich für das Logistikunternehmen und nicht die gleichnamige Taschenmarke tätig bin.

Aufmerksam wurde ich jedoch bei Ansprachen, bei denen deutlich wurde, dass sich die mich ansprechende Person intensiv mit dem Unternehmen und meiner Person beschäftigt hatte.

Fußabdrücke online

Ähnlich wie bei der Auswahl einer Weiterbildung (siehe Abschnitt 3.1.1, »Wegweiser durch den Angebotsdschungel«) gilt auch hier das Prinzip: Nutzen Sie die Möglichkeiten des Social Webs, und prüfen Sie ausführlich, wen Sie dort vor sich haben.

Ihre erste Anlaufstelle ist entsprechend das Web, um sich ein erstes Bild von der Agentur oder dem Berater zu machen, der gerne bei Ihnen vorsprechen möchte.

Für mich ist ein gutes Kriterium dafür, ob Sie einen guten Dienstleister vor sich haben, dessen Social-Media-Aktivität. Denn Social Media kann man nicht lernen, ohne selbst »social« zu sein, genauso wie man nicht schwimmen lernen kann, ohne ins Wasser zu gehen. Recherchieren Sie, wie die Agentur bzw. der Berater selbst im Social Web agiert. Starten Sie auf der Homepage – sind hier Hinweise auf Präsenzen, wie zum Beispiel den Twitter-Account, die Facebook-Page oder das Unternehmensblog, zu finden? Wenn nicht, wirft das nicht unbedingt das beste Licht auf den Dienstleister. Wenn doch, schaue ich mir die verlinkten Stationen genau an. Dabei liegt mein Augenmerk auf der Qualität, verkörpert durch Interaktion und Einblicke hinter die Kulissen, also die Fragen, Antworten und Reaktionen, die von dem jeweiligen Account ausgehen und an diesen gerichtet sind. Wird auf die Kommentatoren und Fans eingegangen oder nicht? Wenn ja, ist die Reaktion angemessen und zeitnah? Machen Sie sich ein genaues Bild davon, wie die Agentur oder der Berater Beziehungen online pflegt – denn darum geht es bei Social Media. Ein weiterer Punkt sind für mich die geteilten Inhalte. Lohnt es sich, der Facebook-Präsenz oder dem Twitter-Account zu folgen, weil sie neben interessanten Informationen auch Einblicke in den Arbeitsalltag und die Menschen dahinter bieten? Oder wird die Facebook-Page nur als Linkschleuder genutzt und mit Buzzword-Bingo um sich geworfen?

Bei Agenturen ist neben dem offiziellen Unternehmens-Account auch ein Blick auf die Accounts der Mitarbeiter sinnvoll. Sehen Sie hier authentische Persönlichkeiten oder Profile, die leer oder bis zur Unkenntlichkeit durchgestylt sind?

Referenzen mal anders

Die Referenzliste eines Dienstleisters ist ein guter Ausgangspunkt, um sich einen Eindruck davon zu machen, wie erfolgreich die Aktionen der Agentur sind. Damit ist nicht nur die Lektüre der gemeinsamen Success Storys gemeint, sondern die Überprüfung, wie die Reaktionen aussahen. Für gerade laufende Kampagnen liefert die Twitter-Suche erste Ergebnisse. Für ältere Kampagnen sollten Sie auf Google und speziell in der Google-Blogsuche recherchieren. Da Social Media ein aktuelles und hart umworbenes Thema sind, werden Aktionen sehr kritisch beobachtet und beurteilt, natürlich auch von jenen, die immer was zu meckern haben, und von Neidern, die kein gutes Haar an Kampagnen lassen, die nicht aus dem eigenen Hause stammen. Hier müssen Sie gut differenzieren, was gerechtfertigte Kritik und was lediglich Selbstbeweihräucherung des Autors ist. Sie finden überhaupt nichts über die angebliche Referenz? Dann können Sie sich Ihren Teil denken …

Wenn nach diesen ersten Schritten der betrachtete Dienstleister einen positiven und sympathischen Eindruck bei Ihnen hinterlässt, verdient er die Chance, in die nächste Runde zu kommen. Worauf es dann im Vorstellungsgespräch ankommt, habe ich für Sie unter *http://bit.ly/17G2E1h* vorbereitet.

15.8.2 Wie ein gutes Briefing funktioniert

Stellen Sie sich vor, Sie müssen ein Haus zeichnen, dafür bekommen Sie einmal eine vage mündliche Beschreibung und einmal ein Foto von dem Objekt. Was meinen Sie, in welcher Situation wird das Endergebnis näher an dem Original sein? Genau aus dieser Perspektive sollten Sie ein Briefing betrachten, je genauer Sie Ihrem Partner erklären, wie das Endergebnis aussehen soll, desto mehr wird dieses auch Ihren Vorstellungen entsprechen. Dabei liegt der Fokus nicht nur auf dem Aussehen, sondern die Agentur muss in der Lage sein, Ihr Unternehmen, Ihre Zielgruppe und Ihre Ziele zu verstehen.

Inhalte eines Briefings

Ein Kick-off-Meeting mit allen Beteiligten hilft, das gegenseitige Verständnis zu verbessern, ersetzt aber nicht das Briefing. Dieses sollten Sie immer schriftlich festhalten, um dem Dienstleister klare Richtlinien mit auf den Weg zu geben. Darüber hinaus erhält dieses gleichzeitig eine Reihe von Hintergrundinformationen, die dem Dienstleister helfen, Ihr Unternehmen zu verstehen. In ein Briefing gehören:

▶ **Formale Informationen**: Eigentlich selbstverständlich, aber doch wichtig zu erwähnen sind die formalen Grundlagen: Unternehmensname, Adresse, Telefon- und Faxnummer sowie die Internetadresse.

▶ **Ansprechpartner**: Eine Liste sämtlicher Ansprechpartner mit Namen, Telefonnummer, E-Mail-Adresse und der Zuständigkeit gehört hierher.

▶ **Beschreibung des Unternehmens**: Neben grundlegenden Informationen wie Unternehmenszweck und -tätigkeit ist ein Ausflug in die Unternehmensgeschichte nicht verkehrt. Wichtig ist hier insbesondere auch, wo die Stärken und Schwächen des Unternehmens liegen.

▶ **Markenpositionierung**: Geht es um eine bestimmte Marke, ist die genaue Darstellung dieser ebenso wichtig wie die des Unternehmens.

▶ **Alleinstellungsmerkmale**: Der Dienstleister sollte Ihren USP (Unique Selling Point) kennen, also das Merkmal, das Sie von Ihrem Wettbewerb abhebt.

▶ **Wettbewerbs- und Marktbeschreibung**: Eine kurze Darstellung der Marktsituation inklusive der wichtigsten Wettbewerber und deren Positionierungsstrategien hilft dem Dienstleister dabei, Ihre Wettbewerbsvorteile herauszuarbeiten. In diesem Zusammenhang hilft auch, wenn Sie einen Blick auf Entwicklungen und Trends in Ihrem Markt werfen.

- ▶ **Situationsbeschreibung**: In welcher Situation befindet sich das Unternehmen aktuell, was ist der Anlass für die geplante Maßnahme, und welche anderen Kampagnen laufen parallel?

- ▶ **Zielgruppen**: Zu wissen, an wen sich die geplante Aktion richtet, ist wichtig für eine zielgruppengerechte Ausarbeitung. Seien Sie hier so spezifisch wie möglich, dabei hilft Ihnen Abschnitt 6.2, »Zielgruppen«.

- ▶ **Kommunikationsstrategie**: Sämtliche Aktionen im Bereich Social Media sollten auch immer auf die Kommunikationsstrategie einzahlen. Deshalb muss die Agentur diese kennen und verstehen, welchen Beitrag die spezifische Aktion zur Erreichung dieser leisten soll.

- ▶ **Social-Media-Präsenzen und Strategie**: Wo ist Ihr Unternehmen im Social Web zu finden (inklusive URLs), welche Ziele haben das Engagement generell und die geplante Aktion im Speziellen?

- ▶ **Style Guide**: Insbesondere größere Unternehmen haben klare Vorgaben für das Corporate Design (CD). Über diese Richtlinien in Bezug auf Verwendung des Firmenlogos, der Farben und sonstige Besonderheiten bei der Gestaltung muss der Dienstleister informiert sein.

- ▶ **Zeitrahmen**: Der Zeitrahmen inklusive terminierten und definierten Meilensteinen sowie eines Datums für den Projektabschluss ist ein wichtiger Punkt in einem Briefing.

- ▶ **Budget**: Dies gilt ebenso für das zur Verfügung stehende Budget inklusive einer deutlichen Aussage zur Obergrenze.

- ▶ **Sonstiges**: Gibt es sonstige Rahmenbedingungen, die eingehalten werden müssen? Aspekte könnten hier juristische Einschränkungen oder die unbedingte Zusammenarbeit mit weiteren Dienstleistern des Hauses sein.

Wenn Sie Ihrem Dienstleister diese solide Grundlage an Informationen mit auf den Weg geben, steigt die Wahrscheinlichkeit, dass die resultierenden Ideen auch wirklich zu Ihnen und Ihrem Unternehmen passen.

15.9   Pleiten, Pech und Pannen – was Social Media Manager vermeiden sollten

Zum Abschluss des Kapitels gebe ich Ihnen noch ein paar Beispiele mit auf den Weg, die Sie nicht nachmachen sollten. Lernen Sie aus den Fehlern anderer, und vermeiden Sie diese Fettnäpfchen.

Posten auf dem falschen Account

Wenn Sie privat und beruflich in den sozialen Netzwerken unterwegs sind, müssen Sie stets doppelt prüfen, mit welchem Account Sie gerade ein Update machen. Sonst geht es Ihnen so wie diesem ehemaligen Mitarbeiter von Vodafone UK, der nach einem unflätigen Tweet (siehe Abbildung 15.17) auch seine Stelle an den Nagel hängen konnte.

Abbildung 15.17 Dinge, die Sie nicht twittern sollten

Zweite Lektion aus diesem Beispiel – anzügliche, beleidigende und unpassende Kommentare sollten Sie generell für sich behalten.

E-Mails an einen offenen Verteiler versenden

Wenn Sie eine E-Mail an mehrere Personen senden, die nicht mit Ihnen in einem Unternehmen sind, sollten Sie immer darauf achten, dass die Empfänger nicht in dem Feld CC, sondern unter BCC (Blind Copy) aufgelistet sind. Ungefragt E-Mail-Adressen in Umlauf zu bringen ist nicht nur schlechter Stil, sondern genau genommen sogar ein Verstoß gegen den Datenschutz. Ich habe Beispiele gesehen, in denen wütende Personen an den kompletten Verteiler geantwortet und dem Absender die Leviten gelesen haben. Beugen Sie dem vor, und nutzen Sie das BCC-Feld lieber einmal zu viel als zu wenig.

Sich provozieren lassen

Ich gebe zu, es ist nicht immer einfach, ruhig und gelassen zu bleiben, wenn einem von allen Seiten Beleidigungen entgegenschlagen. Trotzdem sollten Sie sich niemals provozieren und zu öffentlichen Hahnenkämpfen hinreißen lassen. Gehen Sie lieber einmal um den Block, atmen Sie tief durch, und antworten Sie klar und sachlich. Das wirkt sowieso besser als jedes Wort, das Sie in Rage verfassen.

Das Interesse verlieren

Ob an Ihrem Unternehmen oder dem Thema Social Media, wenn Sie das Interesse an einem dieser beiden elementaren Pfeiler Ihres Berufs verlieren, ist es Zeit für einen Jobwechsel. Als Social Media Manager für ein Unternehmen zu agieren, hinter dem Sie nicht mehr zu 100 % stehen, ist schwer bis unmöglich. Wenn Sie feststellen, dass Sie an diesem Punkt angelangt sind, müssen Sie ehrlich gegen sich selbst sein und nach Alternativen Ausschau halten. Wenn Sie an dieser Stelle so mutig sind und Ihr Gesuch nach einer Herausforderung, souverän online präsentieren, dann kommt vielleicht sogar ein Angebot auf Sie zu, mit dem Sie vorher nicht gerechnet hätten.

16 Ausblick

»It is not the strongest of the species that survives, nor the most intelligent that survives. It is the one that is the most adaptable to change.«
Charles Darwin

Social Media verändern die Art, wie Menschen untereinander und mit Marken kommunizieren. Dieses Phänomen wird nicht wieder verschwinden, und laut der Zeitschrift AdAge[1] kommen selbst traditionell-konservative Unternehmen mehr und mehr zu der Einsicht, dass an Social Media Marketing zukünftig kein Weg mehr vorbeiführt. Kein Wunder, für die Generationen seit der Jahrtausendwende ist es selbstverständlich, die ganze Welt unter ihren Fingerspitzen zu haben. Darüber hinaus ist die digitale Revolution noch lange nicht vorbei, ich bin mir sicher, dass uns noch eine Reihe von Veränderungen bevorsteht. Sie als Social Media Manager helfen Unternehmen dabei, sich genau diesen dynamischen Anforderungen anzupassen. Zum Ausklang des Buches werde ich Ihnen deswegen noch ein paar absehbare Trends mit auf den Weg geben.

16.1 Generation Z

»Die Generation Z ist die nächste große Macht im Verbrauchermarkt. Ihre Aufmerksamkeit erreicht man über Bilder, das Gespräch mit ihr verläuft kanal- und geräteübergreifend.«

So lautet das Fazit von Thomas Täuber, Geschäftsführer Retail DACH bei der Unternehmensberatung Accenture. Mit der Generation Z wird die Generation bezeichnet, die zwischen 1995 und 2010 das Licht der Welt erblickte und im Gegensatz zu der vorherigen Generation mit Smartphone & Co. aufgewachsen ist. Die Generation Z hat deswegen nicht nur ein ganz anderes Verhältnis zur Technik, sondern auch andere Einkaufsgewohnheiten und -präferenzen. Das bestätigte die »Consumer Survey«-Studie von Accenture,[2] in deren Kontext auch das einleitende Zitat dieses Abschnitts fiel. Die Gen Z verbringt nicht nur einen Großteil ihrer Zeit in den sozialen Medien, sondern 44 % lassen sich dort regelmäßig in Bezug auf neue Produkte inspirieren, und 69 % können sich sehr gut vorstellen, hier einzukaufen. Umso bes-

---

1 *http://adage.com/article/digitalnext/tv-budgets-shifting-social-time-worry/304078/*

2 *www.accenture.com/us-en/insight-dynamic-consumers*

ser, dass alle großen Netzwerke aus Kapitel 13, »Strategische Bedeutung und Möglichkeiten der sozialen Netzwerke«, diese Möglichkeit zumindest als Werbeformat anbieten oder gerade einführen.

Mit der Gen Z wird Kundenservice über Messenger oder Social Media in Zukunft noch mehr an Bedeutung gewinnen. Die Gen Z hat nämlich keinerlei Verständnis für umständliche Serviceprozesse, keine Lust auf E-Mail oder Telefon und sehr hohe Erwartungen an Servicezeiten. Dazu ist die Markenbindung nicht sonderlich ausgeprägt; läuft etwas schief und funktioniert der Service nicht, ist der Kunde weg. Ähnliches gilt auch für den gesamten Markenauftritt. Insgesamt erwartet die Generation Z ein kanalübergreifendes, echtes und konsistentes Markenbild, das sie mit allen Sinnen erleben kann und das sie emotional und persönlich anspricht. Klassische Werbung ist da wenig erfolgreich, wenn nicht sogar kontraproduktiv. Statt »mobile first« gilt für diese Generation »mobile only«, darüber hinaus sind die meisten Vertreter nicht nur Konsumenten, sondern auch Produzenten. Marken, denen es gelingt, diese Selbstdarstellung und -wahrnehmung positiv zu unterstützen, können es sogar schaffen, die sonst eher markenuntreuen Gen Zer zu binden. Ein Beispiel wäre hier die »Find your Magic«-Kampagne von AXE (siehe Abbildung 16.1), die zur Diskussion über »Männlichkeit« anregen und die Nutzer in Individualität und Selbstbewusstsein unterstützen soll.[3] Teil der Kampagne war natürlich auch die Zusammenarbeit mit Influencern sowie ein Aufruf, die eigene Magie zu zeigen.

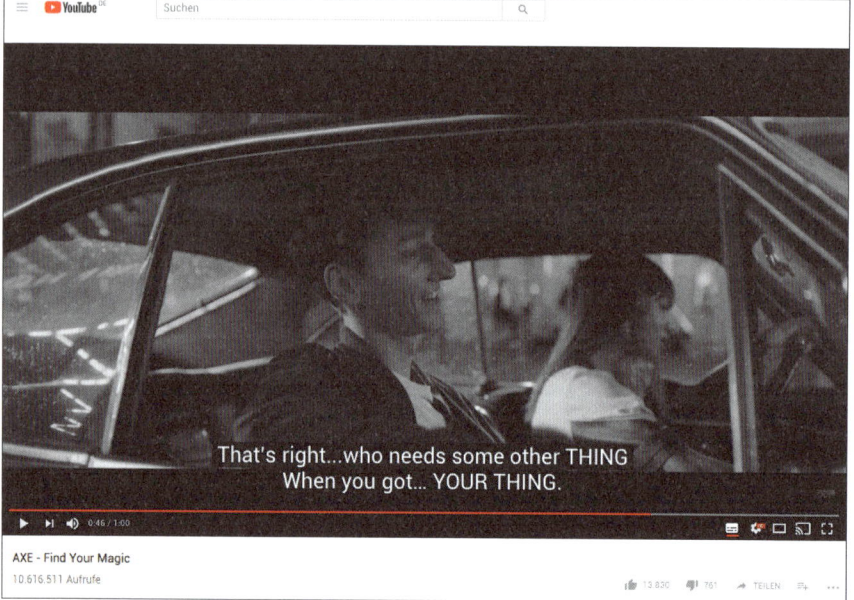

Abbildung 16.1 AXE will mit »Find your Magic« das Selbstbewusstsein von Männern steigern.

---

3 *www.warc.com/content/paywall/article/warc-awards-media/axe_find_your_magic/109037*

Die Generation Z möchte Authentizität, sympathische Persönlichkeiten, mit denen sie sich identifizieren kann, und spannende Geschichten. Kein Wunder also, dass Ephemeral Media, Influencer Marketing, Storytelling und User-generated Content in diesem Kontext die erfolgreichsten Formate sind und zunächst auch bleiben werden.[4]

Fazit

Sie als Social Media Manager gestalten (nicht nur) für diese Generation das Markenerlebnis mit Ihrer Social-Media-Strategie maßgeblich mit. Ihre Herausforderung als Social Media Manager ist an dieser Stelle einmal mehr, genau diese Bedeutung von Social Media als elementarem Baustein in der Gesamtkommunikation herauszustellen, damit Sie von Beginn an einen entsprechend großen Einfluss auf die Ausrichtung des Marketings bekommen.

16.2   Künstliche Intelligenz

Künstliche Intelligenz ist eines der Schlagwörter, die garantiert fallen, wenn über Zukunftsvisionen gesprochen wird. Was nach Science-Fiction klingt, hat dabei schon länger Einzug in unseren Alltag gehalten. So stecken beispielsweise hinter Sprachassistenten wie Siri und Alexa ebenso kluge Algorithmen wie hinter der Werbung, die Ihnen auf Basis Ihres letzten Einkaufs Produkte schmackhaft machen möchte. Das Feld der künstlichen Intelligenz ist so weit und komplex, dass es viele Bücher füllt. An dieser Stelle konzentriere ich mich deshalb auf die Entwicklungen, die Sie für Ihre Arbeit als Social Media Manager kennen müssen.

Marketing-Basic: Was ist künstliche Intelligenz?

Der Begriff *künstliche Intelligenz* (KI) oder im Englischen *Artificial Intelligence* (AI) bezeichnet ein Teilgebiet der Informatik, das sich mit der Erforschung von Mechanismen des intelligenten menschlichen Verhaltens befasst. Auf Basis dieser Forschung werden intelligente Algorithmen entwickelt, die in der Lage sind, große Datenmengen auszuwerten, auf Zusammenhänge und Muster hin zu analysieren und auf dieser Basis zu reagieren. Mithilfe von *Deep Learning* (tiefes Lernen) lernt die Maschine aufgrund der gemachten Erfahrung und Fehlerkorrekturen durch einen Menschen stetig dazu. Künstliche Intelligenz ist zum Beispiel die Basis von Technologien wie Sprach-, Text-, Bild- und Gesichtserkennung, Chatbots, selbstfahrenden Autos und Analysetools.

---

4   *www.wuv.de/medien/so_tickt_die_generation_z* und *https://storage.googleapis.com/think/docs/its-lit.pdf*

16.2.1   Maschinen ersetzen den Kundenservice

Wussten Sie, dass es bereits um die Jahrtausendwende einen Hype rund um Chatbots gab? Damals waren die virtuellen Kollegen allerdings noch viel zu langsam, zu unflexibel und zu teuer. Darüber hinaus war der Gedanke, mit einer Maschine zu kommunizieren, für die meisten Menschen Science-Fiction. Seitdem hat sich viel verändert. Wir sind es gewohnt, ein Taxi oder eine Pizza zu bestellen, ohne dafür mit einem Menschen sprechen zu müssen, und ziehen die Interaktion via Text oder App sogar dem Telefon vor. Darüber hinaus haben die virtuellen Helferlein in den letzten Jahren einen exponentiellen Sprung in Bezug auf Verständnis und Interpretation menschlichen Inputs gemacht. Heute sind Chatbots bereits in der Lage, einfache Interaktionen und durchaus komplexere Suchanfragen zu lösen – und das teilweise schneller und zuverlässiger als ein Mensch. Der Grund dafür ist simpel, denn der Maschine stehen schlichtweg mehr Daten zur Verfügung, die sie schneller verarbeiten kann. Ein paar Beispiele dafür habe ich Ihnen bereits in Abschnitt 13.9.2, »Sind Bots die neuen Apps?«, vorgestellt. Was noch ausbaufähig ist, ist die menschliche, persönliche Komponente und die Fähigkeit, zwischen den Zeilen zu lesen. Aber auch hier gibt es bereits funktionierende Ansätze, so ist beispielsweise Watson, der intelligente Supercomputer von IBM, in der Lage, herauszulesen, ob ein Kunde ironisch oder verärgert ist, und kann darauf entsprechend reagieren. Vielleicht haben Sie sogar schon eine E-Mail von Watson bekommen, denn er ist in Deutschland bereits bei einigen Versicherungen unterwegs.

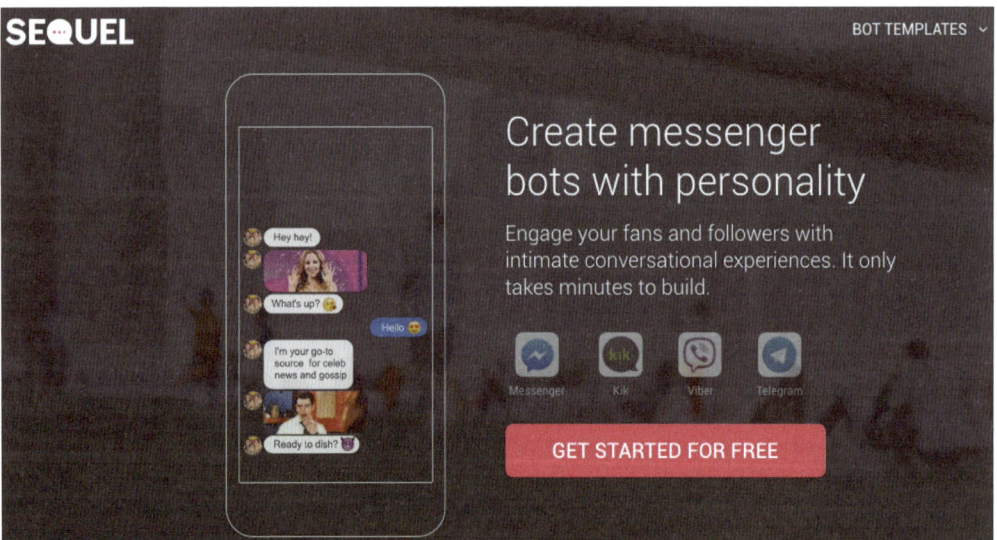

Abbildung 16.2 In wenigen Minuten zum eigenen Bot verspricht nicht nur der Anbieter Sequel.

Bis Chatbots echte Menschen im Kundenservice komplett ersetzen können, wird aber noch einige Zeit vergehen. Dennoch ist es lohnenswert für Sie, sich jetzt mit der Technologie und deren Anwendungsmöglichkeiten zu beschäftigen. Programmieren Sie sich doch einfach einmal selbst einen Chatbot auf Sequel (*www.onsequel.com*, siehe Abbildung 16.2), Dexter (*https://rundexter.com*) oder mit der Open-Source-Software E.D.D.I. (*http://eddi.labs.ai*.). Das macht nicht nur Spaß, sondern gibt Ihnen einen Einblick in das Funktionsprinzip dieser Helferlein, was wie immer die beste Grundlage dafür ist, einen Hype im Hinblick auf Ihre Social-Media-Strategie einzuordnen.

Die dunkle Seite der Bots

Ganze Schwadronen von Fake-Profilen, die sich auf Facebook tummeln und Gerüchte und Lügen streuen, um Meinungen zu manipulieren und Stimmung zu machen? Oder die gezielt mit bestimmten Gruppen und Personen interagieren, da diese durch KI als besonders anfällig für diese Art der Manipulation identifiziert wurden? Was hier nach einer Dystopie klingt, ist leider schon Realität und konnte intensiv im amerikanischen Wahlkampf sowie auch in Ansätzen bei der Bundestagswahl beobachtet werden.[5] Warum Sie das als Social Media Manager interessieren sollte? Nicht nur auf politischen Seiten treiben diese »Troll-Bots« ihr Unwesen, sondern überall dort, wo sie die Gelegenheit sehen, Gespräche auf ihre Themen zu lenken. Seien Sie also achtsam, wenn es zu einer Häufung von tendenziösen Kommentaren auf Ihrer Seite kommt. In dem Fall sollten Sie sich die Profile genauer ansehen und rigoros dagegen vorgehen.

Big Data, um die Zielgruppe besser zu verstehen

Künstliche Intelligenz und Big Data – zwei Buzzwords, die untrennbar sind, denn einzig intelligente Algorithmen können die riesigen Datenberge auswerten und interpretieren. Besonders relevant ist dieses Thema für Social Media Manager, um die eigene Zielgruppe besser zu verstehen.

Marketing-Basic: Was ist Big Data?

Der Begriff Big Data (große Daten) bezeichnet Datenmengen, welche zu groß, zu komplex, zu schnelllebig und zu schwach strukturiert sind, um sie mit manuellen und herkömmlichen Methoden der Datenverarbeitung auszuwerten.[6]

Mithilfe von künstlicher Intelligenz können Toolanbieter die schier unendlichen Daten aus dem Internet analysieren und so Meinungen über Ihr Unternehmen und Ihre Angebote sowie die Interessen der Nutzer analysieren. Außerdem ist es so möglich, Trends zu erkennen und dem Wettbewerb auf den Zahn zu fühlen. Auf dieser Basis können klare Strategien und Maßnahmen abgeleitet werden, sowohl für die Unternehmens- und Social-Media-Strategie (siehe auch Kapitel 9, »Social Media Monitoring und Measurement«) als auch für einzelne Kanäle.

---

5 Ein interessantes Video dazu sehen Sie unter: *https://goo.gl/EsSyEi*.
6 *https://de.wikipedia.org/wiki/Big_Data*

16.2.2   KI im Content Marketing

Ein tiefes Verständnis der Zielgruppe ist ebenso die ideale Voraussetzung für eine gute Content-Strategie. Algorithmen können das Kommunikationsverhalten und relevante Themen Ihrer Zielgruppen auswerten und Ihnen darauf basierend daten-gestützte Empfehlungen für die Schwerpunkte in Ihrer Content-Strategie oder für einzelne Inhalte geben. Wie das heute schon aussehen kann, zeigt zum Beispiel der Service Conversario (*https://conversar.io*). Auch einige Social-Engagement-Tool-anbieter halten bereits Bereiche vor, in denen Ihnen relevante Links für Ihre Ziel-gruppe vorgeschlagen werden oder Sie zu einem bestimmten Thema die erfolg-reichsten Beiträge recherchieren können.

Doch es geht noch weiter, denn Algorithmen können nicht nur relevante Themen für Ihre Zielgruppen vorschlagen, sondern auch Texte verfassen.

16.2.3   Die Maschine als Redakteur

Schon heute können Computer kurze Texte schreiben, die kaum von dem Text eines Journalisten zu unterscheiden sind. Das zeigte bereits 2014 ein Experiment von Christer Clerwall an der Karlstad-Universität in Schweden.[7] Sie legte Studenten zwei Texte zu einem Baseballspiel vor, von denen einer von einem Journalisten und der andere von einem Computer geschrieben war.

Das Ergebnis in Abbildung 16.3 zeigt, dass der Text des Journalisten als schlüssiger, gut geschrieben, klar, weniger langweilig und angenehmer zu lesen beurteilt wurde, wobei Letzteres den einzigen signifikanten Unterschied darstellte. Der automatisch generierte Text wurde dafür als objektiver, vertrauenswürdiger, akkurater, be-schreibender und informativer bewertet. Seit der Studie sind ein paar Jahre vergan-gen, und entsprechend stark hat sich diese Technologie der automatisierten Text-generierung (*Natural Language Generation*, NLG) weiterentwickelt. Die Texte werden immer besser, dazu sind die Algorithmen in der Lage, ergänzende Medien zu den Artikeln herauszusuchen, die für ein Maximum an Interaktion sorgen. Einen Eindruck davon, wie die Ergebnisse heute aussehen, können Sie zum Beispiel bei Wordsmith (*https://automatedinsights.com/wordsmith*) bekommen. Ganz ohne Menschen kommt die Maschine heute nicht aus. Denn bei aller Intelligenz muss der Mensch den initialen Algorithmus programmieren sowie ein Template und die strukturierten Quelldaten vorgeben. Auf dieser Basis kann die künstliche Intelligenz durch Korrekturen lernen und sich stetig weiter verbessern.

Die Aufgabe des Menschen verschiebt sich an dieser Stelle entsprechend vom Schreiben des eigentlichen Textes hin zur Definition von Regeln, Kontext und For-mat, die ein Text haben muss, damit dieser zu der jeweiligen Zielgruppe passt.

---

7 Die Studie im Volltext finden Sie unter: *http://bit.ly/dsomemaMAR*.

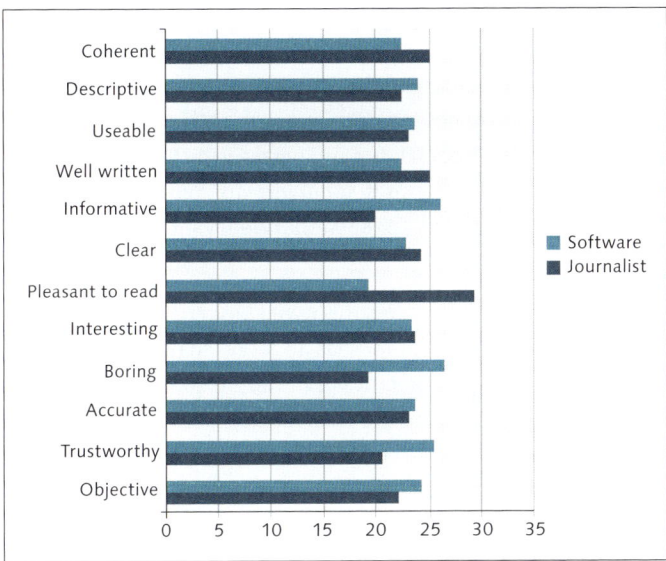

Abbildung 16.3 Unterschiede in der Bewertung (Quelle: Darstellung von Christer Clerwall)

16.2.4   Fazit zu künstlicher Intelligenz

Künstliche Intelligenz ist keine Zukunftsvision, sondern bereits Bestandteil unseres Alltags als Social Media Manager. Schon jetzt wäre es möglich, dass kuratierte Inhalte komplett automatisiert auf Basis des Nutzerverhaltens ausgewählt, mit Text und Bild versehen und dann veröffentlicht werden. In den Kommentaren interagiert danach ein Chatbot mit den Nutzern, und die komplexe Auswertung des Social Media Monitorings passiert jeden Monat automatisch. Es gehört auch zu Ihrer Aufgabe als Social Media Manager, solche Szenarien vorzudenken und den strategischen Sinn für Ihr Unternehmen abzuwägen.

Vernetzte Zukunft – Internet of Things und virtuelle Realitäten

Es gibt zwei weitere Trends, die Sie im Auge behalten sollten: die Weiterentwicklung von »erweiterten Realitäten« wie VR (*Virtual Reality*) und AR (*Augmented Reality*), in die ich Ihnen in Kapitel 13, »Strategische Bedeutung und Möglichkeiten der sozialen Netzwerke«, bereits einen Einblick gegeben habe, sowie das *Internet of Things* (IoT). Eine ausführliche Betrachtung dieser Trends finden Sie auf meinem Blog unter *http://bit.ly/dsomemaIOT*.

16.3   Professionalisierung von Corporate Social Media

Eine zwangsläufige Entwicklung der nächsten Jahre wird die weitere Professionalisierung von Social-Media-Engagements der Unternehmen und damit einhergehend die des Berufsbildes des Social Media Managers sein. Professionalisierung heißt hier, weg von Social Media als isolierter Disziplin hin zu einer vollständigen Integration von Social Media in sämtliche Bereiche des Unternehmens. Ein breites Verständnis für Social Media im Unternehmen, professionelle Monitoring-Systeme und die Nutzung der daraus resultierenden Daten in Social CRM (Customer Relationship Management), Produktentwicklung und sogar für die Weiterentwicklung der Unternehmensstrategie verschafft den so entstehenden »Social Companies« einen Wettbewerbsvorteil.

Der Social Media Manager wird im Rahmen dieser Entwicklung immer stärker zum koordinierenden Strategen und Mentor, während das Tagesgeschäft in den jeweiligen Fachabteilungen stattfindet. Ob Social Recruiting in der Personalabteilung, Social Customer Service im Kundenservice oder die Auswertung der Kundenmeinungen in der Marktforschung, die Hauptaufgabe des Social Media Managers wird sein, jede Abteilung in die Lage zu versetzen, Social Media für ihre Zwecke zu nutzen. Darüber hinaus verantwortet er die unternehmensweite Social-Media-Strategie, die eng mit der Unternehmensstrategie verzahnt sein wird. Eine weitere zentrale Rolle spielt in diesem Konstrukt das Community Management, das gleichberechtigt neben dem Social Media Manager steht.

Bezüglich der Social-Media-Aus- und -Weiterbildungen erhoffe ich mir persönlich eine Reinigung des Marktes von Kursen wie »In zwei Wochen zum Social Media Manager«. Mit steigender Kompetenz in Sachen Social Media in den Unternehmen selbst besteht die Hoffnung, dass unseriöse Anbieter irgendwann an diesem Wissen scheitern, da die Kursteilnehmer zwar ein Zertifikat, aber nicht das notwendige Wissen und schon gar nicht die Erfahrung mitbringen, die ein gestandener Social Media Manager braucht.

In diesem Sinne steigen Sie ein in die Welt des Social Media Managements, sammeln Sie Erfahrung, lesen Sie Blogs, besuchen Sie Barcamps, Twittwochs und Social-Media-Clubs, tauschen Sie sich mit Profis und Experten aus, bauen Sie sich ein Netzwerk auf, testen Sie privat alle möglichen Plattformen und – vor allem – leben und lieben Sie Social Media. Denn was gibt es Schöneres, als Ihre Leidenschaft zum Beruf zu machen?

Die Expert*innen im Buch

Anne Grabs

Anne Grabs berät seit über zehn Jahren Consumer Brands in Agenturen, KMUs oder Start-ups zu den Themen Social-Media-Strategie, Storytelling und Branded Content. Ihr Expertenwissen fasst sie in dem Buch »Follow me!« zusammen, das bereits in der fünften Auflage erschienen ist.

https://annegrabs.de

Thomas Schwenke

Dr. Thomas Schwenke ist Rechtsanwalt in Berlin und berät Agenturen sowie Unternehmen in Rechtsfragen zum Social Media Marketing, Datenschutz, Vertragsrecht und Schutz geistiger Rechte. Als weiterer Schwerpunkt vermittelt er Fachwissen in praxisnahen Vorträgen sowie Workshops und hat das Buch »Social Media Marketing & Recht« im O'Reilly Verlag veröffentlicht. Mehr über Rechtsanwalt Schwenke erfahren Sie unter *http://rechtsanwalt-schwenke.de*.

Klaus Eck

Klaus Eck ist Geschäftsführer der Content-Marketing-Agentur d.Tales. Der Berater und Keynotespeaker unterstützt seit mehr als 23 Jahren Marken bei der Digitalisierung ihrer Unternehmens-, Marketing- und Kommunikationsprozesse. Er hat vier Fachbücher und zahlreiche Publikationen in Zeitschriften über Content Marketing und Reputation Management veröffentlicht. Seit 2004 betreibt er den bekannten Blog *www.pr-blogger.de*.

Mirko Lange

Mirko Lange ist VP of Content Strategy des kanadischen SAAS-Anbieters ScribbleLive sowie Gründer und Geschäftsführer der ScribbleLive-Tochter Scompler. Der studierte Jurist und PR-Fachwirt berät Unternehmen dabei, neue Strategien und Prozesse im Marketing und der Kommunikation aufzusetzen, um den Anforderungen einer zunehmend digital werdenden Welt besser gerecht zu werden, und als Dozent tätig.

Jan Firsching

Jan Firsching ist Blogger bei Futurebiz, Speaker und Senior Social-Media-Berater bei der Agentur BRANDPUNKT. Er berät Marken und Unternehmen bei der Entwicklung von digitalen und Social-Media-Strategien. »Never off!«

Andreas Bersch

Andreas Bersch ist Geschäftsführer der Berliner Digitalagentur BRANDPUNKT, die seit 2009 zu den Pionieragenturen des Social Webs in Deutschland zählt. Mit dem Blog Futurebiz ist Andreas Bersch in Deutschland ein angesehener Experte und begleitet die aktuellen Trends in der digitalen Kommunikation, wie zum Beispiel auch die #INREACH-Konferenz für Influencer Marketing, die er 2015 aus der Taufe hob.

Stefan Evertz

Stefan Evertz beschäftigt sich seit 2010 mit dem Thema Social Media Monitoring und ist seit 2013 als unabhängiger Berater und Speaker für Social Media Monitoring, digitale Strategie und Community Management sowie als Organisator und Moderator von zahlreichen Barcamps tätig. Als Toollotse unterstützt er Firmen und Organisationen bei der Toolauswahl und ist Autor des 2017 veröffentlichten Fachbuches »Analysiere das Web!«.

Oliver Ueberholz

Oliver Ueberholz ist geschäftsführender Gesellschafter der mixxt GmbH, eines Anbieters für Social-Enterprise-Software, und angesehener Blogger, Referent und Experte rund um Social Media und Enterprise 2.0.

Wolfgang Lünenbürger-Reidenbach

Wolfgang Lünenbürger-Reidenbach (*http://luenenbuerger.de*) ist ein Urgestein der deutschen und europäischen Social-Media-Szene. Der Theologe und gelernte Radiojournalist bloggt selbst seit Februar 2003 und ist heute als Managing Director bei der globalen PR-Firma Cohn & Wolfe verantwortlich für das Deutschlandgeschäft.

Jochen Mai

Jochen Mai zählt seit Jahren zu den einflussreichen Namen des Social Webs. Bekannt wurde Jochen Mai vor allem als Gründer und Chefredakteur der Karrierebibel (*http://karrierebibel.de*). Mai ist heute Dozent an der Fachhochschule Köln, regelmäßiger Kolumnist (unter anderem für »Die Welt«) und gefragter Keynote-Speaker für die Themen Social Media, Medien, Online-Reputation und Human Resources.

Vivian Pein

Vivian Pein ist Senior Social Media- und Community-Managerin mit mehr als 15 Jahren hauptberuflicher Erfahrung in diesem Feld. Sie berät und unterstützt Unternehmen, Verbände und Organisationen, lehrt als als Dozentin und gibt ihr Wissen als Speakerin weiter. Darüber hinaus engagiert sie sich im Vorstand des Bundesverbandes Community Management e.V. für digitale Kommunikation und Social Media (BVCM) für eine Professionalisierung des Berufsstandes. Mehr zur Person finden Sie unter *http://vivianpein.de*.

Index

Erfolgreiches Marketing mit Instagram

Instagram hat im Online-Marketing viel zu bieten: höhere Reichweite, mehr Interaktion und Sichtbarkeit für Produkte und Marke.
Man muss aber wissen, wie gutes Visual Storytelling funktioniert!
Anne Grabs, Co-Autorin des Bestsellers »Follow me«, zeigt die Erfolgsfaktoren für Instagram auf: Fotoreihen konzipieren, Hashtags richtig
nutzen, gute Geschichten erzählen, an denen man dranbleibt. Rand-
voll mit Content-Strategien und guten Ads-Kampagnen, ideal für
Online-Marketer, Influencer, Unternehmer und Selbstständige.

430 Seiten, broschiert, in Farbe, 34,90 Euro, ISBN 978-3-8362-7952-9
www.rheinwerk-verlag.de/5210

Erfolgreiche Strategien im Social Media Marketing

Social Media ist eine Kernkompetenz in Marketing und PR. Lernen Sie, wie Facebook und soziale Netzwerke genau funktionieren und wie Sie Strategien für mobiles Marketing, Crowdsourcing und Social Commerce entwickeln. Dieser Bestseller hilft Ihnen, den passenden Auftritt für Ihr Unternehmen aufzubauen, erfolgreiche Kampagnen durchzuführen und ausgefeilte Werbeformen richtig einzusetzen. Mit zahlreichen Beispielen aus der Praxis.

502 Seiten, broschiert, in Farbe, 34,90 Euro, ISBN 978-3-8362-7956-7
www.rheinwerk-verlag.de/5211

Das Standardwerk für Texter und Marketer

Gute Texte wecken in Leserin und Leser Interesse, verführen sie zum Verweilen und Weiterlesen. Sie werten Websites auf, machen Lust auf Produkte, geben Ihren Blogs die richtige Würze. Gute Texte sind Schatzinseln im Meer der Mittelmäßigkeit. Und das Beste: Gutes Texten kann man lernen. Daniela Rorig zeigt, welche Textstrategien im Content-Zeitalter überzeugen und Leser begeistern. Dabei helfen zahlreiche Checklisten, Übungen und Schreibanleitungen für Headlines, Teaser, Landingpages und andere Textsorten.

450 Seiten, gebunden, in Farbe, 39,90 Euro, ISBN 978-3-8362-6836-3
www.rheinwerk-verlag.de/4837